中国帕米尔高原高等植物图鉴

Higher plants atlas of Pamirs Plateau in China

艾沙江·阿不都沙拉木　张　凯　买买提明·苏来曼　主编

中国农业科学技术出版社

图书在版编目（CIP）数据

中国帕米尔高原高等植物图鉴 / 艾沙江·阿不都沙拉木，张凯，买买提明·苏来曼主编 .-- 北京：中国农业科学技术出版社，2024.6
ISBN 978-7-5116-6290-3

Ⅰ . ①中… Ⅱ . ①艾… ②张… ③买… Ⅲ . ①帕米尔高原－高等植物－图谱 Ⅳ . ① Q949.4-64

中国国家版本馆 CIP 数据核字 (2023) 第 095998 号

责任编辑 张志花
责任校对 王 彦
责任印制 姜义伟 王思文

出 版 者 中国农业科学技术出版社
北京市中关村南大街 12 号 邮编：100081
电　　话 （010）82106636（编辑室）（010）82106624（发行部）
（010）82109709（读者服务部）
网　　址 https://castp.caas.cn
经 销 者 各地新华书店
印 刷 者 北京地大彩印有限公司
开　　本 210 mm × 285 mm 1/16
印　　张 27.75
字　　数 660 千字
版　　次 2024 年 6 月第 1 版 2024 年 6 月第 1 次印刷
定　　价 388.00 元

编 委 会

主 编

艾沙江·阿不都沙拉木　　张　凯　　买买提明·苏来曼

参编人员

依明江·胡达拜尔迪　　麦木提力·阿伍提　　张月娟

米尔卡米力·麦麦提　　卡迪尔·阿布都热西提　　孙甜甜

买尔哈巴·塞来江　　热依拉穆·麦麦提吐尔逊

布美热木·克力木　　地力胡马尔·阿不都克热木　　王鹏军

段新华　　古丽博斯坦·司马义

摄 影

艾沙江·阿不都沙拉木　　张　凯　　买买提明·苏来曼

依明江·胡达拜尔迪　　麦木提力·阿伍提　　张月娟

卡迪尔·阿布都热西提　　汪弋碧　　康　超　　蔡钰婕

库尔班江·艾买提　　秦　茜　　陆　杨　　阿提古丽·毛拉

美合日班罕·艾则孜　　祖丽米热·买买提依明

帕提姑丽·吾买尔　　沙毕热木·斯热义力

作者简介

艾沙江·阿不都沙拉木

1983年生，中共党员，新疆乌什县人，现为喀什大学生命与地理科学学院研究员，博士/硕士研究生导师，植物生物学学科带头人。兼任新疆青年科技工作者联谊会副会长、植物学会常务理事、新疆生态学会理事、新疆自然保护地评审委员会委员等职务。主要从事植物资源保护、植物繁殖生物及进化生物研究；曾先后主持了国家自然科学基金及省部级科研项目13项；发表文章30余篇；出版专著3部；申请发明专利1项；发现南疆新记录短命植物13种。

张　凯

1986年生，中共党员，博士，山东济南人。现为喀什大学生命与地理科学学院副教授、新疆帕米尔高原生物资源与生态重点实验室成员，中国植物学会、新疆植物学会会员，主要从事植物生态学方面的研究。

买买提明·苏来曼

1963年生，硕士，新疆策勒人。现为新疆大学生命科学与技术学院二级教授、硕士研究生导师。主要从事苔藓植物分类、系统进化、区系地理研究；主持国家自然科学基金项目 6 项及多项国际合作项目；发表论文130余篇，其中SCI收录20篇；出版专著7部；发现新物种9种、中国新记录种40多种、新疆新记录种160多种。

编写说明

《中国帕米尔高原高等植物图鉴》一书，共收录我国帕米尔高原地区高等植物73科282属671种（含23亚种71变种2变型），配有彩色照片1 300余幅、显微照片400余幅、黑白线条图9幅。本书所收录植物分布范围涉及的县级行政区域有中国帕米尔高原范围内的塔什库尔干塔吉克自治县（简称塔什库尔干县）、阿克陶县的中西部区域，以及乌恰县西南部的山区。

本书的编写参照《中国维管植物科属志（上、中、下卷）》中被子植物的APG Ⅳ系统和石松类与蕨类植物的PPG Ⅰ系统，裸子植物依据克氏系统，苔藓植物按照恩格勒（Engler）的分类系统。所收录的植物列出中文名和拉丁名，同时给予生物学特征、生境、分布、保护级别及用途等描述。

种子植物的中文名、拉丁名、生物特征描述参考了《中国植物志》、*Flora of China*、《新疆植物志》及《昆仑植物志》等；同时对于每种植物及属的中文名和拉丁名采用最新的规范，并列出俗名或异名。附录列出本书收录植物属、种的中文名索引和拉丁名索引。

本书中的植物类型及保护等级按世界自然保护联盟（IUCN）、《濒危野生动植物种国际贸易公约》（CITES）、《中国物种红色名录》、《新疆维吾尔自治区重点保护野生植物名录》等的标准来描述植物保护级别，其中维管植物的无危（LC）、近危（NT）、易危（VU）、濒危（EN）、极危（CR）、数据缺乏（DD）、灭绝（EX）、未予评估（NE）等保护级别皆用中文及英文字母来表示。

《中国帕米尔高原高等植物图鉴》的编撰实行作者分工负责制，苔藓植物部分的文字撰写及摄影由新疆大学买买提明·苏来曼教授团队完成；蕨类植物、裸子植物、被子植物部分文字撰写及摄影由喀什大学艾沙江研究员团队完成，塔什库尔干塔吉克自治县林业和草原局、喀什地区林业和草原局、喀什地区公安局边境管理支队在野外采样及调研过程中提供了重要帮助。编委会，按照参编者及摄影者对本书的贡献度进行排名。

序　一

中国帕米尔高原坐落于我国西南部，新疆塔里木盆地的西南角，与塔吉克斯坦、阿富汗、巴基斯坦等国交界；位于北纬 36.7°~39.8°，东经 73.5°~76.5°；南北长约 230 千米，东西长约 130 千米，面积约 30 000 千米^2，约占新疆土地面积的 2%。它是天山、昆仑山、喀喇昆仑山和兴都库什山等交汇而成的大山结。中国帕米尔高原主要包括塔什库尔干县全境、阿克陶县中西部的大部分地区，以及乌恰县西南部的小部分地区。历史上著名的“丝绸之路”就经此通往古波斯（今伊朗）等地区。

古波斯语中的“帕米尔”有“山峰之下”之意；塔吉克语中的“帕米尔”为“高而平的屋顶”，被称为“万山之祖”。因“其山高大，上悉生葱”而古称葱岭，素有“世界屋脊”之称。帕米尔高原约 80% 的面积分布在海拔 3 300~6 000 米，6 000 米之上是冰雪覆盖的山峰，3 300 米以下为深切的峡谷，地势高差极大，境内山岭交错、群山耸峙、高峰叠起，公格尔峰、公格尔九别峰和慕士塔格峰海拔均超过 7 000 米。因本区为西风和西南季风进入青藏高原西北边缘的通道，故山峰终年积雪、冰川广布，总面积达 2 054 千米^2，是塔里木水系的主要补给源泉。此外，由于帕米尔高原地处欧亚大陆腹地，受西伯利亚－蒙古反气旋控制，加之高大山体的阻挡与屏障，来自大西洋的水汽在西帕米尔高原形成降水，东帕米尔高原则处焚风效应区，气候呈现高寒干旱的特征，1 月平均温度 -15℃，7 月平均气温 25℃，年平均气温 3.2℃，年平均降水量仅 20~30 毫米，全年蒸发量高，空气稀薄，气压低，辐射强烈。高寒干旱的气候加之强烈的寒冻风化致使本区山地裸露，自然环境恶劣，植被为典型的高寒荒漠类型。

20 世纪 50 年代开始，涉足中国帕米尔高原进行植物资源科考调查的科研及高校等单位，尤其是石河子大学阎平教授的植物分类与植物资源研究团队，自 20 世纪 90 年代末开始，在国家自然科学基金委员会面上基金项目的支持下，曾先后于 1992 年、2000 年、2001 年、2004 年、2005 年等多次前往中国帕米尔高原，对植物进行了全面、细致、深入的调查，开展了对植物分类的系统研究。先后针对中国帕米尔高原的菊科、豆科、禾本科、十字花科、莎草科等的分类，以及中国帕米尔高原珍稀濒危植物及特有种的生态地理分布开展了研究，发表了一系列论文。

随着社会经济的发展，特殊地域的植物调查工作更为迫切和深入，自 2018 年以来，喀什大学南疆特色植物资源生态响应与保护团队负责人艾沙江研究员及其团队成员，在喀什大学和新疆帕米尔高原生物资

源与生态自治区重点实验室的资助及支持下，对该地区植物资源现状开展深入科考，先后拍摄照片共 15 000 余幅，为编撰《中国帕米尔高原高等植物图鉴》奠定了基础。在喀什大学博士工作室专项经费、国家自然科学基金项目（31860121、31160040）及新疆天山英才青年拔尖人才项目（2023TSYCCX0026）的资助下，终于完成了这部图文并茂的专著。

本人应邀为《中国帕米尔高原高等植物图鉴》作序，深感荣幸和欣慰，这也是给我可以提前进一步认识和熟悉中国帕米尔高原高等野生植物的机会。该图谱不仅增加了苔藓植物类群的 15 科 75 种，被子植物还采用了 APG IV 新的系统。全书收录了 73 科 671 种高等野生植物，并对植物的生境、全株或主要器官进行原色图片展示和形态特征、生境、分布、用途等的文字简述；本书中的植物类型还按世界自然保护联盟（IUCN）、《濒危野生动植物种国际贸易公约》（CITES）、《中国物种红色名录》和《新疆维吾尔自治区重点保护野生植物名录》等的标准描述了保护级别，可以为广大读者打开一个认识中国帕米尔高原高等野生植物的窗口，为从事植物学、野生植物资源保护、合理开发利用、生态建设的教学、研究人员与管理者提供参考，这既是一部高级科普作品，也是一部很好的工具书。

借此机会，要感谢以喀什大学艾沙江研究员和新疆大学买买提明·苏来曼教授为首的科研团队的努力，他们的辛勤工作为新疆野生植物研究作出了新的贡献；也不能忘记塔什库尔干塔吉克自治县林业和草原局、喀什地区林业和草原局，以及武警新疆边防总队喀什边防支队在开展此项工作中提供的重要帮助。同时，我本人还希望该研究团队能够继续收集资料，完善整理，编写完成《中国帕米尔高原高等植物图鉴》第二版，这将对中国帕米尔高原乃至新疆野生植物研究起到积极的推动作用。

潘伯荣

新疆植物学会名誉理事长

中国科学院新疆生态与地理研究所研究员

2024 年 4 月 7 日

序　二

帕米尔高原是我国西部边陲的重要生态屏障。中国帕米尔高原的植物呈现明显的垂直分布特点，高山峡谷、草原和荒漠地带的分布格局构成了一幅丰富而生动的生态画卷。从耐寒的高山植物到耐旱的荒漠植物，各类植物在帕米尔高原上共生共存，形成独特的生态景观。

帕米尔高原的植物资源具有重要的经济和生态价值。这里栖息着多种国家级、自治区级珍稀濒危植物，当地居民会利用药用、食用植物和牧草等来满足日常生活和畜牧业发展的需要。然而，随着现代化的推进，对植物资源的开发利用强度不断增加，给高原生态系统带来了压力；气候变化导致高原环境发生剧烈变化，影响了植物的生长和繁殖；此外，外来物种入侵、病虫害等因素也对植物资源造成了威胁。

帕米尔高原作为地球上独特且脆弱的生态系统之一，其植物资源的现状和保护问题日益受到国际社会和学术界的关注。近年来，国内外学者对帕米尔高原植物资源的研究取得了显著进展。在植物分类、生态适应性、生物多样性保护等方面取得了重要成果。《中国帕米尔高原高等植物图鉴》一书的编写正是在这一背景下进行的。本书及后续著作旨在全面、系统地描述帕米尔高原植物资源的现状，以期为高原植物资源的保护和可持续发展提供科学依据和决策支持。

本书记载了当地的野生高等植物 73 科 282 属 671 种（含 23 亚种 71 变种 2 变型），其中不少是有经济价值或药用价值的种类，还有一些是珍稀濒危植物和新疆特有种，绝大多数种类尚未开发利用。值得一提的是，本书内容丰富，包括所记载植物类群的分类地位、生物学特征、生境、分布、生态价值、保护级别、用途等描述和信息，并配有彩色照片 1 300 余幅、显微照片 400 余幅、黑白线条图 9 幅。可以说，这是一本鉴定中国帕米尔高原高等植物不可或缺的工具书，它的出版，为当地及周边地区野生植物资源的生物多样性、生态环境的有效保护和有用植物资源的挖掘、合理开发及可持续利用提供了重要的科学信息，必将有力地推动我国帕米尔高原植物的深入研究。同时，本书将对广大读者，尤其对植物爱好者了解中国帕米尔高原的植物、普及植物学知识起到积极的促进作用。

在本书即将出版之际，我谨在此向该书作者和参加野外工作的人员表示衷心的祝贺，并欣然作序。

林祁

中国科学院植物研究所国家植物标本馆原常务副馆长

2024 年 3 月 31 日

自 序

帕米尔高原古代称葱岭，塔吉克语有“高而平的屋顶”的意思，古丝绸之路在此经过，是亚洲大陆南部和中部地区主要山脉喜马拉雅山脉、喀喇昆仑山脉、昆仑山脉、天山山脉、兴都库什山脉的汇集处。帕米尔高原分为东帕米尔和西帕米尔，其中东帕米尔（中国帕米尔）位于塔克拉玛干沙漠西南部，昆仑山脉、天山山脉在此交汇，该地区与巴基斯坦、阿富汗、塔吉克斯坦、吉尔吉斯斯坦四国接壤（包括塔什库尔干塔吉克自治县、阿克陶县中西部及乌恰县西南部的一部分区域），在海路开通之前，一直是中外交流的桥头堡，是文化荟萃之地。该区域有世界第二高峰（海拔 8 611 米）乔戈里峰、冰川之父“慕士塔格峰”、“沙漠奇景”白沙湖、木吉乡的“十八罗汉峰”、帕米尔之眼火山口、石头城遗址、盘龙古道、瓦罕走廊、被国外地质学家称为“西域第一自然生态景区”的奥依塔克冰川及红山谷等风景文化遗址，此外，还有丰富的生物资源。

该区域自然环境恶劣，属于高原寒带干旱气候类型，自 1957 年我国科学家们对该区植物资源进行考察以来，中国科学院新疆生态与地理研究所、新疆农业大学、新疆大学、石河子大学、新疆师范大学、塔里木大学等多所高校及科研单位在过去不同的时期陆续对该区域的植物资源进行了科考调查。随着经济社会发展，地方性植物种类的调查工作变得越来越迫切，因此，为了掌握该区域的植物现状，自 2018 年以来，喀什大学南疆特色植物资源生态响应与保护团队，在学校和新疆帕米尔高原生物资源与生态自治区重点实验室的资助及支持下，对该地区植物资源现状开展科考，共拍摄照片 15 000 余幅。书中记录了分布于该区域的珍稀、濒危、药用、特有、杂草等植物，为保护和管理植物资源提供了基础指导。

本书以图文并茂的方式收录了该区域典型的苔藓植物（15 科 75 种）、蕨类植物（2 科 4 种）、裸子植物（3 科 13 种 / 变种）、被子植物（53 科 579 种 / 变种）共 73 科的 671 种（含 23 亚种 71 变种 2 变型）植物。本书的野外调查及撰写过程得到了喀什大学、新疆大学、新疆帕米尔高原生物资源与生态重点实验室、新疆植物学会、喀什地区林业和草原局、新疆塔什库尔干野生动物自然保护区及喀什地区公安局边境管理支队等单位及有关领导的大力支持；野外科考和编写工作在喀什大学博士工作室专项经费、国家自然科学基金项目（31860121、31160040）及新疆天山英才青年拔尖人才项目（2023TSYCCX0026）的资助下完成，在此致谢！ 同时感谢新疆植物学会名誉理事长潘伯荣研究员、中国科学院植物研究所国家植物标本馆林祁研究员及华南师范大学李玲教授的鼎力相助！

由于编者水平有限，书中难免有疏漏，希望广大读者谅解并提出宝贵意见，我们会在未来的科考过程中进行纠正，为大家呈现更完善的第二版。

编 者

2024 年 3 月 8 日

目 录 Contents

◉ 苔藓植物门

裂叶苔科 Lophoziaceae ······001
蛇苔科 Conocephalaceae ······002
克氏苔科 Cleveaceae ······002
地钱科 Marchantiaceae ······003
牛毛藓科 Ditrichaceae ······004
大帽藓科 Encalyptaceae ······012
丛藓科 Pottiaceae ······018
紫萼藓科 Grimmiaceae ······038
葫芦藓科 Funariaceae ······044
真藓科 Bryaceae ······045
提灯藓科 Mniaceae ······053
珠藓科 Bartramiaceae ······057
薄罗藓科 Leskeaceae ······058
柳叶藓科 Amblystegiaceae ······059
青藓科 Brachytheciaceae ······063

◉ 蕨类植物门

木贼科 Equisetaceae ······065
冷蕨科 Cystopteridaceae ······066

◉ 裸子植物门

麻黄科 Ephedraceae ······068
松科 Pinaceae ······073
柏科 Cupressaceae ······074

◉ 被子植物门

水麦冬科 Juncaginaceae ······078
眼子菜科 Potamogetonaceae ······078
百合科 Liliaceae ······079
兰科 Orchidaceae ······081
鸢尾科 Iridaceae ······084

石蒜科 Amaryllidaceae ··· 085
天门冬科 Asparagaceae ··· 091
灯芯草科 Juncaceae ··· 092
莎草科 Cyperaceae ··· 092
禾本科 Poaceae ··· 094
罂粟科 Papaveraceae ··· 106
小檗科 Berberidaceae ··· 109
毛茛科 Ranunculaceae ··· 112
茶藨子科 Grossulariaceae ··· 128
虎耳草科 Saxifragaceae ··· 129
景天科 Crassulaceae ··· 130
锁阳科 Cynomoriaceae ··· 137
蒺藜科 Zygophyllaceae ··· 137
豆科 Fabaceae ··· 142
远志科 Polygalaceae ··· 168
蔷薇科 Rosaceae ··· 169
胡颓子科 Elaeagnaceae ··· 182
桦木科 Betulaceae ··· 185
卫矛科 Celastraceae ··· 185
堇菜科 Violaceae ··· 186
杨柳科 Salicaceae ··· 186
牻牛儿苗科 Geraniaceae ··· 191
千屈菜科 Lythraceae ··· 194
白刺科 Nitrariaceae ··· 195
锦葵科 Malvaceae ··· 199
山柑科 Capparaceae ··· 199
十字花科 Brassicaceae ··· 201
柽柳科 Tamaricaceae ··· 222
白花丹科 Plumbaginaceae ··· 229
蓼科 Polygonaceae ··· 233
石竹科 Caryophyllaceae ··· 244
苋科 Amaranthaceae ··· 251
报春花科 Primulaceae ··· 262
茜草科 Rubiaceae ··· 271
龙胆科 Gentianaceae ··· 273
夹竹桃科 Apocynaceae ··· 285
紫草科 Boraginaceae ··· 287
旋花科 Convolvulaceae ··· 294
茄科 Solanaceae ··· 296
车前科 Plantaginaceae ··· 299
玄参科 Scrophulariaceae ··· 305
唇形科 Lamiaceae ··· 305
通泉草科 Mazaceae ··· 320
列当科 Orobanchaceae ··· 321
桔梗科 Campanulaceae ··· 335
菊科 Asteraceae ··· 338
忍冬科 Caprifoliaceae ··· 401
伞形科 Apiaceae ··· 406

中文名索引 ··· 414
拉丁名索引 ··· 422
参考文献 ··· 430

苔藓植物门

BRYOPHYTA

1. 高山裂叶苔 *Lophozia sudetica* (Nees ex Huebener) Grolle

【分类地位】裂叶苔科裂叶苔属。**【形态特征】**植物体密集垫状，中等大小或小型，淡绿色或红褐色。茎匍匐，稀直立，顶端上升，稀分枝，横切面细胞分化显著。侧叶斜生于茎上，多呈近圆形至阔卵形，先端分裂成近等大2裂，稀3裂，裂瓣呈三角形；叶细胞呈长圆方形或近圆方形，叶上部和边缘的细胞比较小；三角体显著；油体椭圆形，每细胞4 ~10个。腹叶缺失。芽胞密生于上部叶片尖部，浅红褐色，多边形。雌雄异株。雌苞顶生；蒴萼呈长卵形。孢子椭圆形，褐色，表面疣状突起，形状不规则；弹丝双螺旋状，两端圆钝，表面平滑。**【生境】**生于高海拔山地阴暗潮湿的环境中，少数生于石面薄土。**【生态价值】**具有加速岩石风化，促进土壤有机质积累及腐木分解等作用。

1~3. 群落和植物体；4~6. 侧叶；7. 叶尖部细胞；8. 叶中部细胞；9. 叶边缘细胞；10. 叶基部细胞；11. 芽胞
（凭证标本：买买提明·苏来曼 16638、14808 XJU；美合日班罕·艾则孜拍摄）

2. 蛇苔 *Conocephalum conicum*（L.）Dumort.

【分类地位】蛇苔科蛇苔属。【形态特征】植物体叶状，常狭或宽带状，多回叉状分枝，具明显六角形的气室分隔。气孔单一型，呈火山口状突起；气室单层，内有绿色细胞构成的营养丝，气孔下方的营养丝顶端常着生无色透明的长颈瓶形或梨形细胞；气孔口部围绕6~7个细胞，5~8圈放射状排列。中肋分界不明显，渐向边缘变薄。腹鳞片狭镰形或半月形，顶端有近圆形的附器。雌雄异株。雄托椭圆形，生于叶状体背面的前端，无柄，精子器集生于雄托内。雌托长圆锥形，具长柄，具1条假根沟，基部着生于叶状体先端凹陷处，边缘5~9浅裂，每一个裂瓣下着生1个总苞，每一个总苞内通常着生1个梨形具短柄的孢蒴。孢蒴成熟时伸出，不规则8瓣开裂，蒴壁上具半环状加厚，裂片向外反卷。孢子球形，表面具粗或细密疣。弹丝黄褐色，具2~5条螺纹加厚。【生境】多生于溪边林下湿碎石和土上。【药用价值】药用全草。有清热解毒、消肿止痛等功能，用于治毒蛇咬伤、疔疮背痈、烧伤烫伤、无名肿毒等症，对淋巴细胞白血病也有一定的抑制作用。

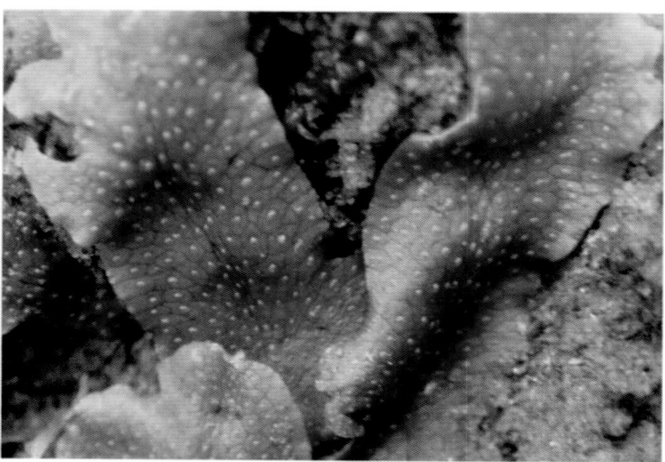

3. 小克氏苔 *Clevea pusilla*（Steph.）Rubasinghe & D. G. Long

【分类地位】克氏苔科克氏苔属。【形态特征】叶状体带形；背面表皮细胞多边形，薄壁，三角体小；气孔口部周围5个细胞；中肋与叶细胞分界不明显。腹鳞片较均匀地散生于中肋处，呈披针形，鳞片先端具1披针形或舌形附器，细胞近方形或长方形。雌雄异株。雌器托退化；一般具1~3个裂瓣，常略纵向扁平，内具1个蒴苞，含1个孢子体；雌器托柄长1~4 毫米。孢蒴球形。孢子表面具有近于半球形的粗疣。弹丝直径8~10 微米，具2~3列螺纹加厚。【生境】一般生长在溪边或者阴湿土坡裸露的石壁上。【生态价值】具有防止水土流失、促进土壤形成以及检测空气污染程度的指示功能。

4. 地钱 *Marchantia polymorpha* L.

【分类地位】地钱科地钱属。【形态特征】叶状体黄绿色至深绿色，宽带状，多回叉状分枝；边缘皱波状，具小裂瓣。背面具六边形、排列整齐的气室分隔，每个分隔具1圆柱形气孔，桶状口部具4个细胞，“十”字形排列，中部横切面基部组织厚10~20层细胞，中肋紫色，明显。腹面鳞片4~6列，透明或淡紫色，弯月形；生于中肋两侧。先端附器宽卵形或宽三角形，边缘具密集齿突；常具大型黏液细胞及油胞。芽胞杯边缘多细胞宽的粗齿上具多数齿突。雌雄异株。雄托圆盘形，7~8 (~10)浅裂。雌托6~10瓣深裂，裂瓣指状；裂瓣幼嫩常垂倾，孢蒴成熟后常上扬。孢子表面具网纹。弹丝十分细长，黄绿色，具2列螺纹加厚。【生境】生长于阴湿土坡、墙下或沼泽地湿土或岩石上。【药用价值】药用全草。具有清热、拔毒、消炎生肌等功能，用于治疮痈肿毒、毒蛇咬伤、刀伤、骨折、烧伤烫伤、黄疸型肝炎、结核病等。

5. 角齿藓 *Ceratodon purpureus* (Hedw.) Brid.

干燥状态的植株（配子体和成熟的孢子体）

成熟的孢子体（示带蒴盖和蒴齿）

1. 植物群落；2. 植物体（干）；3. 植物体（湿）；4. 孢蒴；5~7. 叶片；8. 叶尖；9. 叶中部细胞；10. 叶基部细胞；11~12. 叶横切面
（凭证标本：买买提明·苏来曼 19232、18828 XJU；祖丽米热·买买提依明拍摄）

【分类地位】牛毛藓科角齿藓属。【形态特征】植物体黄绿色或绿色，丛生；茎直立，单一分枝，基部具假根，横切面具小型薄壁中轴细胞；叶片披针形；中肋单一，粗壮，及顶或突出于叶尖；叶中上部细胞近方形，基部细胞短长方形；雌雄异株；雌苞叶长鞘状；蒴柄直立，红褐色；孢蒴红棕色，宽卵形或长卵形，表面具明显纵沟和纵棱；环带分化，由2~3列厚壁细胞组成。蒴齿16，披针形，两列近基部；蒴盖圆锥体形；蒴帽兜形；孢子小，黄色，表面平滑。【生境】生于各种基质的环境中，多长在干燥开阔的土地上，有时见于岩面薄土。【生态价值】为高寒荒漠常见种，对保持水土和形成生态景观有重要作用。

6. 对叶藓 *Distichium capillaceum*（Hedw.）Bruch et Schimp.

【分类地位】牛毛藓科对叶藓属。**【形态特征】**植物体细长扁平，黄绿色或鲜绿色，具光泽，密集丛生；茎直立，或稀疏叉状分枝，横切面具大型中轴细胞，基部多具红色茸状假根；叶2列，紧密排列，对生；叶片从直立高鞘状基部向上很快成狭披针形，叶尖细长；叶缘平直，上部多数具瘤突；中肋单一，扁宽，占满整个叶上部；叶基部细胞窄长形，肩部细胞不规则多边形；雌雄同株或异株；蒴柄、蒴帽直立，对称，长椭圆形，有时长卵形；蒴齿单层，齿片16，短披针形；环带分化，由1~2列大型厚壁细胞组成；蒴盖圆锥形；蒴帽兜形，平滑；孢子黄褐色，圆球形，表面具粗密瘤。**【生境】**生于高山石灰岩峰或薄土上，有时见于潮湿砂石及冰川旁岩面。**【生态价值】**为高寒荒漠常见种，对保持水土和形成生态景观有重要作用。

植株（配子体和孢子体）►

▲湿润状态的植株（配子体）

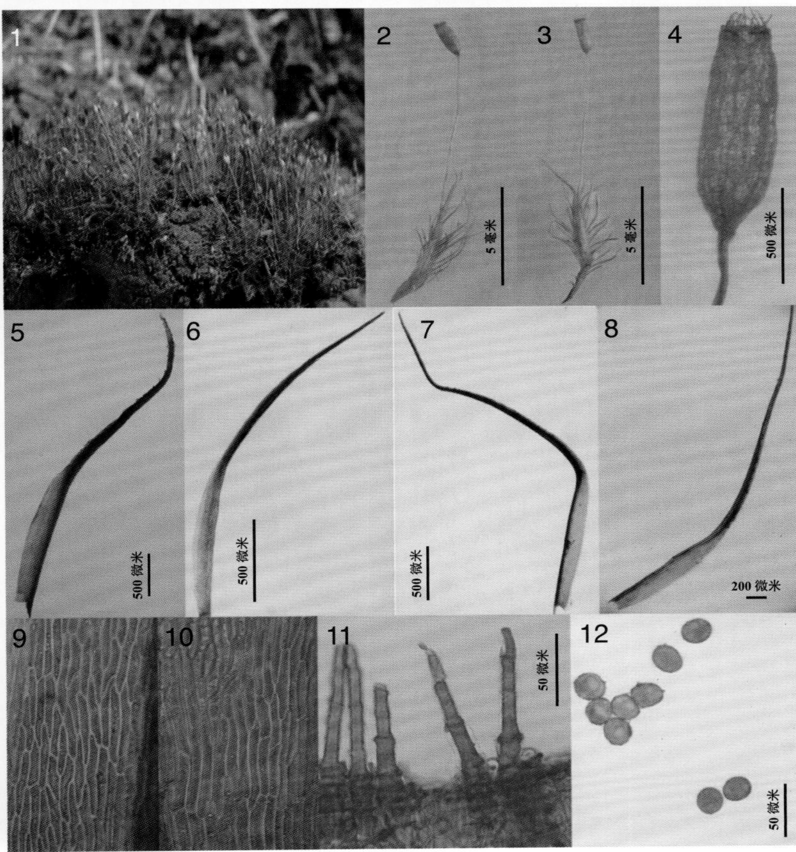

1. 植物群落；2. 植物体（干）；3. 植物体（湿）；4. 孢蒴；5~8. 叶片；9. 叶肩部细胞；10. 叶基部细胞；11. 蒴齿；12. 孢子

（凭证标本：买买提明·苏来曼 19205、21926 XJU；祖丽米热·买买提依明拍摄）

7. 小对叶藓 *Distichium hagenii* Ryan ex Philib.

【分类地位】牛毛藓科对叶藓属。【形态特征】植物体密集丛生，黄绿色，无光泽；茎直立，不分枝，基部多具红色假根；叶2列，紧密排列，对生，长披针形，鞘基部与叶尖等长或短于鞘部；中肋粗壮，于叶尖部突出成芒状；叶基部细胞长方形，上部细胞方形；雌雄同株或异株；蒴柄红棕色；孢蒴短圆柱形，对称或不对称，无光泽；蒴齿常两片相联，不整齐分裂，背面条纹不整齐；孢子具细疣。【生境】生于高山石灰岩峰或薄土上，有时见于潮湿砂石及冰川旁岩面。【生态价值】为高寒荒漠常见种，对保持水土和形成生态景观有重要作用。

◀左上：湿润状态的植株（放大：示配子体和孢子体）

◀左下：成熟的孢蒴（放大：示带蒴帽、蒴盖和蒴齿）

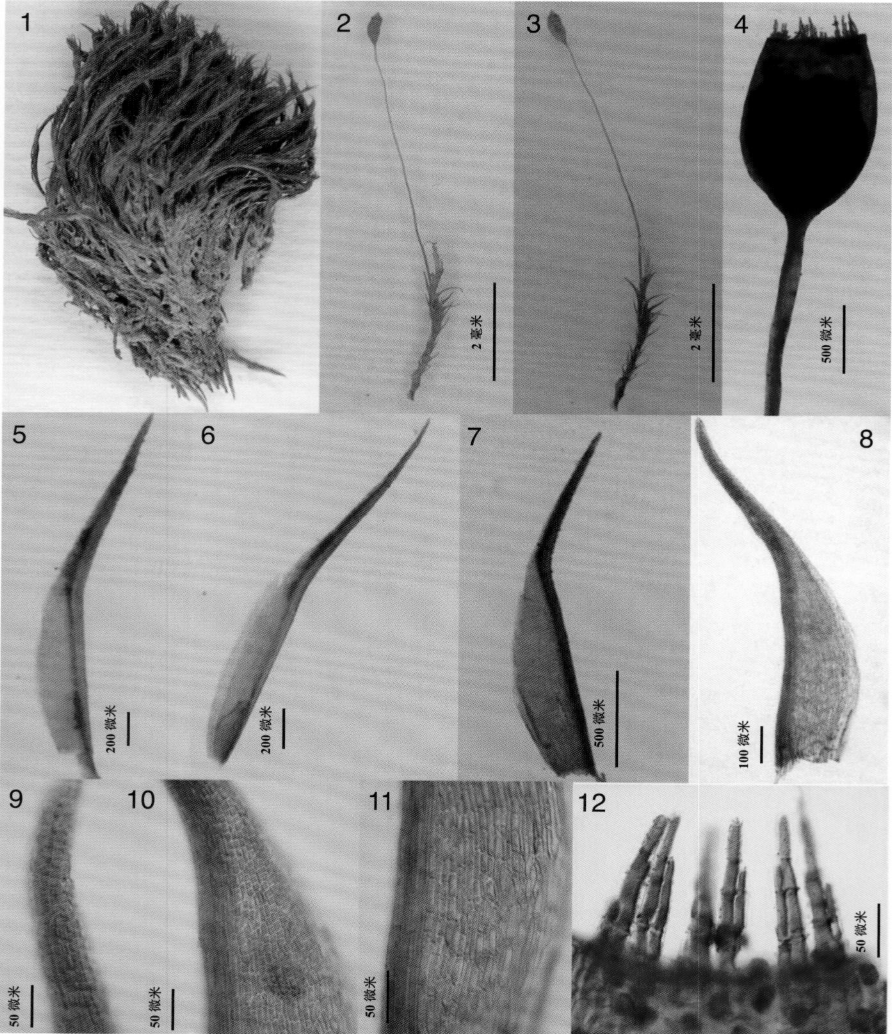

1. 植物群落；2. 植物体（干）；3. 植物体（湿）；4. 孢蒴；5~8. 叶片；9. 叶尖；10. 叶肩部细胞；11. 叶基部细胞；12. 蒴齿

（凭证标本：买买提明·苏来曼 19040、21797 XJU；祖丽米热·买买提依明拍摄）

8. 斜蒴对叶藓 *Distichium inclinatum* (Hedw.) B. S. G.

湿润状态的植株（配子体和孢子体）▶

▲上：干燥状态的植株（配子体）
▲下：幼孢蒴（示带蒴帽和蒴盖）

【分类地位】牛毛藓科对叶藓属。【形态特征】植物体细长，密集丛生，扁平，黄绿色或鲜绿色；茎直立，纤细，单生或稀分枝，基部多具红色茸状假根；叶2列，紧密排列，对生，叶片从直立高鞘状基部向上很快成狭披针形，叶尖细长；叶缘粗糙；中肋粗壮，充满叶尖，背部粗糙；叶基部细胞长方形，平滑透明；蒴柄直立，红棕色；孢蒴倾立，长卵形，弯曲背凸；蒴齿红棕色，狭三角状披针形，表面具粗疣或斜纹；蒴盖圆锥形；蒴帽兜形，平滑；孢子球形，密被细疣。【生境】生于高山石灰岩峰或薄土上，有时见于潮湿砂石及冰川旁岩面。【生态价值】为高寒荒漠常见种，对保持水土和形成生态景观有重要作用。

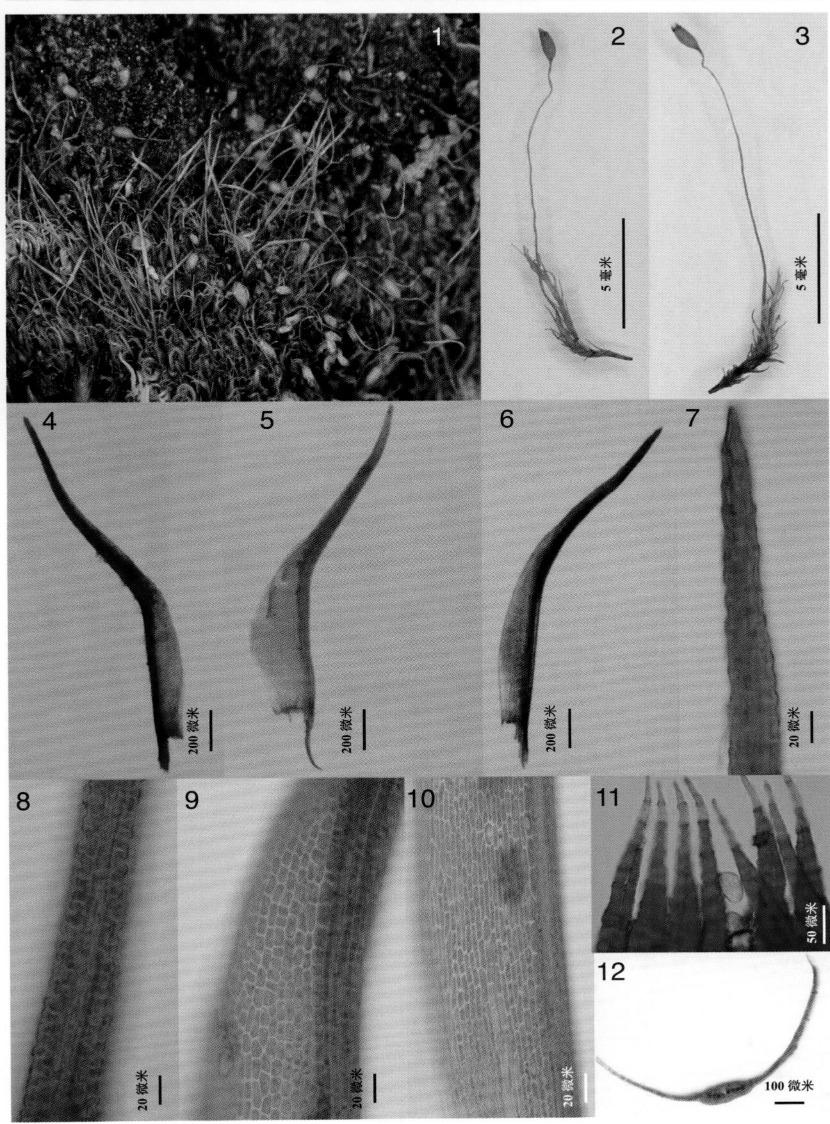

1. 植物群落；2. 植物体（干）；3 植物体（湿）；4~6. 叶片；7. 叶尖；8. 叶上部细胞；9. 叶肩部细胞；10. 叶基部细胞；11. 蒴齿；12. 叶横切面
（凭证标本：买买提明·苏来曼 18101、21853 XJU；祖丽米热·买买提依明拍摄）

9. 卷叶牛毛藓 *Ditrichum difficile* (Duby) Fleisch.

【分类地位】牛毛藓科牛毛藓属。【形态特征】植物体纤细，黄绿色。茎单一或稀分枝，基部有少许假根。叶多列，基叶小，上部叶较大而长，叶基部长卵形，向上逐渐成细长线形；叶缘平直，先端有时具齿突；中肋单一，较宽，及顶或略伸出叶尖。全叶细胞长形，壁略增厚；上部细胞长13~25微米，宽4~5微米；肩部细胞长线形；基部细胞长线形，长50~90微米，宽8~15微米；雌雄同株；蒴柄红褐色，细长，直立，长2.5~3.5毫米；孢蒴红褐色，长筒形，略弯曲，不对称；蒴齿黄褐色，长线形，两列至基部，表面密瘤。【生境】喜生于高山石灰岩峰或薄土上，小生境基质以草地土生、湿地土生、岩面、沙生、仿木、腐木为主。【生态价值】为高寒荒漠常见种，对保持水土和形成生态景观有重要作用。

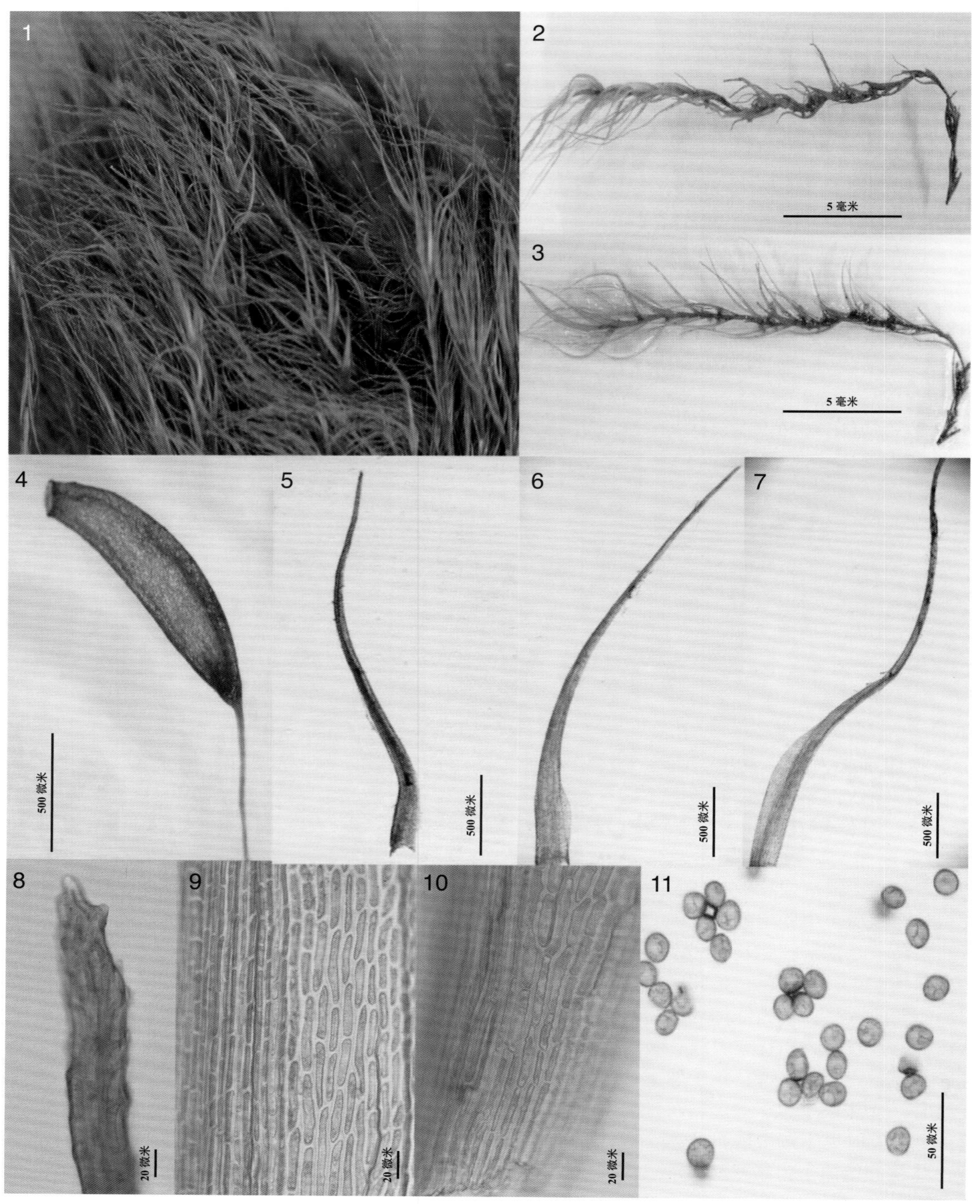

1. 植物群落；2. 植物体（干）；3. 植物体（湿）；4. 孢蒴；5~7. 叶片；8. 叶尖；9. 叶上部细胞；10 叶基部细胞；11. 孢子
（凭证标本：买买提明·苏来曼 19118、17581 XJU；祖丽米热·买买提依明拍摄）

10. 细牛毛藓 *Ditrichum flexicaule* (Schwägr.) Hampe

【分类地位】牛毛藓科牛毛藓属。【形态特征】植物体毛钻状密集丛生，绿色或黄绿色，柔软，具光泽。茎单一或叉状分枝，直立，基部常具密生假根。叶多列，直立，上部常弯曲，干燥时扭曲，潮湿时伸直倾立，基部卵形或宽卵形，向上成披针形或卵状披针形，渐成细长叶尖；叶缘平滑，内卷；中肋粗壮，单一，达叶尖或突出叶端；叶上部细胞圆形或椭圆形，厚壁；叶肩部细胞圆4~6边形；叶基部细胞长方形或狭长方形，平滑透明；雌雄异株；孢子体未见。【生境】生于高山石灰岩峰或薄土上，有时见于潮湿砂石及冰川旁岩面。【生态价值】为高寒荒漠常见种，对保持水土和形成生态景观有重要作用。

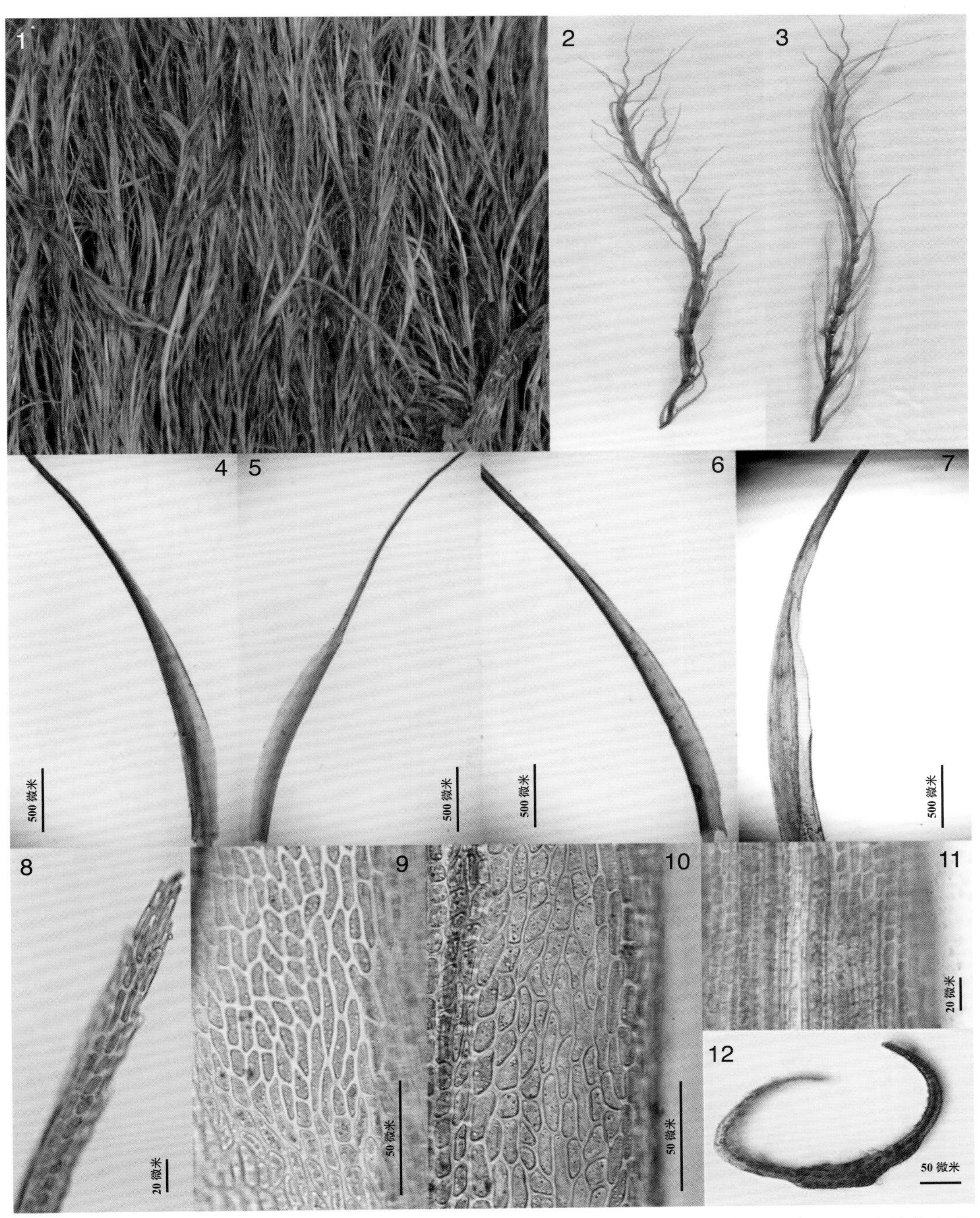

1. 植物群落；2. 植物体（干）；3. 植物体（湿）；4~7. 叶片；8. 叶尖；9. 叶肩部细胞；10. 叶基部细胞；11. 叶上部细胞；12. 叶横切面

（凭证标本：买买提明·苏来曼 1999a XJU；祖丽米热·买买提依明拍摄）

11. 扭叶牛毛藓 *Ditrichum gracile* (Mitt.) O. Kuntze

【分类地位】牛毛藓科牛毛藓属。【形态特征】植物体密集丛生，细长，黄褐色至深绿色，略具光泽。茎单一或叉状分枝，基部有密生红褐色假根。叶多列，干燥时向一侧弯曲，湿时倾立，长4~8毫米，细长披针形；叶先端平滑，具不规则齿突；中肋单一，细长，突出叶尖。叶上部细胞短长形或长方形，长9~13微米，宽3~5微米；肩部细胞圆4~6边形；基部细胞长方形或短矩形；雌雄异株；孢子体未见。【生境】生于高山石灰岩峰或薄土上，有时见于潮湿砂石及冰川旁岩面。【生态价值】为高寒荒漠常见种，对保持水土和形成生态景观有重要作用。

1. 植物群落；2. 植物体（干）；3. 植物体（湿）；4~5. 叶片；6. 叶尖；7. 叶上部细胞；8. 叶肩部细胞；9. 叶基部细胞；10~11. 叶横切面
（凭证标本：买买提明·苏来曼 17563、18913 XJU；祖丽米热·买买提依明拍摄）

12. 牛毛藓 *Ditrichum heteromallum*（Hedw.）Britt.

【分类地位】牛毛藓科牛毛藓属。【形态特征】植物体小，高约1厘米，稀疏丛生，黄绿色，纤细柔软。茎直立，单一。叶多列，直立，卵状披针形，干燥时贴茎，湿时倾立；叶缘平直，长2~3.5毫米；中肋粗壮，及顶或伸出叶端；全叶细胞长矩形，薄壁，上部细胞长15~20微米，宽3~ 6微米，基部细胞长40~46微米，宽5~ 8微米；雌雄异株；蒴柄直立，红褐色；孢蒴对称，圆柱形，红褐色，表面光滑；环带分化，成熟后易脱离；蒴齿线条形，两列近基部，表面具细疣；蒴盖平滑，圆锥形，无喙。孢子黄色，圆球形，表面光滑。【生境】生于高山石灰岩峰或薄土上，有时见于潮湿砂石及冰川旁岩面。【生态价值】为高寒荒漠常见种，对保持水土和形成生态景观有重要作用。

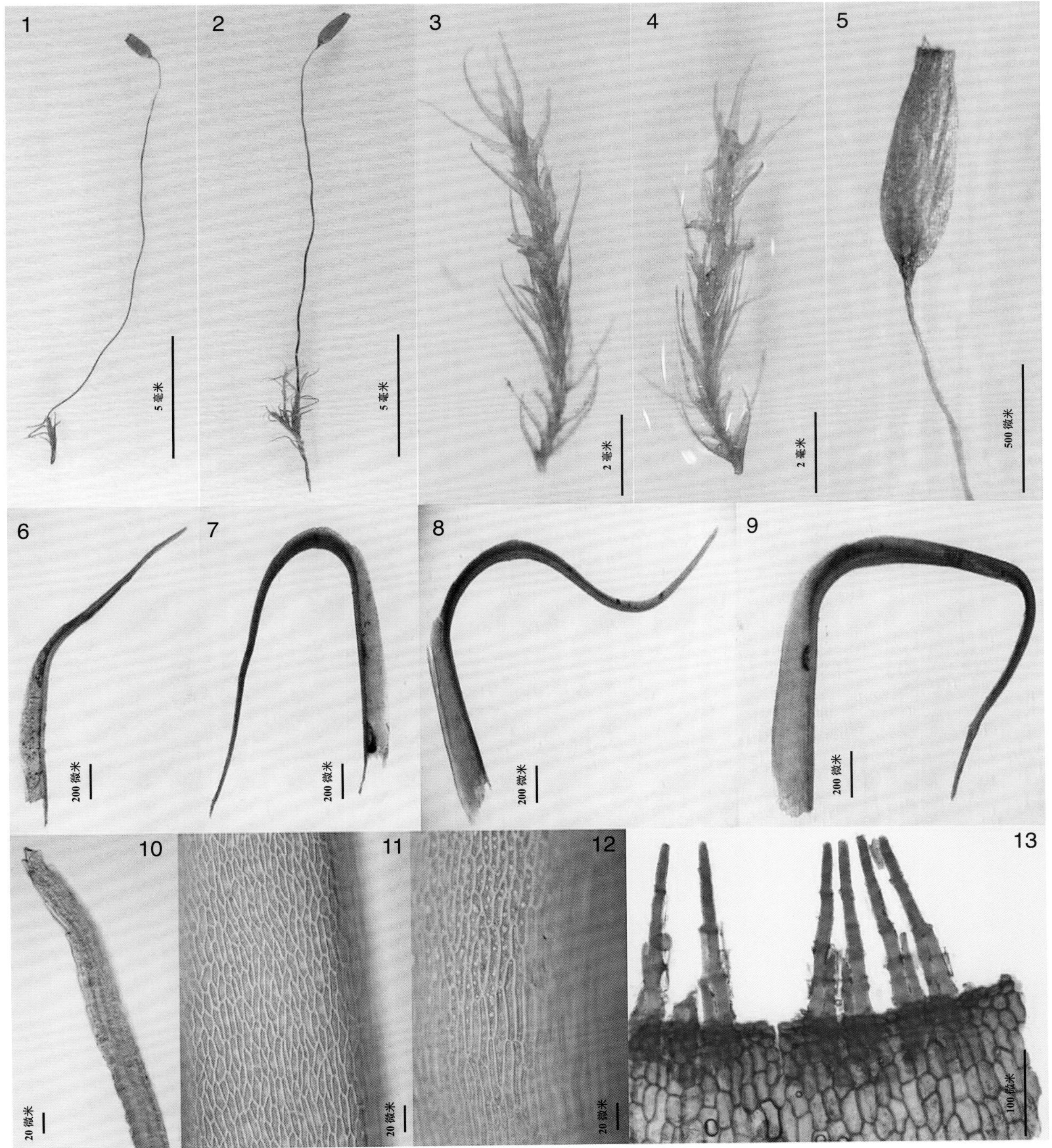

1、3. 植物体（干）；2、4. 植物体（湿）；5. 孢蒴；6~9. 叶片；10. 叶尖；11. 叶肩部细胞；12. 叶基部细胞；13. 蒴齿
（凭证标本：买买提明·苏来曼 17924、RA 115 XJU；祖丽米热·买买提依明拍摄）

13. 高山大帽藓 *Encalypta alpina* Sm.

左：湿润状态的植株▶
（配子体和孢子体）
右：蒴帽大并覆盖整个孢蒴▶

【分类地位】大帽藓科大帽藓属。【形态特征】植物体较大，黄绿色，下部呈褐色，密集丛生。茎高1~3厘米，单一或稀分枝。中肋粗壮，单一，突出于叶尖。叶上部细胞不规则方圆形，具细密疣，不透明；叶基部中肋两侧细胞长方形，具红褐色增厚横壁；叶边数列细胞长方形，壁略增厚。雌雄同株。蒴柄红褐色，长7~10毫米，直立。蒴帽大，狭长钟形，黄褐色，覆盖整个孢蒴，基部具三角形裂瓣。孢子圆球形，直径30~33微米，表面具不规则细密疣。【生境】生于岩面薄土或高山地区土上，稀见于沼泽地。【生态价值】为高寒荒漠常见种，对保持水土和形成生态景观有重要作用。

1~2. 植物群落；3~4. 蒴帽；5. 孢蒴；6~7. 蒴柄及横切面；8~12. 叶片；13. 叶尖；14. 叶横切面；15. 叶基部；16. 叶基部细胞；17. 叶中部细胞；18. 叶上部细胞
（凭证标本：买买提明・苏来曼 18058、21725 XJU；沙毕热木・斯热义力拍摄）

14. 大帽藓 *Encalypta ciliata* Hedw.

【分类地位】大帽藓科大帽藓属。【形态特征】植物体中等大，密集丛生，绿色或黄绿色，高0.5~3厘米。茎单一或分枝。叶干燥时强烈卷缩或旋扭，潮湿时伸展，长卵圆形至舌形，渐成短尖，叶边中下部背卷，略呈波状；中肋单一，粗壮，及顶或短突出；叶上部细胞圆角方形，具细密疣，不透明，中肋基部两侧细胞长方形。蒴柄直立；孢蒴直立，长圆筒形；蒴帽大，钟状，覆盖整个孢蒴，喙部细长，为全长的1/2~2/3。【生境】生于高山石灰岩石壁或岩面薄土上。【生态价值】为高寒荒漠常见种，对保持水土和形成生态景观有重要作用。

湿润状态的植株

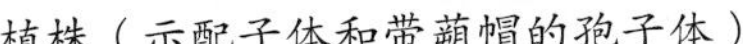
植株（示配子体和带蒴帽的孢子体）

成熟的孢蒴

15. 尖叶大帽藓 *Encalypta rhaptocarpa* Schwägr

▲左：植株（配子体和孢子体）

▲右：带蒴帽的孢蒴（孢子体）

【分类地位】大帽藓科大帽藓属。【形态特征】丛生，绿色或黄绿色。茎高约1厘米，单一，无分化中轴。叶干燥时卷缩，潮湿时倾立，长卵形，向上渐锐，先端具长刺状尖；叶边平直或下部略背卷；中肋粗壮，及顶。雌雄同株。蒴柄红褐色，长6~7毫米，上部干燥时扭曲。孢蒴直立，长圆柱形，表面具纵直条纹，有时近于平滑。蒴帽大，覆盖整个孢蒴，钟形，喙部短钝，基部具不规则裂瓣。孢子直径24~26微米，表面具粗疣状纹饰。【生境】生于土坡或石面土上，稀见于低湿地。【生态价值】为高寒荒漠常见种，对保持水土和形成生态景观有重要作用。

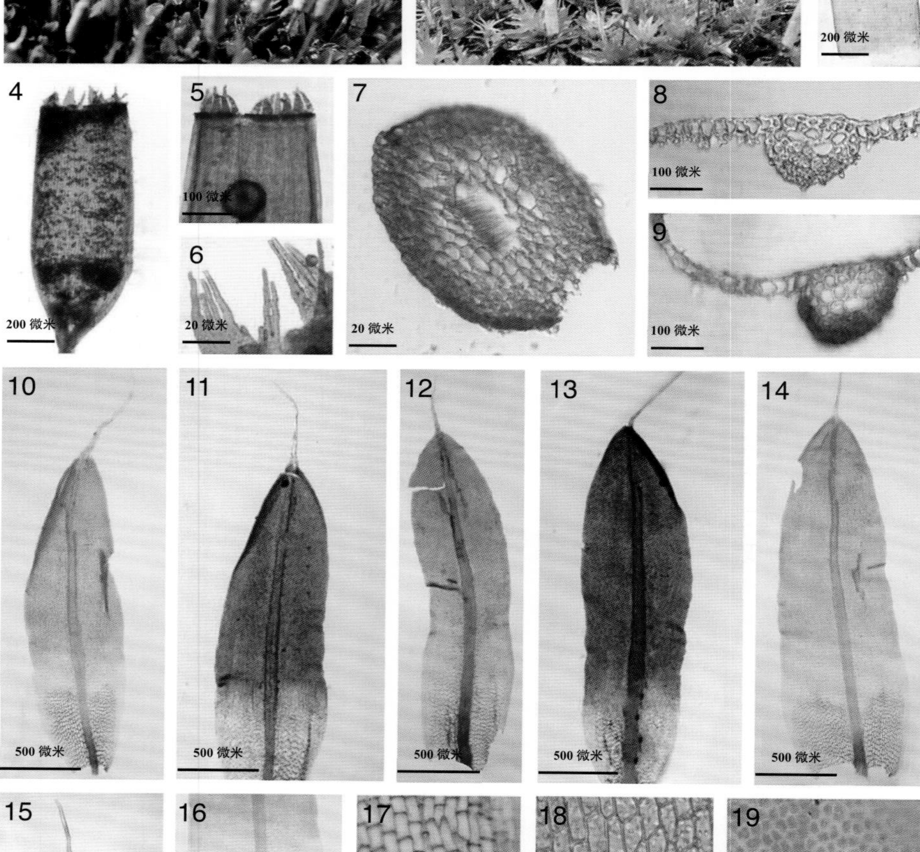

1~2. 植物群落；3. 蒴帽；4. 孢蒴；5~6. 蒴齿；7. 蒴柄横切面；8~9. 叶横切面；10~14. 叶片；15. 叶尖；16. 叶基部；17. 叶基部细胞；18. 叶中部细胞；19. 叶上部细胞

（凭证标本：买买提明·苏来曼 19002、21740 XJU；沙毕热木·斯热义力拍摄）

16. 剑叶大帽藓 *Encalypta spathulata* Müll. Hal.

▲左：植株（配子体和带蒴帽的孢蒴）
▲右：蒴帽和蒴盖已脱落的孢蒴（孢子体）

【分类地位】大帽藓科大帽藓属。【形态特征】植物体小，丛生，绿色或黄绿色，下部褐色。茎单一，无分化中轴。叶干燥时卷缩，不规则扭曲，潮湿时倾立，长舌形或窄匙形；叶缘平直；中肋单一，及顶。雌雄同株。蒴柄红褐色，长5~6毫米，干燥时上部扭曲；孢蒴直立，长圆筒形；蒴帽钟形，黄白色或淡褐色，覆盖整个孢蒴，基部多数具不规则裂瓣。孢子直径32~35微米，近极面近于平滑，远极面具粗棒状疣。【生境】生于砂土面或岩缝薄土上。【生态价值】为高寒荒漠常见种，对保持水土和形成生态景观有重要作用。

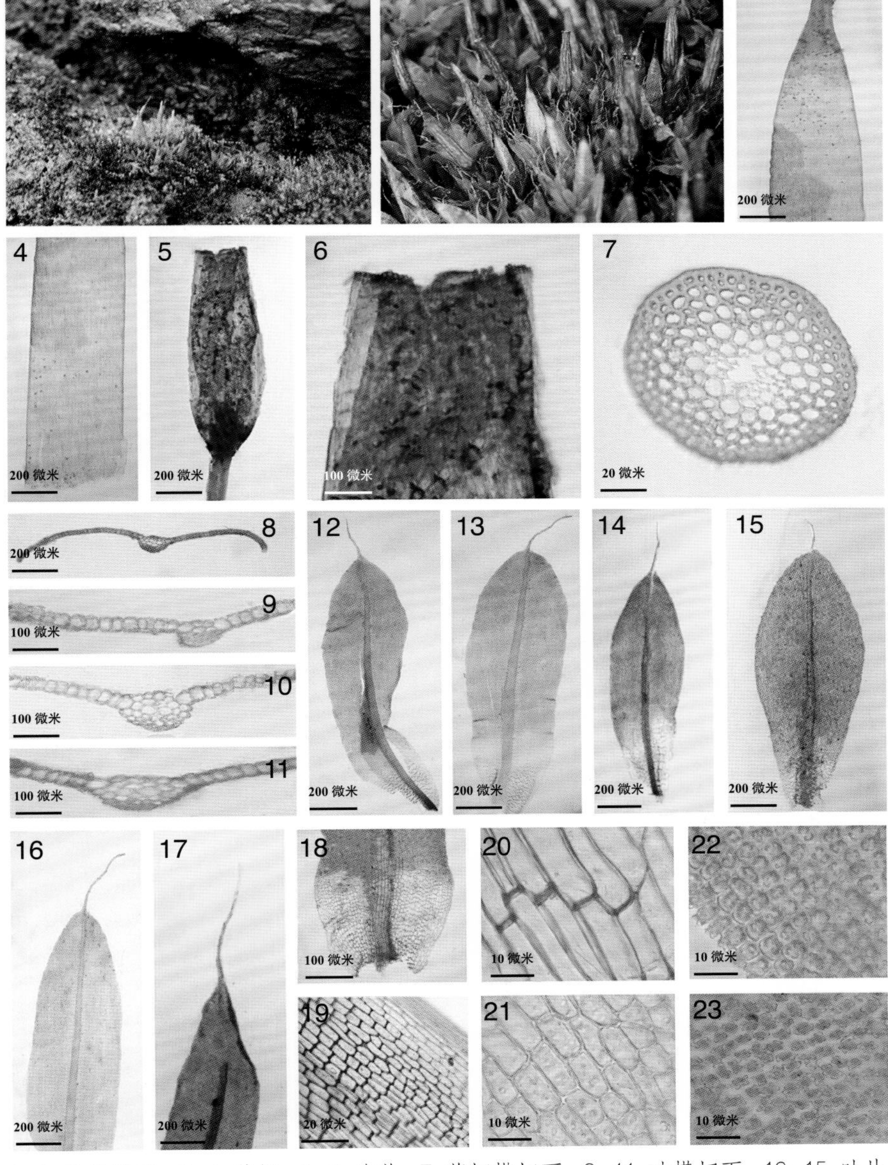

1~2. 植物群落；3~4. 蒴帽；5~6. 孢蒴；7. 蒴柄横切面；8~11. 叶横切面；12~15. 叶片；16~17. 叶尖；18. 叶基部；19~20. 叶基部细胞；21. 叶中部细胞；22~23. 叶上部细胞
（凭证标本：买买提明·苏来曼 18065、21919 XJU；沙毕热木·斯热义力拍摄）

17. 西藏大帽藓 *Encalypta tibetana* Mitt.

【分类地位】大帽藓科大帽藓属。【形态特征】植物体密集丛生，矮小，高5~10毫米，上部黄绿色，下部褐色。茎单一，中轴不分化。叶干燥时扭卷，潮湿时直立或背仰，舌形或匙形，上部渐尖，先端圆钝或稀见短齿；中肋粗壮，单一，在叶先端消失；叶上部细胞不规则，圆形或矩形，表面具分叉疣；叶基部中肋两侧细胞通常为矩形，橙色，具增厚壁；边缘具3~6列线形长细胞，薄壁，透明。雌雄同株。蒴柄短，直立，长3~4毫米，横切面为圆形，橙色。孢蒴长卵形，表面具纵向条纹；具单层蒴齿，披针形，深橙色，具细密疣；环带不分化。蒴盖具长直喙。蒴帽大钟形，表面光滑，金黄色或褐色，具短喙，基部无裂瓣。孢子浅褐色，近极面具粗棒状疣，远极面具不规则疣。【生境】常见于冰川边土坡、高山带等地区。【生态价值】为高寒荒漠常见种，对保持水土和形成生态景观有重要作用。

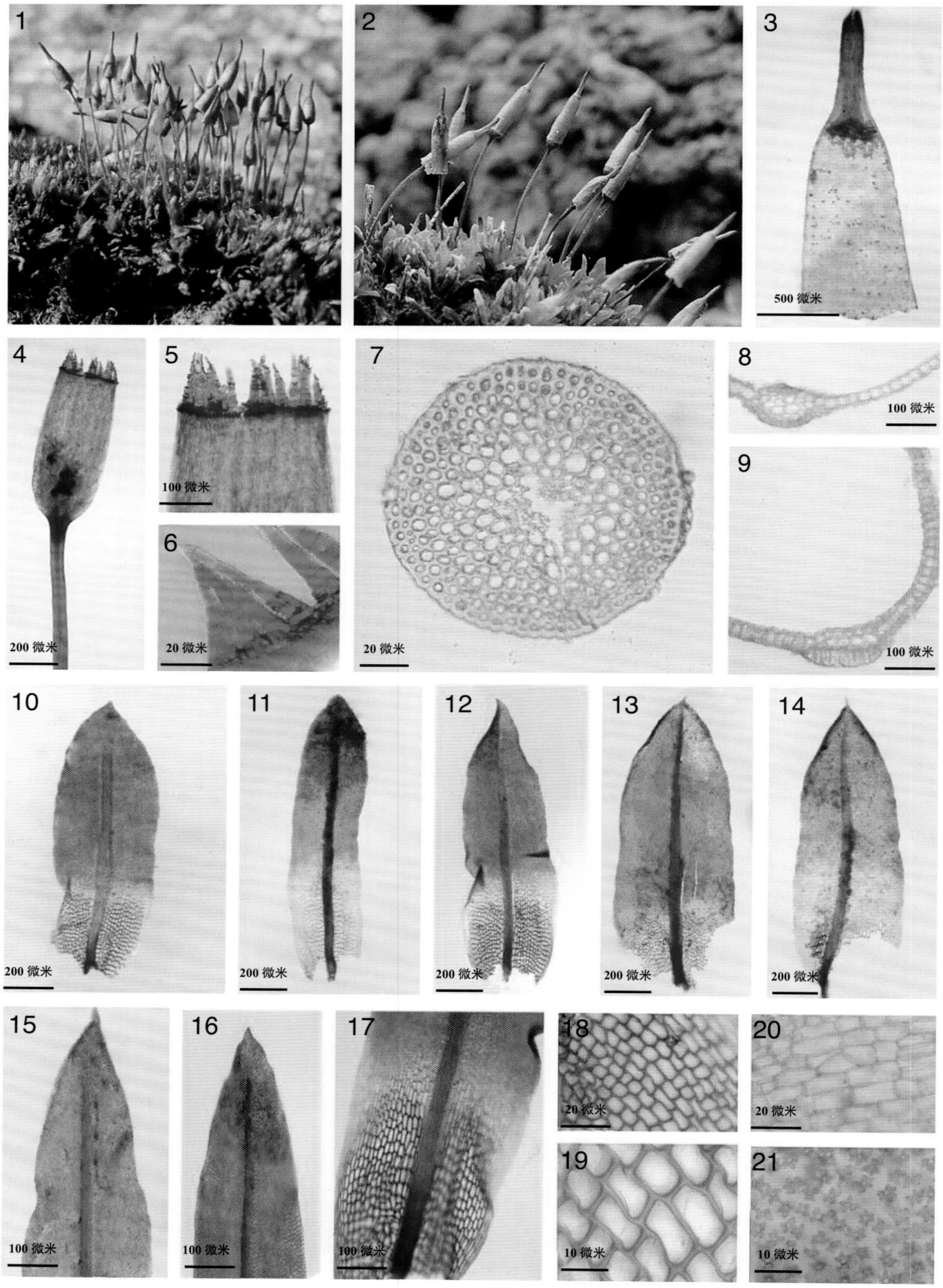

1~2. 植物群落；3. 蒴帽；4. 孢蒴；5~6. 蒴齿；7. 蒴柄横切面；8~9. 叶横切面；10~14. 叶片；15~16. 叶尖；17. 叶基部；18~19. 叶基部细胞；20. 叶中部细胞；21. 叶上部细胞
（凭证标本：买买提明·苏来曼 17531 XJU；沙毕热木·斯热义力拍摄）

18. 钝叶大帽藓 *Encalypta vulgaris* Hedw.

▲左：干燥状态的植株（配子体和孢子体）

▲右：成熟的孢蒴（示带蒴帽及蒴盖已脱落的孢蒴）

【分类地位】大帽藓科大帽藓属。【形态特征】植物体密集丛生，黄绿色。茎高0.5~1厘米，单一，直立。叶干燥时强烈卷缩，潮湿时倾立，长圆舌形，先端钝或急尖，叶边平展；中肋粗壮，达于叶尖下终止。叶上部细胞圆方形或六边形，具分叉的乳头，基部细胞宽，长方形，平滑透明，具狭长细胞构成的边缘；蒴柄红褐色或黄色，长4~6毫米，上部干燥时扭曲。孢蒴直立，圆柱形，表面具纵直条纹。蒴齿红棕色，具疣；蒴盖具直立长喙；蒴帽平滑；孢子球形或肾形，具粗瘤，直径21~27微米。【生境】生于砂土面或岩缝薄土上。【生态价值】为高寒荒漠常见种，对保持水土和形成生态景观有重要作用。

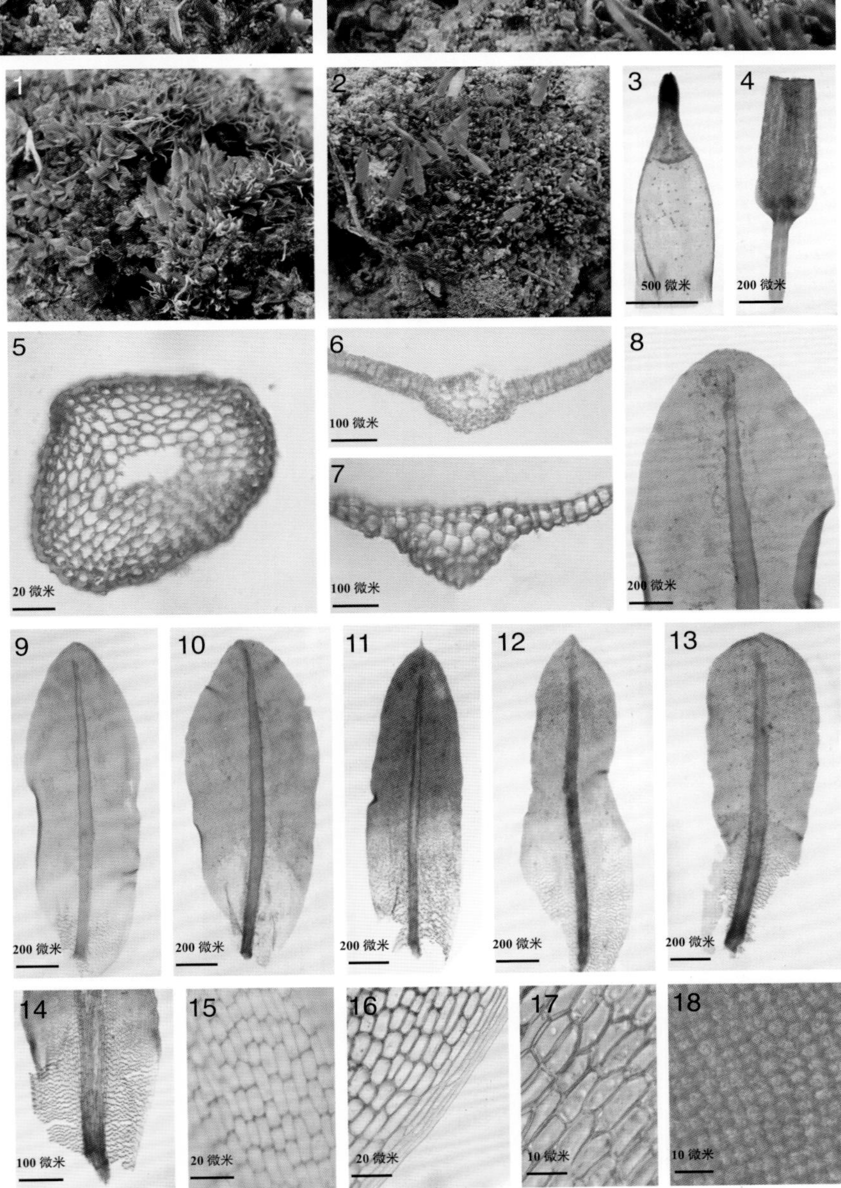

1~2. 植物群落；3. 蒴帽；4. 孢蒴；5. 蒴柄横切面；6~7. 叶横切面；8. 叶尖；9~13. 叶片；14. 叶基部；15~16. 叶基部细胞；17. 叶中部细胞；18. 叶上部细胞

（凭证标本：买买提明·苏来曼 8040、21706 XJU；沙毕热木·斯热义力拍摄）

19. 钝叶芦荟藓 *Aloina rigida* (Hedw.) Limpr.

【分类地位】丛藓科芦荟藓属。【形态特征】植株矮小，呈芽苞形；叶呈阔卵形或舌形，先端圆钝，内卷呈兜形；叶边全缘；中肋特宽，上端腹面具多数绿色分枝的丝状体；蒴柄长，红褐色；孢蒴直立，长圆柱形；蒴齿红色，齿片长线形，向左旋扭；蒴盖圆锥形，具长喙；孢子黄绿色，光滑。【生境】生于海拔3 800~5 000米的岩石上、石缝处、土壁上及土墙上。【生态价值】为高寒荒漠常见种，对保持水土和形成生态景观有重要作用。

钝叶芦荟藓群落（配子体和孢子体）

湿润状态的配子体

成熟的孢蒴（示带蒴帽和蒴盖）

20. 斜叶芦荟藓 *Aloina obliquifolia* (Müll. Hal.) Broth.

【分类地位】从藓科芦荟藓属。【形态特征】植物体细小，高约3毫米。茎短，直立，疏被叶。叶片长约2毫米，干燥时绕茎卷曲，叶基阔，呈鞘状抱茎，叶呈阔卵形，内凹，先端渐尖，向内卷合成兜形；叶边全缘，内卷，中肋长，突出叶尖呈刺芒状，红色。叶细胞呈扁长方形或椭圆形，壁特厚，雌雄异株。蒴柄长约2.2厘米，下部红色，上部黄棕色。孢蒴直立，长卵状圆柱形，呈黄褐色，蒴齿线状，红色，呈2~3回左向旋扭；环带由2~3列细胞构成，成熟后自行卷落。【生境】生于林地上或土墙上。【生态价值】为高寒荒漠常见种，对保持水土和形成生态景观有重要作用。

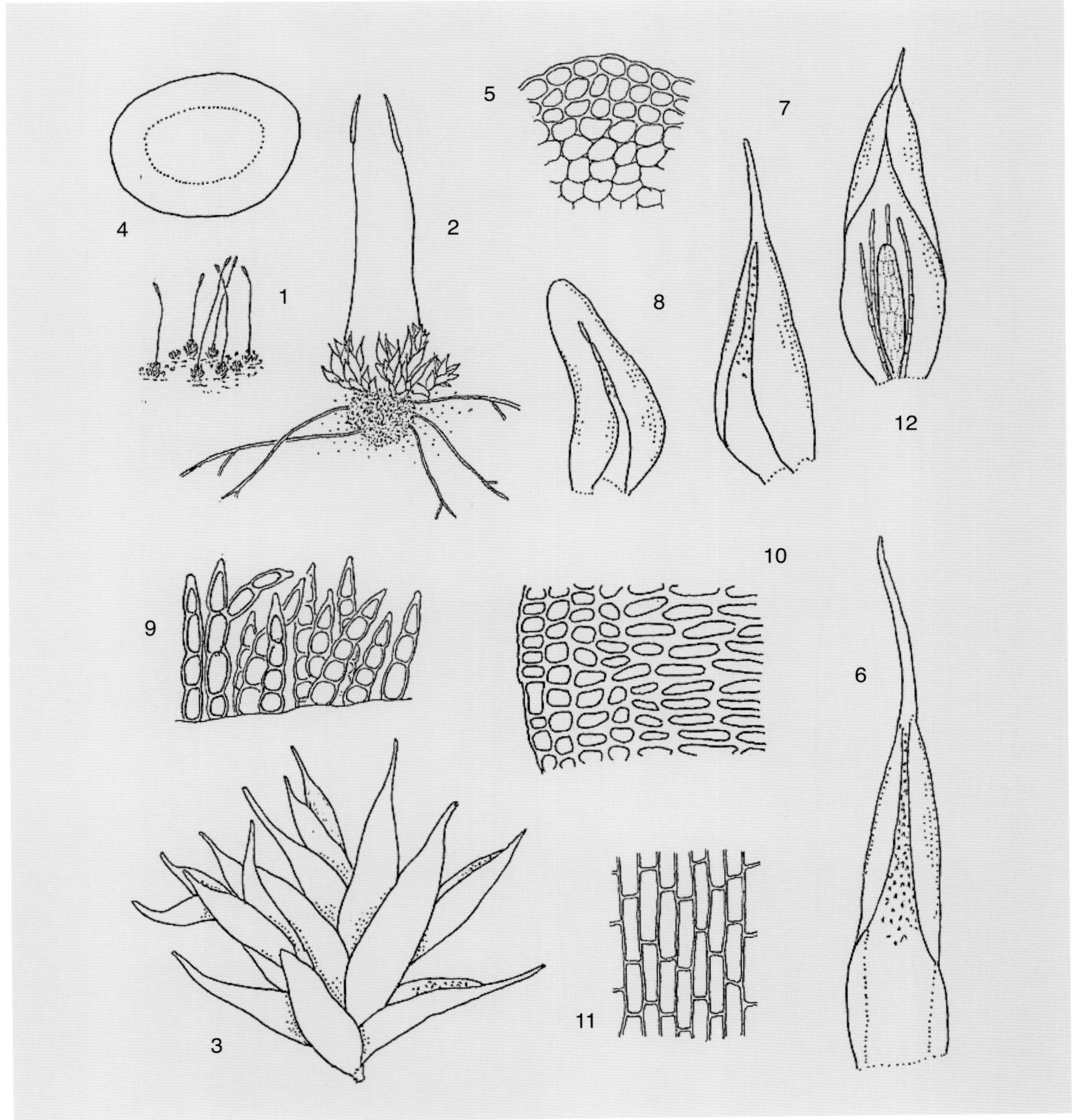

1、2. 植物体（2×5）；3. 枝（×40）；4. 茎的横切面（×60）；5. 茎横切面的一部分（×240）；6~8. 叶片（×30）；9. 叶腹面的毛状突起（×240）；10. 叶上部边缘细胞（×240）；11. 叶基部细胞（×40）；12. 雄苞叶（×40）
（绘图标本：买买提明·苏来曼 19209；绘图人：吴鹏程）

21. 丛本藓 *Anoectangium aestivum* (Hedw.) Mitt.

【分类地位】丛藓科丛本藓属。【形态特征】植株纤细，鲜绿色，往往密集丛生呈垫状。茎直立，高3~4厘米。叶密生，呈披针形，先端渐尖内折呈龙骨状；叶缘具圆钝齿；中肋粗壮，长达叶先端稍下处消失，绝不突出叶尖；叶细胞密被粗疣，基部细胞呈长方形，稀具疣，近中肋处细胞平滑无疣。蒴柄长0.5~1.5厘米，黄色。孢蒴呈长圆筒形或狭倒卵形。蒴齿缺失。孢子暗黄色，平滑。【生境】习见于高山或亚高山地带，多生于碱性岩石或岩石薄土上。【生态价值】为高寒荒漠常见种，对保持水土和形成生态景观有重要作用。

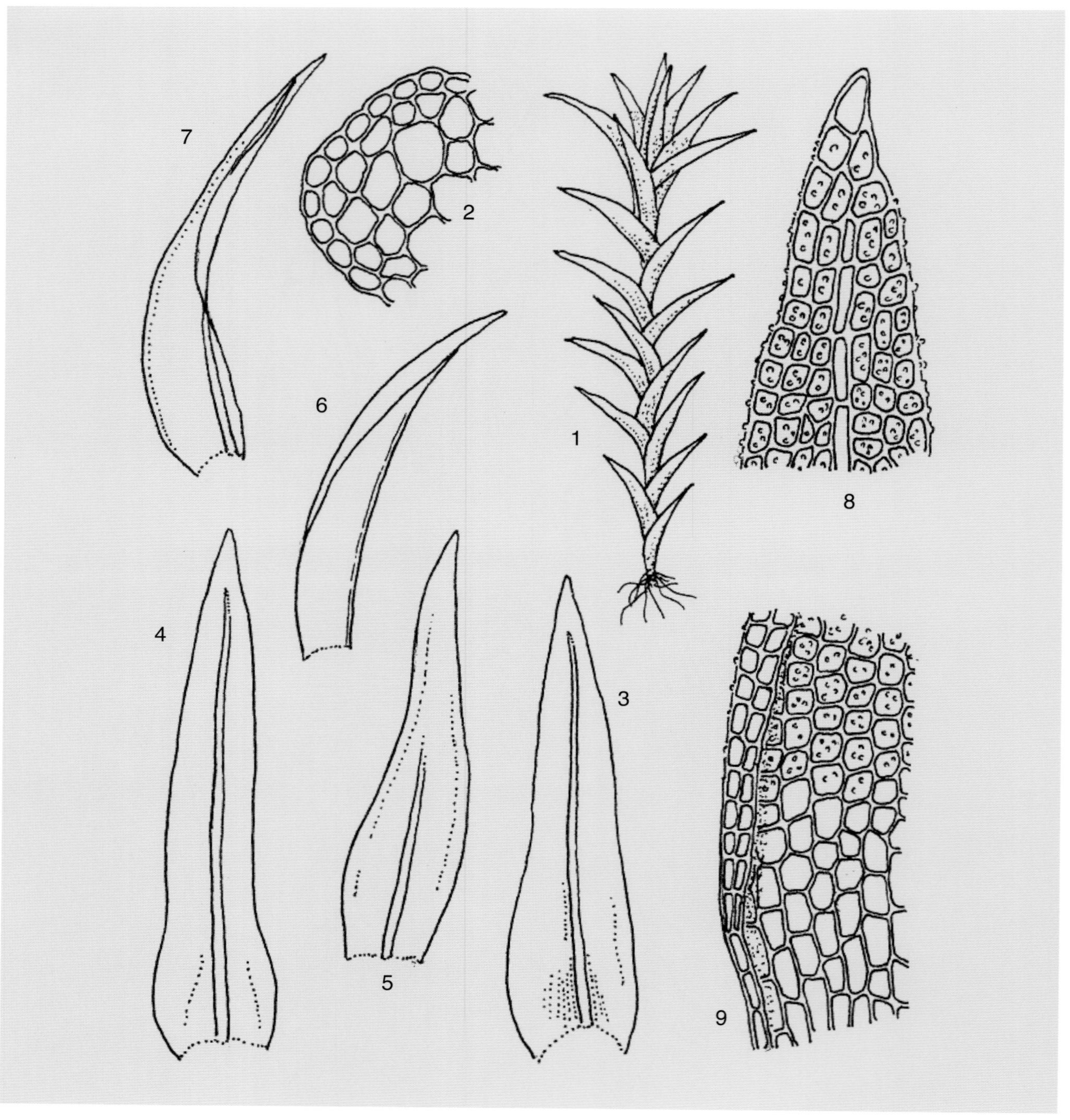

1. 植物体（×16）；2. 茎横切面的一部分（×400）；3~7. 叶片（×100）；8. 叶尖部细胞（×650）；9. 叶基部细胞，示叶边背卷（×650）
（绘图标本：买买提明·苏来曼 19115 XJU）

22. 钝头红叶藓 *Bryoerythrophyllum brachystegium*（Besch.）Saito

【分类地位】丛藓科红叶藓属。【形态特征】植株密集丛生，上部黄绿色，下部红褐色，茎直立，高约1.5厘米，下部密被假根。叶干燥时紧贴茎上且皱缩。湿时倾立，呈卵状披针形，上部背仰，基部宽呈鞘状抱茎，向上渐尖，顶端圆钝；叶边全缘，下部稍背卷；中肋粗壮，长达叶尖稍下处消失；叶细胞呈多边状圆形，壁稍厚，具多个圆形或新月形细疣，叶基部细胞呈长方形。平滑，透明。【生境】生于岩石上、石缝中、岩面薄土上、林地上、树干上以及倒腐木上。【生态价值】为高寒荒漠常见种，对保持水土和形成生态景观有重要作用。

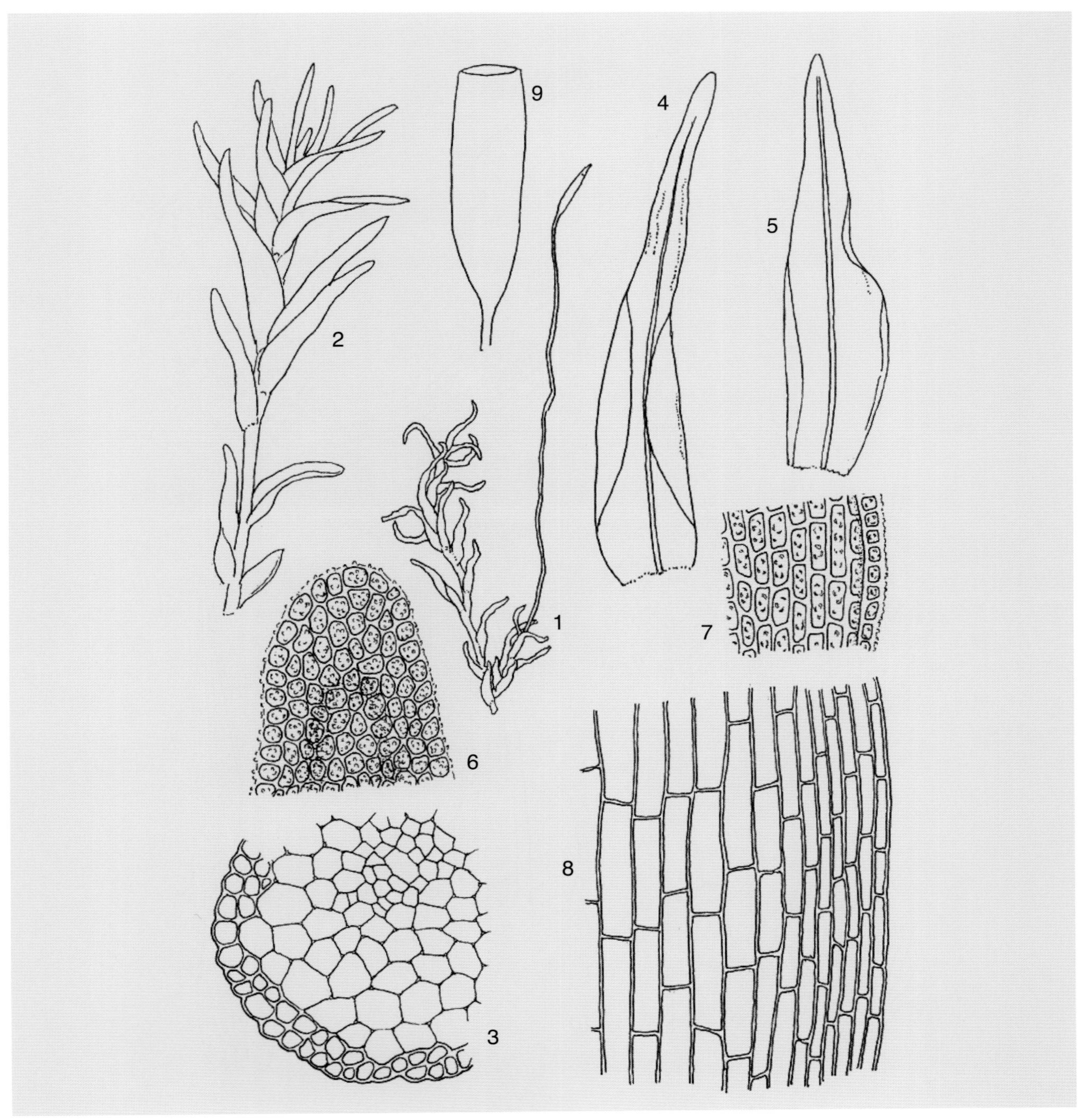

1. 植物体（×12）；2. 植物体（×25）；3. 茎横切面（×470）；4~5. 叶片（×42）；6. 叶尖细胞（×410）；7. 叶中部细胞（×410）；8. 叶基部细胞（×410）；9. 孢蒴（×25）

（绘图标本：热孜玩故·艾则孜 9；绘图人：吴鹏程）

23. 无齿红叶藓 *Bryoerythrophyllum gymnostomum* (Broth.) P. C. Chen

【分类地位】从藓科红叶藓属。【形态地位】植物体矮小，密集丛生，黄绿色或红棕色。茎直立，单一，高0.5~1.0厘米。叶干燥时卷缩，潮湿时倾立，卵状披针形，先端急尖或钝，具平滑小尖，叶边全缘，中部背卷；中肋强筋，长达叶尖之下终止。叶上部细胞圆方形，壁薄，每个细胞有2~4个马蹄形疣，基部细胞矩形，平滑。孢子体顶生，蒴柄红棕色；孢蒴直立，卵圆柱形，棕色；蒴齿短，披针形，密背疣。孢子棕色，近球形，密背疣，直径14.5~18微米。【生境】主要生长在海拔2 000~4 000米的高山林地、林缘土坡、岩石或岩面薄土上。【生态价值】为高寒荒漠常见种，对保持水土和形成生态景观有重要作用。

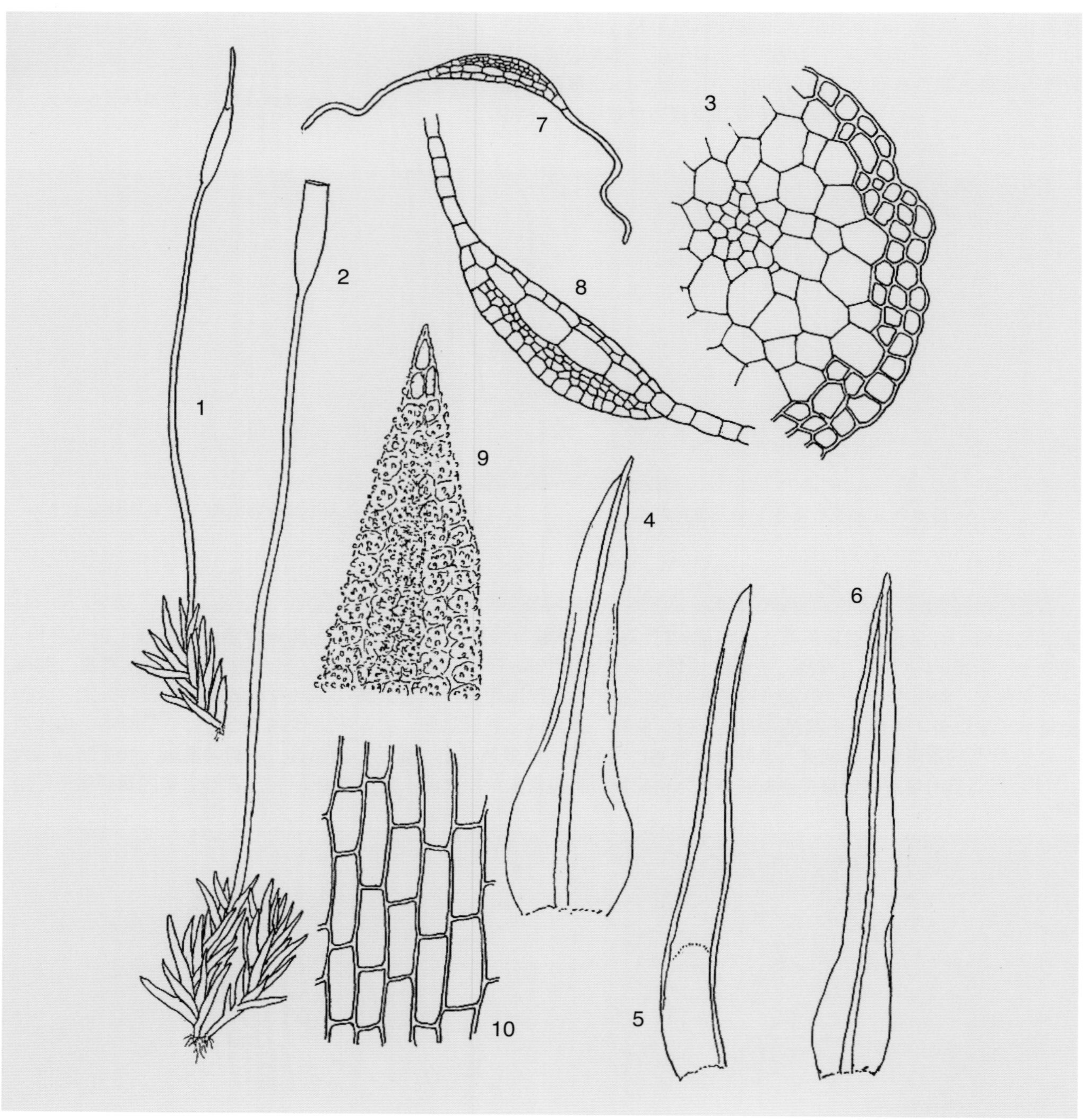

1、2. 植物体（×12）；3. 茎横切面（×470）；4~6. 叶片（×42）；7. 叶横切面（×240）；8. 叶横切面（×410）；9. 叶尖细胞（×410）；10. 叶基部细胞（×410）
（绘图标本：热孜玩故·艾则孜 121；绘图人：吴鹏程）

24. 红叶藓 *Bryoerythrophyllum recurvirostrum*（Hedw.）P. C. Chen

【分类地位】丛藓科红叶藓属。【形态特征】植株较粗壮，散生或疏丛生，初期黄绿色，后期渐呈红褐色。茎单一或具分枝，密被叶；叶干时紧贴，卷缩或旋扭，湿时直立或背仰；先端渐尖或圆钝呈舌状，稀剑头形；叶边平展或中下部背卷，上部常具不规则粗锐齿，稀全缘；中肋粗壮，先端稍细，在叶尖部消失或突出叶尖具小尖头；有的种类叶缘细胞带呈红棕色，多稀疏而透明，形成明显的分化边。多雌雄异株。蒴柄直立，成熟时紫红色。孢蒴短圆柱形，黄褐色，老时呈红色；环带有分化；蒴齿短，直立；齿片呈线形，密被细疣；蒴盖具斜长喙；蒴帽兜形。多数种类叶腋着生球形芽胞体。【生境】生于石壁上和土坡上。【生态价值】为高寒荒漠常见种，对保持水土和形成生态景观有重要作用。

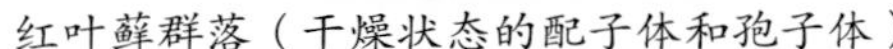
红叶藓群落（干燥状态的配子体和孢子体）

成熟的孢蒴（蒴帽和蒴盖已脱落）

25. 绿色流苏藓 *Crossidium squamiferum*（Viv.）Jur.

【分类地位】丛藓科流苏藓属。【形态特征】植物体密集或疏散丛生，黄绿色带银白色；茎直立，常叉状分枝；叶干燥时紧贴，潮湿时倾立，卵状三角形，内凹，叶缘平展，白色透明，先端突生白色平滑细长毛尖，毛尖与叶片等长或长于叶片；腹面突生绿色丝体分枝；中肋粗壮，突出成白色细长毛尖；叶上部细胞圆形，扁圆形或多角圆形，壁强烈加厚，平滑透明，基部细胞呈规则方形或长方形，平滑。【生境】生于干燥地区的石灰岩或钙质土上。【生态价值】为高寒荒漠常见种，对保持水土和形成生态景观有重要作用。

绿色流苏藓群落（干燥状态的配子体）

26. 红对齿藓 *Didymodon asperifolius*（Mitt.）H. Crum.

【分类地位】丛藓科对齿藓属。【形态特征】植物体密集丛生或稀丛生，暗绿色或红棕色。茎直立或倾立，单一或分枝，茎中轴不分化。叶干燥时紧贴于茎，潮湿时稍扭转展开并强烈背仰，卵圆形或卵圆披针形，叶片单层；先端急尖，不易脱落。叶边全缘，叶上部具疣状细齿，叶中下部边缘背曲。中肋粗壮，中上部腹面细胞短矩形，具疣，中肋横切面呈圆形或卵圆形，主细胞2~5个，1层；具背、腹厚壁细胞带，背厚细胞带1~3层，腹厚细胞带1~2层；背、腹表皮细胞分化，具疣。叶上部有3~5个角状圆形细胞，中部细胞呈圆形或圆方形，每个细胞具有1~2个圆疣，细胞壁稍增厚，无壁孔；基部细胞显著增大，呈方形或长方形，细胞壁增厚，具壁孔，平滑，呈淡黄色。雌雄异株。未见孢子体。【生境】喜生于岩石上、土壁上、沼泽地上。【生态价值】为高寒荒漠常见种，对保持水土和形成生态景观有重要作用。

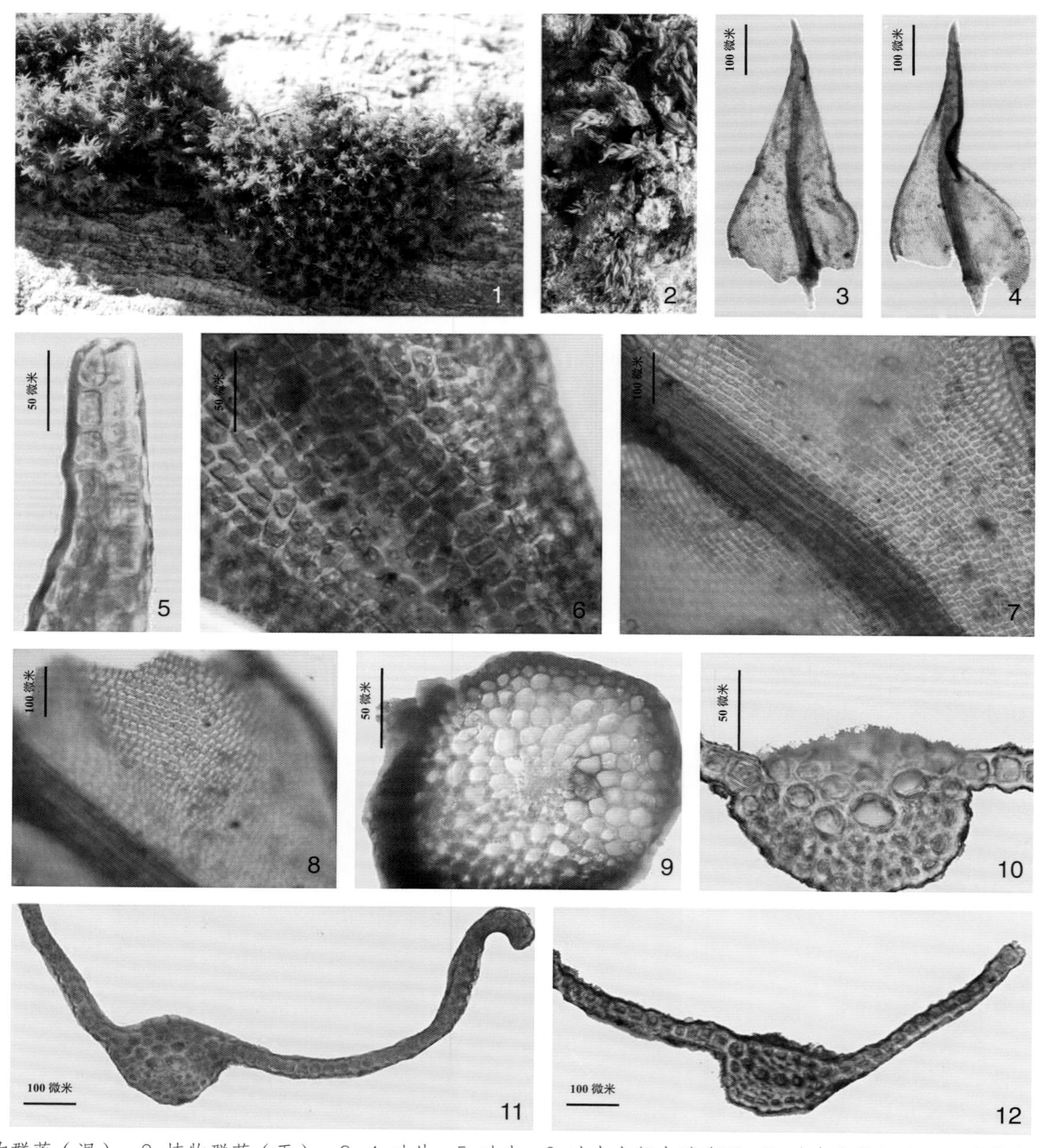

1. 植物群落（湿）；2. 植物群落（干）；3~4. 叶片；5. 叶尖；6. 叶中上部中肋腹面；7. 叶中上部细胞；8. 叶基部细胞；9. 茎横切面；10~11. 叶中部中肋横切面；12. 叶基部中肋横切面

（凭证标本：买买提明·苏来曼 18288、21822 XJU）

27. 鹅头对齿藓 *Didymodon anserinocapitatus*（X. J. Li）Zand.

【分类地位】丛藓科对齿藓属。【形态特征】植物体密集垫状丛生，棕色或棕绿色。茎直立，单一或分枝，茎横切面圆形或椭圆形，中轴分化明显。叶同形，干燥时卷曲，潮湿时伸展，中下部呈宽卵状披针形，上部纤细，先端膨大，弯曲下垂，呈鹅头颈形，常断落；叶片细胞单层；中肋粗壮，长达叶尖，叶基部宽20~70微米，中肋中上部腹面细胞短矩形或方形，光滑，背面细胞短矩形或亚方形，光滑，中肋横切面呈圆形或卵圆形，主细胞2层，3~7个，光滑；叶片中上部细胞方形、不规则多角形，光滑或具有1~2个低疣；基部细胞不分化，长方形或方形，光滑，细胞壁增厚；基部边缘细胞不分化。无芽胞。孢子体未见。【生境】生于海拔3 000~4 500米高山林地、高山草甸土上或流石滩上。【生态价值】为高寒荒漠常见种，对保持水土和形成生态景观有重要作用。

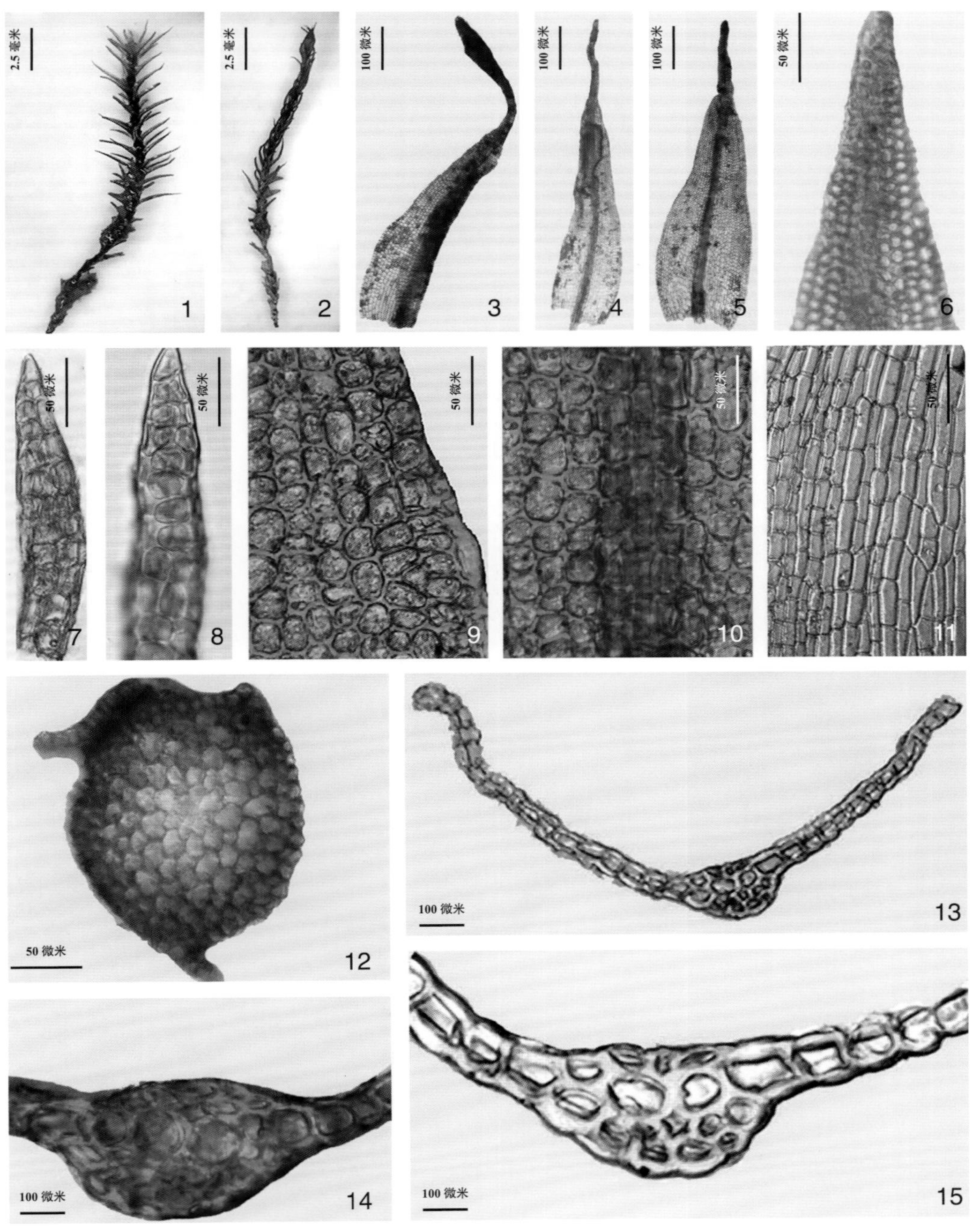

1. 植物体（湿）；2. 植物体（干）；3~5. 叶片；6. 叶尖；7~8. 叶上部细胞；9~10. 叶中部细胞；11. 叶基部细胞；12. 茎横切面；13. 叶上部横切面；14. 叶中部中肋横切面；15 叶基部中肋横切面

（凭证标本：买买提明·苏来曼 17984、21808 XJU）

28. 尖叶对齿藓 *Didymodon constrictus*（Mitt.）Saito var. *constrictus*

【分类地位】丛藓科对齿藓属。【形态特征】植株黄绿带红棕色，密集丛生。茎直立，单一，稀分枝，高1~2.5厘米。叶密生，基部阔，卵状长披针形，先端狭长披针形；叶边全缘，背卷；中肋粗壮，长达叶尖部，叶上部细胞呈3~5角状圆形，薄壁不规则增厚，具1至多个疣；基部细胞呈长方形，平滑，薄壁，透明。雌雄异株。蒴柄红色；孢蒴呈圆柱形。蒴盖圆锥形，先端具斜喙。蒴齿长，呈线形，多次向左旋扭。孢子绿色，具细疣。【生境】生于石壁上和土坡上。【生态价值】为高寒荒漠常见种，对保持水土和形成生态景观有重要作用。

尖叶对齿藓群落（干燥状态的配体）

干燥状态的配子体和幼孢子体

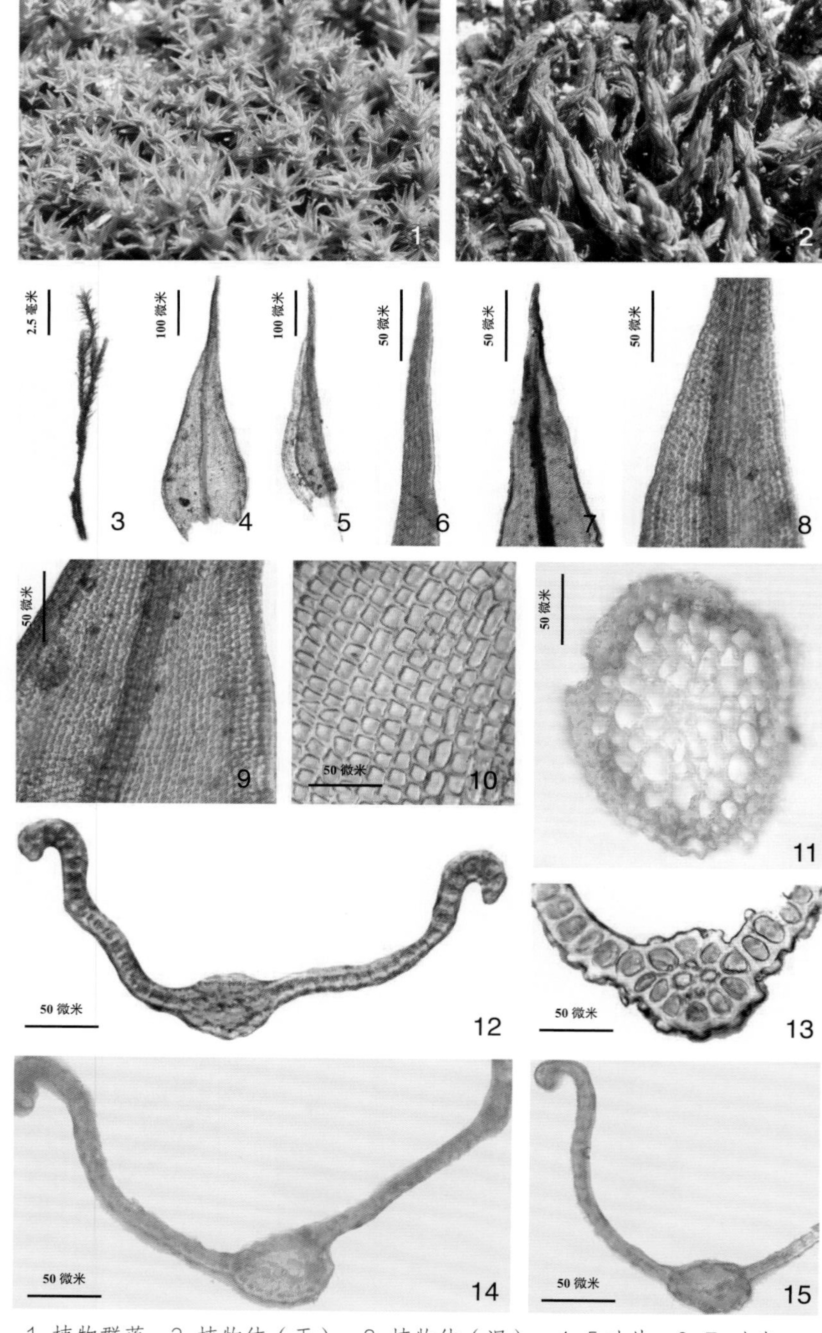

1. 植物群落；2. 植物体（干）；3. 植物体（湿）；4~5 叶片；6~7. 叶尖；8~9. 叶中上部细胞；10. 叶基部细胞；11. 茎横切面；12~13. 叶中部中肋横切面；14~15. 叶基部中肋横切面
（凭证标本：买买提明·苏来曼 18154、18971 XJU）

29. 尖叶对齿藓芒尖（变种）*Didymodon constrictus* var. *flexicuspis*（P. C .Chen）Saito

【分类地位】丛藓科对齿藓属。【形态特征】植物体密集丛生或稀丛生，棕绿色或红棕色。茎直立，单一或分枝，茎中轴不分化。叶干燥时上部皱缩、卷曲，下部紧贴于茎，潮湿时背仰，狭披针形或线形披针形，叶片基部阔，向上渐尖呈钻状，叶边下端背卷。中肋粗壮，突出叶尖形成长芒状，先端弯曲，中肋中上部背腹面细胞伸长呈长方形或方形，具疣，中肋横切面呈圆形或椭圆形，主细胞1层，5~7个；具背、腹厚壁细胞带，背厚细胞带均2~ 3层、腹厚细胞带；背、腹表皮细胞分化。叶上部细胞呈3~5角状圆形，壁稍加厚，无壁孔，平滑无疣；基部细胞呈方形或长方形，壁稍加厚，无壁孔，细胞平衡，呈褐绿色。雌雄异株。未见孢子体。【生境】生于3 000米以上针叶林下岩石上。【生态价值】为高寒荒漠常见种，对保持水土和形成生态景观有重要作用。

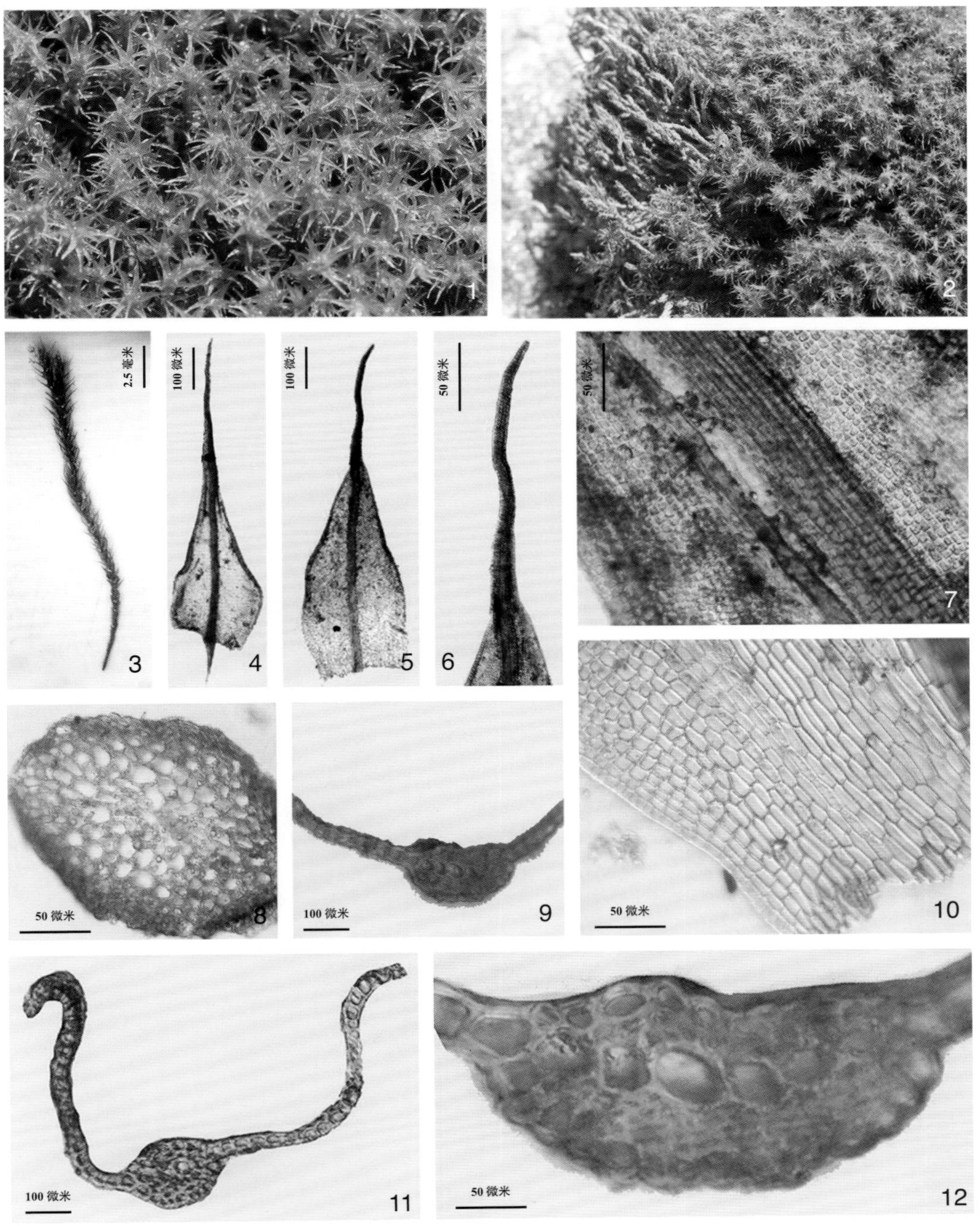

1~2. 植物群落；3. 植物体（湿）；4~5 叶片；6. 叶尖；7. 叶中上部细胞；8. 茎横切面；9. 叶中部中肋横切面；10. 叶基部细胞；11~12. 叶基部中肋横切面

（凭证标本：买买提明·苏来曼 18051、21796 XJU）

30. 长尖对齿藓 *Didymodon ditrichoides* (Broth.) X. -J. Li & S. He.

【分类地位】丛藓科对齿藓属。【形态特征】植株体较大，密集丛生，深绿色或棕色。茎直立，单一或分枝，茎横切面圆形，中轴轻微分化。叶同形，干燥时基部紧贴茎，上部扭曲或背仰，潮湿时轻微伸展，披针形。叶尖渐尖，不脱落；叶边全缘，中到基部强烈背卷，单层。中肋长，突出叶尖呈棕色长尖；中肋中上部腹面细胞方形或短矩形方形，具疣，背面细胞正方形或长方形，具疣，中肋横切面呈卵圆形或椭圆形，主细胞1层，2~6个，具疣。叶片中上部细胞圆方形、六边形或不规则圆形，具疣，细胞壁增厚；基部细胞轻微分化，长方形，细胞壁中等程度增厚；基部边缘细胞不分化，正方形或圆方形。无芽胞。雌雄异株。孢子体未知。【生境】生于岩石上、岩面薄土上和腐木上。【生态价值】为高寒荒漠常见种，对保持水土和形成生态景观有重要作用。

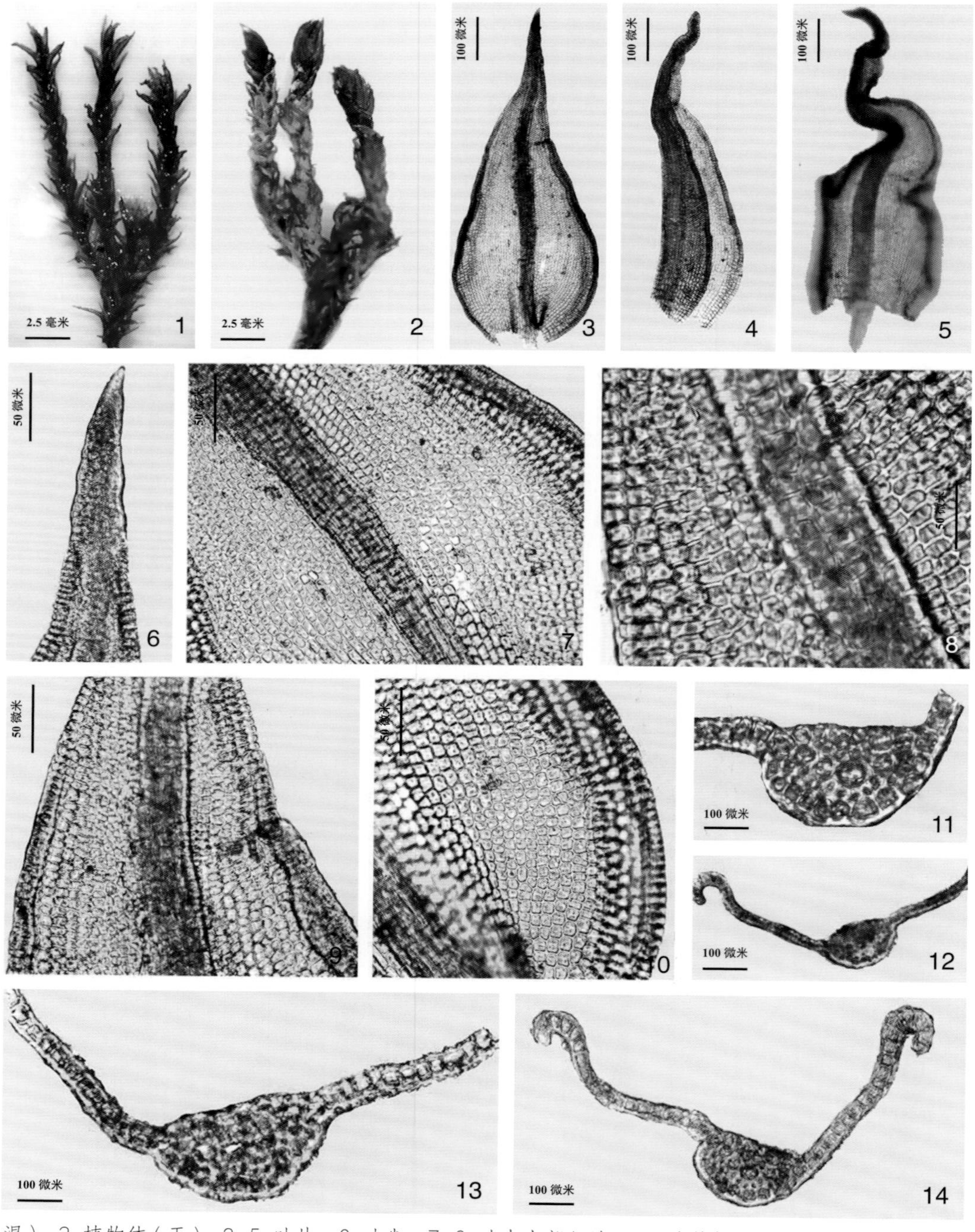

1. 植物体（湿）；2. 植物体（干）；3~5. 叶片；6. 叶尖；7~9. 叶中上部细胞；10. 叶基部细胞；11~12. 叶中部中肋横切面；13~14. 叶基部中肋横切面

（凭证标本：买买提明·苏来曼 17894 XJU）

31. 反叶对齿藓 *Didymodon ferrugineus* (Schimp. ex Besch.) Hill.

【分类地位】丛藓科对齿藓属。【形态特征】植物体密集丛生，棕黄色或带红棕色。茎直立，常分枝，高1.5~2.5米。叶干燥时紧贴，潮湿时强烈背仰，长1.2~1.5毫米，宽0.4~0.5毫米；中肋粗壮，长达叶尖，红棕色，腹部表面细胞狭长圆形。叶上部细胞不规则圆形，壁强烈加厚，每个细胞具2~4个大圆疣，直径6.6~10.6微米，基部细胞短矩形或长方形，平滑，棕色或透明。【生境】生于石壁和土坡上。【生态价值】为高寒荒漠常见种，对保持水土和形成生态景观有重要作用。

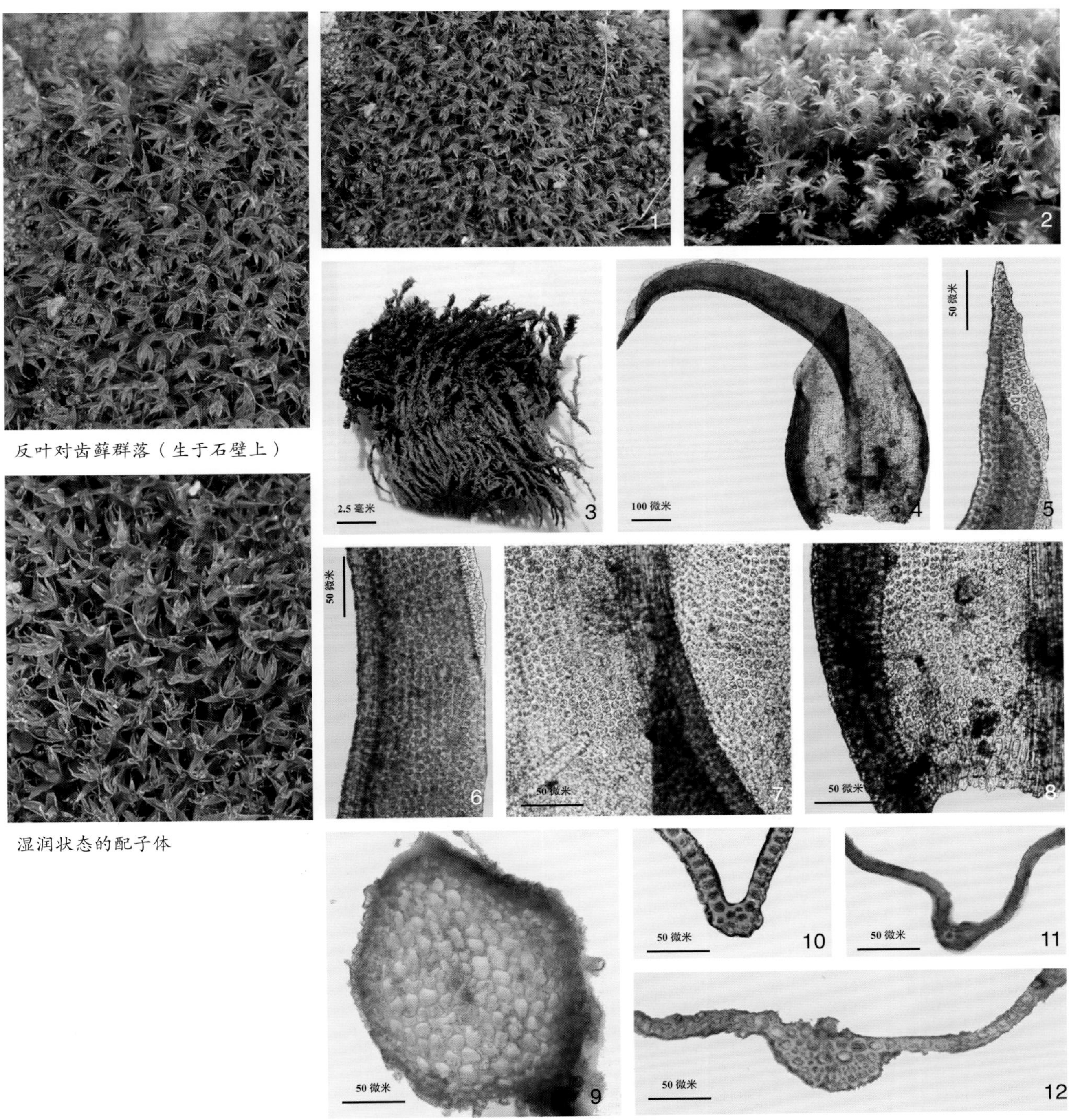

反叶对齿藓群落（生于石壁上）

湿润状态的配子体

1~2. 植物群落（湿）；3. 植物群落（干）；4. 叶片；5. 叶尖；6. 叶上部细胞；7. 叶中部细胞和腋毛；8. 叶基部细胞；9. 茎横切面；10. 叶上部中肋横切面；11. 叶中部中肋横切面；12. 叶基部中肋横切面

（凭证标本：买买提明·苏来曼 30056、30078、30007 XJU）

32. 黑对齿藓 *Didymodon nigrescens* (Mitt.) Saito

【分类地位】丛藓科对齿藓属。【形态特征】植物体呈垫状紧密丛生，黑色或暗绿色，高7~20毫米。茎直立，多具分枝，茎横切面圆形，茎中轴分化。叶干燥时紧贴于茎，潮湿时倾立展开，叶基部较阔，卵形或长卵状披针形，叶片单层。叶边全缘，明显背卷。中肋薄，长达于叶尖，呈暗棕色。中肋中上部腹面细胞伸长呈长方形或方形，中肋横切面呈圆形，主细胞4~6个。叶上部细胞多角状圆形，细胞壁增厚，具疣，叶上部边缘细胞具疣而呈细齿状；基部细胞明显增大，呈方形或长方形，厚壁，平滑或具单一粗疣。雌雄异株。有孢子体，孢蒴直立，呈圆柱形，黑红色。【生境】生于石壁和土坡上。【生态价值】为高寒荒漠常见种，对保持水土和形成生态景观有重要作用。

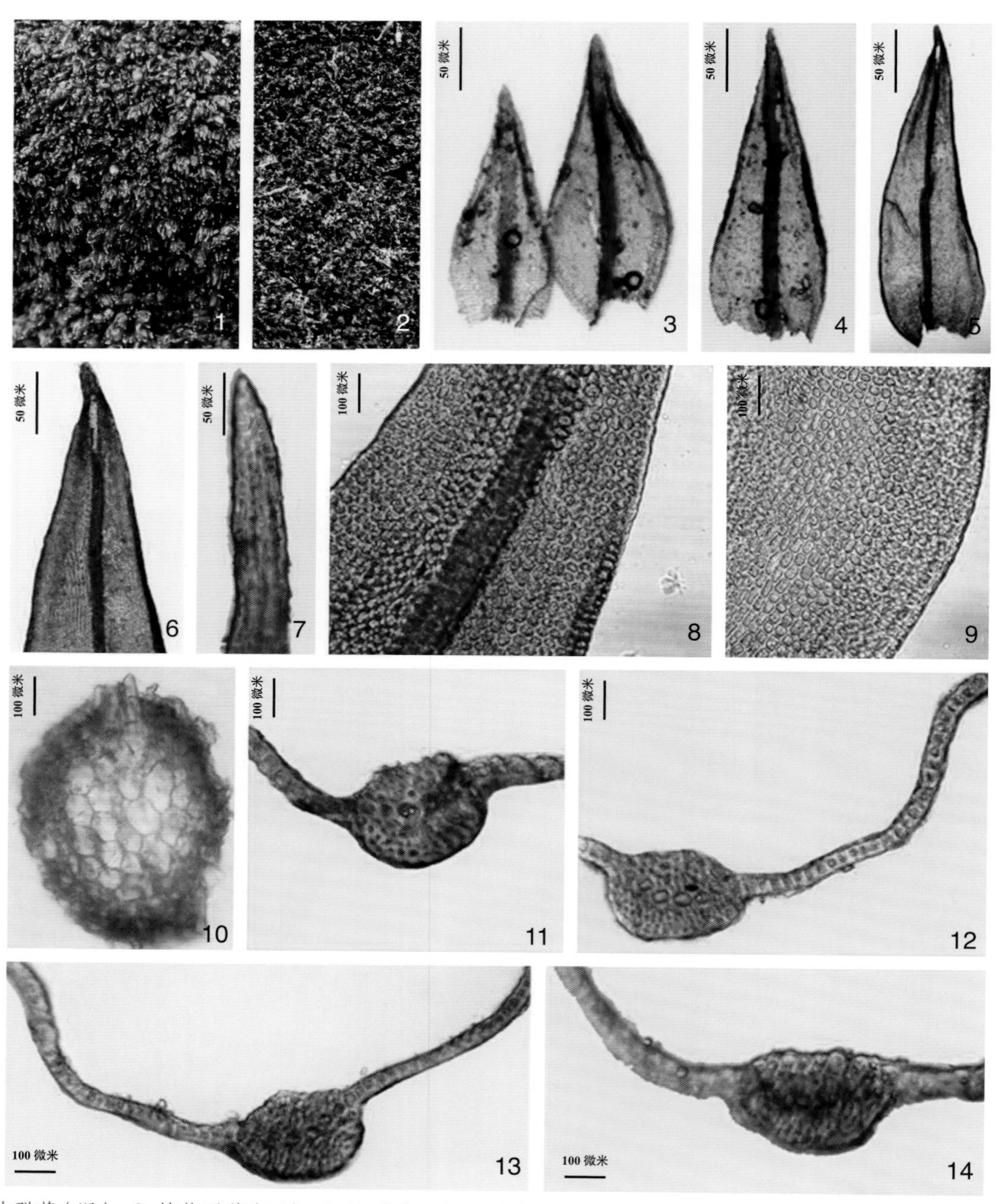

1. 植物群落（湿）；2. 植物群落（干）；3~5. 叶片；6~7. 叶尖；8. 叶中上部细胞；9. 叶基部细胞；10. 茎横切面；11~12. 叶中部中肋横切面；13~14. 叶基部中肋横切面
（凭证标本：买买提明·苏来曼 1999a XJU）

33. 短叶对齿藓 *Didymodon tectorum* (C. Müll.) Saito

▲左：短叶对齿藓群落

▲右：湿润状态的植株

（老配子体和幼配子体）

【分类地位】丛藓科对齿藓属。【形态特征】植物体绿色，常密集丛生。茎直立，高2.5~3厘米，稀分枝。叶干燥时贴茎，湿时斜，呈卵状披针形，先端渐尖；叶边全缘，稍背卷；中肋粗壮，长达叶尖。叶上部细胞呈不规则3~6角状圆形，薄壁，具单个圆疣；基部细胞较大，呈不规则长方形，薄壁，平滑且透明。雌苞叶较长。蒴柄红色。孢蒴卵状圆柱形，黄褐色。蒴柄细长，向左扭旋。蒴盖圆锥形，具长喙。【生境】生于石壁和土坡上。【生态价值】为高寒荒漠常见种，对保持水土和形成生态景观有重要作用。

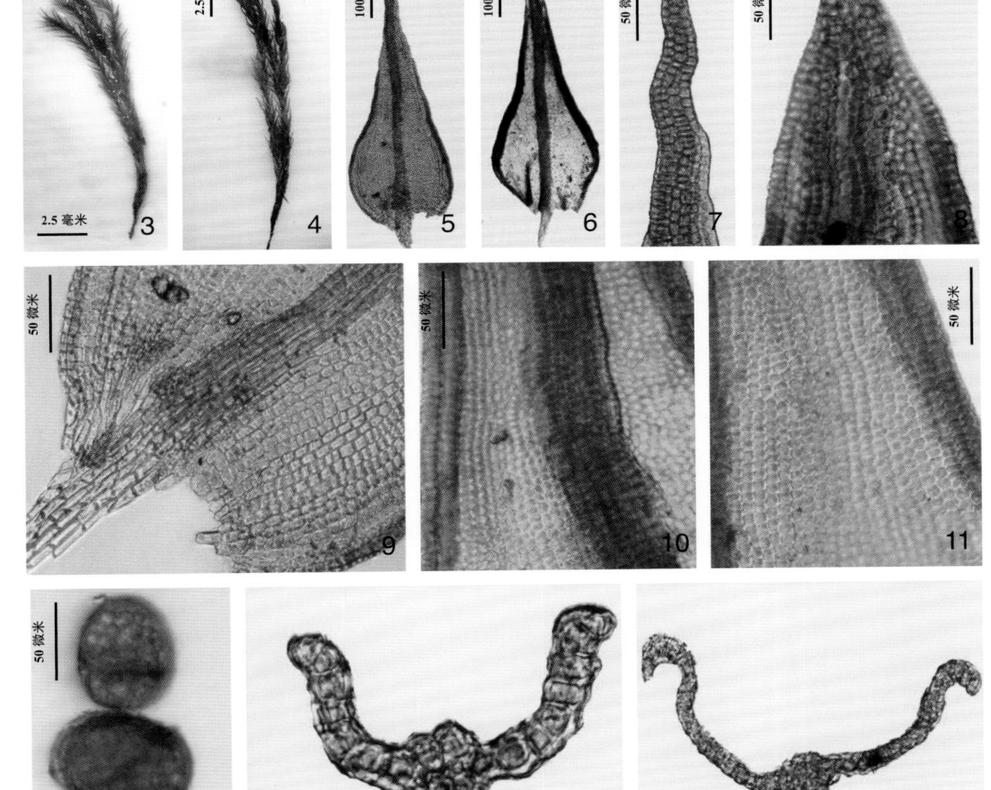

1~2. 植物群落；3. 植物体（湿）；4. 植物体（干）；5~6. 叶片；7. 叶尖；8. 叶上部细胞；9. 叶基部细胞；10~11. 叶中部细胞；12. 芽胞；13. 叶上部中肋横切面；14. 叶基部中肋横切面

（凭证标本：买买提明·苏来曼 18002、18882 XJU）

34. 土生对齿藓 *Didymodon vinealis* (Brid.) Zand.

【分类地位】丛藓科对齿藓属。【形态特征】植物体密集垫状丛生，棕绿色或绿色。茎直立，单一或分枝，茎横切面圆形，无透明细胞表皮，中轴分化。无假根。叶同形，干燥时基部紧贴于茎，潮湿时倾立伸展，三角形、带状披针形或卵状披针形；叶片细胞单层；叶尖急尖，不易脱落；叶边全缘，叶基部到中上部背弯，单层，靠近叶尖处不规则双层；中肋及顶或突出叶尖成短尖，叶基部宽45~70微米；中肋中上部腹面细胞短矩形或方形，具疣，背面细胞短矩形或亚方形，光滑或具疣，中肋横切面呈圆形或椭圆形。叶片中上部细胞圆形、圆方形或短矩形，每个细胞1~2个单疣或分叉疣，细胞薄壁或稍加厚；基部细胞轻微分化，矩形，不透明，光滑，细胞薄壁或稍增厚；基部边缘细胞不分化，方形。无芽胞。雌雄异株。孢子体未知。【生境】生于石壁和土坡上。【生态价值】为高寒荒漠常见种，对保持水土和形成生态景观有重要作用。

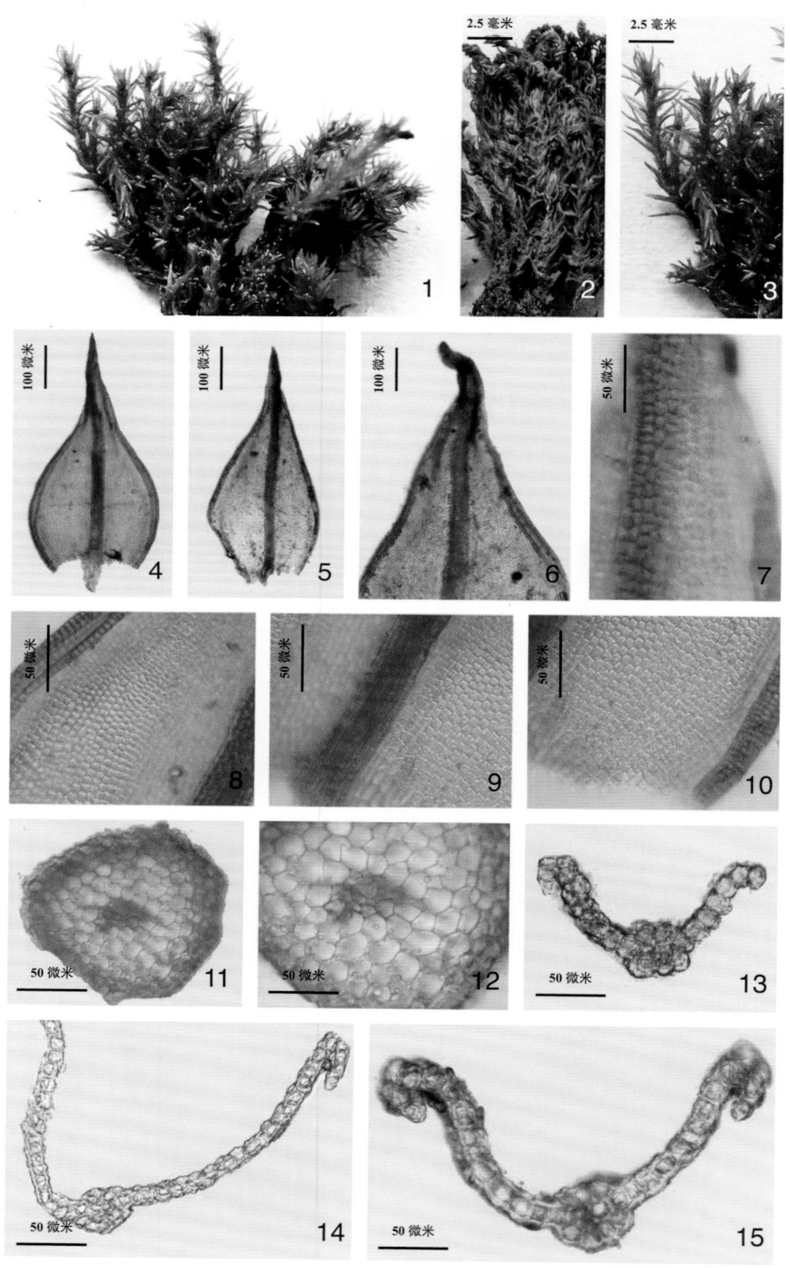

1. 植物群落；2. 植物体（干）；3. 植物体（湿）；4~5. 叶片；6. 叶尖；7. 叶中上部中肋腹面；8. 叶中上部细胞；9~10. 叶基部细胞；11~12. 茎横切面；13. 叶上部横切面；14. 叶中部中肋横切面；15. 叶基部中肋横切面

（凭证标本：买买提明·苏来曼 18100、19156 XJU）

35. 净口藓 *Gymnostomum calcareum* Nees et Hornsch.

【分类地位】丛藓科净口藓属。【形态特征】植物体细小，呈暗黄绿色。茎直立，高不及1厘米。叶较短，呈长椭圆状披针形或舌形，先端圆钝，叶边平展，全缘；中肋粗壮，长不到叶尖；叶片上部细胞圆至方形，壁稍增厚，具多数细疣；基部细胞长方形，薄壁，平滑无疣，无色透明。蒴柄细长，孢蒴卵形。【生境】生于海拔4 200~5 000米高山岩石和岩面薄土上。【生态价值】为高寒荒漠常见种，对保持水土和形成生态景观有重要作用。

净口藓植株（孢子体的蒴帽和蒴盖正在脱落）

成熟的孢子体（蒴帽和蒴盖已脱落）

36. 宽叶细齿藓 *Hennediella heimii*（Hedw.）Zand.

【分类地位】丛藓科细齿藓属。【形态特征】植物体疏丛生，绿色至红棕色。茎直立，高3~6毫米，稀分叉，没有中轴。叶片长椭圆状披针形，叶边中上部具齿，叶上端细胞圆形，具2~4个半月形疣，叶边1~2列细胞平滑，基部细胞平滑。孢蒴圆柱形，蒴帽和蒴轴相连；没有蒴齿；孢子球形，绿色至棕色，17.5~21微米。【生境】生于山区岩面薄土、土墙上。【生态价值】为高寒荒漠常见种，对保持水土和形成生态景观有重要作用。

干燥的宽叶细齿藓植株（配子体和孢子体）

成熟的孢子体（带蒴帽和蒴盖，部分孢蒴的蒴帽和蒴盖已脱落）

37. 卵叶盐土藓 *Pterygoneurum ovatum* (Hedw.) Dix.

【分类地位】丛藓科盐土藓属。【形态特征】植物体绿色或黄绿色，疏丛生。茎直立，单一或基部分枝，高1~2毫米。叶干燥时贴于茎或直立内卷叶片卵圆形或三角状卵形，内凹，叶缘稍卷曲，中肋粗壮；向上突出透明的、平滑或呈透明具齿的长毛尖；叶腹面上方着生2~4条绿色栉片。叶片上部细胞圆方形或椭圆形，平滑或背面马蹄形或长方形，薄壁平滑。雌雄同株。蒴柄短。孢蒴直立，呈短圆柱形。蒴盖锥形，具粗长直喙，蒴帽兜形，平滑。孢子大，褐色，具疣。【生境】生于山区岩面薄土上、土墙上。【生态价值】为高寒荒漠常见种，对保持水土和形成生态景观有重要作用。

卵叶盐土藓的群落（湿润状态的配子体和幼孢子体）

▲右上：干燥状态的植株（带蒴帽和蒴盖的蒴）
▲右下：成熟的孢子体（蒴帽和蒴盖正在脱落）

38. 盐土藓 *Pterygoneurum subsessile* (Brid.) Jur.

【分类地位】丛藓科盐土藓属。【形态特征】植物体银白色或黄色，密集丛生。茎直立，单一或基部分枝，高2~4毫米。叶片长卵形或椭圆形，强烈内凹；中肋粗壮，突出叶尖，呈透明具齿的长毛尖；叶片上部细胞圆方形或椭圆形，平滑或背面马蹄形或长方形，薄壁平滑。雌雄同株。蒴柄短。孢蒴隐没于雌苞叶中，呈半球形或球形，黄棕色。蒴帽圆锥形，下部具裂。【生境】生于山区岩面薄土上、土墙上。【生态价值】为高寒荒漠常见种，对保持水土和形成生态景观有重要作用。

盐土藓植株（干燥状态）

示长毛尖的配子体和孢蒴隐没于雌苞叶中

39. 石芽藓 *Stegonia latifolia* (Schwaegr.) Vent. ex Broth.

【分类地位】丛藓科石芽藓属。【形态特征】植株短小，鲜绿色带银白色，树丛生。茎单生，稀分枝。叶密集覆瓦状排列，呈芽苞状、心脏形或阔倒卵圆形，基部较狭；叶边全缘，无分化边；中肋细长，在叶尖稍下处消失。雌雄异苞同株。蒴柄细长，黄棕色，长2~2.5厘米。孢蒴卵状长圆柱形，具短台部。孢子红棕色，有疣。【生境】生于高山岩石、石缝以及石质土中。【生态价值】为高寒荒漠常见种，对保持水土和形成生态景观有重要作用。

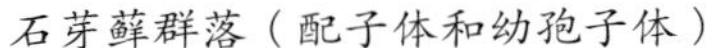

石芽藓群落（配子体和幼孢子体）

▲右上：湿润状态的配子体和孢子体

▲右下：成熟的孢子体（带蒴帽和蒴盖）

40. 齿肋赤藓 *Syntrichia caninerves* Mitt.

【分类地位】丛藓科赤藓属。【形态特征】植株密丛生。叶干燥时贴生，潮湿时倾立，常背仰，呈阔卵形，先端钝，边缘强烈背卷；中肋粗壮，突出叶尖呈长毛状，红棕色，背面及先端均密被刺状齿；叶细胞呈4~6边形，薄壁，两面均具马蹄形或圆环状细疣；叶基细胞较长而大，无色透明；叶片上部横切面具2层细胞。蒴柄长约1厘米；孢蒴直立，圆柱形，蒴齿长，具高的基膜；蒴盖具长喙。【生境】生于高山岩石上、岩面薄土上、流石滩上以及高山草甸土上。【生态价值】为高寒荒漠常见种，对保持水土和形成生态景观有重要作用。

齿肋赤藓群落（干燥状态的配子体）

半湿润状态的配子体

41. 疏齿赤藓 *Syntrichia norvegica* F. Weber

【分类地位】丛藓科赤藓属。【形态特征】疏齿赤藓植物体形大，棕绿色或红棕色，密集或松散丛生。茎直立，高2~4厘米。叶干燥时紧贴，潮湿时伸展，长圆舌形，先端圆钝；叶边强烈背卷；中肋粗壮，突出叶尖呈白色长毛尖，毛尖少有刺状齿，中肋背面有疣，横切面观无背部表皮细胞，具背部厚壁细胞带。叶上部细胞圆方形呈六角圆形，薄壁，两面均具“C”形疣，上部叶横切面为1层细胞；基部细胞方形或长方形，平滑透明。疏齿赤藓与山赤藓的不同之处在于：前者叶细胞较大，叶缘上部平展，中下部背卷，中肋红棕色，背面具疣；而山赤藓中肋背面具齿，突出叶尖呈红棕色毛状尖。【生境】生于岩面薄土上。【生态价值】为高寒荒漠常见种，对保持水土和形成生态景观有重要作用。

疏齿赤藓群落

42. 山赤藓 *Syntrichia ruralis*（Hedw.）Web.

【分类地位】丛藓科赤藓属。【形态特征】植物体黄绿色，老时呈红棕色，高5~8厘米，疏丛生。茎直立或倾立。叶片呈倒卵状匙形，下部较狭而长，呈鞘状，上部较阔，渐尖，具龙骨状突起；叶边强烈背卷，由疣状突起形成细圆齿；中肋先端突出叶尖呈无色透明的毛尖，密被刺状齿，基部密被假根。叶片上部细胞呈圆形至多角形，背、腹两面均密被马蹄形疣；叶中部以下及至基部细胞呈狭长方形或六角形；叶基往往具黄色纵条纹。蒴柄长1~2厘米，呈红色。蒴柄直立，长卵状圆柱形。【生境】生于高山岩石、岩面薄土、流石滩以及高山草甸土上。【生态价值】为高寒荒漠常见种，对保持水土和形成生态景观有重要作用。

山赤藓群落

湿润的配子体和幼孢子体

干燥的配子体和孢子体

43. 节叶纽藓 *Tortella alpicola* Dix.

【分类地位】丛藓科纽藓属。【形态特征】植物体密集小片状丛生，深绿色或绿色，植物体高0.6~1.0厘米；茎具中轴；叶卵状披针形，边缘由于细胞多疣呈齿状边，长2~3毫米，宽 0.3~0.4毫米；中肋粗壮，向上伸出具节的长毛尖，常分节断裂。叶上部细胞单层，圆方形或多角圆形，直径7.8~10.4微米，密被细圆疣，深绿色，表面观细胞界限不清，叶基部细胞狭长方形，长46.8~78.0微米，宽10.4~20.8微米，无色透明狭长细胞沿两侧叶缘向上延伸至叶中部，构成分化边缘。未发现孢子体。【生境】生于山地岩面或林下石上、土坡上、腐木上、高山流石滩上或沼泽地上。【生态价值】具有防止水土流失、促进土壤形成以及检测空气污染程度的指示功能。

节叶纽藓群落

44. 长叶纽藓 *Tortella tortuosa*（Hedw.）Limpr.

【分类地位】丛藓科纽藓属。【形态特征】植物体高大，密集丛生。茎直立，具分枝。叶狭长披针形，在茎顶常密集丛生，柔软，细胞单层，干时多卷曲；中肋较细，长达叶尖稍下处消失。叶上部细胞呈4~6角形，具数个单疣；基部细胞分化呈长方形，平滑无疣，透明，分化细胞沿叶边向上延伸。【生境】生于海拔4 200米的岩面、石缝处或岩面薄土上、林带或沼泽地，也附生于腐木或树干上。【生态价值】为高寒荒漠常见种，对保持水土和形成生态景观有重要作用。

长叶纽藓的配子体

45. 无疣墙藓 *Tortula mucronifolia* Schwägr.

无疣墙藓群落（湿润状态的配子体和孢子体）

【分类地位】丛藓科墙藓属。【形态特征】植物体疏散丛生或密集呈垫状，绿色或黄绿色；茎直立，单一或分枝；叶干燥时皱缩，潮湿时伸展，长卵圆形，先端急尖或渐尖，具黄色平滑毛尖，叶边平展或下部背卷，全缘；中肋细，突出叶尖呈黄色毛尖，背部平滑；叶上部细胞5~6边形，薄壁，平滑无疣，基部细胞增大，长方形，平滑；雌器苞顶生，雌苞叶与茎叶同形；蒴柄直立，红棕色；孢蒴长卵圆柱形，稍弯曲；蒴齿线形，红棕色，具疣；环带由2列大型泡状细胞构成，宿存；蒴盖长圆锥形；蒴帽兜形；孢子球形，棕绿色，具疏疣。【生境】生于山区岩面薄土上，土生。【生态价值】为高寒荒漠常见种，对保持水土和形成生态景观有重要作用。

无疣墙藓群落（干燥状态的配子体和孢子体）

成熟的孢子体（带蒴帽和蒴盖的孢蒴）

46. 无齿紫萼藓 *Grimmia anodon* B. S. G.

【分类地位】紫萼藓科紫萼藓属。【形态特征】植物体矮小，高仅约1.5厘米，上部深绿色或褐色，下部褐色或深褐色，密集丛生。茎叉状分枝，具分化的中轴。叶干燥时直立，湿润时向上倾立，易碎，长1.2~1.9毫米，上部叶较大，宽长卵形，略内凹，先端尖，有具齿的白色透明毛尖，下部叶小，长披针形或披针形，先端钝，无或有短白色毛尖；中肋单一，强劲，在叶尖下消失。雌雄异株。蒴柄细，弯曲，短于孢蒴。孢蒴小，隐生，近球形，一侧膨大，口部宽阔。蒴帽钟帽形，具裂瓣，平滑。孢子圆球形，直径8~11微米，黄褐色，表面具不规则细疣。【生境】生于干燥裸露的碱性岩石上。【生态价值】为高寒荒漠常见种，对保持水土和形成生态景观有重要作用。

无齿紫萼藓群落（湿润状态的配子体和幼孢子体）

干燥状态的配子体和已成熟的、蒴帽与蒴盖已脱落的、没有蒴齿的孢蒴

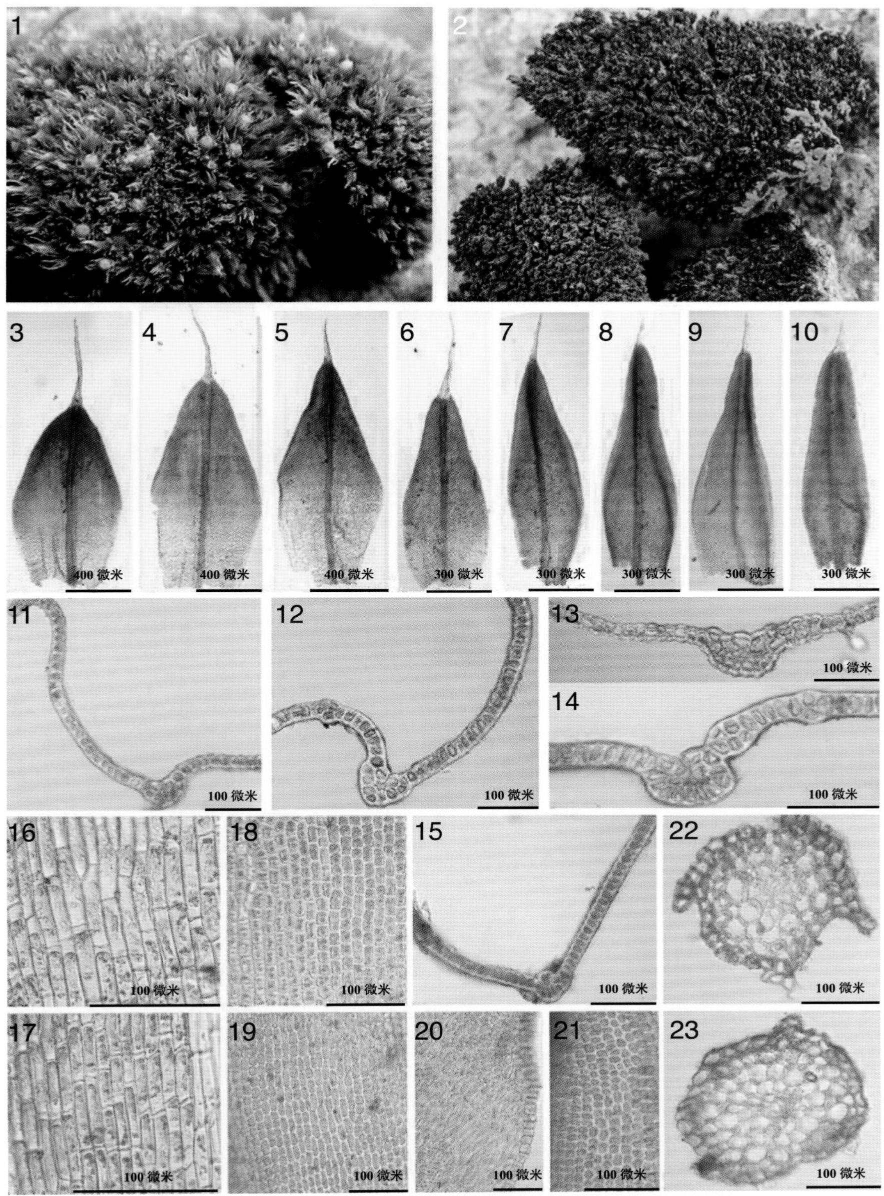

1~2. 植物群落；3~10. 叶片；11~15. 叶横切面；16~17. 叶基部细胞；18~19. 叶中部细胞；20~21. 叶上部细胞；22~23. 茎横切面

（凭证标本：买买提明·苏来曼 32033 XJU；阿提古丽·毛拉拍摄）

47. 毛尖紫萼藓 *Grimmia pilifera* P. Beauv.

▲左：毛尖紫萼藓群落

▲右：湿润状态的配子体

【分类地位】紫萼藓科紫萼藓属。**【形态特征】**植物体中等大，稀疏或密集丛生，黄绿色或绿色，高3~4厘米。茎倾立，稀疏叉状分枝。叶稀疏覆瓦状排列，基部卵圆形，多少呈鞘状，向上急剧收缩成披针形或长披针形，明显龙骨状，先端具透明白色毛尖，叶边全缘，中下部背卷；中肋单一，近及顶或贯顶；叶上部细胞2层，不规则方形，不透明，壁波状加厚，中部细胞短方形至长方形。蒴柄短；孢蒴长卵形，隐没于雌苞叶内。**【生境】**生于高山光照强烈的岩石上。**【药用价值】**药用全草，有一定的抑菌作用。

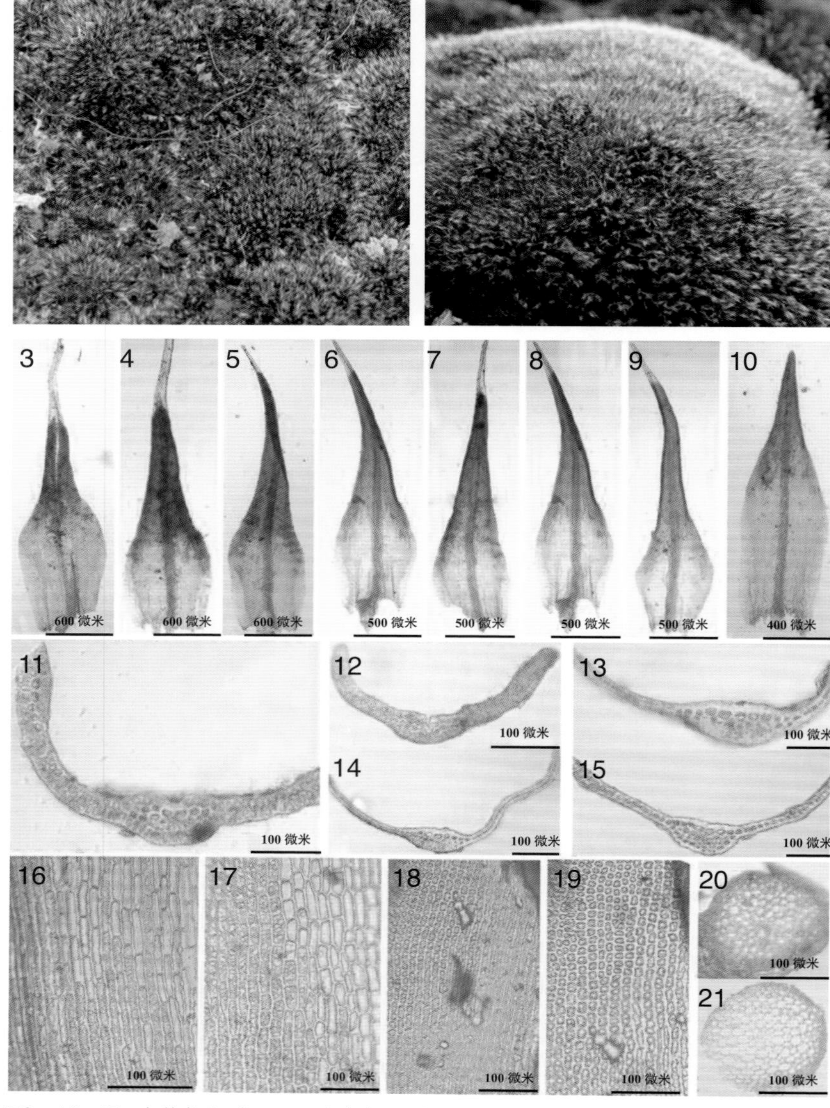

1~2. 植物群落；3~10. 叶片；11~15. 叶横切面；16~17. 叶基部细胞；18. 叶中部细胞；19. 叶上部细胞；20~21. 茎横切面
（凭证标本：买买提明・苏来曼 22588 XJU；阿提古丽・毛拉拍摄）

48. 旱藓 *Indusiella thianschanica* Broth. et C. Müll

【分类地位】紫萼藓科旱藓属。【形态特征】体型小，硬挺，上部黑绿色，下部褐色，密集生长。茎直立，上部分枝，具分化中轴。叶干燥时硬挺，贴茎排列，湿润时向上伸展，基部鞘状，上部叶边强烈内卷呈筒状，先端圆钝；中肋单一；叶缘基部平直，内卷部分细胞2层，背面为小型厚壁细胞，不规则方形；腹面为大型薄壁细胞，不规则方形或长方形；基部细胞大，略透明，壁平直，稍厚，雌雄同株。雌苞叶与茎叶相似。蒴柄短，直立。孢蒴直立，高出雌苞叶，近球形或阔卵形，表面平滑。蒴盖具短钝喙。蒴帽大，钟帽状，覆盖孢蒴的大部分，平滑，孢子球形，黄褐色，表面有疣。【生境】生于干旱高山地区干燥、裸露的岩石面或岩面薄土上。【生态价值】为高寒荒漠常见种，对保持水土和形成生态景观有重要作用。

旱藓群落（下层绿色的配子体和上层的孢子体）

成熟的旱藓植株（孢蒴带蒴帽和蒴盖，有的已经脱落）

成熟的旱藓植株（大部分孢蒴的蒴帽和蒴盖已脱落，具蒴齿）

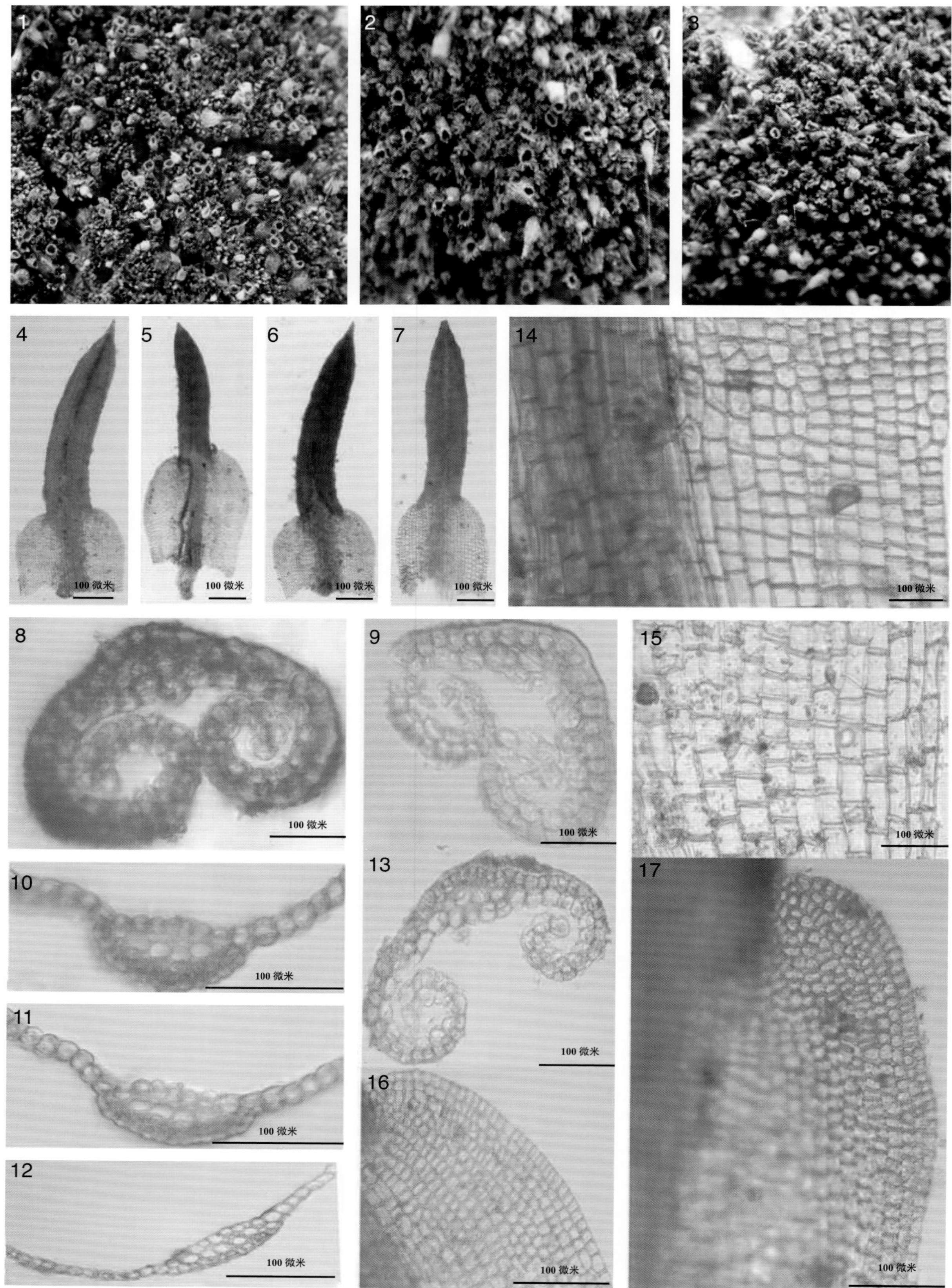

1~3. 植物群落；4~7. 叶片；8~13. 叶横切面；14~15. 叶基部细胞；16~17. 叶上部细胞
（凭证标本：买买提明·苏来曼 30802 XJU；阿提古丽·毛拉拍摄）

49. 溪岸连轴藓 *Schistidium rivulare* (Brid.) Podp. Beih. Bot.

【分类地位】紫萼藓科连轴藓属。【形态特征】植物体长，强壮，疏散丛生。茎分枝，具中轴。叶干燥时直立，瓦状覆盖，湿润时伸展，卵状披针形至卵状，具龙骨状突起或内凹；叶边缘全缘，上部具细齿或平滑，1层或2层，有时3层；叶尖钝尖；无毛尖；中肋单一，粗壮，及顶；基部中肋两侧细胞伸长；基部近边缘细胞方形或近方形；叶中部和上部细胞等径或短长方形，平滑或略深波状，厚壁；雌雄同株。蒴柄短；孢蒴内隐，对称，杯状或钟状；具气孔；无环带；蒴齿倾立，粗糙，反曲或背卷，具密疣；蒴盖斜喙；蒴帽兜状；孢子14~24微米，颗粒状。【生境】生长于高山地区裸露的岩石面上。【生态价值】为高寒荒漠常见种，对保持水土和形成生态景观有重要作用。

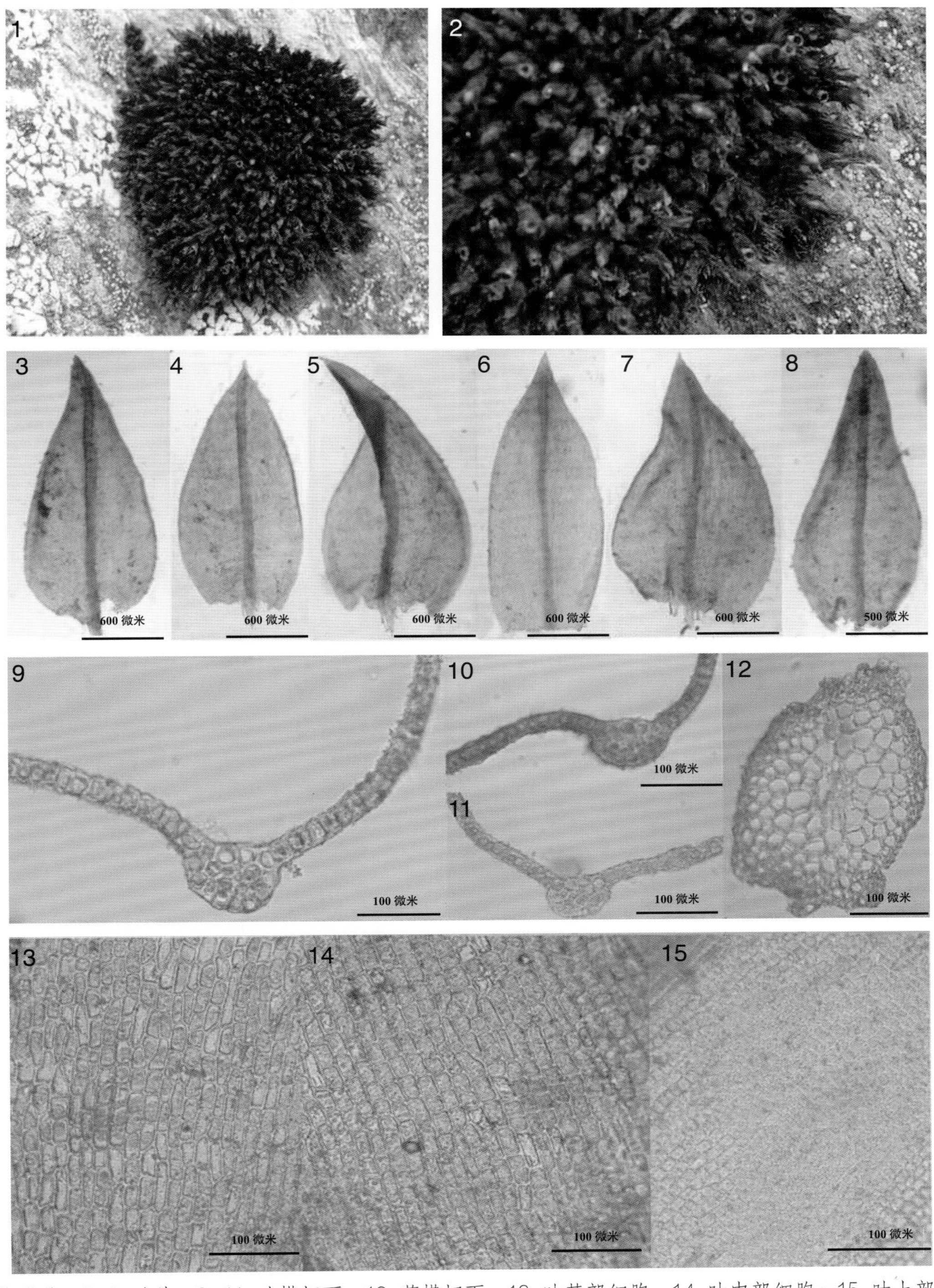

1~2. 植物群落；3~8. 叶片；9~11. 叶横切面；12. 茎横切面；13. 叶基部细胞；14. 叶中部细胞；15. 叶上部细胞
（凭证标本：买买提明·苏来曼 26263 XJU；阿提古丽·毛拉拍摄）

50. 葫芦藓 *Funaria hygrometrica* Hedw.

葫芦藓群落

【分类地位】葫芦藓科葫芦藓属。【形态特征】植物体小至中等大，丛集或大面积散生，黄绿色或带红褐色，高1~3厘米。茎单一或分枝。叶簇生在茎先端，干时皱缩，湿时倾立，阔卵形、卵状披针形或倒卵圆形，先端急尖，叶边多少内卷，全缘；中肋单一，及顶或偶短突出；叶细胞不规则长方形或多边形，薄壁，基部细胞狭长方形。蒴柄细长；孢蒴梨形，不对称，垂倾；蒴帽兜形，形似葫芦瓢状。【生境】生于岩面薄土上或土上、村边及路边的土壁上。【药用价值】全草入药。夏季采收后洗净晒干，具有舒筋、活血、祛风、镇痛止血等功能，用于治鼻窦炎、跌打损伤、关节炎、湿气脚病等。

湿润状态的植株（配子体和孢子体）

成熟的孢蒴

51. 小口葫芦藓 *Funaria microstoma* Bruch ex Schimp.

【分类地位】葫芦藓科葫芦藓属。【形态特征】植物体高约2厘米，丛集或大面积散生，黄绿色。茎单一或分枝。叶干时紧贴茎，湿时倾立，阔卵形，全缘；中肋单一，消失于叶尖之下；叶细胞多少呈矩形，薄壁，平滑。蒴柄细长，棕黄色；孢蒴弓形，不对称，倾垂，蒴口小；蒴帽兜形，具长喙。【生境】生于岩上或土上。【生态价值】为高寒荒漠常见种，对保持水土和形成生态景观有重要作用。

小口葫芦藓群落

湿润状态的配子体

带蒴帽和蒴盖的孢蒴

52. 狭网真藓 *Bryum algovicum* Sendt. ex Müll. Hal.

狭网真藓群落（干燥状态的配子体和成熟的孢蒴）

【分类地位】真藓科真藓属。【形态特征】植物体密集丛生或簇生，绿色或微红色；植株小型。茎直立，高5~15毫米，较少分枝，基部密生假根。基上部与下部叶大小无明显变化，叶在茎上均匀排列，在茎端较密集：叶干时贴茎，不扭曲，叶湿时直立或倾展；卵圆形至长卵形，叶面平展或略呈兜状，边缘背卷，叶缘全缘，叶边缘1~2列狭窄细胞，分化不明显；中肋粗壮，强劲，中肋贯顶突出呈长芒尖，基部红色，中肋基部宽，56~91微米；叶尖渐尖，叶尖部细胞厚壁，叶中上部细胞长椭圆状六边形，壁厚(32~52)微米×(12~20)微米；叶基部略狭，不下延或不明显下延，叶基部细胞长方形红色或红褐色。雌雄异株。蒴口小，明显收缩，蒴盖圆锥状，顶端具短尖；蒴齿2层，近等长；外蒴齿狭披针形，深褐色到红褐色，外蒴齿外侧下部具疣，内侧具泡状纹饰，外蒴齿外侧上部透明；内齿层不同程度地退化，内蒴齿基部紧贴外蒴齿，内齿层基膜平展，高达外蒴齿高度的1/2，内蒴齿齿条发育或残缺，具狭的穿孔；齿毛1~3条，或不同程度地退化；孢子直径15~30微米，表面具短棒状疣。【生境】生于海拔800~3000米的高山草甸、灌丛、路边、钙化土上或岩面薄土上。【生态价值】对保持水土和形成生态景观有重要作用。

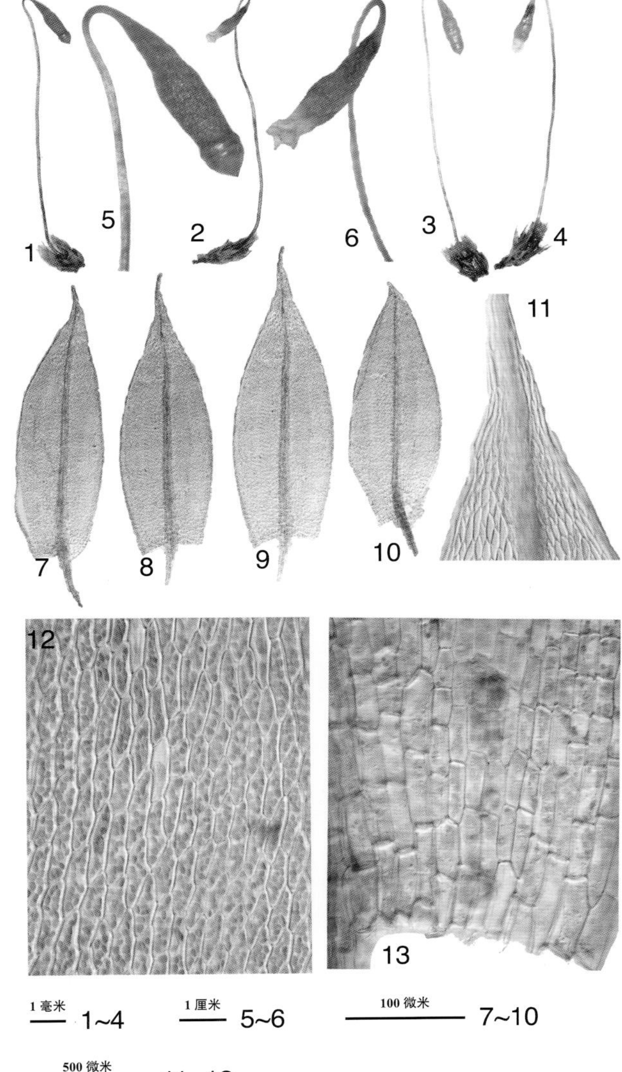

1~4. 植物体；5~6. 孢子体；7~10. 叶片；11. 叶上部细胞；12. 叶中部细胞；13. 叶基部细胞
（凭证标本：买买提明 · 苏来曼 32179 XJU）

53. 丛生真藓 *Bryum caespiticium* Hedw.

【分类地位】真藓科真藓属。【形态特征】植物体淡黄色，上部略具光泽，长可达10毫米。叶干时紧贴于茎，不扭曲，椭圆状卵形或椭圆形，叶边中部略向背曲，全缘；中肋基部略带红色，顶部突出呈长芒尖。叶中部细胞长六角形，薄壁，近叶边缘细胞趋狭，上部细胞与中部细胞近似，下部细胞六角形；叶边分化。雌雄异株。蒴柄暗褐色，长1.5~2.5毫米。孢蒴长椭圆形至梨形，台部粗，深红褐色。蒴盖突起，顶部具细尖喙。内齿层基膜高约为外齿层齿片的1/2，齿条具穿孔；齿毛细长。【生境】生于海拔4 000~4 300米的土壁上。【生态价值】对保持水土和形成生态景观有重要作用。

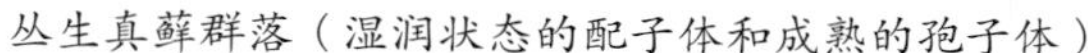

丛生真藓群落（湿润状态的配子体和成熟的孢子体）

孢子体（孢蒴）

54. 细叶真藓 *Bryum capillare* Hedw.

【分类地位】真藓科真藓属。【形态特征】植物体密集丛生或簇生，绿色或黄绿色；植株小型，柔弱。茎直立，高7~20毫米。基部多分枝，基部密生假根。茎上下部叶大小无明显变化；叶干时强扭曲，叶湿时向外伸展；叶硬挺；卵圆形至长卵形，叶面平或略呈兜状，边缘背卷，叶缘上部明显具齿，叶边缘1~2列狭窄细胞，分化不明显。中肋粗壮，贯顶或突出呈短尖，基部黄绿色；叶尖渐尖，叶尖细胞薄壁，叶中部细胞菱形或六边形，薄壁或稍厚壁，排列疏松；叶基部明显收缩变窄，呈长方形，绿色或略显红色；植物体具假根生芽胞。雌雄异株。蒴柄红褐色；孢蒴平列或下垂，圆柱状或棒状，黄褐色；蒴台显著，明显短于壶部，较壶部细；壶部细胞不规则长方形；蒴盖圆锥状，顶端具短尖；蒴齿2层，近等长。孢子直径10~19 微米，表面具短棒状疣。【生境】生于海拔1 800~3 600米的林下或高山水流边、土上或岩面薄土上。【生态价值】对保持水土和形成生态景观有重要作用。

细叶真藓群落（湿润的配子体和孢子体）

成熟的孢子体（带蒴盖的孢蒴）

55. 柔叶真藓 *Bryum cellulare* Hook.

【分类地位】真藓科真藓属。【形态特征】植物体小，稀疏或密集丛生，绿色、黄绿色至橙红色，高常不及1厘米。叶柔薄，下部叶小而稀，上部叶大而密，卵圆形或椭圆状披针形，兜状，有时不等对折，急尖或渐尖，尖部有时具小尖头，叶缘由1~2列狭菱形细胞构成不明显分化边缘，全缘；中肋单一，不及叶尖消失或及顶；叶中部细胞菱形或长六角形，薄壁。蒴柄纤细；孢蒴平列或倾斜，梨形。【生境】生于海拔4 200~4 800米的土壁上。【生态价值】对保持水土和形成生态景观有重要作用。

柔叶真藓群落

湿润状态的配子体

真藓属 Bryum

56. 宽叶真藓 *Bryum funkii* Schwägr.

【分类地位】真藓科真藓属。【形态特征】植物体丛生，集生或不规则小片簇生，绿色或淡绿色，高约10毫米。下部叶散生，具假根，上部叶稍密集，近似莲座状，小枝密生。茎叶卵圆状披针形，强烈内凹，边缘平，绝对全缘。顶部叶长圆形，渐尖；中肋贯顶，基部微红色。叶中部细胞显疏松，（23~40）微米 × 16微米。近六边形，孢蒴短梨形，浅褐色。【生境】生于海拔3 600~4 000米的岩面薄土上。【生态价值】对保持水土和形成生态景观有重要作用。

宽叶真藓群落

湿润状态的配子体和孢子体

57. 灰黄真藓 *Bryum pallens* Sw.

【分类地位】真藓科真藓属。**【形态特征】**植物体紧密丛生。黄绿色，上部微具光泽，下部褐色。茎长可达10毫米，偶见更长，微红色。叶密集，干时紧贴于茎，无明显扭曲。下部叶卵状披针形，上部叶椭圆状披针形，渐尖，长可达2.5毫米，边缘由上至下向外弯曲或卷曲；中肋贯顶具长芒状尖，基部稍具红色。叶中部细胞长六边形；边缘细胞线形，分化不明显或较明显；下部细胞长方形至长六角形。雌雄同株异序。蒴柄长25~30毫米，扭曲，微红褐色。孢子直径15~20微米。**【生境】**生于海拔3 800~4 000米的土壁上。**【生态价值】**对保持水土和形成生态景观有重要作用。

灰黄真藓群落▶
（湿润状态的配子体和成熟的孢子体）

湿润状态的配子体

成熟的孢子体（孢蒴）

58. 近高山真藓 *Bryum paradoxum* Schwägr.

【分类地位】真藓科真藓属。【形态特征】植物体密集丛生或簇生，绿色或黄绿色；植株小型，柔弱，常具光泽或多少具光泽。茎直立，高720毫米，较少分枝，基部密生假根。茎上部与下部叶大小无明显变化，叶在茎上均匀排列，在茎端较密集；叶干时贴茎，不扭曲，叶湿时直立或倾展；叶硬挺；卵状披针形至披针形，(1.1~3.3)毫米×(0.4~0.9)毫米，叶面内凹至强烈内凹，边缘背卷，叶缘全缘或上部具齿突，叶边缘1~2列狭窄细胞，分化不明显；中肋贯顶或突出呈短尖，基部红色，中肋基部宽，40~65微米；叶尖渐尖，叶尖部细胞，厚壁，叶中部细胞长菱形或狭六边形，厚壁，(48~78)微米×(10~16)微米；叶基部明显宽阔，不下延或不明显下延，叶基部细胞长方形，红色或红褐色。雌雄异株。蒴柄红褐色，高17~23毫米；孢蒴平列或下垂，长梨形，红褐色，(2.8~4.2)毫米×(0.4~0.6)毫米；蒴台显著，明显短于壶部，较壶部细，气孔多数；壶部细胞不规则长方形；蒴口大，不收缩，蒴盖圆锥状，顶端圆钝；蒴齿2层，近等长；外蒴齿披针形，近黄色或黄褐色，外蒴齿外侧下部具疣，外蒴齿外侧上部透明；内齿层发育良好，内齿层基膜折叠状，高达外蒴齿高度的1/2~2/3，内蒴齿齿条龙骨状，具大的穿孔，齿毛发育完整，1~3条，常具节瘤或附片；孢子直径9~18微米，表面具蠕虫状疣。【生境】岩面薄土上或土生。【生态价值】对保持水土和形成生态景观有重要作用。

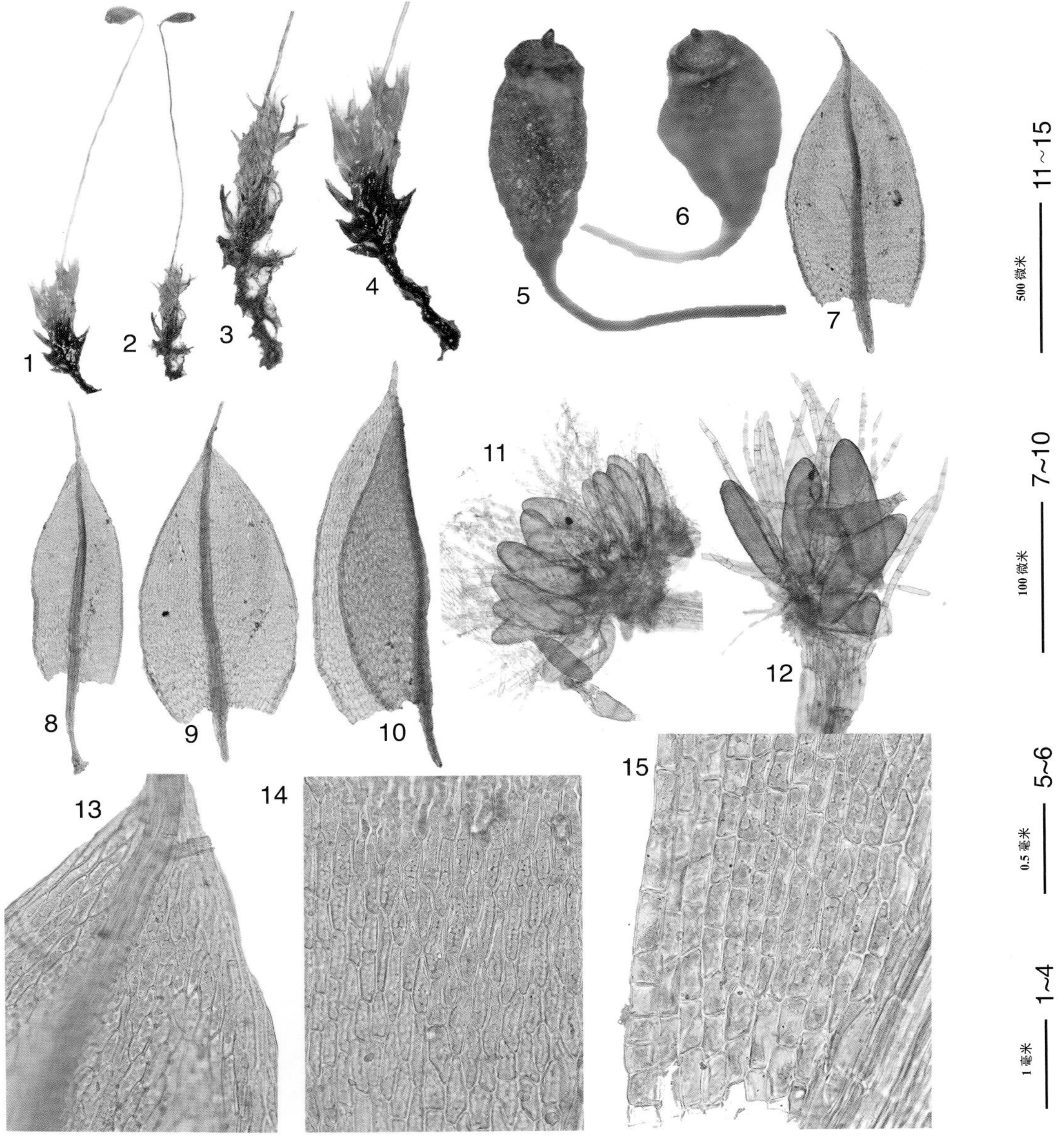

1~4. 植物体；5~6. 孢蒴；7~10. 叶片；11~12. 腋生芽胞；13. 叶上部细胞；14. 叶中部细胞；15. 叶基部细胞
（凭证标本：买买提明・苏来曼 28967 XJU）

59. 拟三列真蘚 *Bryum pseudotriquetrum* (Hedw.) G . Gaertn.

【分类地位】真蘚科真蘚属。【形态特征】植物体强壮，簇生或丛生，上部黄色或深绿色；茎长，暗红褐色，通常密被假根；叶密集或稀疏着生，干时不明显旋转，下部叶卵圆形，上部叶长圆状披针形或卵状披针形。着生部位红色，上部边缘具齿或全缘，大多数由上至下外卷；中肋贯顶短出或达顶，基部红色；叶中部细胞菱状六角形，薄壁，叶下部细胞长方形或伸长的六角形，具不明显厚壁细胞；雌雄异株；蒴柄长，红褐色；孢蒴平列至俯垂，棒状，红褐色；台部短于壶部，基部渐细；外齿层下部橙色；内齿层基膜达外齿层的1/2处，齿条具大的穿孔。【生境】生于海拔 3 500~ 4 000米的土壁上。【生态价值】对保持水土和形成生态景观有重要作用。

拟三列真蘚群落（湿润状态的配子体和孢子体）

孢子体（成熟的孢蒴）

60. 球蒴真蘚 *Bryum turbinatum* (Hedw.) Turn.

【分类地位】真蘚科真蘚属。【形态特征】植物体密集丛生或簇生，绿色或黄绿色；植株中等大小。茎直立，少分枝，基部密生假根。叶在茎上均匀排列，在茎端较密集；叶干时贴茎，不扭曲，叶湿时直立或倾展；长圆状披针形至卵圆状三角形，(1.1~3.3)毫米×(0.6~1.4)毫米，叶面平展或略呈兜状，边缘背卷，叶缘全缘，叶边缘明显分化3~5层细长细胞；中肋细弱，中肋贯顶或突出呈短尖，基部黄绿色；叶尖部细胞，薄壁，叶中部细胞菱形或六边形，薄壁或稍厚壁，排列疏松；叶基部细胞明显膨大，长方形，红色或红褐色。雌雄异株。蒴柄红褐色，高21~29毫米；孢蒴平列或下垂，长梨形，红褐色；蒴台明显，较壶部细；蒴壶近球形；壶部细胞不规则长方形；蒴口大，不收缩，蒴盖圆锥状，顶端圆钝；蒴齿2层，近等长；外蒴齿披针形，近黄色或黄褐色，外蒴齿外侧下部具疣，外蒴齿外侧上部透明；内齿层发育良好，内齿层基膜折叠状，高达外蒴齿高度的1/2，内蒴齿齿条龙骨状，具大的穿孔，齿毛发育完整，1~3条，常具节瘤或附片；孢子直径13~26微米，表面具颗粒状疣。【生境】生于海拔1 000~4 200米的林下、岩面薄土上或土生。【生态价值】对保持水土和形成生态景观有重要作用。

球蒴真蘚群落

61. 长柄真藓 *Bryum longisetum* Blandow ex Schwägr.

【分类地位】真藓科真藓属。【形态特征】植物体密集丛生或簇生，绿色或黄绿色，小型。茎直立，少分枝，基部密生假根。叶在茎上均匀排列；叶干时贴茎，扭曲，叶湿时直立或倾展；卵圆形至长卵形，叶面平展或略呈兜状。边缘背卷，叶缘全缘，叶边缘明显分化3~5层细长细胞；中肋细弱，中肋贯顶或突出呈短尖，基部黄绿色；叶尖部细胞薄壁，叶中部细胞菱形或六边形，薄壁或稍厚壁，排列疏松；叶基部细胞明显膨大，长方形，红色或红褐色。雌雄异株。蒴柄红褐色，高21~29毫米；孢蒴平列或下垂，长梨形，红褐色；蒴台明显，较壶部细；壶近球形；壶部细胞不规则长方形；蒴口大，不收缩，蒴盖圆锥状，顶端圆钝；蒴齿2层，近等长；外蒴齿披针形，近黄色或黄褐色，外蒴齿外侧下部具疣，外蒴齿外侧上部透明；内齿层发育良好，内齿层基膜折叠状，达外蒴齿高度的1/2，内蒴齿齿条龙骨状，具大的穿孔，齿毛发育完整，1~3条，常具节瘤或附片；孢子直径13~26微米，表面具颗粒状疣。【生境】生于海拔3 800~4 000米沼泽地泥土上。【生态价值】对保持水土和形成生态景观有重要作用。

长柄真藓群落

孢子体（带蒴帽和蒴盖的幼孢蒴）

62. 刺叶真藓 *Bryum lonchocaulon* C. Müll. Hal.

【分类地位】真藓科真藓属。【形态特征】植物体密集丛生或簇生，植株小型，常具光泽或多少具光泽。茎直立，中上部具假根，基部密生假根。叶在茎上均匀排列，在茎端较密集；叶干时贴茎，扭曲，叶湿时直立或倾展；叶硬挺；卵圆形至长卵形，叶面内凹至强烈内凹，边缘强烈背卷，叶缘全缘，叶边缘明显分化3~5层细长细胞；中肋粗壮，强劲，中肋贯顶突出呈长芒尖，基部红色；叶尖部细胞薄壁，叶中部细胞菱形或六边形，薄壁或稍厚壁；叶基部略狭，叶基部细胞长方形，常短于中部细胞，绿色或略显红色。雌雄混生同苞。蒴柄红褐色，上部扭曲，高20~28毫米；孢蒴平列或下垂，长梨形，红褐色；蒴台显著，与壶部近等长，较壶部细，气孔多数；壶部细胞不规则长方形；外蒴齿披针形，近黄色或黄褐色，外蒴齿外侧下部具疣，外蒴齿外侧上部不透明；内齿层发育良好，内齿层基膜折叠状，达外蒴齿高度的1/2，内蒴齿齿条龙骨状，具大的穿孔，齿毛发育完整，1~3条，常具节瘤或附片；孢子直径1~2微米，表面具颗粒状疣。【生境】生于海拔4 000~4 500米的土壁上。【生态价值】对保持水土和形成生态景观有重要作用。

刺叶真藓群落（干燥状态的配子体和孢子体）

成熟的孢子体（孢蒴）

63. 泛生丝瓜藓 *Pohlia cruda* (Hedw.) Lindb.

【分类地位】真藓科丝瓜藓属。【形态特征】植物体丛生，绿色，淡黄绿色至淡白绿色，明显具光泽。茎直立，近红色。下部叶阔卵状披针形至卵状长圆形，急尖或渐尖；中部叶狭长圆状披针形；上部叶长披针形或近线形，叶缘平展，上部具细圆齿；中肋明显在叶尖部以下消失，下部红色；叶中部细胞狭线形至近蠕虫形，叶上部和下部细胞较短于叶中部细胞；雌雄异株，稀见雌雄有序同苞；蒴柄长，曲折；孢蒴多倾立至平列或下垂，长圆状梨形或棒状，台部不明显；内齿层基膜约位于外齿层的1/3处，齿条具大的穿孔；孢子大。【生境】生于高山草甸，腐殖质及湿地岩面薄土上或土生。【生态价值】为高寒荒漠常见种，对保持水土和形成生态景观有重要作用。

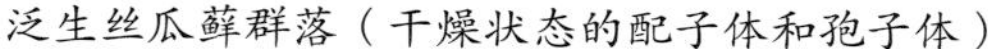

泛生丝瓜藓群落（干燥状态的配子体和孢子体）

孢子体（蒴帽已掉留下蒴盖的孢蒴）

64. 丝瓜藓 *Pohlia elongata* (Hedw.) Lindb.

【分类地位】真藓科丝瓜藓属。【形态特征】植物体丛生，绿色或黄绿色，无光泽或略具光泽。茎直立，常在基部有新生枝条，基部具假根。下部叶披针形，上部叶线状披针形至线形。中肋粗壮，至叶尖部。叶中部细胞近线形；基部细胞长方形。雌雄有序同孢。蒴柄长1~4厘米。孢子直径12~20微米，具细点状疣。【生境】生于高山草甸，腐殖质及湿地岩面薄土上或土生。【生态价值】为高寒荒漠常见种，对保持水土和形成生态景观有重要作用。

丝瓜藓群落（湿润的配子体和孢子体）

幼孢子体和成熟的孢子体（孢蒴）

65. 平肋提灯藓 *Mnium laevinerve* Card.

【分类地位】提灯藓科提灯藓属。【形态特征】植物体疏松丛生，较纤细，绿色或褐绿色，基部具假根。茎直立，1.3~1.7厘米，单一或具小分枝。叶片上部着生叶，呈莲座状，基部疏生叶。叶片在干燥时皱缩，潮湿时舒展，基部狭缩，下延，叶片呈卵圆形或长椭圆形，先端渐尖，具小尖头；叶缘由2~3列狭长形或线形细胞构成窄分化边，叶上下部具2列锐齿；中肋粗壮单一，红色，长达于叶尖，背面上部平滑无齿；叶片细胞呈不规则圆六边形，薄壁或角部加厚，中部细胞15~ 20微米。孢子体单生。蒴柄1.5~2.3厘米，呈黄褐色。孢蒴倾立或平列，长约5毫米，呈长椭圆形。蒴齿2层，蒴盖圆锥形，具斜喙状尖。雌雄异株。【生境】多生于林地、腐木或树干上，以及林缘、路边、沟旁阴湿的土坡上。【生态价值】为高寒荒漠常见种，对保持水土和形成生态景观有重要作用。

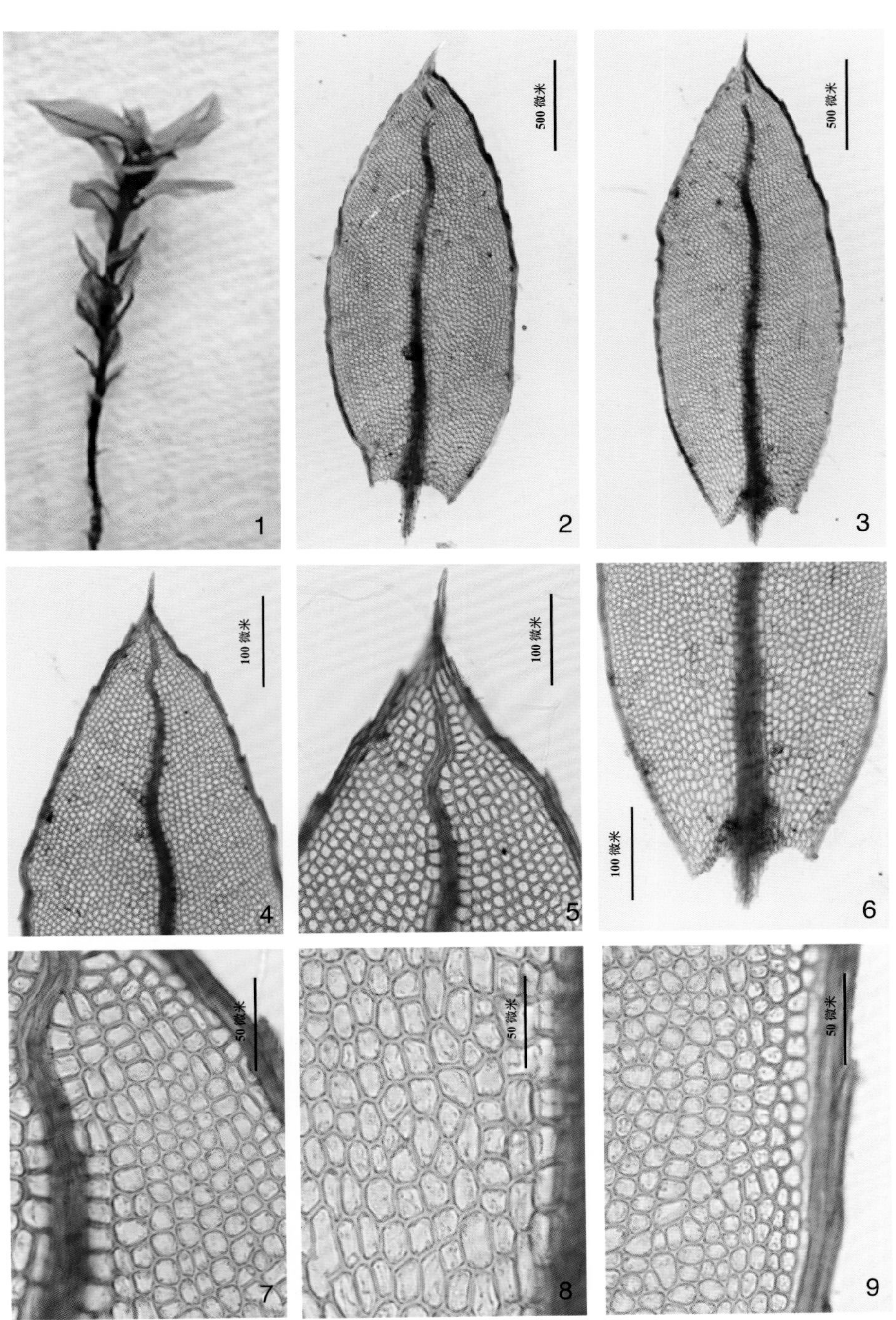

1. 植物体；2. 叶正面；3. 叶背面；4. 叶上部背面；5. 叶尖；6. 叶基部；7. 叶尖部细胞；8. 叶基部细胞；9. 叶中部边缘细胞
（凭证标本：买买提明·苏来曼 32586 XJU；古丽尼尕尔·塔依尔拍摄）

66. 具缘提灯藓 *Mnium marginatum* (With.) P. de Beauv.

【分类地位】提灯藓科提灯藓属。【形态特征】植物体较小，高1.5~3.5厘米，疏丛生，深绿色带红棕色。茎直立，单一，稀分枝，基部具红棕色假根，茎上部叶密生且较大，呈长椭圆形，下部叶疏生且小，呈阔椭圆形。叶在干燥时卷缩，或附贴于茎，潮湿时舒展直立；中部宽，基部收缩，略下延，先端渐尖，具长尖头；叶缘分化，稍带红色，由2~3列长方形厚壁细胞构成分化边，叶缘中上部具双列短钝齿；中肋红色，达于叶尖并突出成刺状小尖，背面平滑无齿；叶片细胞较小，上部细胞呈近正方形至圆形，中部细胞呈不规则的多边形，基部细胞呈近长方形，颜色较浅，细胞厚壁。孢子体单生，稀双生。蒴柄黄色，长2~3厘米。孢蒴呈卵圆形或长椭圆形，具短的蒴台，平列或倾垂。蒴盖平凸状，具短喙状尖，蒴齿2层。孢子直径19~26微米。雌雄同株。【生境】生于针叶林地、桦木林下、腐殖土或岩面薄土上。【药用价值】药用全草，味淡、性凉，具有凉血、止血的功能，用于治鼻衄、崩漏。

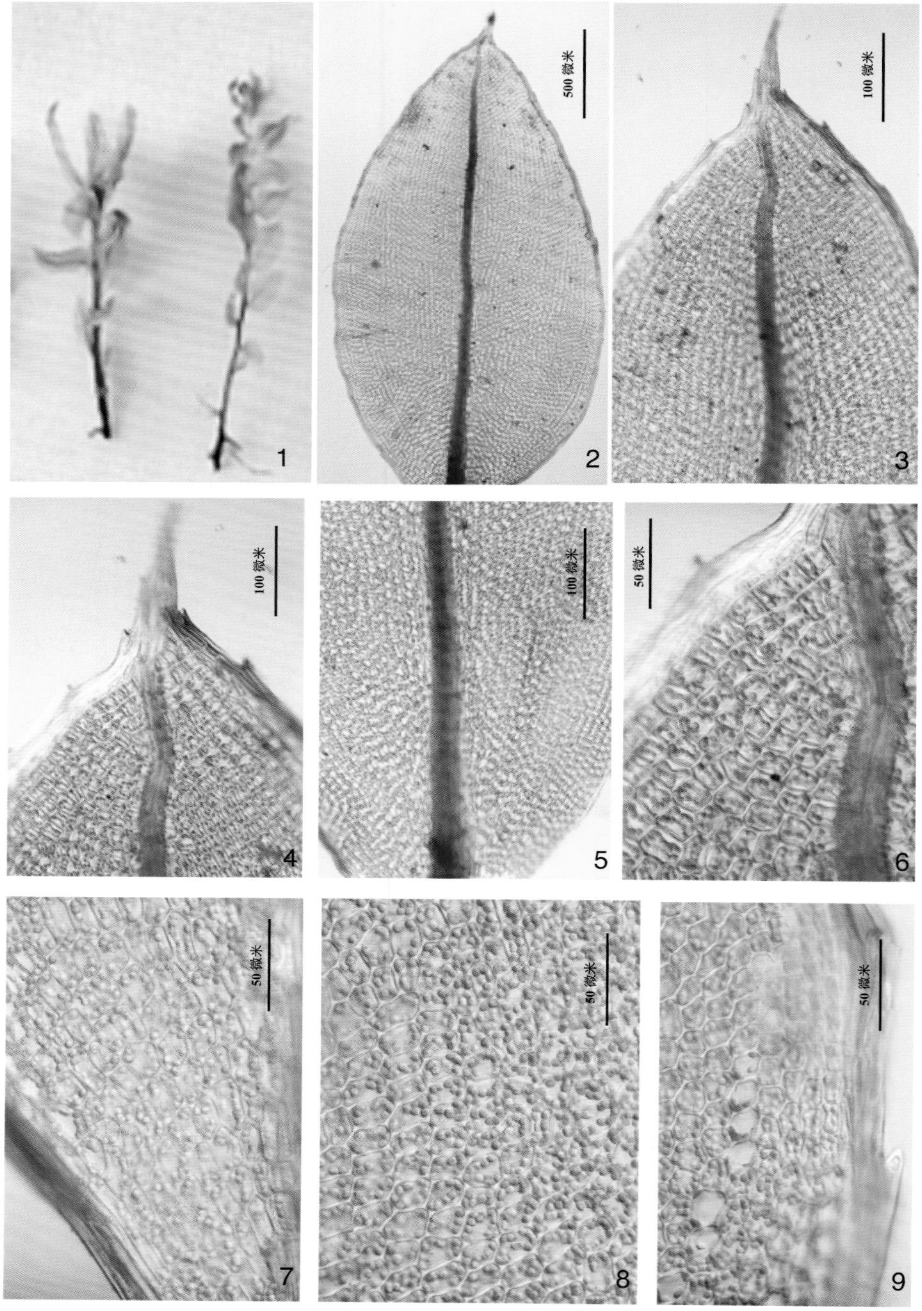

1. 植物体；2. 叶正面；3. 叶上部；4. 叶尖；5. 叶基部；6. 叶尖部细胞；7. 叶基部细胞；8. 叶中部细胞；9. 叶边缘细胞
（凭证标本：买买提明・苏来曼 30769 XJU；古丽尼尕尔・塔依尔拍摄）

67. 刺叶提灯藓 *Mnium spinosum*（Voit）Schwägr.

【分类地位】提灯藓科提灯藓属。【形态特征】植物体相对于其他种较粗壮，疏丛生，鲜绿色或绿色稍带红棕色。茎直立，不分枝，基部具红棕色假根，茎顶部叶大，密生呈莲座状，下部叶渐小，呈红棕色，干燥时卷缩，潮湿时稍平展，基部收缩，具长的下延，长披针形，叶片具横波纹，先端渐尖，具小尖头；叶缘由2~3列狭长线形细胞构成分化边，叶缘上2/3部具双列长尖锐齿；中肋粗壮，红褐色，达于叶尖并突出成刺状小尖，背面上部具明显刺状齿；叶片细胞自中肋向斜上方整齐排列，上部细胞六边形，中部细胞长方状六边形，基部细胞长方形，细胞较大，具壁孔。孢子体丛生，往往1个雌器苞中有2~5个孢子体，稀单生。蒴柄黄褐色，长1~2.5厘米。孢蒴倾垂或下垂，呈长椭圆柱形，长2.7~3毫米，蒴盖平凸状，具短的圆锥状尖，蒴齿2层。孢子直径16~25微米。雌雄异株。【生境】生于林下腐殖土、枯树根、腐木或岩面薄土上。【生态价值】为高寒荒漠常见种，对保持水土和形成生态景观有重要作用。

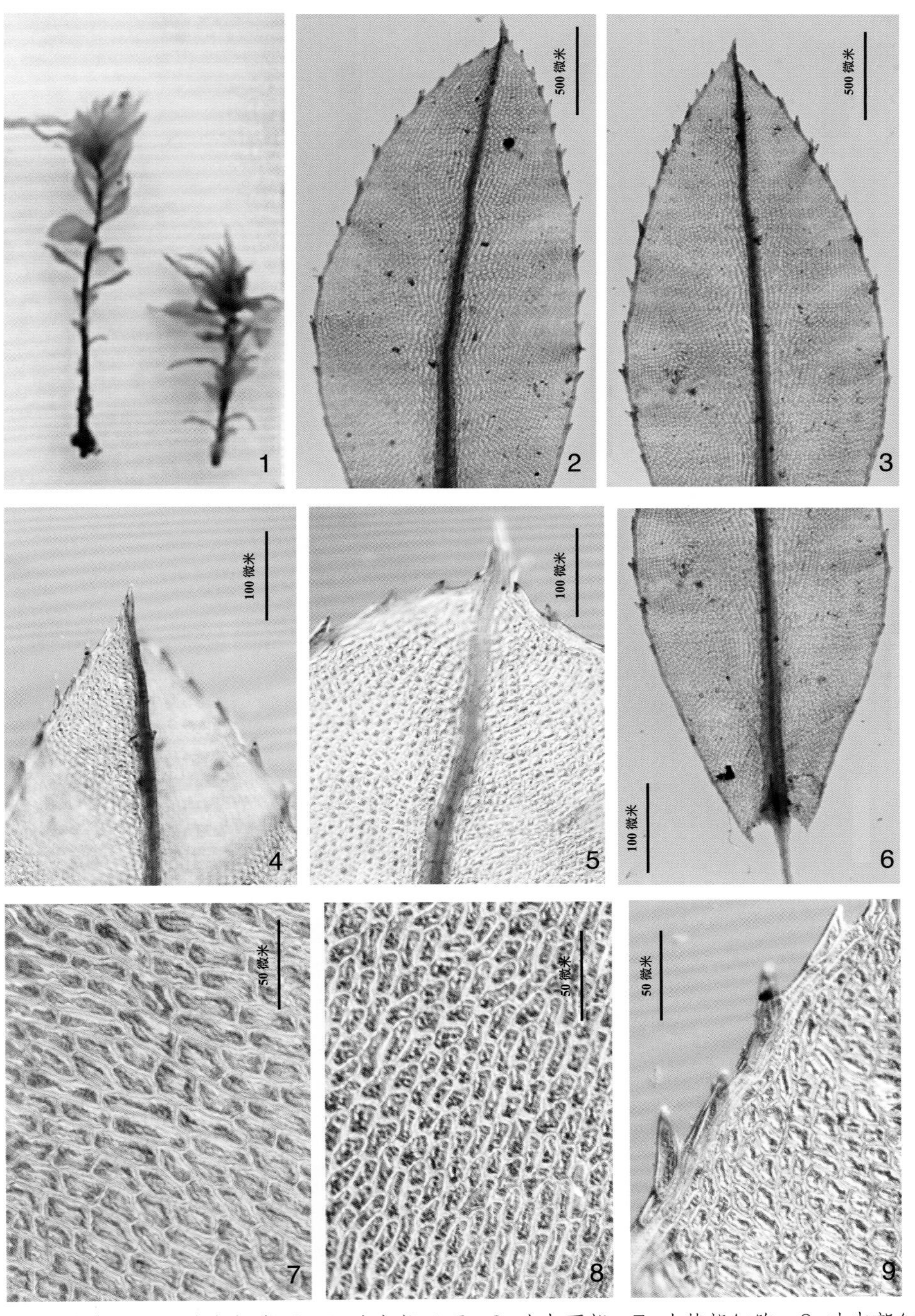

1. 植物体；2. 叶正面；3. 叶背面；4. 叶上部背面；5. 叶上部正面；6. 叶中下部；7. 叶基部细胞；8. 叶中部细胞；9. 叶边缘细胞
（凭证标本：买买提明·苏来曼 22542 XJU；古丽尼尕尔·塔依尔拍摄）

68. 偏叶提灯藓 *Mnium thomsonii* Schimp.

【分类地位】提灯藓科提灯藓属。【形态特征】植物体较粗壮，高3~5厘米，丛生，黄绿色。茎直立，单一不分枝，红色，基部具假根；叶密生，茎上部叶较大，基部叶渐小。叶往一侧偏卷，在干燥时皱缩，潮湿时舒展，左右不对称，基部狭缩，稍下延，先端渐尖，具小尖头，长椭圆形或披针形，叶形略一侧弯曲，长8~10毫米，宽2~3.5毫米，叶缘由2~3列狭长线形细胞构成分化边，稍带红色，叶上、下部具双列短齿；中肋细，部分弯曲，达于叶尖并突出，背面上部具刺状齿，红色；叶片细胞小，每平方毫米有3 200~4 000个细胞，上部细胞呈不规则多边形或近圆形，中部细胞呈不规则的四边形，基部细胞呈多边形或多角形，细胞薄壁，角部不加厚。孢子体单生。蒴柄长1.5~2.5厘米，粗壮。孢蒴单生于雌苞叶中，卵状长椭圆形，长5~6.2毫米，直径2.0~2.3毫米，直立或平列。蒴盖圆锥形，具短粗喙状尖，蒴齿2层。雌雄异株。【生境】生于林地上、腐木上、枯木上、林缘土坡上、石壁上、阴湿的路边或沟旁。【生态价值】为高寒荒漠常见种，对保持水土和形成生态景观有重要作用。

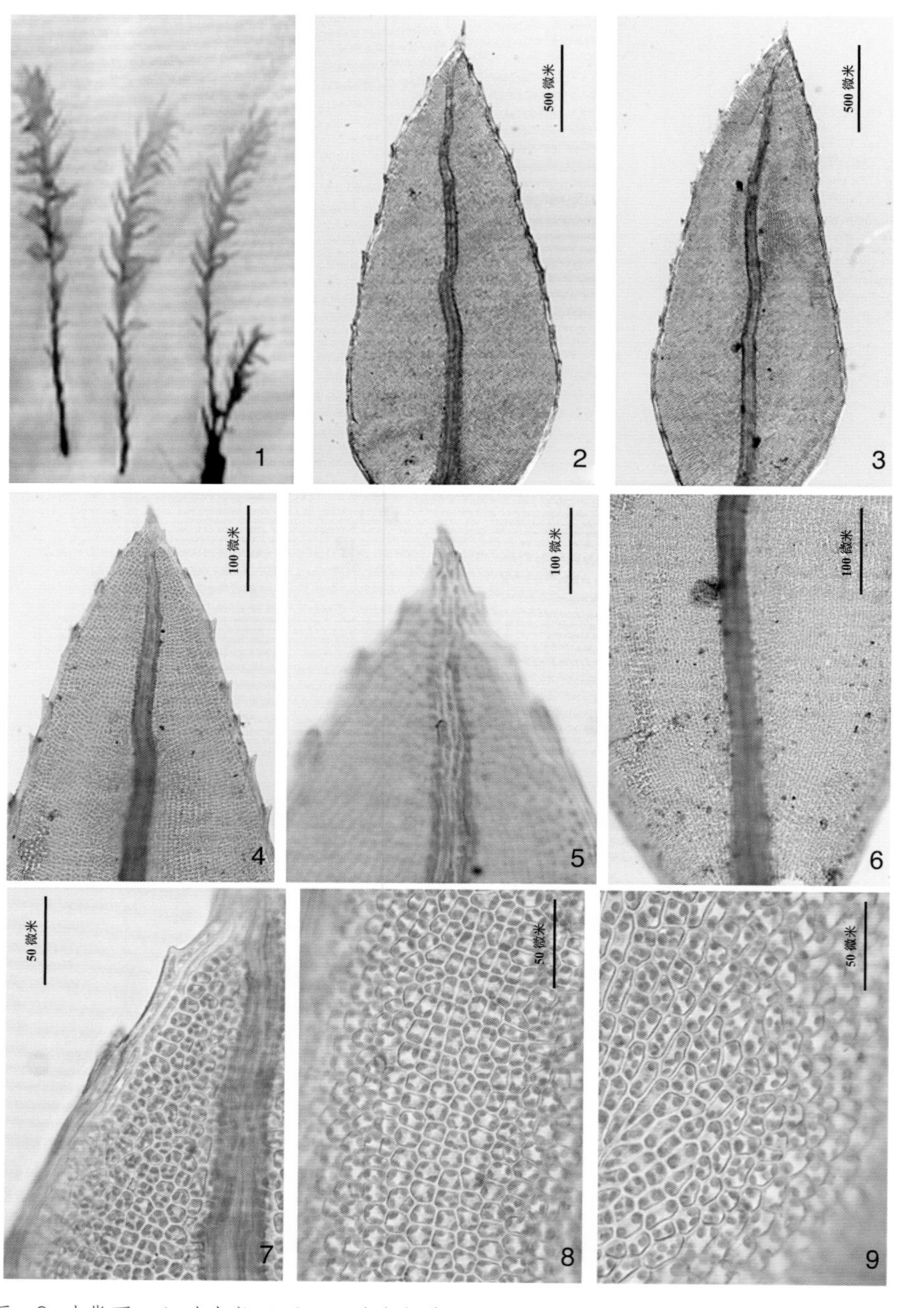

1. 植物体；2. 叶正面；3. 叶背面；4. 叶上部正面；5. 叶上部背面；6. 叶基部；7. 叶尖部细胞；8. 叶中部细胞；9. 叶基部细胞
（凭证标本：买买提明·苏来曼 33075 XJU；古丽尼尕尔·塔依尔拍摄）

69. 泽藓 *Philonotis fontana* (Hedw.) Brid.

▲左：泽藓群落
▲中：泽藓群落（湿润状态的配子体）
▲右：泽藓雄株（茎的顶端具雄器托）

【分类地位】珠藓科泽藓属。**【形态特征】**植物体大，密集丛生，绿色或黄绿色，有丝质光泽，高2~10厘米。茎常叉状分枝。叶狭三角形，基部阔卵形或心形，边背卷，上部渐尖，边具微齿；中肋单一，粗壮，达叶尖消失；叶细胞多角形或长方形，具疣，腹面观疣位于细胞上端，背面观疣位于细胞下端。孢蒴卵圆形或圆形，有纵褶。**【生境】**生于高寒地区沼泽地。**【药用价值】**药用全草。夏秋采收，洗净晒干。味淡，性凉，有清热解毒的功能，用于治扁桃体炎及上呼吸道炎症；还可用于治疗水火烫伤，研磨成粉末用香油调敷可减轻疼痛。

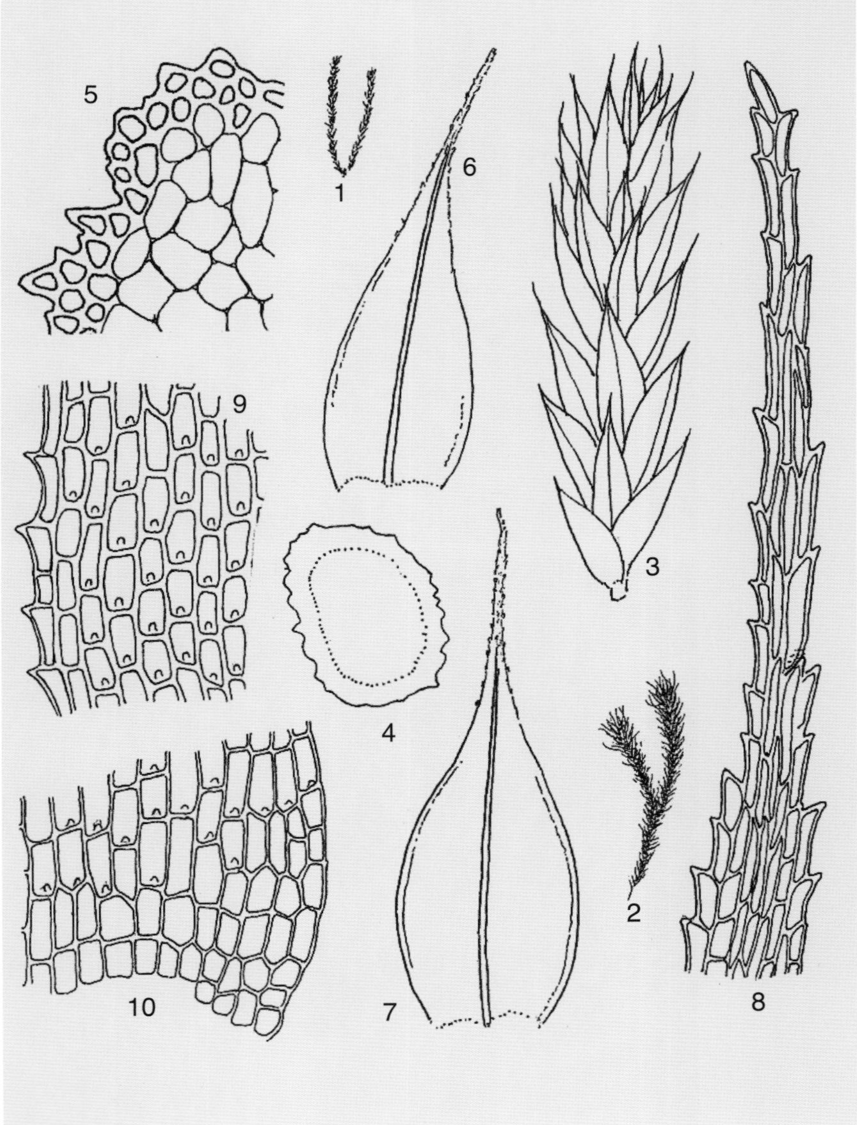

1、2. 植物体（1×2, 2×5）；3. 枝（×24）；4. 茎的横切面（×90）；5. 茎横切面的一部分（×600）；6、7. 叶片（×70）；8. 叶尖部细胞（×500）；9. 叶中部边缘细胞（×500）；10. 叶基部细胞（×500）
（绘图标本：买买提明・苏来曼 19067 XJU）

70. 瓦叶假细罗藓 *Pseudoleskeella tectorum*（Brid.）Kindb.

【分类地位】薄罗藓科假细罗藓属。**【形态特征】**植物体细弱，密集或稀疏丛生，绿色或黄绿色，无光泽。茎匍匐，不规则分枝，分枝密集时直立或倾立，稀疏时斜伸匍匐。叶紧密覆瓦状排列，干时紧贴，湿时倾立，阔卵形，内凹，先端急狭成短叶尖，长0.4~0.5毫米，宽0.25~0.3毫米，基部有时具不明显纵褶，叶缘平滑；中肋短，达中部以下消失，有时上部分叉。叶上部细胞圆形或短长圆形，厚壁，平滑，直径5~8微米，叶角部细胞方形或扁方形，斜向排列。**【生境】**高山草甸岩面生。**【生态价值】**为高寒荒漠习见种，对保持水土和形成生态景观有重要作用。

瓦叶假细罗藓群落

71.镰刀藓（原变种）*Drepanocladus aduncus*（Hedw.）Warnst. var. *aduncus*

【分类地位】柳叶藓科镰刀藓属。**【形态特征】**藓丛柔软，黄绿色。植物体中型，茎长10~20厘米，不规则分枝或羽状分枝，横切面圆形，中轴小，皮层细胞小，1~2层，加厚或薄壁膨大；假鳞毛少，小，叶状。茎叶形态变化较大，卵状披针形，多数镰刀形弯曲，长1~3毫米，宽0.5~0.8毫米，叶缘内卷弯曲，全缘平滑；中肋单一，细弱或粗壮，达叶片中上部，叶细胞狭长形，长为宽的10~20倍，基部细胞较短而宽，长菱形，具壁孔或无，角部细胞明显分化突起，黄色或透明，叶耳不达于中肋。枝叶较窄小，更为弯曲。雌雄异株。蒴柄长约2.5厘米。孢蒴长2~2.5毫米。环带分化。孢子直径约为16微米，具疣。**【生境】**生于沼泽地。**【生态价值】**为高寒荒漠习见种，对保持水土和形成生态景观有重要作用。

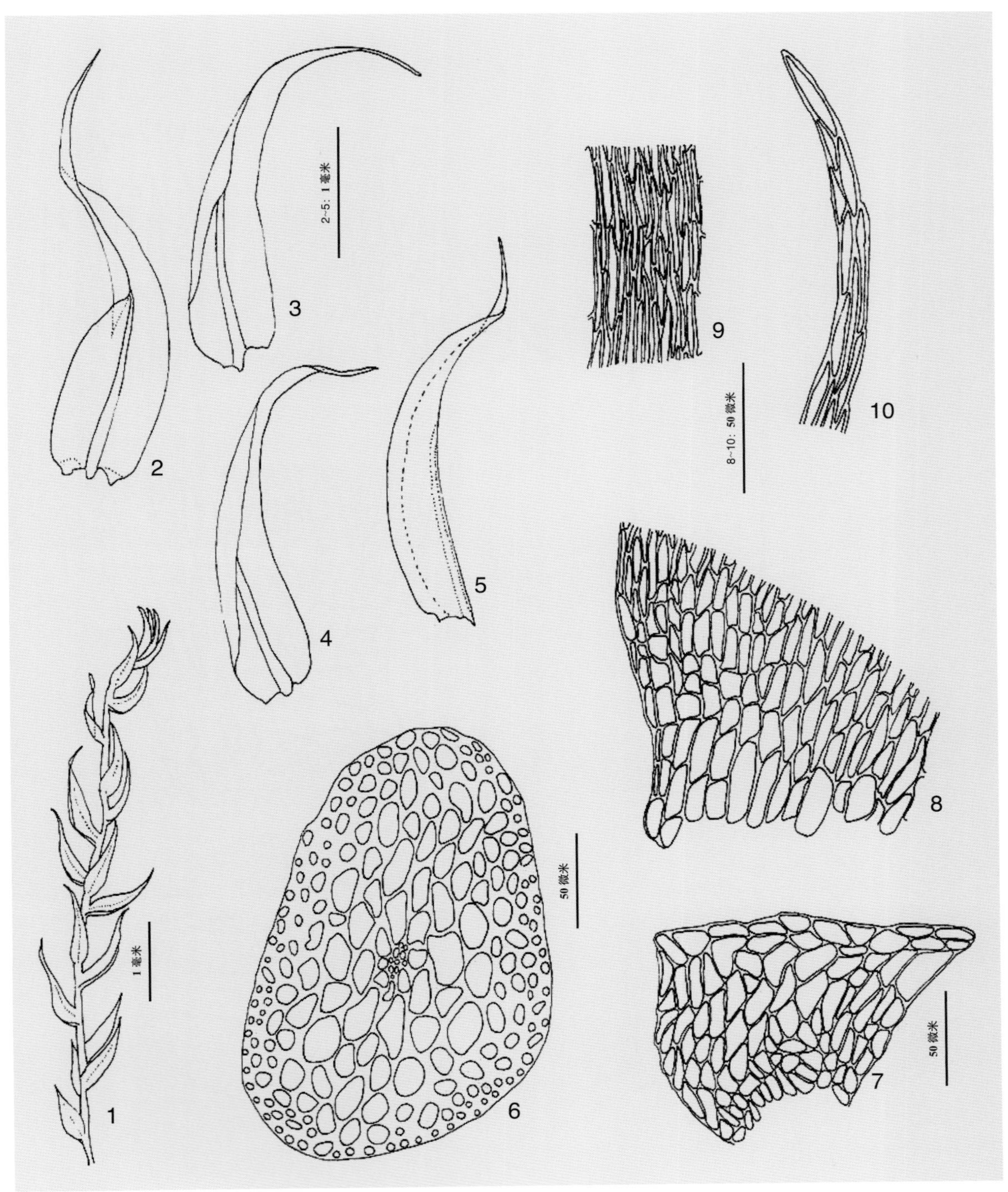

1. 植物体；2~5. 叶片；6. 茎的横切面；7. 假鳞毛；8. 叶角部细胞；9. 叶中部细胞；10. 叶尖部细胞
（绘图标本：买买提明·苏来曼 18114；吾尔叶提·阿布力孜绘）

72. 水灰藓（原变种）*Hygrohypnum luridum*（Hedw.）Jenn.var. luridum

【分类地位】柳叶藓科水灰藓属。【形态特征】植物体中小型，岩面上平铺丛生，绿色，杂有黄绿色或黑绿色。茎不规则分枝，枝直，渐尖，叶多列密生，直立，向一侧镰刀形弯曲；茎横切面中轴小，皮层细胞厚壁，3~4层；无假鳞毛。茎叶卵形，长1~1.5毫米，宽0.4~0.6毫米，略弯曲，叶尖钝，具小锐尖；中肋单一，达于叶片中部以上或不达中部，有时分叉；叶缘内卷，全缘平滑；叶中部细胞长菱形，长30~35微米，宽5~6微米，上部细胞较短，角部细胞小而多，正方形，无色或带黄色。枝叶与茎叶同形。雌雄同株。内雌苞叶长披针形，长3.5~4毫米，宽0.7毫米，具纵皱褶；中肋单一，粗壮，达叶片2/3处。蒴柄红色，长1.5~2厘米。孢蒴长卵状圆筒形，倾立。内齿层齿片龙骨瓣稍分裂，齿毛2~ 3条，具节瘤，上部具疣，短于齿片。环带小。蒴盖圆锥形，带钝小短尖。孢子直径16~18微米，具疣。【生境】生于山涧钙质湿石上。【生态价值】为高寒荒漠习见种，对保持水土和形成生态景观有重要作用。

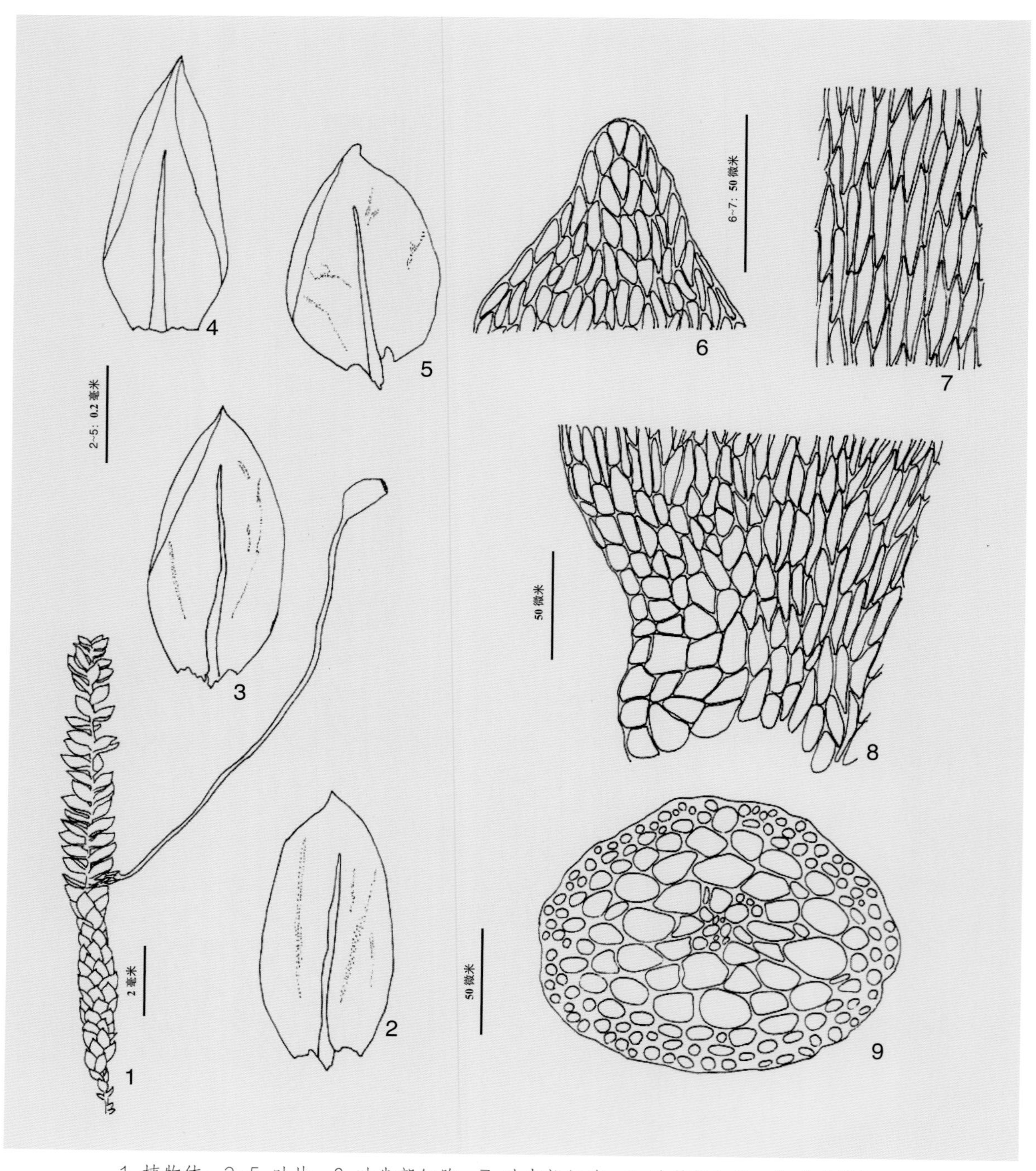

1. 植物体；2~5. 叶片；6. 叶尖部细胞；7. 叶中部细胞；8. 叶基部细胞；9. 茎的横切面
（绘图标本：买买提明·苏来曼 19117；吾尔叶提·阿布力孜绘）

73. 曲肋薄网藓 *Leptodictyum humile*（P. Beauv.）Ochyra

【分类地位】柳叶藓科薄网藓属。【形态特征】植物体小，细弱，黄绿色。茎匍匐，不规则分枝。茎叶直立，卵状三角形，急尖呈一小尖，叶基稍下延。中肋单一，达于叶尖，叶尖扭曲。叶细胞长菱形，角区细胞较大，正方形或长方形。孢子体未见。【生境】生于水中岩面上。【生态价值】为高寒荒漠习见种，对保持水土和形成生态景观有重要作用。

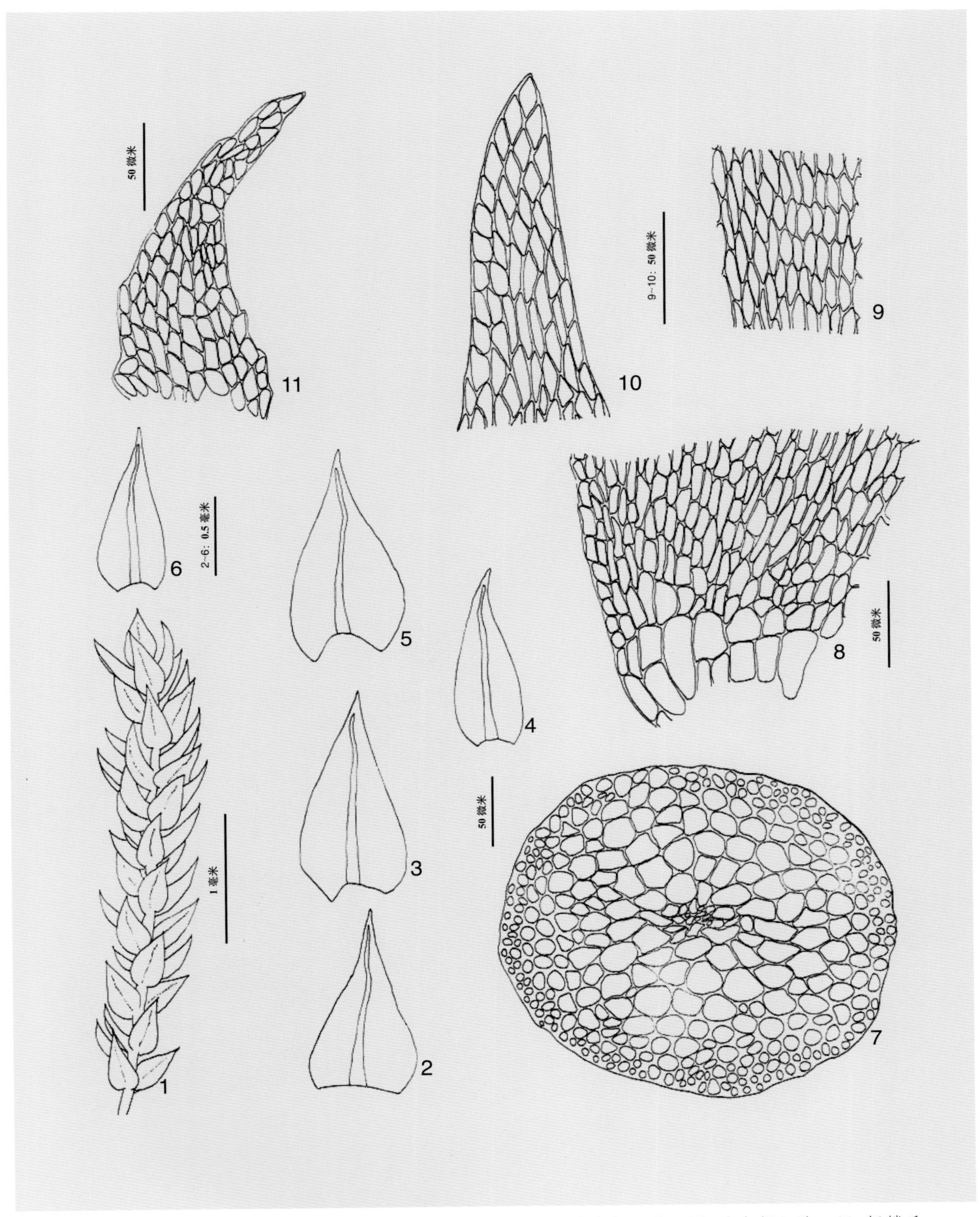

1. 植物体；2~6. 叶片；7. 茎的横切面；8. 叶角部细胞；9. 叶中部细胞；10. 叶尖部细胞；11. 假鳞毛
（绘图标本：买买提明・苏来曼 19117；吾尔叶提・阿布力孜绘）

74. 细柳藓 *Platydictya jungermannioides* (Brid.) H. A. Crum

【分类地位】柳叶藓科细柳藓属。【形态特征】植物体细小，柔软，黄绿色。茎匍匐，不规则分枝，茎叶稀疏生于茎上。茎横切面无中轴。茎叶卵状披针形，渐尖。中肋无或极不明显。叶中部细胞菱形，上部细胞长菱形，角区细胞方形或长方形。孢子体未见。【生境】生于湿地上。【生态价值】为高寒荒漠习见种，对保持水土和形成生态景观有重要作用。

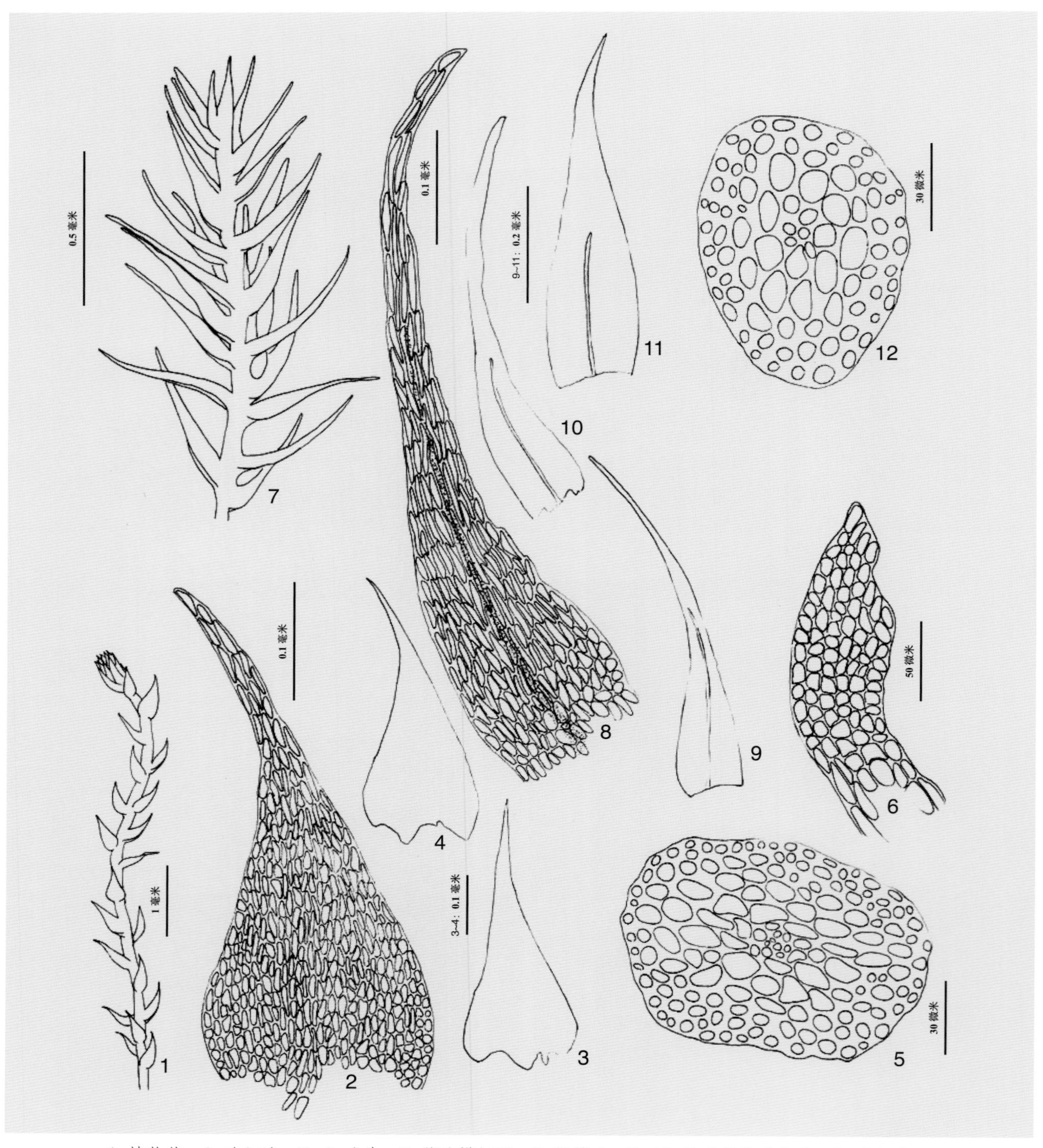

1. 植物体；2. 叶细胞；3~4. 叶片；5. 茎的横切面；6. 假鳞毛；7~12. 柳叶藓长叶变种；8. 叶细胞；9~11. 叶片；12. 茎横切面

（绘图标本：买买提明·苏来曼 19117；吾尔叶提·阿布力孜绘）

75. 长肋青藓 *Brachythecium populeum* (Hedw.) B. S. G.

【分类地位】青藓科青藓属。【形态特征】植物体暗绿色，略具光泽。茎匍匐，羽状分枝，枝斜倾，单一，干燥时多少呈圆条形，渐尖；茎叶卵状三角形，先端渐尖，平展或内凹，略具褶皱，边缘平展，全缘或细齿；中肋粗壮，达叶尖；枝叶狭披针形；中部细胞长斜菱形或亚线形，角部细胞近于方形至矩形；雌雄异株，雌苞叶披针形，中肋弱；蒴柄红褐色，上部粗糙，下部平滑；孢蒴长椭圆形，红褐色；蒴盖圆锥形，具短喙。【生境】生于高山、草甸、岩面、薄土上或土生。【生态价值】为高寒荒漠常见种，对保持水土和形成生态景观有重要作用。

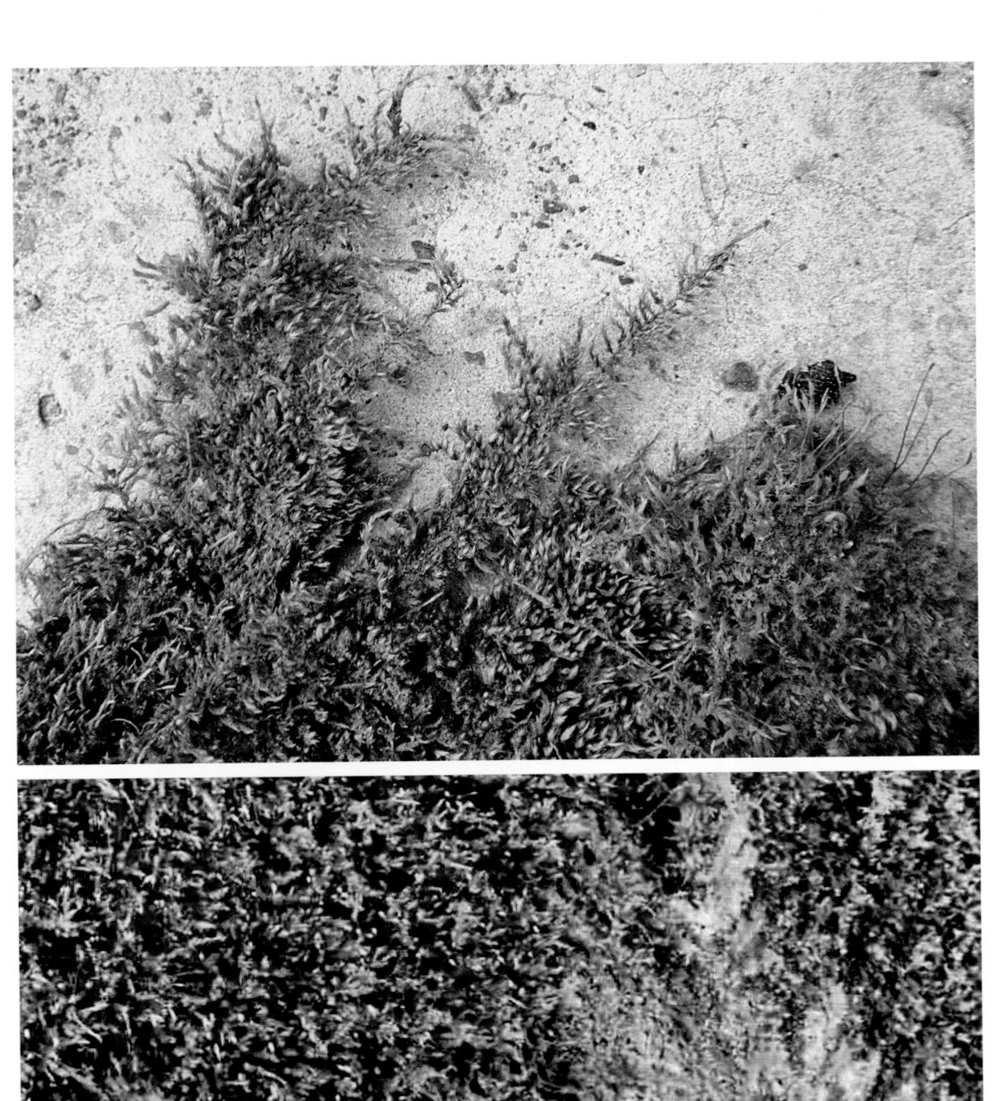

长肋青藓群落（配子体和孢子体）

蕨类植物门

PTERIDOPHYTA

1. 节节草 *Equisetum ramosissimum* Desf.

【俗名】节节木贼

【异名】*Equisetum elongatum*; *Equisetum ramosissimum* var. *japonicum*; *Equisetum sieboldii*; *Hippochaete ramosissima*; *Equisetum ramosissimum* var. *glaucum*; *Equisetum ramosissimum* var. *taikankoense*; *Hippochaete ramosissima* var. *japonica*; *Equisetum ramosum*

【生物学特征】外观：中小型植物。根茎：直立，横走或斜升，黑棕色，节和根疏生黄棕色长毛或光滑无毛。茎：地上枝多年生，枝 1 型，高 20~60 厘米，主枝多在下部分枝，常形成簇生状；幼枝的轮生分枝明显或不明显；鞘筒狭长达 1 厘米，下部灰绿色，上部灰棕色；鞘齿 5~12 枚，三角形，灰白色，黑棕色或淡棕色，边缘（有时上部）为膜质，基部扁平或弧形，早落或宿存，鞘齿 5~8 个，披针形，革质但边缘膜质，上部棕色，宿存。孢子囊：孢子囊穗短棒状或椭圆形，长 0.5~2.5 厘米，中部直径 0.4~0.7 厘米，顶端有小尖突，无柄。

【生境】生于海拔 0~3 300 米的荒漠河湖岸边、沙砾石地等。

【分布】我国[①]新疆（塔什库尔干、乌恰、喀什、巴楚、英吉沙、莎车、叶城等地）及其他各省份；亚洲、欧洲、美洲、非洲等。

【保护级别及用途】药用、观赏栽培。

2. 木贼 *Equisetum hyemale* L.

木贼属 Equisetum

【异名】*Hippochaete hyemalis* (L.) Milde ex Bruhin

【生物学特征】外观：中小型植物。根茎：横走或直立，黑棕色，节和根有黄棕色长毛。地上枝多年生。枝1型。高达1米或更多，中部直径（3~）5~9毫米，节间长5~8厘米，绿色，不分枝或者基部有少数直立的侧枝。地上枝有脊16~22条，脊的背部弧形或近方形，无明显小瘤或有小瘤2行；鞘筒0.7~1.0厘米，黑棕色或顶部及基部各有1圈或仅顶部有1圈黑棕色；鞘齿16~22枚，披针形，小，长0.3~0.4厘米。顶端淡棕色，膜质，芒状，早落，下部黑棕色，薄革质，基部的背面有3~4条纵棱，宿存或同鞘筒一起早落。孢子囊：孢子囊穗卵状，长1.0~1.5厘米，直径0.5~0.7厘米，顶端有小尖突，无柄。

【生境】常生于海拔 100~3 000 米的山坡、潮湿地、河岸湿地或疏林下。

【分布】我国新疆（塔什库尔干、乌恰等地）、黑龙江、吉林、辽宁、内蒙古、北京、天津、河北、陕西、甘肃、河南、湖北、四川、重庆等；日本、朝鲜半岛、俄罗斯[②]、欧洲、北美洲及中美洲。

【保护级别及用途】药用。

---

① 我国地域上属于亚洲国家，但为了突出我国的分布，本书特将我国与亚洲并行列出。

② 俄罗斯属于欧洲国家，但为了突出俄罗斯的分布，本书特将俄罗斯与欧洲并行列出。

3. 问荆 *Equisetum arvense* L.

【异名】*Equisetum calderi*; *Equisetum campestre*; *Equisetum boreale*; *Equisetum arvense* var. *boreale*; *Equisetum arvense* var. *ramulosum*; *Equisetum arvense*; *Equisetum saxicola*; *Allostelites arvensis*; *Equisetum arvense*; *Equisetum arvense* subsp. *ramulosum*; *Equisetum arvense* subsp. *boreale*; *Equisetum arvense* var. *campestre*

【生物学特征】外观：中小型植物。根茎：根茎斜升，直立和横走，黑棕色，节和根密生黄棕色长毛或光滑无毛。茎：地上枝当年枯萎，枝2型，能育枝春季先萌发，高5~35厘米，黄棕色，无轮茎分枝，脊不明显，有密纵沟；鞘筒栗棕色或淡黄色，长约0.8厘米，鞘齿9~12枚，栗棕色，孢子散后能育枝枯萎；不育枝后萌发，高达40厘米；脊的背部弧形，无棱，有横纹；鞘筒狭长，绿色，鞘齿三角形，5~6枚，中间黑棕色，边缘膜质，淡棕色，宿存；鞘齿3~5个，披针形，绿色，边缘膜质，宿存。孢子囊：孢子囊穗圆柱形，长1.8~4.0厘米，直径0.9~1.0厘米，顶端钝，成熟时柄伸长，柄长3~6厘米。

【生境】海拔 0~3 700 米广布。

【分布】我国新疆（乌恰、阿克陶、叶城等地）、黑龙江、吉林、辽宁、内蒙古、北京、天津、河北、陕西、甘肃、河南、湖北等；日本、朝鲜半岛、喜马拉雅、俄罗斯、欧洲、北美洲。

【保护级别及用途】IUCN：无危（LC）；药用、观赏栽培。

4. 冷蕨 *Cystopteris fragilis* (L.) Bernh.

【异名】*Cystopteris remotipinnata*

【生物学特征】外观：植株高 15~30 厘米。根状茎：短横走或稍伸长，带有残留的叶柄基部，先端和叶柄基部被有鳞片，鳞片浅褐色阔披针形。叶：近生或簇生，能育叶长（3.5~）20~35（~49）厘米；叶柄一般短于叶片，当生长在石缝时，有时纤细，稍长于叶片，基部褐色，叶片披针形至阔披针形，通常 2 回羽裂至 2 回羽状，小羽片羽裂，偶有 1 或 3 回羽状；羽片 12~15 对，中下部的近对生，几无柄，斜展，下部 1~2 对稍缩短，或几不缩短，卵形至卵状披针形；叶干后草质，绿色或黄绿色。孢子囊群：小，圆形，背生于每小脉中部，每一小羽片 2~4 对；囊群盖卵形至披针形，膜质，灰绿色或稍带浅褐色。孢子：深褐色，周壁表面有均匀、较密的刺状突起。

【生境】生于海拔（210~）1 500~4 500（~4 800）米高山灌丛下、阴坡石缝中、岩石脚下或沟边湿地。

【分布】我国新疆[①]（塔什库尔干、叶城等地）、西北、华北、东北、西藏、四川、云南、台湾等；广布欧洲、亚洲、北美洲。

【保护级别及用途】IUCN：无危（LC）。

---

① 新疆地域上属于我国西北地区，但为了突出新疆的分布，本书特将新疆与西北地区并行列出。

裸子植物门 GYMNOSPERMAE

1. 矮麻黄 *Ephedra minuta* Florin

【俗名】川麻黄、异株矮麻黄

【异名】*Ephedra minuta* var. *dioeca*

【生物学特征】外观：矮小灌木。茎：木质茎极短，不显著；小枝直立向上或稍外展，深绿色，纵槽纹明显较粗。叶：2 裂，下部 1/2 以上合生，上部裂片三角形。花：雌雄同株，雄球花常生于枝条较上部分，单生或对生于节上，雄花具 6~8 枚雄蕊，花丝完全合生，假花被倒卵圆形；雌球花多生于枝条近基部，单生或对生于节上，雌花 2。雌球花成熟时肉质红色，被白粉，矩圆形或矩圆状卵圆形；种子：1~2 粒，包于苞片内，矩圆形，上部微渐窄，黑紫色，微被白粉，背面微具细纵纹。

【生境】生于海拔 2 000~4 000 米高山地带。

【分布】我国新疆（塔什库尔干等地）、四川北部及西北部、青海南部。

【保护级别及用途】IUCN：无危（LC）；药用。

2. 单子麻黄 *Ephedra monosperma* J. G. Gmel. ex C. A. Mey.

【俗名】小麻黄

【异名】*Ephedra minima*

【生物学特征】外观：草本状矮小灌木，高 5~15 厘米。茎：木质茎短小，长 1~5 厘米，多分枝，皮多呈褐红色；绿色小枝开展或稍开展，常微弯曲，节间细短，长 1~2 厘米，稀更长。叶：2 片对生，膜质鞘状，下部 1/3~1/2 合生，裂片短三角形，先端钝或尖。花：雄球花生于小枝上、下各部，单生枝顶或对生节上，多呈复穗状，苞片 3~4 对，广圆形，中部绿色，两侧膜质边缘较宽，合生部分近 1/2，假花被较苞片长，倒卵圆形，雄蕊 7~8，花丝完全合生；雌球花单生或对生节上，无梗，苞片 3 对，雌花通常 1，稀 2。果实：雌球花成熟时肉质红色，微被白粉，卵圆形或矩圆状卵圆形。种子：外露，多为 1 粒，三角状卵圆形或矩圆状卵圆形，长约 5 毫米，直径约 3 毫米，无光泽。

【生境】 生于海拔 3 160~4 600 米的荒漠、沙滩、干山坡、砾石陡坡、山坡石缝。

【分布】我国新疆（塔什库尔干、乌恰、阿克陶、叶城等地）、黑龙江、河北、山西、内蒙古、青海、甘肃、宁夏、四川及西藏等省份；俄罗斯、哈萨克斯坦、巴基斯坦、蒙古国。

【保护级别及用途】IUCN：无危（LC）；新疆Ⅰ级保护野生植物；药用。

3. 蓝枝麻黄 *Ephedra glauca* Rgl.

【异名】*Ephedra intermedia* var. *glauca; Ephedra heterosperma*

【生物学特征】外观：小灌木，高 20~80 厘米。茎：基部粗约 1 厘米，直立或具斜向上升的小枝，皮淡灰色或淡褐色，小枝几相互平行向上，淡灰绿色，密被蜡粉，光滑，具浅沟纹。叶：2 枚，长 2~4 毫米，4/5 连合成鞘，具 2 条几平行而不达顶端的棱肋，裂片狭三角形，顶端钝或渐尖。花：雄球花椭圆形或长卵形，无柄或具短柄，对生或轮生于节上；基部具 1 对平展或微下弯、背部淡绿色的总苞片；两边各具 1 枚基部联合、边缘膜质、背部淡绿色具棱脊的舟形苞片；雄蕊柱全缘，长 1~2 毫米，伸出，具 6~7 对无柄的花粉囊；雌球花含 2 粒种子，长圆状卵形，无柄或具短柄，对生或几枚成簇对生，苞片 3~4 对，交互对生。种子：2 粒，不露出，椭圆形，长约 5 毫米，灰棕色，种皮光滑有光泽，珠被管长 2~3 毫米，螺旋状弯，顶端具全缘浅裂片。

【生境】生于海拔 1 000~3 100 米的沟谷山坡石缝、岩石山坡。

【分布】我国新疆（乌恰、阿克陶、叶城等地）、青海、甘肃、陕西、内蒙古；吉尔吉斯斯坦、塔吉克斯坦。

【保护级别及用途】新疆Ⅱ级重点保护野生植物；种质资源。

4. 膜果麻黄（原变种）*Ephedra przewalskii* Stapf var. *przewalskii*

【俗名】喀什膜果麻黄

【异名】*Ephedra kaschgarica*; *Ephedra przewalskii* var. *kaschgarica*

【生物学特征】外观：灌木，高 50~240 厘米。茎：木质茎明显，为植株高度的 1/2 或更高，茎皮灰黄色或灰白色，纵裂成窄椭圆形网眼；茎的上部具多数绿色分枝，老枝黄绿色，纵槽纹不甚明显，小枝绿色。叶：通常 3 裂并有少数 2 裂混生，下部 1/2~2/3 合生，裂片三角形或长三角形。花：通常无梗，常多数密集成团状的复穗花序，对生或轮生于节上；雄球花淡褐色或褐黄色，近圆球形，每轮 3 片，稀 2 片对生，黄色或淡黄绿色，中央有绿色草质肋，雄蕊 7~8，花丝大部合生，先端分离，花药有短梗；雌球花淡绿褐色或淡红褐色，近圆球形；雌球花成熟时苞片增大成干燥半透明的薄膜状，淡棕色。种子：通常 3 粒，稀 2 粒，包于干燥膜质苞片内，暗褐红色，长卵圆形，长约 4 毫米，直径 2~2.5 毫米，顶端细窄成尖突状，表面常有细密纵皱纹。

【生境】常生于海拔 960~3 800 米的干燥沙漠地区及干旱山麓，多砂石的盐碱土上也能生长。

【分布】我国新疆（塔什库尔干、叶城等地）、内蒙古、宁夏、甘肃、青海等省份；蒙古国、哈萨克斯坦、吉尔吉斯斯坦、塔吉克斯坦、乌兹别克斯坦、巴基斯坦。

【保护级别及用途】IUCN：无危（LC）；新疆 I 级保护野生植物；药用、固沙、燃料。

5. 木贼麻黄 *Ephedra equisetina* Bunge

【俗名】山麻黄、木麻黄

【异名】*Ephedra shennungiana*; *Ephedra nebrodensis* subsp. *equisetina*

【生物学特征】外观：直立小灌木，高达 1 米。茎：木质茎粗长，直立，稀部分匍匐状，基部径达 1~1.5 厘米，小枝细，节间短，纵槽纹细浅不明显，常被白粉呈蓝绿色或灰绿色。叶：2 裂，长 1.5~2 毫米，褐色，大部合生，上部约 1/4 分离，裂片短三角形，先端钝。花：雄球花单生或 3~4 个集生于节上，无梗或开花时有短梗，卵圆形或窄卵圆形，假花被近圆形，雄蕊 6~8，花丝全部合生，微外露，花药 2 室，稀 3 室；雌球花常 2 个对生于节上，窄卵圆形或窄菱形，雌花 1~2，珠被管长达 2 毫米，稍弯曲。果实：雌球花成熟时肉质红色，长卵圆形或卵圆形，长 8~10 毫米，直径 4~5 毫米，具短梗。种子：通常 1 粒，窄长卵圆形，长约 7 毫米，直径 2.5~3 毫米， 顶端窄缩成颈柱状，基部渐窄圆，具明显的点状种脐与种阜。

【生境】生于干旱地区的山脊、山顶及岩壁等处。

【分布】我国新疆（阿克陶等地）、河北、陕西及甘肃等省份；蒙古国、阿富汗等国家。

【保护级别及用途】新疆Ⅰ级保护野生植物；药用。

6. 细子麻黄 *Ephedra regeliana* Florin

【异名】*Ephedra monosperma* var. *disperma*

【生物学特征】外观：草本状小灌木，高 5~15 厘米。茎：地上部分木质茎不明显，仅基部有数枝长 1~2 厘米、呈节结状的木质枝；主枝常不明显，小枝假轮生，通常向上直伸，较细短，节间通常长 1~2 厘米。叶：2 片对生，膜质鞘状，下部约 1/2 合生，裂片宽三角形，黄白色，基部常带褐红色。花：雄球花生于小枝上部，常单生侧枝顶端，椭圆形，基部苞片近卵圆形，上部者较窄，中肋绿色稍厚呈条带状，两侧膜质部分较宽，雄蕊 6~7，伸出苞片之外甚多，花丝合生，花药近于无梗；雌球花在节上对生，苞片通常 3 对，下面 2 对约 1/2 以下合生，雌花 2，胚珠的珠被管短直，通常长不及 1 毫米，稀稍长而微曲。雌球花成熟时肉质红色，卵圆形或宽卵圆形，长约 5 毫米，上部苞片约 4/5 合生。种子：通常 2 粒，稀 1 粒，藏于苞片内，窄卵圆形，长 2~4 毫米，直径 1.5~2 毫米，有光泽，背部中央具棱状突起。

【生境】常生于海拔 700~4 500 米的多沙砾石地区或石缝中。

【分布】我国新疆（塔什库尔干、乌恰、阿克陶等地）；中亚地区、印度、巴基斯坦。

【保护级别及用途】IUCN：无危（LC）；新疆Ⅰ级保护野生植物；药用。

7. 中麻黄 *Ephedra intermedia* Schrenk ex Mey.

【俗名】西藏中麻黄

【异名】*Ephedra intermedia* var. *persica*; *Ephedra intermedia* var. *schrenkii*; *Ephedra intermedia* var. *tibetica*; *Ephedra persica*; *Ephedra ferganensis*; *Ephedra tibetica*; *Ephedra tesquorum*; *Ephedra valida*; *Ephedra microsperma*

【生物学特征】外观：灌木，高 20~100 厘米。茎：直立或匍匐斜上，粗壮，基部分枝多；绿色小枝常被白粉呈灰绿色，直径 1~2 毫米，节间通常长 3~6 厘米，纵槽纹较细浅。叶：3 裂及 2 裂混见，下部约 2/3 合生成鞘状，上部裂片钝三角形或窄三角披针形。球花：雄球花通常无梗，数个密集于节上成团状，稀 2~3 个对生或轮生于节上，具 5~7 对交叉对生或 5~7 轮（每轮 3 片）苞片，雄花有 5~8 枚雄蕊，花丝全部合生，花药无梗；雌球花 2~3 成簇，对生或轮生于节上，无梗或有短梗，苞片 3~5 轮，通常仅基部合生，边缘常有明显膜质窄边，最上一轮苞片有 2~3 雌花；雌花的珠被管长达 3 毫米，常呈螺旋状弯曲。果实：雌球花成熟时肉质红色，椭圆形、卵圆形或矩圆状卵圆形，长 6~10 毫米，直径 5~8 毫米。种子：包于肉质红色的苞片内，不外露，3 粒或 2 粒，形状变异颇大，常呈卵圆形或长卵圆形，长 5~6 毫米，直径约 3 毫米。

【生境】生于干旱荒漠、沙滩地区及干旱的山坡或草地上；海拔数百米至 3 000 多米。

【分布】我国新疆（塔什库尔干、乌恰、喀什、叶城等地）、辽宁、河北、山东、内蒙古、山西、陕西、甘肃、青海等省份；蒙古国、俄罗斯、哈萨克斯坦、吉尔吉斯斯坦、塔吉克斯坦、乌兹别克斯坦、巴基斯坦、阿富汗、伊朗。

【保护级别及用途】IUCN：近危（NT）；新疆 I 级保护野生植物；药用、燃料等。

8. 雪岭杉 *Picea schrenkiana* Fisch. & C. A. Mey.

【俗名】雪岭云杉

【异名】*Picea morinda* subsp. *tianschanica*; *Picea schrenkiana* var. *tianschanica*; *Picea tianschanica*

【生物学特征】外观：乔木，树冠圆柱形或窄尖塔形，高达 35~40 米。茎：胸径 70~100 厘米；树皮暗褐色，成块片状开裂；大枝短，近平展，小枝下垂，1 年生、2 年生时呈淡黄灰色或黄色，无毛或有或疏或密之毛，老枝呈暗灰色；冬芽圆锥状卵圆形，淡褐黄色，微有树脂，芽鳞背部及边缘有短柔毛，小枝基部宿存芽鳞排列较松，先端向上伸展。叶：辐射斜上伸展，四棱状条形，直伸或多少弯曲，长 2~3.5 厘米，宽约 1.5 毫米，横切面菱形，四面均有气孔线，上面每边 5~8 条，下面每边 4~6 条。球果：成熟前绿色，椭圆状圆柱形或圆柱形，长 8~10 厘米，直径 2.5~3.5 厘米；中部种鳞倒三角状倒卵形，长约 2 厘米，宽约 1.7 厘米，先端圆，基部宽楔形；苞鳞倒卵状矩圆形，长约 3 毫米。种子：斜卵圆形，长 3~4 毫米，连翅长约 1.6 厘米，种翅倒卵形，先端圆，宽约 6.5 毫米。

【生境】海拔 1 200~3 500 米的山谷及湿润的阴坡；对水分要求较高，是一种抗旱性不太强的树种。

【分布】我国新疆（乌恰、阿克陶、喀什、叶城等地）、西藏；中亚地区。

【保护级别及用途】IUCN：无危（LC）；木材、栲胶、造林。

9. 叉子圆柏 *Juniperus sabina* L.

【俗名】沙地柏、臭柏、爬柏、砂地柏、双子柏、天山圆柏、新疆圆柏

【异名】*Sabina vulgaris* ; *Sabina alpestris*; *Juniperus humilis*; *Juniperus lusitanica*; *Juniperus kanitzii*; *Juniperus foetida*; *Sabina officinalis*; *Juniperus sabina* var. *cupressifolia*; *Juniperus sabina* var. *lusitanica*; *Juniperus sabina* var. *vulgaris* ;

【生物学特征】外观：匍匐灌木，雌雄异株，稀同株。茎：枝密，斜上伸展，枝皮灰褐色，裂成薄片脱落；1 年生枝的分枝皆为圆柱形，直径约 1 毫米。叶：2 型；刺叶常生于幼树上，稀在壮龄树上与鳞叶并存，常交互对生或兼有 3 叶交叉轮生，排列较密，向上斜展，长 3~7 毫米，先端刺尖，上面凹，下面拱圆，中部有长椭圆形或条形腺体；鳞叶交互对生，排列紧密或稍疏，斜方形或菱状卵形，长 1~2.5 毫米，先端微钝或急尖，背面中部有明显的椭圆形或卵形腺体。球花：雄球花椭圆形或矩圆形，长 2~3 毫米，雄蕊 5~7 对，各具 2~4 花药，药隔钝三角形；雌球花曲垂或初期直立而随后俯垂。球果：生于向下弯曲的小枝顶端，熟前蓝绿色，熟时褐色至紫蓝色或黑色，多少有白粉，具 1~4（~5）粒种子，多为 2~3 粒，形状各式，多为倒三角状球形，长 5~8 毫米，直径 5~9 毫米。种子：常为卵圆形，微扁，长 4~5 毫米，顶端钝或微尖，有纵脊与树脂槽。

【生境】生于海拔 1 100~3 300 米地带的多石山坡，或生于针叶树或针叶树阔叶树混交林内，或生于沙丘上。

【分布】我国新疆（塔什库尔干、阿克陶等地）、宁夏、内蒙古、青海、甘肃以及陕西等省份；欧洲南部至中亚地区。

【保护级别及用途】新疆 II 级保护野生植物；水土保持及固沙造林树种。

10. 昆仑方枝柏 *Juniperus centrasiatica* Kom.

【异名】*Sabina centrasiatica* var. *turkestanica*; *Sabina pseudosabina*

【生物学特征】外观：小乔木，树高 2 米以上，直立，雌雄异株。茎：枝条灰棕褐色，斜开展，常弧曲；小枝或末端小枝密集，灰绿色，四棱形，粗 1.5~2.2 毫米。叶：2 型；刺形叶出现在苗期或小树期，在老枝条上残存，呈棕栗色，长圆状三角形或长圆状宽披针形或宽长圆形腺体；菱形叶，灰绿色，排列密集，宽菱形或卵状三角形；叶缘淡绿色，背部突起近似肋状，表面稍被粉或似蜡质沫，腺体出现在叶背中部，条形或长圆形，稍凹，有的叶不明显。球花：雄球花近球形，长约 2 毫米，球鳞 6~8 枚。球果：卵形或卵球形，长 6~10 毫米，直径 5~7 毫米，栗褐色或棕褐色，内有种子 1 粒。种子：球状菱形，先端钝，基部近圆形或钝尖，稍扁，表面具肋和少数沟槽。

【生境】生于亚高山至高山带阴坡、半阴坡、山脊、山谷、山河谷及河滩，海拔 2 600~3 600 米。

【分布】我国新疆（塔什库尔干、乌恰、阿克陶、叶城等地）。

【保护级别及用途】国家 II 级保护野生植物；稀有濒危植物；新疆特有种。

11. 昆仑圆柏 *Juniperus jarkendensis* Kom.

【异名】*Sabina jarkendensis*; *Sabina vulgaris* var. *jarkendensis*; *Juniperus sabina* var. *jarkendensis*

【生物学特征】外观：乔木，高8~10（~12）米，地径40~50厘米。茎：树皮灰色或淡灰红色，薄条状脱落。树冠开阔，稀疏，多分枝；主干枝斜向上展，生多数横展或斜上展、顶端俯垂的小枝；木质化小枝常被灰色粉质，小枝呈灰红色或栗棕色，近圆柱形；小枝几全由鳞叶组成，上下鳞片之间收缩成倒圆筒形，草质，易折。叶：分刺叶和鳞叶；幼苗和幼树下部几全为披针形交互对生的刺叶，长5~7毫米，具长刺尖，鲜绿或淡黄色，干时淡灰绿色，微有灰粉或白粉。球花：雌雄同株少异株；雌球花着生短枝顶端，直立后倾斜，不下弯。果实：成熟球果干燥，被有灰粉，或凹处微有白粉，少树脂，干时揉之常成粉末状，顶端截形少圆形，宽大于或等于长，棕褐色或棕栗色，基部具三角形有纵脊的交互对生鳞片，果梗短，直或微弯。种子：含2~4粒种子，每边各1粒或2粒，基部相互紧贴少连合，上部呈钝角开展，少平行向上，卵形或不规则三角状卵圆形，淡褐色。

【生境】生于亚高山至高山带下部的阳坡和岩石裸露的半阴坡及碎石河谷、河滩，海拔 2 500~3 300 米。

【分布】我国新疆（阿克陶、叶城等地）。

【保护级别及用途】新疆Ⅰ级保护野生植物；特有种。

12. 新疆方枝柏（原变种）*Juniperus pseudosabina* var. *pseudosabina*

【俗名】昆仑山方枝柏、阿尔泰方枝柏、阿尔泰圆柏、冷桧、昆仑方枝柏

【异名】*Juniperus centrasiatica*; *Juniperus pseudosabina* var. *takastanica*; *Juniperus pseudosabina* var. *turkestanica*; *Sabina fischeri*; *Juniperus turkestanica* var. *trisperma*; *Sabina pseudosabina*; *Sabina centrasiatica*; *Sabina pseudosabina* var. *turkestanica*

【生物学特征】外观：匍匐灌木。茎：枝干弯曲或直，沿地面平铺或斜上伸展，皮灰褐色，裂成薄片脱落，侧枝直立或斜伸，高达 3~4 米；小枝直或微成弧状弯曲，方圆形或四棱形，二、三回分枝径 1~1.5（~2）毫米。叶：2 型，鳞叶交叉对生，排列较疏或紧密，长 1.5~2 毫米，先端微钝或微尖，腹面微凹曲，背面拱圆或有明显或微明显的钝脊，中部有矩圆形或宽椭圆形的腺体，腺体通常明显，或鳞叶排列紧密而不明显；刺叶仅生于幼树或出现在树龄不大的树上，近披针形，交叉对生或 3 叶交叉轮生，长 8~12 毫米，先端渐尖。球花：雌雄同株，球果卵圆形或宽椭圆状卵圆形，长 7~10 毫米，熟时淡褐黑色或蓝黑色，被或多或少的白粉，有 1 粒种子。种子：卵圆形或椭圆形，微扁，长 4~7 毫米，直径 3~5 毫米，基部圆或尖，顶端钝，有棱脊，具少数浅树脂槽，近平滑。

【生境】生于中山、亚高山至高山带林缘，灌丛和石坡，海拔 1 500~3 000 米，常自成群落。

【分布】我国新疆（塔什库尔干、阿克陶、乌恰、喀什、叶城等地）；俄罗斯（西伯利亚）、中亚地区、蒙古国。

【保护级别及用途】IUCN：无危（LC）；新疆 I 级保护野生植物；水土保持树种。

13. 圆柏（原变种）*Juniperus chinensis* var. *chinensis*

【俗名】珍珠柏、红心柏、刺柏、桧、桧柏

【异名】*Sabina chinensis*; *Juniperus cernua*; *Juniperus virginica*; *Juniperus barbadensis*; *Juniperus flagelliformis*; *Juniperus sphaerica*; *Juniperus fortunei*; *Juniperus cabiancae*; *Sabina cabiancae*; *Sabina dimorpha*; *Sabina sphaerica*; *Juniperus chinensis* var. *pendula*; *Juniperus sinensis*; *Juniperus dimorpha*; *Juniperus thunbergii*

【生物学特征】外观：乔木，高达20米，胸径达3.5米。茎：树皮深灰色，纵裂，成条片开裂；幼树的枝条通常斜上伸展，形成尖塔形树冠，老则下部大枝平展，形成广圆形的树冠；树皮灰褐色，纵裂，裂成不规则的薄片脱落；小枝通常直或稍成弧状弯曲。叶：2型，即刺叶及鳞叶；刺叶生于幼树之上，老龄树则全为鳞叶，壮龄树兼有刺叶与鳞叶；生于1年生小枝的1回分枝的鳞叶3叶轮生，直伸而紧密，近披针形；刺叶3叶交互轮生，斜展，疏松，披针形，先端渐尖，有2条白粉带。球花：雌雄异株，稀同株，雄球花黄色，椭圆形，长2.5~3.5毫米，雄蕊5~7对，常有3~4花药。果实：球果近圆球形，直径6~8毫米，2年成熟，熟时暗褐色，被白粉或白粉脱落，有1~4粒种子。种子：卵圆形，扁，顶端钝，有棱脊及少数树脂槽；子叶2枚，出土，条形，下面有2条白色气孔带，上面则不明显。

【生境】生于中性土、钙质土及微酸性土上，各地亦多栽培，为喜光树种，喜温凉、温暖气候及湿润土壤。在华北及长江下游海拔 500 米以下、中上游海拔 1 000 米以下排水良好之山地可选用造林。

【分布】我国新疆各地引种栽培，分布于我国大部分省份；朝鲜、日本等。

【保护级别及用途】IUCN：无危（LC）；木材、药材、绿化。

被子植物门
ANGIOSPERMAE

1. 海韭菜 *Triglochin maritima* L.

【异名】*Juncago maritima*; *Hexaglochin maritima*

【生物学特征】外观：多年生湿生草本，植株稍粗壮。根茎：短，常有棕色纤维质叶鞘残迹，须根多数。叶：基生，条形，长 7~30 厘米，基部具鞘，鞘缘膜质。花：花葶直立，较粗壮，圆柱形，无毛；总状花序顶生，花较紧密，无苞片；花梗长约 1 毫米，花后长 2~4 毫米；花被片 6，2 轮，绿色，外轮宽卵形，内轮较窄；雄蕊 6，无花丝；雌蕊由 6 枚合生心皮组成，柱头毛笔状。果实：蒴果 6 棱状椭圆形或卵圆形，长 3~5 毫米，直径约 2 毫米，成熟时 6 瓣裂，顶部连合。物候期：花果期 6—10 月。

【生境】湿沙地或海边盐滩上。

【分布】我国新疆（塔什库尔干等地）、山东、陕西、甘肃、青海、四川等多省区市。

【保护级别及用途】IUCN：无危（LC）。

2. 丝叶眼子菜 *Stuckenia filiformis*（Pers.）Börner

【异名】*Coleogeton filiformis*; *Potamogeton filiformis*; *Potamogeton applanatus*; *Potamogeton filiformis* var. *Applanatus*

【生物学特征】外观：多年生沉水草本。根茎：细长，白色，具分枝。茎：圆柱形，纤细，自基部多分枝，或少分枝；节间常短缩；茎皮层中无散生机械束；维管柱中具 2 条木质管道。叶：线形，先端钝，基部与托叶贴生成鞘，绿色；叶脉 3 条，平行，顶端连接，中脉显著，边缘脉细弱而不明显，次级脉极不明显。花：穗状花序顶生，具花 2~4 轮，间断排列；花序梗细；花被片 4，近圆形；雌蕊 4，离生，通常仅 1~2 枚发育为成熟果实。果实：倒卵形，喙极短，呈疣状，背脊通常钝圆。物候期：花果期 7—10 月。

【生境】生于海拔 1 400~4 100 米的净水湖沼及荒漠戈壁河渠中。

【分布】我国新疆（塔什库尔干、喀什等地）、青海、陕西、宁夏等省份；欧洲、中亚地区、北美洲。

【保护级别及用途】IUCN：无危（LC）。

3. 多球顶冰花 *Gagea ova* Stapf

【生物学特征】外观：多年生草本，无毛。鳞茎：卵形；鳞茎皮黑褐色，革质，上端稍延伸，内具许多聚集成团的卵形小鳞茎。叶：基生叶 1 枚，丝状无毛，横断面半圆形；茎生叶 2~3 枚，叶腋中常具有花序枝，下面 1 枚茎生叶与基生叶相似，但较短，上面的明显较小，多少具缘毛。花：2~6 朵，排成 2 歧伞房花序；花梗无毛或具极疏柔毛；花被片窄矩圆形，先端钝，内面黄白色或近白色，外面淡黄绿色，具淡黄色的边缘，果期背面上端变为暗紫红色；雄蕊稍短于花被片，花药椭圆形，短于花丝数倍；子房矩圆形，花柱长为子房的 2 倍，柱头不分裂。果实：蒴果倒卵形，长为宿存花被的一半。物候期：花期 4 月下旬至 5 月上旬，果期 5 月中旬，但高山生境的花期为 6 月中旬。

【生境】多生于海拔 1 200 米以下的低山和山前平原，在塔什库尔干（红其拉甫达坂）则生于海拔 4 600 米的山坡，为高山植物。

【分布】我国新疆（塔什库尔干、乌恰等地）；伊朗、阿富汗和中亚地区。

【保护级别及用途】IUCN：无危（LC）。

4. 高山顶冰花 *Gagea jaeschkei* Pascher

【异名】*Gagea pamirica*

【生物学特征】外观：多年生草本，高 3~5 厘米，疏被短柔毛。鳞茎：窄卵形；鳞茎皮黄褐色，膜质，上端延伸成圆筒状，抱茎，无附属小鳞茎。茎：具短柔毛。叶：基生叶 1 枚，条形，无毛，背面有龙骨状脊；茎生叶 5~6 枚，最下部 1 枚宽约 1.5 毫米，与基生叶相似，但较短，上部的渐小，边缘具缘毛，叶腋中有时多少有小鳞茎。花：单生，花梗具短柔毛；花被片卵状披针形或椭圆形，内面黄色，外面上半部暗红色，下半部黄色，先端钝或锐尖；雄蕊长为花被片的 4/5，花药矩圆形，花丝基部扁，与花药近等长；子房矩圆形，花柱与子房近等长，柱头稍 3 裂。果实：蒴果。物候期：花期 6 月，果期 7 月。

【生境】生于海拔 3 100~4 600 米的高山草甸砾石缝隙周围和高山冰雪线附近。

【分布】我国新疆（塔什库尔干、乌恰、阿克陶等地）；伊朗、阿富汗和中亚地区。

【保护级别及用途】IUCN：无危（LC）。

5. 洼瓣花 *Gagea serotina*（L.）Ker Gawl.

【俗名】小洼瓣花

【异名】*Lloydia serotina* var. *parva*; *Lloydia serotina*; *Bulbocodium serotinum*; *Lloydia alpina*; *Lloydia himalensis*; *Lloydia serotina* var. *unifolia*

【生物学特征】外观：多年生草本，高 10~20 厘米。鳞茎：狭卵形，被多层淡褐色、条裂的枯叶鞘，上端延伸，上部开裂。叶：基生叶通常 2 枚，很少仅 1 枚，短于或有时高于花序，宽约 1 毫米；茎生叶狭披针形或近条形。花：1~3 朵；花被片倒卵状长圆形或椭圆形，内外花被片近相似，白色而有紫斑，常有 3 条紫色脉，先端钝圆，内面近基部常有 1 凹穴，较少例外；雄蕊长为花被片的 1/2~3/5，花丝无毛；子房近矩圆形或狭椭圆形；花柱与子房近等长，柱头 3 裂不明显。果实：蒴果近倒卵形，略有三钝棱，顶端有宿存花柱。种子近三角形，扁平。物候期：花期 6—8 月，果期 8—10 月。

【生境】生于海拔 2 400~4 300 米的山坡、灌丛中或河谷山地高山草甸。

【分布】我国新疆（塔什库尔干、阿克陶、喀什等地）、青海、西藏和西南其他省份、西北、华北、东北；欧洲、亚洲和北美洲。

【保护级别及用途】种质资源。

6. 毛蕊郁金香 *Tulipa dasystemon*（Regel）Regel

【异名】*Orithyia dasystemon*

【生物学特征】外观：多年生草本，高 10~15 厘米。鳞茎：较小，皮纸质。茎：无毛。叶：2 枚，条形，疏离，伸展。花：单朵顶生，鲜时乳白色或淡黄色，干后变黄色；外花被片背面紫绿色，内花被片背面中央有紫绿色纵条纹，基部有毛；雄蕊 3 长 3 短，花丝有的仅基部有毛，有的几乎全部有毛；花药具紫黑色或黄色的短尖头；雌蕊短于或等长于短的雄蕊；花柱长约 2 毫米。果实：蒴果长圆形，具较长的喙。物候期：花期 4 月，果期 4—5 月。

【生境】生于海拔 1 800~3 200 米的河谷山地阳坡。

【分布】我国新疆（乌恰等地）；中亚地区。

【保护级别及用途】IUCN：无危（LC）；国家Ⅱ级保护野生植物；药用。

7. 异叶郁金香 *Tulipa heterophylla* (Regel) Baker

【异名】*Orithyia heterophylla*

【生物学特征】外观：多年生草本。鳞茎：皮纸质，内面无毛，上端稍上延。茎：长 9~15 厘米。叶：2 枚对生，2 叶近等宽，条形或条状披针形。花：单朵顶生，花被片黄色，披针形，先端渐尖，外花被片背面紫绿色，内花被片背面中央有紫绿色的宽纵条纹；6 枚雄蕊等长，花丝无毛，比花药长 5~7 倍；通常雌蕊比雄蕊长，具有与子房约等长的花柱。果实：蒴果窄椭圆形，两端逐渐变窄，基部具短柄，顶端有长喙（约 5 毫米）。物候期：花期 6 月，果期 7 月。

【生境】生于海拔 2 100~3 100 米的砾石坡地或山地阳坡。

【分布】我国新疆（乌恰等地）；中亚地区。

【保护级别及用途】IUCN：无危（LC）；国家 Ⅱ 级保护野生植物。

8. 小斑叶兰 *Goodyera repens* (L.) R. Br.

【俗名】南投斑叶兰、匍枝斑叶兰、袖珍斑叶兰

【异名】*Epipactis repens*; *Serapias repens*; *Neottia repens*; *Orchis repens*; *Satyrium repens*; *Epipactis chinensis*; *Peramium nantoense*; *Goodyera repens* var. *marginata*; *Peramium repens*; *Gonogona repens*; *Goodyera marginata*; *Goodyera pubescens*; *Elasmatium repens*; *Orchiodes repens*; *Orchiodes marginatum*; *Goodyera nantoensis*; *Goodyera chinensis*; *Goodyera mairei*; *Goodyera brevis*

【生物学特征】外观：草本植物，高10~25厘米。根状茎：伸长，茎状，匍匐，具节。茎：直立，绿色，具5~6枚叶。叶：卵形或卵状椭圆形，上面深绿色具白色斑纹，背面淡绿色，先端急尖，基部钝或宽楔形。花：花茎直立或近直立，被白色腺状柔毛；总状花序具几朵至10余朵、密生、多少偏向一侧的花；花小，白色或带绿色或带粉红色，半张开；花瓣斜匙形，无毛；蕊喙直立，叉状2裂；柱头1个，较大，位于蕊喙之下。物候期：花期7—8月。

【生境】生于海拔 700~3 800 米的河谷阶地草原、山坡阴坡灌丛草甸、沟谷林下。

【分布】我国新疆（阿克陶、喀什、叶城等地）及其他各省份；朝鲜、日本、俄罗斯（西伯利亚）、缅甸、不丹、巴基斯坦、克什米尔地区、欧洲、北美洲。

【保护级别及用途】IUCN：无危（LC）；CITES：Ⅱ；药用。

9. 手参 *Gymnadenia conopsea*（L.）R. Br.

【异名】*Orchis conopsea*; *Gymnadenia sibirica*; *Gymnadenia conopsea* var. *ussuriensis*; *Gymnadenia conopsea* var. *latifolia*; *Habenaria conopsea*

【生物学特征】外观：草本植物，高20~60厘米。块茎：椭圆形，肉质，下部掌状分裂，裂片细长。茎：直立，圆柱形，基部具2~3枚筒状鞘，其上具4~5枚叶，上部具1至数枚苞片状小叶。叶：线状披针形、狭长圆形或带形，先端渐尖或稍钝，基部收狭成抱茎的鞘。花：总状花序具多数密生的花，圆柱形；花苞片披针形，直立伸展；子房纺锤形；花粉红色，罕为粉白色；唇瓣宽倒卵形，前部3裂，中裂片较侧裂片大，三角形，先端钝或急尖；花粉团卵球形，具细长的柄和黏盘，黏盘线状披针形。物候期：花期6—8月。

【生境】生于海拔265~4 700米的山坡林下、草地或砾石滩草丛中。

【分布】我国新疆（塔什库尔干、乌恰）等北方省份；俄罗斯（西伯利亚和远东地区）、蒙古国、日本。

【保护级别及用途】IUCN：濒危（EN）；CITES：Ⅱ；国家Ⅱ级保护野生植物；药用。

10. 阴生掌裂兰 *Dactylorhiza umbrosa*（Kar. & Kir.）Nevski

【俗名】阴生红门兰

【异名】*Dactylorhiza merovensis*; *Dactylorhiza renzii*; *Orchis incarnata* var. *knorringiana*; *Orchis knorringiana*; *Dactylorchis umbrosa*; *Dactylorhiza persica*; *Dactylorhiza umbrosa* var. *knorringiana*; *Dactylorhiza sanasunitensis*; *Dactylorhiza kotschyi*; *Orchis umbrosa*; *Orchis orientalis* subsp. *turcestanica*; *Orchis turkestanica*

【生物学特征】外观：草本植物，高15~45厘米。块茎：（3~）4~5裂呈掌状，肉质。茎：直立，中空，具多枚疏生的叶。叶：4~8枚，叶片披针形或线状披针形，上面无紫色斑点。花：花序具多数密生的花，圆柱状；花苞片绿色或带紫红色，狭披针形，直立伸展；子房圆柱状纺锤形，扭转，无毛；花紫红色或淡紫色；花瓣直立，斜狭长圆形，具2脉；唇瓣向前伸展，倒卵形或倒心形，上面具细的乳头状突起，在基部至中部以上具1个由蓝紫色线纹构成似匙形的斑纹（在新鲜花其斑纹颇为显著），斑纹内的色浅略带白色，其外面为蓝紫的紫红色，而顶部2浅裂成“W”形。物候期：花期5—7月。

【生境】生于海拔630~4 000米的河滩沼泽草甸、河谷、山地高寒灌丛草甸、滩地高山草甸低湿处或山坡阴湿草地。

【分布】我国新疆（塔什库尔干、乌恰、喀什、阿克陶、叶城等地）；俄罗斯（西伯利亚）、阿富汗（兴都库什山）、哈萨克斯坦、印度、巴基斯坦。

【保护级别及用途】IUCN：近危（NT）；CITES：Ⅱ。

11. 掌裂兰 *Dactylorhiza hatagirea*（D. Don）Soó

【俗名】宽叶红门兰

【异名】*Orchis hatagirea*; *Orchis latifolia* ; *Orchis salina*; *Dactylorhiza salina*; *Dactylorhiza latifolia*; *Dactylorchis salina* .

【生物学特征】外观：草本植物，高 12~40 厘米。块茎：下部 3~5 裂呈掌状，肉质。茎：直立，粗壮，中空，基部具 2~3 枚筒状鞘，鞘上具叶。叶：（3~）4~6 枚，互生，叶片长圆形、长圆状椭圆形、披针形至线状披针形，上面无紫色斑点，基部收狭成抱茎的鞘，向上逐渐变小。花：花序具几朵至多朵密生的花，圆柱状；花苞片直立伸展，披针形；子房圆柱状纺锤形，扭转，无毛；花蓝紫色、紫红色或玫瑰红色，不偏向一侧；花瓣直立，卵状披针形，稍偏斜；唇瓣向前伸展，卵形、卵圆形、宽菱状横椭圆形或近圆形，基部具距，上面具细的乳头状突起，在基部至中部之上具 1 个由蓝紫色线纹构成似匙形的斑纹（在鲜花其斑纹颇为显著），斑纹内淡紫色或带白色，其外的色较深，为蓝紫的紫红色，而其顶部为浅 3 裂或 2 裂成“W”形；距圆筒形、圆筒状锥形至狭圆锥形，下垂，较子房短或与子房近等长。物候期：花期 6—8 月。

【生境】生于海拔 600~4 100 米的山坡、沟边灌丛下、宽谷滩地草甸或草地中。

【分布】我国新疆（塔什库尔干、乌恰、喀什、阿克陶、叶城等地）、黑龙江、吉林、内蒙古、宁夏、甘肃、青海、四川和西藏等省份；蒙古国，俄罗斯（西伯利亚）至欧洲，克什米尔地区至不丹，巴基斯坦、阿富汗至北非。

【保护级别及用途】IUCN：数据缺乏（DD）；CITES：Ⅱ；药用。

12. 蓝花喜盐鸢尾（变种）*Iris halophila* var. *sogdiana*（Bunge）Grubov

【异名】*Iris sogdiana*

【生物学特征】外观：多年生草本。根茎：根状茎紫褐色，粗壮而肥厚，斜伸，有环形纹，表面残存有老叶叶鞘；须根粗壮，黄棕色，有皱缩的横纹。叶：剑形，灰绿色，略弯曲，有 10 多条纵脉，无明显的中脉。花：花茎粗壮，比叶短，上部有 1~4 个侧枝，中下部有 1~2 枚茎生叶；在花茎分枝处生有 3 枚苞片，草质，绿色，边缘膜质，白色，内包含有 2 朵花；花的颜色为蓝紫色，或内、外花被裂片的上部为蓝紫色，爪部为黄色。果实：蒴果椭圆状柱形。种子：近梨形，黄棕色，种皮膜质，薄纸状，皱缩，有光泽。物候期：花期 5—6 月，果期 7—8 月。

【生境】生于海拔 1 700~2 000 米的山前冲积平原、草甸草原、山坡荒地、砾质坡地及潮湿的盐碱地上。

【分布】我国新疆（乌恰等地）、甘肃；俄罗斯、中亚地区。

【保护级别及用途】IUCN：无危（LC）；观赏植物。

13. 马蔺（原变种）*Iris lactea* var. *lactea*

【俗名】马莲、马帚、箭杆风、兰花草、紫蓝草、蠡实、马兰花、马兰、白花马蔺

【异名】*Iris biglumis*; *Iris pallasii* var. *chinensis*; *Iris longispatha*; *Iris oxypetala*; *Iris ensata* var. *chinensis*; *Iris lactea* var. *chinensis*; *Iris iliensis*

【生物学特征】外观：多年生密丛草本。根茎：根状茎粗壮，木质，斜伸，外包有大量致密的红紫色折断的老叶残留叶鞘及毛发状的纤维；须根粗而长，黄白色，少分枝。叶：基生，灰绿色，条形或狭剑形，带红紫色，无明显的中脉。花：花茎光滑；苞片 3~5 枚，草质，绿色，边缘白色，披针形，内包含有 2~4 朵花；花浅蓝色、蓝色或蓝紫色；花梗长 4~7 厘米；花被上有较深色的条纹，花被管甚短；雄蕊长 2.5~3.2 厘米，花药黄色，花丝白色；子房纺锤形。果实：蒴果长椭圆状柱形。种子：棕褐色，略有光泽。物候期：花期 5—6 月，果期 6—9 月。

【生境】生于海拔 1 400~4 900 米的荒地、路旁及山坡草丛中，尤以过度放牧的盐碱化草场上生长较多。

【分布】我国新疆（乌恰、阿克陶、疏附、疏勒、叶城等地）、东北、华北、西北及西藏、四川、山东、河南、安徽、江苏、浙江等；朝鲜、蒙古国、俄罗斯、中亚地区、西亚及喜马拉雅山区西部。

【保护级别及用途】IUCN：无危（LC）；药用、观赏植物。

14. 天山鸢尾 *Iris loczyi* Kanitz

【异名】*Iris tenuifolia* var. *thianschanica*; *Iris thianschanica*

【生物学特征】外观：多年生密丛草本，高20~40厘米。根茎：折断的老叶叶鞘宿存于根状茎上，棕色或棕褐色。叶：直立，狭条形，无明显的中脉。花：花茎较短，基部常包有披针形膜质的鞘状叶；苞片3枚，草质，中脉明显，顶端渐尖，内包含有1~2朵花；花蓝紫色；花被管甚长，丝状，外花被裂片倒披针形或狭倒卵形，爪部略宽，内花被裂片倒披针形；雄蕊长约2.5厘米；花柱分枝长约4 厘米，宽约8毫米，子房纺锤形。果实：长倒卵形至圆柱形。物候期：花期5—6月，果期7—9月。

【生境】生于海拔 1 900~4 300 米的沟谷山坡砾地、山坡高寒草地、河谷滩地、高山草甸等高山向阳草地。

【分布】我国新疆（塔什库尔干、喀什、阿克陶、叶城等地）、内蒙古、甘肃、宁夏、青海、四川、西藏等省份；俄罗斯、中亚地区。

【保护级别及用途】IUCN：无危（LC）；药用、观赏植物。

15. 北葱 *Allium schoenoprasum* L.

【生物学特征】外观：多年生草本，株高 15~60 厘米。鳞茎：常数枚聚生，卵状圆柱形；鳞茎外皮灰褐色或带黄色，皮纸质，条裂。叶：1~2 枚，光滑，管状，中空。花：花葶圆柱状，中空，光滑，1/3~1/2 被光滑的叶鞘。总苞紫红色，2 裂，宿存；伞形花序近球状，具多而密集的花，小花梗常不等长，短于花被片；花紫红色至淡红色，具光泽；花被片等长，披针形、矩圆状披针形或矩圆形；花丝为花被片长的 1/3~1/2（~2/3）；子房近球状，腹缝线基部具小蜜穴；花柱不伸出花被外。物候期：花果期 7—9 月。

【生境】生于海拔 2 500~3 500 米的潮湿的草地、河谷、山坡或高山草甸。

【分布】我国新疆（塔什库尔干县、乌恰县）；欧洲、亚洲西部、中亚地区、俄罗斯（西伯利亚）直到日本和北美洲。

【保护级别及用途】IUCN：无危（LC）；药用。

16. 褐皮韭 *Allium korolkowii* Regel

【异名】*Allium moschatum* var. *brevipedunculatum*; *Allium moschatum* var. *dubium*; *Allium oliganthum* var. *elongatum*

【生物学特征】外观：多年生草本，株高约 30 厘米。鳞茎：单生或数枚聚生，卵状；外皮褐色，革质，顶端破裂为略呈网状的纤维。叶：2~4 枚，半圆柱状，上面具沟槽，光滑或沿纵棱具细糙齿。花：伞形花序具少数花；小花梗不等长；花近白色至红色；花被片具紫色中脉，矩圆状披针形至披针形；花丝等长，约为花被片长的 2/3，基部 1/4~1/3 合生并与花被片贴生，分离部分的基部扩大成三角形，向上突然收狭成锥形，内轮花丝扩大部分的基部比外轮的基部约宽 1 倍；子房卵状，腹缝线基部具有帘的蜜穴；花柱不伸出花被。物候期：花果期 7—8 月。叶城标本略有不同。

【生境】生于海拔 3 000 米左右的沟谷山坡岩石上。

【分布】我国新疆（喀什、叶城等地）；中亚地区、俄罗斯。

【保护级别及用途】IUCN：无危（LC）。

17. 宽苞韭 *Allium platyspathum* Schrenk

【生物学特征】外观：多年生草本，株高 15~40 厘米。根茎：具短的直生根状茎；鳞茎单生或数枚聚生，卵状圆柱形；外皮黑色至黑褐色，干膜质或纸质，不破裂。叶：宽条形。花：花葶圆柱状；总苞 2 裂；伞形花序球状或半球状，具多而密集的花；小花梗近等长，基部无小苞片；花紫红色至淡红色，有光泽；花被片披针形至条状披针形，外轮的稍短；花丝等长，锥形，仅基部合生并与花被片贴生；子房近球状，腹缝线基部具凹陷的蜜穴；花柱伸出花被外，柱头头状。物候期：花果期 6—8 月。

【生境】生于海拔 1 500~4 300 米的阴湿山坡草甸、河谷阶地、砾石山坡草地或林下。

【分布】我国新疆（塔什库尔干、乌恰、阿克陶、叶城等地）和甘肃；中亚地区和俄罗斯（西伯利亚西部）。

【保护级别及用途】种质资源。

18. 棱叶韭 *Allium caeruleum* Pall.

【异名】*Allium coerulescens*; *Allium azureum*; *Allium viviparum.*

【生物学特征】外观：多年生草本植物。鳞茎：近球状，外皮暗灰色，纸质，不破裂，内皮白色，膜质。叶：3~5 枚，条形，比花葶短，宽（1~）2~5 毫米。花：花葶圆柱状，约 1/3 被叶鞘；总苞 2 裂；伞形花序球状或半球状，具多而密集的花，有时具珠芽；小花梗近等长；花天蓝色，干后常变蓝紫色；花被片矩圆形至矩圆状披针形，内轮的较外轮的狭；花丝等长，略比花被片短或稍长，在基部合生并与花被片贴生，分离部分呈三角形或卵状三角形扩大，内轮的基部为外轮基部宽的 1.5~2 倍；子房近球状，腹缝线基部具有帘的蜜穴；花柱略伸出花被外。物候期：花果期 6—8 月。

【生境】生于海拔 1 100~2 300 米的较干旱的山坡或草地上。

【分布】我国新疆（乌恰等地）；俄罗斯（伏尔加河下游）、中亚地区至俄罗斯（西伯利亚西部）。

【保护级别及用途】种质资源。

19. 镰叶韭 *Allium carolinianum* DC.

【异名】*Allium polyphyllum*; *Allium obtusifolium*; *Allium thomsonii*; *Allium platyspathum* var. *falcatum*; *Allium aitchisonii*; *Allium platystylum*

【生物学特征】外观：多年生草本，株高 7~60 厘米，实心。根茎：具不明显的短的直生根状茎；鳞茎粗壮，单生或 2~3 枚聚生，外皮褐色至黄褐色，革质，顶端破裂，常呈纤维状。叶：宽条形，扁平，光滑，常呈镰状弯曲，钝头。花：花葶粗壮，下部被叶鞘；总苞常带紫色，2 裂，近与花序等长，宿存；伞形花序球状，具多而密集的花；小花梗近等长；花紫红色、淡紫色、淡红色至白色；花被片狭矩圆形至矩圆形，先端钝，有时微凹缺；花丝锥形，比花被片长；子房近球状，腹缝线基部具凹陷的蜜穴；花柱伸出花被外。物候期：花果期 6 月底至 9 月。

【生境】生于海拔 2 500~5 000 米的沟谷山地、砾石山坡、河谷阶地、高寒草原、宽谷湖盆沙砾滩地、向阳的林下和草地。

【分布】我国新疆（塔什库尔干、乌恰、阿克陶、叶城等地）、甘肃、青海和西藏；中亚地区及阿富汗至尼泊尔。

【保护级别及用途】IUCN：无危（LC）。

20. 青甘韭 *Allium przewalskianum* Regel

【俗名】青甘野韭

【异名】*Allium junceum*; *Allium stoliczkii*

【生物学特征】外观：多年生草本，株高8~20厘米。鳞茎：数枚聚生；鳞茎外皮红色，较少为淡褐色，破裂成纤维状，呈明显的网状，常紧密地包围鳞茎。叶：半圆柱状至圆柱状，具4~5纵棱。花：花葶圆柱状，下部被叶鞘；总苞单侧开裂，具常与裂片等长的喙，宿存；伞形花序球状或半球状，具多而稍密集的花；小花梗近等长；花淡红色至深紫红色；花丝等长；花柱在花刚开放时被包围在3枚内轮花丝扩大部分所组成的三角锥体中，花后期伸出，而近与花丝等长。物候期：花果期6—9月。

【生境】生于海拔 2 000~4 800 米的高山石质山坡、河谷阶地沙砾地、高原宽谷湖盆沙砾滩地、高寒草原、干旱山坡、石缝、灌丛下或草坡上。

【分布】我国新疆（塔什库尔干、叶城等地）、青海、甘肃、云南、西藏、四川、陕西、宁夏等省份；印度、尼泊尔。

【保护级别及用途】IUCN：无危（LC）。

21. 石生韭 *Allium caricoides* Regel

【异名】*Allium hoeitzeri*

【生物学特征】外观：多年生草本，株高 5~15 厘米。鳞茎：聚生，圆柱状；外皮棕色，革质，不破裂或顶端条裂。叶：3~4 枚，上面具沟槽，边缘具纤毛状短齿或糙齿。花：花葶圆柱状，下部被叶鞘；总苞 2 裂，具短喙，宿存；伞形花序半球状，具密集的花；小花梗近等长，基部具小苞片；花淡红色至淡紫色，钟状开展；花被片矩圆形、卵状矩圆形至卵形；花丝等长，锥形；子房倒卵状至近球状，腹缝线基部具有帘的凹陷蜜穴；花柱伸出花被外。物候期：花果期 7—8 月。

【生境】生于海拔 1 800~3 600 米的干旱砾质石坡、河谷阶地草地、山坡或干旱山麓的石缝中。

【分布】我国新疆（塔什库尔干、乌恰、阿克陶、喀什、莎车、叶城等地）；中亚地区、阿富汗、巴基斯坦、俄罗斯。

【保护级别及用途】IUCN：无危（LC）。

22. 滩地韭 *Allium oreoprasum* Schrenk

【生物学特征】外观：多年生草本，株高10~30厘米。鳞茎：簇生，外皮黄褐色，破裂成纤维状，呈清晰的网状。叶：狭条形，比花葶短。花：花葶圆柱状，下部被叶鞘；伞形花序近扫帚状至近半球状，少花，松散；小花梗近等长，比花被片长，基部具小苞片；花淡红色至白色；花被片具深紫色中脉；子房近球状；花柱不伸出花被外；柱头3浅裂。物候期：花果期6—8月。

【生境】生于海拔 1 200~3 880 米的沟谷山地石质山坡、河谷山坡干草原、滩地高寒荒漠草原、河谷阶地或石滩上。

【分布】我国新疆（塔什库尔干、乌恰、阿克陶、喀什、叶城等地）、青海和西藏等省份；中亚地区、俄罗斯、巴基斯坦。

【保护级别及用途】IUCN：无危（LC）。

23. 头花韭 *Allium glomeratum* Prokh.

【生物学特征】外观：多年生草本，株高 10~20 厘米。鳞茎：卵球状，外皮灰色或灰黄色，纸质。叶：2~3 枚，狭条形，上面具沟槽，叶片和叶鞘沿纵脉具细糙齿。花：花葶圆柱状，下部或至 1/3 处被叶鞘；伞形花序半球状或近球状，具多而密集的花；花淡紫色；花被片卵状披针形，内轮的常略狭；花丝等长，略比花被片短或近等长；子房球状，腹缝线基部无凹陷的蜜穴；花柱伸出花被外。物候期：花果期 7—8 月。

【生境】生于海拔 1 500~3 300 米的沟谷丘陵山坡草地、沙漠草地等。

【分布】我国新疆（塔什库尔干、阿克陶等地）；中亚地区。

【保护级别及用途】IUCN：无危（LC）。

24. 西北天门冬 *Asparagus breslerianus* Schult. f.

【异名】*Asparagus persicus*; *Asparagus tamariscinus*

【生物学特征】外观：多年生草本，攀缘植物。根：较细，粗2~3 毫米。茎叶：茎平滑，叶状枝通常每 4~8 枚成簇，稍扁的圆柱形，略有几条钟、棱，伸直或稍弧曲；鳞片状叶基部有时有短的刺状距。花：每 2~4 朵腋生，红紫色或绿白色；雄花：花被长约 6 毫米；花丝中部以下贴生于花被片上；花药顶端具细尖；雌花较小，花被长约 3 毫米。果实：浆果，有 5~6 颗种子。物候期：花期 5 月，果期 8 月。

【生境】生于海拔 2 900 米以下的盐碱地、戈壁滩、河岸或荒地上。

【分布】我国新疆（阿克陶、乌恰、喀什等地）、青海、甘肃、内蒙古和宁夏；伊朗、蒙古国、俄罗斯（西伯利亚）、中亚地区、欧洲。

【保护级别及用途】IUCN：无危（LC）。

25. 新疆天门冬 *Asparagus neglectus* Kar. & Kir.

【生物学特征】外观：直立草本或稍攀缘，高可达1米。根：细长。茎叶：近平滑或略具条纹，中部常有纵向剥离的白色薄膜，除基部外每个节上都有多束叶状枝。叶状枝每7~25枚成簇，近刚毛状，略有钝棱，一般稍弧曲，在茎上一般为多束聚生。花：每1~2朵腋生；雄花：花被长5~7毫米；花丝中部以下贴生于花被片上；雌花较小，花被长约3毫米。果实：浆果，有1~3颗种子。物候期：花期5—6月，果期8月。

【生境】生于海拔 580~1 700 米的沙质河滩、河岸、草坡或丛林下。

【分布】我国新疆（乌恰等地）、青海、山西；俄罗斯、中亚地区。

【保护级别及用途】IUCN：无危（LC）。

26. 黑头灯芯草 *Juncus atratus* Krocker

【俗名】黑头灯心草

【生物学特征】外观：多年生草本。根：具根状茎和须根。茎：直立，圆柱形，中空。叶：茎生叶3~4（~5）枚；叶片圆柱形，具棱条；叶耳大，圆钝。花：花序顶生，由33~70个圆球形头状花序组成，排列成复聚伞状；花被片披针形，黄褐色；雄蕊6枚，花药长圆形，黄白色；子房长卵形；花柱线形，柱头3分叉，长约2毫米。果实：蒴果，棕褐色。种子：卵形，表面有网纹，黄褐色。物候期：花期7—8月，果期8—9月。

【生境】生于海拔 550 米水边潮湿地。

【分布】我国新疆（乌恰、喀什等地）；俄罗斯、欧洲。

【保护级别及用途】IUCN：无危（LC）。

27. 黑褐穗薹草（亚种）*Carex atrofusca* subsp. *minor*（Boott）T. Koyama

【异名】*Carex ustulata* var. *minor*; *Carex atrofusca* var. *minor*; *Carex atrofusca* var. *angustifructus*; *Carex oxyleuca*

【生物学特征】外观：草本，根状茎长而匍匐。茎：秆高 10~70 厘米，三棱形，平滑，基部具褐色的叶鞘。叶：短于秆，长约为秆的 1/7~1/5，宽（2~）3~5 毫米，平张，稍坚挺，淡绿色，顶端渐尖。花：苞片最下部的 1 个短叶状，绿色，短于小穗，具鞘，上部的鳞片状，暗紫红色。小穗 2~5 个，顶生 1~2 个雄性，长圆形或卵形，长 7~15 毫米；其余小穗雌性，椭圆形或长圆形，长 8~18 毫米，花密生；小穗柄纤细，长 0.5~2.5 厘米，稍下垂。雌花鳞片卵状披针形或长圆状披针形，长 4.5~5 毫米，暗紫红色或中间色淡，先端长渐尖，顶端具白色膜质，边缘为狭的白色膜质。果实：果囊长于鳞片，长圆形或椭圆形，扁平，上部暗紫色，下部麦秆黄色，无色淡之边缘，基部近圆形，顶端急缩成短喙，喙口白色膜质，具 2 齿；花柱基部不膨大，柱头 3 个。小坚果疏松地包于果囊中，长圆形，扁三棱状，长 1.5~1.8 毫米，基部具柄。物候期：花果期 7—8 月。

【生境】生于高山灌丛草甸及流石滩下部和杂木林下，海拔 2 200~4 600 米。

【分布】我国新疆（塔什库尔干、叶城等地）、甘肃、青海、四川、云南及西藏等省份；中亚地区、克什米尔地区、尼泊尔、不丹。

【保护级别及用途】IUCN：无危（LC）。

28. 帕米尔薹草 *Carex pamirensis* C. B. Clarke ex B. Fedtsch.

【俗名】狭穗帕米尔薹草

【异名】*Carex vesicaria* var. *pamirica*；*Carex pamirica*; *Carex pamirica*; *Carex obscuriceps* var. *pamirica*；*Carex dichroa* subsp. *pamirensis*; *Carex pamirensis* var. *angustispicata*; *Carex pamirensis* subsp. *angustispicata*

【生物学特征】外观：草本，多年生。根状茎：具较粗的地下匍匐茎。茎：秆高 60~90 厘米，三棱形，粗壮，坚挺，下部平滑，上部粗糙，基部具红棕色无叶片的鞘。叶：近等长于秆，平张，基部常折合，脉间具小横隔节，边缘和脉上粗糙。花：苞片叶状，长于小穗，无苞鞘或仅下面的具短鞘。小穗 4~5 个，上端 1~3 个为雄小穗，间距短，雄小穗棍棒形或狭圆柱形，长 2~4 厘米，近无柄；其余小穗为雌小穗，间距较长，长圆形或短圆柱形，密生多数花，具短柄。雄花鳞片卵状披针形，顶端钝，红褐色，具 1 条中脉；雌花鳞片披针形或狭披针形，顶端稍呈急尖，膜质，红褐色，具 1 条中脉；花柱细长，基部扭曲，柱头 3 个，短。果实：果囊斜展，稍长于或几等长于鳞片，长圆状卵形，鼓胀三棱形，麦秆黄色常带棕色，无毛，具光泽，背面具 5 条细脉，基部圆形，具极短的小柄，顶端渐狭成短喙，喙口微缺。小坚果宽卵形，三棱形，长约 2 毫米，基部具短柄。物候期：花果期 7—8 月。

【生境】生于高山沼泽滩地草甸水中，海拔 2 400~3 700 米。

【分布】我国新疆（塔什库尔干、阿克陶等地）、甘肃、西藏和四川等省份；俄罗斯、哈萨克斯坦和阿富汗。

【保护级别及用途】IUCN：无危（LC）；野生种质资源。

29. 喜马拉雅薹草 *Carex nivalis* Boott

【生物学特征】外观：多年生丛生草本。根状茎：短、木质，具稍肉质细长的土褐色根。茎：秆高 20~40 厘米，三棱形，基部具紫红色的叶鞘。叶：短于秆，宽 6~7 毫米，平张，顶端渐尖。花：苞片下部的叶状，顶端渐狭成尾尖，具短鞘，上部的鳞片状。小穗 3~5 个，近等高，长 2~3.5 厘米，圆柱形，暗紫红色，顶生 1~2 个雌雄顺序或雄性，无柄，下部 3 个雌性，具细柄。雌花鳞片披针形或长圆形，长 4~5 个雌雄顺序或雄性，无柄，下部 3 个雌性，具细柄。雌花鳞片披针形或长圆形，长 4~5 毫米，暗紫红色，背面中间黄绿色，具 1 脉，顶端具短尖；花柱基部不增粗，柱头 3 个。果实：果囊长于鳞片，椭圆形或卵形，扁三棱形，长 5~6 毫米，暗紫红色，仅基部色淡，纸质，无毛，无脉，基部具极短的柄，顶端急缩成短喙，喙口膜质，斜截形，具 2 齿。小坚果疏松地包于果囊中，长圆形或椭圆形，长约 2.5 毫米，基部具长柄。物候期：花果期 6—7 月。

【生境】生于云杉林间草地或高山灌丛草地，海拔 3 500~5 200 米。

【分布】我国新疆（塔什库尔干、叶城等地）、四川、云南、西藏；尼泊尔、克什米尔地区、中亚地区、阿富汗、喀喇昆仑山区。

【保护级别及用途】IUCN：无危（LC）。

30. 冰草（原变种）*Agropyron cristatum* var. *cristatum*

【异名】*Eremopyrum cristatum*; *Zeia cristata*; *Bromus cristatus*; *Triticum cristatum*; *Avena cristata*; *Costia cristata*

【生物学特征】外观：多年生疏丛生草本。茎：秆上部紧接花序部分被短柔毛或无毛，高 20~60（~75）厘米，有时分蘖横走或下伸成长达 10 厘米的根茎。叶：叶片长 5~15（~20）厘米，宽 2~5 毫米，质较硬而粗糙，常内卷，上面叶脉强烈隆起成纵沟，脉上密被微小短硬毛。花：穗状花序较粗壮，矩圆形或两端微窄，长 2~6 厘米，宽 8~15 毫米；小穗紧密平行排列成两行，整齐呈篦齿状，含（3~）5~7 小花，长 6~9（~12）毫米；颖舟形，脊上连同背部脉间被长柔毛，第一颖长 2~3 毫米，第二颖长 3~4 毫米，具略短于颖体的芒；外稃被有稠密的长柔毛或显著地被稀疏柔毛，顶端具短芒长 2~4 毫米；内稃脊上具短小刺毛。果实：颖果。物候期：花果期 6—9 月。

【生境】生于 2 800~4 500 米的干燥草地、山坡、丘陵以及沙地。

【分布】我国新疆（乌恰、阿克陶、喀什、疏勒等地）、东北、内蒙古及华北其他省份、甘肃、青海等地；俄罗斯、中亚地区、蒙古国、日本、北美洲。

【保护级别及用途】IUCN：无危（LC）；饲草、药用。

31. 光穗冰草（变种）*Agropyron cristatum* var. *pectinatum*（M. Bieberstein）Roshevitz ex B. Fedtschenko

【异名】*Triticum pectinatum*; *Agropyron pectiniforme*; *Triticum pectiniforme*; *Eremopyrum cristatum* var. *pectinatum*; *Agropyron cristatum* subsp. *pectinatum*; *Agropyron cristatum* var. *pectiniforme*

【生物学特征】外观：多年生疏丛生草本。茎：秆上部紧接花序部分被短柔毛或无毛，高 20~60（~75）厘米，有时分蘖横走或下伸成长达 10 厘米的根茎。叶：叶片长 5~15（~20）厘米，宽 2~5 毫米，质较硬而粗糙，常内卷，上面叶脉强烈隆起成纵沟，脉上密被微小短硬毛。花：穗状花序较粗壮，矩圆形或两端微窄，长 2~6 厘米，宽 8~15 毫米；小穗紧密平行排列成两行，整齐呈篦齿状，含（3~）5~7 小花，长 6~9（~12）毫米；颖舟形，平滑无毛或疏被 0.1~0.2 毫米的短刺毛，第一颖长 2~3 毫米，第二颖长 3~4 毫米，具略短于颖体的芒；外稃平滑无毛或疏被 0.1~0.2 毫米的短刺毛，顶端具短芒长 2~4 毫米；内稃脊上具短小刺毛。果实：颖果。物候期：花果期 6—9 月。

【生境】生于 2 600~3 000 米的山坡沙砾地、沟谷草地。

【分布】我国新疆（乌恰、阿克陶等地）、东北西部及内蒙古、河北、青海等地；蒙古国、俄罗斯、南高加索地区、中亚地区、欧洲。

【保护级别及用途】IUCN：无危（LC）；饲草。

32. 洛草 *Koeleria macrantha*（Ledeb.）Schult.

【异名】*Festuca cristata*; *Aira macrantha*; *Koeleria cristata*; *Koeleria cristata* subsp. *pseudocristata*; *Koeleria pseudocristata*; *Koeleria poiformis*; *Koeleria tokiensis*; *Koeleria cristata* var. *poiformis*; *Koeleria cristata* var. *Pseudocristata*

【生物学特征】外观：多年生草本，密丛。茎：秆直立，具 2~3 节，高 25~60 厘米，在花序下密生绒毛。叶：叶鞘灰白色或淡黄色，无毛或被短柔毛，枯萎叶鞘多撕裂残存于秆基；叶舌膜质，截平或边缘呈细齿状；叶片灰绿色，线形，常内卷或扁平，长 1.5~7 厘米，下部分蘖叶长 5~30 厘米，被短柔毛或上面无毛，上部叶近于无毛，边缘粗糙。花：圆锥花序穗状，下部间断，长 5~12 厘米，有光泽，草绿色或黄褐色，主轴及分枝均被柔毛；小穗长 4~5 毫米，含 2~3 小花，小穗轴被微毛或近于无毛，长约 1 毫米；颖倒卵状长圆形至长圆状披针形；外稃披针形，先端尖，具 3 脉，边缘膜质，背部无芒；内稃膜质，稍短于外稃，先端 2 裂，脊上光滑或微粗糙；花药长 1.5~2 毫米。果实：颖果。物候期：花果期 5—9 月。

【生境】生于海拔 2 800~3 800 米的河滩草甸、沟谷山坡草地等。

【分布】我国新疆（塔什库尔干等地）及其他各省份；欧亚大陆温带地区。

【保护级别及用途】IUCN：无危（LC）。

33. 芒落草（原变种）*Koeleria litvinowii* var. *litvinowii*

【异名】*Trisetum litvinowii*

【生物学特征】外观：多年生，密丛。茎：秆高 25~50 厘米，花序下被绒毛。叶：鞘大多长于节间或稍短于节间，遍布柔毛，上部叶鞘膨大；叶舌膜质，边缘须状，长 1~2 毫米；叶片扁平，边缘具较长的纤毛，两面被短柔毛，亦可无毛，长 3~5 厘米，宽 2~4 毫米，分蘖长 5~15 厘米，宽 1~2 毫米。花：圆锥花序穗状，草绿色或带淡褐色，有光泽，长圆形，下部常有间断，长 4.5~12 厘米，主轴及分枝均密被短柔毛；小穗长 5~6 毫米，含 2 稀 3 个小花，小穗轴节间被长柔毛，其毛长约 1 毫米；颖长圆形至披针形，先端尖，边缘宽膜质，脊上粗糙，第一颖长 4~4.5 毫米，具 1 脉，第二颖长约 5 毫米，基部具 3 脉；外稃披针形，先端及边缘宽膜质，具不明显的 5 脉，背部具微细的点状毛，于顶端以下约 1 毫米处伸出 1 短芒，芒长 1~2.5 毫米，基盘钝，具微毛，第一外稃长约 5 毫米；内稃稍短于外稃，先端 2 裂，脊上微粗糙；花药长约 1.5 毫米。果实：颖果。物候期：花果期 6—9 月。

【生境】生于海拔 3 000~4 500 米的山坡草原等。

【分布】我国新疆（塔什库尔干、阿克陶、叶城等地）、青海、甘肃、西藏、四川等；中亚地区、小亚细亚。

【保护级别及用途】IUCN：无危（LC）。

34. 拂子茅 *Calamagrostis epigeios*（L.）Roth

【俗名】林中拂子茅、密花拂子茅

【异名】*Arundo epigejos*

【生物学特征】外观：多年生草本，具根状茎。茎：秆直立，平滑无毛或花序下稍粗糙，高 45~100 厘米，直径 2~3 毫米。叶：叶鞘平滑或稍粗糙，短于或基部者长于节间；叶舌膜质，长 5~9 毫米，长圆形，先端易破裂；叶片长 15~27 厘米，扁平或边缘内卷，上面及边缘粗糙，下面较平滑。花：圆锥花序紧密，圆筒形，劲直、具间断，长 10~25（~30）厘米，中部径 1.5~4 厘米，分枝粗糙，直立或斜向上升；小穗长 5~7 毫米，淡绿色或带淡紫色；两颖近等长或第二颖微短，先端渐尖，具 1 脉，第二颖具 3 脉，主脉粗糙；外稃透明膜质，长约为颖之半，顶端具 2 齿，基盘的柔毛几与颖等长，芒自稃体背中部附近伸出，细直，长 2~3 毫米；内稃长约为外 2/3，顶端细齿裂；小穗轴不延伸于内稃之后，或有时仅于内稃之基部残留 1 微小的痕迹；雄蕊 3，花药黄色，长约 1.5 毫米。果实：颖果。物候期：花果期 5—9 月。

【生境】生于潮湿地及河岸沟渠旁，海拔 160~3 900 米。

【分布】我国新疆（乌恰等地）及其他各省份；欧亚大陆温带地区。

【保护级别及用途】种质资源。

35. 狗尾草 *Setaria viridis*（L.）Beauv.

【俗名】莠、谷莠子

【异名】*Panicum viride*；*Setaria weinmannii*；*Setaria viridis* var. *weinmannii*; *Setaria viridis* var. *purpurascens*；*Setaria viridis* var. *depressa*

【生物学特征】外观：1年生草本。根：为须状，高大植株具支持根。茎：秆直立或基部膝曲，高10~100厘米，基部径达3~7毫米。叶：叶鞘松弛，无毛或疏具柔毛或疣毛，边缘具较长的密绵毛状纤毛；叶舌极短；叶片扁平，长三角状狭披针形或线状披针形，先端长渐尖或渐尖，基部钝圆形，几呈截状或渐窄，长4~30厘米，通常无毛或疏被疣毛，边缘粗糙。叶上下表皮脉间均为微波纹或无波纹的、壁较薄的长细胞。花：圆锥花序紧密呈圆柱状或基部稍疏离，直立或稍弯垂，主轴被较长柔毛，长2~15厘米，粗糙或微粗糙，直或稍扭曲，通常绿色或褐黄色到紫红色或紫色；小穗2~5个簇生于主轴上或更多的小穗着生在短小枝上，椭圆形，先端钝，长2~2.5毫米，铅绿色；第一颖卵形、宽卵形，长约为小穗的1/3，先端钝或稍尖，具3脉。果实：颖果灰白色。物候期：花果期5—10月。

【生境】生于海拔4 000米以下的荒野、道旁，为旱地作物常见的一种杂草。

【分布】我国新疆（塔什库尔干、乌恰、喀什、叶城等地）及其他各省份；原产欧亚大陆的温带和暖温带地区，现广布于全世界的温带和亚热带地区。

【保护级别及用途】IUCN：无危（LC）；饲用、药用、杀虫。

36. 金色狗尾草 *Setaria pumila*（Poir.）Roem. & Schult.

【俗名】恍莠莠、硬稃狗尾草

【异名】*Panicum pumilum*; *Setaria lutescens* var. *dura*; *Setaria glauca* var. *dura*; *Setaria glauca*

【生物学特征】外观：1年生草本，单生或丛生。茎：秆直立或基部倾斜膝曲，近地面节可生根，高20~90厘米，光滑无毛，仅花序下面稍粗糙。叶：叶鞘下部扁压具脊，上部圆形，光滑无毛，边缘薄膜质，光滑无纤毛；叶舌具1圈长约1毫米的纤毛，叶片线状披针形或狭披针形，长5~40厘米，宽2~10毫米，先端长渐尖，基部钝圆，上面粗糙，下面光滑，近基部疏生长柔毛。花：圆锥花序紧密呈圆柱状或狭圆锥状，长3~17厘米，宽4~8毫米（刚毛除外），直立，主轴具短细柔毛，刚毛金黄色或稍带褐色，粗糙，长4~8毫米，先端尖，通常在一簇中仅具1个发育的小穗，第一颖宽卵形或卵形，长为小穗的1/3~1/2，先端尖，具3脉；第二颖宽卵形，长为小穗的1/2~2/3，先端稍钝，具5~7脉，第一小花雄性或中性，第一外稃与小穗等长或微短，具5脉，其内稃膜质，等长且等宽于第二小花，具2脉，通常含3枚雄蕊或无；第二小花两性，外稃革质，等长于第一外稃。先端尖，成熟时，背部极隆起，具明显的横皱纹；鳞被楔形；花柱基部连合。果实：颖果。物候期：花果期6—10月。

【生境】生于林边、山坡、路边和荒芜的园地及荒野。

【分布】我国新疆（喀什、英吉沙、叶城等地）及其他各省份；欧亚大陆温暖地带。

【保护级别及用途】IUCN：无危（LC）；为田间杂草，秆、叶可作牲畜饲料，可作牧草。

37. 虎尾草 *Chloris virgata* Sw.

【异名】*Chloris caudata*

【生物学特征】外观：1 年生丛生草本。茎：秆直立或基部膝曲，高 12~75 厘米，直径 1~4 毫米，光滑无毛。叶：叶鞘背部具脊，包卷松弛，无毛；叶舌长约 1 毫米，无毛或具纤毛；叶片线形，长 3~25 厘米，宽 3~6 毫米，两面无毛或边缘及上面粗糙。花：穗状花序 5~10 枚，长 1.5~5 厘米，指状着生于秆顶，常直立而并拢成毛刷状，有时包藏于顶叶之膨胀叶鞘中，成熟时常带紫色；小穗无柄，长约 3 毫米；颖膜质，1 脉；第一颖长约 1.8 毫米，第二颖等长或略短于小穗，中脉延伸成长 0.5~1 毫米的小尖头；第一小花两性，外稃纸质，两侧压扁，呈倒卵状披针形，长 2.8~3 毫米，3 脉，沿脉及边缘被疏柔毛或无毛，两侧边缘上部 1/3 处有长 2~3 毫米的白色柔毛，顶端尖或有时具 2 微齿，芒自背部顶端稍下方伸出，长 5~15 毫米；内稃膜质，略短于外稃，具 2 脊，脊上被微毛；基盘具长约 0.5 毫米的毛；第二小花不孕，长楔形，仅存外稃，长约 1.5 毫米，顶端截平或略凹，芒长 4~8 毫米，自背部边缘稍下方伸出。果实：颖果纺锤形，淡黄色，光滑无毛而半透明，胚长约为颖果的 2/3。物候期：花果期 6—10 月。

【生境】多生于路旁荒野、河岸沙地、土墙及房顶上，海拔可达 3 700 米。

【分布】我国新疆（乌恰、喀什、叶城等地）及其他各省份；全球热带至温带地区。

【保护级别及用途】IUCN：无危（LC）；牧草、药用。

38. 芨芨草 *Neotrinia splendens*（Trin.）M. Nobis, P. D. Gudkova & A.Nowak

【异名】*Achnatherum splendens*; *Stipa splendens*; *Stipa altaica*; *Lasiagrostis splendens*; *Stipa schlagintweitii*; *Stipa kokonorica*

【生物学特征】外观：多年生密丛生草本。根：植株具粗而坚韧外被砂套的须根。茎：秆直立，坚硬，内具白色的髓，形成大的密丛，高 50~250 厘米，直径 3~5 毫米，节多聚于基部，具 2~3 节，平滑无毛，基部宿存枯萎的黄褐色叶鞘。叶：叶鞘无毛，具膜质边缘；叶舌三角形或尖披针形，长 5~10（~15）毫米；叶片纵卷，质坚韧，长 30~60 厘米，宽 5~6 毫米，上面脉纹突起，微粗糙，下面光滑无毛。花：圆锥花序长（15~）30~60 厘米，开花时呈金字塔形开展，主轴平滑，或具角棱而微粗糙，分枝细弱，2~6 枚簇生，平展或斜向上升，长 8~17 厘米，基部裸露；小穗长 4.5~7 毫米（除芒），灰绿色，基部带紫褐色，成熟后常变草黄色；颖膜质，披针形，顶端尖或锐尖，第一颖长 4~5 毫米，具 1 脉，第二颖长 6~7 毫米，具 3 脉；外稃长 4~5 毫米，厚纸质，顶端具 2 微齿，背部密生柔毛，具 5 脉，基盘钝圆，具柔毛，长约 0.5 毫米，芒自外稃齿间伸出，直立或微弯，粗糙，不扭转，长 5~12 毫米，易断落；内稃长 3~4 毫米，具 2 脉而无脊，脉间具柔毛；花药长 2.5~3.5 毫米，顶端具毫毛。果实：颖果。物候期：花果期 6—9 月。

【生境】生于微碱性的草滩及沙土山坡上，海拔 900~4 500 米。

【分布】我国新疆（塔什库尔干、莎车、疏勒、叶城、英吉沙等地），西北、东北各省及内蒙古、山西、河北；印度、阿富汗、蒙古国、中亚地区、俄罗斯、欧洲。

【保护级别及用途】IUCN：无危（LC）；可药用、作饲料，还可改良碱地、保护渠道及保持水土。

39. 芦苇 *Phragmites australis* (Cav.) Trin. ex Steud.

【异名】*Phragmites communis*; *Arundo phragmites*; *Arundo australis*

【生物学特征】外观：高大，多年生草本。根状茎：具粗壮发达的匍匐根状茎。茎：秆直立，高 1~3（~8）米，直径 1~4 厘米，具 20 多节，基部和上部的节间较短，最长节间位于下部第 4~6 节，长 20~25（~40）厘米，节下被蜡粉。叶：叶鞘下部者短于上部者，长于其节间；叶舌边缘密生一圈长约 1 毫米的短纤毛，两侧缘毛长 3~5 毫米，易脱落；叶片披针状线形，长 30 厘米，宽 2 厘米，无毛，顶端长渐尖成丝形。花：圆锥花序大型，长 20~40 厘米，宽约 10 厘米，分枝多数，长 5~20 厘米，着生稠密下垂的小穗；小穗柄长 2~4 毫米，无毛；小穗长约 12 毫米，含 4 花；颖具 3 脉，第一颖长 4 毫米；第二颖长约 7 毫米；第一不孕外稃雄性，长约 12 毫米，第二外稃长 11 毫米，具 3 脉，顶端长渐尖，基盘延长，两侧密生等长于外稃的丝状柔毛，与无毛的小穗轴相连接处具明显关节，成熟后易自关节上脱落；内稃长约 3 毫米，两脊粗糙；雄蕊 3，花药长 1.5~2 毫米，黄色。果实：颖果长约 1.5 毫米。物候期：花果期 7—9 月。

【生境】生于 4 000 米以下的荒漠沙丘、绿洲沼泽、干山坡草地、低湿荒漠盐碱地、江河湖泽、池塘沟渠沿岸和低湿地。

【分布】我国新疆（塔什库尔干、喀什、叶城等地）及其他各省份；全世界温带地区。

【保护级别及用途】IUCN：无危（LC）；原料、饲料、药用。

40. 垂穗披碱草 *Elymus nutans* Griseb.

【异名】*Clinelymus nutans*

【生物学特征】外观：多年生草本。根：须状。茎：秆直立丛生，平滑，基部稍呈膝曲状，高 50~70 厘米。叶：基部和根出的叶鞘具柔毛；叶片扁平，上面有时疏生柔毛，下面粗糙或平滑，长 6~8 厘米，宽 3~5 毫米。花：穗状花序较紧密，通常曲折而先端下垂，长 5~12 厘米，穗轴边缘粗糙或具小纤毛，基部的 1 节、2 节均不具发育小穗；小穗绿色，成熟后带有紫色，通常在每节生有 2 枚，而接近顶端及下部节上仅生有 1 枚，多少偏生于穗轴 1 侧，近于无柄或具极短的柄，长 12~15 毫米，含 3~4 小花；颖长圆形，长 4~5 毫米，2 颖几相等；外稃长披针形，具 5 脉，脉在基部不明显，全部被微小短毛，第一外稃长约 10 毫米，顶端延伸成芒，芒粗糙；内稃与外稃等长，先端钝圆或截平，脊上具纤毛，其毛向基部渐次不显，脊间被稀少微小短毛。果实：颖果。物候期：花果期 7—10 月。

【生境】生于海拔 2 000~5 200 米的河谷草地、高原山坡沙砾地、水边草地、高寒草甸或有水的山坡道旁和林缘。

【分布】我国新疆（塔什库尔干、乌恰、阿克陶、叶城等地）、内蒙古、河北、陕西、甘肃、青海、四川、西藏等省份；中亚地区、俄罗斯、土耳其、蒙古国、印度和喜马拉雅山区。

【保护级别及用途】IUCN：无危（LC）。

41. 尖齿雀麦 *Bromus oxyodon* Schrenk

【异名】*Bromus macrostachys* var. *oxyodon* ;*Bromus lanceolatus* subsp. *oxyodon*

【生物学特征】外观：1 年生疏丛型草本。茎：秆高 30~60 厘米。叶：下部叶鞘具倒向柔毛，上部叶鞘无毛；叶片条形，长 10~20 厘米，宽 4~8 毫米，两面被柔毛。花：圆锥花序疏松开展，长 10~25 厘米，宽约 10 厘米；分枝叉开，粗糙，每枝着生 2~4 枚俯垂小穗；小穗披针形，含 6~10 小花，长 25~35 毫米；第一颖披针形，先端尖，长 9~11 毫米，边缘膜质，第二颖长 11~14 毫米；外稃长圆状椭圆形，长 12~15 毫米，被短柔毛，顶端裂齿长 1.5~3 毫米，芒从齿间伸出，长 15~25 毫米，向外反曲；内稃为其外稃的 2/3，沿脊具纤毛；花药黄色，长 1.2~1.8 毫米。颖果披针形，长 8~10 毫米，宽约 2 毫米，腹面与内稃贴生。果实：颖果。物候期：花果期 5—8 月。

【生境】生于沙质荒漠草原、半干旱坡地、山地沟谷、溪岸路旁，海拔 500~2 600 米。

【分布】我国新疆（乌恰等地）；中亚地区、西帕米尔、蒙古国、阿富汗、印度、克什米尔地区、天山。

【保护级别及用途】IUCN：无危（LC）；牧草。

42. 细雀麦 *Bromus gracillimus* Bunge

【异名】*Nevskiella gracillima*

【生物学特征】外观：1 年生草本。茎：秆高 20~40 厘米，较细瘦，节或节间生细毛。叶：叶鞘闭合，具柔毛；叶舌长约 2 毫米，先端撕裂；叶片扁平，长 10~15 厘米，宽 3 毫米左右，两面生短柔毛，边缘粗糙。花：圆锥花序开展，长约 10 厘米，宽 3~5 厘米；分枝 4~8 枚轮生于各节，长 2~6 厘米，疏生 1~4 枚小穗，平滑无毛；小穗宽椭圆形，含 3~6 小花，长 5~8 毫米；颖片边缘膜质，先端尖，第一颖长 3~4 毫米，具 1 脉，第二颖长 4~5 毫米，具 3 脉；外稃倒披针形，长 3.5~4.5 毫米，具 5~7 脉，边缘强烈内卷，生细纤毛；芒自顶端 2 微齿间伸出，长 15~20 毫米，细直；内稃与外稃近等，脊具纤毛；花药长约 0.5 毫米。果实：颖果扁平，长约 3 毫米。物候期：花果期 6—8 月。

【生境】生于海拔 2 000~4 250 米的山坡或河岸灌丛草地。

【分布】我国新疆（塔什库尔干县）及西藏；伊朗、阿富汗、巴基斯坦东北部、土耳其、俄罗斯。

【保护级别及用途】IUCN：无危（LC）。

43. 旱麦草 *Eremopyrum triticeum*（Gaertner）Nevski

【异名】*Agropyron triticeum*; *Secale prostratum*; *Triticum prostratum*; *Agropyron prostratum*; *Eremopyrum prostratum*

【生物学特征】外观：秆高约 30 厘米，具 3~4 节，基部多膝曲，在花序下被微毛。叶：叶鞘短于节间，上部显著膨大，无毛或下部者被微柔毛；叶舌薄膜质，平截，长 0.5~1 毫米；叶片扁平，长 1.5~8 厘米，两面粗糙或被微柔毛。花：穗状花序卵圆状椭圆形，长 1~1.7 厘米；小穗草绿色，长 6~10 毫米，含 3~6 小花，与穗轴几成直角；小穗轴扁平，节间长约 0.6 毫米；颖无毛，披针形，长 4~6 毫米，先端渐尖，两颖基部有些互相连合，背部隆起，其 2 脉粗壮而互相靠近以成脊；外稃上半部具 5 条明显的脉，稍粗糙，但第一外稃多少被微柔毛，长 5~6 毫米，先端渐尖或呈短芒（芒长 1~1.5 毫米），基盘极短，长约 0.4 毫米；第一内稃长约 3.8 毫米，先端微呈齿状，脊的上部粗糙。物候期：花期 4—5 月。

【生境】多生于海拔 850~1 440 米的草地或河床砾石滩上。

【分布】我国新疆（塔什库尔干县）及内蒙古；俄罗斯等国。

【保护级别及用途】IUCN：无危（LC）。

44. 高山穗三毛草 *Trisetum altaicum*（Steph.）Roshev.

【俗名】高山三毛草

【生物学特征】外观：多年生草本。根：须根细弱且短，具短根茎。茎：秆直立或基部稍倾斜，丛生，高15~45厘米，具2~3节，光滑无毛。叶：叶鞘松弛，下部长于节间，上部短于节间，被较密的柔毛；叶舌透明膜质，长2~3毫米，顶端齿裂；叶片扁平，绿色或稀带红紫色，线状披针形，长10~15厘米，两面均被长柔毛。花：圆锥花序不稠密稍稀疏，有时具间断，穗状线形或披针形，长4~9厘米，分枝直立，长达2.5厘米，光滑无毛稀微粗糙，每节3~5枚丛生；小穗卵圆形，绿褐色或紫褐色，长5~7毫米，含2~3小花；小穗轴节间长约1毫米，被长0.5~1毫米的柔毛；两颖不等，紫褐色，脊粗糙，第一颖长3~4毫米，具1脉，第二颖长4~5毫米，具3脉；外稃颜色与颖同，具5脉，顶端具2裂齿，第一外稃长4~5毫米，背部点状粗糙，自稃体中部稍上处伸出1芒，常紫色，粗糙，长约5毫米，向外反曲或膝曲，芒柱常扭转，基盘被0.3~0.5毫米的柔毛；内稃透明膜质，粗糙，长3.5~4毫米，具2脊，脊上有纤毛；鳞被2，顶端2裂或齿裂；雄蕊3，花药黄色，顶端带紫红色，长约1毫米；柱头帚刷状。果实：颖果。物候期：花期6—9月。

【生境】生于海拔 1 900~2 800 米的高山草甸、林下石缝中及山坡草地。

【分布】我国新疆（塔什库尔干、叶城等地）及青海等省份；中亚地区、俄罗斯、土耳其。

【保护级别及用途】IUCN：无危（LC）。

45. 野燕麦（原变种）*Avena fatua* Linn. var. *fatua*

【俗名】燕麦草、乌麦、南燕麦

【异名】*Avena meridionalis*; *Avena fatua* subsp. *meridionalis*

【生物学特征】外观：1年生草本。根：须根较坚韧。茎：秆直立，光滑无毛，高60~120厘米，具2~4节。叶：叶鞘松弛，光滑或基部者被微毛；叶舌透明膜质，长1~5毫米；叶片扁平，长10~30厘米，微粗糙，或上面和边缘疏生柔毛。花：圆锥花序开展，金字塔形，长10~25厘米，分枝具棱角，粗糙；小穗长18~25毫米，含2~3小花，其柄弯曲下垂，顶端膨胀；小穗轴密生淡棕色或白色硬毛，其节脆硬易断落，第一节间长约3毫米；颖草质，几相等，通常具9脉；外稃质地坚硬，第一外稃长15~20毫米，背面中部以下具淡棕色或白色硬毛，芒自稃体中部稍下处伸出，长2~4厘米，膝曲，芒柱棕色，扭转。果实：颖果被淡棕色柔毛，腹面具纵沟，长6~8毫米。物候期：花果期4—9月。

【生境】生于海拔1 400~3 750米的戈壁、山坡草地、荒芜田野或为田间杂草。

【分布】我国新疆（塔什库尔干、乌恰、喀什、叶城等地），此外，广布全国；欧、亚、非三洲的温寒带地区，北美洲也有输入。

【保护级别及用途】IUCN：无危（LC）。

46. 偃麦草（原亚种）*Elytrigia repens*（L.）Nevski subsp. *repens*

【异名】*Agropyron junceum* var. *repens*; *Zeia repens*; *Elymus repens*; *Triticum repens*; *Agropyron repens*; *Triticum infestum*; *Braconotia officinarum*

【生物学特征】外观：多年生疏丛生草本。根状茎：具横走的根茎。茎：秆直立，光滑无毛，绿色或被白霜，具3~5节，高40~80厘米。叶：叶鞘光滑无毛，而基部分蘖叶鞘具向下柔毛；叶舌短小，长约0.5毫米；叶耳膜质，细小；叶片扁平，上面粗糙或疏生柔毛，下面光滑，长10~20厘米。花：穗状花序直立，长10~18厘米；穗轴节间长10~15毫米，基部者长达30毫米，光滑而仅于棱边具短刺毛；小穗含5~7（~10）小花，长10~18毫米；小穗轴节间长约1.5毫米，无毛；颖披针形，具5~7脉，光滑无毛，有时脉间粗糙，边缘膜质，长10~15毫米（连同长1~2毫米的尖头）；外稃长圆状披针形，具5~7脉，顶端渐尖，具短尖头，芒长约2毫米，基盘钝圆，第一外稃长约12毫米；内稃稍短于外稃，具2脊，脊上生短刺毛；花药黄色，长约5毫米。果实：颖果。物候期：花果期6—8月。

【生境】生于海拔2 000~3 500米山谷草甸、河岸阶地及平原绿洲。

【分布】我国新疆（乌恰、阿克陶、喀什、疏勒、叶城等地）、青海、甘肃、西藏、内蒙古及东北等地；地中海、伊朗、俄罗斯、南高加索地区、中亚地区、蒙古国、朝鲜、日本、喜马拉雅山、北美洲。

【保护级别及用途】种质资源。

47. 东亚羊茅 *Festuca litvinovii*（Tzvelev）E. B. Alexeev

【异名】*Festuca pseudosulcata* var. *litvinovii*

【生物学特征】外观：多年生草本，密丛。茎：秆直立，平滑，具明显的条棱，高 20~50 厘米。叶：叶鞘光滑；叶舌长约 1 毫米，撕裂状，具纤毛；叶片纵卷呈细丝状，坚韧，平滑，秆生者长 2~3 厘米，基生者长可达 15 厘米；叶横切面具维管束 5~7，具较粗的厚壁组织束 3。花：圆锥花序紧密呈穗状，长 2~5 厘米；分枝长约 1 厘米，被短毛，自基部即生小穗；小穗淡绿色，成熟后草黄色，长 6~8 毫米，含 3~5 小花；小穗轴节间长约 1 毫米，具刺毛；颖片背部被短毛，其余平滑，顶端渐尖，边缘具细短睫毛，第一颖披针形，具 1 脉，长 2.5~3.5 毫米，第二颖宽披针形，具 3 脉，长 3~4.5 毫米；外稃背部被细短毛，上部及两侧毛较密，有时中部以下无毛，上部粗糙，顶端具芒，芒长 1.5~2.5 毫米，第一外稃长 4~5 毫米；内稃近等于外稃，顶端微 2 裂，两脊具纤毛，脊间被短毛：花药长 2~2.5 毫米。果实：颖果。物候期：花果期 6—8 月。

【生境】生于海拔 2 100~4 170 米的山顶草地、山地草原、草甸草原、山坡草地、路旁。

【分布】我国新疆（塔什库尔干等地）、黑龙江、辽宁、河北、山西、内蒙古、青海；俄罗斯（东西伯利亚和远东地区）、蒙古国。

【保护级别及用途】IUCN：无危（LC）。

48. 矮早熟禾 *Poa pumila* Host.

【生物学特征】外观：多年生草本，密丛型。鞘内分蘖。茎：秆直立或膝曲斜升，高 8~20 厘米，直径约 1 毫米，具 2~3 节，顶节位于秆下部 1/3 且常外露。叶：叶鞘短于其节间，顶生叶鞘长约 5 厘米，基生叶鞘聚集秆基；叶舌长 1~3 毫米，顶端尖；叶片长 2~7 厘米，茎生叶片长约 1 厘米，内卷，顶端尖，边缘微粗糙。圆锥花序紧缩或稍开展，长 3~6 厘米，分枝每节 1~2 枚，长 1~2 厘米，微粗糙；小穗含 4~6 小花，长 5~6（~7）毫米，带紫色；颖卵圆形，顶端尖，或有小尖头，脊上部微粗糙，第一颖长约 2.5 毫米，具 3 脉或侧脉短而不明显，第二颖长约 3.5 毫米；外稃间脉不明显，顶端尖，有时具小尖头，脊上部粗糙，脉与脊的下部具长柔毛，基盘有少量绵毛或无毛；内稃较短而狭窄，粗糙或下部具少许小纤毛，花药长 1~1.5 毫米。果实：颖果。物候期：花果期 6—7 月。

【生境】生于海拔 3 900~4 900 米的高山草甸。

【分布】我国新疆（塔什库尔干县）及青海；欧洲。

【保护级别及用途】种质资源。

49. 草地早熟禾 *Poa pratensis* L.

【异名】*Poa pratensis* var. *anceps*; *Poa viridula*; *Poa angustiglumis*; *Poa florida*

【生物学特征】外观：多年生草本。根状茎：具发达的匍匐根状茎。茎：秆疏丛生，直立，高 50~90 厘米，具 2~4 节。叶：叶鞘平滑或糙涩，长于其节间，并较其叶片为长；叶舌膜质，长 1~2 毫米，蘖生者较短；叶片线形，扁平或内卷，长 30 厘米左右，顶端渐尖，平滑或边缘与上面微粗糙，蘖生叶片较狭长。花：圆锥花序金字塔形或卵圆形，长 10~20 厘米；分枝开展，每节 3~5 枚，微粗糙或下部平滑，2 次分枝，小枝上着生 3~6 枚小穗，基部主枝长 5~10 厘米，中部以下裸露；小穗柄较短；小穗卵圆形，绿色至草黄色，含 3~4 小花，长 4~6 毫米；颖卵圆状披针形，顶端尖，平滑，有时脊上部微粗糙，第一颖长 2.5~3 毫米，具 1 脉，第二颖长 3~4 毫米，具 3 脉；外稃膜质，顶端稍钝；第一外稃长 3~3.5 毫米；内稃较短于外稃，脊粗糙至具小纤毛；花药长 1.5~2 毫米。果实：颖果纺锤形，具 3 棱，长约 2 毫米。物候期：花期 5—6 月，果期 7—9 月。

【生境】生于海拔 500~4 300 米的山地、湿润草甸、沙地、草坡。

【分布】我国新疆（塔什库尔干、乌恰、阿克陶、叶城等地）、黑龙江、吉林、辽宁、内蒙古、河北、山西、河南、山东、陕西、甘肃、青海、西藏、四川、云南、贵州、湖北、安徽、江苏、江西等省份。

【保护级别及用途】IUCN：无危（LC）。

50. 高寒早熟禾（亚种）*Poa albertii* subsp. *kunlunensis*（N. R. Cui）Olonova & G. H. Zhu

【俗名】印度早熟禾、糙茎早熟禾、雪地早熟禾、诺米早熟禾

【异名】*Poa roemeri*; *Poa scabriculmis*; *Poa festucoides* subsp. *kunluensis*; *Poa koelzii*; *Poa rangkulensis*; *Poa indattenuata*

【生物学特征】外观：多年生草本，疏丛。茎：秆直立，高 15~25 厘米，平滑无毛。叶：叶舌长 2~3 毫米；叶片对折，长 2~3 厘米，宽 1~1.5 毫米，先端尖，微粗糙。花：圆锥花序紧缩，长 1~2.5 厘米，宽 5~8 毫米；分枝斜升，长 0.5~1 厘米，着生 1~2 枚小穗；小穗含 2~3 小花，长约 4.5 毫米，先端尖，紫色；第一颖狭窄，具 3 脉，长约 2.5 毫米，第二颖较宽，先端尖，长约 3.5 毫米；外稃长约 3.5 毫米，先端尖，与边缘膜质，脊与侧脉密生柔毛，脉间散生短毛，基盘几无绵毛；内稃两脊粗糙；花药长约 1.2 毫米。果实：颖果。物候期：花期 7—8 月。

【生境】生于海拔 2 700~5 900 米灌丛草甸、高山草原。

【分布】我国新疆（塔什库尔干、阿克陶、叶城等地）、青海、西藏等省份；印度、中亚地区。

【保护级别及用途】种质资源。

51. 微药獐毛 *Aeluropus micrantherus* Tzvelev

【俗名】密穗小獐毛

【异名】*Aeluropus littoralis* subsp. *micrantherus*; *Aeluropus littoralis* var. *micrantherus*

【生物学特征】外观：多年生草本。茎：秆斜升，基部多分枝，高 6~30 厘米。叶：叶鞘无毛或疏被柔毛，鞘口或连同边缘被较长柔毛；叶舌膜质，长约 0.2 毫米，顶端覆以长 0.3~0.5 毫米的柔毛；叶片扁平或先端内卷呈针状，长 1.5~4.5 厘米，宽 1~2 毫米，两面密被微刺毛。花：圆锥花序穗状，长 2~5 厘米，宽约 3 毫米，其上分枝单生，紧贴穗轴而彼此密接且重叠；小穗卵形，长 2~3 毫米，含 2~6 小花；颖卵形，第一颖长 1~1.2 毫米，第二颖长 1.5~1.8 毫米，脊上粗糙，边缘膜质；外稃卵形或宽卵形，具 5~9 脉，边缘膜质，全部无毛或近基部两侧有纤毛，先端锐尖或具极短芒尖，第一外稃长约 2.5 毫米；内稃与外稃近等长；花药长 0.6~0.8 毫米。果实：颖果。

【生境】生于海拔 1 200~2 400 米的河岸边、沙地和沙丘间以及平原戈壁和山区。

【分布】我国新疆（乌恰、英吉沙等地）；蒙古国、中亚地区。

【保护级别及用途】IUCN：无危（LC）。

52. 针茅 *Stipa capillata* L.

【俗名】克氏针茅

【生物学特征】外观：多年生草本。茎：秆直立，丛生，高 40~80 厘米，常具 4 节，基部宿存枯叶鞘。叶：叶鞘平滑或稍糙涩，长于节间；叶舌披针形，基生者长 1~1.5 毫米，秆生者长 4~8（~10）毫米；叶片纵卷成线形，上面被微毛，下面粗糙，基生叶长可达 40 厘米。花：圆锥花序狭窄，几全部含藏于叶鞘内；小穗草黄或灰白色；颖尖披针形，先端细丝状，长 2.5~3.5 厘米，第一颖具 1~3 脉，第二颖具 3~5 脉（间脉多不明显）；外稃长 1~1.2 厘米，背部具有排列成纵行的短毛，芒 2 回膝曲，光亮，边缘微粗糙，第一芒柱扭转，长 4~5 厘米，第二芒柱稍扭转，长约 1.5 厘米，芒针卷曲，长约 10 厘米，基盘尖锐，长 2~3 毫米，具淡黄色柔毛；内稃具 2 脉。果实：颖果纺锤形，长 6~7 毫米，腹沟甚浅。物候期：花果期 6—8 月。

【生境】多生于海拔 500~2 300 米山间谷地、准平原面或石质性的向阳山坡。

【分布】我国新疆（乌恰等地）及甘肃等；蒙古国、中亚地区、俄罗斯、欧洲。

【保护级别及用途】IUCN：无危（LC）。

53. 新疆海罂粟 *Glaucium squamigerum* Kar. et Kir.

【俗名】鳞果海罂粟

【生物学特征】外观：2 年生或多年生草本，高 20~40 厘米。根：主根圆柱状。茎：3~5，直立，不分枝，疏生白色皮刺。叶：基生叶多数，狭倒披针形，边缘具不规则的锯齿或圆齿，齿端具软骨质的短尖头；茎生叶 1~3，羽状分裂或 2 回羽状 3 裂，裂片顶端具软骨质尖头。花：单个顶生；花瓣近圆形或宽卵形，金黄色；子房圆柱形，密被刺状鳞片，柱头 2 裂，无柄。果实：蒴果线状圆柱形，具稀疏的刺状鳞片。种子：肾形，长约 1 毫米，种皮呈蜂窝状，黑褐色。物候期：花果期 5—10 月。

【生境】生于海拔 860~2 600 米的山坡砾石缝、路边碎石堆、戈壁、丘陵、荒漠或河滩。

【分布】我国新疆（乌恰等地）；中亚地区。

【保护级别及用途】IUCN：无危（LC）。

54. 野罂粟 *Oreomecon nudicaulis*（L.）Banfi, Bartolucci, J.-M.Tison & Galasso

【俗名】冰岛罂粟、山罂粟、冰岛虞美人、橘黄罂粟、山大烟

【异名】*Papaver alpinum* var. *croceum*; *Papaver nudicaule* var. *subcorydalifolium*; *Papaver nudicaule* var. *isopyroides*; *Papaver nudicaule* var. *chinense*; *Papaver nudicaule* subsp. *rubro aurantiacum*; *Papaver nudicaute* var. *corydalifolium*; *Papaver nudicaule* var. *corydalifolium*; *Papaver tenellum*; *Papaver nudicaule* var. *saxatile*

【生物学特征】外观：多年生草本，高 60 厘米。根茎：常不分枝，密被残枯叶鞘。茎：极短。叶：基生，羽状裂片 2~4 对，小裂片两面稍被白粉，被刚毛，稀近无毛；叶柄被刚毛。花：花葶、花芽被刚毛；花瓣具浅波状圆齿及短爪，淡黄色、黄色或橙黄色，稀红色。果实：密被平伏刚毛，具 4~8 肋；柱头 4~8，辐状，具缺刻状圆齿。种子：近肾形，褐色，具条纹及蜂窝小孔穴。物候期：花果期 5—9 月。

【生境】生于海拔 580~3 500 米的山坡草地等。

【分布】我国新疆（塔什库尔干等地）、河北、山西、内蒙古、黑龙江、陕西、宁夏等省份；北极区及中亚和北美等地。

【保护级别及用途】药用。

55. 灰毛罂粟 *Papaver canescens* A. Tolm.

【俗名】天山罂粟、阿尔泰罂粟

【异名】*Papaver tianschanicum*; *Papaver pseudocanescens*

【生物学特征】外观：多年生草本，高 5~20 厘米，全株被刚毛。根：圆柱形。根茎：密盖覆瓦状排列的残枯叶鞘。叶：基生，叶片披针形至卵形，羽状裂，裂片 2~3 对。花：单生于花葶先端；花瓣 4，宽倒卵形或扇形，长 1.5~3 厘米，黄色或橘黄色；柱头约 6，辐状。果实：蒴果。物候期：花果期 6—8 月。

【生境】生于海拔 1 500~4 300 米的高山草甸、草原、河滩等。

【分布】我国新疆（塔什库尔干、乌恰等地）；哈萨克斯坦。

【保护级别及用途】种质资源。

56. 疆堇 *Corydalis mira*（Batalin）C. Y. Wu et H. Chuang

【异名】*Roborowskia mira*; *Corydalis osmastonii*

【生物学特征】外观：亚灌木，高 2~10 厘米。根：木质化；根茎多头，木质化，覆盖密集覆瓦状排列的残枯叶鞘。叶鞘狭长披针形，革质，略具光泽。茎：花葶状，无叶或基部具 1 叶。叶：基生叶多数，密生，叶柄长 1~3 厘米，基部具长鞘，叶片轮廓狭卵形或狭长圆形，长 2~3.5 厘米，羽状全裂，裂片 3~4 对，通常上部者对生，下部者互生，顶生裂片倒卵形或狭倒卵形，其余卵形或椭圆形。花：总状花序顶生；苞片长披针形，花梗劲直，长 1~2 厘米。花瓣黄色，上花瓣长 1.7~1.8 厘米，花瓣片舟状长圆形，下花瓣长 1.4~1.6 厘米，花瓣片舟状倒披针形，先端钝并向下弧曲；雄蕊束长 7.6~8.6 毫米，花药卵形，花丝披针形，蜜腺体粗，贯穿距的 5/6；雌蕊长 9~10 毫米，子房卵圆形至近圆球形，具（1~）数枚胚珠，花柱线形，长 8~9 毫米，柱头圆钝。果实：蒴果近圆球形，成熟时自基部向上开裂成 2 果瓣；宿存花柱长约 1 厘米，基部圆锥形，向上渐狭成线形。种子：（1~）9~11 枚，近肾形或球形，长约 2 毫米，黑色，具光泽；种阜帽状，白色，膜质。物候期：花果期 6—8 月。

【生境】生于海拔 2 600~4 300 米的河谷两侧高坡的潮湿岩石缝。

【分布】我国新疆（塔什库尔干、阿克陶等地）；吉尔吉斯斯坦。

【保护级别及用途】种质资源。

57. 天山囊果紫堇 *Corydalis fedtschenkoana* Regel

【异名】*Cysticorydalis fedtschenkoana*

【生物学特征】外观：苍白色多年生草本，肉质，高 10~20 厘米。根：主根分枝或不分枝，有时基部呈纤维状，根冠具暗棕色膜质叶鞘。茎：通常短于基生叶，长 10~15 厘米，基部较细，稍弯曲，上部具 1~3 退化叶。叶：基生叶少数，长 10~20 厘米；叶柄约与叶片等长，有时较长或较短，基部明显鞘状宽展；叶片苍白色，肉质，2 回羽状全裂；1 回羽片互生，无柄，栉齿状深裂；裂片具粗齿或缺刻；粗齿卵圆形，钝或具小尖。茎生叶退化，与基生叶 1 回羽片相似，羽状分裂，不高出花序。花：总状花序短，头状。下部苞片草质，楔形，具缺刻，上部的近膜质，长圆形或披针形，全缘，全部稍长于花梗。萼片干膜质，长 2~3 毫米，具缺刻状齿。花苍白色，具蓝紫色斑点。上花瓣长约 2 厘米，具短尖，无鸡冠状突起；距约与瓣片等长或稍长，末端圆钝，稍下弯。柱头近圆形，具 9 乳突。果实：蒴果直立，圆球形或卵圆状球形，膨大，直径 2~3.5 厘米，果壁干膜质，常具蓝紫色网脉。种子：棕色，具棱，长约 2 毫米；种阜小，帽状，干膜质，贴生，具流苏状齿。

【生境】生于海拔 2 700~4 500 米的高山流石滩、荒漠地带。

【分布】我国新疆（塔什库尔干、乌恰等地）；中亚地区。

【保护级别及用途】IUCN：无危（LC）。

58. 直茎黄堇 *Corydalis stricta* Steph.

【俗名】劲直黄堇、直立紫堇、玉门透骨草

【异名】*Corydalis astragalina*; *Corydalis schlagintweitii*; *Corydalis stricta* var. *potaninii*; *Corydalis stricta* subsp. *spathosepala*; *Corydalis stricta* subsp. *holosepala*; *Corydalis grubovii*

【生物学特征】外观：多年生灰绿色丛生草本，高30~60厘米，具主根和多头根茎。根茎：具鳞片和多数叶柄残基。茎：具棱，劲直，多少具白粉，不分枝或少分枝，疏具叶。叶：基生叶长10~15厘米，具长柄。叶片2回羽状全裂，1回羽片约4对，具短柄，2回羽片约3枚，宽卵圆形，约长1.2厘米，质较厚而多少具白粉，3深裂，裂片卵圆形，近具短尖，有时羽片较小，2回3深裂，末回裂片狭披针形至狭卵圆形，长3~6毫米，质较薄，无白粉。茎生叶与基生叶同形，具短柄至无柄。花：总状花序密具多花，长3~7厘米。苞片狭披针形，长6~8毫米，近白色。花梗长4~5毫米，果期不伸长，下弯。花黄色，背部带浅棕色。萼片卵圆形，长2~4毫米，有时基部具流苏状齿。外花瓣不宽展，具短尖，无鸡冠状突起，上花瓣长1.6~1.8厘米；距短囊状，约占花瓣全长的1/5；蜜腺体粗短，长约1毫米。下花瓣长约1.4厘米。内花瓣长约1.2厘米，具鸡冠状突起。雄蕊束披针形，具中肋。柱头小，近圆形，具10乳突。果实：蒴果长圆形，长1.5~2厘米，宽3~4毫米，下垂。

【生境】生于海拔 2 300~4 400 米的高山多石地。

【分布】我国新疆（塔什库尔干、乌恰、阿克陶等地）、青海、甘肃、四川、西藏等省份；蒙古国、巴基斯坦、中亚地区各国和尼泊尔。

【保护级别及用途】IUCN：无危（LC）；药用。

59. 西伯利亚小檗 *Berberis sibirica* Pall.

【俗名】刺叶小檗

【异名】*Berberis boreali-sinensis*

【生物学特征】外观：落叶灌木，高 0.5~1 米。茎：老枝暗灰色，无毛，幼枝被微柔毛，具条棱，带红褐色；茎刺 3~5~7 分叉，细弱，长 3~11 毫米，有时刺基部增宽略呈叶状。叶：纸质，倒卵形，倒披针形或倒卵状长圆形，长 1~2.5 厘米，宽 5~8 毫米，先端圆钝，具刺尖，基部楔形，上面深绿色，背面淡黄绿色，不被白粉，两面中脉、侧脉和网脉明显隆起，侧脉 4~5 对，斜上至近叶缘联结，叶缘有时略呈波状，每边具 4~7 硬直刺状牙齿；叶柄长 3~5 毫米。花：单生；花梗长 7~12 毫米，无毛；萼片 2 轮，外萼片长圆状卵形，长约 4 毫米，内萼片倒卵形，长约 4.5 毫米；花瓣倒卵形，长约 4.5 毫米，先端浅缺裂，基部具 2 枚分离的腺体；雄蕊长 2.5~3 毫米，药隔先端平截；胚珠 5~8 枚。果实：浆果倒卵形，红色，长 7~9 毫米，直径 6~7 毫米，顶端无宿存花柱，不被白粉。物候期：花期 5—7 月，果期 8—9 月。

【生境】生长在海拔 1 450~3 000 米的高山碎石坡、陡峭山坡、荒漠地区、林下。

【分布】我国新疆（乌恰等地）、内蒙古、东北、河北、山西、北京、天津、河南、甘肃等地。

【保护级别及用途】IUCN：无危（LC）；药用。

60. 黑果小檗 *Berberis atrocarpa* Schneid.

【异名】*Berberis atrocarpa* var. *subintegra*; *Berberis silvicola* var. *angustata*

【生物学特征】外观：落叶灌木，高 1~2 米。茎：枝棕灰色或棕黑色，具条棱或槽，散生黑色疣点；茎刺 3 分叉，长 1~4 厘米，淡黄色，腹面扁平。叶：厚纸质，披针形或长圆状椭圆形，长 3~7 厘米，先端急尖，基部楔形，上面深绿色，有光泽，中脉凹陷，背面淡绿色，中脉明显隆起，两面侧脉和网脉微显，不被白粉；叶缘平展或微向背面反卷，每边具 5~10 刺齿，偶有近全缘；具短柄。花：3~10 朵簇生；花梗长 5~10 毫米，光滑无毛，带红色；花黄色；萼片 2 轮，外萼片长圆状倒卵形，长约 4 毫米，内萼片倒卵形，长约 7 毫米；花瓣倒卵形，长约 6 毫米，先端圆形，深锐裂，基部楔形，具 2 枚分离腺体；雄蕊长约 4 毫米；胚珠 2 枚，无柄或具短柄。果实：浆果黑色，卵状，长约 5 毫米，直径约 4 毫米，顶端具明显宿存花柱，不被白粉。物候期：花期 4 月，果期 5—8 月。

【生境】生长在海拔 600~2 800 米的山坡灌丛等。

【分布】我国新疆（乌恰等地）、西藏、重庆、贵州、陕西、湖南、四川、云南等省份。

【保护级别及用途】IUCN：无危（LC）；观赏、水土保持。

61. 红果小檗 *Berberis nummularia* Bunge

【生物学特征】外观：落叶灌木，高 1~4 米。茎：分枝，老树皮灰色，幼枝红褐色。叶刺 1~3 叉，1 年生萌枝上有 5~6 叉者，刺长 1.5~4.0 厘米，土黄色。叶：革质，倒卵形、倒卵形匙形或椭圆形，长 1.5~5.0 厘米，宽 1.0~2.5 厘米，顶端圆或急尖，基部渐窄或楔形成柄，多全缘，并有多少不等的疏锯齿，齿端有刺，叶柄长 6~30 毫米；网状脉清晰。花：总状花序长 3~5 厘米，花多，每花有苞片 2 枚，披针状线形，长 1.5~2.0 毫米，宿存；萼片黄色，花瓣状，3~4 枚，长圆状倒卵形，长约 3 毫米，宽约 1.5 毫米，顶端圆；花瓣黄色，6 枚，长圆形或狭长圆形，长 4.0~4.5 毫米；雄蕊 6 枚，长约 2.5 毫米；雌蕊子房筒状，花柱近无，柱头盘状。果实：果梗宿存，斜展开，长 4~7 毫米，浆果长圆状卵形，长 6~7 毫米，直径 3~4 毫米，淡红色，成熟后淡红紫色。种子：窄长卵形，长 3~4 毫米，灰褐色，种脐端稍细，种脉弯向一侧。物候期：花期 4—5 月，果期 5—7 月。

【生境】生长在海拔 1 100~2 400 米的河谷山麓、戈壁荒漠绿洲、山地灌丛及草原带。

【分布】我国新疆（乌恰、阿克陶、英吉沙、疏附等地）；中亚地区。

【保护级别及用途】观赏、药用、水土保持。

62. 喀什小檗 *Berberis kaschgarica* Rupr.

【生物学特征】外观：落叶灌木，高约 1 米。茎：枝圆柱形，紫红色，光滑无毛，有光泽；节间约 1 厘米；茎刺 3 分叉，长 1~2.5 厘米，淡黄色，腹面具浅槽。叶：纸质，倒披针形，长 10~25 毫米，先端急尖，具 1 刺尖头，基部楔形，上面绿色，中脉微隆起，侧脉 2~3 对，不显著，背面淡绿色，中脉隆起，两面网脉不显，不被白粉，叶缘平展，全缘，或偶具 1~2 刺锯齿；近无柄。花：总状花序具 5~9 朵花，长 1.5~3 厘米，总梗基部常有 1 至数花簇生，无毛。花梗长 4~10 毫米，簇生花梗长达 13 毫米；苞片卵状三角形，长约 2 毫米；花黄色；小苞片披针形，长约 1.5 毫米；萼片 2 轮，外萼片椭圆形，长约 3 毫米；内萼片倒卵形，长约 4.5 毫米；花瓣长圆形，长约 4 毫米，先端缺裂，基部楔形，具 2 枚分离腺体；雄蕊长约 2.5 毫米，药隔不延伸，先端平截；子房长约 2.3 毫米，含胚珠 5 枚。果实：浆果卵球形，黑色，长约 8 毫米，直径约 6 毫米，顶端具明显宿存花柱，不被白粉。物候期：花期 5—6 月，果期 6—8 月。

【生境】生于山谷阶地、山坡、林缘或灌丛中，海拔 1 900~4 400 米。

【分布】我国新疆（塔什库尔干、乌恰、阿克陶、喀什、叶城等）；中亚地区、俄罗斯。

【保护级别及用途】IUCN：无危（LC）；药用。

63. 异果小檗 *Berberis heteropoda* Schrenk in Fisch. & C. A. Mey.

【生物学特征】外观：落叶灌木，高 2~3 米。茎：枝暗红色，圆柱形，无疣点；茎刺单生或 3 分叉，淡紫红色，近圆柱形、长 5~30 毫米。叶：厚纸质，倒卵状椭圆形，长 2~6 厘米，上面绿色，背面淡绿色，微有光泽，中脉微隆起，侧脉 2~4 对，显著，两面网脉隆起，无毛，不被白粉，叶缘平展，全缘，或偶有不明显刺齿；叶柄长 3~10 毫米。花：总状花序或伞形状总状花序由 4~9 朵花组成，长 2~5 厘米，基部常有数花簇生，光滑无毛；花梗长 9~17 毫米；苞片卵状披针形，长 1.5~3 毫米；花黄色；萼片 2 轮，外萼片椭圆形，长约 5 毫米，宽约 4 毫米，先端圆形，内萼片倒卵形，长约 7 毫米；花瓣倒卵状匙形，长约 6 毫米，宽约 4 毫米，先端圆形，全缘，基部楔形，具 2 枚分离腺体；雄蕊长约 4.5 毫米，药隔延伸，先端突尖；胚珠 4~6 枚，具柄。果实：浆果近球形，黑色，长 10~12 毫米，顶端不具宿存花柱，微被白粉。物候期：花期 5—6 月，果期 7—10 月。

【生境】生于石质山坡、河滩地、疏林或云杉林下、灌丛中或干旱荒漠草原，海拔 950~3 200 米。

【分布】我国新疆（阿克陶、叶城等地）；俄罗斯。

【保护级别及用途】IUCN：数据缺乏（DD）；药用。

64. 紫蕊白头翁 *Pulsatilla kostyczewii*（Korsh.）Juz.

【异名】*Anemone kostyczewii.*

【生物学特征】外观：多年生草本，植株高约 14 厘米。根状茎长，粗约 1 厘米。叶：基生叶约 4，长 4.5~6 厘米；叶片长 1.2~2 厘米，宽 3~4 厘米，3 全裂，全裂片有细柄，1~2 回细裂，末回裂片狭线形，宽约 0.5 毫米，边缘开时反卷，与叶柄都稍密被白色柔毛；叶柄长约 3 厘米。花：花葶有与叶柄相同的毛；总苞长 1.6~2 厘米，无柄，苞片掌状细裂成狭线形小裂片，密被柔毛；花梗长约 6 厘米；花直径约 5 厘米；萼片 6，紫红色，倒卵形或椭圆形，长 2~2.5 厘米，宽 1.2~1.8 厘米，顶端圆形或钝，外面有短柔毛；雄蕊长 4~10 毫米，花药椭圆形，长约 1.2 毫米，花丝狭线形或近丝形，紫色；心皮密被柔毛。果实：聚合瘦果。物候期：6 月开花。

【生境】生于海拔 2 900 米的砾石山地草坡。

【分布】我国新疆（乌恰县）；中亚地区。

【保护级别及用途】IUCN：无危（LC）。

65. 钟萼白头翁 *Pulsatilla campanella* Fisch. ex Krylov

【异名】*Pulsatilla albana* var. *campanella*

【生物学特征】外观：多年生草本，植株开花时高 14~20 厘米，结果时高达 40 厘米。根状茎：粗 2.5~4 毫米。叶：基生叶 5~8，开花时已长大，有长柄，为 3 回羽状复叶；叶片卵形或狭卵形，长 2.8~6 厘米，宽 2~3.5 厘米，羽片 3 对，斜卵形，羽状细裂，末回裂片狭披针形或狭卵形，宽约 1 毫米，顶端急尖，表面近无毛，背面有疏柔毛；叶柄长 2.5~12 厘米，有长柔毛。花：花葶 1~2，直立，有柔毛；总苞长约 1.8 厘米，筒长约 2 毫米， 苞片 3 深裂，深裂片狭披针形，不分裂或有 3 小裂片，背面有长柔毛；花梗长 2.5~4.5 厘米，结果时长达 22 厘米；花稍下垂；萼片紫褐色，椭圆状卵形或卵形，长 1.4~1.9 厘米，宽 8~9 毫米，顶端稍向外弯，外面有绢状绒毛。果实：聚合果直径约 5 厘米；瘦果纺锤形，长约 4 毫米，有长柔毛，宿存花柱长 1.5~2.4 厘米，下部密被开展的长柔毛，上部有贴伏的短柔毛。物候期：花期 5—6 月。

【生境】生于海拔 1 800~4 200 米的山地草坡、沟谷河滩林缘。

【分布】我国新疆（塔什库尔干、乌恰、阿克陶、叶城等地）；蒙古国、中亚地区。

【保护级别及用途】IUCN：无危（LC）；药用。

66. 毛蓝侧金盏花（变型）*Adonis coerulea* f. *puberula* W. T. Wang

【生物学特征】外观：多年生草本。根状茎：粗壮。茎：高 3~15 厘米，具短柔毛，常在近地面处分枝，基部和下部有数个鞘状鳞片。叶：具短柔毛，茎下部叶有长柄，上部的有短柄或无柄；叶片长圆形或长圆状狭卵形，少有三角形，长 1~4.8 厘米，2~3 回羽状细裂，羽片 4~6 对，稍互生，末回裂片狭披针形或披针状线形，顶端有短尖头；叶柄长达 3.2 厘米，基部有狭鞘。花：直径 1~1.8 厘米；萼片 5~7，倒卵状椭圆形或卵形，长 4~6 毫米，顶端圆形；花瓣约 8，淡紫色或淡蓝色，狭倒卵形，长 5.5~11 毫米，顶端有少数小齿；花药椭圆形，花丝狭线形；心皮多数，子房卵形，花柱极短。果实：瘦果倒卵形，长约 2 毫米，下部有稀疏短柔毛。物候期：花期 4—7 月。

【生境】生于海拔 4 000~4 700 米的高山草地和砾质干河床。

【分布】我国新疆（塔什库尔干、叶城等地）、甘肃、青海、四川、西藏等省份。

【保护级别及用途】IUCN：无危（LC）。

67. 帕米尔翠雀花 *Delphinium lacostei* Danguy

【生物学特征】外观：草本。茎：单一，高10~35厘米，与叶柄被稍密的白色短柔毛，自上部分枝。叶：基生或集生在茎近基部处；叶片圆心形，3裂，中部裂片倒卵状菱形，2~3浅裂，边缘有稍钝的齿，侧裂片斜扇形，不等2裂，边缘有稍钝的齿，下面有稀疏柔毛，上面沿脉凹陷处有柔毛；叶柄长5~14厘米。花：伞房花序稀疏，2~5朵花，花序轴被稍密的白色柔毛；下部苞片3裂，长8~12毫米，背面有柔毛；花梗长2~6厘米，向上斜展，被密的白色柔毛；小苞片线状披针形或线形；萼片蓝色，椭圆形，外面密被贴伏的细长柔毛，距囊状圆锥形；花瓣褐色，仅在上部有疏柔毛；退化雄蕊淡褐色，顶端2浅裂，腹部有淡黄色髯毛；雄蕊无毛；心皮4，密被柔毛。物候期：花期6—8月。

【生境】生长在海拔 3 100~4 700 米的山坡草地。

【分布】我国新疆（塔什库尔干、阿克陶、叶城等地）；阿富汗、中亚地区天山及西帕米尔。

【保护级别及用途】IUCN：无危（LC）。

68. 四果翠雀花 *Delphinium tetragynum* W. T. Wang

【生物学特征】外观：草本，高 30~38 厘米。茎：基部之上粗 4 毫米，光滑，与叶柄疏被开展的白色柔毛，自下部分枝。叶：基生叶约 4 枚，具长柄；叶片纸质，五角星状，长约 2.6 厘米，宽约 5 厘米，基部深心形，2 深裂至距基部 8 毫米处，中央裂片宽菱形，宽约 2 厘米，顶端微尖，3 浅裂，2 回裂片有 2 个或 3 个小裂片或牙齿，侧深裂片斜扇形，不等 2 裂近中部，上面无毛，下面被极稀疏的白色柔毛；叶柄长 11~14 厘米；茎生叶约 3 枚。花：顶生总状花序长约 3.5 厘米，约有 5 花；下部苞片长 1.0~1.5 厘米，3 裂，上部的苞片不分裂，条形，长 0.6~1 厘米，花梗长 4~10 毫米，密被白色柔毛；小苞片与花邻接，膜质，条状披针形，长约 9 毫米，宽 1.5~1.8 毫米，腹面无毛，边缘及背面被短柔毛；萼片蓝色，外面被白色柔毛，卵形或椭圆形，长约 1.2 厘米，距囊状圆锥形，长约 4 毫米，基部粗 13 毫米，末端微钝；花瓣褐色，顶端 2 浅裂，有少数长睫毛；退化雄蕊 2 枚，长约 6 毫米，瓣片 2 裂，有长睫毛，腹面有白色髯毛；雄蕊无毛；心皮 4 个，无毛。物候期：花期 7—8 月。

【生境】生于海拔 4 580~4 610 米的河谷山坡草地、高寒草甸、高山流石坡。

【分布】我国新疆（塔什库尔干县）。

【保护级别及用途】IUCN：数据缺乏（DD）；狭域分布。

69. 腺梗翠雀花 *Delphinium adenopodum* W. T. Wang & Z. Z. Yang

【生物学特征】外观：多年生草本植物，高 9~15 厘米。根状茎：长约 7 厘米，2~3 分枝或单生。叶：基生叶约 3，具长叶柄叶片近圆锥形、肾形，（1.5~2.8）厘米 ×（2.8~4.0）厘米，在基部心形，3 深裂，中央裂片楔形倒卵形或菱形，在先端或上面锐切具牙齿，侧裂片更大，斜扇形，不相等 2 小叶到 2 裂，在先端锐切锯齿表面正面和背面被 0.1~0.5 毫米长的非常短的贴伏毛覆盖，有时与稀疏的短腺毛混合。叶柄长 4~8 厘米，疏生被微柔毛。茎生叶类似于基部。花：伞房花序顶生和腋生，基部苞片类似茎生叶但小，或不裂，具狭椭圆形叶片，上部苞片无梗，狭匙形或线形，长 1~2 厘米，无毛梗长 1.0~6.5 厘米，密被白色短柔毛和黄色腺状短柔毛，在 2 个小柱状的上面小苞片线形，（4~12）毫米 ×（1~1.2）毫米，无毛。萼片蓝紫色，紫色或略带紫色，在两侧具稀疏的毛，在外侧也混有一些腺毛，上部萼片宽卵形，（16~22）毫米 ×（17~20）毫米，距狭圆锥形，长 9~11 毫米，基部直径 6.5~7.0 毫米侧生萼片圆形卵形，18 毫米 ×（11~18）毫米和下部萼片宽倒卵形，（12~20）毫米 ×（15~16）毫米。花瓣 2，先端 2 小叶，具柔毛。雄蕊约 35 毫米，花丝长约 8 毫米，乳白色，无毛或在每侧中部以上具 1 或 2 毛。花药长圆形，1.0 毫米 ×0.6 毫米，无毛。萼距较短，长 9~11 毫米，雌蕊群由 4 枚心皮构成。子房线形，（4.0~4.6）毫米 ×0.8 毫米，无毛。

【生境】生长在海拔 4 400 米的多石砾草坡。

【分布】我国新疆（塔什库尔干县）。

【保护级别及用途】种质资源；标本量少。

70. 碱毛茛 *Halerpestes sarmentosa* (Adams) Komarov & Alissova

【俗名】圆叶碱毛茛、水葫芦苗

【异名】*Ranunculus salsuginosus*; *Halerpestes salsuginosa*; *Ranunculus cymbalaria* subsp. *sarmentosus* ; *Ranunculus sarmentosus*

【生物学特征】外观：多年生草本。茎：匍匐茎细长，横走。叶：多数；叶片纸质，多近圆形，或肾形、宽卵形，长 0.5~2.5 厘米，宽稍大于长，基部圆心形、截形或宽楔形，边缘有 3~7 (~11) 个圆齿，有时 3~5 裂，无毛；叶柄长 2~12 厘米，稍有毛。花：花葶 1~4 条，高 5~15 厘米，无毛；苞片线形；花小，直径 6~8 毫米；萼片绿色，卵形，长 3~4 毫米，无毛，反折；花瓣 5，狭椭圆形，与萼片近等长，顶端圆形，基部有长约 1 毫米的爪，爪上端有点状蜜槽；花药长 0.5~0.8 毫米，花丝长约 2 毫米；花托圆柱形，长约 5 毫米，有短柔毛。果实：聚合果椭圆球形，直径约 5 毫米；瘦果小而极多，斜倒卵形，长 1.2~1.5 毫米，两面稍鼓起，有 3~5 条纵肋，无毛，喙极短，呈点状。物候期：花果期 5—9 月。

【生境】生于海拔 2 200~4 200 米的盐碱性沼泽地或湖边。

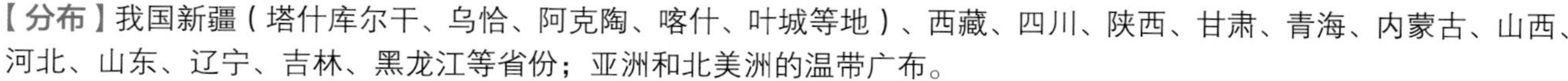

【分布】我国新疆 (塔什库尔干、乌恰、阿克陶、喀什、叶城等地)、西藏、四川、陕西、甘肃、青海、内蒙古、山西、河北、山东、辽宁、吉林、黑龙江等省份；亚洲和北美洲的温带广布。

【保护级别及用途】IUCN：无危 (LC)；种质资源。

71. 淡紫金莲花 *Trollius lilacinus* Bunge

【异名】*Hegemone lilacina*

【生物学特征】外观：草本，植株全部无毛。根：须根粗壮，长达 12 厘米，直径达 2.5 毫米。茎：高 10~28 厘米，疏生 2 叶。叶：基生叶 3~6 个，在开花时常尚未抽出或刚刚抽出，有长柄；叶片五角形，长 1.8~2.5 厘米，宽 2.8~4 厘米，基部心形，3 全裂，中央全裂片菱形，3 裂至中部或近羽状深裂，2 回裂片具少数小裂片及三角形或宽披针形的锐牙齿，侧全裂片斜扇形，不等 2 深裂近基部，脉平或上面稍下陷；叶柄长 4~7 厘米，基部具狭鞘。花：单独顶生，直径 2.5~3.5 厘米；萼片 15~18 片，淡紫色、淡蓝色或白色，倒卵形、宽椭圆形、椭圆形、间或卵形，长 1.2~1.6 厘米，顶端圆形，有时急尖或微钝，生不明显小齿；花瓣约 8 个，比雄蕊稍短，宽线形，顶端钝或圆形，长 5~6 毫米，宽 1.2~1.5 毫米；雄蕊长 5~7 毫米，花药长约 2 毫米。心皮 6~11。果实：蓇葖长约 1.2 厘米，宽约 2 毫米，喙长 2~2.5 毫米。种子：长约 1 毫米，椭圆球形，光滑，有少数不明显纵棱。物候期：7—8 月开花，8—9 月结果。

【生境】生于海拔 2 600~4 700 米山地草坡、草甸或云杉林边。

【分布】我国新疆 (塔什库尔干等地)；俄罗斯 (西伯利亚)、中亚地区。

【保护级别及用途】IUCN：易危 (VU)；我国狭域分布。

72. 准噶尔金莲花 *Trollius dschungaricus* Regel

【异名】*Trollius europaeus* var. *songoricus*

【生物学特征】外观：草本，植株全部无毛。茎：高（10~）20~50 厘米，疏生 2~3 个叶。叶：基生叶 3~7，有长柄；叶片五角形，长 1.5~4.5 厘米，宽 2~7.5 厘米，基部心形，3 深裂至距基部 1~2 毫米处，深裂片互相覆压，有时近邻接，中央深裂片宽椭圆形或椭圆状倒卵形，上部 3 浅裂，裂片互相多少覆压，边缘生小裂片及不整齐小牙齿，侧深裂片斜扇形，不等 2 深裂，2 回裂片互相多少覆压；叶柄长 6~28 厘米，基部具狭鞘。花：通常单独顶生，有时 2~3 朵组成聚伞花序，直径 3~5.4 厘米；花梗长 5~15 厘米；萼片黄色或橙黄色，干时不变绿色，8~13 片，倒卵形或宽倒卵形，有时狭倒卵形，长 1.5~2.6 厘米，顶端圆形，生少数小齿或近全缘；花瓣比雄蕊稍短或与花丝近等长，线形，顶端圆形或带匙形，长 7~8 毫米；雄蕊长 0.9~1.4 厘米，花药长 3~3.5 毫米；心皮 12~18，花柱淡黄绿色。果实：蓇葖长 1~1.2 厘米，宽约 2 毫米，喙长约 1.2 毫米。种子：长约 1.5 毫米，椭圆球形，黑色，光滑。物候期：6—8 月开花，9 月果熟。

【生境】生海拔 1 700~4 600 米山地草坡或云杉树林下。

【分布】我国新疆（塔什库尔干、乌恰、阿克陶等地）；中亚地区和西帕米尔。

【保护级别及用途】IUCN：易危（VU）；我国狭域分布。

73. 长茎毛茛（变种）*Ranunculus nephelogenes* var. *longicaulis*（Trautv.）W. T. Wang

【异名】*Ranunculus pulchellus* var. *longicaulis*; *Ranunculus longicaulis*

【生物学特征】外观：多年生草本。根：须根伸长扭曲。茎：直立，高 20~30 厘米，直径 2~5 毫米，有 2~4 次 2 歧长分枝，无毛或生细毛。叶：基生叶多数；叶片长椭圆形至线状披针形，长 1~5 厘米，全缘，有 3~5 脉，顶端有钝点，基部楔形或圆形，无毛或生疏毛；叶柄长 2~8 厘米，通常无毛；茎生叶数枚，叶片披针形至线形，宽 1~4 毫米，全缘，多不分裂，无毛或边缘有柔毛。花：单生于茎顶和分枝顶端，直径约 1 厘米，有时达 1.8 厘米；花梗伸长，贴生黄柔毛；萼片卵形，长约 4 毫米，带紫色，外面密生短柔毛；花瓣 5，倒卵形至卵圆形，稍长或 2 倍长于萼片，花药长 1~1.5 毫米；花托短圆锥形，生细毛。果实：聚合果卵球形，直径约 6 毫米；瘦果卵球形，稍扁，长 2~2.2 毫米，宽约 1.4 毫米，无毛，背腹有纵肋，喙直伸或外弯，长约 1 毫米。物候期：花果期 6—8 月。

【生境】多生于海拔 1 800~4 300 米的山地高寒草甸、河谷滩地、高寒沼泽草甸、高山砾石坡地。

【分布】我国新疆（塔什库尔干、乌恰、阿克陶、叶城等地）、青海、甘肃、四川、云南、西藏；中亚地区和俄罗斯（西伯利亚）。

【保护级别及用途】IUCN：无危（LC）。

74. 浮毛茛 *Ranunculus natans* C. A. Mey.

【生物学特征】外观：多年生水生草本。茎：多数，铺散蔓生，高 20 厘米以上，直径 2~3 毫米，节上生根和分枝长叶，无毛。叶：基生叶和下部叶较多，有长柄；叶片肾形或肾圆形，长 1~1.5 厘米，宽 1.5~2.5 厘米，基部浅心形或截形，3~5 浅裂，裂片钝圆，宽 5~10 毫米，有时疏生圆齿，质地较厚，无毛；叶柄长 2~8 厘米，无毛，基部有长鞘。上部叶较小，3 浅裂或不分裂，叶柄较短。花：单生，直径约 7 毫米；花梗与上部叶对生，长 1~4 厘米，大多无毛或贴生短毛；萼片卵圆形，长 3~4 毫米，开展，无毛；花瓣 5，倒卵圆形，稍长于萼片，有 3~5 脉，下部骤然变窄成长约 1 毫米的爪，蜜槽点状位于爪的上端；花药长约 0.2 毫米；花托肥厚，直径 3~5 毫米，散生短毛。果实：聚合果近球形，直径约 7 毫米；瘦果多，卵球形，稍扁，长约 1.5 毫米，宽约 1 毫米，厚约 0.7 毫米，无毛，背腹纵肋常内凹成细槽，喙短，长约 0.2 毫米。物候期：花果期 6—7 月。

【生境】生于海拔 3 000~4 300 米的山谷溪沟浅水中或沼泽湿地。

【分布】我国新疆（塔什库尔干、乌恰、喀什等地）、西藏、青海、内蒙古、吉林和黑龙江；俄罗斯、中亚地区。

【保护级别及用途】IUCN：无危（LC）。

75. 宽瓣毛茛 *Ranunculus albertii* Regel et Schmalh.

【异名】*Ranunculus sulphureus* var. *albertii*

【生物学特征】外观：多年生草本。根状茎：短，簇生多数须根。茎：高8~20厘米，近直立，单一或有1~2分枝，上部散生白色柔毛。叶：基生叶数枚，叶片肾圆形，长1~3厘米，宽稍大于长，基部圆截形或浅心形，不分裂，边缘有圆齿，无毛或疏生缘毛；叶柄长2~8厘米，生白柔毛或无毛，基部有宽鞘。茎生叶2~3枚，5~7（~9）掌状中裂，裂片长圆形，顶端钝或稍尖，大多无毛；上部叶无柄，叶片较小，3~5深裂，裂片线状披针形。花：单生茎顶，直径2~3厘米；花梗与萼片外面散生白色或浅黄色柔毛；萼片宽卵形，长5~9毫米，带紫色；花瓣5~8，宽倒卵形，长8~14毫米，宽与长近相等，顶端截圆形或有1个、2个凹缺，基部有短宽的爪，蜜槽呈棱形袋穴；花药长圆形，长约2毫米，花丝稍长于花药；花托生白色细柔毛。果实：聚合果卵球形，直径约5毫米；瘦果卵球形，长1.5~1.8毫米，稍大于厚，无毛，背腹纵肋不明显，喙短直或稍弯。物候期：花果期6—9月。

【生境】生于海拔 2 000~4 000 米山谷湿草地或阴坡草地。

【分布】我国新疆（乌恰、阿克陶等地）；中亚地区天山。

【保护级别及用途】IUCN：无危（LC）；我国狭域分布。

76. 美丽毛茛 *Ranunculus pulchellus* C. A. Mey.

【生物学特征】外观：多年生草本。根：须根伸长。茎：直立或斜升，高 10~20 厘米，单一或上部有 1~2 分枝，无毛或有柔毛。叶：基生叶多数，椭圆形至卵状长圆形，长 1~3 厘米，宽 5~15 毫米，基部楔形，有 3~7 个齿裂或缺刻，顶端稍尖，质地较厚，无毛或有柔毛；叶柄长 2~6 厘米，无毛或疏生柔毛，基部有膜质宽鞘。茎生叶 2~3 枚，叶片 3~5 深裂，裂片线形，长 1.5~3 厘米，全缘，无毛或生柔毛，具短柄至无柄。花：单生于茎顶和腋生短分枝顶端，直径 1~1.5 厘米；花梗细长，伏生金黄色柔毛；萼片椭圆形，长 3~5 毫米，常带紫色，外面生黄色柔毛，边缘膜质；花瓣 5~6，黄色或上面白色，倒卵形，长为萼片的 2 倍，基部有窄爪，蜜槽呈杯状袋穴，边缘稍有分离；花药长圆形，长约 1.5 毫米，花丝与花药近等长；花托于果期伸长呈长圆形，无毛或顶端有短毛。果实：聚合果椭圆形，直径约 5 毫米；瘦果卵球形，长 1.5~2 毫米，约为厚的 2 倍，无毛，边缘有纵肋，喙直伸，长约 1 毫米，腹面和顶端有柱头面，向背弯弓。物候期：花果期 6—8 月。

【生境】生于海拔 3 300~4 600 米的山坡沟边及河岸湿地。

【分布】我国新疆（塔什库尔干等地）、青海、甘肃、河北、内蒙古、吉林、黑龙江；蒙古国、俄罗斯、印度北部。

【保护级别及用途】IUCN：无危（LC）。

77. 云生毛茛 *Ranunculus nephelogenes* Edgeworth

【生物学特征】外观：多年生草本。茎：直立，高 3~12 厘米，单一呈葶状或有 2~3 个腋生短分枝，近无毛。叶：基生叶多数，叶片呈披针形至线形，或外层的呈卵圆形，长 1~5 厘米，宽 2~8 毫米，全缘，基部楔形，有 3~5 脉，近革质，通常无毛；叶柄长 1~4 厘米，有膜质长鞘。茎生叶 1~3，无柄，叶片线形，全缘，有时 3 深裂，长 1~4 厘米，宽 0.5~5 毫米，无毛。花：单生茎顶或短分枝顶端，直径 1~1.5 厘米；花梗长 2~5 厘米或果期伸长，有金黄色细柔毛；萼片卵形，长 3~5 毫米，常带紫色，有 3~5 脉，外面生黄色柔毛或无毛，边缘膜质；花瓣 5，倒卵形，长 6~8 毫米，有短爪，蜜槽呈杯状袋穴；花药长 1~1.5 毫米；花托在果期伸长增厚，呈圆柱形，疏生短毛。果实：聚合果长圆形，直径 5~8 毫米，瘦果卵球形，长约 1.5 毫米，为厚的 1.5 倍，无毛，有背腹纵肋，喙直伸，长约 1 毫米。物候期：花果期 6—8 月。

【生境】生于海拔 3 000~5 500 米的高山草甸、河滩湖边及沼泽草地。

【分布】我国新疆（塔什库尔干、阿克陶、喀什等地）、西藏、云南、四川、甘肃、青海、山西；印度西北部、巴基斯坦、尼泊尔。

【保护级别及用途】IUCN：无危（LC）。

78. 沼泽毛茛（变种）*Ranunculus nephelogense* var. *pseudohirculus*（Schrenk）J.G.Liu

【生物学特征】外观：水生，多年生草本。茎：直立，高 2~10（~15）厘米，粗达 2 毫米，单一或腋生短分枝，近无毛。叶：基生叶多数，叶片呈披针形至线形，或外层的呈卵圆形，长 1~5 厘米，全缘，通常无毛；叶柄长 1~4 厘米，有膜质长鞘。茎生叶 1~3，无柄，叶片椭圆形或卵圆状椭圆形，无毛。花：单生茎顶或短分枝顶端，有金黄色细柔毛；萼片卵形，长 3~5 毫米，常带紫色，有 3~5 脉，外面生黄色柔毛或无毛，边缘膜质；花瓣 5，倒卵形，长 6~8 毫米，有短爪，蜜槽呈杯状袋穴；花药长 1~1.5 毫米；花托显著伸长，在果期呈长圆形，长 6~10 毫米，疏生短毛。果实：聚合果长圆形，直径 5~8 毫米，瘦果卵球形，长约 1.5 毫米，宽约 1 毫米，为厚的 1.5 倍，无毛，有背腹纵肋，喙直伸，长约 1 毫米。物候期：花果期 6—8 月。

【生境】生于海拔 3 600~4 500 米的高山沼泽草甸。

【分布】我国新疆（塔什库尔干、乌恰等地）；塔吉克斯坦、哈萨克斯坦。

【保护级别及用途】种质资源。

79. 厚叶美花草 *Callianthemum alatavicum* Freyn

【生物学特征】外观：多年生草本，植株全体无毛。根状茎：粗 3~4 毫米。茎：渐升或近直立，长 8~18 厘米，结果时达 21 厘米，不分枝或有 1 分枝。叶：基生叶 3~4，在开花时尚未完全发育，有长柄，为 3 回羽状复叶；叶片干时亚革质，狭卵形或卵状长圆形，羽片 4~5 对；最下面的有细长柄，其他的有短柄，卵形或宽卵形，2 回羽片 1~2 对，无柄，末回裂片楔状倒卵形，有 1 钝齿或全缘，叶柄长 3.5~10 厘米，基部有鞘。茎生叶 2~3，似基生叶。花：直径 1.7~2.5 厘米；萼片 5，近椭圆形，长 7~10 毫米；花瓣 5~7，白色，基部橙色，倒卵形，长 9~14 毫米，顶端圆形；雄蕊长约为花瓣之半，花药狭长圆形。果实：聚合果近球形，直径 1~1.2 厘米；瘦果卵球形，长 3.5~4 毫米，宽 2~3 毫米，表面稍皱，宿存花柱短。物候期：5—6 月开花。

【生境】生于海拔 2 650~4 400 米山地草坡或山谷中。

【分布】我国新疆（塔什库尔干、乌恰、阿克陶等地）、四川、青海、西藏；中亚地区和西帕米尔。

【保护级别及用途】IUCN：无危（LC）。

80. 粗梗东方铁线莲（变种）*Clematis orientalis* var. *sinorobusta* W. T. Wang

【生物学特征】外观：草质藤本。茎：攀缘，纤细，有棱。叶：1~2 回羽状复叶。花：圆锥状聚伞花序或单聚伞花序，花梗长 3.7~7.6 厘米，直径 1~1.5 毫米；苞片叶状，全缘；萼片 4，黄色、淡黄色或外面带紫红色，披针形或长椭圆形，内外两面有柔毛；花丝线形，有短柔毛，花药无毛。果实：瘦果卵形、椭圆状卵形至倒卵形，扁，长 2~4 毫米，宿存花柱被长柔毛。物候期：花果期 6—9 月。

【生境】生于海拔 3 800 米左右的山地河谷。

【分布】我国新疆（塔什库尔干、叶城等地）。

【保护级别及用途】IUCN：无危（LC）；种质资源。

81. 东方铁线莲 *Clematis orientalis* L.

【异名】*Meclatis orientalis*; *Viticella orientalis*; *Clematis orientalis* var. *vulgaris*

【生物学特征】外观：草质藤本。茎：攀缘，纤细，有棱，无毛或疏生微柔毛。叶：1~2 回羽状复叶；小叶有柄，2~3 全裂或深裂、浅裂至不分裂，中间裂片较大，长卵形、卵状披针形或线状披针形，长 1.5~4 厘米，宽 0.5~1.5 厘米，基部圆形或圆楔形，全缘或基部 1~2 浅裂，两侧裂片较小；叶柄长（2~）4~6 厘米；小叶柄长 1.5~2 厘米。花：圆锥状聚伞花序或单聚伞花序，多花或少至 3 花；花梗长 1.4~5.5 厘米，直径 0.6~1 毫米；苞片叶状，全缘；萼片 4，黄色、淡黄色或外面带紫红色，斜上展，披针形或长椭圆形，长 1.8~2 厘米，宽 4~5 毫米，内外两面有柔毛，外面边缘有短绒毛；花丝线形，有短柔毛，花药无毛。果实：瘦果卵形、椭圆状卵形至倒卵形，扁，长 2~4 毫米，宿存花柱被长柔毛。物候期：花期 6—7 月，果期 8—9 月。

【生境】生于海拔 940~3 600 米的灌丛、荒漠河谷岸边、沟边、路旁或湿地。

【分布】我国新疆（塔什库尔干、乌恰、阿克陶、喀什、疏勒、叶城等地）、甘肃、四川等省份；高加索到中亚地区。

【保护级别及用途】IUCN：无危（LC）；药用。

铁线莲属 Clematis

82. 粉绿铁线莲 *Clematis glauca* Willd.

【异名】*Clematis daurica*; *Meclatis sibirica*; *Clematis orientalis* var. *daurica*; *Clematis orientalis* var. *glauca* ; *Clematis orientalis* subsp. *normalis* var. *daurica*

【生物学特征】外观：草质藤本。茎：纤细，有棱。叶：1~2 回羽状复叶；小叶有柄，2~3 全裂或深裂、浅裂至不裂，中间裂片较大，椭圆形或长圆形、长卵形，基部圆形或圆楔形，全缘或有少数牙齿，两侧裂片短小。花：常为单聚伞花序，3 花；苞片叶状，全缘或 2~3 裂；萼片 4，黄色，或外面基部带紫红色，长椭圆状卵形，顶端渐尖，除外面边缘有短绒毛外，其余无毛。果实：瘦果卵形至倒卵形，宿存花柱长 4 厘米。物候期：花期 6—7 月，果期 8—10 月。

【生境】生于海拔 800~2 600 米的山坡灌丛、河漫滩、城郊、田间、荒地。

【分布】我国新疆（塔什库尔干、叶城等地）、青海、甘肃、陕西、山西等省份；蒙古国、俄罗斯、中亚地区。

【保护级别及用途】IUCN：无危（LC）；药用。

83. 甘青铁线莲 *Clematis tangutica* (Maxim.) Korsh.

【俗名】陇塞铁线莲、唐古特铁线莲

【异名】*Clematis orientalis* var. *tangutica*; *Clematis chrysantha*; *Clematis eriopoda*

【生物学特征】外观：落叶藤本，长 1~4 米（生于干旱沙地的植株高仅 30 厘米左右）。根：主根粗壮，木质。茎：有明显的棱，幼时被长柔毛，后脱落。叶：1 回羽状复叶，有 5~7 小叶；小叶片基部常浅裂、深裂或全裂，侧生裂片小，中裂片较大，卵状长圆形、狭长圆形或披针形，顶端钝，有短尖头，基部楔形，边缘有不整齐缺刻状的锯齿，上面有毛或无毛，下面有疏长毛；叶柄长（2~）3~4（~7.5）厘米。花：单生，有时为单聚伞花序，有 3 花，腋生；花序梗粗壮，有柔毛；萼片 4，黄色外面带紫色，斜上展，狭卵形、椭圆状长圆形，顶端渐尖或急尖，外面边缘有短绒毛，中间被柔毛，内面无毛，或近无毛；花丝下面稍扁平，被开展的柔毛，花药无毛；子房密生柔毛。果实：瘦果倒卵形，有长柔毛，宿存花柱长达 4 厘米。物候期：花期 6—9 月，果期 9—10 月。

【生境】生于海拔 1 370~4 900 米的干旱沙地、高原草地或灌丛中。

【分布】我国新疆（塔什库尔干、乌恰、阿克陶、叶城等地）、西藏、四川、青海、甘肃、陕西等省份；中亚地区。

【保护级别及用途】IUCN：无危（LC）；药用。

84. 西伯利亚铁线莲 *Clematis sibirica*（L.）Mill.

【异名】*Atragene sibirica*; *Clematis alpina* subsp. *sibirica*; *Clematis sibirica* var. *tianzhuensis*

【生物学特征】外观：亚灌木，长达 3 米。根：棕黄色，直深入土中。茎：圆柱形，光滑无毛，当年生枝基部有宿存的鳞片，外层鳞片三角形，内层鳞片膜质，长方椭圆形，顶端常 3 裂，有稀疏柔毛。叶：2 回 3 出复叶，小叶片或裂片 9 枚，卵状椭圆形或窄卵形，纸质，顶端渐尖，基部楔形或近于圆形，两侧的小叶片常偏斜，顶端及基部全缘，中部有整齐的锯齿，两面均不被毛，叶脉在表面不显，在背面微隆起；小叶柄短或不显，微被柔毛；叶柄长 3~5 厘米，有疏柔毛。花：单花，与 2 叶同自芽中伸出，花梗长 6~10 厘米，花基部有密柔毛，无苞片；花钟状下垂，萼片 4 枚，淡黄色，长方椭圆形或狭卵形，外面有稀疏短柔毛，内面无毛；退化雄蕊花瓣状，长仅为萼片之半，条形，顶端较宽成匙状，钝圆，花丝扁平，中部增宽，两端渐狭，被短柔毛，花药长方椭圆形，内向着生，药隔被毛；子房被短柔毛，花柱被绢状毛。果实：瘦果倒卵形，微被毛，宿存花柱长 3~3.5 厘米，有黄色柔毛。物候期：花期 6—7 月，果期 7—8 月。

【生境】生于海拔 1 200~2 000 米的林边、路边及云杉林下。

【分布】我国新疆（塔什库尔干、乌恰、阿克陶、叶城等地）、青海、吉林、黑龙江等省份；蒙古国、欧洲、俄罗斯、中亚地区山区。

【保护级别及用途】IUCN：无危（LC）；药用。

85. 准噶尔铁线莲 *Clematis songorica* Bunge

【异名】*Clematis gebleriana*; *Clematis recta* subsp. *songorica*

【生物学特征】外观：直立亚灌木或多年生草本。茎：高达 1.5 米；枝节疏被毛。叶：单叶，薄革质，线形、线状披针形或披针形，长 2~8 厘米，基部渐窄，全缘或疏生小齿，两面无毛；叶柄长 0.5~2 厘米。花：花序顶生并腋生，少花至多花；苞片叶状；花梗长 1~3.5 厘米，无毛萼片 4（~6），白色，平展，长圆状倒卵形，被短柔毛或近无毛，边缘被绒毛；花药窄长圆形，长（2~）2.6~4 毫米，顶端钝。果实：瘦果卵圆形，被柔毛；宿存花柱长 1.4~2.6 厘米，羽毛状。物候期：花果期 6—8 月。

【生境】生于海拔 450~4 200 米的山麓前冲积扇、石砾冲积堆、河谷、湿草地或荒山坡上。

【分布】我国新疆（塔什库尔干、乌恰、阿克陶等地）、甘肃、内蒙古等省份；蒙古国及中亚地区。

【保护级别及用途】IUCN：无危（LC）；种质资源。

86. 西藏铁线莲 *Clematis tenuifolia* Royle

【生物学特征】外观：藤本。茎：茎有纵棱，老枝无毛，幼枝被疏柔毛。叶：1~2 回羽状复叶，小叶有柄，2~3 全裂或深裂、浅裂，中间裂片较大，宽卵状披针形，如中间裂片与两侧裂片等宽时，则裂片常呈线状披针形，长（1.2~）2.5~3.5（~6）厘米，宽 0.2~1（~1.5）厘米，顶端钝或渐尖，基部楔形或圆楔形，全缘或有数齿，两侧裂片较小，下部通常 2~3 裂，或不分裂，两面被贴伏柔毛，但上面的毛常渐渐脱落。花：大，单生，少数为聚伞花序，有 3 花；萼片 4，黄色、橙黄色、黄褐色、红褐色、紫褐色，长 1.2~2.2 厘米，宽 0.8~1.5 厘米，宽长卵形或长圆形，内面密生柔毛，外面几无毛或被疏柔毛，边缘有密绒毛；雄蕊多数，花丝狭条形，被短柔毛，花药无毛。果实：瘦果狭长倒卵形，宿存花柱被长柔毛，长约 5 厘米。物候期：花期 5—7 月，果期 7—10 月。

【生境】生于海拔 2 210~4 800 米的小坡、山谷草地或灌丛中，或河滩、水沟边。

【分布】我国新疆（塔什库尔干、叶城等地）、西藏南部和东部、四川西南部。

【保护级别及用途】IUCN：无危（LC）。

87. 圆叶乌头 *Aconitum rotundifolium* Kar. & Kir.

【生物学特征】外观：草本。根状茎：成对，长约 2 厘米。茎：高 15~42 厘米，疏被反曲而紧贴的短柔毛，不分枝或分枝。叶：最下部的茎生叶 3~4 枚生近茎基部处，有长柄；叶片圆肾形，3 深裂约至本身长度 3/4 处，中央深裂片倒梯形，3 浅裂，浅裂片具少数卵形小裂片或圆牙齿，侧深裂片扇形。花：总状花序有 3~5 花；轴和花梗被紧贴或伸展的短柔毛；下部苞片叶状或 3 裂，其他苞片线形；花梗长 2.5~7 毫米；小苞片生花梗中部或中部之上，线形；萼片淡紫色，外面密被短柔毛，上萼片镰刀形或船状镰刀形，侧萼片斜倒卵形；花瓣无毛，瓣片极短，下部裂成 2 条小丝，矩头形，稍向前弯；花丝疏被短毛，全缘；心皮 5，子房密被白色短柔毛。果实：蓇葖长 0.9~1.3 厘米。种子倒卵形，长 2.5~3 毫米，具 3 条纵棱，只沿棱生狭翅。物候期：8 月开花。

【生境】生于海拔 2 300~3 500 米的高山草地和砾质石坡。

【分布】我国新疆（塔什库尔干、乌恰等地）、甘肃；克什米尔地区、中亚地区。

【保护级别及用途】IUCN：无危（LC）；药用。

88. 鸦跖草 *Oxygraphis glacialis*（Fisch. ex DC.）Bunge

【生物学特征】外观：矮小草本，高 15~20 厘米。根状茎：具短根茎。根：须根细长，簇生。叶：基生，宽卵形、卵形或倒卵形，基部宽楔形，顶端钝圆，全缘，质厚，无毛；叶柄长 2~5 厘米，扁平，具 3 条细脉。花：花葶 2~5 枚，无毛；花单生，直径 1.5~3 厘米；萼片 5~7 枚，宽倒卵形；花瓣 10~21 枚，黄色，长卵形、倒卵形或倒披针形，基部楔形，顶端锐或圆形，具褐色细脉纹，蜜槽呈杯状凹穴；雄蕊多数，长约为花瓣的 1/3，花药黄色；花托扁而宽，心皮多数。物候期：花期 6—7 月。

【生境】生于海拔 3 600~5 300 米的高山草甸、流石滩等。

【分布】我国新疆（塔什库尔干、阿克陶等地）、青海、甘肃、西藏、陕西、四川、云南；印度、俄罗斯、中亚地区。

【保护级别及用途】种质资源、药用。

89. 疏齿银莲花（亚种）*Anemone geum* subsp. *ovalifolia*（Brühl）R. P. Chaudhary

【俗名】维西银莲花

【异名】*Anemone obtusiloba* subsp. *ovalifolia*; *Anemone obtusiloba* subsp. *ovalifolia* var. *angustilimba*; *Anemone ovalifolia*; *Anemone obtusiloba* var. *polysepala* ; *Anemone obtusiloba* var. *angustilimba*

【生物学特征】外观：多年生草本，株高 5~18 厘米。根状茎：短粗，具须根；基部残存纤维状枯叶柄鞘。叶：基生，3~8 枚，叶片轮廓心形，基部心形，侧全裂片较小，通常比中全裂片短，3 浅裂，裂片全缘或有 1~2 齿。花：花葶通常 1 枝，有柔毛；苞片 3 枚，倒卵形，3 深裂或 3 浅裂，或卵状长圆形，不分裂，全缘或有 1~3 齿；萼片 5，白色或黄色，长圆状卵形，背面密被柔毛，内面无毛；雄蕊长约 3 毫米，花药椭圆形，花丝披针形或线形；心皮约 8 个，子房密被白色柔毛，稀无毛。物候期：花果期 6—8 月。

【生境】生于海拔 3 200~4 200 米的高山草地、砾质坡地或灌丛边。

【分布】我国新疆（塔什库尔干、叶城等地）、青海、甘肃、宁夏、陕西、西藏、四川、云南、河北等省份。

【保护级别及用途】IUCN：无危（LC）；药用。

90. 黑茶藨子 *Ribes nigrum* L.

【俗名】旱葡萄、黑加仑、黑果茶藨

【异名】*Botrycarpum nigrum*; *Ribes pauciflorum*; *Grossularia nigra*; *Ribes cyathiforme*

【生物学特征】外观：落叶直立灌木，高 1~2 米。茎：小枝暗灰色或灰褐色，无毛，皮通常不裂，幼枝褐色或棕褐色，具疏密不等的短柔毛，被黄色腺体，无刺。叶：近圆形，基部心脏形，上面暗绿色，幼时微具短柔毛，老时脱落，下面被短柔毛和黄色腺体，掌状 3~5 浅裂，裂片宽三角形，叶柄长 1~4 厘米，具短柔毛，偶尔疏生腺体，有时基部具少数羽状毛。花：两性，总状花序长 3~5（~8）厘米，下垂或呈弧形，具花 4~12 朵；花序轴和花梗具短柔毛，或混生稀疏黄色腺体；花梗长 2~5 毫米；苞片小，披针形或卵圆形，具短柔毛；花萼浅黄绿色或浅粉红色，具短柔毛和黄色腺体；雄蕊与花瓣近等长，花药卵圆形，具蜜腺；子房疏生短柔毛和腺体；花柱稍短于雄蕊，先端 2 浅裂，稀几不裂。果实：近圆形，直径 8~10（~14）毫米，熟时黑色，疏生腺体。物候期：花期 5—6 月，果期 7—8 月。

【生境】生于海拔 3 200 米左右的湿润沟谷、坡地云杉林、落叶松林或针、阔混交林下。

【分布】我国新疆（塔什库尔干县）、内蒙古、黑龙江等省份；欧洲、俄罗斯、蒙古国、朝鲜。

【保护级别及用途】IUCN：无危（LC）；制作果酱、果酒及饮料等。

91. 天山茶藨子（原变种）*Ribes meyeri* var. *meyeri*

【俗名】麦氏醋栗、五裂茶藨、麦粒醋栗

【异名】*Grossularia atropurpurea*

【生物学特征】外观：落叶灌木，高 1~2 米。茎：小枝灰棕色或浅褐色，皮长条状剥离，嫩枝带黄色或浅红色，无毛或稍具短柔毛，无刺；芽小，卵圆形或长圆形，长 2.5~4.5 毫米，外面无毛或微具短柔毛。叶：近圆形，宽几与长相似，基部浅心脏形，稀截形，掌状 5，稀 3 浅裂，裂片三角形或卵状三角形，先端急尖或稍钝，顶生裂片比侧生裂片稍长或近等长，边缘具粗锯齿；叶柄长 2.5~4 厘米，无毛，近基部具疏腺毛。花：两性；总状花序长 3~5（~6）厘米，下垂，具花 7~17 朵，花朵排列紧密；花序轴和花梗具短柔毛或几无毛；花梗长 1~2.5 毫米；苞片卵圆形，长 1~2 毫米，宽几与长相等，先端急尖或微钝，微具短柔毛；花萼紫红色或浅褐色而具紫红色斑点和条纹，外面无毛；萼筒钟状短圆筒形；萼片匙形或倒卵圆形，先端圆钝，边缘具睫毛，花后直立；花瓣狭楔形或近线形，长 1~1.5 毫米，先端圆钝，微有睫毛或无毛，下面无突出体；雄蕊稍长于花瓣，着生在低于花瓣处，花丝丝状，花药卵圆形，白色；子房无毛；花柱长于雄蕊，先端 2 裂。果实：圆形，直径 7~8 毫米，紫黑色，具光泽，无毛，多汁而味酸。物候期：花期 5—6 月，果期 7—8 月。

【生境】生于海拔 1 400~3 900 米的山坡疏林内、沟边云杉林下或阴坡路边灌丛中。

【分布】我国新疆（塔什库尔干、乌恰、喀什、叶城等地）；中亚地区、俄罗斯。

【保护级别及用途】IUCN：无危（LC）。

92. 球茎虎耳草 *Saxifraga sibirica* L.

【异名】*Saxifraga sibirica* var. *pycnoloba*; *Saxifraga sibirica* var. *bockiana*; *Saxifraga sibirica* var. *eusibirica*; *Saxifraga sibirica* var. *schindleri*; *Saxifraga sibirica* var. *pekinensis*; *Lobaria sibirica*; *Saxifraga pekinensis*

【生物学特征】外观：多年生草本，高 6.5~25 厘米。茎：具鳞茎，密被腺柔毛。叶：基生叶具长柄，叶片肾形，7~9 浅裂，裂片卵形、阔卵形至扁圆形，两面和边缘均具腺柔毛，叶柄长 1.2~4.5 厘米，基部扩大，被腺柔毛；茎生叶肾形、阔卵形至扁圆形，基部肾形、截形至楔形，5~9 浅裂，两面和边缘均具腺毛，叶柄长 1~9 毫米。花：聚伞花序伞房状，稀单花；花梗纤细，被腺柔毛；萼片直立，披针形至长圆形，先端急尖或钝，腹面无毛，背面和边缘具腺柔毛，3~5 脉于先端不汇合、半汇合至汇合（同时交错存在）；花瓣白色，倒卵形至狭倒卵形，基部渐狭呈爪，3~8 脉，无痂体；雄蕊长 2.5~5.5 毫米，花丝钻形；2 心皮中下部合生；子房卵球形，花柱 2，长 0.8~2 毫米，柱头小。物候期：花果期 5—11 月。

【生境】生于海拔 770~5 100 米的林下、灌丛、高山草甸和石隙。

【分布】我国新疆（塔什库尔干、喀什等地）、黑龙江、内蒙古、河北、山西、山东、陕西、甘肃、湖南、湖北、四川、云南、西藏等省份；俄罗斯、蒙古国、尼泊尔、印度、克什米尔地区及欧洲东部。

【保护级别及用途】IUCN：无危（LC）。

93. 山地虎耳草 *Saxifraga sinomontana* J. T. Pan & Gornall

【俗名】塞仁交木

【异名】*Saxifraga hirculus* var. *indica*; *Saxifraga hirculus f. vestita*; *Saxifraga montana*; *Saxifraga flagellaris* subsp. *megistantha*; *Saxifraga montana*; *Saxifraga montana* var. *splendens* ; *Hirculus montanus*; *Saxifraga montana* ; *Saxifraga montana*

【生物学特征】外观：多年生草本，丛生，高4.5~35厘米。茎：疏被褐色卷曲柔毛。叶：基生叶发达，具柄，叶片椭圆形、长圆形至线状长圆形，先端钝或急尖，无毛，叶柄长0.7~4.5厘米，基部扩大，边缘具褐色卷曲长柔毛；茎生叶披针形至线形，两面无毛或背面和边缘疏生褐色长柔毛，下部者具长0.3~2厘米之叶柄，上部者变无柄。花：聚伞花序长1.4~4厘米，具2~8花，稀单花；花梗长0.4~1.8厘米，被褐色卷曲柔毛；萼片在花期直立，近卵形至近椭圆形，先端钝圆，腹面无毛，背面有时疏生柔毛，边缘具卷曲长柔毛，5~8脉于先端不汇合；花瓣黄色，倒卵形、椭圆形、长圆形、提琴形至狭倒卵形，先端钝圆或急尖，基部具0.2~0.9毫米之爪，5~15脉，基部侧脉旁具2痂体；雄蕊长4~6毫米，花丝钻形；子房近上位，长3.3~5毫米，花柱2，长1.1~2.5毫米。物候期：花果期5—10月。

【生境】生于海拔 2 700~5 300 米的灌丛、高山草甸、高山沼泽化草甸和高山碎石隙。

【分布】我国新疆（塔什库尔干、阿克陶、叶城等地）、陕西、甘肃、青海、四川、云南及西藏等省份；不丹至克什米尔地区。

【保护级别及用途】IUCN：无危（LC）；药用。

94. 山羊臭虎耳草（原变种）*Saxifraga hirculus* var. *hirculus*

【异名】*Leptasea hirculus*; *Saxifraga hirculus*; *Saxifraga hirculus*; *Saxifraga autumnalis* ; *Saxifraga hirculus* var. *major*

【生物学特征】外观：多年生草本，高6.5~21厘米。茎：疏被褐色卷曲柔毛，而叶腋部之毛较密。叶：基生叶具长柄，叶片椭圆形、披针形、长圆形至线状长圆形，两面无毛，边缘疏生褐色柔毛或无毛，叶柄长1.2~2.2厘米，基部稍扩大，边缘具褐色卷曲柔毛；茎生叶向上渐变小，下部者具短柄，上部者渐变无柄，披针形至长圆形，两面无毛，边缘具褐色卷曲长柔毛。花：单花生于茎顶，或聚伞花序长2~3.7厘米，具2~4花；花梗长0.9~1.3厘米，被褐色卷曲柔毛；萼片在花期由直立变开展至反曲，椭圆形、卵形至狭卵形，先端急尖或钝，腹面无毛，背面和边缘具褐色卷曲柔毛，3~11（~13）脉于先端不汇合；花瓣黄色，椭圆形、倒卵形至狭卵形，先端急尖或稍钝，基部具长0.3~0.5毫米， 7~11（~17）脉，具2痂体；雄蕊长4~5.5毫米，花丝钻形；子房近上位，卵球形，长2~5毫米，花柱2，长1~1.8毫米。物候期：花果期6—9月。

【生境】生于海拔 2 100~4 600 米的林下、高山草甸、高山沼泽草甸及高山碎石隙。

【分布】我国新疆（塔什库尔干、叶城等地）、西藏、四川、云南、山西；俄罗斯、欧洲。

【保护级别及用途】IUCN：无危（LC）。

95. 圆叶八宝 *Hylotelephium ewersii*（Ledeb.）H. Ohba

【俗名】圆叶景天

【异名】*Sedum ewersii*

【生物学特征】外观：多年生草本。根状茎：木质，分枝，根细，绳索状。茎：多数，近基部木质而分枝，紫棕色，上升，高5~25厘米，无毛。叶：对生，宽卵形，或几为圆形，长1.5~2厘米，宽差不多，先端钝渐尖，边全缘或有不明显的牙齿；无柄；叶常有褐色斑点。花：聚伞花序，花密生，宽2~3厘米；萼片5，披针形，长2毫米，分离到底；花瓣5，紫红色，卵状披针形，长5毫米，急尖，雄蕊10，较花瓣短，花丝浅红色，花药紫色；鳞片5，卵状长圆形，长0.5毫米，先端有微缺。果实：蓇葖5，直立，长3~4毫米，有短喙，基部狭。种子：披针形，长0.5毫米，褐色。物候期：花期7—8月。

【生境】生于海拔 1 800~2 500 米的林下沟边石缝中。

【分布】我国新疆（乌恰、阿克陶、叶城等地）、西藏；巴基斯坦、蒙古国、俄罗斯、中亚地区、阿富汗、西帕米尔高原山地。

【保护级别及用途】IUCN：无危（LC）。

96. 长鳞红景天 *Rhodiola gelida* Schrenk

【异名】*Sedum gelidum*; *Sedum dubium* ; *Chamaerhodiola gelida*; *Rhodiola fastigiata* var. *gelida*

【生物学特征】外观：多年生草本。根：主根粗壮。根颈粗，分枝多，先端被鳞片。花茎：老的花茎宿存，变黑色，新花茎稻秆色，长3~5（~10）厘米，粗1毫米，弯曲。叶：互生，卵状长圆形，边缘有细牙齿，或几全缘。花：花序多花，密集，高1~1.5厘米；雌雄异株；萼片4~5，线状披针形或长圆形，花瓣4~5，黄色，长圆形至倒披针状长圆形，先端钝，有短尖；雄蕊8，稀为10，长4~5毫米，对瓣地着生基部上1毫米处；鳞片4~5，宽线形、狭长方形或梯形；心皮4~5，长圆形，基部1.5~2毫米合生，花柱短，稍外弯。果实：蓇葖红色。种子：卵形，长0.6毫米，两端有翅，褐色。物候期：花期6—7月，果期8月。

【生境】生于海拔2 870~4 700米的山坡草地或岩石上。

【分布】我国新疆（塔什库尔干、阿克陶、叶城等地）、西藏；蒙古国、哈萨克斯坦、吉尔吉斯斯坦、塔吉克斯坦。

【保护级别及用途】IUCN：无危（LC）。

97. 大花红景天 *Rhodiola crenulata*（Hook. f. et Thoms.）H. Ohba

【俗名】大叶红景天

【异名】*Sedum crenulatum*; *Sedum rotundatum*; *Sedum rotundatum* var. *oblongatum*; *Sedum bupleuroides* var. *rotundatum*; *Sedum euryphyllum*; *Sedum megalanthum*; *Sedum megalophyllum*; *Rhodiola euryphylla*; *Rhodiola rotundata*; *Rhodiola megalophylla*

【生物学特征】外观：多年生草本。根：地上的根颈短，残存花枝茎少数，黑色，高5~20厘米。茎：不育枝直立，高5~17厘米，先端密着叶，叶宽倒卵形。花茎：多，直立或扇状排列，高5~20厘米，稻秆色至红色。叶：有短的假柄，椭圆状长圆形至几为圆形，先端钝或有短尖，全缘或波状或有圆齿。花：花序伞房状，有多花，有苞片；花大型，有长梗，雌雄异株；雄花萼片5，狭三角形至披针形，钝；花瓣5，红色，倒披针形，有长爪，先端钝；雄蕊10，与花瓣同长，对瓣地着生基部上2.5毫米处；鳞片5，近正方形至长方形，先端有微缺；心皮5，披针形，不育；雌花蓇葖5，直立，花枝短，干后红色。种子：倒卵形，长1.5~2毫米，两端有翅。物候期：花期6—7月，果期7—8月。

【生境】生于海拔2 800~5 600米的山坡草地、灌丛中、石缝中。

【分布】我国新疆（塔什库尔干、叶城等地）、青海、西藏、云南、四川；尼泊尔、印度、不丹。

【保护级别及用途】IUCN：无危（LC）。

98. 喀什红景天 *Rhodiola kashgarica* Boriss.

【生物学特征】外观：多年生草本。根：细，灰色。根颈分枝多，直径 0.5~1 厘米，老的花茎宿存，先端被鳞片，鳞片三角形，宽 3~5 毫米。花茎：多数，上升，长 3~5（~10）厘米，直径 0.5~1 毫米，老茎带灰色。叶：互生，几为水平开展，长圆形或线状披针形，先端钝，全缘。花：花序伞房状或近头状，有少花；雌雄异株；花梗短，果时稍伸长；萼片 4~5，线形，急尖；花瓣 4~5，金黄色，长圆状披针形，上部稍狭，钝；雄蕊 8 或 10，较花瓣稍短或稍长，花药黄色；鳞片 4~5，近正方形，或稍伸长。果实：蓇葖卵形，有短而外弯的喙。种子：披针形，长达 1.5 毫米，褐色。物候期：花果期 6—8 月。

【生境】生于 2 600~4 200 米的河岸阶地、水边、山坡、冰缘草地、云杉林、杂木林、冰缘石缝、岩石坡、碎石坡。

【分布】我国新疆（塔什库尔干、乌恰、阿克陶、叶城等地）；吉尔吉斯斯坦。

【保护级别及用途】IUCN：极危（CR）；《中国物种红色名录（2004）》：濒危（EN）；新疆Ⅱ级保护野生植物。

99. 帕米红景天 *Rhodiola pamiroalaica* Boriss.

【生物学特征】外观：多年生草本。根：粗；根颈木质，粗，直径 1.5~3 厘米，老的花茎宿存，先端被鳞片，鳞片三角状披针形。叶：互生，远生，线形、线状披针形或披针形，长 0.7~1.5 厘米。花茎：高 10~30 厘米，直径 2 毫米，下部有沟。花：花梗与花等长；雌雄异株：萼片 5（~6），绿黄色，披针形或线形，长 2~3 毫米；花瓣 5~6，黄白色，披针形或线形，长 4~4.5 毫米；雄蕊 10 或 12，较花冠短，黄色；鳞片 5~6，模状四方形，先端全缘，稀微缺。果实：蓇葖果 5~6，长圆形，长达 6 毫米。物候期：花期 6—7 月，果期 6—8 月。《昆仑植物志》中记载采集标本花瓣较宽。

【生境】生于海拔 2 400~4 100 米河谷石缝中、山谷山坡上、山地河谷林下。

【分布】我国新疆（塔什库尔干、乌恰、阿克陶、叶城等地）；蒙古国、俄罗斯、塔吉克斯坦、吉尔吉斯斯坦。

【保护级别及用途】IUCN：无危（LC）；《中国物种红色名录（2004）》：濒危（EN）；国家Ⅱ级保护野生植物。

100. 狭叶红景天 *Rhodiola kirilowii*（Regel）Maxim.

【俗名】壮健红景天、条叶红景天、大鳞红景天、宽狭叶红景天

【异名】*Sedum kirilowii*; *Sedum kirilowii* var. *linifolium*; *Sedum macrolepis*; *Sedum longicaule*; *Sedum kirilowii* var. *rubrum*; *Sedum robustum*; *Sedum kirilowii* var. *altum*; *Rhodiola linearifolia*; *Rhodiola kirilowii* var. *latifolia*; *Rhodiola longicaulis*; *Rhodiola macrolepis*; *Rhodiola robusta*

【生物学特征】外观：多年生草本。根：粗，直立。根颈直径 1.5 厘米，先端被三角形鳞片。花茎：少数，高 15~60 厘米，少数可达 90 厘米，直径 4~6 毫米，叶密生。叶：互生，线形至线状披针形，长 4~6 厘米，宽 2~5 毫米，先端急尖，边缘有疏锯齿，或有时全缘，无柄。花：花序伞房状，有多花，宽 7~10 厘米；雌雄异株；萼片 5 或 4，三角形，长 2~2.5 毫米，先端急尖；花瓣 5 或 4，绿黄色，倒披针形，长 3~4 毫米，宽 0.8 毫米；雄花中雄蕊 10 或 8，与花瓣同长或稍超出，花丝花药黄色；鳞片 5 或 4，近正方形或长方形，长 0.8 毫米，先端钝或有微缺；心皮 5 或 4，直立。果实：蓇葖披针形，长 7~8 毫米，有短而外弯的喙。种子：长圆状披针形，长 1.5 毫米。物候期：花期 6—7 月，果期 7—8 月。

【生境】生于海拔 2 000~5 600 米的山地多石草地上或石坡上。

【分布】我国新疆（塔什库尔干、叶城等地）、西藏、云南、四川、青海、甘肃、陕西、山西、河北等省份；哈萨克斯坦、吉尔吉斯斯坦、塔吉克斯坦。

【保护级别及用途】IUCN：无危（LC）；新疆Ⅱ级保护野生植物；药用。

101. 异齿红景天 *Rhodiola heterodonta* (Hook. f. & Thomson) Boriss.

【异名】*Sedum heterodontum*; *Sedum roseum* var. *heterodontum*

【生物学特征】外观：多年生草本。根：粗壮，垂直。根颈分枝，先端被鳞片。花茎：长 30~40 厘米，直立，直径 4~5 毫米。叶：互生，三角状卵形，长 1.5~2 厘米，先端急尖，基部心形，无柄，抱茎，边缘有粗锯齿。花：花序紧密伞房状，不具苞片，高 1~1.5 厘米；花有短梗；雌雄异株；萼片 4，线形，长 3 毫米，钝；花瓣 4，黄绿色，线形，长达 7 毫米，稍钝；雄蕊 8，长超出花瓣，带红色；鳞片 4，线形，长约 1 毫米，先端有浅凹；心皮 4，披针形，长 6 毫米，花柱短。果实：蓇葖直立，线状长圆形，有短而弯的喙。种子：椭圆形，长 1.5 毫米，褐色。物候期：花期 5—6 月，果期 7 月。

【生境】生于海拔 2 800~4 900 米的河谷山地、砾石山坡草地、冰川边缘砾地、高山流石坡稀疏植被带。

【分布】我国新疆（塔什库尔干、叶城等地）、西藏；伊朗、阿富汗、克什米尔地区、巴基斯坦、蒙古国、哈萨克斯坦、吉尔吉斯斯坦。

【保护级别及用途】IUCN：无危（LC）。

102. 圆丛红景天（原亚种）*Rhodiola coccinea* subsp. *coccinea*

【异名】*Sedum coccineum*; *Sedum quadrifidum* var. *coccineum*; *Sedum juparense*; *Rhodiola juparensis*

【生物学特征】外观：多年生草本。根：主根长达 10~30 厘米或更长。根颈：地上部分分枝，密集丛生，几为圆形，直径约 10 厘米，先端被鳞片，鳞片宽三角形，钝；宿存老茎多数，短而细，不育茎长 1.5~3 厘米，叶密集顶端。花茎：多数，扇状分布，长 2~4 厘米。叶：线状披针形，长 3~5 毫米，先端急尖，有芒，全缘。花：花序紧密，花少数；苞片线形，长 2~2.5 毫米，急尖；雌雄异株；雄花萼片 5，长圆形，长 1.5~2 毫米，钝；花瓣 4 或 5，红色或黄色，近倒卵形、披针形或宽长圆形，顶部缢缩，1.5~4 毫米，先端微钝至钝长圆状卵形；雄蕊（8~）10，长为花瓣之半；鳞片 5，四方形，长 0.8 毫米，先端有微缺；心皮 5，近直立，椭圆形，长 2.5~3 毫米，花柱极短。果实：蓇葖果卵球形，顶端具喙，非常短，卵球形至长圆形，有种子 1~3。种子：棕色、长圆形，1~1.5 毫米，具翅。物候期：花期 6—7 月，果期 7—9 月。

【生境】生于海拔 2 200~5 300 米的石隙上。

【分布】我国新疆（塔什库尔干、乌恰、阿克陶、叶城等地）、青海、四川、甘肃、云南；阿富汗、不丹、印度、克什米尔地区、尼泊尔。

【保护级别及用途】IUCN：无危（LC）；种质资源。

103. 直茎红景天 *Rhodiola recticaulis* Boriss.

【异名】*Sedum recticaule*

【生物学特征】外观：多年生草本。根：主根粗，木质化。根颈木质，直径3~6厘米，分枝，分枝直径1.5厘米，先端被鳞片，鳞片三角形，长宽各1厘米，钝，褐色。花茎：多数，老茎宿存，高8~15厘米，直径1.5~2毫米，直立，稍有沟。叶：互生，椭圆形或椭圆状长圆形，长8~10毫米，宽2~3毫米，先端稍急尖，边缘有粗牙齿，直立，开展，黄绿色。花：花序紧密，多花，伞房状头状花序，宽1.5~2厘米，有叶；花小，有短梗；雌雄异株；萼片4，红色，椭圆形，长2毫米，钝；花瓣4，黄色，长圆状椭圆形，长4毫米，钝；雄蕊8，较花瓣长，花丝黄色，花药圆；鳞片4，近正方形，全缘；心皮4，柱头盘状。果实：蓇葖有短喙。种子：长圆形，长2毫米，褐色。物候期：花期6—8月，果期7—9月。

【生境】生于海拔 3 000 米以上的山坡草地或岩石上。

【分布】我国新疆（塔什库尔干、叶城等地）；阿富汗、伊朗、中亚地区。

【保护级别及用途】IUCN：数据缺乏（DD）；《中国物种红色名录（2004）》：濒危（EN）。

104. 长叶瓦莲 *Rosularia alpestris*（Kar. & Kir.）Boriss.

【异名】*Umbilicus alpestris*; *Sempervivum acuminatum.*; *Sedum umbilicoides*; *Sedum olgae*; *Sedum durisii* ; *Sempervivella acuminata*; *Sedum schlagintweitii*; *Rhodiola durisii*

【生物学特征】外观：多年生草本。根：肥大。花茎：自莲座叶腋发出，直立或斜上，有叶，无毛，高 5~12 厘米。叶：肉质，扁平，先端边缘上有糙毛状缘毛，叶上面无毛；基生叶莲座状，长圆状披针形或长圆形，长 1.5~2.5 厘米，宽 3~6 毫米，先端渐尖，莲座直径 1.5~3 厘米；茎生叶无柄，长圆形或长圆状披针形，渐尖。花：聚伞花序伞房状或圆锥花序伞房状；花梗较花冠为短，或顶部的花有长花梗；苞片小，卵状披针形；萼片 6~8，披针形，急尖或渐尖，无毛，有 3 脉，为花冠之半；花瓣 6~8，基部合生，白色或浅红色，在外面龙骨状突起为紫色或红色，长圆状披针形，长 6~9 毫米，先端急尖，有 3 脉，反折；雄蕊 12~16，较花瓣短；鳞片横宽近半圆形，先端截形或圆，全缘。果实：蓇葖呈喙丝状，长 1 毫米。种子：多数，卵形，长不及 1 毫米，褐色。物候期：花期 6—7 月。

【生境】生于海拔 1 200~5 000 米的山坡石缝中、半荒漠草原、灌丛中。

【分布】我国新疆（乌恰等地）、西藏；哈萨克斯坦、吉尔吉斯斯坦、塔吉克斯坦。

【保护级别及用途】IUCN：无危（LC）。

105. 黄花瓦松 *Orostachys spinosa*（L.）Sweet

【异名】*Orostachys erubescens*; *Sedum erubescens*; *Cotyledon spinosa*; *Sedum spinosum*; *Umbilicus erubescens* ; *Cotyledon erubescens*; *Cotyledon minuta*

【生物学特征】外观：2 年生肉质草本，第一年有莲座丛，密被叶，莲座叶长圆形，先端有半圆形、白色、软骨质附属物，中央有长 2~4 毫米、白色软骨质刺。花茎：高达 30 厘米。叶：互生，宽线形或倒披针形，长 1~3 厘米，先端渐尖，有软骨质刺，无柄。花：花序顶生，穗状或总状，长 5~20 厘米；花梗长 1 毫米，或无梗；苞片披针形或长圆形，长达 4 毫米，有刺尖；萼片 5，卵状长圆形，长 2~3 毫米，先端渐刺尖，有红色斑点；花瓣 5，绿黄色，卵状披针形，长 5~7 毫米，基部 1 毫米处合生，先端渐尖；雄蕊 10，较花瓣稍长，花药黄色；鳞片 5，近正方形，长 0.7 毫米，先端有微缺。果实：蓇葖果 5，椭圆状披针形，长 5~6 毫米，直立，基部窄。种子：长圆状卵圆形，长 0.8~1 毫米。物候期：花果期 8—9 月。

【生境】生于海拔600~4 100米的河滩砾石、干山坡石缝中。

【分布】我国新疆（塔什库尔干、乌恰、叶城等地）、西藏、甘肃、内蒙古、辽宁、吉林、黑龙江等省份；朝鲜、蒙古国、俄罗斯。

【保护级别及用途】IUCN：无危（LC）；药用。

106. 小苞瓦松 *Orostachys thyrsiflora* Fisch.

【俗名】刺叶瓦松

【异名】*Umbilicus thyrsiflorus*; *Cotyledon leucantha*; *Umbilicus leucanthus*; *Cotyledon thyrsiflora*; *Sedum spinosum* var. *thyrsiflorum*

【生物学特征】外观：2 年生肉质草本，高 10~15 厘米。莲座叶丛：第一年有莲座丛，有短叶；莲座叶淡绿，线状长圆形，先端渐变为软骨质的附属物，长 1.5~2 毫米，急尖，中央有短尖头，边缘有细齿或全缘，覆瓦状内弯。花茎：第二年自莲座中央伸出花茎；高 5~20 厘米。茎生叶：多少分开，线状长圆形，长 4~7 毫米，宽 1~1.5 毫米，先端急尖，有软骨质的突尖头。果实：蓇葖直立。种子：卵形，细小。物候期：花期 7—8 月。

【生境】生于河滩砾石地、山前倾斜平原、山坡荒漠化草原、山坡干草原或山地阳坡上，海拔 1 000~3 300 米。

【分布】我国新疆（塔什库尔干、乌恰、阿克陶、叶城等地）、西藏、甘肃；蒙古国、俄罗斯。

【保护级别及用途】IUCN：无危（LC）；药用。

107. 锁阳 *Cynomorium songaricum* Rupr.

【俗名】羊锁不拉、地毛球、乌兰高腰

【异名】*Cynomorium coccineum* subsp. *songaricum*

【生物学特征】外观：多年生肉质寄生草本，无叶绿素，全株红棕色，高 15~100 厘米，大部分埋于沙中。寄生根：着生大小不等的锁阳芽体，初近球形，后变椭圆形或长柱形，直径 6~15 毫米，具多数须根与脱落的鳞片叶。茎：圆柱状，直立、棕褐色，直径 3~6 厘米，埋于沙中的茎具有细小须根，尤在基部较多，茎基部略增粗或膨大。叶：茎上着生螺旋状排列脱落性鳞片叶，中部或基部较密集，向上渐疏；鳞片叶卵状三角形，长 0.5~1.2 厘米，宽 0.5~1.5 厘米，先端尖。花：肉穗花序生于茎顶，伸出地面，棒状，长 5~16 厘米、直径 2~6 厘米；其上着生非常密集的小花，雄花、雌花和两性相伴杂生，有香气，花序中散生鳞片状叶。雄花：花长 3~6 毫米；花被片通常 4，离生或稍合生，倒披针形或匙形。雌花：花长约 3 毫米；花被片 5~6，条状披针形。两性花少见，花被片披针形，雄蕊 1，花丝极短，花药同雄花；雌蕊也同雌花。果实：果为小坚果状，多数非常小，1 株产 2 万 ~3 万粒，近球形或椭圆形，长 0.6~1.5 毫米，直径 0.4~1 毫米，果皮白色，顶端有宿存浅黄色花柱。种子：近球形，直径约 1 毫米，深红色，种皮坚硬而厚。物候期：花期 5—7 月，果期 6—7 月。

【生境】多寄生在白刺属 *Nitraria* 和红砂属 *Reaumuria* 等植物的根上，生于荒漠草原、草原化荒漠与荒漠地带的河边、湖边、池边等且有白刺、枇杷柴生长的盐碱地区。

【分布】我国新疆（乌恰、叶城等地）、青海、甘肃、宁夏、内蒙古、陕西等省份；中亚地区、伊朗、蒙古国。

【保护级别及用途】IUCN：易危（VU）；国家Ⅱ级保护野生植物；新疆Ⅰ级保护野生植物；药用等。

108. 蒺藜 *Tribulus terrestris* L.

【俗名】白蒺藜、蒺藜狗

【生物学特征】外观：1 年生草本。茎：平卧，无毛，被短柔毛，或糙硬毛；枝 20~60 厘米。叶：对生，偶数羽状，1.5~5 厘米，有 6~16 小叶；小叶叶片长圆形到斜长圆形，长 5~10 毫米，宽 2~5 毫米，基部稍偏斜，边缘全缘，先端锐尖到钝。花：花梗短，约 1 厘米；萼片 5 枚，披针形，宿存；花瓣 5 枚，倒卵形；雄蕊着生在花盘的基部，具鳞片状附属物；子房球形，具 5 角，5 室，每室具 3 或 4 胚珠；柱头 5 深裂。果实：分果长 4~6 毫米，硬，具短柔毛或无毛，具 5 心皮，心皮中部边缘具 4~6 毫米的 2 枚硬刺，表面具刺或具皮刺。物候期：花期 5—8 月，果期 6—9 月。

【生境】生于海拔 500~2 400 米的农田边、公路旁沙砾地、宽谷滩地干草原、干旱的沙砾河滩地。

【分布】我国新疆（塔什库尔干、喀什、英吉沙、叶城等地）及大部分省区市；全世界温带地区。

【保护级别及用途】IUCN：无危（LC）；药用。

109. 粗茎驼蹄瓣 *Zygophyllum loczyi* Kanitz

【俗名】粗茎霸王

【生物学特征】外观：1 年生或 2 年生草本，高 5~25 厘米。茎：开展或直立，由基部多分枝。叶：托叶膜质或草质，上部的托叶分离，三角状，基部的结合为半圆形；叶柄短于小叶，具翼；茎上部的小叶常 1 对，中下部的 2~3 对，椭圆形或斜倒卵形，长 6~25 毫米，宽 4~15 毫米，先端圆钝。花：花梗长 2~6 毫米，1~2 腋生；萼片 5，椭圆形，长 5~6 毫米，绿色，具白色膜质缘；花瓣近卵形，橘红色，边缘白色，短于萼片或近等长；雄蕊短于花瓣。果实：蒴果圆柱形，长 16~25 毫米，宽 5~6 毫米，先端锐尖或钝，果皮膜质。种子：多数，卵形，长 3~4 毫米，先端尖，表面密被凹点。物候期：花期 4—7 月，果期 6—8 月。

【生境】生于海拔 700~2 800 米的低山、洪积平原、砾质戈壁、盐化沙地。

【分布】我国新疆（乌恰、喀什、叶城等地）、内蒙古、甘肃、青海。

【保护级别及用途】IUCN：无危（LC）；我国特有种。

110. 短果驼蹄瓣（亚种）*Zygophyllum fabago* subsp. *orientale* Boriss.

【生物学特征】外观：多年生草本，高30~80厘米。根：粗壮。茎：多分枝，枝条开展或铺散，光滑，基部木质化。叶：托叶革质，卵形或椭圆形，长4~10毫米，绿色，茎中部以下托叶合生，上部托叶较小，披针形，分离；叶柄显著短于小叶；小叶1对，倒卵形、矩圆状倒卵形，长15~33毫米，宽6~20厘米，质厚，先端圆形。花：腋生；花梗长4~10毫米；萼片卵形或椭圆形，长6~8毫米，宽3~4毫米，先端钝，边缘为白色膜质；花瓣倒卵形，与萼片近等长，先端近白色，下部橘红色；雄蕊长于花瓣，长11~12毫米，鳞片矩圆形，长为雄蕊之半。果实：蒴果矩圆状卵形，长10~15毫米，5棱，下垂。种子：多数，长约3毫米，宽约2毫米，表面有斑点。物候期：花期5—6月，果期6—9月。

【生境】生于荒漠地带山坡下部、河谷。

【分布】我国新疆（阿克陶等地）、甘肃、内蒙古；中亚地区、蒙古国。

【保护级别及用途】IUCN：无危（LC）。

111. 喀什霸王 *Zygophyllum kaschgaricum* Boriss.

【异名】*Sarcozygium kaschgaricum*

【生物学特征】外观：灌木，高30~50厘米。茎：枝弯曲，先端刺针状，节间短，皮灰绿色，具不明显棱纹，木质部黄色。叶：托叶小，膜质；叶柄长6~15毫米，簇生老枝上；小叶1对，肉质，条形，长6~17毫米，先端钝。花：花梗长6~10毫米，1~2个腋生，萼片4，椭圆形，果期常宿存。果实：蒴果狭卵形或倒卵形，长10~16（~24）毫米，翅宽约2毫米，先端有尖头，果下垂。物候期：果期7月。

【生境】生于低山冲蚀沟边。

【分布】我国新疆（乌恰、喀什等地）；中亚地区。

【保护级别及用途】IUCN：无危（LC）；新疆Ⅱ级保护野生植物；稀有种、特有种。

112. 宽叶石生驼蹄瓣（变种）*Zygophyllum rosowii* var. *latifolium*（Schrenk）Popov

【俗名】宽叶石生霸王

【异名】*Zygophyllum latifolium*

【生物学特征】外观：多年生草本，高15~20厘米。根：木质，达3厘米。茎：由基部多分枝，通常开展，无毛。叶：托叶全部离生，卵形，长2~3毫米，白色膜质，叶柄长2~7毫米；小叶1对，近圆形或矩圆形，长15~25毫米，绿色，先端钝。花：1~2腋生；花梗长5~6毫米；萼片椭圆形或倒卵状长圆形，长5~8毫米，边缘膜质；花瓣倒卵形，与萼片近等长，先端圆，白色，下部橘红色，具爪；雄蕊长于花瓣，橙黄色，鳞片长圆形。果实：蒴果较大，长30~50毫米。种子：灰蓝色，长圆状卵形。物候期：花期4—6月，果期6—7月。

【生境】生于海拔3 800米的干燥山坡、戈壁滩、砾石低山坡、洪积砾石堆、石质峭壁。

【分布】我国新疆（阿克陶县）、内蒙古、甘肃；中亚地区。

【保护级别及用途】IUCN：无危（LC）；种质资源。

113. 帕米尔霸王 *Zygophyllum pamiricum* Grub.

【生物学特征】外观：多年生植物，矮小，高 5~15（~20）厘米。根：粗，木质，多头，具光滑棕褐色皮。茎：多数，直立或升起。叶：小叶 1 对，窄的倒卵形，常 5~13 毫米，偏斜，边缘有稀疏短毛，叶柄光滑，无细乳点状突起，叶轴顶端有膜质尖，托叶膜质。花：5 数；花梗长 4~5 毫米，果期下垂；花萼长 4~6 毫米，其中 3 枚宽 3~5 毫米，另两翅较窄，椭圆形，钝，绿色至浅红色，边缘白膜质；花瓣长 7~8 毫米，匙形，白色，基部橙或红色；雄蕊 10，伸出花冠，不等长，花丝基部具长圆形有齿牙的鳞片；子房 5 室，长圆形，花柱长 4~6 毫米，向上收缩，具细小柱头。果实：蒴果长 25~35 毫米，马刀形弯曲，线状披针形，渐尖，无翅，有时具 5 棱，干燥时开裂。种子：长 2~3 毫米，长圆状卵形，被乳点状突起。物候期：花期 6—7 月，果期 8—9 月。

【生境】生于海拔 3 200 米的干旱石质荒漠。

【分布】我国新疆（塔什库尔干、乌恰等地）。

【保护级别及用途】种质资源。

114. 石生驼蹄瓣（原变种）*Zygophyllum rosowii* var. *rosowii*

【俗名】若氏霸王、石生霸王、石生霸王

【异名】*Zygophyllum rosowii*

【生物学特征】外观：多年生草本，高达 15 厘米。根：木质，达 3 厘米。茎：由基部多分枝，通常开展，无毛。叶：托叶全部离生，卵形，长 2~3 毫米，白色膜质，叶柄长 2~7 毫米；小叶 1 对，卵形，长 0.8~1.8 厘米，宽 5~8 毫米，绿色，先端钝或圆。花：1~2 腋生；花梗长 5~6 毫米；萼片椭圆形或倒卵状长圆形，长 5~8 毫米，边缘膜质；花瓣倒卵形，与萼片近等长，先端圆，白色，下部橘红色，具爪；雄蕊长于花瓣，橙黄色，鳞片长圆形。果实：蒴果条状披针形，长 1.8~2.5 厘米，宽约 5 毫米，先端渐尖，稍弯或镰状弯曲，下垂。种子：灰蓝色，长圆状卵形。物候期：花期 4—6 月，果期 6—7 月。

【生境】生于海拔 1 200~3 800 米的干山坡、戈壁滩、砾石低山坡、洪积砾石堆、石质峭壁。

【分布】我国新疆（塔什库尔干、乌恰、阿克陶、喀什等地）、内蒙古、甘肃；中亚地区、蒙古国。

【保护级别及用途】IUCN：无危（LC）；种质资源。

115. 细茎驼蹄瓣 *Zygophyllum brachypterum* Kar. & Kir.

【俗名】细茎霸王

【异名】*Zygophyllum fabago* subsp. *brachypterum*

【生物学特征】外观：多年生草本，高 15~25 厘米。根：木质，粗壮，多数。茎：细弱，直立或开展，多分枝。叶：托叶卵形，长 3~5 毫米；叶柄短于或等于叶片，具翼；小叶 1 对，矩圆形或倒披针形；长 1.5~2.5 厘米，宽 5~6 毫米，质薄，先端圆钝。花：花梗长 10~15 毫米，1~2 个生于叶腋；萼片 5，不等长，长 7~9 毫米；花瓣 5，卵圆形，长 4~5 毫米；雄蕊显著长于花瓣，长 10~12 毫米，鳞片细深裂。果实：蒴果圆柱形或矩圆形，长 10~16 毫米，粗约 5 毫米，具 5 棱，先端钝。种子：近肾形，长约 3 毫米，宽 1.5~2 毫米。物候期：花期 5—6 月，果期 7 月。

【生境】生于海拔 1 600~2 600 米荒漠地带山坡下部、河谷。

【分布】我国新疆（塔什库尔干、乌恰、阿克陶、喀什等地）；俄罗斯、中亚地区、蒙古国。

【保护级别及用途】IUCN：无危（LC）。

116. 长梗驼蹄瓣 *Zygophyllum obliquum* Popov

【俗名】长梗霸王

【生物学特征】外观：多年生草本。根：粗壮，直径达 3 厘米，自颈部生出多数茎。茎：铺散，由基部多分枝。叶：茎下部托叶合生，上部托叶分离，宽卵形、矩圆形或披针形，长约 3 毫米，边缘狭膜质，叶柄具翼，扁平，短于小叶；小叶 1 对，斜卵形，长 10~20 毫米，宽 7~10 毫米，灰蓝色，先端锐尖，基部楔形。花：花梗长 10~18 毫米，1~2 个生于叶腋；萼片 5，卵形或矩圆形，长 5~8 毫米，先端钝，边缘膜质；花瓣倒卵形，长 6~10 毫米，下部橘红色，上部色较淡；雄蕊短于花瓣，鳞片矩圆形，长为花丝之半。果实：蒴果圆柱形，长约 3 厘米，粗 5~8 毫米，两端钝，具 5 棱，果竖立。种子：卵形，宽约 2.5 毫米。物候期：花期 6—8 月，果期 7—9 月。

【生境】生于海拔 1 950~4 200 米的低山坡、河滩沙砾地、河谷石坡、荒漠戈壁滩。

【分布】我国新疆（塔什库尔干、乌恰、阿克陶、喀什、叶城等地）、甘肃；中亚地区。

【保护级别及用途】IUCN：无危（LC）。

117. 细叶百脉根 *Lotus tenuis* Waldst. & Kit. ex Willd.

【俗名】纳日音～好希杨朝日

【异名】*Lotus corniculatus* var. *tenuifolius*; *Lotus glaber*; *Lotus tenuifolius*; *Lotus tenuifolius*; *Lotus mearnsii*

【生物学特征】外观：多年生草本，高20~100厘米，无毛或微被疏柔毛。茎：细柔，直立，节间较长，中空。叶：羽状复叶小叶5枚；叶轴长2~3毫米；小叶线形至长圆状线形，长12~25毫米，短尖头，大小略不相等，中脉不清淅；小叶柄短，几无毛。花：伞形花序；总花梗纤细，长3~8厘米；花1~3（~5）朵，顶生，长8~13毫米；苞片1~3枚，叶状，比萼长1.5~2倍；花梗短；萼钟形，几无毛，萼齿狭三角形渐尖，与萼筒等长；花冠黄色带细红脉纹，旗瓣圆形，稍长于翼瓣和龙骨瓣，翼瓣略短；雄蕊两体，上方离生1枚较短，其余9枚5长4短，分列成2组；花柱直，无毛，直角上指，子房线形，胚珠多数。果实：荚果直，圆柱形，长2~4厘米，直径2毫米。种子：球形，直径约1毫米，橄榄绿色，平滑。物候期：花期5—8月，果期7—9月。

【生境】生于潮湿的沼泽地边缘或湖旁草地。

【分布】我国新疆（塔什库尔干等地）及西北各省份；欧洲南部、欧洲东部、中东和俄罗斯（西伯利亚）。

【保护级别及用途】IUCN：无危（LC）；种质资源。

118. 草木樨 *Melilotus suaveolens* Ledeb.

【异名】*Melilotus officinalis* subsp. *suaveolens*; *Trigonella suaveolens*; *Melilotus graveolens*; *Sertula suaveolens* ; *Melilotus officinalis*

【生物学特征】外观：2 年生草本，高 40~100（~250）厘米。茎：直立，粗壮，多分枝，具纵棱，微被柔毛。叶：羽状 3 出复叶；托叶镰状线形，长 3~5（~7）毫米，中央有 1 条脉纹，全缘或基部有 1 尖齿；叶柄细长；小叶倒卵形、阔卵形、倒披针形至线形。花：总状花序长 6~15（~20）厘米，腋生，具花 30~70 朵，花黄色，长不及花萼 2 倍，初时稠密，花开后渐疏松；萼钟形，萼齿三角状披针形，稍不等长，与萼筒近等长；花冠黄色，旗瓣倒卵形，长于翼瓣，翼瓣与龙骨瓣近等长；雄蕊筒在花后常宿存包于果外；子房无柄，胚珠（4~）6（~8）粒，花柱长于子房。果实：荚果卵形，先端具宿存花柱，表面具网纹，棕黑色；有种子 1~2 粒。种子：卵形，长 2.5 毫米，黄褐色，平滑。物候期：花期 5—9 月，果期 6—10 月。

【生境】生于海拔 550~1 650 米的平原绿洲和山地农区、农田边、山坡草甸、河谷草地等。

【分布】我国新疆（乌恰、阿克陶、喀什、叶城等地）及西北、华东、华北、西南地区；朝鲜、日本、蒙古国、俄罗斯。

【保护级别及用途】种质资源。

119. 白花草木樨 *Melilotus albus* Desr.

【异名】*Melilotus albus*; *Sertula alba*

【生物学特征】外观：1 年生、2 年生草本，高 70~200 厘米。茎：直立，圆柱形，中空，多分枝，几无毛。叶：羽状 3 出复叶；托叶尖刺状锥形，长 6~10 毫米，全缘；叶柄比小叶短，纤细；小叶长圆形或倒披针状长圆形，先端钝圆，基部楔形，边缘疏生浅锯齿，上面无毛，下面被细柔毛，侧脉 12~15 对，平行直达叶缘齿尖，两面均不隆起，顶生小叶稍大，具较长小叶柄，侧小叶柄短。花：总状花序长 9~20 厘米，腋生，具花 40~100 朵，排列疏松，苞片线形，花长 4~5 毫米；花梗短，长 1~1.5 毫米；萼钟形，微被柔毛，萼齿三角状披针形，短于萼筒；花冠白色，旗瓣椭圆形，稍长于翼瓣，龙骨瓣与翼瓣等长或稍短；子房卵状披针形，上部渐窄至花柱，无毛，胚珠 3~4 粒。果实：荚果椭圆形至长圆形，长 3~3.5 毫米，先端锐尖，具尖喙，表面脉纹细，网状，棕褐色，老熟后变黑褐色；有种子 1~2 粒。种子：卵形，棕色，表面具细瘤点。物候期：花期 5—7 月，果期 7—9 月。

【生境】生于田边、路旁荒地及湿润的沙地。

【分布】我国新疆（塔什库尔干等地）及东北、华北、西北、西南地区；欧洲地中海沿岸、中东、西南亚、中亚及俄罗斯（西伯利亚）。

【保护级别及用途】IUCN：无危（LC）；重要牧草。

120. 白车轴草 *Trifolium repens* L.

【俗名】荷兰翘摇、白三叶、三叶草

【异名】*Lotodes repens*

【生物学特征】外观：多年生草本，生长期达 5 年，高 10~30 厘米。根：主根短，侧根和须根发达。茎：匍匐蔓生，上部稍上升，节上生根，全株无毛。叶：掌状 3 出复叶；托叶卵状披针形，膜质，基部抱茎成鞘状，离生部分锐尖；叶柄较长，小叶倒卵形至近圆形，两面均隆起，近叶边分叉并伸达锯齿齿尖；小叶柄长 1.5 毫米，微被柔毛。花：花序球形，顶生，直径 15~40 毫米；总花梗甚长，比叶柄长近 1 倍，具花 20~50（~80）朵，密集；无总苞；苞片披针形，膜质，锥尖；花长 7~12 毫米；花梗比花萼稍长或等长，开花立即下垂；萼钟形，具脉纹 10 条，萼齿 5，披针形，稍不等长，短于萼筒，萼喉开张，无毛；花冠白色、乳黄色或淡红色，具香气。旗瓣椭圆形，比翼瓣和龙骨瓣长近 1 倍，龙骨瓣比翼瓣稍短；子房线状长圆形，花柱比子房略长，胚珠 3~4 粒。果实：荚果长圆形，种子通常 3 粒。种子：阔卵形。物候期：花果期 5—10 月。

【生境】生于海拔 400~2 900 米的沟谷山地草甸、河谷阶地、河漫滩草甸，我国常见于人工种植，并在湿润草地、河岸、路边呈半自生状态。

【分布】我国新疆（塔什库尔干、喀什等地）半自生，其他省份都有栽培；原产欧洲和北非，蒙古国、俄罗斯、印度、伊朗、日本也有，世界各地均有栽培。

【保护级别及用途】药用。

121. 草莓车轴草 *Trifolium fragiferum* L.

【俗名】野苜蓿

【生物学特征】外观：多年生草本，长10~30（~50）厘米。根：具主根。茎：平卧或匍匐，节上生根，全株除花萼外几无毛。叶：掌状三出复叶；托叶卵状披针形，膜质，抱茎呈鞘状，先端离生部分狭披针形，尾尖；小叶倒卵形或倒卵状椭圆形，先端钝圆，微凹，基部阔楔形，两面无毛或中脉被稀疏毛，苍白色。花：花序半球形至卵形，直径约1厘米，花后增大，果期直径可达2~3厘米；总花梗甚长，腋生，比叶柄长近1倍；总苞由基部10~12朵花的较发育苞片合生而成，先端离生部分披针形；具花10~30朵，密集；花长6~8毫米；花梗甚短；苞片小，狭披针形；花冠淡红色或黄色，旗瓣长圆形，明显比翼瓣和龙骨瓣长；子房阔卵形，花柱比子房稍长。果实：荚果长圆状卵形，位于囊状宿存花萼的底部；有种子1~2粒。种子：扁圆形。物候期：花果期5—8月。

【生境】在新疆呈野生状态，常见于海拔 500~800 米的盐碱性土壤、沼泽、水沟边。

【分布】我国新疆（乌恰等地）、东北、华北、西北。

【保护级别及用途】种质资源、牧草。

122. 甘草 *Glycyrrhiza uralensis* Fisch.

【俗名】甜根子、甜草、国老、乌拉尔甘草、甘草苗头、甜草苗

【异名】*Glycyrrhiza grandiflora*; *Glycyrrhiza viscida*; *Glycyrrhiza glandulifera* var. *grandiflora*; *Glycyrrhiza asperrima* var. *uralensis*; *Glycyrrhiza asperrima* var. *desertorum*; *Glycyrrhiza korshinskyi*; *Glycyrrhiza shiheziensis*; *Glycyrrhiza alaschanica*; *Glycyrrhiza gobica*; *Glycyrrhiza soongorica*

【生物学特征】外观：多年生草本。根与根状茎：粗壮，直径 1~3 厘米，外皮褐色，里面淡黄色，具甜味。茎：直立，多分枝，高 30~120 厘米，密被鳞片状腺点、刺毛状腺体及白色或褐色的绒毛。叶：长 5~20 厘米；托叶三角状披针形，两面密被白色短柔毛；叶柄密被褐色腺点和短柔毛；小叶 5~17 枚，卵形、长卵形或近圆形，上面暗绿色，下面绿色，两面均密被黄褐色腺点及短柔毛，边缘全缘或微呈波状。花：总状花序腋生，具多数花，总花梗短于叶；花萼钟状，密被黄色腺点及短柔毛；花冠紫色、白色或黄色，旗瓣长圆形，翼瓣短于旗瓣，龙骨瓣短于翼瓣；子房密被刺毛状腺体。果实：荚果弯曲呈镰刀状或呈环状，密集成球，密生瘤状突起和刺毛状腺体。种子：3~11，暗绿色，圆形或肾形，长约 3 毫米。物候期：花期 6—8 月，果期 7—10 月。

【生境】常生于海拔 400~3 000 米的干旱沙地、河岸沙质地、山坡草地及盐渍化土壤中。

【分布】我国新疆（乌恰、阿克陶等地）、青海、甘肃、宁夏、陕西、东北、华北及山东；蒙古国、俄罗斯、中亚地区、巴基斯坦、阿富汗。

【保护级别及用途】IUCN：无危（LC）；国家Ⅱ级保护野生植物；新疆Ⅰ级保护野生植物；渐危种、特有种；药用。

123. 胀果甘草 *Glycyrrhiza inflata* Batalin

【俗名】黄甘草、膨果甘草、甘草

【异名】*Meristotropis paucifoliolata*; *Glycyrrhiza eurycarpa*; *Glycyrrhiza paucifoliolata*; *Glycyrrhiza hediniana*

【生物学特征】外观：多年生草本。根：粗壮，外皮褐色，被黄色鳞片状腺体，里面淡黄色，有甜味。茎：直立，基部带木质，多分枝，高 50~150 厘米。叶：长 4~20 厘米；托叶小三角状披针形，褐色；小叶 3~7（~9）枚，卵形、椭圆形或长圆形，先端锐尖或钝，基部近圆形，上面暗绿色，下面淡绿色。花：总状花序腋生，具多数疏生的花；总花梗与叶等长或短于叶；花冠紫色或淡紫色，旗瓣长椭圆形，先端圆，基部具短瓣柄，翼瓣与旗瓣近等大，明显具耳及瓣柄，龙骨瓣稍短，均具瓣柄和耳。果实：荚果椭圆形或长圆形，长 8~30 毫米，宽 5~10 毫米，直或微弯，二种子间胀膨或与侧面不同程度下隔，被褐色的腺点和刺毛状腺体，疏被长柔毛。种子：1~4 枚，圆形，绿色，直径 2~3 毫米。物候期：花期 5—7 月，果期 6—10 月。

【生境】常生于海拔 1 200~2 100 米的河岸阶地、水边、农田边或荒地中。

【分布】我国新疆（乌恰、阿克陶、喀什、英吉沙等地）、内蒙古、甘肃、西藏、青海；哈萨克斯坦、乌兹别克斯坦、土库曼斯坦、吉尔吉斯斯坦和塔吉克斯坦。

【保护级别及用途】IUCN：无危（LC）；国家Ⅱ级保护野生植物；新疆Ⅰ级保护野生植物；渐危种、特有种；药用。

124. 斑果黄芪 *Astragalus beketowii*（Krasn.）B. Fedtsch.

【俗名】斑果黄耆

【异名】*Oxytropis beketowii*; *Astragalus polychromus*

【生物学特征】外观：多年生草本，高 10~25 厘米，被白色柔毛。茎：常基部分枝。叶：羽状复叶有 11~15 片小叶，长 2~5 厘米；叶柄较叶轴短，稀与叶轴等长，被白色柔毛；托叶膜质，基部互相合生，下部的广卵形，上部的披针形；小叶卵形或披针状长圆形，先端钝或尖，基部宽楔形。花：总状花序生 5~15 花，稍密集，花序轴长 1.5~3 厘米，花后延伸；总花梗明显较叶长，被白色柔毛，上部并混生黑色毛；苞片披针形，花萼钟状；花冠淡紫色，龙骨瓣顶端暗紫色，旗瓣长圆状倒卵形，翼瓣长 12~14 毫米，瓣片长圆形，上部变宽，2 深裂，龙骨瓣长 9~11 毫米，子房线形，具柄，无毛。果实：荚果卵形或长圆状卵形，长 1.5~2.5（~3）厘米，膜质，囊状膨大，无毛，有褐色斑点，果颈细，长约 3 毫米，1 室，具多数种子。物候期：花期 6 月。

【生境】生于海拔 2 300~4 400 米的亚高山草甸。

【分布】我国新疆（塔什库尔干、乌恰等地）；塔吉克斯坦、哈萨克斯坦、吉尔吉斯斯坦、蒙古国。

【保护级别及用途】IUCN：无危（LC）。

125. 边塞黄芪 *Astragalus arkalycensis* Bunge

【俗名】草原黄芪、边塞黄耆、阿卡尔黄芪

【异名】*Astragalus ellipsoideus* var. *abbreviatus*; *Astragalus tricolor* ; *Astragalus ellipsoideus*

【生物学特征】外观：多年生草本，高 6~15 厘米。根：粗壮。茎：极短缩，不明显，丛生。叶：羽状复叶有 11~23 片小叶，长 5~10 厘米；叶柄纤细，与叶轴近等长或稍短；托叶基部合生，上部卵圆形或短渐尖，长 6~8 毫米，密被白色毛；小叶长圆形、椭圆形或倒卵形，长 4~8 毫米，先端尖，稀钝圆有短尖头，两面密被灰白色伏贴毛。花：总状花序圆球形或球状宽椭圆形；总花梗为叶长的 1.5~2 倍，密被白色伏贴毛；苞片线状披针形，被白色毛；花梗极短；花萼初期管状，果期膨大，长可达 15 毫米，卵圆形，被开展的白、黑色毛，萼齿线形，长为筒部的 1/4~1/3；花冠淡黄白色，旗瓣长 18~22 毫米，狭长圆状倒卵形，翼瓣长 17~20 毫米，瓣片上部微扩展，龙骨瓣较翼瓣短。果实：荚果卵圆形，两端尖，背缝线有龙骨状突起，长 9~10 毫米，宽 3~4 毫米，密被开展的白色毛，革质，假 2 室，每室含种子 1~2 颗。物候期：花期 5—6 月，果期 6—7 月。

【生境】生于海拔 3 600 米左右的沟谷山坡草地。

【分布】我国新疆（乌恰等地）、内蒙古、宁夏、甘肃；蒙古国、俄罗斯、哈萨克斯坦。

【保护级别及用途】IUCN：无危（LC）。

126. 刺叶柄黄芪 *Astragalus oplites* Benth. ex Parker

【俗名】刺叶柄黄耆、刚刺黄芪、硬轴黄芪

【异名】*Astragalus oplites*

【生物学特征】外观：小灌木，高 20~30 厘米。茎：稍短缩，宿存坚硬针刺状叶轴，簇生，呈帚状。叶：偶数羽状复叶，具 8~12 对小叶，长 6~12 厘米，基部常带红色；托叶膜质，基部与叶柄贴生，上部互相分离，三角状披针形；小叶卵圆形或长圆形，先端钝，基部圆形，两面初被白色长柔毛，后渐无毛，具短柄。花：总状花序生 2~5 花，稍稀疏；总花梗较叶短；花梗与苞片近等长，连同花序轴被白色长柔毛；花萼管状；花冠金黄色，旗瓣长圆状倒卵形；子房密被白色长柔毛，近无柄，旗瓣长圆状倒卵形，长 18~25 毫米，翼瓣长 16~23 毫米，瓣片长圆形，瓣柄与瓣片近等长，龙骨瓣长 13~20 毫米，瓣片半卵形。果实：荚果长圆形，长 15~18 毫米，先端渐尖，具直伸的短喙，膨胀，果瓣近革质，疏被白色长柔毛，假 2 室。种子：多数，肾形，长约 3 毫米，有黑色花斑。物候期：花果期 6—8 月。

【生境】生于海拔 3 500~4 500 米的高山崖旁和山坡灌丛中。

【分布】我国新疆（塔什库尔干、叶城等地）、西藏；印度、尼泊尔、克什米尔地区、巴基斯坦。

【保护级别及用途】IUCN：无危（LC）；种质资源。

127. 钝叶黄芪 *Astragalus obtusifoliolus*（S. B. Ho）Podlech & L. R. Xu

黄芪属 Astragalus

【俗名】钝叶黄耆

【异名】*Astragalus nobilis* var. *obtusifoliolatus*

【生物学特征】外观：多年生草本，高 5~15 厘米。茎：极短缩，不明显，地下部分有短分枝，成疏丛状。叶：羽状复叶有 5~9 片小叶，长 3~7 厘米；叶柄与叶轴近等长，密被白色伏贴毛；小叶长圆状倒卵形或椭圆形，先端钝圆，长 5~10 毫米，两面密被白色伏贴毛，灰绿色。花：总状花序卵状球形，生 10 余朵花，花序轴长 2~4 厘米；总花梗被白色伏贴毛，紧接花序处混生黑色毛，连同花序轴为叶长的 1.5~2 倍；苞片卵圆形或长圆形，疏被白、黑色缘毛；花萼初期管状，后膨大成圆卵形，上部带红色，果期毛渐稀疏，萼齿钻状，长为萼筒的 1/3~1/2，被较多的黑色毛；花冠紫红色（干后黄色），旗瓣长 18~21 毫米，狭椭圆形，翼瓣较旗瓣短，瓣片长圆形，龙骨瓣长 14~18 毫米，瓣片近半圆形。果实：荚果包于膨大的宿萼内，卵圆形，长 5~6 毫米，被白色毛，两侧扁平，腹缝线微呈龙骨状突起，背缝线有浅沟，近假 2 室，每室含种子 1~2 颗。物候期：花期 5—6 月，果期 6—7 月。

【生境】生于海拔 2 200~3 000 米的沟谷山坡草地及山前冲积扇上。

【分布】我国新疆（乌恰等地）。

【保护级别及用途】种质资源。

128. 多枝黄芪（原变种）*Astragalus polycladus* var. *polycladus*

【俗名】黑毛多枝黄耆、多枝黄耆

【异名】*Astragalus decumbens*; *Astragalus tataricus*

【生物学特征】外观：多年生草本。根：粗壮。茎：多数，纤细，丛生，平卧或上升，高 5~35 厘米，被灰白色伏贴柔毛或混有黑色毛。叶：奇数羽状复叶，具 11~23 片小叶，长 2~6 厘米；托叶离生，披针形，小叶披针形或近卵形，先端钝尖或微凹，基部宽楔形，两面被白色伏贴柔毛，具短柄。花：总状花序生多数花，密集呈头状；总花梗腋生，较叶长；苞片膜质，线形，花梗极短，花萼钟状，外面被白色或混有黑色短伏贴毛，萼齿线形，与萼筒近等长；花冠红色或青紫色，旗瓣宽倒卵形，长 7~8 毫米，翼瓣与旗瓣近等长或稍短，龙骨瓣较翼瓣短，瓣片半圆形，子房线形，被白色或混有黑色短柔毛。果实：荚果长圆形，微弯曲，长 5~8 毫米，先端尖，被白色或混有黑色伏贴柔毛，1 室，有种子 5~7 枚，果颈较宿萼短。物候期：花期 7—8 月，果期 9 月。

【生境】生于海拔 2 000~4 800 米的山坡、路旁、宽谷湖盆沙砾草地。

【分布】我国新疆（塔什库尔干、叶城等地）、四川、云南、西藏、青海、甘肃。

【保护级别及用途】IUCN：无危（LC）；药用。

黄芪属 *Astragalus*

129. 高山黄芪 *Astragalus alpinus* L.

【俗名】高山黄耆

【异名】*Astragalus salicetorum*; *Atelophragma alpinum*; *Tragacantha alpina*; *Tium alpinum*; *Phaca alpina*

【生物学特征】外观：多年生草本。茎：直立或上升，基部分枝，高20~50厘米，具条棱，被白色柔毛，上部混有黑色柔毛。叶：奇数羽状复叶，具15~23片小叶，长5~15厘米；托叶草质，离生，三角状披针形，先端钝，具短尖头，基部圆形，上面疏被白色柔毛或近无毛，下面毛较密，具短柄。花：总状花序生7~15花，密集；苞片膜质，线状披针形，下面被黑色柔毛；花萼钟状，被黑色伏贴柔毛，萼齿线形，较萼筒稍长；花冠白色，旗瓣长10~13毫米，瓣片长圆状倒卵形，翼瓣长7~9毫米，瓣片长圆形，龙骨瓣与旗瓣近等长，瓣片宽斧形，先端带紫色。果实：荚果狭卵形，微弯曲，被黑色伏贴柔毛，先端具短喙，近假2室，果颈较宿萼稍长。种子：8~10枚，肾形，长约2毫米。物候期：花期6—7月，果期7—8月。

【生境】生于海拔 1 000~3 200 米的沟谷山坡林下、河漫滩草甸、山坡草地等。

【分布】我国新疆（阿克陶等地）；蒙古国、俄罗斯、中亚地区、阿塞拜疆、亚美尼亚、格鲁吉亚、欧洲、北美洲。

【保护级别及用途】IUCN：无危（LC）。

130. 黑穗黄芪 *Astragalus melanostachys* Benth. ex Bunge

【俗名】黑穗黄耆、黑穗黄蓍

【异名】*Astragalus bracteosus*; *Astragalus supraglaber*; *Astragalus macrostegius*

【生物学特征】外观：多年生草本。根：圆锥形，直径 2.5~3.5 毫米，淡黄色，分枝或不分枝。茎：多数丛生，节间短缩，上升，长 1~3 厘米，无毛。叶：羽状复叶有 13~17 片小叶；叶柄长 1.5~2 厘米，连同叶轴无毛；托叶中部以下合生或仅基部合生，宽卵形或长圆形至圆形；小叶对生，疏远，宽倒卵形或近心形，上面无毛。花：总状花序腋生；生多数花，密集，直径约 1.2 厘米，花序轴长 2~4.5 厘米；总花梗花葶状，苞片狭披针形或狭椭圆形，先端渐尖，近膜质，被黑褐色长柔毛；花梗长约 1 毫米，被黑色开展毛；花萼钟状，被黑褐色柔毛；花冠紫红色，旗瓣宽倒卵形，长 6~7 毫米，翼瓣长 5~5.5 毫米，瓣片狭长圆形或近狭倒卵形，长 3~3.5 毫米，龙骨瓣长 4~5 毫米，瓣片半圆形。果实：荚果圆形或卵形，被黑褐色长柔毛，1 室，含 2 颗种子。物候期：花期 7—8 月，果期 8—9 月。

【生境】生于海拔 4 000~4 580 米的山坡草地、河边草甸。

【分布】我国新疆（塔什库尔干）；中亚地区、印度、尼泊尔、克什米尔地区、巴基斯坦、阿富汗、喜马拉雅山区。

【保护级别及用途】IUCN：无危（LC）。

131. 克拉克黄芪 *Astragalus clarkeanus* Ali

【俗名】克拉克黄耆

【生物学特征】外观：多年生草本，高 10~20 厘米。根：主根粗壮，从根颈处多分枝。茎：直立或斜升，较粗壮，极疏被黑毛和少量白色伏贴毛或近于无毛。叶：奇数羽状复叶，叶柄长 7~16 毫米；托叶的基部连合并与叶柄贴生，三角形或三角状披针形，疏被黑色短毛；小叶 13~15 枚，长椭圆形、卵状长圆形或披针形、条形，先端圆或渐尖，腹面无毛，背面疏被白色短柔毛。花：总状花序腋生，常头状或长圆形；总花梗长 6.0~10.5 厘米，疏被黑色毛；苞片线形，被黑色毛；花梗长约 1 毫米，与花序轴同密被黑色短柔毛；花冠青紫色，旗瓣长圆形或倒卵形，长 12~13 毫米，翼瓣长 10~11 毫米，瓣片狭长圆形，龙骨瓣长约 8 毫米，瓣片半圆形；子房长圆形，密被毛。果实：荚果矩圆形，密被黑色短柔毛，无皱纹，顶端具喙，2 室，含种子 5 粒。物候期：花期 6—7 月，果期 7—8 月。

【生境】生于海拔 3 400~4 600 米的高山流石坡、山顶石隙。

【分布】我国新疆（塔什库尔干、阿克陶、叶城等地）；喀喇昆仑山、西喜马拉雅山地区。

【保护级别及用途】IUCN：无危（LC）；种质资源。

132. 库萨克黄芪 *Astragalus kuschakewiczii* B. Fedtschenko ex O. Fedtschenko

【俗名】库萨克黄耆、小垫黄芪、帕米尔黄蓍、蒙古特黄耆

【异名】*Astragalus kuschakewiczi*; *Astragalus mongutensis*; *Astragalus pulvinalis*

【生物学特征】外观：多年生草本，高10~20厘米。根：粗壮。茎：细弱，上升，基部多分枝，被稍开展的白色柔毛，上部混有黑色毛。叶：奇数羽状复叶，具17~21片小叶；叶柄较叶轴短1/5~1/3；托叶离生或仅基部合生，三角状卵形，下面被白色柔毛或混有黑色毛；小叶椭圆形或长圆状卵形，先端钝或微凹，基部宽楔形，上面无毛或散生白色柔毛，下面毛稍密，具短柄。花：总状花序生5~10花，稍密集，花序轴长1~1.5厘米，花后延伸；总花梗腋生，较叶长或近等长；苞片卵状披针形或披针形；花冠青紫色，旗瓣近圆形，长7~9毫米，翼瓣长6~7毫米，瓣片长圆形，龙骨瓣较翼瓣稍长，瓣片半卵形。果实：荚果狭卵形，长6~8毫米，密被黑色或白色柔毛，先端具短喙，1室，果颈与萼筒近等长。种子：3~5枚，圆肾形，长约1.5毫米。物候期：花果期7—9月。

【生境】生于海拔 2 000~4 800 米的砾石坡地、低湿地、河谷干旱砾石山坡草地、河滩冲积沟等。

【分布】我国新疆（塔什库尔干、乌恰、阿克陶、叶城等地）、青海、甘肃、西藏；俄罗斯、阿富汗、塔吉克斯坦、哈萨克斯坦。

【保护级别及用途】种质资源。

133. 昆仑黄芪 *Astragalus kunlunensis* H. Ohba

【俗名】昆仑黄耆

【生物学特征】外观：多年生草本，植株 20~50 厘米，丛生。茎：5~30 厘米，具长节间，被稀疏的伏贴毛。叶：羽状复叶，长 4~9 厘米；托叶 3~5 毫米，近无毛，基部合生；叶柄 1~3.5 厘米，被稀疏的毛；小叶 5~7（~9）对，椭圆形到狭椭圆形，通常折叠，背面被疏毛，正面无毛。花：总状花序头状到卵球形，浓密 10~30 花，结实时强烈伸长，可达 10 厘米；花序梗 5~18 厘米，被疏毛；苞片约 2 毫米，疏生黑色毛；花萼 3.5~4 毫米，密被黑色毛并杂有少量白毛，萼齿长约 1 毫米。花瓣略带紫色或白色；旗瓣宽倒卵形到圆形，长约 7 毫米，翼瓣 5~6 毫米，龙骨瓣 4~5 毫米。果实：荚果无柄，直径 3~4 毫米，腹面有槽，花柱宿存，2 室；裂片交叉褶皱，密被开展或半开展的 0.1~0.3 毫米黑色和白色毛。物候期：花期 7 月，果期 7—8 月。

【生境】生于海拔 3 260~4 960 米的山坡草地、高寒草甸、沟谷河岸砾石草地、沟谷山坡高寒草原、河谷山地圆柏灌丛草地等。

【分布】我国新疆（塔什库尔干、阿克陶、叶城等地）、青海。

【保护级别及用途】IUCN：无危（LC）。

134. 帕米尔黄芪 *Astragalus pamirensis* Franch.

【俗名】帕米尔黄耆

【异名】*Astragalus myriophyllus*; *Astragalus alatavicus* var. *pamirensis*

【生物学特征】外观：多年生草本。根：粗壮，直伸。茎：短缩，基部分枝，匍匐或上升，密丛状，高 5~15 厘米，密被白色伏贴短柔毛，近花序轴处多混有黑色毛。叶：奇数羽状复叶基生，具 4~6 枚轮生小叶，共 12~20 轮，叶柄与叶轴近等长；托叶下部者卵形，边缘具丝状缘毛；小叶长圆形或长圆状卵形，上面无毛，下面密被白色柔毛。花：总状花序生 3~10 花，苞片狭披针形，下面散生白色柔毛；花萼管状，无毛或散生白色柔毛；花冠黄色，干后红色，旗瓣长 21~22 毫米，瓣片倒卵形或长圆状倒卵形，翼瓣长 20~21 毫米，瓣片长圆形，龙骨瓣长 17~18 毫米；子房狭卵形，密被长丝状毛。果实：荚果长圆状卵形或倒卵形，先端具长约 2 毫米的短喙，果瓣薄革质，密被开展的白色长柔毛，不完全的 2 室。种子：3~4 枚，肾形，长约 2 毫米。物候期：花期 5—7 月，果期 7—8 月。

【生境】生于海拔 2 500~4 500 米的山坡草地。

【分布】我国新疆（塔什库尔干、乌恰、阿克陶、叶城等地）、青海；中亚地区。

【保护级别及用途】IUCN：无危（LC）；种质资源。

135. 喜石黄芪 *Astragalus petraeus* Kar. et Kir.

【俗名】喜石黄耆、银勾黄芪

【异名】*Astragalus xylorrhizus*; *Astragalus irkeschtami*

【生物学特征】外观：多年生草本或半灌木，高 5~30 厘米。茎：基部具木质化短而粗的干，褐色；分枝细弱，匍匐或斜上，幼枝密被灰白色伏贴绒毛。叶：羽状复叶有 9~15 片小叶；叶柄较叶轴短；托叶下部与叶柄贴生，上部三角状长圆形；小叶狭椭圆形、线状披针形或披针形，上面被稀疏灰色伏贴毛，下面毛较密。花：总状花序长 3~4 厘米，生 10~18 花；总花梗与叶等长或稍短，被白色和黑色、粗伏贴毛；花冠紫红色（干后紫色），旗瓣长 18~22 毫米，瓣片倒卵状长圆形，翼瓣长 17~20 毫米，瓣片与瓣柄等长，龙骨瓣较翼瓣短，瓣片半圆形。果实：荚果细圆柱形，下垂，向上呈镰刀状弯曲，革质，被白色毛，混生少数黑色毛，假 2 室。物候期：花期 5—6 月，果期 6—7 月。

【生境】生于海拔 650~3 200 米的沟谷砾石山坡、山前砾石洪积扇上。

【分布】我国新疆（塔什库尔干、乌恰等地）；吉尔吉斯斯坦、塔吉克斯坦、哈萨克斯坦。

【保护级别及用途】IUCN：无危（LC）。

136. 藏新黄芪（原变种）*Astragalus tibetanus* var. *tibetanus*

【俗名】藏黄耆、展毛黄耆、藏新黄耆、藏绵芪、西藏黄芪

【异名】*Astragalus tibetanus* var. *patentipilus*; *Astragalus talievii*; *Astragalus chadjanensis*

【生物学特征】外观：多年生草本。茎：纤细，上升，高 10~35 厘米，被白色或黑色伏贴毛。叶：羽状复叶有 21~41 片小叶，连同叶轴疏被黑白两色伏毛；托叶中部以下合生，上面散生长毛；小叶对生或近对生，狭长圆形或长圆状披针形，两面或仅下面疏被白色贴伏毛；小叶柄长约 1 毫米，有疏毛。花：短总状花序密集，腋生，生 5~15 花；花冠蓝紫色，旗瓣倒卵状披针形，旗瓣倒卵状披针形，长 14~20 毫米，翼瓣长 11~18 毫米，瓣片长圆形，龙骨瓣长 10~15 毫米，瓣片倒卵状长圆形；子房有短柄，被黑、白两色毛。果实：荚果长圆形或线状长圆形，先端和基部均突然收狭，具尖喙和果颈，被黑毛混有白色半开展毛，稍弯，直立，近三棱形，假 2 室，含 4 颗种子。种子：淡褐黄色，卵状肾形，平滑。物候期：花期 6—8 月，果期 7—9 月。

【生境】生于海拔 700~4 200 米的山谷低洼湿地、地埂或山坡草地。

【分布】我国新疆（塔什库尔干、乌恰、阿克陶、叶城等地）、青海、西藏、云南；蒙古国、俄罗斯（西伯利亚）、克什米尔地区、巴基斯坦、阿富汗。

【保护级别及用途】IUCN：无危（LC）。

137. 白花球花棘豆（变型）*Oxytropis globiflora* f. *albiflora* M. M. Gao

【生物学特征】外观：多年生草本，被银白色绢状毛。根：粗壮。茎：缩短，匍匐。叶：羽状复叶长5~12厘米；托叶膜质，线状锥形，于基部与叶柄贴生，彼此分离，被绢状柔毛；叶柄与叶轴被贴伏柔毛；小叶11~21，披针形、长圆形或长圆状披针形，两面被贴伏银白色柔毛。花：多花组成头形或卵形总状花序；总花梗长于叶，被贴伏柔毛；苞片膜质，线形，与萼筒等长，先端尖，密被白色长柔毛和硬毛；花长约9毫米；花萼钟状，被贴伏黑色和白色柔毛，萼齿线状锥形，短于萼筒；花冠白色，旗瓣长8~9毫米，瓣片宽卵形，先端圆形，翼瓣略短于旗瓣，龙骨瓣与翼瓣几等长，喙长2.5毫米。果实：荚果膜质，长圆状广椭圆形、长卵形，下垂，先端具喙，密被贴伏白色短柔毛；果梗长1.5~2毫米。种子：圆肾形，具棱角，暗棕色。物候期：花期6—7月，果期7—8月。

【生境】生于海拔 2 400~3 800 米的沟谷山地草甸、滩地草甸、荒漠草原。

【分布】我国新疆（塔什库尔干等地）。

【保护级别及用途】种质资源。

138. 镰荚棘豆（原变种）*Oxytropis falcata* var. *falcata*

【俗名】镰形棘豆

【异名】*Oxytropis holdereri*; *Oxytropis hedinii*; *Oxytropis popovii*

【生物学特征】外观：多年生草本，高 1~35 厘米，具黏性和特异气味。根：根径 6 毫米，直根深，暗红色。茎：缩短，木质而多分枝，丛生。叶：羽状复叶长 5~12（~20）厘米；叶柄与叶轴上面有细沟，密被白色长柔毛；小叶 25~45，对生或互生，线状披针形、线形，上面疏被白色长柔毛。花：6~10 花组成头形总状花序；花葶与叶近等长，直立，疏被白色长柔毛；苞片长圆状披针形，密被褐色腺点和白色、黑色长柔毛，边缘具纤毛；花冠蓝紫色或紫红色，旗瓣长 18~25 毫米，瓣片倒卵形，长 15 毫米，翼瓣长 15~22 毫米，瓣片斜倒卵状长圆形，龙骨瓣长 16~18 毫米；子房披针形，被贴伏白色短柔毛，具短柄，含胚珠 38~46。果实：荚果革质，宽线形，微蓝紫色，稍膨胀，被腺点和短柔毛，隔膜宽 2 毫米，不完全 2 室；果梗短。种子：多数，肾形，长 2.5 毫米，棕色。物候期：花期 5—8 月，果期 7—9 月。

【生境】生于海拔 2 400~5 200 米的山坡、沙丘、河谷、山间宽谷、河漫滩草甸、高山草甸和阴坡云杉林下。

【分布】我国新疆（塔什库尔干、叶城等地）、甘肃、青海、四川和西藏等省份；蒙古国。

【保护级别及用途】IUCN：无危（LC）；药用。

棘豆属 Oxytropis

139. 帕米尔棘豆 *Oxytropis poncinsii* Franch.

【俗名】中亚棘豆

【异名】*Oxytropis goloskokovii*

【生物学特征】外观：多年生草本，高2~5厘米。茎：缩短，密丛生，密被银白色绢状柔毛。叶：羽状复叶长2~5厘米；托叶膜质，于高处与叶柄贴生，分离部分长卵形，边缘被白色纤毛；叶柄与叶轴被贴伏白色柔毛；小叶7~11，广椭圆状长圆形、长圆状线形，两面密被贴伏白色柔毛。花：2~3花组成总状花序；总花梗几与叶等长，被贴伏柔毛；苞片披针形，被柔毛；花长25毫米；花萼筒状，长13~15毫米，被开展白色和黑色绵毛，萼齿披针形，比萼筒短；花冠紫色，旗瓣长20~25毫米，瓣片圆形，翼瓣长18~21毫米，龙骨瓣略短于翼瓣。果实：荚果膜质，球状卵形，泡状，长20~25毫米，被开展白色短绵毛，隔膜窄。物候期：花期6—7月，果期8月。

【生境】生于海拔 1 100~4 600 米的高山石质荒漠、沟谷山地高寒荒漠草原、山顶砾石草地。

【分布】我国新疆（塔什库尔干、乌恰、阿克陶等地）、甘肃、西藏；中亚地区。

【保护级别及用途】IUCN：无危（LC）。

140. 铺地棘豆 *Oxytropis humifusa* Kar. et Kir.

【俗名】伏生棘豆、黑毛棘豆

【异名】*Oxytropis melanotricha*; *Spiesia humifusa*; *Spiesia albana*; *Oxytropis albana*; *Oxytropis lapponica* var. *humifusa*; *Oxytropis lapponica* var. *jacquemontiana* ; *Oxytropis humifusa* var. *grandiflora*

【生物学特征】外观：多年生草本，高 2~5 厘米。根：木质，短，分枝多。茎：缩短，分枝很多。叶：羽状复叶长 2~5（~7）厘米；托叶膜质，披针形，于中部与叶柄贴生，彼此分离，初时密被绢状长柔毛，后渐脱；叶柄与叶轴被贴伏柔毛；小叶（11~）13~17（~23），卵状披针形、披针形，两面密被贴伏绢状长柔毛。花：6~10 花组成头状伞形总状花序；总花梗细，长于叶，直立或铺散，疏被白色短柔毛；苞片线状钻形，密被白色和黑色柔毛；花萼钟状，密被黑色短柔毛和白色疏柔毛；花冠紫色，旗瓣长 8~13 毫米，瓣片圆心形，翼瓣长 7~10 毫米，龙骨瓣与翼瓣近等长；子房被毛，具短柄，胚珠 10。果实：荚果膜质，长圆状卵形，下垂长（13~）15~20（~25）毫米，被贴伏白色和黑色疏柔毛，1 室，果梗长 3~4 毫米。种子：圆卵形，铁锈色。物候期：花期 7—8 月，果期 8—9 月。

【生境】生于海拔 1 700~4 400 米的阳坡草地、河谷和石质山坡。

【分布】我国新疆（塔城、天山至西帕米尔、昆仑山）和西藏等省份；哈萨克斯坦、乌兹别克斯坦、土库曼斯坦、吉尔吉斯斯坦、塔吉克斯坦、尼泊尔、印度、阿富汗、克什米尔地区、巴基斯坦。

【保护级别及用途】IUCN：无危（LC）。

141. 球花棘豆 *Oxytropis globiflora* Bunge

【俗名】团花棘豆

【异名】*Spiesia globiflora*

【生物学特征】外观：多年生草本，被银白色绢状毛。根：粗壮。茎：缩短，匍匐。叶：羽状复叶长 5~12 厘米；托叶膜质，线状锥形，于基部与叶柄贴生，彼此分离，被绢状柔毛；叶柄与叶轴被贴伏柔毛；小叶 11~21，披针形、长圆形或长圆状披针形，先端尖，两面被贴伏银白色柔毛。花：多花组成头形或卵形总状花序；总花梗长于叶，被贴伏柔毛；苞片膜质，线形，密被白色长柔毛和硬毛；花萼钟状，被贴伏黑色和白色柔毛，萼齿线状锥形，短于萼筒；花冠蓝紫色，旗瓣长 8~9 毫米，瓣片宽卵形，翼瓣略短于旗瓣，龙骨瓣与翼瓣几等长。果实：荚果膜质，长圆状广椭圆形、长卵形，下垂，先端具喙，密被贴伏白色短柔毛；果梗长 1.5~2 毫米。种子：圆肾形，具棱角，长 0.75~1 毫米，暗棕色。物候期：花期 6—7 月，果期 7—8 月。

【生境】生于海拔 2 800~4 800 米的高山石质山坡、冰雪冲积沟、草原、河谷及高地。

【分布】我国新疆（塔什库尔干、乌恰、阿克陶、叶城等地）、西藏；中亚地区。

【保护级别及用途】IUCN：无危（LC）。

142. 塔什库尔干棘豆 *Oxytropis tashkurensis* S. H. Cheng ex X. Y. Zhu

【俗名】塔什库儿干棘豆

【生物学特征】外观：多年生草本。茎：缩短至无茎，根颈处多分枝，匍匐，高 9~24 厘米，被白毛。叶：托叶三角形，长 3~4 毫米，宽约 2 毫米，革质，基部与叶柄贴生，彼此分离，被白色柔毛；羽状复叶长 5~8 厘米；小叶 15~23 枚，对生或少有互生，叶片窄卵形至卵形，两面被伏贴白色柔毛。花：总状花序疏松至紧凑，具多花；总花梗长 5~15 厘米，远长于叶；苞片三角形，被白色柔毛；花萼钟状，宽约 2 毫米，被黑色和白色混生柔毛，萼筒长 2.0~2.5 毫米，萼齿锥形；花冠紫色或蓝紫色而在干时黄白色，旗瓣长 6.0~9.5 毫米，瓣片宽倒卵形，翼瓣长 5.0~9.5 毫米；龙骨瓣长 6~7 毫米。果实：荚果窄椭圆形，被黑色和白色柔毛。物候期：花期 5—8 月，果期 6—9 月。

【生境】生于海拔 1 800~3 600 米的山地阴坡草地、高寒草甸、山谷砾石堆。

【分布】我国新疆（塔什库尔干、叶城等地）。

【保护级别及用途】IUCN：无危（LC）。

143. 天山棘豆 *Oxytropis tianschanica* Bunge

【俗名】垫状棘豆、短果棘豆

【异名】*Spiecia tianschanica*; *Oxytropis pulvinata*; *Oxytropis brachycarpa*

【生物学特征】外观：多年生草本，几垫状，灰白色。根：直根，淡黄褐色，茎分枝短，木质化，嫩枝匍匐地面，1 年生枝长 3~5（~30）厘米，密被开展白色短柔毛。叶：羽状复叶长 1~3 厘米；托叶草质，卵状披针形，于高处与叶柄贴生，于基部彼此合生，密被白色柔毛；叶柄与叶轴被开展白色柔毛；小叶（7~）9~15，广椭圆形、披针形，两面密被白色柔毛。花：5~10 花组成头形总状花序；总花梗长于叶，被白色柔毛；苞片披针形，较花梗长，被白色柔毛；花萼筒状钟形，密被开展白色长绵毛和黑色短柔毛；花冠紫色，旗瓣长（8~）9~12 毫米，瓣片圆形，翼瓣长 8~9 毫米，长圆形，龙骨瓣长 6 毫米。果实：荚果硬膜质，广椭圆状长圆形，被白色短柔毛和稀疏的黑色短毛，不完全 2 室；果梗长 1~2 毫米。物候期：花果期 7—8 月。

【生境】生于海拔 2 800~4 600 米的山坡草地、石质山坡及高山河谷。

【分布】我国新疆（塔什库尔干、乌恰等地）；吉尔吉斯斯坦、塔吉克斯坦。

【保护级别及用途】IUCN：无危（LC）；种质资源。

144. 小叶棘豆 *Oxytropis microphylla*（Pall.）DC.

【俗名】奥打夏、奴奇哈、瘤果棘豆、达夏、密叶棘豆、多叶棘豆、轮叶棘豆、臭棘豆

【异名】*Oxytropis ingrata*; *Oxytropis polyadenia*; *Oxytropis tibetica*; *Spiesia microphylla*; *Oxytropis grenardi*; *Phaca microphylla*; *Astragalus microphyllus*; *Oxytropis chiliophylla*; *Oxytropis microphylla*

【生物学特征】外观：多年生草本，灰绿色，高 5~30 厘米，有恶臭。根颈：4~8（~12）毫米，直伸，淡褐色。茎：缩短，丛生，基部残存密被白色绵毛的托叶。叶：轮生羽状复叶长 5~20 厘米；叶柄与叶轴被白色柔毛；小叶 15（~18）~ 25 轮，每轮 4~6 片，稀对生，椭圆形、宽椭圆形、长圆形或近圆形，两面被开展的白色长柔毛。花：花多组成头形总状花序，花后伸长；花葶较叶长或与之等长，直立，密被开展的白色长柔毛；苞片近草质，线状披针形，疏被白色长柔毛和腺点；花冠蓝色或紫红色，旗瓣长（16~）19~23 毫米，瓣片宽椭圆形，翼瓣长（14~）15~19 毫米，瓣片两侧呈不等的三角状匙形，龙骨瓣长 13~16 毫米，瓣片两侧呈不等的宽椭圆形，子房线形，无毛，含胚珠 34~36，花柱上部弯曲，近无柄。果实：荚果硬革质，线状长圆形，无毛，被瘤状腺点，不完全 2 室；果梗短。物候期：花期 5—9 月，果期 7—9 月。

【生境】生于海拔 1 600~5 000 米的山坡草地、砾石地、河滩草地、疏林田边砾地、宽谷缓丘等。

【分布】我国新疆（塔什库尔干、阿克陶、喀什、叶城等地）、青海、甘肃、西藏、内蒙古；印度西北部、克什米尔地区、尼泊尔、蒙古国、俄罗斯、吉尔吉斯斯坦、塔吉克斯坦、巴基斯坦。

【保护级别及用途】IUCN：无危（LC）；药用。

145. 雪地棘豆 *Oxytropis chionobia* Bunge

【俗名】疏花棘豆

【异名】*Oxytropis oligantha*

【生物学特征】外观：多年生草本，高2~6厘米。根：粗壮，根径3~8毫米。茎：缩短，丛生，被银白色柔毛，密被枯萎叶柄。叶：轮生羽状复叶长1~3厘米；托叶膜质，宽卵形，于中部与叶柄贴生，于中部彼此合生，分离部分三角形，先端尖，被贴伏白色柔毛；叶柄与叶轴密被白色柔毛；小叶10~12轮，每轮4~6片，狭卵形、披针形，两面密被绢状柔毛。花：总状花序2花或1花、稀3花；总花梗略短于叶，或与之等长，密被开展银白色柔毛，上部混生黑色柔毛；苞片披针形，长4~7毫米，被白色或黑色柔毛；花冠紫蓝色，旗瓣长16~22毫米，瓣片卵形，翼瓣长15~17毫米，瓣片先端扩展，龙骨瓣长14~16毫米；子房被毛，胚珠18~22。果实：荚果薄革质，长圆状椭圆形，微膨胀，喙长2毫米，腹面具沟，背面龙骨状突起，密被白色短柔毛和黑色短柔毛，隔膜宽2~3毫米，不完全2室。种子：圆肾形，长2毫米，棕色。物候期：花期6—7月，果期7—8月。

【生境】生于海拔 2 900~4 700 米的高寒草原、河谷阶地沙砾地、沟谷山坡砾石质草地。

【分布】我国新疆（塔什库尔干、叶城等地）；中亚地区。

【保护级别及用途】IUCN：无危（LC）。

146. 胀果棘豆 *Oxytropis stracheyana* Bunge

【异名】*Oxytropis stracheyana*

【生物学特征】外观：多年生草本，高 2~3 厘米。根：粗壮，直伸。茎：缩短，丛生垫状，密被枯萎叶柄和托叶。叶：羽状复叶长 2~3 厘米；托叶薄膜质，白色，于基部与叶柄贴生，于叶柄背面的一侧彼此合生，分离部分三角形，边缘被疏柔毛；小叶 5~9，长圆形，先端钝，两面密被白色绢状柔毛。花：3~6 花组成伞形总状花序；总花梗长约 45 毫米，密被绢状柔毛；苞片卵形，长 4~5 毫米，密被绢状柔毛；花冠粉红色、淡蓝色、紫红色，旗瓣长 23~25 毫米，瓣片宽卵状长圆形，翼瓣长 20~23 毫米，瓣片倒卵状长圆形，龙骨瓣长 17~19 毫米；子房密被白色绢状长柔毛，具短柄。果实：荚果卵圆形，膨胀，长约 12 毫米，密被白色绢状长柔毛，隔膜窄。物候期：花期 6—7 月，果期 7—9 月。

【生境】生于海拔 2 200~5 200 米的山坡草地、石灰岩山坡、岩缝中、河滩砾石草地、灌丛下。

【分布】我国新疆（塔什库尔干、乌恰、阿克陶、喀什、叶城等地）、青海、甘肃、西藏；巴基斯坦、印度、中亚地区。

【保护级别及用途】IUCN：无危（LC）。

棘豆属 *Oxytropis*

147. 准噶尔棘豆 *Oxytropis songarica*（Pall.）DC.

【异名】*Astragalus songaricus*; *Aragallus songaricus*

【生物学特征】外观：多年生草本，高达38厘米。茎：短缩，被绢质绵毛，基部覆盖枯萎的叶柄和托叶。叶：羽状复叶长10~20厘米；托叶膜质，宽卵形，下部彼此合生并与叶柄贴生，被贴伏白色柔毛；叶柄与叶轴被开展的柔毛；小叶21~37，长圆状卵形，两面密被平伏的白色绢质柔毛。花：多花组成长总状花序；花序梗长于叶，被白色柔毛；苞片卵状披针形，被白色柔毛；花萼钟状，被开展的白与黑色短柔毛，萼齿披针形；花冠红紫色，旗瓣长1.7~2厘米，瓣片长卵形，翼瓣稍短于旗瓣，瓣片倒卵状披针形，龙骨瓣与翼瓣近等长。果实：荚果纸质，长卵圆形，膨胀，被开展白色长柔毛并混生黑色短柔毛，不完全2室。物候期：花期5—6月，果期7—8月。

【生境】生于海拔 2 300 米左右的沟谷山地砾石质山坡、河岸山崖草地。

【分布】我国新疆（乌恰县）；俄罗斯、中亚地区。

【保护级别及用途】IUCN：无危（LC）；种质资源。

148. 北疆锦鸡儿 *Caragana camilloi-schneideri* Kom.

【俗名】库车锦鸡儿、新疆锦鸡儿

【生物学特征】外观：灌木，高 0.8~2 米。茎：老枝粗壮，皮褐色，有突起条棱。叶：托叶针刺硬化，长 2~5 毫米，宿存；叶柄在长枝者长 2~10 毫米，硬化成针刺，宿存，在短枝者细瘦，脱落；叶假掌状，小叶 4，倒卵形至宽披针形，先端钝圆或锐尖，有短刺尖，基部渐狭或短柄，近无毛。花：花梗单生或 2 个并生，长 1~1.5（~2）厘米；萼筒长 9~10 毫米，基部偏斜扩大，萼齿三角形，花冠黄色，长 28~31 毫米，旗瓣近圆形或卵圆形，翼瓣宽线形，龙骨瓣的瓣柄与瓣片近相等，耳不明显；子房密被柔毛。果实：荚果圆筒形，具斜尖头，被柔毛。物候期：花期 5—6 月，果期 7—8 月。

【生境】生于海拔 1 200~3 200 米的石质干山坡、山前平原、山沟。

【分布】我国新疆（阿克陶等地）；中亚地区、俄罗斯。

【保护级别及用途】IUCN：无危（LC）；种质资源。

149. 鬼箭锦鸡儿（原变种）*Caragana jubata* var. *jubata*

【俗名】鬼箭愁

【异名】*Robinia jubata*; *Astragalus jubatus*; *Caragana jubata*

【生物学特征】外观：灌木，直立或伏地，高0.3~2米，基部多分枝。茎：树皮深褐色、绿灰色或灰褐色。叶：羽状复叶有4~6对小叶；托叶先端刚毛状，不硬化成针刺；叶轴长5~7厘米，宿存，被疏柔毛。小叶长圆形，长11~15毫米，宽4~6毫米，先端圆或尖，具刺尖头，基部圆形，绿色，被长柔毛。花：花梗单生，长约0.5毫米，基部具关节，苞片线形；花萼钟状管形，被长柔毛，萼齿披针形；花冠玫瑰色、淡紫色、粉红色或近白色，旗瓣宽卵形，基部渐狭成长瓣柄，翼瓣近长圆形，瓣柄长为瓣片的2/3~3/4，龙骨瓣先端斜截平而稍凹，瓣柄与瓣片近等长；子房被长柔毛。果实：荚果长约3厘米，宽6~7毫米，密被丝状长柔毛。物候期：花期6—7月，果期8—9月。

【生境】生于海拔 1 200~5 000 米的山坡、林缘、灌丛。

【分布】我国新疆（塔什库尔干、乌恰、阿克陶、喀什等地）、内蒙古、河北、山西、青海、西藏、四川、辽宁等；俄罗斯、蒙古国、哈萨克斯坦、印度、尼泊尔、不丹。

【保护级别及用途】IUCN：无危（LC）；药用。

150. 昆仑锦鸡儿 *Caragana polourensis* Franch.

【生物学特征】外观：小灌木，高 30~50 厘米，多分枝。茎：树皮褐色或淡褐色，无光泽，具不规则灰白色或褐色条棱，嫩枝密被短柔毛。叶：假掌状复叶有 4 片小叶；托叶宿存；长 5~7 毫米；叶柄硬化成针刺，长 8~10 毫米；小叶倒卵形，长 6~10 毫米，宽 2~4 毫米，先端锐尖或圆钝，有时凹入，有刺尖，基部楔形，两面被伏贴短柔毛。花：花梗单生，长 2~6 毫米，被柔毛，关节在中上部；花萼管状，萼齿三角形，密被柔毛；花冠黄色，长约 20 毫米，旗瓣近圆形或倒卵形，有时有橙色斑，翼瓣长圆形，瓣柄短于瓣片，耳短，稍圆钝，龙骨瓣的瓣柄较瓣片短，耳短；子房无毛。果实：荚果圆筒状，长 2.5~3.5 厘米，粗 3~4 毫米，先端短渐尖。物候期：花期 4—5 月，果期 6—7 月。

【生境】生于海拔 1 300~3 500 米的灌丛、冲积扇、盐渍化荒漠带、山地干河谷、干旱河谷阶地。

【分布】我国新疆（塔什库尔干、乌恰、阿克陶、喀什、英吉沙、叶城等地）、甘肃、西藏等；俄罗斯、中亚地区。

【保护级别及用途】IUCN：无危（LC）。

锦鸡儿属 *Caragana*

151. 吐鲁番锦鸡儿 *Caragana turfanensis*（Krasn.）Kom.

【俗名】乌什锦鸡儿、伊犁锦鸡儿

【异名】*Caragana frutescens* var. *turfanensis*

【生物学特征】外观：灌木，高 80~100 厘米，多分枝。茎：老枝黄褐色，有光泽，小枝多针刺，淡褐色，无毛；具白色木栓质条棱。叶：叶轴及托叶在长枝者硬化成针刺，宿存；假掌状复叶有 4 片小叶；托叶的针刺长 4~7 毫米，叶轴的针刺长 7~13 毫米，有时小枝顶端常无小叶，仅有密生针刺，短枝上叶轴脱落或宿存，小叶革质，倒卵状楔形，无毛或疏生柔毛，两面绿色。花：花梗单生，长 2~5 毫米，1 花，关节在下部；花萼管状，无毛或稍被短柔毛；花冠黄色，旗瓣倒卵形，长 17~22 毫米，瓣柄长为瓣片的 1/3~1/2，线状长圆形，先端圆形或斜截形，瓣柄长超过瓣片的 1/2，龙骨瓣的瓣柄较瓣片稍短，耳极短子房无毛。果实：荚果长 3~4.5 毫米，宽 4~6 毫米。物候期：花期 5 月，果期 7 月。

【生境】生于海拔1 200~3 040米的山坡、河流阶地、峭壁。

【分布】我国新疆（乌恰、喀什、叶城等地）、甘肃等省份；吉尔吉斯斯坦。

【保护级别及用途】IUCN：近危（NT）。

152. 新疆锦鸡儿 *Caragana turkestanica* Kom.

【俗名】帮卡锦鸡儿

【生物学特征】外观：灌木，高 1~2 米，多分枝。茎：老枝灰色或灰绿色；小枝细长，无毛或嫩时被伏贴柔毛，淡褐色或绿褐色。叶：羽状复叶有 3~5 对小叶；托叶脱落或宿存，硬化，水平开展；叶轴长 3~6 厘米，先端具刺尖，少数叶轴宿存，针刺细瘦或粗壮；小叶羽状，宽倒卵形或椭圆形，先端圆形或截形，具刺尖，基部楔形，极少圆形，绿色或呈灰白色，无毛或疏被伏贴柔毛。花：花梗与叶等长或稍长，无毛，关节在中部以上；小苞片极小、线形；花萼钟状，长宽近相等，外面无毛；花冠黄色，旗瓣长 24~27 毫米，翼瓣长 27~30 毫米，龙骨瓣长 23~27 毫米；子房无毛。果实：荚果圆筒状，长 3~5 厘米，宽 6~6.5 毫米。物候期：花期 5 月，果期 7 月。

【生境】生于 900~1 800 米的旱生灌丛、阳坡。

【分布】我国新疆（塔什库尔干县、叶城县）；中亚地区、天山西段。

【保护级别及用途】IUCN：无危（LC）。

153. 准噶尔锦鸡儿 *Caragana soongorica* Grubov

【生物学特征】外观：灌木，高 1.5~2 米。茎：老枝深灰色或紫黑色；嫩枝细，绿褐色，有棱，无毛。叶：羽状复叶有 2~4 对小叶，轴长 1.5~4.5 厘米，脱落；托叶在长枝者宿存，长 3~6 毫米，具刺尖，小叶倒卵形，长 7~15 毫米，宽 5~9 毫米，先端微凹或截平，具刺尖，无毛或背面疏被伏贴柔毛，网脉明显。花：花梗单生，长 1~3.5 厘米，关节在中上部，每梗 2 花，很少 1 花；苞片钻形，长 1~2 毫米；花萼钟状杯形，长 7~9 毫米，宽与长近相等，萼齿短小，长约 1 毫米，无毛或近无毛；花冠黄色，长 30~35 毫米，旗瓣宽卵形，翼瓣较旗瓣长 2~3 毫米，龙骨瓣较翼瓣短 3~5 毫米，子房被绢毛。果实：荚果线形，长 4~5 厘米，宽 5~6 毫米。物候期：花期 5 月，果期 7—8 月。

【生境】生于海拔 1 200~1 800 米的河流阶地、山坡灌丛。

【分布】我国新疆（塔什库尔干县、叶城县）；中亚地区、天山西段。

【保护级别及用途】IUCN：近危（NT）。

154. 铃铛刺 *Caragana halodendron*（Pall.）Dum. Cours.

【俗名】耐碱树、盐豆木、白花盐豆木、食盐树、白花铃铛刺

【异名】*Halimodendron argenteum*; *Halimodendron argenteum* var. *albiflorum*; *Halimodendron halodendron* var. *albiflorum Robinia halodendron*; *Caragana argenta*; *Halimodendron halodendron*; *Robinia halodendrum*

【生物学特征】外观：灌木，高0.5~2米。茎：树皮暗灰褐色，分枝密，具短枝，长枝褐色至灰黄色，有棱，无毛，当年生小枝密被白色短柔毛。叶：偶数羽状复叶，小叶2~4，倒披针形，先端圆或微凹，基部楔形，幼时两面密被银白色绢毛，小叶柄短；针刺状叶轴宿存。花：总状花序生于短枝，具2~5花，花序梗长1.5~3厘米，密被绢毛；花梗细；花萼钟状，基部偏斜，萼齿极短；花长1~1.6厘米，花冠淡紫色或紫红色，稀白色，旗瓣圆形，边缘微卷；翼瓣的瓣柄与耳等长，龙骨瓣半圆形，稍短于翼瓣；雄蕊二体；子房无毛，1室，有长柄，胚珠多数，花柱内弯。果实：荚果长圆形，膨胀，厚革质，背腹稍扁，基部偏斜，顶端有喙，具多数种子。物候期：花期7月，果期8月。

【生境】生于海拔 960~3 600 米的荒漠盐化沙土和河流沿岸的盐质土上，也常见于胡杨林下。

【分布】我国新疆（塔什库尔干等地）、内蒙古、甘肃；俄罗斯、中亚地区和蒙古国。

【保护级别及用途】IUCN：无危（LC）；改良盐碱土和固沙，并可栽培作绿篱。

155. 苦豆子 *Sophora alopecuroides* L.

【异名】*Pseudosophora alopecuroides*; *Sophora orientalis*; *Goebelia alopecuroides*; *Vexibia alopecuroides*; *Sophora pallida*

【生物学特征】外观：草本，或基部木质化成亚灌木状，高约 1 米。茎：枝被白色或淡灰白色长柔毛或贴伏柔毛。叶：羽状复叶；叶柄长 1~2 厘米；托叶着生于小叶柄的侧面，钻状，长约 5 毫米，常早落；小叶 7~13 对，对生或近互生，纸质，披针状长圆形或椭圆状长圆形。花：总状花序顶生；花多数，密生；花梗长 3~5 毫米；苞片似托叶，脱落；花萼斜钟状，5 萼齿明显；花冠白色或淡黄色，旗瓣形状多变，通常为长圆状倒披针形，翼瓣常单侧生，长约 16 毫米，卵状长圆形，龙骨瓣与翼瓣相似；雄蕊 10，花丝不同程度连合，有时近两体雄蕊，连合部分疏被极短毛，子房密被白色近贴伏柔毛，柱头圆点状，被稀少柔毛。果实：荚果串珠状，长 8~13 厘米，直，具多数种子。种子：卵球形，稍扁，褐色或黄褐色。物候期：花期 5—6 月，果期 8—10 月。

【生境】多生于海拔 1 200~3 200 米的河边渠岸、疏林河滩草甸。

【分布】我国新疆（塔什库尔干、英吉沙等地）、内蒙古、山西、陕西、宁夏、甘肃、青海、河南、河北、西藏；俄罗斯、巴基斯坦、克什米尔地区、伊朗、土耳其。

【保护级别及用途】药用。

156. 苦马豆 *Sphaerophysa salsula*（Pall.）DC.

【俗名】羊吹泡、红花苦豆子、苦黑子、洪呼图~额布斯、红苦豆、爆竹花、红花土豆子、羊萝泡、羊尿泡、鸦食花、泡泡豆

【异名】*Phaca salsula*; *Swainsonia salsula*

【生物学特征】外观：半灌木或多年生草本。茎：直立或下部匍匐，高 0.3~0.6 米，稀达 1.3 米；枝开展，具纵棱脊，被疏至密的灰白色丁字毛。叶：托叶线状披针形，三角形至钻形，自茎下部至上部渐变小；叶轴长 5~8.5 厘米，上面具沟槽；小叶 11~21 片，倒卵形至倒卵状长圆形，上面疏被毛至无毛，下面被细小、白色"丁"字毛；小叶柄短，被白色细柔毛。花：总状花序常较叶长，生 6~16 花；花冠初呈鲜红色，后变紫红色，旗瓣瓣片近圆形，长 12~13 毫米，翼瓣较龙骨瓣短，龙骨瓣长 13 毫米；子房近线形，密被白色柔毛，花柱弯曲，仅内侧疏被纵列髯毛，柱头近球形。果实：荚果椭圆形至卵圆形，膨胀，果瓣膜质，外面疏被白色柔毛，缝线上较密。种子：肾形至近半圆形，长约 2.5 毫米，褐色，珠柄长 1~3 毫米，种脐圆形凹陷。物候期：花期 5—8 月，果期 6—9 月。

【生境】生于海拔 960~3 180 米的山坡、草原、荒地、沙滩、戈壁绿洲、沟渠旁及盐池周围，较耐干旱，习见于盐化草甸、强度钙质性灰钙土上。

【分布】我国新疆（塔什库尔干、乌恰、喀什、叶城等地）、吉林、辽宁、内蒙古、河北、山西、陕西、宁夏、甘肃、青海等；蒙古国、俄罗斯、日本。

【保护级别及用途】IUCN：无危（LC）；绿肥、药用。

157. 骆驼刺 *Alhagi camelorum* Fisch.

【俗名】刺糖、延塔克、疏叶骆驼刺

【异名】*Alhagi pseudalhagi*; *Alhagi sparsifolia*; *Alhagi maurorum* var. *sparsifolium*

【生物学特征】外观：亚灌木，高达 40 厘米。茎：直立，具细条纹，无毛或幼茎具短柔毛，从基部开始分枝，枝条平行上升。叶：互生，卵形、倒卵形或倒圆卵形，长 0.8~1.5 厘米，先端圆，具短硬尖，基部楔形，全缘，无毛，具短柄。花：总状花序腋生，花序轴变成坚硬的锐刺，刺长为叶的 2~3 倍，无毛，刺上具 3~6（~8）花；花长 0.8~1 厘米；苞片钻状，长约 1 毫米；花梗长 1~3 毫米；花萼钟状，长 4~5 毫米，被短柔毛，萼齿三角状或钻状三角形；花冠深紫红色，旗瓣倒长卵形，长 8~9 毫米，翼瓣长圆形，长为旗瓣的 3/4，龙骨瓣与旗瓣约等长；子房线形，无毛。果实：荚果线形，常弯曲，几无毛。物候期：花期 6—7 月，果期 7—8 月。

【生境】生于 960~2 300 米荒漠地区的沙地、河岸、农田边。

【分布】我国新疆（塔什库尔干、乌恰、喀什、英吉沙、叶城等地）、内蒙古、甘肃、青海、陕西等；哈萨克斯坦、乌兹别克斯坦、土库曼斯坦、吉尔吉斯斯坦、塔吉克斯坦。

【保护级别及用途】IUCN：无危（LC）；种质资源、药用。

158. 苜蓿 *Medicago sativa* L.

【俗名】紫苜蓿

【异名】*Medicago afghanica*; *Medicago asiatica* subsp. *sinensis*; *Medicago beipinensis*; *Medicago tibetana*; *Medicago pekinensis*

【生物学特征】外观：多年生草本，高0.3~1米。茎：直立、丛生以至平卧，四棱形，无毛或微被柔毛，多分枝。叶：羽状3出复叶；托叶大，卵状披针形；叶柄比小叶短；小叶长卵形、倒长卵形或线状卵形，上面无毛，下面被贴伏柔毛，侧脉8~10对；顶生小叶柄比侧生小叶柄稍长。花：花序总状或头状，长1~2.5厘米，具5~30花；花序梗比叶长；苞片线状锥形，比花梗长或等长；花萼钟形，萼齿比萼筒长；花冠白色、深蓝色到深紫色，旗瓣长圆形，明显长于翼瓣和龙骨瓣，龙骨瓣稍短于翼瓣；子房线形，具柔毛，花柱短宽，柱头点状，胚珠多数。果实：荚果螺旋状，紧卷2~4（~6）圈，中央无孔或近无孔，直径5~9毫米，脉纹细，不清晰。种子：有10~20种子，黄色或棕色，卵圆形，1~2.5毫米，平滑。物候期：花期5—7月，果期6—10月。

【生境】生于海拔 1 200~2 900 米的田边、路旁、旷野、草原、河岸及沟谷等地。

【分布】我国新疆（乌恰、叶城等地），此外，全国各地都有栽培或呈半野生状态；世界温带地区。

【保护级别及用途】IUCN：无危（LC）；饲草。

159. 天蓝苜蓿 *Medicago lupulina* L.

【俗名】天蓝、接筋草、野苜蓿

【生物学特征】外观：1年生、2年生或多年生草本，高15~60厘米，全株被柔毛或有腺毛。根：主根浅，须根发达。茎：平卧或上升，多分枝，叶茂盛。叶：羽状3出复叶；托叶卵状披针形，先端渐尖，基部圆或戟状，常齿裂；小叶倒卵形、阔倒卵形或倒心形，先端多少截平或微凹，具细尖，基部楔形，边缘在上半部具不明显尖齿，两面均被毛；顶生小叶较大，小叶柄长2~6毫米，侧生小叶柄甚短。花：花序小头状，具花10~20朵；总花梗细，挺直，比叶长，密被贴伏柔毛；苞片刺毛状，甚小；萼钟形，密被毛，萼齿线状披针形，稍不等长；花冠黄色，旗瓣近圆形，顶端微凹，翼瓣和龙骨瓣近等长，均比旗瓣短；子房阔卵形，被毛，花柱弯曲，胚珠1粒。果实：荚果肾形，表面具同心弧形脉纹，被稀疏毛，熟时变黑；有种子1粒。种子：卵形，褐色，平滑。物候期：花期7—9月，果期8—10月。

【生境】常见于海拔 2 000~3 500 米的河岸、路边、田野及林缘。

【分布】我国新疆（塔什库尔干、叶城等地），此外，大部分地区都有；欧亚大陆广布，世界各地都有归化种。

【保护级别及用途】IUCN：无危（LC）；药用。

160. 野苜蓿 *Medicago falcata* L.

【生物学特征】外观：多年生草本，高（20~）40~100（~120）厘米。根：主根粗壮，木质，须根发达。茎：平卧或上升，圆柱形，多分枝。叶：羽状三出复叶；托叶披针形至线状披针形，全缘或稍具锯齿，脉纹明显；叶柄细，比小叶短；小叶倒卵形至线状倒披针形，边缘上部1/4具锐锯齿，上面无毛，下面被贴伏毛。花：花序短总状，具花6~20（~25）朵，稠密，花期几不伸长；总花梗腋生，挺直，与叶等长或稍长；苞片针刺状，长约1毫米；花长6~9（~11）毫米；花梗长2~3毫米，被毛；萼钟形，被贴伏毛，萼齿线状锥形，比萼筒长；花冠黄色，子房线形，被柔毛，花柱短，略弯，胚珠2~5粒。果实：荚果镰形，脉纹细，斜向，被贴伏毛；有种子2~4粒。种子：卵状椭圆形，长2毫米，宽1.5毫米，黄褐色，胚根处突起。物候期：花期6—8月，果期7—9月。

【生境】生于海拔 2 600 米左右的沙质偏旱耕地、山坡、草原、河滩灌丛及河岸杂草丛中。

【分布】我国新疆（塔什库尔干、叶城等地）、东北、华北、西北各地；欧洲、俄罗斯、哈萨克斯坦、乌兹别克斯坦、土库曼斯坦、吉尔吉斯斯坦、塔吉克斯坦、蒙古国、伊朗、阿富汗、印度、尼泊尔等。

【保护级别及用途】IUCN：无危（LC）。

161. 沙冬青 *Ammopiptanthus mongolicus*（Maxim. ex Kom.）Cheng f.

【俗名】小沙冬青、蒙古黄花木、冬青、蒙古沙冬青、新疆沙冬青

【异名】*Piptanthus chinensis*; *Piptanthus mongolicus*; *Ammopiptanthus nanus*; *Piptanthus nanus*; *Podalyria nana*

【生物学特征】外观：常绿灌木，高1.5~2米，粗壮；树皮黄绿色，木材褐色。茎：多叉状分枝，圆柱形，具沟棱，幼被灰白色短柔毛，后渐稀疏。叶：3小叶，偶为单叶；叶柄长5~15毫米，密被灰白色短柔毛；托叶小，三角形或三角状披针形，贴生叶柄，被银白色绒毛；小叶菱状椭圆形或阔披针形，两面密被银白色绒毛，全缘，侧脉几不明显。花：总状花序顶生枝端，花互生，8~12朵密集；苞片卵形，密被短柔毛，脱落；花梗长约1厘米，近无毛，中部有2枚小苞片；萼钟形，薄革质，长5~7毫米，萼齿5，阔三角形，上方2齿合生为一较大的齿；花冠黄色，子房具柄，线形，无毛。果实：荚果扁平，线形，无毛，先端锐尖，基部具果颈，有种子2~5粒。种子：圆肾形。物候期：花期4—5月，果期5—6月。

【生境】生于海拔 2 100~3 100 米的沟谷河滩沙地、干旱石质山坡、荒漠地带干旱砾石河谷、砾质山坡。

【分布】我国新疆（乌恰、喀什等地）、内蒙古、甘肃等；俄罗斯、蒙古国、西天山。

【保护级别及用途】IUCN：易危（VU）；国家第一批Ⅱ级保护野生植物；新疆Ⅰ级保护野生植物；渐危种，特有种；本种是荒漠地带绿色树种，重点保护植物，供观赏、药用。

162. 刚毛岩黄芪 *Hedysarum setosum* Vved.

【俗名】刚毛岩黄耆

【生物学特征】外观：多年生草本，高约 20 厘米。根：粗壮，强烈木质化；根颈向上分枝，形成多数地上茎。茎：缩短，不明显，长 1~2 厘米。叶：簇生状，仰卧或上升，叶柄等于或稍短于叶片，被灰白色长柔毛；托叶三角状，棕褐色干膜质；小叶 9~13，具不明显小叶柄；小叶片卵形或卵状椭圆形，上面被疏柔毛，下面被密的灰白色贴伏柔毛。花：总状花序腋生，超出叶近 1 倍，被灰白色向上贴伏的柔毛，花序阔卵形，长 3~4 厘米，具多数花，花后期时花序明显延伸，花的排列较疏散；苞片棕褐色，披针形，与花萼近等长，外被长柔毛；花萼针状，外被绢状毛；花冠玫瑰紫色，旗瓣倒阔卵形，长 17~18 毫米，先端圆形、微凹，中脉延伸成不明显的短尖头，基部渐狭成楔形的短柄，翼瓣线形，长为旗瓣的 3/4，龙骨瓣稍短于旗瓣，前端暗紫红色；子房线形，初花被毛不明显，后期逐渐被柔毛，具 3~4 枚胚珠。物候期：花期 7—8 月，果期 8—9 月。

【生境】生于海拔 2 400~3 500 米的亚高山和高山草原。

【分布】我国新疆（乌恰、阿克陶等地）；中亚地区西天山。

【保护级别及用途】IUCN：无危（LC）。

163. 高山野决明 *Thermopsis alpina*（Pall.）Ledeb.

【俗名】高山黄华

【异名】*Sophora alpina*; *Thermopsis alpina* var. *yunnanensis*; *Thermopsis yunnanensis*; *Thermopsis licentiana* var. *yunnanensis*

【生物学特征】外观：多年生草本，高 12~30 厘米。根状茎：发达。茎：直立，分枝或单生，具沟棱，初被白色伸展柔毛，旋即秃净，或在节上留存。叶：托叶卵形或阔披针形，长 2~3.5 厘米，上面无毛，下面和边缘被长柔毛；小叶线状倒卵形至卵形，上面沿中脉和边缘被柔毛或无毛，下面有时毛被较密。花：总状花序顶生，长 5~15 厘米，具花 2~3 轮，2~3 朵花轮生；苞片与托叶同型，长 10~18 毫米，被长柔毛；萼钟形，长 10~17 毫米；花冠黄色，花瓣均具长瓣柄，旗瓣阔卵形或近肾形，翼瓣与旗瓣几等长，龙骨瓣长 2~2.1 厘米，与翼瓣近等宽；子房密被长柔毛，具短柄，柄长 2~5 毫米，胚珠 4~8 粒。果实：荚果长圆状卵形，长 2~5（~6）厘米，扁平，亮棕色，被白色伸展长柔毛；有 3~4 粒种子。种子：肾形，微扁，褐色，长 5~6 毫米，种脐灰色，具长珠柄。物候期：花期 5—7 月，果期 7—8 月。

【生境】生于海拔 2 400~5 200 米的沙质河滩、高山冻原、砾石沙漠等。

【分布】我国新疆（塔什库尔干、乌恰、阿克陶、叶城等地）、青海、陕西、西藏、云南、山西、河北、内蒙古等省份；俄罗斯、土库曼斯坦、塔吉克斯坦、乌兹别克斯坦、吉尔吉斯斯坦、哈萨克斯坦、蒙古国。

【保护级别及用途】种质资源。

164. 披针叶野决明 *Thermopsis lanceolata* R. Br.

【俗名】牧马豆、披针叶黄华、东方野决明

【异名】*Thermopsis lanceolata* subsp. *sibirica*; *Podalyria lupinoides*; *Thermopsis kaxgarica*; *Thermopsis dahurica*; *Thermopsis sibirica*; *Thermopsis yushuensis*; *Thermopsis kaxgarica*

【生物学特征】外观：多年生草本，高12~30（~40）厘米。茎：直立，分枝或单一，具沟棱，被黄白色贴伏或伸展柔毛。叶：3小叶；叶柄短，长3~8毫米；托叶叶状，卵状披针形，上面近无毛，下面被贴伏柔毛；小叶狭长圆形、倒披针形，长2.5~7.5厘米，宽5~16毫米，上面通常无毛，下面多少被贴伏柔毛。花：总状花序顶生，长6~17厘米，具花2~6轮，排列疏松；苞片线状卵形或卵形，宿存；萼钟形长1.5~2.2厘米，密被毛。花冠黄色，旗瓣近圆形，长2.5~2.8厘米，瓣柄长7~8毫米，翼瓣长2.4~2.7厘米，龙骨瓣长2~2.5厘米；子房密被柔毛，具柄，柄长2~3毫米，胚珠12~20粒。果实：荚果线形，长5~9厘米，被细柔毛，黄褐色，种子6~14粒。位于中央。种子：圆肾形，黑褐色，具灰色蜡层，有光泽，长3~5毫米。物候期：花期5—7月，果期6—10月。

【生境】生于海拔 2 800~4 700 米的草原沙丘、河岸和砾滩。

【分布】我国新疆（乌恰、喀什等地）、西藏、四川、东北、华北、西北；尼泊尔、俄罗斯、蒙古国、中亚地区。

【保护级别及用途】药用。

165. 新疆远志 *Polygala hybrida* DC.

【俗名】远志

【异名】*Polygala comosa* var. *altaica*; *Polygala comosa* var. *hybrida*

【生物学特征】外观：多年生草本，高 15~40 厘米。茎：通常多数丛生，被极短的卷曲微柔毛。叶：单叶互生，叶片薄纸质或膜质，椭圆形或狭披针形，长 1.5~4.5 厘米，宽 2~4 厘米，先端钝，基部渐狭，全缘，绿色，主脉上面凹陷，背面突起，侧脉直升，不明显，无叶柄。花：总状花序顶生，花密集，花梗短，长约 2 毫米，无毛；花瓣 3，紫红色，侧瓣长椭圆形，偏斜，长约 7 毫米，中部以下与龙骨瓣合生，先端略尖，龙骨瓣短于侧瓣，长约 4.5 毫米，鸡冠状附属物条状微裂；雄蕊 8，花丝长约 4.5 毫米，全部合生成鞘，鞘内被柔毛，花药卵形；子房长椭圆形，具狭翅，直径约 1 毫米，长约 1.5 毫米，无毛，花柱长 2.5 毫米，由下向上逐渐加宽，顶端毛笔状，柱头生其中部。果实：蒴果长圆形，长 6 毫米，具翅，无毛。种子：除种阜外密被绢毛。物候期：花期 5—7 月，果期 6—9 月。

【生境】生于山坡林下，草地或河漫滩沙质土壤上，海拔 1 200~2 800 米。

【分布】我国新疆（阿克陶等地）；蒙古国、哈萨克斯坦、俄罗斯至欧洲。

【保护级别及用途】IUCN：无危（LC），药用。

166. 天山花楸（原变种）*Sorbus tianschanica* var. *tianschanica*

【异名】*Pyrus tianschanica*

【生物学特征】外观：灌木或小乔木，高达 5 米。茎：小枝粗壮，圆柱形，褐色或灰褐色，有皮孔，嫩枝红褐色，微具短柔毛。叶：奇数羽状复叶，连叶柄长 14~17 厘米，叶柄长 1.5~3.3 厘米；小叶片（4~）6~7 对，卵状披针形，长 5~7 厘米，两面无毛，下面色较浅；托叶线状披针形，膜质，早落。花：复伞房花序大型，有多数花朵，排列疏松，无毛；花梗长 4~8 毫米；花直径 15~18（~20）毫米；萼筒钟状，内外两面均无毛；萼片三角形，先端钝，稀急尖，外面无毛，内面有白色柔毛；花瓣卵形或椭圆形，白色，内面微具白色柔毛；雄蕊 15~20，通常 20；花柱 3~5，通常 5，稍短于雄蕊或几乎等长，基部密被白色绒毛。果实：球形，直径 10~12 毫米，鲜红色，先端具宿存闭合萼片。物候期：花期 5—6 月，果期 9—10 月。

【生境】生于海拔 2 000~3 900 米的高山溪谷中或云杉林边缘。

【分布】我国新疆（乌恰、阿克陶、叶城等地）、青海、甘肃；土耳其、阿富汗。

【保护级别及用途】IUCN：无危（LC）；药用、栽培观赏。

167. 帕米尔金露梅 *Dasiphora dryadanthoides* Juz.

【俗名】垫状金露梅

【异名】*Potentilla fruticosa* var. *pumila*; *Potentilla arbuscula* var. *pumila*

【生物学特征】外观：矮小灌木，高 7~15 厘米。茎：枝条铺散，嫩枝棕黄色，稍被疏柔毛。叶：奇数羽状复叶，小叶片 5 枚或 3 枚，椭圆形，顶端钝圆，基部楔形，边缘平坦或略反卷，两面被白色绢状柔毛，下面沿脉有开展的长柔毛；托叶卵形，膜质，淡棕色。花：单生叶腋；梗短，花直径 1~1.5 厘米；萼片宽卵形，副萼片披针形或卵形，具短尖，短于萼片；花瓣黄色，宽卵形，长于萼片；花柱近基生，易与其他种相区别，棒状，茎部稍细、柱头扩大。果实：瘦果被毛。物候期：花期 6—7 月。

【生境】生于海拔 2 800~5 000 米的山坡高寒灌丛、沟谷山地石隙、河滩灌丛、草原、砾石坡及草甸。

【分布】我国新疆（塔什库尔干、阿克陶、叶城等地）、青海、甘肃等；中亚地区。

【保护级别及用途】新疆Ⅱ级保护野生植物；种质资源。

168. 小叶金露梅（原变种）*Dasiphora parvifolia* var. *parvifolia*

【异名】*Potentilla parvifolia* ; *Potentilla fruticosa* var. *parvifolia*; *Potentilla fruticosa* var. *purdomii*; *Potentilla fruticosa* var. *grandiflora*; *Potentilla rehderiana*

【生物学特征】外观：灌木，高 0.3~1.5 米，分枝多，树皮纵向剥落。茎：小枝灰色或灰褐色，幼时被灰白色柔毛或绢毛。叶：羽状复叶，有小叶 2 对，常混生有 3 对，基部 2 对小叶呈掌状或轮状排列；小叶小，披针形、带状披针形或倒卵状披针形，边缘全缘，明显向下反卷，两面绿色，被绢毛，或下面粉白色，有时被疏柔毛；托叶膜质，褐色或淡褐色，全缘，外面被疏柔毛。花：顶生单花或数朵，花梗被灰白色柔毛或绢状柔毛；萼片卵形，顶端急尖，副萼片披针形、卵状披针形或倒卵状披针形，外面被绢状柔毛或疏柔毛；花瓣黄色，宽倒卵形，比萼片长 1~2 倍；花柱近基生，棒状，基部稍细，在柱头下缢缩，柱头扩大。果实：瘦果表面被毛。物候期：花果期 6—8 月。

【生境】生于干燥山坡、岩石缝中、林缘及林中，海拔 900~ 5 200 米。

【分布】我国新疆（塔什库尔干、喀什、叶城等地）、黑龙江、内蒙古、甘肃、青海、四川、西藏；俄罗斯、蒙古国、中亚地区山地。

【保护级别及用途】IUCN：数据缺乏（DD）；种质资源。

169. 蕨麻 *Argentina anserina*（L.）Rydb.

【俗名】鹅绒委陵菜、莲花菜、蕨麻委陵菜、延寿草、人参果、无毛蕨麻、灰叶蕨麻

【异名】*Potentilla anserina*; *Potentilla anserina* var. *sericea*; *Potentilla anserina* var. *nuda* ; *Potentilla anserina* var. *viridis*; *Potentilla anserina*

【生物学特征】外观：多年生草本，植株呈灰白色。根：向下延长，有时在根的下部长成纺锤形或椭圆形块根。茎：匍匐，节处生根，常着地长出新植物，被贴生或半开展疏柔毛或脱落几无毛。叶：基生叶为间断羽状复叶，有6~11对小叶；基生小叶渐小呈附片状，白色绢状疏柔毛，有时脱落几无毛，小叶椭圆形、卵状披针形或长椭圆形，长1.5~4厘米；茎生叶与基生叶相似，小叶对数较少。花：单花腋生；花梗长2.5~8厘米，疏被柔毛；花径1.5~2厘米；萼片三角状卵形，先端急尖或渐尖，副萼片椭圆形或椭圆状披针形，常2~3裂，稀不裂，与萼片近等长或稍短；花瓣黄色，倒卵形；花柱侧生，小枝状，柱头稍扩大。物候期：花果期4—9月。

【生境】生于海拔 2 800~4 200 米的砾石坡、河漫滩、渠畔、草甸、灌丛、沼泽湿地。

【分布】我国新疆（塔什库尔干、乌恰、阿克陶等地）、青海、甘肃、宁夏、陕西、西藏、四川、云南、山西、河北、内蒙古、辽宁、吉林、黑龙江；横跨欧亚美北半球温带，以及南美洲智利、大洋洲新西兰及塔斯马尼亚岛等地。

【保护级别及用途】IUCN：无危（LC）；药用。

170. 矮蔷薇 *Rosa nanothamnus* Bouleng.

【生物学特征】外观：灌木，高 1~2 米。茎：枝条开展，有刺，花枝短，刺细直，仅在基部扩展，散生或成对，最大的刺等长于或长于小叶片，萌条枝刺异形。叶：小叶 5~9 枚，圆形或卵圆形，长 5~15 毫米，宽 5~9 毫米，略带革质，两面无毛或下面带绒毛，稀无毛，有时沿脉有小腺体，边缘有腺齿；叶柄被绒毛或无毛，多少具腺体或小刺；托叶狭窄，具三角形的耳，边缘常具腺。花：1~3 朵，粉红色或白色，直径 2.0~3.5 厘米；花梗被绒毛或无；花托圆形或卵圆形，被腺毛；萼片披针形，外面被腺毛，边缘和内面被绒毛，稍短于花瓣。果实：球形或卵球形，表面有稀疏腺刺毛，有时脱落，红色，萼片宿存。物候期：花期 6 月，果期 8 月。

【生境】生于海拔 2 900~3 800 米的砾石坡地、山沟、草甸。

【分布】我国新疆（塔什库尔干县）；中亚地区各国、阿富汗。

【保护级别及用途】种质资源。

171. 宽刺蔷薇 *Rosa platyacantha* Schrenk

【生物学特征】外观：小灌木，高1~2米。茎：枝条粗壮，开展，无毛，皮刺多，扁圆而基部膨大，黄色。叶：小叶5~7，连叶柄长3~5厘米；小叶片革质，近圆形、倒卵形或长圆形，两面无毛或下面沿脉微有柔毛；叶轴、叶柄幼时有腺以后脱落；托叶大部贴生于叶柄，仅顶端部分离生，披针形，有腺齿。花：单生于叶腋或2~3朵集生；无苞片；花梗长1~3.5厘米，通常无毛；花直径3~5厘米；萼筒、萼片外面无毛，萼片披针形，内面被柔毛；花瓣黄色，倒卵形，先端微凹，基部楔形；花柱离生，稍伸出萼筒口外，被黄白色长柔毛，比雄蕊短。果实：球形至卵球形，直径约1厘米，暗红色至紫褐色，有光泽；萼片直立，宿存。物候期：花期5—8月，果期8—11月。

【生境】生于海拔 1 100~2 400 米的林边、林下、灌木丛中较干旱山坡、荒地或水旁湿润处。

【分布】我国新疆（阿克陶、乌恰、喀什、英吉沙等地）、宁夏、内蒙古、天津；中亚地区。

【保护级别及用途】IUCN：近危（NT）；新疆Ⅱ级保护野生植物；药用。

172. 密刺蔷薇（原变种）*Rosa spinosissima* var. *spinosissima*

【俗名】多刺蔷薇

【生物学特征】外观：矮小灌木，高约1米。茎：枝开展或弯曲，无毛；当年小枝紫褐色或红褐色，有直立皮刺和密被针刺。叶：小叶 5~11 片，连叶柄长 4~8 厘米；小叶片长圆形、长圆状卵形或近圆形，长 1~2.2 厘米，边缘有单锯齿或部分重锯齿，幼时齿尖带腺，上面深绿色，下面淡绿色，两面无毛；叶轴和叶柄有少数针刺和腺毛；托叶大部贴生于叶柄，顶端部分离生，卵形，全缘或有齿，齿尖常有腺。

花：单生于叶腋或有时 2~3 朵集生，无苞片；花梗长 1.5~3.5 厘米，幼时微有柔毛，以后脱落，有腺毛或无腺毛；花直径 2~5 厘米；萼片披针形，外面无毛，内面有白色柔毛，边缘较密；花瓣白色、粉色至淡黄色，宽倒卵形；花柱离生，被白色柔毛，比雄蕊短很多。果实：近球形，直径 1~1.6 厘米，黑色或暗褐色，无毛，有光泽；萼片宿存，果梗长可达 4 厘米，常有腺。物候期：花期 5—6 月，果期 8—9 月。

【生境】生于海拔 1 100~4 000 米的山地、草坡或林间灌丛中，以及河滩岸边等处。

【分布】我国新疆（塔什库尔干县）；中亚地区。

【保护级别及用途】IUCN：无危（LC）；药用。

173. 疏花蔷薇（原变种）*Rosa laxa* var. *laxa*

【异名】*Rosa soongarica*; *Rosa gebleriana*

【生物学特征】外观：灌木，高 1~2 米。茎：小枝圆柱形，直立或稍弯曲，无毛，有成对或散生、镰刀状、浅黄色皮刺。叶：小叶 7~9，连叶柄长 4.5~10 厘米；小叶片椭圆形、长圆形或卵形，稀倒卵形，长 1.5~4 厘米，边缘有单锯齿，稀有重锯齿，两面无毛或下面有柔毛，叶轴上面有散生皮刺、腺毛和短柔毛；托叶大部贴生于叶柄，卵形，边缘有腺齿，无毛。花：常 3~6 朵，组成伞房状，有时单生；花梗长 1~1.8（~3）厘米，萼筒无毛或有腺毛；花直径约 3 厘米；萼片卵状披针形，全缘，外面有稀疏柔毛和腺毛，内面密被柔毛；花瓣白色（据记载亦有粉红色者），倒卵形；花柱离生，密被长柔毛。果实：长圆形或卵球形，直径 1~1.8 厘米，红色，常有光泽，萼片直立宿存。物候期：花期 6—8 月，果期 8—9 月。

【生境】多生于灌丛中、干沟边、路边或河谷旁，海拔 500~2 400 米。

【分布】我国新疆（塔什库尔干、乌恰、阿克陶、喀什、叶城等地）；阿尔泰山区及俄罗斯（西伯利亚中部）。

【保护级别及用途】IUCN：无危（LC）；药用。

174. 弯刺蔷薇（变种）*Rosa beggeriana* var. *beggeriana*

【俗名】落花蔷薇

【生物学特征】外观：灌木，高1.5~3米。茎：分枝较多；小枝圆柱形，稍弯曲，紫褐色，无毛，浅黄色镰刀状皮刺。叶：小叶5~9，连叶柄长3~9厘米；小叶片广椭圆形或椭圆状倒卵形；叶柄和叶轴有稀疏的柔毛和针刺；托叶大部贴生于叶柄，离生部分卵形，先端渐尖，边缘有带腺锯齿。花：数朵或多朵排列成伞房状或圆锥状花序，极稀单生；苞片1~3（~4），卵形；花梗长1~2厘米，无毛或偶有稀疏腺毛；花直径2~3厘米，萼筒近球形，光滑无毛；萼片披针形，外面被腺毛，内面密被短柔毛；花瓣白色，稀粉红色，宽倒卵形，基部宽楔形；花柱离生，有长柔毛，比雄蕊短很多。果实：近球形，稀卵球形，红色转为黑紫色，无毛，熟时萼片脱落。物候期：花期5—7月，果期7—10月。

【生境】生于山坡、山谷、河边及路旁等处，海拔 880~2 700 米。

【分布】我国新疆（乌恰等地）、甘肃；中亚地区、伊朗、阿富汗。

【保护级别及用途】药用。

175. 腺果蔷薇 *Rosa fedtschenkoana* Regel

【俗名】腺毛蔷薇

【生物学特征】外观：小灌木，高可达 4 米。茎：分枝较多，小枝圆柱形，有淡黄色、坚硬而直立、大小常不等的皮刺。叶：小叶通常 7，稀 5 或 9，连叶柄长 3~4.5 厘米；小叶片近圆形或卵形，边缘有单锯齿，近基部全缘，两面无毛，下面叶脉突起；小叶柄和叶轴无毛或有稀疏腺毛；托叶大部贴生于叶柄，离生部分披针形或卵形，边缘有腺毛。花：单生，有时 1~2 朵集生；苞片卵形或卵状披针形，边缘有腺毛；花梗长 1~2 厘米，有腺毛，萼筒卵球形，外被腺毛，稀光滑；萼片披针形，外面有腺毛，内面密被柔毛；花瓣白色，稀粉红色，宽倒卵形，比萼片长；花柱离生，被柔毛。果实：长圆形或卵球形，直径 1.5~2 厘米，深红色，密被腺毛。

【生境】多生于海拔 2 400~3 800 米的灌丛中、山坡上或河谷水沟边。

【分布】我国新疆（塔什库尔干、阿克陶、喀什、英吉沙、叶城等地）；中亚地区天山、西帕米尔。

【保护级别及用途】IUCN：无危（LC）；药用。

176. 藏边蔷薇 *Rosa webbiana* Wall. ex Royle

【生物学特征】外观：灌木，高可达2米。茎：小枝细弱，有散生或成对、直立、圆柱形、长可达1厘米的黄色皮刺。叶：小叶5~9，连叶柄长3~4厘米；小叶片近圆形、倒卵形或宽椭圆形，近基部全缘，上面无毛，下面无毛或沿脉微被短柔毛；小叶柄和叶轴无毛，有极稀疏小皮刺；托叶大部贴生于叶柄。花：单生，稀2~3朵；苞片卵形，边缘有腺齿，外面有明显中脉和侧脉；花梗长1~1.5厘米；花直径3.5~5厘米；萼片三角状披针形，先端伸长，全缘，外面有腺毛，内面密被短柔毛，边缘更密；花瓣淡红色或玫瑰色，宽倒卵形，基部楔形；花柱离生、被柔毛，比雄蕊短很多。果实：近球形或卵球形，直径1.5~2厘米，亮红色，下垂，萼片宿存开展。物候期：花期6—7月，果期7—9月。

【生境】生于海拔 2 000~4 500 米的山坡、林间草地、灌丛中或河谷、田边等处。

【分布】我国新疆（塔什库尔干、阿克陶、乌恰、叶城等地）、西藏、甘肃；中亚地区、印度、克什米尔地区、阿富汗等地。

【保护级别及用途】IUCN：无危（LC）；药用。

177. 樟叶蔷薇 *Rosa cinnamomea* Herrm.

【生物学特征】外观：灌木，高 0.5~2 米。茎：小枝棕红色，有光泽，有细瘦而直的皮刺、散生或在叶柄基部常成对。叶：小叶 5~7，长 1.5~3 厘米，宽 1~2 厘米，长圆状椭圆形、卵形或倒卵圆形，顶端钝圆，基部几圆或宽楔形，边缘具尖的单锯齿，上面绿色，常有伏贴毛，稀无毛，下面灰绿色，有密的紧贴的绒毛，叶脉突出。花：常单生，少 2~3 朵，花直径 3~6 厘米；花梗短；苞片披针形；花托球形或长卵形，平滑；萼片全缘，稀有丝状小羽片，长于花瓣，边缘和外面被绒毛，有腺体；花瓣粉红色，宽倒卵圆形，顶端微凹；花柱头状，具长柔毛。果实：球形、卵圆形或椭圆形，光滑，橘红色或红色，萼片宿存。物候期：花期 5—7 月。

【生境】生于海拔 1 200~1 800 米的河谷灌丛及林缘。

【分布】我国新疆（乌恰等地）；俄罗斯、欧洲。

【保护级别及用途】IUCN：无危（LC）；观赏及药用。

178. 矮生多裂委陵菜（变种）*Potentilla multifida* var. *minor* Ledeb.

【异名】*Potentilla multifida* var. *nubigena*

【生物学特征】外观：植株极为矮小。花茎：接近地面铺散，长 3~8 厘米。叶：基生叶有小叶（2~）3 对，连叶柄长 2.5~4 厘米，小叶裂片呈舌状带形，上面密被伏生柔毛，下面密被绒毛及长绢毛。花：花朵较少。物候期：花果期 5—7 月。

【生境】生于海拔 1 300~5 000 米的高山河谷阶地、山坡草地。

【分布】我国新疆（塔什库尔干、乌恰等地）、内蒙古、河北、陕西、甘肃、青海、西藏；伊朗、中亚地区及阿尔泰山地区。

【保护级别及用途】种质资源。

179. 丛生钉柱委陵菜（变种）*Potentilla saundersiana* var. *caespitosa*（Lehm.）Th. Wolf

【俗名】雪委陵菜

【异名】*Potentilla caespitosa*; *Potentilla sinonivea*

【生物学特征】外观：多年生草本，植株矮小丛生。根：向下生长，较细。花茎：直立或上升，高10~20厘米，被白色绒毛及疏柔毛。叶：叶常三出，小叶宽倒卵形，边缘浅裂至深裂。花：顶生，单生，稀2花，外被白色绒毛；花直径1~1.4厘米；萼片三角卵形或三角披针形，副萼片披针形，顶端尖锐，比萼片短或几等长，外被白色绒毛及柔毛；花瓣黄色，倒卵形，顶端下凹，比萼片略长或长1倍；花柱近顶生，基部膨大不明显，柱头略扩大。果实：瘦果光滑。物候期：花果期6—8月。

【生境】生于海拔 4 400 米左右的沟谷、山坡、沙砾、草地。

【分布】我国新疆（塔什库尔干、叶城等地）、内蒙古、山西、陕西、甘肃、青海、四川、云南、西藏。

【保护级别及用途】IUCN：无危（LC）。

180. 多裂委陵菜（原变种）*Potentilla multifida* var. *multifida*

【俗名】白马肉、细叶委陵菜

【异名】*Potentilla multifida* var. *angustifolia*; *Potentilla hypoleuca*; *Potentilla multifida* var. *hypoleuca*; *Potentilla plurijuga*; *Potentilla multifida* var. *sericea*

【生物学特征】外观：多年生草本。根：圆柱形，稍木质化。花茎：上升，稀直立，高 12~40 厘米，被紧贴或开展短柔毛或绢状柔毛。叶：基生叶羽状复叶，有小叶 3~5 对，稀达 6 对，叶柄被紧贴或开展短柔毛；小叶片对生稀互生，羽状深裂几达中脉，长椭圆形或宽卵形。花：花序为伞房状聚伞花序，花后花梗伸长疏散；花梗长 1.5~2.5 厘米，被短柔毛；花直径 1.2 ~1.5 厘米；萼片三角状卵形，顶端急尖或渐尖，副萼片披针形或椭圆披针形，先端圆钝或急尖，比萼片略短或近等长，外面被伏生长柔毛；花瓣黄色，倒卵形，顶端微凹，长不超过萼片 1 倍；花柱圆锥形，近顶生，基部具乳头状膨大，柱头稍扩大。果实：瘦果平滑或具皱纹。物候期：花期 5—8 月。

【生境】生于海拔 1 200~4 900 米的山坡草地、沟谷及林缘。

【分布】我国新疆（塔什库尔干、乌恰、阿克陶、叶城等地）、黑龙江、吉林、辽宁、内蒙古、河北、陕西、甘肃、青海、四川、云南、西藏；广布于北半球欧亚美 3 洲。

【保护级别及用途】IUCN：无危（LC）；药用。

委陵菜属 Potentilla

181. 钉柱委陵菜（原变种）*Potentilla saundersiana* var. *saundersiana*

【异名】*Potentilla multifida* var. *saundersiana*; *Potentilla thibetica*; *Potentilla potaninii* var. *subdigitata*; *Potentilla griffithii* var. *pumila*

【生物学特征】外观：多年生草本。根：粗壮，圆柱形。花茎：直立或上升，高 10~20 厘米，被白色绒毛及疏柔毛。叶：基生叶 3~5 掌状复叶，连叶柄长 2~5 厘米，被白色绒毛及疏柔毛，小叶无柄，小叶片长圆倒卵形，顶端圆钝或急尖，基部楔形，边缘有多数缺刻状锯齿，齿顶端急尖或微钝，上面绿色，伏生稀疏柔毛；基生叶托叶膜质，褐色，外面被白色长柔毛或脱落几无毛。花：聚伞花序顶生，有花多朵，疏散，花梗长 1~3 厘米，外被白色绒毛；花直径 1~1.4 厘米；萼片三角卵形或三角披针形，副萼片披针形，顶端尖锐，比萼片短或几等长，外被白色绒毛及柔毛；花瓣黄色，倒卵形，顶端下凹，比萼片略长或长 1 倍；花柱近顶生，基部膨大不明显，柱头略扩大。果实：瘦果光滑。物候期：花果期 6—8 月。

【生境】生于海拔 2 600~5 150 米的山坡草地、多石山顶、高山灌丛及草甸。

【分布】我国新疆（塔什库尔干县）、内蒙古、山西、陕西、宁夏、甘肃、青海、四川、云南、西藏；印度、尼泊尔、不丹。

【保护级别及用途】IUCN：无危（LC）。

182. 绢毛委陵菜（原变种）*Potentilla sericea* var. *sericea*

【俗名】毛叶委陵菜、白毛小委陵菜

【异名】*Potentilla dasyphylla*; *Potentilla sericea* var. *dasyphylla*

【生物学特征】外观：多年生草本。根：粗壮，圆柱形，稍木质化。花茎：直立或上升，高5~20厘米，被开展白色绢毛或长柔毛。叶：基生叶为羽状复叶，有小叶3~6对，叶柄被开展白色绢毛或长柔毛，小叶对生稀互生，无柄；小叶片长圆形，边缘羽状深裂，裂片带形，呈篦齿排列，顶端急尖或圆钝，边缘反卷，上面绿色，伏生绢毛，下面密被白色绒毛。花：聚伞花序疏散；花梗长1~2厘米，密被短柔毛及长柔毛；花直径0.8~2.2厘米；萼片三角卵形，顶端急尖，副萼片披针形，顶端圆钝，比萼片稍短，稀近等长；花瓣黄色，倒卵形，顶端微凹，比萼片稍长；花柱近顶生，花柱基部膨大。果实：瘦果长圆卵形，褐色，有皱纹。物候期：花果期5—9月。

【生境】生于海拔 600~5 100 米山坡草地、沙地、草原、河漫滩及林缘。

【分布】我国新疆（塔什库尔干、乌恰、阿克陶、叶城等地）、黑龙江、吉林、内蒙古、甘肃、青海、西藏；俄罗斯、蒙古国。

【保护级别及用途】IUCN：无危（LC）。

183. 西藏委陵菜 *Potentilla xizangensis* Yü et Li

【生物学特征】外观：多年生草本。根：细圆柱形，有须根。花茎：直立，上升或铺散，高 6~35 厘米，被稀疏短柔毛或脱落几无毛。叶：基生叶 3 出复叶，叶柄被稀疏柔毛和腺毛，或脱落几无毛；小叶无柄或有短柄，小叶片倒卵形，宽椭圆形或呈扇形，顶端圆钝，基部阔楔形，边缘具圆齿，两面绿色，被稀疏短柔毛或几无毛；茎生叶 3~4，与基生叶相似；基生叶托叶膜质，褐色，外面被稀疏短柔毛。花：3~5 朵集生于花茎顶端，开花后成疏散的聚伞花序，花梗长 1~2 厘米，被短柔毛；花直径 1~1.2 厘米；萼片卵形，顶端急尖，副萼片椭圆形，顶端圆钝，比萼片短或近等长；花瓣倒卵形，顶端微凹；雄蕊 20 枚，有时 12~13 枚；花柱近顶生，圆锥形，基部明显有乳头状膨大，柱头稍扩大。物候期：花期 6—7 月。

【生境】生于海拔 2 800~4 800 米的山坡草地、灌丛、河谷阶地、冰川边砾地。

【分布】我国新疆（塔什库尔干、阿克陶等地）、西藏。

【保护级别及用途】IUCN：数据缺乏（DD）。

委陵菜属 *Potentilla*

184. 腺毛委陵菜 *Potentilla longifolia* D. F. K. SchltdL.

【俗名】粘萎陵菜

【异名】*Potentilla viscosa*; *Potentilla viscosa* var. *macrophylla*

【生物学特征】外观：多年生草本。根：粗壮，圆柱形。花茎：直立或微上升，高 30~90 厘米，被短柔毛、长柔毛及腺体。叶：基生叶羽状复叶，有小叶 4~5 对，叶柄被短柔毛、长柔毛及腺体，小叶对生，稀互生，无柄；小叶片长圆披针形至倒披针形，顶端圆钝或急尖，边缘有缺刻状锯齿，上面被疏柔毛或脱落无毛，下面被短柔毛及腺体，沿脉疏生长柔毛；茎生叶与基生叶相似。花：伞房花序集生于花茎顶端，少花，花梗短；花直径 1.5~1.8 厘米；萼片三角披针形，顶端通常渐尖，副萼片长圆披针形，顶端渐尖或圆钝；花瓣宽倒卵形，顶端微凹，与萼片近等长，果时直立增大；花柱近顶生，圆锥形，基部明显具乳头，膨大，柱头不扩大。果实：瘦果近肾形或卵球形，直径约 1 毫米，光滑。物候期：花果期 7—9 月。

【生境】生于海拔 300~3 200 米的山坡草地、高山灌丛、林缘及疏林下。

【分布】我国新疆（乌恰等地）、黑龙江、吉林、内蒙古、河北、山西、甘肃、青海、山东、四川、西藏等；蒙古国、朝鲜、俄罗斯。

【保护级别及用途】IUCN：无危（LC）；药用。

185. 掌叶多裂委陵菜（变种）*Potentilla multifida* var. *ornithopoda*（Tausch）Th. Wolf

【俗名】爪细叶委陵菜

【异名】*Potentilla ornithopoda*; *Potentilla multifida* var. *subpalmata*

【生物学特征】外观：多年生草本。根：圆柱形，稍木质化。花茎：上升。叶：基生叶羽状复叶，有小叶5，羽状深裂紧密排列在叶柄顶端，有时近似掌状。茎生叶2~3，与基生叶形状相似，唯小叶对数向上逐渐减少；基生叶托叶膜质，褐色，外被疏柔毛，或脱落几无毛。花：花序为伞房状聚伞花序，花后花梗伸长疏散；花梗长1.5~2.5厘米，被短柔毛；花直径1.2 ~1.5厘米；萼片三角状卵形，顶端急尖或渐尖，副萼片披针形或椭圆披针形，先端圆钝或急尖，比萼片略短或近等长，外面被伏生长柔毛；花瓣黄色，倒卵形，顶端微凹，长不超过萼片1倍；花柱圆锥形，近顶生，基部具乳头状膨大，柱头稍扩大。果实：瘦果平滑或具皱纹。物候期：花期5—8月。

【生境】生于海拔 700~4 800 米的山坡草地、河滩、沟边、草甸及林缘。

【分布】我国新疆（塔什库尔干、乌恰、阿克陶、喀什等地）、黑龙江、内蒙古、河北、山西、陕西、甘肃、青海、西藏；蒙古国、俄罗斯。

【保护级别及用途】IUCN：无危（LC）。

186. 高山绣线菊 *Spiraea alpina* Pall.

【生物学特征】外观：灌木，高 50~120 厘米。茎：枝条直立或开张，小枝有明显棱角，幼时被短柔毛，红褐色，老时灰褐色，无毛；冬芽小，卵形，通常无毛，有数枚外露鳞片。叶：叶片多数簇生，线状披针形至长圆倒卵形，先端急尖或圆钝，基部楔形，全缘，两面无毛，下面灰绿色，具粉霜，叶脉不显著；叶柄甚短或几无柄。花：伞形总状花序具短总梗，有花 3~15 朵；苞片小，线形；花直径 5~7 毫米；萼筒钟状，外面无毛，内面具短柔毛；萼片三角形，内面被短柔毛；花瓣倒卵形或近圆形，先端圆钝或微凹，白色；雄蕊 20，几与花瓣等长或稍短于花瓣；花盘显著，圆环形，具 10 个发达的裂片；子房外被短柔毛，花柱短于雄蕊。果实：蓇葖果开张，无毛或仅沿腹缝线具稀疏短柔毛，花柱近顶生，开展，常具直立或半开张萼片。物候期：花期 6—7 月，果期 8—9 月。

【生境】生于海拔 2 000~4 000 米向阳坡地、草甸或灌丛中。

【分布】我国新疆（塔什库尔干县）、陕西、甘肃、青海、四川、西藏等省份；蒙古国、俄罗斯（西伯利亚）。

【保护级别及用途】IUCN：无危（LC）。

187. 欧亚绣线菊 *Spiraea media* Schmidt

【俗名】石棒子、石棒绣线菊

【生物学特征】外观：直立灌木，高0.5~2米。茎：小枝细，近圆柱形，灰褐色，嫩时带红褐色，无毛或近无毛；冬芽卵形，先端急尖，棕褐色，有数枚覆瓦状鳞片。叶：叶片椭圆形至披针形，先端急尖，稀圆钝，基部楔形，全缘或先端有2~5锯齿，两面无毛或下面脉腋间微被短柔毛，有羽状脉。花：伞形总状花序无毛，常具9~15朵花；花梗长1~1.5厘米，无毛；苞片披针形，无毛；花直径0.7~1厘米；萼筒宽钟状，外面无毛，内面被短柔毛；萼片卵状三角形；花瓣近圆形，先端钝，白色；雄蕊约45，长于花瓣；花盘呈波状圆环形或具不规则的裂片；子房具短柔毛，花柱短于雄蕊。果实：蓇葖果较直立开张，外被短柔毛，花柱顶生，倾斜开展，具反折萼片。物候期：花期5—6月，果期6—8月。

【生境】生于海拔750~1 600（~3 500）米的多石山地、山坡草原或疏密杂木林内。

【分布】我国新疆（塔什库尔干县）、黑龙江、吉林、辽宁、内蒙古、河北、河南等；朝鲜、蒙古国、俄罗斯、亚洲中部、欧洲东南部。

【保护级别及用途】IUCN：无危（LC）。

188. 黑果栒子 *Cotoneaster melanocarpus* Lodd., G. Lodd. & W. Lodd.

【俗名】黑果灰栒子、黑果栒子木

【异名】*Cotoneaster vulgaris* var. *melanocarpus*; *Cotoneaster peduncularis* ; *Cotoneaster niger*; *Cotoneaster orientalis*; *Mespilus cotoneaster* var. *niger*; *Cotoneaster melanocarpa* var. *typica*; *Cotoneaster cotoneaster* var. *niger*

【生物学特征】外观：落叶灌木，高1~2米。茎：枝条开展，小枝圆柱形，褐色或紫褐色，幼时具短柔毛，不久脱落无毛。叶：叶片卵状椭圆形至宽卵形，先端钝或微尖，全缘，上面幼时微具短柔毛，老时无毛，下面被白色绒毛；叶柄长2~5毫米，有绒毛；托叶披针形，具毛，部分宿存。花：3~15朵成聚伞花序，总花梗和花梗具柔毛，下垂；花梗长3~7（~9）毫米；苞片线形，有柔毛；花直径约7毫米；萼筒钟状，内外两面无毛；萼片三角形，先端钝，外面无毛，内面仅沿边缘微具柔毛；花瓣直立，近圆形，粉红色；雄蕊20，短于花瓣；花柱2~3，离生，比花瓣短；子房先端具柔毛。果实：近球形，直径6~7毫米，蓝黑色，有蜡粉，内具2~3小核。物候期：花期5—6月，果期8—9月。

【生境】生于海拔700~3 900米山坡、疏林间或灌木丛中。

【分布】我国新疆（塔什库尔干等地）、黑龙江、吉林、内蒙古、河北、山西、甘肃等；蒙古国、俄罗斯、亚洲西部至欧洲东部。

【保护级别及用途】IUCN：无危（LC）。

189. 准噶尔栒子 *Cotoneaster soongoricus* (Regel et Herd.) Popov

【俗名】准噶尔总花栒子、西藏栒子、札尤路栒子、总花准噶尔栒子

【异名】*Cotoneaster nummularia* var. *soongoricus*; *Cotoneaster fontanesii* var. *soongoricus* ; *Cotoneaster racemiflorus* var. *soongoricus*; *Cotoneaster tibeticus*; *Cotoneaster zayulensis*; *Cotoneaster tomentellus*; *Cotoneaster suavis*; *Cotoneaster racemiflorus* var. *ovalifolius*; *Cotoneaster nummularia* var. *ovalifolius*

【生物学特征】外观：落叶灌木，高达 1~2.5 米。茎：枝条开张，稀直升，小枝细瘦，圆柱形，灰褐色，嫩时密被皮灰色绒毛，成长时逐渐脱落无毛。叶：叶片广椭圆形、近圆形或卵形，基部圆形或宽楔形，上面无毛或具稀疏柔毛；叶柄长 2~5 毫米，具绒毛。花：3~12 朵，成聚伞花序，总花梗和花梗被白色绒毛；花梗长 2~3 毫米；花直径 8~9 毫米；萼筒钟状，外被绒毛，内面无毛；萼片宽三角形，先端急尖，外面有绒毛，内面近无毛或无毛；花瓣平展，卵形至近圆形，内面近基部微具带白色细柔毛，白色；雄蕊 18~20，稍短于花瓣，花药黄色；花柱 2，离生，稍短于雄蕊；子房顶部密生白色柔毛。果实：卵形至椭圆形，长 7~10 毫米，红色，具 1~2 小核。物候期：花期 5—6 月，果期 9—10 月。

【生境】生于海拔 1 400~2 400 米的干燥山坡、林缘或沟谷边。

【分布】我国新疆（乌恰等地）、内蒙古、甘肃、宁夏、四川、西藏、河北、山西、云南；中亚地区。

【保护级别及用途】IUCN：无危（LC）。

190. 尖果沙枣（原变种）*Elaeagnus angustifolia* var. *angustifolia*

【异名】*Elaeagnus angustifolia* var. *spinosa*

【生物学特征】外观：落叶乔木或小乔木，高 5~10 米。茎：无刺或具刺，刺长 30~40 毫米，棕红色，发亮；幼枝密被银白色鳞片，老枝鳞片脱落，红棕色，光亮。叶：薄纸质，矩圆状披针形至线状披针形，长 3~7 厘米，全缘，上面幼时具银白色圆形鳞片，成熟后部分脱落，带绿色，下面灰白色，密被白色鳞片，有光泽，侧脉不甚明显；叶柄纤细，银白色，长 5~10 毫米。花：银白色，直立或近直立，密被银白色鳞片，芳香，常 1~3 花簇生新枝基部最初 5~6 片叶的叶腋；花梗长 2~3 毫米；萼筒钟形，长 4~5 毫米，内面被白色星状柔毛；雄蕊几无花丝，花药淡黄色，矩圆形，长 2.2 毫米；花柱直立，无毛，上端甚弯曲；花盘明显，圆锥形，包围花柱的基部，无毛。果实：椭圆形，长 9~12 毫米，直径 6~10 毫米，粉红色，密被银白色鳞片；果肉乳白色，粉质；果梗短，粗壮，长 3~6 毫米。物候期：花期 5—6 月，果期 9 月。

【生境】山地、平原、沙滩、荒漠均能生长，对土壤、气温、湿度要求不严格。

【分布】我国新疆（塔什库尔干、喀什、疏勒等地）、辽宁、河北、山西、河南、陕西、甘肃、内蒙古、宁夏、青海通常为栽培植物，亦有野生；中亚地区、西亚、南亚、俄罗斯至欧洲其他国家、北美洲。

【保护级别及用途】新疆Ⅱ级保护野生植物；药用、食用、蜜源、工业原料等。

191. 中国沙棘 *Hippophae rhamnoides* subsp. *sinensis* Rousi

【俗名】酸刺、黑刺、酸刺柳、黄酸刺、醋柳

【异名】*Hippophae salicifolia* subsp. *sinensis*; *Hippophae rhamnoides* var. *procera*

【生物学特征】外观：落叶灌木或乔木，高 1~5 米，高山沟谷可达 18 米。茎：棘刺较多，粗壮，顶生或侧生；嫩枝褐绿色，密被银白色而带褐色鳞片或有时具白色星状柔毛，老枝灰黑色，粗糙；芽大，金黄色或锈色。叶：单叶通常近对生，与枝条着生相似，纸质，狭披针形或矩圆状披针形，上面绿色，初被白色盾形毛或星状柔毛，下面银白色或淡白色，被鳞片，无星状毛；叶柄极短，几无或长 1~1.5 毫米。果实：圆球形，直径 4~6 毫米，橙黄色或橘红色；果梗长 1~2.5 毫米。种子：小，阔椭圆形至卵形，有时稍扁，长 3~4.2 毫米，黑色或紫黑色，具光泽。物候期：花期 4—5 月，果期 9—10 月。

【生境】常生于海拔 800~3 600 米的温带地区向阳的山嵴、谷地、干涸河床地或山坡，以及多砾石或沙质土壤或黄土上。

【分布】我国新疆（乌恰等地）、河北、内蒙古、山西、陕西、甘肃、青海、四川，此外，黄土高原极为普遍。

【保护级别及用途】IUCN：无危（LC）。

192. 中亚沙棘（亚种）*Hippophae rhamnoides* subsp. *turkestanica* Rousi

【生物学特征】外观：落叶灌木或小乔木，高可达 6 米，稀至 15 米。茎：嫩枝密被银白色鳞片，一年以上生枝鳞片脱落，表皮呈白色，光亮，老枝树皮部分剥裂；刺较多而较短，有时分枝；节间稍长；芽小。叶：单叶互生，线形，长 15~45 毫米，宽 2~4 毫米，顶端钝形或近圆形，基部楔形，两面银白色，密被鳞片（稀上面绿色），无锈色鳞片；叶柄短，长约 1 毫米。果实：阔椭圆形或倒卵形至近圆形，长 5~7（~9）毫米，直径 3~4 毫米（栽培的长可达 6~9 毫米，直径 6~8 毫米），干时果肉较脆；果梗长 3~4 毫米；种子形状不一，常稍扁，长 2.8~4.2 毫米。物候期：花期 5 月，果期 8—9 月。

【生境】生于海拔 800~4 000 米的河谷台阶地、开旷山坡，常见于河漫滩。

【分布】我国新疆（塔什库尔干、乌恰、阿克陶、喀什、疏勒、疏附、叶城等地）；克什米尔地区、兴都库什山、塔吉克斯坦、吉尔吉斯斯坦、乌兹别克斯坦、哈萨克斯坦、阿富汗、蒙古国。

【保护级别及用途】药用。

193. 天山桦 *Betula tianschanica* Rupr.

【异名】*Betula alba* var. *microphyl*; *Betula jarmolenkoana*

【生物学特征】外观：小乔木，高4~12米。树皮淡黄褐色或黄白色，偶有红褐色，成层剥裂。茎：枝条灰褐色或暗褐色，被或疏或密的树脂状腺体或无腺体，无毛；小枝褐色，密被短柔毛及长柔毛，具或疏或密的树脂状腺体，少有无腺体。叶：厚纸质，通常为宽卵状菱形或卵状菱形，间或为卵形或菱形，顶端锐尖或渐尖，基部宽楔形或楔形，幼时两面疏生腺点，无毛或疏被长柔毛，成熟后则无毛无腺点，侧脉4~7对；叶柄长5~7毫米，初时密被短柔毛，以后毛渐脱落至近无毛。果实：果序直立或下垂，矩圆状圆柱形，长1~4厘米，直径5~10毫米；序梗长5~17毫米，密被短柔毛；果苞长5~8毫米，两面均被短柔毛，背面尤密，边缘具短纤毛，中裂片三角形或矩圆形，侧裂片卵形、矩圆形或近方形，比中裂片宽，稍短至短于中裂片的1/2，微开展至横展，少有直立或下弯。小坚果倒卵形，长约2.5毫米，上部密被短柔毛，膜质翅与果等宽或较果宽，长于果。物候期：果期7—8月。

【生境】生于海拔1 300~3 400米的河岸阶地、沟谷、阴山坡或砾石坡，可栽培作行道树。

【分布】我国新疆（塔什库尔干、阿克陶、乌恰、喀什等地）；中亚地区。

【保护级别及用途】IUCN：无危（LC）；新疆Ⅰ级保护野生植物。

194. 新疆梅花草 *Parnassia laxmannii* Pall. ex Schult.

【异名】*Parnassia subacaulis*

【生物学特征】外观：多年生草本，高约 25 厘米。根状茎：短粗，长圆形或块状，顶端有残存褐色鳞片，周围有粗细不等纤维状根。茎：2~3（~4），不分枝，近基部具 1 茎生叶。叶：基生叶（2~）4，具柄；叶片卵形或长卵形，长 1.8~2.5 厘米，全缘，上面深绿色，下面淡绿色；叶柄长 1.4~1.8 厘米，扁平，两侧膜质；托叶膜质，白色，早落。花：单生于茎顶；萼筒管钟状；萼片披针形；花瓣白色，倒卵形，稀匙形，长 8~13 毫米，先端钝或圆，边全缘，有明显带褐色 5 条脉；雄蕊 5，长约 4.2 毫米，花丝扁平，花药长圆形，顶生；退化雄蕊 5，长 2.7 毫米；子房半下位，长圆形或卵状梨形，花柱极短，柱头 3 裂，裂片长圆形，果期开展。果实：蒴果被褐色小点。种子：多数，褐色，有光泽，沿整个缝线着生。物候期：花期 7—8 月，果期 9 月。

【生境】生于东北坡云杉林边缘，山谷冲积平原阴湿处或山谷河滩草甸中，海拔 2 460~4 200 米。

【分布】我国新疆（塔什库尔干、叶城等地）、西藏；俄罗斯、中亚地区、蒙古国。

【保护级别及用途】IUCN：无危（LC）。

195. 圆叶小堇菜（变种）*Viola biflora* var. *rockiana*（W. Becker）Y. S. Chen

【生物学特征】外观：多年生小草本，高 5~8 厘米。根状茎：近垂直，具结节，上部有较宽的褐色鳞片。茎：细弱，通常 2（~3）枚，具 2 节，无毛，仅下部生叶。叶：基生叶叶片较厚，圆形或近肾形，基部心形，有较长叶柄；茎生叶少数，有时仅 2 枚，叶片圆形或卵圆形，基部浅心形或近截形，边缘具波状浅圆齿，上面尤其沿叶缘被粗毛，下面无毛；托叶离生，卵状披针形或披针形，近全缘。花：黄色，有紫色条纹；花梗较叶长，细弱，长 1.5~3.5 厘米；萼片狭条形，先端钝，基部附属物极短，边缘膜质；上方及侧方花瓣倒卵形或长圆状倒卵形，长 7~9 毫米，侧方花瓣里面无须毛，下方花瓣稍短；距浅囊状，下方雄蕊之距短而宽呈钝三角形；子房近球形，无毛，花柱基部稍膝曲，上部 2 裂，裂片肥厚，微平展。闭锁花生于茎上部叶腋，花梗较叶短，结实。果实：蒴果卵圆形，直径 3~4 毫米，无毛。物候期：花期 6—7 月，果期 7—8 月。

【生境】生于海拔 2 500~4 300 米的高山、亚高山地带的草坡、林下、灌丛间。

【分布】我国新疆（塔什库尔干、阿克陶、叶城等地）、甘肃、青海、四川、云南、西藏。

【保护级别及用途】IUCN：无危（LC）；药用。

196. 蓝叶柳 *Salix capusii* Franch.

【异名】*Salix coerulea*; *Salix niedzwieckii*

【生物学特征】外观：大灌木，高达 5~6 米，皮暗灰色。茎：小枝纤细，栗褐色，无毛，当年生枝淡黄色，有疏短毛。叶：线状披针形或狭披针形、先端短渐尖，全缘或有细齿，基部楔形，两面近同色，灰蓝色，幼叶有短绒毛，成叶无毛；叶柄长 2~4 毫米，初有毛，后无毛；托叶线形，早落。花：与叶近同时开放；花序长 1.5~2.5 厘米；果序伸长，基部有短梗和小叶片，轴有绒毛；苞片长圆形或长圆状倒卵形，先端近截形，淡黄绿色，外面无毛，内面基部有白柔毛，果期全部或部分脱落；腺体 1，腹生，淡褐色；雄蕊 2，花丝合生，基部有毛，花药黄色，球形；子房细圆锥形，无毛，柄长约 1 毫米，花柱短，柱头长约 0.4 毫米。果实：蒴果长 4~5 毫米，淡绿色或淡黄色。物候期：花期 4—5 月，果期 5—6 月。

【生境】生于海拔 1 900~3 100 米的沟谷山地云杉林下及林缘等。

【分布】我国新疆（塔什库尔干、阿克陶、喀什等地）；中亚地区各国山地。

【保护级别及用途】IUCN：数据缺乏（DD）；种质资源。

197. 山羊柳 *Salix fedtschenkoi* Goerz

【生物学特征】外观：灌木，高1~1.5米。茎：小枝淡褐色，无毛；芽近圆形，先端钝，无毛。叶：椭圆形，或长圆状倒卵形，先端短渐尖，常偏斜，基部楔形或圆形，边缘有锯齿，两面近同色，成叶两面无毛；叶柄短，基部扩展，有沟槽，初有短绒毛，后无毛；托叶斜卵形或披针形，边缘有齿，常早落。花：花与叶同时开放，花序圆柱形，长2~3厘米，粗0.8~1厘米；果序伸长，花序梗短（雄花序无梗），具鳞片叶，稀具小叶片；苞片卵圆形，淡褐色，有长毛；雄蕊2，花丝离生，长4~5毫米。果实：蒴果圆锥形，无毛，具短柄或几无柄。物候期：花期6月，果期7月。

【生境】生于海拔 3 200~3 500 米的沟谷山地林缘、河谷阶地。

【分布】我国新疆（塔什库尔干、阿克陶等地）；中亚地区南部山区。

【保护级别及用途】IUCN：濒危（EN）。

198. 五蕊柳（原变种）*Salix pentandra* var. *pentandra*

【生物学特征】外观：灌木或小乔木，高1~5米。树皮灰色或灰褐色。茎：1年生枝褐绿色、灰绿色或灰棕色，无毛，有光泽。芽卵形或披针形，披针状长圆形，发黏，有光泽。叶：革质，宽披针形，卵状长圆形或椭圆状披针形，先端渐尖，基部钝或楔形，上面深绿色，有光泽，下面淡绿色，无毛，边缘有腺齿；托叶长圆形或宽卵形，或脱落。花：雄花序长2~4（~7）厘米，粗1~1.2厘米，密花；轴有柔毛；雄蕊（5~）6~9（~12）；花丝长约4.5毫米，不等长，至中部有曲毛；子房卵状圆锥形，无毛，近无柄；花柱和柱头明显，2裂；苞片常于花后渐落；腹腺1或2裂，或全裂为2，狭卵形或卵形，先端截形。果实：蒴果卵状圆锥形，长达9毫米，有短柄，光滑无毛，有光泽。物候期：花期6月，果期8—9月。

【生境】生于海拔 600~1 200 米的山坡路旁、山谷林缘、河边或山地林间的水甸子及草甸子中。

【分布】我国新疆（阿克陶等地）、内蒙古、黑龙江、吉林、辽宁、河北、山西、陕西等省份；朝鲜、蒙古国、俄罗斯、欧洲等。

【保护级别及用途】IUCN：无危（LC）；木材、薪柴、栲胶、蜜源植物。

199. 细叶沼柳（原变种）*Salix rosmarinifolia* var. *rosmarinifolia*

【生物学特征】外观：灌木，高达 0.5~1 米；树皮褐色。茎：小枝纤细，褐色或带黄色，无毛，幼枝有白绒毛或长柔毛。芽卵形，钝头，微赤褐色，初有白绒毛或短柔毛，后无毛。叶：线状披针形或披针形，长 2~6 厘米，宽 3~10 毫米，先端和基部渐狭，上面常暗绿色，无毛，下面苍白色或有白柔毛或白绒毛，嫩叶两面有丝状长柔毛或白绒毛，侧脉 10~12 对；叶柄短；托叶狭披针形或披针形，早脱落，有时无托叶。花：花序先叶开放或与叶同时开放；雄花序近无花序梗，长 1.5~2 厘米，雄蕊 2，花丝离生，无毛，花药黄色或暗红色；苞片倒卵形，钝头，先端暗褐色，有毛；腺体 1，腹生；雌花序初生时近圆形，后为短圆柱形，近无花序梗；子房为卵状短圆锥形，有长柔毛，柄较长，花柱短，柱头全缘或浅裂；苞片同雄花；腺体 1，腹生。物候期：花期 5 月，果期 6 月。

【生境】生于海拔 3 950 米左右的河滩沙砾地。

【分布】我国新疆（塔什库尔干、阿克陶、叶城等地）、黑龙江、吉林、辽宁、内蒙古；中亚地区、俄罗斯、欧洲。

【保护级别及用途】IUCN：无危（LC）；种质资源。

200. 线叶柳（原变种）*Salix wilhelmsiana* var. *wilhelmsiana*

【生物学特征】外观：灌木或小乔木，高达 5~6 米。茎：小枝细长，末端半下垂，紫红色或栗色，被疏毛，稀近无毛。芽卵圆形钝，先端有绒毛。叶：线形或线状披针形，嫩叶两面密被绒毛，后仅下面有疏毛，边缘有细锯齿，稀近全缘；叶柄短，托叶细小，早落。花：花序与叶近同时开放，密生于上年的小枝上；雄花序近无梗；雄蕊 2，连合成单体，花丝无毛，花药黄色，初红色，球形；苞片卵形或长卵形，淡黄色或淡黄绿色，外面和边缘无毛，稀有疏柔毛或基部较密；雌花序细圆柱形，长 2~3 厘米，果期伸长，基部具小叶；子房卵形，密被灰绒毛，无柄，花柱较短，红褐色，柱头几乎直立，全缘或 2 裂；苞片卵圆形，淡黄绿色，仅基部有柔毛。物候期：花期 5 月，果期 6 月。

【生境】生于荒漠和半荒漠地区的河谷，在昆仑山北坡海拔 1 400~3 620 米的河谷很普遍。

【分布】我国新疆（阿克陶、乌恰、疏附等地）、甘肃、青海、宁夏、内蒙古等省份；俄罗斯、伊朗、巴基斯坦、印度、阿富汗、南高加索地区、中亚地区、欧洲。

【保护级别及用途】IUCN：无危（LC）；薪柴。

201. 阿富汗杨（原变种）*Populus afghanica* var. *afghanica*

【生物学特征】外观：中等乔木，树冠宽阔开展；树皮淡灰色，基部较暗。茎：小枝淡黄褐色或淡黄色，微有棱，无毛。叶：萌枝叶菱状卵圆形或倒卵形，基部楔形；短枝叶下部者较小，倒卵圆形或卵圆形，基部楔形；中部者长 4~5 厘米，宽长近相等，圆状卵圆形；上部叶较大，三角状圆形或扁圆形，宽等于或略大于长，先端渐尖或短渐尖，基部阔楔形、圆形或截形，边缘具钝圆锯齿，微有半透明边，两面无毛；叶柄圆形。花：雄花序长至 4 厘米，轴无毛；雌花序长 5~6 厘米，果期增长，轴光滑，花柱短，柱头 2。果实：蒴果长 5~6 毫米，2 瓣裂，果柄长 4~5 毫米。物候期：花期 4—5 月，果期 6 月。

【生境】生于低山至高山河谷，呈带状或片状分布，海拔 1 400~3 200 米。

【分布】我国新疆（塔什库尔干、叶城等地）；巴基斯坦、阿富汗、伊朗和中亚地区。

【保护级别及用途】IUCN：无危（LC）；木材、绿化。

202. 胡杨 *Populus euphratica* Oliv.

【俗名】幼发拉底杨

【异名】*Populus diversifolia*; *Populus ariana* ; *Populus litwinowiana*; *Turanga euphratica*; *Balsamiflua euphratica*

【生物学特征】外观：乔木，高 10~15 米，稀灌木状；树皮淡灰褐色，下部条裂；萌枝细，圆形，光滑或微有绒毛。茎：芽椭圆形，光滑，褐色。叶：叶形多变化，卵圆形、卵圆状披针形、三角状卵圆形或肾形，先端有粗齿牙，基部楔形、阔楔形、圆形或截形；叶柄微扁，约与叶片等长。雄花序细圆柱形，雄蕊 15~25，花药紫红色，花盘膜质，边缘有不规则齿牙；苞片略呈菱形，上部有疏齿牙；雌花序长约 2.5 厘米，果期长达 9 厘米，花序轴有短绒毛或无毛，子房长卵形，被短绒毛或无毛，子房柄约与子房等长，柱头 3，2 浅裂，鲜红或淡黄绿色。果实：蒴果长卵圆形，长 10~12 毫米， 2~3 瓣裂，无毛。物候期：花期 5 月，果期 7—8 月。

【生境】多生于盆地、河谷和平原，分布上限为 2 300~2 400 米，塔里木河岸最常见。

【分布】我国新疆（塔什库尔干、疏勒等地）、内蒙古、甘肃、青海；蒙古国、中亚地区、俄罗斯（北高加索地区）、埃及、叙利亚、印度、伊朗、阿富汗、巴基斯坦。

【保护级别及用途】IUCN：无危（LC）；国家第一批Ⅲ级保护野生植物；新疆Ⅲ级保护野生植物；渐危种、残遗种；药用。

203. 灰胡杨 *Populus pruinosa* Schrenk

【异名】*Turanga pruinosa*；*Balsamiflua pruinosa*

【生物学特征】外观：小乔木，高至10（~20）米，树冠开展，树皮淡灰黄色。茎：萌条枝密被灰色短绒毛；小枝有灰色短绒毛。叶：萌枝叶椭圆形，两面被灰绒毛；短枝叶肾脏形，长2~4厘米，全缘或先端具2~3疏齿牙，两面灰蓝色，密被短绒毛；叶柄长2~3厘米，微侧扁。果实：果序长5~6厘米，果序轴、果柄和蒴果均密被短绒毛。蒴果长卵圆形，长5~10毫米，2~3瓣裂。物候期：花期5月，果期7—8月。

【生境】生于叶尔羌河、喀什河、和田河流域。

【分布】我国新疆（塔什库尔干、疏勒、英吉沙、莎车、叶城、巴楚等地）；中亚地区、伊朗。

【保护级别及用途】IUCN：无危（LC）；新疆Ⅰ级保护野生植物；木材、造纸原料，亦为绿化西北干旱盐碱地带的优良树种。

204. 帕米尔杨 *Populus pamirica* Kom.

【生物学特征】外观：乔木，高10~15米。茎：枝淡黄灰色或淡褐色，具棱，小枝具柔毛。叶：萌枝叶长椭圆形，先端短渐尖，基部楔形，无毛，边缘近重锯齿，齿深先端尖；短枝叶圆形，长宽近等，长5~8厘米，先端突尖，基部圆形或阔楔形，边缘波状粗齿，有细缘毛，上面绿色，下面色淡，沿脉微被柔毛；叶柄长3~7厘米，圆柱形，被柔毛。果实：果序长6厘米，果序轴有毛；蒴果卵圆形，3瓣裂，长4毫米，无柄。物候期：花期5月，果期6月。

【生境】生于海拔1 800~2 800米的山河沿岸、云杉林缘。

【分布】我国新疆（阿克陶等地）；塔吉克斯坦。

【保护级别及用途】新疆Ⅰ级保护野生植物；木材。

205. 草地老鹳草（原变种）*Geranium pratense* L. var. *pratense*

【生物学特征】外观：多年生草本，高30~50厘米。根茎：粗壮，斜生，具多数纺锤形块根，上部被鳞片状残存基生托叶。茎：单一或数个丛生，直立，假2叉状分枝，被倒向弯曲的柔毛和开展的腺毛。叶：基生和茎上对生；托叶披针形或宽披针形，外被疏柔毛；基生叶和茎下部叶具长柄，柄长为叶片的3~4倍，被倒向短柔毛和开展的腺毛；叶片肾圆形或上部叶五角状肾圆形，基部宽心形，长3~4厘米，掌状7~9深裂近茎部，裂片菱形或狭菱形，羽状深裂，小裂片条状卵形，背面通常仅沿脉被短柔毛。花：总花梗腋生或于茎顶集为聚伞花序；花瓣紫红色，宽倒卵形，先端钝圆，茎部楔形；雄蕊稍短于萼片，花丝上部紫红色，下部扩展，具缘毛，花药紫红色；雌蕊被短柔毛，花柱分枝紫红色。果实：蒴果长2.5~3厘米，被短柔毛和腺毛。物候期：花期6—7月，果期7—9月。

【生境】生于海拔 3 200~3 800 米的山地草甸和亚高山草甸。

【分布】我国新疆（乌恰、阿克陶、叶城等地）、青海、四川、西藏、西北、华北、东北等；欧洲、中亚地区山地、俄罗斯（西伯利亚）至蒙古国皆有，属典型欧亚温带分布。

【保护级别及用途】IUCN：无危（LC）；药用。

206. 草甸老鹳草（变种）*Geranium pratense* var. *affine*（Ledeb.）Huang et L. R. Xu

【生物学特征】外观：多年生草本，植株矮小，不超过 20 厘米。根茎：粗壮，斜生，具多数纺锤形块根，上部被鳞片状残存基生托叶。茎：单一或数个丛生，直立，假二叉状分枝，被倒向弯曲的柔毛和开展的腺毛。叶：基生和茎上对生；托叶披针形或宽披针形，长 10~12 毫米，外被疏柔毛；叶片肾圆形或上部叶五角状肾圆形，基部宽心形，长 3~4 厘米，掌状 7~9 深裂近茎部，裂片菱形或狭菱形，羽状深裂，小裂片条状卵形，常具 1~2 齿，表面被疏伏毛，背面通常仅沿脉被短柔毛。花：总花梗腋生或于茎顶集为聚伞花序，每梗具 2 花；苞片狭披针形，长 12~15 毫米；萼片卵状椭圆形或椭圆形，长 10~12 毫米，背面密被短柔毛和开展腺毛；花瓣白色，宽倒卵形，先端钝圆，茎部楔形；雄蕊稍短于萼片，花丝上部紫红色，具缘毛，花药紫红色；雌蕊被短柔毛，花柱分枝紫红色。果实：蒴果长 2.5~3 厘米，被短柔毛和腺毛。物候期：花期 6—7 月，果期 7—9 月。

【生境】生于海拔 1 400~2 000 米的山地。

【分布】我国新疆（乌恰等地）；哈萨克斯坦、俄罗斯等。

【保护级别及用途】IUCN：无危（LC）。

207. 丘陵老鹳草 *Geranium collinum* Steph. ex Willd.

【生物学特征】外观：多年生草本，高25~35厘米。根茎：短粗，稍木质化，斜生，具多数稍肥厚的纤维状根。茎：丛生，直立或基部仰卧，被倒向短柔毛，上部1~2次假二叉状分枝。叶：基生和茎上对生；托叶披针形；叶片五角形或基生叶近圆形，长4~5厘米，掌状5~7深裂近茎部，裂片菱形，下部楔形、全缘，上部羽状浅裂至深裂，下部小裂片常具数齿，背面通常仅沿脉被短柔毛。花：花序腋生和顶生，每梗具2花；苞片钻状披针形，外被短柔毛；花梗与总花梗相似，长与花相等或为花的2倍；萼片椭圆状卵形或长椭圆形，长10~12毫米，外被短柔毛和腺毛；花冠淡紫红色，花瓣倒卵形，先端钝圆，基部楔形，基部两侧和蜜腺被簇生状毛；雄蕊与萼片近等长，花药棕褐色；雌蕊稍长于雄蕊，密被短柔毛，花柱分枝深褐色，长约2毫米。果实：蒴果长30~35毫米，被短柔毛。物候期：花期7—8月，果期8—9月。

【生境】生于海拔2 200~3 500米的山地森林草甸和亚高山或高山。

【分布】我国新疆（阿克陶、乌恰、喀什等地）；欧洲中部和东部、西亚至中亚地区。

【保护级别及用途】IUCN：无危（LC）。

208. 岩生老鹳草 *Geranium saxatile* Kar. & Kir.

【生物学特征】外观：多年生草本。根状茎：短，倾斜或直立，具多数柱状肉质粗根，基部具多数淡褐色托叶。茎：高5~7厘米，或无茎，密被倒向伏毛。叶：叶片近圆形，长1.5~2.5厘米，掌状5深裂，裂片倒卵形，中上部再羽状裂，叶上面被向下伏毛，下面无毛或仅沿脉有短毛，边缘有缘毛；基生叶具长柄，柄长3~4厘米，叶柄被短毛。花：聚伞花序顶生，花序轴长2~4厘米，通常有花2；花梗细，长1~2.5厘米，花序轴和花梗上均被开展柔毛或杂有腺毛；萼片长圆状披针形，绿色，后变紫色，长1~1.2厘米，背部具3脉，沿脉有短毛，边缘宽膜质，具缘毛，顶端具短芒；花瓣紫红色，倒卵形，全缘，长2~2.5厘米，宽1~1.2厘米；花丝基部扩大部分具缘毛；花柱合生部分长约4毫米，分枝部分长约1毫米。果实：蒴果。物候期：花果期6—9月。

【生境】生于海拔1 600~3 700米的高山、亚高山草甸。

【分布】我国新疆（塔什库尔干、乌恰、阿克陶、喀什、叶城等地）；中亚地区。

【保护级别及用途】IUCN：近危（NT）。

209. 牻牛儿苗 *Erodium stephanianum* Willd.

【俗名】太阳花

【异名】*Geranium multifidium*; *Geranium stephanianum*

【生物学特征】外观：多年生草本，高通常15~50厘米。根：直根，较粗壮，少分枝。茎：多数，仰卧或蔓生，具节，被柔毛。叶：对生；托叶三角状披针形，分离，被疏柔毛，边缘具缘毛；基生叶和茎下部叶具长柄，柄长为叶片的1.5~2倍，被开展的长柔毛和倒向短柔毛；叶片轮廓卵形或三角状卵形，基部心形，长5~10厘米，2回羽状深裂，小裂片卵状条形，全缘或具疏齿，表面被疏伏毛，背面被疏柔毛，沿脉被毛较密。花：伞形花序腋生，每梗具2~5花；苞片狭披针形，分离；花梗与总花梗相似，等于或稍长于花，花期直立，果期开展，上部向上弯曲；萼片矩圆状卵形，花瓣紫红色，倒卵形，等于或稍长于萼片，先端圆形或微凹；雄蕊稍长于萼片，花丝紫色，被柔毛；雌蕊被糙毛，花柱紫红色。果：蒴果长约4厘米，密被短糙毛。种子：褐色，具斑点。物候期：花期6—8月，果期8—9月。

【生境】生于干山坡、农田边、沙质河滩地和草原凹地等。

【分布】我国新疆（塔什库尔干等地）、华北、东北、西北、四川西北和西藏；俄罗斯（西伯利亚和远东地区）、日本、蒙古国、哈萨克斯坦、中亚地区各国、阿富汗、克什米尔地区、尼泊尔。

【保护级别及用途】IUCN：无危（LC）；全草可供药用。

210. 尖喙牻牛儿苗 *Erodium oxyrhinchum* M. Bieb.

【异名】*Erodium hoefftianum*

【生物学特征】外观：1年生草本；高7~15厘米，全株被灰白色柔毛。茎：仰卧，下部多分枝。叶：对生，长卵形，长1.5~2.5厘米，常3深裂，中裂片长卵形。花：花序梗腋生或顶生，长2~3厘米，密被绒毛，每梗具2花或1~3花；花瓣紫红色，倒卵形，与萼片近等长。果实：蒴果椭圆形，长5~6毫米，被长柔毛；喙长7~9毫米，易脱落，开裂后呈羽毛状。物候期：花期4—5月，果期5—6月。

【生境】生于海拔450~1 200米的砾石戈壁、半固定沙丘和山前地带的冲沟。

【分布】我国新疆（塔什库尔干、喀什等地）；中亚地区各国、哈萨克斯坦、高加索地区和西亚。

【保护级别及用途】IUCN：无危（LC）；种质资源。

211. 千屈菜 *Lythrum salicaria* L.

【俗名】水柳、中型千屈菜、光千屈菜

【异名】*Lythrum intermedium*; *Lythrum salicaria* var. *glabrum*; *Lythrum salicaria* var. *intermedium*; *Lythrum salicaria* var. *anceps*; *Lythrum argyi*; *Lythrum anceps*; *Lythrum salicaria* var. *mairei*

【生物学特征】外观：多年生草本。根茎：横卧于地下，粗壮。茎：直立，多分枝，高 30~100 厘米，全株青绿色，略被粗毛或密被绒毛，枝通常具 4 棱。叶：对生或 3 叶轮生，披针形或阔披针形，长 4~6（~10）厘米，顶端钝形或短尖，基部圆形或心形，有时略抱茎，全缘，无柄。花：组成小聚伞花序，簇生，因花梗及总梗极短，因此，花枝全形似一大型穗状花序；苞片阔披针形至三角状卵形；萼筒长 5~8 毫米，有纵棱 12 条，稍被粗毛，裂片 6，三角形；附属体针状，直立；花瓣 6，红紫色或淡紫色，倒披针状长椭圆形，基部楔形，长 7~8 毫米，着生于萼筒上部，有短爪，稍皱缩；雄蕊 12，6 长 6 短，伸出萼筒之外；子房 2 室，花柱长短不一。果实：蒴果扁圆形。

【生境】生于河岸、湖畔、溪沟边和潮湿草地。

【分布】我国新疆（塔什库尔干等地）及其他各省份；亚洲、欧洲、非洲的阿尔及利亚、北美洲和澳大利亚东南部。

【保护级别及用途】IUCN：无危（LC）；观赏、药用。

212. 白刺 *Nitraria tangutorum* Bobrov

【俗名】酸胖、唐古特白刺

【生物学特征】外观：灌木，高1~2米。茎：多分枝，弯、平卧或开展；不孕枝先端刺针状；嫩枝白色。叶：在嫩枝上2~3（~4）片簇生，宽倒披针形，长18~30毫米，宽6~8毫米，先端圆钝，基部渐窄成楔形，全缘，稀先端齿裂。花：排列较密集。果实：核果卵形，有时椭圆形，熟时深红色，果汁玫瑰色，长8~12毫米，直径6~9毫米；果核狭卵形，长5~6毫米，先端短渐尖。物候期：花期5—6月，果期7—8月。

【生境】生于海拔 3 400 米以下的荒漠和半荒漠的湖盆沙地、河流阶地、山前平原积沙地、有风积沙的黏土地。

【分布】我国新疆（塔什库尔干、乌恰、阿克陶、喀什、叶城等地）、陕西、内蒙古、宁夏、甘肃、青海及西藏。

【保护级别及用途】IUCN：无危（LC）；固沙、饲料、药用等。

213. 大白刺 *Nitraria roborowskii* Kom.

【俗名】齿叶白刺、罗氏白刺、毛瓣白刺

【异名】*Nitraria praevisa*

【生物学特征】外观：灌木，高 1~2 米。茎：枝平卧，有时直立；不孕枝先端刺针状，嫩枝白色。叶：2~3 片簇生，矩圆状匙形或倒卵形，长 25~40 毫米，宽 7~20 毫米，先端圆钝，有时平截，全缘或先端具不规则 2~3 齿裂。花：较其他种稀疏。果实：核果卵形，长 12~18 毫米，直径 8~15 毫米，熟时深红色，果汁紫黑色。果核狭卵形，长 8~10 毫米，宽 3~4 毫米。物候期：花期 6 月，果期 7—8 月。

【生境】生于海拔 1 200~3 350 米的山麓、河谷山坡、戈壁荒漠沙地、宽谷河滩阶地、湖盆边缘、绿洲外围沙地。

【分布】我国新疆（塔什库尔干、叶城等地）、内蒙古、宁夏、甘肃、青海各沙漠地区；蒙古国。

【保护级别及用途】IUCN：无危（LC）；固沙、饲料、药用等。

214. 帕米尔白刺 *Nitraria pamirica* L. I. Vassiljeva

【生物学特征】外观：矮灌木，高12~25（~30）厘米。茎：由基部多分枝，枝常伏卧，不孕枝顶端刺针状；老枝灰白色，皮开裂，无毛；嫩枝白色，有光泽，被短伏毛。叶：长（5~）10~17（~25）毫米，条状匙形，全缘，蓝绿色；托叶膜质，脱落。花：花序生于枝端，花期花序轴长约3.5厘米，着生8~20朵花，花梗及花序轴密被伏生短柔毛；花瓣白色，矩圆状卵形，边缘反卷，先端稍凹，呈兜状，具短爪。果实：果鲜红色，干时较暗，有时近黑色，卵形，中部稍缢缩，基部稍平，被短伏毛，成熟时果汁鲜红色，后渐变为深红色；果核淡灰黄色，矩圆状圆锥形，稍三棱状，基部稍圆。物候期：果期8月。

【生境】生于海拔 2 300~4 300 米山坡、河谷、阶地、砾质土或碱斑附近，常生于南坡和东南坡溢出带或冰碛层附近，单株，稀成群落。

【分布】我国新疆（塔什库尔干、阿克陶等地）；中亚地区。

【保护级别及用途】IUCN：易危（VU）；新疆Ⅱ级保护野生植物。

215. 泡泡刺 *Nitraria sphaerocarpa* Maxim.

【俗名】球果白刺、膜果白刺

【生物学特征】外观：灌木。茎：枝平卧，长 25~50 厘米，弯，不孕枝先端刺针状，嫩枝白色，密被贴伏或半开展的毛。叶：近无柄，2~3 片簇生，条形或倒披针状条形，全缘，长 5~25 毫米，先端稍锐尖或钝。花：花序长 2~4 厘米，被短柔毛，黄灰色；花梗长 1~5 毫米；萼片 5，绿色，被柔毛；花瓣白色，长约 2 毫米。果实：果未熟时披针形，先端渐尖，密被黄褐色柔毛，成熟时外果皮干膜质，膨胀成球形，果径约 1 厘米；果核狭纺锤形，长 6~8 毫米，先端渐尖，表面具蜂窝状小孔。物候期：花期 5—6 月，果期 6—7 月。

【生境】生于海拔 1 100~1 300 米的戈壁、山前平原和砾质平坦沙地，极耐干旱。

【分布】我国新疆（塔什库尔干、喀什、英吉沙、叶城等地）、甘肃、内蒙古；蒙古国。

【保护级别及用途】IUCN：无危（LC）。

216. 小果白刺 *Nitraria sibirica* Pall.

【俗名】卡密、酸胖、白刺、西伯利亚白刺

【生物学特征】外观：灌木，高 0.5~1.5 米，弯，多分枝，枝铺散，少直立。茎：小枝灰白色，不孕枝先端刺针状。叶：叶近无柄，在嫩枝上 4~6 片簇生，倒披针形，长 6~15 毫米，宽 2~5 毫米，先端锐尖或钝，基部渐窄成楔形，无毛或幼时被柔毛。花：聚伞花序长 1~3 厘米，被疏柔毛；萼片 5，绿色，花瓣黄绿色或近白色，矩圆形，长 2~3 毫米。果：椭圆形或近球形，两端钝圆，长 6~8 毫米，熟时暗红色，果汁暗蓝色，带紫色，味甜而微咸；果核卵形，先端尖，长 4~5 毫米。物候期：花期 5—6 月，果期 7—8 月。

【生境】生于海拔 2 400~3 700 米的湖盆边缘沙地、盐渍化沙地、沿海盐化沙地。

【分布】我国新疆（塔什库尔干县），此外，我国各沙漠地区，华北及东北沿海沙区也有分布；蒙古国、中亚地区、俄罗斯。

【保护级别及用途】IUCN：无危（LC）；固沙、饲料、药用等。

217. 骆驼蓬 *Peganum harmala* L.

【生物学特征】外观：多年生草本，高 30~70 厘米，无毛。根：多数，直径达 2 厘米。茎：直立或开展，由基部多分枝。叶：互生，卵形，全裂为 3~5 条形或披针状条形裂片，裂片长 1~3.5 厘米，宽 1.5~3 毫米。花：单生枝端，与叶对生；萼片 5，裂片条形，长 1.5~2 厘米，有时仅顶端分裂；花瓣黄白色，倒卵状矩圆形，长 1.5~2 厘米，宽 6~9 毫米；雄蕊 15，花丝近基部宽展；子房 3 室，花柱 3。果实：蒴果近球形，种子三棱形，稍弯，黑褐色、表面被小瘤状突起。物候期：花期 5—6 月，果期 7—9 月。

【生境】生于 530~3 600 米的荒漠地带干旱草地、绿洲边缘轻盐渍化沙地、壤质低山坡或河谷沙丘。

【分布】我国新疆（塔什库尔干、乌恰、阿克陶、叶城等地）、宁夏、内蒙古、甘肃、西藏；蒙古国、中亚地区、伊朗及西亚其他国家、印度、地中海地区及非洲。

【保护级别及用途】IUCN：无危（LC）；种子可作红色染料；榨油可供轻工业用；全草入药治关节炎，又可作杀虫剂；叶子揉碎能洗涤泥垢，代肥皂用。

218. 野葵（原变种）*Malva verticillata* var. *verticillata*

【生物学特征】外观：2年生草本，高50~100厘米。茎：茎干被星状长柔毛。叶：肾形或圆形，直径5~11厘米，通常为掌状5~7裂，裂片三角形，具钝尖头，边缘具钝齿，两面被极疏糙伏毛或近无毛；叶柄长2~8厘米，近无毛，上面槽内被绒毛；托叶卵状披针形，被星状柔毛。花：3至多朵簇生于叶腋，具极短柄至近无柄；小苞片3，线状披针形，长5~6毫米，被纤毛；萼杯状，直径5~8毫米，萼裂5，广三角形，疏被星状长硬毛；花冠长稍微超过萼片，淡白色至淡红色，花瓣5，长6~8毫米，先端凹入，爪无毛或具少数细毛；雄蕊柱长约4毫米，被毛；花柱分枝10~11。果实：扁球形，直径5~7毫米；分果爿10~11，背面平滑，厚1毫米，两侧具网纹。种子：肾形，直径约1.5毫米，无毛，紫褐色。物候期：花期3—11月。

【生境】山谷、山地草甸、滩地干旱草原、河谷滩地疏林田埂、山坡草甸、河漫滩等。

【分布】我国新疆（塔什库尔干、阿克陶、叶城等地）及其他各省份。

【保护级别及用途】IUCN：无危（LC）；药用、嫩苗可食用。

219. 刺山柑 *Capparis spinosa* L.

【生物学特征】外观：蔓生半灌木。茎：枝条辐状平卧，幼枝初时被柔毛，后渐脱落无毛。叶：肉质，圆形、倒卵圆形或椭圆形，长 1~5 厘米，先端圆，有短刺状尖头，基部圆，两面无毛；叶柄长 3~8 毫米，托叶 2，刺状，长 2~6 毫米。花：单生叶腋，直径 2~4 厘米；花梗长 3~9 厘米，果期增粗；萼片 4，长圆状卵圆形，长 1~2 厘米；花瓣白、粉红或紫红色，倒卵形，长 1.5~3 厘米；雄蕊多数，长于花瓣；子房柄长 2~5 厘米。果实：蒴果浆果状，淡红色，椭球形或倒卵球形，长 2~4 厘米，直径 1.5~3 厘米，果肉红色。种子：多数，肾形，直径约 3 毫米，褐色。物候期：花期 5—6 月。

【生境】生于海拔 1 400~2 000 米的戈壁荒漠沙砾地、碎石堆、山地沟谷干山坡。

【分布】我国新疆（塔什库尔干、乌恰、阿克陶、喀什等地）、甘肃、西藏；哈萨克斯坦、阿富汗、伊朗、土耳其、巴尔干半岛及欧洲其他国家。

【保护级别及用途】IUCN：无危（LC）；新疆Ⅱ级保护野生植物，药用植物。

220. 爪瓣山柑 *Capparis himalayensis* Jafri

【俗名】老鼠瓜、狼西瓜

【异名】*Capparis spinosa* var. *himalayensis*

【生物学特征】外观：平卧灌木。茎：长 50~80（~100）厘米，新生枝密被长短混生白色柔毛，易变无毛；刺尖利，常平展而尖端外弯，长 4~5 毫米，苍黄色。叶：椭圆形或近圆形，长 1.3~3 厘米，宽 1.2~2 厘米，鲜时肉质，干后革质。花：大，单出腋生；花梗长 3.5~4.5 厘米；花萼两侧对称，萼片长 15~20 毫米，背面多少被毛，内面无毛，内轮萼片长圆形，边缘有白色绒毛；花瓣异形，上面 2 个异色，下面 2 个花瓣白色，分离，有爪，爪长 3~5 毫米，瓣片长圆状倒卵形，背面被毛；雌蕊约 80，花丝不等长（自 1.2~4 厘米）；雄蕊柄花期时长约 1 厘米，花后伸长至 3~4 厘米，有时近基部有疏长柔毛；子房椭圆形，长 3~4 毫米，无毛；胎座 6~8，胚珠多数。果实：椭圆形，长 2.5~3 厘米，直径 1.5~1.8 厘米（或未完全成熟）干后暗绿色；果皮薄，厚约 1.5 毫米，成熟后开裂，露出红色果肉与极多的种子。种子：肾形，直径约 3 毫米；种皮平滑，近赤褐色。物候期：花期 6—7 月，果期 8—9 月。

【生境】生于海拔 1 100 米以下的平原、空旷田野、山坡阳处。

【分布】我国新疆（乌恰、阿克陶等地）、西藏；巴基斯坦东北部到印度西北部及尼泊尔西部。

【保护级别及用途】IUCN：无危（LC）；药用。

221. 白马芥 *Baimashania pulvinata* Al-Shehbaz

【生物学特征】外观：多年生矮小草本，高约 2 厘米。根：根颈多分枝。叶：基生叶莲座状，宿存，卵形或长圆形，长 2~4 毫米，被单毛并混有少量具柄 2 叉毛，先端钝，基部渐窄，全缘，柄长 2~5 毫米，具睫毛；无茎生叶。花：单生花葶上；萼片长圆形，长 1.5~2 毫米；花瓣粉红色，匙形，长 3~4 毫米，基部爪长 1.5~2 毫米；花丝 2~2.5 毫米；子房有 6~8 胚珠。果实：长角果线形，长 4~8 毫米；果瓣具纵纹，无明显中脉；宿存花柱长 0.4~1 毫米；果柄长 3~5 毫米，上升，无毛。种子：长圆形，长 1~1.5 毫米。物候期：花期 6—7 月，果期 7—8 月。

【生境】生长于海拔 4 200~4 600 米的砾石堆、潮湿的砾石草甸、石灰石岩石裂缝。

【分布】我国新疆（塔什库尔干县）、云南。

【保护级别及用途】IUCN：近危（NT）。

222. 播娘蒿 *Descurainia sophia*（L.）Webb ex Prantl

【异名】*Sisymbrium sophia*; *Desurainia sophia* var. *glabrata*

【生物学特征】外观：1 年生草本，高 20~80 厘米，有毛或无毛，毛为叉状毛，以下部茎生叶为多，向上渐少。茎：直立，分枝多，常于下部呈淡紫色。叶：为 3 回羽状深裂，长 2~12（~15）厘米，末端裂片条形或长圆形，下部叶具柄，上部叶无柄。花：花序伞房状，果期伸长；萼片直立，早落，长圆条形，背面有分叉细柔毛；花瓣黄色，长圆状倒卵形；雄蕊 6 枚，比花瓣长 1/3。果实：长角果圆筒状，长 2.5~3 厘米，无毛，稍内曲，与果梗不成 1 条直线，果瓣中脉明显；果梗长 1~2 厘米。种子：每室 1 行，种子形小，多数，长圆形，长约 1 毫米，稍扁，淡红褐色，表面有细网纹。物候期：花期 4—5 月。

【生境】生于海拔 2 100~4 600 米的山坡、田野及农田。

【分布】我国新疆（塔什库尔干、乌恰等地），此外，除华南外全国各地均有分布；亚洲、欧洲、非洲及北美洲。

【保护级别及用途】IUCN：无危（LC），药用、榨油、食用。

223. 帕米尔丛菔 *Solms-laubachia pamirica* Z. X. An

【生物学特征】外观：多年生草本，高5~10厘米。根：粗壮，直径6~7毫米，于根颈处分枝，垫状。叶：完全基生，具长柄，连柄长3~4厘米；叶片窄椭圆形或窄卵形，顶端急尖，全缘，或具显著或不显著的波状齿，无毛或被疏密不等的毛，边缘被疏密不等的睫毛，尤以叶柄变宽处为多。花：花葶及花柄上具腺毛；花序花时伞房状，果时总状；花梗长2.5~4.0毫米；萼片直立，长约3毫米，外轮卵状椭圆形，内轮长椭圆形；花瓣淡黄色，长6.5~6.8毫米，瓣片等长于爪部，倒卵形，顶端多凹陷或成缺刻，亦可圆形或平截，基部渐窄成楔状爪；雄蕊6枚，花丝扁平，花药长圆形；中蜜腺分裂为2，位于长雄蕊外侧；子房无毛，花柱短。物候期：花果期6—9月。

【生境】生于海拔 4 500~4 600 米的高山垫状植被带、高山流石坡。

【分布】我国新疆（塔什库尔干县）。

【保护级别及用途】种质资源。

224. 新疆芥 *Solms-laubachia kashgarica*（Botsch.）D. A. German & Al~Shehbaz

【俗名】喀什高原芥、喀什藏芥

【异名】*Phaeonychium kashgaricum*; *Vvedenskyella kashgarica*; *Christolea kashgarica*

【生物学特征】外观：多年生草本，高 10~20 厘米，全株无毛。叶：基生叶莲座状，具柄；叶片倒披针形或匙形，长 1.2~6.5 厘米，顶端急尖或钝，全缘，并有睫毛。花：花葶高 3~20 厘米，无叶，花多数；花梗细，展开，长 2~32 毫米，无毛；萼片展开，宽椭圆形，长 2.5~4.5 毫米，顶端钝；花瓣紫色，长 6~9 毫米，宽 3~4.5 毫米，顶端钝圆，基部楔状成爪；雄蕊花丝分离，基部宽；花柱长 3~4 毫米。果实：长角果长圆状条形，长 1~1.5 厘米；果梗长 8~17 毫米，上部外弯；果瓣膜质，有中脉，侧脉细弱；假隔膜薄，白色，半透明。种子：每室 1 行，种子无翅。物候期：花果期 6—8 月。

【生境】生于海拔 1 800~3 300 米的高山荒漠、河谷阶地草原砾地。

【分布】我国新疆（塔什库尔干、喀什等地）；中亚地区。

【保护级别及用途】新疆Ⅱ级保护野生植物。

225. 线果扇叶芥 *Solms-laubachia linearis*（N. Busch）J. P. Yue, Al-Shehbaz & H. Sun

【俗名】线果高原芥

【生物学特征】外观：多年生草本，高约 10 厘米，被单毛，很少有叉状毛。叶：基生叶窄匙形，长 10~15 毫米，宽 3~5 毫米，全缘或前端有 1~3 浅齿，顶端钝；茎生叶短，叶片披针形至线形。花：总状花序有花 10~15 朵，有苞叶；萼片长约 3 毫米；花瓣白色，常于基部变为紫色，长 5~8 毫米。果实：未成熟的角果线形，长约 10 毫米，宽约 1 毫米，常近基部变为紫色，被毛；柱头扁，2 浅裂，花柱无或近无，子房每室有 8 个胚珠；花梗长约 8 毫米。

【生境】生于海拔 3 700~5 000 米的高山砾石山坡等。

【分布】我国新疆（乌恰、叶城等地）、西藏；巴基斯坦、克什米尔地区。

【保护级别及用途】IUCN：无危（LC）。

226. 垂果大蒜芥（原变种）*Sisymbrium heteromallum* var. *heteromallum*

【生物学特征】外观：1年生或2年生草本，高30~90厘米。茎：直立，不分枝或分枝，具疏毛。叶：基生叶为羽状深裂或全裂，叶片长5~15厘米，顶端裂片大，长圆状三角形或长圆状披针形，渐尖，基部常与侧裂片汇合，全缘或具齿，侧裂片2~6对，长圆状椭圆形或卵圆状披针形，下面中脉有微毛，叶柄长2~5厘米；上部的叶无柄，叶片羽状浅裂，裂片披针形或宽条形。花：总状花序密集成伞房状，果期伸长；花梗长3~10毫米；萼片淡黄色，长圆形，长2~3毫米，内轮的基部略成囊状；花瓣黄色，长圆形，长3~4毫米，顶端钝圆，具爪。果实：长角果线形，纤细，长4~8厘米，常下垂；果瓣略隆起；果梗长1~1.5厘米。种子：长圆形，长约1毫米，黄棕色。物候期：花期4—5月。

【生境】生于林下、阴坡、河边，海拔900~4 300米。

【分布】我国新疆（塔什库尔干县）、山西、陕西、甘肃、青海、四川、云南等；蒙古国、俄罗斯（西伯利亚）、印度北部、欧洲北部。

【保护级别及用途】IUCN：无危（LC）。

227. 大蒜芥 *Sisymbrium altissimum* L.

【生物学特征】外观：1年生或2年生草本，高20~80厘米；茎：直立，下部及叶均散生长单毛，上部近无毛。茎上部分枝，枝开展。叶：基生叶及下部茎生叶有柄，叶片长8~16厘米，羽状全裂或深裂，裂片长圆状卵形至卵圆状三角形，全缘或具不规则波状齿；中、上部茎生叶长2~12厘米，羽状分裂，裂片条形。花：总状花序顶生，萼片长圆状披针形，长4~5毫米，顶端背面有1兜状突起；花瓣黄色，后变为白色，长圆状倒卵形，长4~6毫米。果：长角果略呈四棱状，长8~10厘米，直或微曲，花柱近无；果梗长8~10毫米，与长角果等粗或近等粗，斜向展开。种子：长圆形，长1~1.2毫米，淡黄褐色。物候期：花期4—5月。

【生境】生于荒漠草原、荒地、路边。

【分布】我国新疆（塔什库尔干县）、辽宁等；俄罗斯（西伯利亚）、中亚、伊朗、阿富汗、印度、欧洲、北美洲。

【保护级别及用途】IUCN：无危（LC）。

228. 无毛大蒜芥 *Sisymbrium brassiciforme* C. A. Mey.

【异名】*Sisymbrium iscandericum*；*Sisymbrium ferganense*

【生物学特征】外观：2年生草本，高45~80厘米，无毛。茎：直立，上部分枝，劲直，茎常带淡蓝色，基部常呈紫红色。叶：茎生叶大头羽状裂，上、下部的叶大小相差悬殊；下部叶长2~2.5厘米，顶端裂片大，长圆形至长卵形，披针状卵形至三角形；中部叶顶端裂片三角形或三角状卵圆形，基部两侧常为戟形；上部的叶不裂，近无柄，叶片披针形至长圆条形。花：总状花序顶生；萼片条状长圆形，长5~6毫米，略成盔状；花瓣黄色，倒卵形，长7~9毫米，具爪。果实：长角果线形，长7.5~10厘米，向外弓曲，水平展开或略向下垂；花柱短；果梗8~10毫米，比果实细，近水平展开或稍斜上伸。种子：小，长约1毫米，淡褐色；子叶背倚胚根。物候期：花期6—7月。

【生境】生于海拔800~3 600米的路边或砾石堆中。

【分布】我国新疆（塔什库尔干、乌恰、阿克陶、喀什等地）、西藏、青海；俄罗斯（西伯利亚）、克什米尔地区、阿富汗、巴基斯坦。

【保护级别及用途】IUCN：无危（LC）。

229. 独行菜 *Lepidium apetalum* Willd.

【俗名】腺茎独行菜、辣辣菜、拉拉罐、昌古、辣辣根、羊拉拉、小辣辣、羊辣罐、辣麻麻

【异名】*Lepidium chitungense*

【生物学特征】外观：1年生或2年生草本，高5~30厘米。茎：直立，有分枝，无毛或具微小头状毛。叶：基生叶窄匙形，1回羽状浅裂或深裂，长3~5厘米；叶柄长1~2厘米；茎上部叶线形，有疏齿或全缘。花：总状花序在果期可延长至5厘米；萼片早落，卵形，长约0.8毫米，外面有柔毛；花瓣不存或退化成丝状，比萼片短；雄蕊2或4。果实：短角果近圆形或宽椭圆形，扁平，长2~3毫米，宽约2毫米，顶端微缺，上部有短翅，隔膜宽不到1毫米；果梗弧形，长约3毫米。种子：椭圆形，长约1毫米，平滑，棕红色。物候期：花果期5—7月。

【生境】生于海拔400~4 300米山坡、山沟、路旁及村庄附近。

【分布】我国新疆（塔什库尔干、乌恰、阿克陶、喀什、叶城等地）、东北、华北、江苏、浙江、安徽、西北、西南；欧洲、亚洲东部及中部、喜马拉雅地区。

【保护级别及用途】IUCN：无危（LC）；药用、榨油、食用。

230. 光果宽叶独行菜（变种）*Lepidium latifolium* var. *affine* C. A. Mey.

【生物学特征】外观：多年生草本，高 30~150 厘米。茎：直立，上部多分枝，基部稍木质化，无毛或疏生单毛。叶：基生叶及茎下部叶革质，长圆披针形或卵形，长 3~6 厘米，顶端急尖或圆钝，基部楔形，全缘或有齿，两面有柔毛；叶柄长 1~3 厘米，茎上部叶披针形或长圆状椭圆形，长 2~5 厘米，无柄。花：总状花序圆锥状；萼片脱落，卵状长圆形或近圆形，长约 1 毫米，顶端圆形；花瓣白色，倒卵形，长约 2 毫米，顶端圆形，爪明显或不明显；雄蕊 6。果实：短角果宽卵形或近圆形，长 1.5~3 毫米，顶端全缘，基部圆钝，无翅，无毛或近无毛，花柱极短；果梗长 2~3 毫米。种子：宽椭圆形，长约 1 毫米，压扁，浅棕色，无翅。物候期：花期 5—7 月，果期 7—9 月。

【生境】生于海拔 1 280~4 250 米含盐质的沙滩、田边及路旁。

【分布】我国新疆（塔什库尔干、阿克陶、乌恰、英吉沙等地）、青海、甘肃、陕西、西藏等；亚洲北部及西部。

【保护级别及用途】IUCN：无危（LC）；药用。

独行菜属 *Lepidium*

231. 群心菜 *Lepidium draba* L.

【异名】*Cardaria draba*

【生物学特征】外观：多年生草本，高 20~50 厘米，有弯曲短单毛；以基部最多，向上渐减少。茎：直立，多分枝。叶：基生叶有柄，倒卵状匙形，长 3~10 厘米，边缘有波状齿，开花时枯萎；茎生叶倒卵形，长圆形至披针形，长 4~10 厘米，顶端钝，有小锐尖头，基部心形，抱茎，边缘疏生尖锐波状齿或近全缘，两面有柔毛。花：总状花序伞房状，成圆锥花序，多分枝，在果期不伸长；萼片长圆形，长约 2 毫米；花瓣白色，倒卵状匙形，长约 4 毫米，顶端微缺，有爪；盛开花的花柱比子房长。果实：短角果卵形或近球形，长 3~4.5 毫米，果瓣无毛，有明显网脉；花柱长约 1.5 毫米；果梗长 5~10 毫米。种子：1 个，宽卵形或椭圆形，长约 2 毫米，棕色，无翅。物候期：花期 5—6 月，果期 7—8 月。

【生境】生在山坡路边、田间、河滩及水沟边。

【分布】我国新疆（乌恰、喀什等地）、辽宁、山东、西藏、四川、甘肃；欧洲中部及西部、亚洲中部及西部、北美洲。

【保护级别及用途】种质资源。

232. 头花独行菜 *Lepidium capitatum* Hook. f. & Thomson

【异名】*Lepidium kunlunshanicum*

【生物学特征】外观：1 年生或 2 年生草本。茎：匍匐或近直立，长达 20 厘米，多分枝，披散，具腺毛。叶：基生叶及下部叶羽状半裂，长 2~6 厘米，基部渐狭成叶柄或无柄，裂片长圆形，长 3~5 毫米，顶端急尖，全缘，两面无毛；上部叶相似但较小，羽状半裂或仅有锯齿，无柄。花：总状花序腋生，花紧密排列近头状，果期长达 3 厘米；萼片长圆形，长约 1 毫米；花瓣白色，倒卵状楔形，和萼片等长或稍短，顶端凹缺；雄蕊 4。果实：短角果卵形，长 2.5~3 毫米，顶端微缺，无毛，有不明显翅；果梗长 2~4 毫米。种子：10 粒，长圆状卵形，长约 1 毫米，浅棕色。物候期：花果期 5—6 月。

【生境】生于海拔 3 000 米左右的山坡。

【分布】我国新疆（阿克陶县）、青海、四川、甘肃、云南、西藏；印度、巴基斯坦、尼泊尔、不丹、克什米尔地区等。

【保护级别及用途】IUCN：无危（LC）。

233. 甘新念珠芥 *Rudolf-kamelinia korolkowii*（Regel & Schmalh.）Al~Shehbaz & D. A. German

【俗名】莲座念珠芥

【异名】*Torularia korolkowii* var. *longistyla*; *Neotorularia korolkowii*; *Sisymbrium korolkowii*; *Malcolmia mongolica*; *Torularia sulphurea* ; *Dichasianthus korolkowii* ; *Neotorularia rosulifolia*

【生物学特征】外观：1 年生或两年生草本，高 10~25 厘米，密被分枝毛，或杂有单毛，有时毛较少。茎：于基部分枝，稍斜上升，或铺散而后上升。叶：基生叶大，有长柄，叶片长圆状披针形，长 2~6 厘米，宽 4~6 毫米，顶端急尖，基部渐窄成柄，边缘有不规则的波状至长圆形裂片；茎生叶叶柄向上渐短至无，叶片长圆状卵形，其他同基生叶。花：花序花时伞房状，果时伸长成总状；萼片长圆形，长 2~3 毫米，内轮基部略呈囊状；花瓣白色，干后土黄色，倒卵形，长 4~6 毫米，顶端平截或微缺，基部渐窄。果实：果梗长 3~6 毫米，略弧曲或末端卷曲，成熟后在种子间略缢缩。种子：长圆形，长约 1 毫米，黄褐色。物候期：花期 5—6 月。

【生境】生于海拔 500~4 200 米高山荒漠带的绿洲草原及田边、山坡石砾地、灌丛草甸。

【分布】我国新疆（阿克陶等地）、甘肃、青海；蒙古国、中亚地区、土耳其。

【保护级别及用途】IUCN：无危（LC）；种质资源。

234. 荠 *Capsella bursa-pastoris*（L.）Medik.

【俗名】地米菜、芥、荠菜

【异名】*Thlaspi bursa-pastoris*

【生物学特征】外观：1 年生或 2 年生草本，高（7~）10~50 厘米，无毛、有单毛或分叉毛。茎：直立，单一或从下部分枝。叶：基生叶丛生呈莲座状，大头羽状分裂，长可达 12 厘米，顶裂片卵形至长圆形，长 5~30 毫米，侧裂片 3~8 对，长圆形至卵形，长 5~15 毫米，顶端渐尖，浅裂、或有不规则粗锯齿或近全缘，叶柄长 5~40 毫米；茎生叶窄披针形或披针形，基部箭形，抱茎，边缘有缺刻或锯齿。花：总状花序顶生及腋生，果期延长达 20 厘米；花梗长 3~8 毫米；萼片长圆形，长 1.5~2 毫米；花瓣白色，卵形，长 2~3 毫米，有短爪。果实：短角果倒三角形或倒心状三角形，长 5~8 毫米，宽 4~7 毫米，扁平，无毛，顶端微凹，裂瓣具网脉；花柱长约 0.5 毫米；果梗长 5~15 毫米。种子：2 行，长椭圆形，长约 1 毫米，浅褐色。物候期：花果期 5—7 月。

【生境】生于海拔 100~3 720 米的山坡、田边及路旁。

【分布】我国新疆（阿克陶、乌恰等地），分布几遍全国；全世界温带地区广布。

【保护级别及用途】IUCN：无危（LC）；药用、食用、榨油。

235. 高山离子芥 *Chorispora bungeana* Fisch. & C. A. Mey.

【异名】*Chorispora exscapa*; *Chorispora tianshanica*

【生物学特征】外观：多年生高山草本，高 3~10 厘米。茎：短缩，植株具白色疏柔毛。叶：多数，基生，叶片长椭圆形，羽状深裂或全裂，裂片近卵形，全缘，顶端裂片最大，背面具白色柔毛；叶柄扁平，具毛。花：单生，花柄细，长 2~3 厘米；萼片宽椭圆形，长 7~8 毫米，背面具白色疏毛，内轮 2 枚略大，基部呈囊状；花瓣紫色，宽倒卵形，长 1.6~2 厘米，宽 6~8 毫米，顶端凹缺，基部具长爪。果实：长角果念珠状，长 1~2.5 厘米，顶端具细而短的喙，果梗与果实近等长。种子：淡褐色，椭圆形而扁，直径约 1 毫米；子叶缘倚胚根。物候期：花果期 7—8 月。

【生境】生于海拔 2 900~3 700 米的山坡草地或沼泽地。

【分布】我国新疆（乌恰等地）；中亚地区、巴基斯坦、阿富汗。

【保护级别及用途】IUCN：无危（LC）。

236. 西伯利亚离子芥 *Chorispora sibirica*（L.）DC.

【异名】*Raphanus sibiricus*；*Chorispora sibirica* var. *songarica*; *Chorispora gracilis*

【生物学特征】外观：1年生至多年生草本，高8~30厘米，自基部多分枝，植株被稀疏单毛及腺毛。叶：基生叶丛生，叶片披针形至椭圆形，边缘羽状深裂至全裂，基部具柄，长0.5~4厘米；茎生叶互生，与基生叶同形而向上渐小。花：总状花序顶生，花后延长；萼片长椭圆形，长4~6毫米，边缘白色膜质，背面具疏毛；花瓣鲜黄色，近圆形至宽卵形，顶端微凹，基部具爪。果：长角果圆柱形，长1.5~2.5厘米，微向上弯曲，在种子间紧缢呈念珠状，顶端具喙，喙长5~10毫米，与果实顶端有明显界限；果梗较细，长8~12毫米，具腺毛。种子：小，宽椭圆形而扁，褐色，无膜质边缘；子叶缘倚胚根。物候期：花果期4—8月。

【生境】生于海拔 750~1 900 米的路边荒野、田边、河滩及山坡草地，常成片生长。

【分布】我国新疆（塔什库尔干、乌恰、阿克陶、喀什等地）、西藏；俄罗斯、印度、巴基斯坦。

【保护级别及用途】IUCN：无危（LC）。

237. 短梗念珠芥 *Neotorularia brevipes*（Kar. & Kir.）Hedge & J. Léonard

【俗名】短梗涩荠

【异名】*Sisymbrium brevipes*; *Malcolmia brevipes*; *Hesperis brevipes*; *Torularia brevipes*; *Fedtschenkoa brevipes*；*Dichasianthus brevipes*

【生物学特征】外观：1 年生草本，高（2~）4~11（~15）厘米，短茎，覆被稀疏短毛，上部几无毛。茎：单一或基部分开，直立。叶：远离，长圆形或椭圆状长圆形，长 2~5 厘米，宽 5~15 毫米，边缘具波状齿至羽状深裂，少数近全缘；茎上部叶长圆形至长圆状线形，近无柄至无柄。花：花粉红色至白色，直径约 4 毫米。果实：长角果线形，长 3~5 厘米，宽约 1 毫米，顶端常弯曲，略呈圆筒状，近念珠状，疏生柔毛至无毛；果梗粗，长不到 1 毫米。物候期：花果期 6 月。

【生境】生于荒地，海拔 200~2 200 米。

【分布】我国新疆（乌恰、喀什等地）、青海、内蒙古；阿富汗、中亚地区、伊朗及巴基斯坦。

【保护级别及用途】IUCN：无危（LC）。

238. 高山芹叶荠 *Smelowskia bifurcata*（Ledeb.）Botsch.

【异名】*Hutchinsia bifurcata*; *Smelowskia asplenifolia*; *Smelowskia calycina* var. *densiflora*

【生物学特征】外观：多年生草本，高 5~20 厘米，全株被弯曲长单毛，并杂有分枝毛。根茎：粗长，近地面处分枝，并覆有宿存叶柄，地面上成密丛。叶：基生叶具柄，长 5~8 厘米，向基部变宽，有较长的睫毛；茎生叶柄短或无柄，叶片羽状深裂，末端或近末端的裂片再作 2 回裂，小裂片 2~3，近基部的裂片不再裂，裂片倒卵形或倒卵状椭圆形。花：花序伞房状，果期伸长，下部数花有苞片，花梗长 3~4 毫米；萼片长圆状卵圆形，长 3~3.25 毫米；花瓣圆形或长圆状倒卵形，白色，后变黄色，长 4~5 毫米，具长爪。果实：短角果无毛，长倒卵形，长 3.5~6 毫米，果瓣舟状，两端均钝尖，中脉明显，隔膜完整或穿孔，厚。种子：1~2 枚，褐色，长圆形，长 1.8~2 毫米。物候期：花期 6—7 月。

【生境】生于海拔 3 100~5 300 米的沟谷山坡亚高山草甸、河谷山地高寒草甸、山坡砾石草地等。

【分布】我国新疆（塔什库尔干、阿克陶等地）。

【保护级别及用途】IUCN：数据缺乏（DD）；种质资源。

239. 灰白芹叶荠 *Smelowskia alba*（Pall.）Regel

【生物学特征】外观：多年生草本，高10~18厘米，密被短分枝毛，并杂有长单毛而呈灰绿色。根茎：分枝极多，地面上能育枝与不育枝成丛状，基部包以残存叶柄。叶：基生叶莲座状，具柄，柄长约2厘米，近基处变宽，密被细丛卷毛及睫毛；叶片羽状全裂，长1~1.5厘米，裂片5~8对，裂片卵状椭圆形，顶端裂片与其下的侧裂片相汇合；茎生叶越向上裂片数目越多，越变长，条状披针形，裂片下侧有时有1齿状小裂片。花：花序伞房状，果期伸长；萼片卵圆形，长2.5~3毫米，顶端钝或钝圆，背面有长单毛，近顶端处带淡紫红色；花瓣白色，长1~1.5毫米，近圆形，爪细。果实：长角果条形，长8~9毫米，宽约1毫米，果瓣中脉显著，两端急钝尖。种子：黑色，长圆形，长约1毫米。物候期：花期6月。

【生境】生于海拔 3 000~3 440 米的沟谷山地草原。

【分布】我国新疆（塔什库尔干、乌恰等地）、内蒙古、黑龙江；蒙古国、俄罗斯。

【保护级别及用途】IUCN：无危（LC）。

240. 芹叶荠 *Smelowskia calycina* (Stephan ex Willd.) C. A. Mey.

【异名】*Lepidium calycinum*; *Hutchinsia calycina*;*Hutchinsia pectinata* var. *viridis*; *Hurchinsia calycina* var. *pectinata*; *Smelowskia calycina* var. *pectinata*; *Chrysanthemopsis koelzii* ; *Smelowskia koelzii*; *Smelowskia pectinata*; *Smelowskia tianschanica*

【生物学特征】外观：多年生草本，高 5~30 厘米，被丛卷毛与长单毛。根茎：粗长，近地面处分枝。茎：基部被残存叶柄，地面上成密丛状。叶：茎生叶具柄，长 3~5 厘米；叶片长圆形，2 回羽状分裂，第 1 回羽状深裂，裂片长椭圆形，下部的裂片长圆状椭圆形；茎生叶向上渐小，叶柄短；中、下部的 2 回羽状分裂，第 1 回裂片条状长圆形；上部的 2 回深裂或不裂，裂片均为长圆形。花：花序伞房状，果期伸长；萼片淡黄色，长圆状椭圆形，边缘白色，被白色单毛，花瓣白色，长圆倒卵形；下部渐窄成爪。果实：短角果四棱状椭圆形，长 4~8 毫米，向两端渐细；果瓣龙骨状，中脉明显，侧脉隐约可见，两端钝尖。种子：淡红棕色，长圆状卵形。物候期：花期 7—8 月。

【生境】生于海拔 3 000~4 850 米的亚高山草甸、沟谷山坡砾石草地、山地缓坡沙砾地、山前洪积扇等。

【分布】我国新疆（塔什库尔干、乌恰、阿克陶等地）；俄罗斯、中亚地区。

【保护级别及用途】IUCN：无危（LC）。

芹叶荠属 Smelowskia

241. 藏荠 *Smelowskia tibetica* (Thomson) Lipsky

【俗名】藏芹叶荠

【异名】*Hedinia tibetica*; *Hutchinsia tibetica*; *Capsella thomsonii*; *Hedinia rotundata*; *Hedinia taxkargannica* var. *hejigensis*; *Hedinia elata*

【生物学特征】外观：多年生草本，全株有单毛及分叉毛。茎：铺散，基部多分枝，长 5~15 厘米。叶：线状长圆形，长 6~25 厘米，羽状全裂，裂片 4~6 对，长圆形，顶端急尖，基部楔形，全缘或具缺刻；基生叶有柄，上部叶近无柄或无柄。花：总状花序下部花有 1 羽状分裂的叶状苞片，上部花的苞片小或全缺，花生在苞片腋部，直径约 3 毫米；萼片长圆状椭圆形，长约 2 毫米；花瓣白色，倒卵形，长 3~4 毫米，基部具爪。果实：短角果长圆形，压扁，稍有毛或无毛，有 1 显著中脉，花柱极短；果梗长 2~3 毫米。种子：多数，卵形，长约 1 毫米，棕色。物候期：花果期 6—8 月。

【生境】生于海拔2 000~5 160米的高山山坡、草地及河滩。

【分布】我国新疆（塔什库尔干、阿克陶、叶城等地）、甘肃、青海、四川、西藏；中亚地区、蒙古国、印度、尼泊尔、巴基斯坦。

【保护级别及用途】IUCN：无危（LC）；新疆Ⅱ级保护野生植物。

242. 短果蚓果芥 *Braya parvia* (C. H. An) Al-Shehbaz & D. A. German

【俗名】西藏念珠芥、具苞念珠芥、帕韦肉叶荠、短果念珠芥

【异名】*Neotorularia brachycarpa*; *Torularia brachycarpa*; *Torularia tibetica*;*Torularia parvia*; *Torularia bracteata*; *Dichasianthus brachycarpus*; *Neotorularia parvia*; *Neotorularia tibetica*; *Torularia conferta*; *Neotorularia conferta*

【生物学特征】外观：多年生草本，株高约 18 厘米，具稀疏分叉毛，并杂有“丁”字毛。茎：直立或外倾，自基部有 7~8 分枝。叶：基生叶早枯，叶片椭圆状披针形，长 1~2 厘米，边缘具不整齐钝齿或全缘，具叶柄；茎生叶长椭圆状倒卵形或椭圆状披针形，顶端钝，基部渐窄成不明显的柄，边缘具不整齐疏钝齿或近全缘。花：花序伞房状，花后伸长，每花具 1 苞片，苞片向上渐小，着生于花梗的基部或中部，宿存；花瓣白色，匙形。果实：长角果微弯曲，呈念珠状，长 5~12 厘米，密被丁字毛，有时杂有少数分枝毛；果梗长 1.5~2 毫米。种子：卵圆形，长约 1 毫米，褐色；子叶背倚胚根。物候期：花期 6—8 月，果期 7—9 月。

【生境】生于海拔 3 500~5 300 米的沟谷山地高寒荒漠、高寒草甸、河谷山坡草甸裸地等。

【分布】我国新疆（塔什库尔干、阿克陶、叶城等地）、青海、西藏、甘肃；塔吉克斯坦。

【保护级别及用途】IUCN：无危（LC）。

243. 黄花肉叶荠 *Braya scharnhorstii* Regel & Schmalh.

【异名】*Braya sternbergii*; *Beketovia tianschanica*; *Braya oxycarpa* var. *Scharnhorstii*;*Solms~laubachia carnosifolia*

【生物学特征】外观：2 年生草本，丛生。叶：基生叶莲座状，叶柄（2~）3~8（~11）毫米，宿存，纸质；茎生叶无柄。花：总状花序，果期伸长；果柄 2~6（~10）毫米；萼片卵形或长圆形，长 2~2.5 毫米，密被短柔毛；花瓣黄色，宽倒卵形，长 3.5~5 毫米，先端圆形；瓣爪粉红色，1.5~2 毫米；花丝 1.5~2.5 毫米；花药卵形；花柱 0.5~1 毫米。果实：卵球形、长圆形或线形，长（3~）4~8（~12）毫米，被微柔毛，近念珠状。种子：长 1~1.4 毫米，宽 0.5~0.6 毫米。物候期：花期 7—8 月，果期 8—9 月。

【生境】生于海拔 3 500~5 000 米的戈壁滩、石质山坡等。

【分布】我国新疆（塔什库尔干县、乌恰县、叶城县）；吉尔吉斯斯坦、塔吉克斯坦。

【保护级别及用途】IUCN：无危（LC）。

244. 蚓果芥 *Braya humilis* (C. A. Mey.) B. L. Rob.

【俗名】长角肉叶荠、无毛蚓果芥、喜湿蚓果芥、窄叶蚓果芥、大花蚓果芥

【异名】*Arabidopsis tuemurnica*; *Torularia humilis*; *Sisymbrium humile* var. *piasezkii*; *Hesperis hygrophila*; *Arabis axillaris*; *Torularia humilis*

【生物学特征】外观：多年生草本，高达 30 厘米。茎：基部分枝。叶：基生叶倒卵形，长约 1 厘米，柄长约 2 厘米；茎下部叶宽匙形或窄长卵形，长 0.5~3 厘米，先端钝圆，基部渐窄成柄，全缘或具 2~3 对钝齿；中上部茎生叶线形。花：花序最下部的花有苞片，稀所有的花均有苞片；萼片长圆形，外轮较内轮窄，边缘膜质；花瓣长椭圆形、长卵形或倒卵形，白色，长 3~6 毫米。果实：长角果筒状，上下等粗，两端渐细，直或弯曲；宿存花柱短，柱头 2 浅裂；果瓣被 2 叉毛；果柄长 3~6 毫米；种子每室 1 行，长圆形，长约 1 毫米，橘红色。种子：每室为不明显的 2 行，种子表面光滑，红褐色；胚根长于子叶，长 2.5~3 毫米。物候期：花果期 5—9 月。

【生境】生于海拔 1 000~4 200 米的山麓草甸、河滩砾石处。

【分布】我国新疆（塔什库尔干、阿乌恰、克陶、叶城等地），此外，我国北方、西南地区广布；中亚地区、朝鲜、蒙古国、俄罗斯（远东地区、西伯利亚）以及北美洲。

【保护级别及用途】IUCN：数据缺乏（DD）；药用。

245. 卷果涩芥 *Strigosella scorpioides* (Bunge) Botschantzev

【俗名】卷果涩荠

【异名】*Malcolmia scorpioides*; *Dontostemon scorpioides*; *Malcolmia contortuplicata* var. *curvata*; *Malcolmia scorpioides* var. *curvata*; *Malcolmia multisiliqua*; *Fedtschenkoa scorpioides*; *Fedtschenkoa multisiliqua*

【生物学特征】外观：1 年生草本，高（5~）10~20（~30）厘米。茎：直立，从基部分枝，疏生分叉毛，有时近无毛。叶：基生叶长圆形或披针形，长 3~4 厘米，顶端圆钝，基部楔形，边缘疏生锯齿，或近全缘，两面有分叉毛；叶柄长 5~10 毫米；茎生叶和基生叶相似，但较小。花：总状花序顶生，具 10~20 花；花粉红色或带白色，直径 1~2 毫米；花梗长 1~2 毫米；萼片长圆形，长 2~2.5 毫米，外面有分叉毛；花瓣线状匙形，长 3~3.5 毫米。果实：长角果线形，长 4~5 厘米，顶端拳卷，稍扁平，近念珠状，疏生短分叉毛，或近无毛；花柱极短；果梗粗，长 1~2 毫米。种子：长圆形，长约 1 毫米，黄棕色。物候期：花期 5 月，果期 6 月。

【生境】生于低海拔山坡沙地。

【分布】我国新疆（塔什库尔干等地）、甘肃等；阿富汗、伊朗、巴基斯坦。

【保护级别及用途】IUCN：无危（LC）；种质资源。

246. 涩芥（原变种）*Strigosella africana* var. *africana*

【生物学特征】外观：2年生草本，高8~35厘米，密生单毛或叉状硬毛。茎：直立或近直立，多分枝，有棱角。叶：长圆形、倒披针形或近椭圆形，长1.5~8厘米，顶端圆形，有小短尖，基部楔形，边缘有波状齿或全缘；叶柄长5~10毫米或近无柄。花：总状花序有10~30朵花，疏松排列，果期长达20厘米；萼片长圆形，长4~5毫米；花瓣紫色或粉红色，长8~10毫米。果实：长角果（线细状）圆柱形或近圆柱形，长3.5~7厘米，近4棱，倾斜、直立或稍弯曲，密生短或长分叉毛，或二者间生，或具刚毛，少数几无毛或完全无毛；柱头圆锥状；果梗加粗，长1~2毫米。种子：长圆形，长约1毫米，浅棕色。物候期：花果期6—8月。

【生境】生于海拔2 100~3 750米的路边荒地或田间。

【分布】我国新疆（塔什库尔干、乌恰、阿克陶、喀什、疏勒、叶城等地）、河北、山西、河南、安徽、江苏、陕西、甘肃、宁夏、青海、四川等；亚洲北部和西部、欧洲、非洲。

【保护级别及用途】种质资源。

247. 长毛扇叶芥 *Desideria flabellata*（Regel）Al-Shehbaz

【俗名】长毛高原芥

【生物学特征】外观：多年生草本，高5~8厘米，下部无毛，向上渐次有毛，至密被白色、扁平、长单毛。茎：地上有直立或略外倾的地下茎，其上有退化叶形成的鳞片；地上茎具显著或不显著的棱槽，常呈淡紫红色。叶：无明显的柄，叶片肉质，倒宽卵形，顶端圆浅裂或有圆齿以至深裂，基部楔形。花：总状花序短；萼片淡黄色，具膜质边缘，背部有白色、扁平、长单毛，长约3.4毫米，外轮的长圆形，内轮的长圆状倒卵形，宽约1.4毫米，顶端钝圆，基部囊状；花瓣干后淡蓝色，长约1.3厘米，顶端钝圆，基部楔状渐窄或具短爪。果实：角果扁平，长4~6毫米果瓣具中脉，侧脉可见，种子每室1行。种子：长圆形，长1.8~2毫米，有边或无边；子叶缘倚胚根。物候期：花期7月。

【生境】生于海拔4 000~4 200米的砾石山坡、河滩、山坡草地。

【分布】我国新疆（塔什库尔干县、乌恰县、阿克陶县）；中亚地区南部山区。

【保护级别及用途】IUCN：近危（NT）。

248. 密序山萮菜 *Eutrema heterophyllum*（W. W. Smith）H. Hara

【俗名】西北山萮菜、歪叶山萮菜

【异名】*Braya heterophylla*; *Eutrema compactum*; *Eutrena obliquum*; *Eutrema edwardsii* var. *heterophyllum*

【生物学特征】外观：多年生草本，高约 4 厘米，无毛。根：粗大；根颈处有宿存枯叶柄，于根颈处分枝。茎：常数枝丛生。叶：大部基生，基生叶大，叶柄长 1~2 厘米，叶片卵圆形或长圆形，全缘；茎生叶叶柄短，向上渐短至无柄，叶片小，下部的椭圆形，向上渐窄小成宽条形。花：花序花时伞房状，果时稍伸长成紧密的总状；花梗长 2~3 毫米；萼片倒卵形，长 2 毫米，边缘宽白色膜质，宿存；花瓣白色，卵圆形，长 3 毫米，顶端圆，基部渐窄成爪。果实：长角果披针形；果瓣稍成龙骨状隆起，顶端渐尖，基部钝，中脉明显；隔膜膜质，于中下部穿孔。种子：每室 1 粒，悬垂于室顶，种柄丝状；种子长圆形或卵状长圆形，长约 2 毫米，棕褐色。物候期：花期 6 月，果期 9 月。

【生境】生于海拔 3 000~5 100 米的高山草地、沟谷山坡草甸等。

【分布】我国新疆（塔什库尔干县）、河北、陕西、甘肃、青海、四川、云南、西藏；中亚地区。

【保护级别及用途】IUCN：无危（LC）。

249. 西北山萮菜 *Eutrema edwardsii* R. Br.

【生物学特征】外观：多年生草本，高 6~18 厘米，光滑无毛。根：粗大，根颈处有残存枯叶柄，并具 1 至数茎。根茎：根茎粗，有残存叶柄。茎：单 1 或数个丛生，基部常带淡紫色。叶：基生叶具长柄，柄长 1.5~5 厘米，叶片长卵状圆形至卵状三角形，顶端钝或急尖，基部截形、略成心形或渐窄；下部茎生叶具宽柄，上部的无柄，叶片长卵状圆形、窄卵状披针形或条形，顶端钝，基部渐窄，全缘。花：花序伞房状，果期略伸长，花梗长 1~2 毫米；外轮萼片宽卵状长圆形，内轮萼片卵形，长约 2 毫米；花瓣白色，长圆倒卵形，长 3~4 毫米，顶端钝圆。果实：角果纺锤形；果瓣中脉明显，顶端尖，基部钝圆；果梗长 2~6 毫米。种子：卵形，长约 2 毫米，黑褐色，种柄丝状，悬垂。物候期：花期 7—8 月。

【生境】生于海拔 2 600~4 700 米的山坡草甸、草地。

【分布】我国新疆（塔什库尔干、乌恰等地）、陕西、甘肃、青海、西藏；俄罗斯、欧洲北部、不丹、尼泊尔、中亚地区。

【保护级别及用途】IUCN：无危（LC）；种质资源。

250. 燥原荠 *Stevenia canescens*（DC.）D. A. German

【俗名】灰毛曙南芥、灰毛庭荠

【异名】*Alyssum canescens*; *Alyssum canescens* var. *abbreviatum*; *Ptilotrichum canescens*

【生物学特征】外观：半灌木，基部木质化，高 5~30（~40）厘米，密被小星状毛、分枝毛或分叉毛，植株灰绿色。茎：直立，或基部稍为铺散而上部直立，近地面处分枝。叶：密生，条形或条状披针形，顶端急尖，全缘。花：花序伞房状，果期极伸长，花梗长约 3.5 毫米；外轮萼片宽于内轮萼片，灰绿色或淡紫色，长 1.5~2（~3）毫米，有白色边缘并有星状缘毛；花瓣白色，宽倒卵形，顶端钝圆，基部渐窄成爪；子房密被小星状毛，花柱长，柱头头状。果实：短角果卵形；花柱宿存，长约 2 毫米；果梗长 2~5 毫米。种子：每室 1 粒，悬垂于室顶，长圆卵形，长约 2 毫米，深棕色。物候期：花期 6—8 月。

【生境】生于海拔 3 000~4 900 米的干燥石质山坡、草地、草原。

【分布】我国新疆（塔什库尔干、阿克陶、叶城等地）、黑龙江、吉林、内蒙古、河北、山西、陕西、宁夏、甘肃、青海、西藏；蒙古国、俄罗斯（西伯利亚）。

【保护级别及用途】IUCN：无危（LC）。

251. 四齿芥 *Tetracme quadricornis*（Stephan）Bunge

【俗名】扭果四齿芥

【异名】*Erysimum quadricorne*; *Notoceras quadricorne*; *Tetracme elongata*

【生物学特征】外观：1 年生分枝草本，体高 4~15 厘米，全体被星状毛、分枝毛及单毛。叶：叶片宽线形至长披针形，长 2~4.5 厘米，多全缘，有时基部具疏浅齿。花：花序总状，花多数，微小；萼片宽卵形，长约 1 毫米，边缘白色膜质，背面具毛；花瓣白色，宽楔形，较萼片小。果实：长角果圆柱状至四棱形，长 6~8 毫米，顶端具 4 角状附属物，长 1~2 毫米，直向开展，果实上部微开展或向外弯曲，或直立而紧贴果轴；果梗短粗。种子：细小，椭圆形，淡褐色，无膜质边缘；子叶背倚胚根。物候期：花果期 5—7 月。

【生境】生于海拔 3 500 米左右的干旱荒漠、沙丘、砾质戈壁滩、山坡砾石滩、田边。

【分布】我国新疆（塔什库尔干县、乌恰县）；中亚地区、巴基斯坦、阿富汗、伊朗。

【保护级别及用途】IUCN：无危（LC）。

252. 四棱荠 *Goldbachia laevigata* (M. Bieb) DC.

【异名】*Goldbachia reticulata* ; *Raphanus laevigatus*; *Goldbachia laevigata* var. *ascendens* ; *Goldbachia laevigata* var. *ascendens* ; *Goldbachia laevigata*; *Goldbachia hispida*

【生物学特征】外观：1 年生草本，高 10~30 厘米，无毛，少数下部及叶边缘具极疏生硬毛。叶：基生叶莲座状，叶片长圆状倒卵形、长椭圆形或倒披针形，顶端圆钝，基部渐狭，边缘具波状齿或近全缘；叶柄长 5~20 毫米；茎生叶无柄，叶片线状长圆形或披针形，基部耳状抱茎，边缘具牙齿至全缘。花：总状花序具少数疏生花，花后伸长；萼片长圆形，长约 1 毫米；花瓣白色或粉红色，匙形，长约 2 毫米；花柱长 1~2 毫米。果实：短角果长圆形，具 4 棱，稍弯，裂瓣厚，平滑或具疣状突起，有 1 显明脉，常 2 室，室间有横壁，种子间稍缢缩；果梗下弯或平展，长 5~10 毫米。种子：长圆形，长约 2 毫米，褐色。物候期：花果期 6—7 月。

【生境】生于海拔 800~4 050 米的水渠边或田边。

【分布】我国新疆（塔什库尔干县）、内蒙古、甘肃、宁夏、青海、西藏；亚洲、欧洲。

【保护级别及用途】IUCN：无危（LC）。

253. 外折糖芥 *Erysimum deflexum* Hook. f. & Thomson

【生物学特征】外观：多年生草本，高2~10厘米；全体有贴生2叉丁字毛。根茎：匍匐。茎：短缩。叶：基生叶丛生，叶片线状匙形或长圆形，顶端急尖，基部楔形，全缘或有细齿；叶柄长4~6毫米。花：花葶长2~7厘米，弯曲，顶端上升，果期外折；总状花序有少数花；萼片长圆形，长4~5毫米；花瓣黄色，倒卵形，长6~7毫米，有长爪；花柱长约1毫米，柱头头状。果实：长角果线形，弯曲，有贴生2叉丁字毛，果瓣具1中脉；果梗粗，长2~3毫米，弯曲。种子：长圆形，长约1毫米，褐色。物候期：花期5—7月，果期7—8月。

【生境】生于海拔 3 660~5 200 米的高山碎石堆上。

【分布】我国新疆（塔什库尔干县）、西藏；蒙古国、中亚地区、俄罗斯。

【保护级别及用途】IUCN：无危（LC）。

254. 裸茎条果芥 *Parrya nudicaulis*（L.）Regel

【俗名】羽裂条果芥、灌丛条果芥

【异名】*Hesperis scapigera*；*Arabis nudicaulis*; *Hesperis arabidiflora*；*Parrya macrocarpa*; *Neuroloma nudicaule*; *Neuroloma arabidiflorum*; *Neuroloma scapigerum*

【生物学特征】外观：多年生矮小草本，丛生，全株无毛或具短柄腺毛。根状茎：粗厚，直径 2~8 毫米，顶端被灰褐色枯萎叶柄残基。叶：均基生，多数，叶片窄匙形或长条形，顶端尖，基部渐窄，全缘或具疏浅锯齿；叶柄扁平膜质，比叶片长或近于等长。花：花葶无叶，高 5~10 厘米，上部具花约 10 朵；萼片窄卵形；花瓣紫色、粉红色或白色，倒卵形，顶端圆或微凹，基部窄缩成短爪；花丝细长膜质，向基部稍扩大而扁平。果实：长角果条形，果瓣扁平，中脉清楚，侧脉可见，两端钝或急尖；假隔膜白色，半透明。种子：每室 1 行，扁压，近圆形，长约 2.5 毫米（不计翅），黑褐色，周围有白色翅，以远种脐端为宽，并有橘黄色窄边。物候期：花期 5—6 月。

【生境】生于海拔 2 900~4 280 米的河边砾石地、河流沟谷山地草甸草原、山坡草地等。

【分布】我国新疆（乌恰等地）、西藏；中亚地区、俄罗斯、北极地区及欧洲。

【保护级别及用途】IUCN：无危（LC）。

255. 阿尔泰葶苈（原变种）*Draba altaica* var. *altaica*

【生物学特征】外观：多年生丛生草本，高 2~7 厘米，有时可达 15 厘米。根茎：分枝多，密集，基部密具干膜质纤维状枯叶，有光泽；上部簇生莲座状叶。花茎：单一或有 1 侧枝，直立，大多具 1~2 叶，很少无叶，被长单毛、有柄叉状毛及星状分枝毛。叶：基生叶披针形或长圆形，顶端渐尖，全缘或两缘有 1~2 锯齿，两面被长而硬的单毛、叉状毛为主，混生星状毛与分枝毛。茎生叶无柄，披针形，全缘或有 1~2 锯齿。花：总状花序有花 8~15 朵，密集成头状；萼片长椭圆形，长 1~2 毫米；花瓣白色，长倒卵状楔形，顶端微凹，长 2~2.5 毫米。果实：短角果聚生近于伞房状，椭圆形或长椭圆形或卵形，无毛，罕有短单毛或二叉毛；果瓣扁平，或有槽纹。种子：褐色。物候期：花期 6—7 月。

【生境】生于海拔 2 000~5 300 米山坡岩石边、山顶碎石上、阴坡草甸、山坡沙砾地。

【分布】我国新疆（塔什库尔干、阿克陶等地）、甘肃、青海、西藏；俄罗斯（西伯利亚）、土耳其及克什米尔地区。

【保护级别及用途】IUCN：无危（LC）。

256. 刚毛葶苈（原变种）*Draba setosa* var. *setosa*

【生物学特征】外观：多年生草本，形成垫状草丛。茎：分枝茎多嫩枝，下部和基部宿存披针形丝状枯叶，上部叶莲座状丛生。花茎：高 4~10 厘米，丝状，无叶，被小叉状毛及近于星状的分枝毛，直达小花梗。叶：基生叶莲座状，条形，上面无毛或顶端有单毛，下面有粗二叉毛及近于星状的分核毛，边缘有粗单毛，混生叉状毛。花：总状花序有花 3~10 朵，聚集成伞房状，以后伸长；小花梗长 1.5~5 毫米；萼片有单毛；花瓣黄色，长约 4 毫米，窄倒卵楔形，顶端微凹，脉较密；雄蕊长 2~2.5 毫米，花丝基部扩大；雌蕊瓶状。果实：角果长椭圆形，基部钝，顶端稍狭，扁平，稍扭转，长 7~9 毫米，宽约 3 毫米，花柱长 0.5~0.75 毫米。物候期：花期 6—7 月。

【生境】生于海拔 4 200~4 500 米的山坡、沙砾地或灌丛中。

【分布】我国新疆（塔什库尔干等地）、西藏；克什米尔地区。

【保护级别及用途】IUCN：近危（NT）。

257. 喜山葶苈（原变种）*Draba oreades* Schrenk var. *oreades*

【俗名】高山葶苈、沼泽葶苈、矮喜山葶苈、毛果喜山葶苈

【生物学特征】外观：多年生草本，高 2~10 厘米。根茎：分枝多，下部留有鳞片状枯叶。叶：上部叶丛生成莲座状，有时呈互生，叶片长圆形至倒披针形，全缘，有时有锯齿，下面和叶缘有单毛、叉状毛或少量不规则分枝毛，上面有时近于无毛。花茎：高 5~8 厘米，无叶或偶有 1 叶，密生长单毛、叉状毛。花：总状花序密集成近于头状；小花梗长 1~2 毫米；萼片长卵形，背面有单毛；花瓣黄色，倒卵形，长 3~5 毫米。果实：短角果短宽卵形，长 4~6 毫米，宽 3~4 毫米，顶端渐尖，基部圆钝，无毛，果瓣不平；花柱长约 0. 5 毫米。种子：卵圆形，褐色。物候期：花期 6—8 月。

【生境】生于高山岩石边及高山石砾沟边裂缝中，海拔 3 000~5 300 米。

【分布】我国新疆（塔什库尔干、阿克陶、叶城等地）、内蒙古、陕西、甘肃、青海、四川、云南、西藏；蒙古国、俄罗斯、中亚地区、克什米尔地区、印度。

【保护级别及用途】IUCN：无危（LC）。

258. 团扇荠 *Berteroa incana* (L.) DC.

【异名】*Alyssum incanum*; *Farsetia incana*

【生物学特征】外观：2年生草本，高20~60（~80）厘米，被分枝毛。叶与果瓣上毛略呈贴伏状，并杂有一些长单毛。茎：不分枝，或于中、上部分枝。叶：基生叶早枯，茎生叶向上渐小，下部叶长圆形，边缘具不明显的波状齿或齿，上部叶长圆形，顶端渐尖，基部楔形，边缘有不明显的齿。花：花序伞房状，果期伸长，花梗长5~8毫米；花瓣白色，顶端2深裂，裂片顶端圆，花瓣下部1/3为爪；长雄蕊花丝扁，向基部变宽；短雄蕊花丝单侧具齿。果实：短角果椭圆形，压扁或稍膨胀，无毛；花柱宿存，下部有星状毛，柱头头状，微2裂；果瓣扁平，果梗长7~9毫米。种子：每室多粒，圆形，黑褐色。物候期：花期6—7月。

【生境】生于海拔 700~1 900 米的山脚、山坡、农田、草甸、牧场及河边。

【分布】我国新疆（塔什库尔干等地）、甘肃、内蒙古、辽宁、天津、北京；欧洲、俄罗斯（西伯利亚）、中亚地区。

【保护级别及用途】IUCN：无危（LC）。

259. 菥蓂 *Thlaspi arvense*

【俗名】遏蓝菜、败酱、布郎鼓、布朗鼓、铲铲草、臭虫草、大蕺

【生物学特征】外观：1 年生草本，高 9~60 厘米，无毛。茎：直立，不分枝或分枝，具棱。叶：基生叶倒卵状长圆形，顶端圆钝或急尖，基部抱茎，两侧箭形，边缘具疏齿；叶柄长 1~3 厘米。花：总状花序顶生；花白色，直径约 2 毫米；花梗细，长 5~10 毫米；萼片直立，卵形，长约 2 毫米，顶端圆钝；花瓣长圆状倒卵形，顶端圆钝或微凹。果实：短角果倒卵形或近圆形，扁平，顶端凹入，边缘有翅宽约 3 毫米。种子：每室 2~8 个，倒卵形，长约 1.5 毫米，稍扁平，黄褐色，有同心环状条纹。物候期：花期 3—4 月，果期 5—6 月。

【生境】生于海拔 400~4 200 米的山坡、路边等。

【分布】我国新疆（塔什库尔干、乌恰、喀什等地），此外，几遍全国；亚洲、欧洲、非洲北部。

【保护级别及用途】IUCN：无危（LC）；种子油供制肥皂，也可作润滑油，还可食用，全草、嫩苗和种子均可入药。

260. 绒毛假蒜芥 *Sisymbriopsis mollipila*（Maxim.）Botsch.

【生物学特征】外观：1 年生草本，高 30~55 厘米，全株密被单毛、叉状毛与分枝毛，使植株呈灰白色。茎：直立，中部分枝，常变紫。叶：基生叶早枯，披针形，顶端急尖，基部渐窄成柄，柄于基部变宽；茎生叶线形，下部者长 3~5 厘米，顶端渐尖，基部渐窄成柄，两侧有 2~3 对长锯齿。果实：果梗贴茎，长 1.0~1.5 毫米；长角果略弧曲而外向，线形；果瓣扁压，基部钝，顶端钝或急尖，被小的分枝毛与丛卷毛，花柱长约 0.3 毫米，柱头扁头状。种子：椭圆形，长 1.0~1.5 毫米，橘黄色，远种脐端有微翅，种脐端色稍深。物候期：果期 6—7 月。

【生境】生于海拔 3 520~4 520 米的沟谷山坡亚高山草甸、河谷阶地砾石质草地、干旱草原砾石地。

【分布】我国新疆（塔什库尔干、若羌等地）。

【保护级别及用途】IUCN：无危（LC）；种质资源。

261. 长穗柽柳 *Tamarix elongata* Ledeb.

【生物学特征】外观：大灌木，高 1~3（~5）米。茎：枝短而粗壮，挺直，末端粗钝。叶：生长枝上的叶披针形，线状披针形或线形，营养小枝上的叶心状披针形或披针形，半抱茎。花：总状花序侧生在去年生枝上，总花梗长 1~2 厘米，苞片线状披针形或宽线形，渐尖，淡绿色或膜质，长 3~6 毫米。花较大，4 数，花萼深钟形，基部略接合，萼片卵形，钝或急尖；花瓣卵状椭圆形或长圆状倒卵形，两侧不等；雄蕊 4（偶有 6~7），与花瓣等长或略长；花药钝或顶端具小突起，粉红色；子房卵状圆锥形，几无花柱，柱头 3 枚。果实：蒴果形为子房，果皮枯草质，淡红色或橙黄色。物候期：春季 4—5 月开花，果期 5—6 月。据记载偶见秋季 2 次开花。

【生境】生于荒漠地区河谷阶地、干河床和沙丘上，土壤高度盐渍化或为盐土，可以在地下水深 5~10 米的地方生长。

【分布】我国新疆（阿克陶等地）、内蒙古、宁夏、甘肃、青海；中亚地区、俄罗斯、蒙古国。

【保护级别及用途】IUCN：无危（LC）；本种为荒漠地区盐渍化沙地上良好的固沙造林树种，嫩枝为羊、骆驼和驴的饲料，枝干是良好的薪炭材；药用。

262. 短穗柽柳 *Tamarix laxa* Willd.

【异名】*Tamarix pallasii*

【生物学特征】外观：灌木，高 1.5（~3）米。茎：树皮灰色，幼枝灰色、淡红灰色或棕褐色，小枝短而直伸，脆而易折断。叶：黄绿色，披针形，卵状长圆形至菱形。花：总状花序侧生在去年生的老枝上，早春绽发；苞片卵形、长椭圆形，淡棕色或淡绿色，长不超过花梗一半；花梗长约 2 毫米；花 4 数；花瓣 4，粉红色，稀淡白粉红色，略呈长圆状椭圆形至长圆状倒卵形，花后脱落；花盘 4 裂，肉质，暗红色；雄蕊 4，与花瓣等长或略长，花药红紫色，钝，有小头或突尖。花柱 3，顶端有头状之柱头。果实：蒴果狭，长 3~4（~5）毫米，草质。物候期：花期 4—5 月，果期 5—6 月。偶见秋季二次在当年枝开少量的花。

【生境】生于海拔 1 200~2 780 米的荒漠河流阶地、湖盆和沙丘边缘，土壤强盐渍化或为盐土。

【分布】我国新疆（阿克陶等地）、内蒙古、陕西、宁夏、甘肃、青海；俄罗斯、欧洲东南部、中亚地区、伊朗、阿富汗、蒙古国。

【保护级别及用途】IUCN：无危（LC）；药用。

263. 多枝柽柳 *Tamarix ramosissima* Ledeb.

【俗名】红柳

【异名】*Tamarix pentandra*; *Tamarix pallasii*

【生物学特征】外观：灌木或小乔木状，高 1~3（~6）米。茎：老干和老枝的树皮暗灰色，当年生木质化的生长枝淡红色或橙黄色。叶：木质化生长枝上的叶披针形，基部短；绿色营养枝上的叶短卵圆形或三角状心脏形。花：总状花序生在当年生枝顶，集成顶生圆锥花序，长 3~5 厘米，总花梗长 0.2~1 厘米；苞片披针形、卵状披针形或条状钻形、卵状长圆形，渐尖；花瓣粉红色或紫色，倒卵形至阔椭圆状倒卵形，形成闭合的酒杯状花冠，果时宿存；花盘 5 裂，裂片顶端有或大或小的凹缺；雄蕊 5，与花冠等长；子房锥形瓶状具三棱，花柱 3，棍棒状，为子房长的 1/4~1/3。果实：蒴果三棱圆锥形瓶状，长 3~5 毫米，比花萼长 3~4 倍。物候期：花期 5—9 月。

【生境】生于海拔 980~2 900 米的河漫滩、河谷阶地上，沙质和黏土质盐碱化的平原上、沙丘上。

【分布】我国新疆（阿克陶等地）、西藏、青海、甘肃、内蒙古和宁夏；伊朗、阿富汗和蒙古国。

【保护级别及用途】IUCN：无危（LC）；新疆Ⅲ级保护植物；药用。

264. 细穗柽柳 *Tamarix leptostachys* Bunge

【异名】*Tamarix leptostachys*

【生物学特征】外观：灌木，高达6米。茎：老枝淡棕色或灰紫色。叶：营养枝之叶窄卵形或卵状披针形，长1~4（~6）毫米。花：总状花序细，长4~12厘米，生于当年生枝顶端，集成顶生紧密圆锥花序；苞片钻形，长1~1.5毫米；花5数；萼片卵形，长0.5~0.6毫米；花瓣倒卵形，长约1.5毫米，上部外弯，淡紫红色或粉红色，早落；花盘5裂，稀再2裂成10裂片；雄蕊5，花丝细长，伸出花冠之外，花丝基部宽，着生于花盘裂片顶端，稀花盘裂片再2裂，雄蕊则着生于花盘裂片间；花柱3。果实：蒴果窄圆锥形，长4~5毫米。物候期：花期6—7月。

【生境】主要生长在海拔 1 400~2 800 米的荒漠地区盆地下游的潮湿和松陷盐土上、丘间低地、河湖沿岸、河漫滩和灌溉绿洲的盐土上。

【分布】我国新疆（乌恰、阿克陶等地）、青海、甘肃、宁夏、内蒙古；中亚地区、蒙古国。

【保护级别及用途】IUCN：无危（LC）；药用。

265. 红砂 *Reaumuria songarica* (Pall.) Maxim.

【俗名】琵琶柴

【异名】*Tamarix soongarica*; *Hololachna songarica*; *Hololachna schawiana*; *Reaumuria soongarica*

【生物学特征】外观：小灌木，仰卧，高 10~30（~70）厘米。茎：多分枝，老枝灰褐色，树皮为不规则的波状剥裂；小枝多拐曲，花期常呈淡红色；皮灰白色，粗糙，纵裂。叶：肉质，短圆柱形，鳞片状，上部稍粗，常 4~6 枚簇生在叶腋缩短的枝上，花期有时叶变紫红色。花：单生叶腋或总状花序状；花无梗；直径约 4 毫米；苞片 3，披针形，先端尖；花萼钟形，下部合生；花瓣 5，白色略带淡红，长圆形；雄蕊 6~8（~12），分离；子房椭圆形，花柱 3，具狭尖之柱头。果实：蒴果长椭圆形或纺锤形，或作三棱锥形，高出花萼 2~3 倍，具 3 棱，3 瓣裂（稀 4），通常具 3~4 枚种子。种子：长圆形，长 3~4 毫米，先端渐尖，基部变狭，全部被黑褐色毛。物候期：花期 7—8 月，果期 8—9 月。

【生境】生于海拔 500~3 845 米荒漠地区的山前冲积、洪积平原上和戈壁侵蚀面上。

【分布】我国新疆（乌恰、喀什、叶城等地）、西藏、青海、甘肃、内蒙古、东北等省份；俄罗斯、蒙古国、伊朗、中亚地区等。

【保护级别及用途】红砂群落可用作荒漠区域的良好草场，供放牧羊群和骆驼食用；药用。

266. 具鳞水柏枝 *Myricaria squamosa* Desv.

【异名】*Myricaria germanica* var. *Squamosal*

【生物学特征】外观：直立灌木，高1~5米。茎：直立，上部多分枝；老枝紫褐色、红褐色或灰褐色，光滑，有条纹；去年生枝黄褐色或红褐色；当年生枝淡黄绿色至红褐色。叶：披针形、卵状披针形、长圆形或狭卵形，长1.5~5（~10）毫米。花：总状花序侧生于老枝上，单生或数个花序簇生于枝腋；花序在开花前较密集，以后伸长，较疏松；苞片椭圆形、宽卵形或倒卵状长圆形，长4~6（~8）毫米；萼片卵状披针形、长圆形或长椭圆形，长2~4毫米；花瓣倒卵形或长椭圆形，长4~5毫米，常内曲，紫红色或粉红色；花丝约2/3部分合生；子房圆锥形，长3~5毫米。果实：蒴果狭圆锥形，长约10毫米。种子：狭椭圆形或狭倒卵形，长约1毫米，顶端具芒柱，芒柱一半以上被白色长柔毛。物候期：花果期5—8月。

【生境】生于山地河滩及湖边沙地，海拔 1 500~4 600 米。

【分布】我国新疆（塔什库尔干、乌恰、阿克陶、喀什、叶城等地）、西藏、青海、甘肃、四川等省份；俄罗斯、阿富汗、巴基斯坦、印度。

【保护级别及用途】IUCN：无危（LC）。

267. 匍匐水柏枝 *Myricaria prostrata* Hook. f. & Thomson ex Benth. & Hook. f.

【异名】*Myricaria germanica* var. *prostrate*; *Myricaria hedinii*

【生物学特征】外观：匍匐矮灌木，高 5~14 厘米。茎：老枝灰褐色或暗紫色，平滑，去年生枝纤细，红棕色，枝上常生不定根。叶：在当年生枝上密集，长圆形、狭椭圆形或卵形，先端钝，基部略狭缩，有狭膜质边。花：总状花序圆球形，侧生于去年生枝上，密集，常由 1~3 花、少为 4 花组成；花梗极短；苞片卵形或椭圆形；萼片卵状披针形或长圆形；花瓣倒卵形或倒卵状长圆形，长 4~6 毫米，宽 2~4 毫米，淡紫色至粉红色；雄蕊花丝合生部分达 2/3 左右，稀在最基部合生，几分离；子房卵形，柱头头状，无柄。果实：蒴果圆锥形，长 8~10 毫米。种子：长圆形，长 1.5 毫米，顶端具芒柱，芒柱粗壮，全部被白色长柔毛。物候期：花果期 6—8 月。

【生境】生于高山河谷沙砾地、湖边沙地、砾石质山坡及冰川雪线下雪水融化后所形成的水沟边，海拔 4 000~5 200 米。

【分布】我国新疆（塔什库尔干、叶城等地）、西藏、青海、甘肃；印度西北部、巴基斯坦、中亚地区。

【保护级别及用途】IUCN：近危（NT）；新疆 I 级保护野生植物。

268. 心叶水柏枝 *Myricaria pulcherrima* Batalin

【生物学特征】外观：灌木或半灌木，高 1~1.5 米。茎：通常单一，稀多分枝；老枝红褐色，当年生枝淡红色或灰绿色，光滑，有细条纹。叶：大，疏生，心形或宽卵形，中部向上急狭缩成渐尖，抱茎；叶腋常生绿色小枝，小枝上的叶较小，较密集。花：总状花序顶生，长 2~12 厘米；苞片宽卵形，长 5~6 毫米，黄白色；花梗长 2~3 毫米；萼片卵状长圆形或卵状披针形，先端钝，具狭膜质边；花瓣倒卵形或长椭圆形，长约 7 毫米，宽约 3 毫米，先端圆钝，紫红色或淡粉红色；花丝 1/2 部分合生；子房圆锥形或狭卵形，长约 6 毫米，柱头 3 裂。果实：蒴果圆锥形，长 15~16 毫米，超过花萼近 4 倍。种子：具芒柱，芒柱一半以上被白色长柔毛。物候期：花果期 6—9 月。

【生境】生于沿岸河滩沙地及山间盆地低地。

【分布】我国新疆南部（叶尔羌河、和田河流域）。

【保护级别及用途】IUCN：数据缺乏（DD）；新疆 I 级保护野生植物。

269. 秀柏枝 *Myrtama elegans*（Royle）Ovcz. & Kinzik.

【异名】*Myricaria elegans*；*Tamarix ladachensis*；*Tamaricaria elegans*；*Myricaria elegans* var. *tsetangensis*

【生物学特征】外观：灌木或小乔木，高约 5 米。茎：老枝红褐色或暗紫色，当年生枝绿色或红褐色，光滑，有条纹。叶：较大，通常生于当年生绿色小枝上，长椭圆形、椭圆状披针形或卵状披针形，先端钝或锐尖，基部狭缩具狭膜质边，无柄。花：总状花序通常侧生，稀顶生；苞片卵形或卵状披针形，长 4~5 毫米，先端渐尖，具宽膜质边；花梗长 2~3 毫米，萼片卵状披针形或三角状卵形；花瓣倒卵形、倒卵状椭圆形或椭圆形，白色、粉红色或紫红色；雄蕊略短于花瓣，花丝基部合生，花药长圆形；子房圆锥形，长约 5 毫米，具头状无柄的柱头，柱头 3 裂。果实：蒴果狭圆锥形，长约 8 毫米。种子：矩圆形，长约 1 毫米，顶端具芒柱，芒柱全部被白色长柔毛。物候期：花期 6—7 月，果期 8—9 月。

【生境】生于海拔 3 000~4 300 米的河岸、湖边沙砾地及河滩。

【分布】我国新疆（塔什库尔干、叶城等地）、西藏；印度、巴基斯坦、中亚地区。

【保护级别及用途】IUCN：无危（LC）；供建筑及作薪炭用。

270. 黄花补血草（原变种）*Limonium aureum* var. *aureum*

【生物学特征】外观：多年生草本，高4~35厘米，全株（除萼外）无毛。茎：基部往往被有残存的叶柄和红褐色芽鳞。叶：基生（偶尔花序轴下部1~2节上也有叶），常早凋，通常长圆状匙形至倒披针形，先端圆或钝。有时急尖，下部渐狭成平扁的柄。花：花序圆锥状，花序轴2至多数，绿色；穗状花序位于上部分枝顶端，由3~5（~7）个小穗组成；小穗含2~3花；外苞长2.5~3.5毫米，宽卵形，先端钝或急尖，第一内苞长约5.5（~6）毫米；萼长5.5~6.5（~7.5）毫米，漏斗状，萼筒径约1毫米，基部偏斜，全部沿脉和脉间密被长毛，萼檐金黄色（干后有时变橙黄色），裂片正三角形，脉伸出裂片先端成一芒尖或短尖，沿脉常疏被微柔毛，间生裂片常不明显；花冠橙黄色。物候期：花期6—8月，果期7—8月。

【生境】生于海拔 2 000~4 300 米的洪积扇、山坡砾石、沙丘谷地等。

【分布】我国新疆（乌恰、喀什等地）、西北、华北、东北及四川西部；蒙古国、俄罗斯。

【保护级别及用途】IUCN：无危（LC）。

271. 喀什补血草 *Limonium kaschgaricum* (Rupr.) Ikonn.-Gal.

【异名】*Statice kaschgarica*; *Statice holtzeri*; *Limonium amblyolobum*; *Limonium hoeltzeri*

【生物学特征】外观：多年生草本，高(5~) 10~25 厘米，全株(除萼，有时也除第一内苞)无毛。根：粗壮，皮黑褐色，不开裂。茎：茎基木质，肥大而具多头，被有多数白色膜质芽鳞和残存的叶柄基部。叶：基生，长圆状匙形至长圆状倒披针形，或为线状披针形，小，长 1~2.5 厘米，先端圆或渐尖，基部渐狭成扁柄。花：花序伞房状，花序轴常多数；穗状花序位于部分小枝的顶端，由 3~5（~7）个小穗组成；小穗含 2~3 花；外苞长(1~) 2~3 毫米，宽卵形，先端圆、钝或急尖；第一内苞长 5.5~6.5 毫米，有时略被短毛；萼长 6~8.5(~10.5) 毫米，漏斗状，萼檐淡紫红色，干后逐渐变白；花冠淡紫红色。物候期：花期 6—7 月，果期 7—8 月。

【生境】生于荒漠地区的石质山坡和山麓，海拔 1 300~3 000 米。

【分布】我国新疆(塔什库尔干、乌恰、喀什等地)；中亚地区。

【保护级别及用途】IUCN：无危(LC)。

272. 天山彩花 *Acantholimon tianschanicum* Czerniak.

【生物学特征】外观：紧密垫状小灌木。茎：小枝上端每年增长极短，只被几层紧密贴伏的新叶。叶：通常淡灰绿色，披针形至线形，两面无毛，常有细小钙质颗粒。花：花序无花序轴，通常仅为单个小穗直接着生新枝基部的叶腋，全部露于枝端叶外；小穗含1~3花，外苞和第一内苞无毛；外苞长约3毫米，宽卵形，先端急尖；第一内苞长5~6毫米，先端急尖；萼长7~8毫米，漏斗状，萼筒脉上被疏短毛或几无毛，萼檐暗紫红色，无毛，先端有10个不明显的浅圆裂片或近截形，脉伸达萼檐边缘；花冠淡紫红色或淡红色。物候期：花期6—9月，果期7—10月。

【生境】生于海拔 1 700~4 000 米的高山草原地带的山坡上。

【分布】我国新疆(塔什库尔干、乌恰、阿克陶、叶城等地)；中亚地区。

【保护级别及用途】IUCN：无危(LC)。

273. 乌恰彩花 *Acantholimon popovii* Czerniak.

【生物学特征】外观：疏松垫状小灌木。茎：新枝长3~5毫米。叶：绿色或淡灰绿色，线形，长1~2厘米，宽0.8~1毫米（偶有个别基部叶宽达1.5毫米），横切面近扁平，两面无毛，常多少有细小的钙质颗粒，先端有短锐尖。花：花序有明显花序轴，高4.5~6厘米，伸出叶外，不分枝，被密毛，上部由2~4个小穗通常偏于一侧排列成常近头状的穗状花序；小穗含2~3花；外苞长4~5毫米，宽倒卵形，先端急尖，背面草质部被密毛，第一内苞长8~9.5毫米，先端钝，沿脉被密毛；萼长10~12毫米，漏斗状，萼筒长8~9毫米，沿脉被密毛，萼檐白色；花冠粉红色。物候期：花期6—8月，果期7—9月。

【生境】生于海拔 1 800~2 000 米的高山草原的台地上。

【分布】我国新疆（喀什至乌恰一带）。

【保护级别及用途】IUCN：无危（LC）。

274. 细叶彩花 *Acantholimon borodinii* Krasn.

【生物学特征】外观：较为紧密的垫状灌木。茎：新枝长 2~5 毫米。叶：淡灰绿色，线状披针形或线形，长 5~10 毫米，宽 0.5~0.9 毫米，横切面近扁平，无毛，常略有钙质颗粒，先端有短锐尖。花：花序有明显花序轴，高 2 厘米，略伸出叶外，不分枝，被密毛，上部由 4~7 个小穗排成 2 列组成穗状花序（长达 1.5 厘米）；小穗含 1~2 花，外苞和第一内苞背面草质部分通常被密毛；外苞长约 4 毫米，宽卵形或长圆状卵形，先端近圆形或截形；第一内苞长约 6 毫米；萼长（6~）7~8 毫米，漏斗状，白色；花冠粉红色。物候期：花期 6—7 月，果期 7—8 月。

【生境】生于海拔 1 700~2 900 米高山草原的山坡上。

【分布】我国新疆（阿克陶县）；中亚地区。

【保护级别及用途】IUCN：近危（NT）。

275. 驼舌草（原变种）*Goniolimon speciosum* var. *speciosum*

【生物学特征】外观：多年生草本，高10~50厘米。叶：基生，倒卵形、长圆状倒卵形至卵状倒披针形或披针形，长2.5~6厘米，宽1~3厘米。花：花序呈伞房状或圆锥状；花序轴下部圆柱状，小穗含2~4花；外苞长7~8毫米，宽卵形至椭圆状倒卵形，先端具一宽厚渐尖的草质硬尖，第一内苞与外苞相似，但先端常具2~3硬尖；萼长（6~）7~8毫米，萼筒直径约1毫米，几全部（有时上半部只在脉上）或下半部被毛，萼檐裂片无齿牙，先端钝或略近急尖，有时具不明显的间生小裂片，脉常紫褐色（有时变褐色或黄褐色），不达于萼檐中部；花冠紫红色。物候期：花期6—7月，果期7—8月。

【生境】生于海拔1 800~2 800米草原地带的山坡或平原上。

【分布】我国新疆（阿克陶等地）、内蒙古；蒙古国、俄罗斯、中亚地区。

【保护级别及用途】IUCN：无危（LC）；种质资源。

276. 萹蓄（原变种）*Polygonum aviculare* var. *aviculare*

【俗名】竹叶草、大蚂蚁草、扁竹

【异名】*Polygonum monspeliense*; *Polygonum heterophyllum*; *Polygonum aviculare* var. *heterophyllum*; *Polygonum aviculare* var. *vegetum*

【生物学特征】外观：1年生草本。茎：平卧、上升或直立，高10~40厘米，自基部多分枝，具纵棱。叶：椭圆形、狭椭圆形或披针形，长1~4厘米，宽3~12毫米，顶端钝圆或急尖，基部楔形，边缘全缘，两面无毛，下面侧脉明显；叶柄短或近无柄，基部具关节；托叶鞘膜质，下部褐色，上部白色，撕裂脉明显。花：单生或数朵簇生于叶腋，遍布于植株；苞片薄膜质；花梗细，顶部具关节；花被5深裂，花被片椭圆形，长2~2.5毫米，绿色，边缘白色或淡红色；雄蕊8，花丝基部扩展；花柱3，柱头头状。果实：瘦果卵形，具3棱，长2.5~3毫米，黑褐色，密被由小点组成的细条纹，无光泽，与宿存花被近等长或稍超过。物候期：花期5—7月，果期6—8月。

【生境】生于田边路、沟边湿地，海拔10~4 200米。

【分布】我国新疆（塔什库尔干、乌恰、喀什、英吉沙、叶城等地）及其他各省份；北温带。

【保护级别及用途】IUCN：无危（LC）；药用。

277. 岩萹蓄 *Polygonum cognatum* Meisn.

【俗名】岩蓼

【异名】*Polygonum myriophyllum*

【生物学特征】外观：多年生草本。根：粗壮，木质化，直径可达 1.5 厘米。茎：平卧，自基部多分枝，高 8~15 厘米，具纵棱，沿棱具小突起。叶：椭圆形，长 1~2 厘米，顶端稍尖或圆钝，基部狭楔形，边缘全缘，两面无毛，下面中脉微突出，侧脉不明显；叶柄长 2~5 毫米，基部具关节；托叶鞘薄膜质，白色，透明，具褐色脉，顶端 2 至数裂。花：几遍生于植株，1~5 朵，生于叶腋；苞片膜质，顶端渐尖；花梗长 1~3 毫米；花被 5 深裂，开裂至中部，花被片卵形，绿色，边缘淡红色或白色，长 1.5~2 毫米；雄蕊 8, 比花被短，花丝基部扩展；花柱 3，柱头头状。果实：瘦果卵形，具 3 棱，长 2.5~3 毫米，黑色，有光泽，包于宿存花被内。物候期：花期 6—8 月，果期 7—9 月。

【生境】生于砾石山坡、河滩沙砾地、河谷草地，海拔 1 400~4 600 米。

【分布】我国新疆（塔什库尔干、乌恰、喀什等地）、内蒙古、西藏；哈萨克斯坦、俄罗斯（西西伯利亚）、蒙古国。

【保护级别及用途】IUCN：无危（LC）。

278. 展枝萹蓄 *Polygonum patulum* M. Bieb.

【俗名】展枝蓼

【异名】*Polygonum bellardii* var. *gracilius*

【生物学特征】外观：1年生草本。茎：直立，高20~80厘米，通常多分枝，枝条向上斜伸，具纵沟。叶：披针形或狭披针形，长1.5~5厘米，顶端急尖，基部狭窄，下面主脉微突出，侧脉不明显；叶柄短或近无柄；托叶鞘筒状，膜质，长7~9毫米，下部褐色，上部白色，具6~7条脉，通常开裂。花：着生于枝条上部的叶腋，组成细长的穗状花序；花梗细弱，长1.5~2毫米；花被5深裂，绿色，边缘淡红色，花被片椭圆形，长约1.5毫米；雄蕊8, 花丝基部扩展；花柱3，较短，柱头头状。瘦果卵形，具3锐棱，长2~3毫米，褐色，密被小点，无光泽或微有光泽，与宿存花被近等长或超过。物候期：花期6—8月，果期8—9月。

【生境】生于水旁、沟边湿地，海拔 400~1 800 米。

【分布】我国新疆（乌恰、疏勒等地）、甘肃、黑龙江、山东等；中亚地区、俄罗斯（西伯利亚和远东地区）、蒙古国、阿富汗、伊朗及欧洲。

【保护级别及用途】IUCN：无危（LC）。

279. 天山大黄 *Rheum wittrockii* Lundstr.

【生物学特征】外观：高大草本，高 50~100 厘米。根状茎：具黑棕色细长根状茎，直径 2~4 厘米。茎：中空，直径约 1 厘米，具细棱线，光滑或近节部被乳突状短毛。叶：基生叶 2~4 片，叶片卵形到三角状卵形或卵心形，长 15~26 厘米，叶上面光滑无毛，下面被白短毛，多生于叶脉及边缘上；叶柄细，半圆柱状，与叶片近等长，被稀疏乳突状毛或不明显；茎生叶 2~4 片；托叶鞘长 4~8 厘米，抱茎，外面被短毛。花：大型圆锥花序分枝较疏；花小，直径约 2 毫米；花梗长约 3 毫米，关节在中部以下；花被白绿色，外轮 3 片稍小而窄长，内轮 3 片稍大，倒卵圆形或宽椭圆形；雄蕊 9，与花被近等长；花柱 3， 横展，柱头大，表面粗糙。果实：宽大于长，圆形或矩圆形，两端心形到深心形，翅宽，幼时红色，纵脉位于翅的中间。种子：卵形，宽约 6 毫米。物候期：花期 6—7 月，果期 8—9 月。

【生境】生于海拔 1 200~3 400 米山坡草地、砾石滩地或沟谷。

【分布】我国新疆（乌恰、阿克陶、喀什、叶城等地）；哈萨克斯坦、吉尔吉斯斯坦、巴基斯坦。

【保护级别及用途】IUCN：无危（LC）；药用。

280. 网脉大黄 *Rheum reticulatum* Losinsk.

【生物学特征】外观：多年生草本，高达20厘米。根：粗，直径3~5厘米，断面黄白色。根状茎：顶端留有多层深棕或棕褐色托叶鞘残片。叶：基生，幼叶极皱缩，叶片革质，卵形到三角状卵形，长5~18厘米，顶端急尖而稍钝，基部圆形或近心形，脉网极显著，叶上面无毛，下面被长乳突毛，红紫色；叶柄短，长2~5厘米，扁柱状，无毛或粗糙，紫色。花：花葶多条，可达10枝，穗状的总状花序，花密集，花葶下部粗糙或光滑；花黄白色，花梗短，长1.5~2毫米；花被片椭圆形，外轮3片稍窄小，长1毫米或稍强，内轮3片较宽大，长约1.5毫米；雄蕊7~9；子房倒卵状椭圆形，花柱短，稍叉开，柱头近头状。果实：宽卵形，长7.5~8.5毫米，宽7~8毫米，顶端钝或微凹，基部近心形，翅宽2.5毫米或稍强，纵脉在翅的中部偏内。种子：卵形。物候期：花期6月，果期7—8月。

【生境】生于海拔 2 900~4 850 米的高山岩缝及沙砾中。

【分布】我国新疆（塔什库尔干、乌恰、阿克陶、叶城等地）、青海、甘肃、西藏；哈萨克斯坦、吉尔吉斯斯坦、塔吉克斯坦。

【保护级别及用途】IUCN：无危（LC）；药用。

281. 水蓼 *Persicaria hydropiper* (L.) Spach

【俗名】辣柳菜、辣蓼

【异名】*Polygonum hydropiper* var. *vulgare*; *Persicaria hydropiper* var. *vulgaris*

【生物学特征】外观：1年生草本，高40~70厘米。茎：直立，多分枝，无毛，节部膨大。叶：披针形或椭圆状披针形，顶端渐尖，基部楔形，边缘全缘，具缘毛，两面无毛；叶柄长4~8毫米；托叶鞘筒状，膜质，褐色，疏生短硬伏毛。花：总状花序呈穗状，顶生或腋生，长3~8厘米，通常下垂，花稀疏，下部间断；苞片漏斗状，绿色，边缘膜质，疏生短缘毛，每苞内具3~5花；花梗比苞片长；花被5深裂，稀4裂，绿色，上部白色或淡红色，被黄褐色透明腺点，花被片椭圆形；雄蕊6，稀8，比花被短；花柱2~3，柱头头状。果实：瘦果卵形，长2~3毫米，双凸镜状或具3棱，密被小点，黑褐色，无光泽，包于宿存花被内。物候期：花期5—9月，果期6—10月。

【生境】生于河滩、水沟边、山谷湿地，海拔50~3 500米。

【分布】我国新疆（塔什库尔干、喀什等地）及其他各省份；朝鲜、日本、印度尼西亚、印度、欧洲及北美洲。

【保护级别及用途】IUCN：无危（LC）；药用。

282. 长枝木蓼 *Atraphaxis virgata* (Regel) Krasn.

【俗名】帚枝木蓼

【异名】*Atraphaxis lanceolata* var. *virgata*

【生物学特征】外观：灌木，高1.5~2米。茎：主干粗壮，具棕灰色的树皮，呈纤细状剥离，多分枝，没有刺。叶：托叶鞘白色，圆筒状，膜质，透明，上半部分裂开成2锋利的牙齿；脉2，突出。叶柄非常短，0.5~1毫米；叶片灰绿色，长圆状椭圆形或长圆形倒卵形，大，长2~2.5厘米，两面无毛，叶背面脉明显，基部狭窄成为叶柄，平或稍向下外卷，先端渐尖。花：花梗8~10毫米，在中部以下具节；顶生，总状花序10~15厘米；花被片5，粉红色，具白色边缘或白 色；内部裂片椭圆形，边缘外卷，先端圆形，外部裂片粉红色，圆形。果实：瘦果暗褐色，发亮，狭卵形，三棱，约5毫米，平滑，先端渐尖。物候期：花果期5—9月。

【生境】生于海拔400~1 320米的干草原和河边砾石地。

【分布】我国新疆（塔什库尔干、喀什等地）；中亚地区、俄罗斯、蒙古国。

【保护级别及用途】IUCN：无危（LC）。

283. 木蓼（原变种）*Atraxphaxis frutescens* var. *frutescens*

【俗名】灌木蓼

【异名】*Tragopyrum lanceolatum*

【生物学特征】外观：灌木，高 50~100 厘米，多分枝。茎：主干粗壮，树皮暗灰褐色呈纤细状剥离；木质枝开展，细弱弯拐，顶端无刺；当年生枝细长，直立或开展，无毛，顶端具叶或花。叶：托叶鞘圆筒状，褐色，长 2~5 毫米，上部斜形，顶端具 2 个尖锐的牙齿；叶蓝绿色至灰绿色，狭披针形、披针形或长圆形，长 1~2.5 厘米，两面均无毛。花：花序为疏松的总状花序，顶生长 4~6 厘米，稀达 10 厘米。花被片 5，粉红色，具白色边缘；内轮花被片圆形或阔椭圆形，稀长圆形，顶端圆或钝，基部近截形或稍心形，全缘或波状。果实：瘦果狭卵形，具 3 棱，顶端渐尖，黑褐色，光亮。物候期：花果期 5—8 月。

【生境】生于砾石坡地、戈壁滩、山谷灌丛、干涸河道、干旱草原、沙丘及田边，海拔 500~3 000 米。

【分布】我国新疆（乌恰等地）、甘肃、青海、宁夏、内蒙古；俄罗斯、哈萨克斯坦、蒙古国、欧洲。

【保护级别及用途】IUCN：无危（LC）；种质资源。

284. 刺木蓼 *Atraphaxis spinosa* L.

【异名】*Atraphaxis replicata*; *Atraphaxis afghanica*; *Atraphaxis spinosa* var. *angustifolia*

【生物学特征】外观：灌木，高 30~100 厘米。茎：主干细弱，树皮灰色而粗糙；木质枝细长，弯拐，顶端无叶，成刺状。叶：托叶鞘圆筒状，长 2~3 毫米，基部褐色，上部偏斜，具不明显的脉纹，顶端具 2 个尖锐的齿；叶灰绿色或蓝绿色，革质，圆形、椭圆形、宽椭圆形或宽卵形，稀倒卵形，长 3~7 毫米，顶端圆或钝，具短尖，基部圆形或楔形。花：2~6 朵，簇生于当年生枝的叶腋；花被片 4，粉红色，内轮花被片 2，圆心形，外轮花被片长圆状卵形或卵形，长 2~3 毫米，果时向下反折。果实：瘦果卵形或宽卵形，双凸镜状，顶端尖或钝，基部圆，淡褐色，平滑，光亮。物候期：花期 5—8 月，果期 8—9 月。

【生境】生于盐渍化干旱山坡、荒漠沙地、戈壁滩，海拔 400~1 800 米。

【分布】我国新疆（塔什库尔干等地）；伊朗、阿富汗、南高加索地区、哈萨克斯坦、俄罗斯、蒙古国。

【保护级别及用途】IUCN：无危（LC）。

285. 椭圆叶蓼 *Bistorta elliptica*（Willd. ex Spreng.）D. F. Murray & Elven

【俗名】椭圆叶拳参

【异名】*Polygonum bistorta* var. *ellipticum*

【生物学特征】外观：多年生草本。根状茎：肥厚，弯曲，直径约 2 厘米，黑褐色。叶：基生叶椭圆形或长圆形，顶端急尖，基部宽楔形或近圆形，边缘全缘，上面无毛，下面疏生短柔毛或无毛，叶柄长 5~9 厘米；茎生叶 4~5，披针形或线形，具短柄或无柄；托叶鞘筒状，茎上部者淡绿色，顶端褐色；无缘毛。花：总状花序呈穗状，顶生，苞片宽卵形，膜质，褐色，顶端长渐尖，每苞内具 1~2 花；花梗长比苞片长；花被 5 深裂，淡红色，花被片长椭圆形，雄蕊 8，比花被长；花柱 3，基部合生，柱头头状。果：瘦果卵形，长 3~4 毫米，具 3 锐棱，褐色，有光泽，包于宿存花被内。物候期：花期 7—8 月，果期 8—9 月。

【生境】生于海拔 1 500~3 400 米的亚高山草甸、山坡草地。

【分布】我国新疆（乌恰、喀什等地）、吉林、辽宁等；俄罗斯、哈萨克斯坦、蒙古国。

【保护级别及用途】IUCN：无危（LC）；种质资源。

286. 珠芽蓼 *Bistorta vivipara*（L.）Gray

【俗名】山谷子

【异名】*Bistorta vivipara* var. *angustifolia*

【生物学特征】外观：多年生草本。根状茎：粗壮，弯曲，黑褐色，直径 1~2 厘米。茎：直立，高 15~60 厘米，不分枝，通常 2~4 条自根状茎发出。叶：基生叶长圆形或卵状披针形，顶端尖或渐尖，基部圆形、近心形或楔形，两面无毛。花：总状花序呈穗状，顶生，紧密，下部生珠芽；苞片卵形，膜质，每苞内具 1~2 花；花梗细弱；花被 5 深裂，白色或淡红色。花被片椭圆形；雄蕊 8，花丝不等长；花柱 3，下部合生，柱头头状。果实：瘦果卵形，具 3 棱，深褐色，有光泽，长约 2 毫米，包于宿存花被内。物候期：花期 5—7 月，果期 7—9 月。

【生境】生于海拔 1 200~5 100 米的山坡林下、高山或亚高山草甸。

【分布】我国新疆（塔什库尔干、阿克陶、乌恰、喀什、叶城等地）、东北、华北、河南、西北及西南；亚洲、欧洲、北美洲。

【保护级别及用途】IUCN：无危（LC）；药用、栲胶、饲料等。

287. 塔里木沙拐枣 *Calligonum roborowskii* Losinsk.

【生物学特征】外观：小灌木，高 0.3~0.8（~1.5）米。茎：老枝灰白或淡灰色，小枝淡绿色，具关节，节间长 1~3 厘米。叶：退化，鳞片状，长约 1 毫米。花：1~2 朵，生于叶腋；花梗长约 2 毫米，近基部具关节；花被片宽椭圆形，淡红色或白色，果时反折。果实：瘦果长卵形，扭转，果肋突起，每肋具 2 行刺，刺较密或较稀疏，刺粗，坚硬，稍长于瘦果宽度，基部扩大，分离或少数稍连合，中部或中上部 2~3 回。叉状分枝，末叉短，刺状；果连翅宽卵形或椭圆形，黄色或黄褐色。物候期：花期 5—6 月，果期 6—7 月。

【生境】生于洪积扇沙砾质荒漠、砾石荒漠中沙截上及冲积平原和干河谷，海拔 900~1 500 米。

【分布】我国新疆（塔什库尔干、喀什、疏附、叶城等地）、甘肃。

【保护级别及用途】IUCN：无危（LC）；国家第一批Ⅲ级保护植物；新疆Ⅱ级保护野生植物；渐危种、特有种。

288. 英吉沙沙拐枣 *Calligonum yengisaricum* Z. M. Mao

【生物学特征】外观：灌木，株高 0.3~0.5 米。茎：老枝淡黄灰色，幼枝灰绿色，节间较短，长 1~2 厘米。叶：极短，长约 1 毫米，鳞片状。花：1~2 朵生叶腋，花梗红色，较短，长 1~1.5 毫米，近基部具关节，花被片红色，果时反折。果实：果（包括刺）椭圆形，较小，长 7~9 毫米，宽 6~8 毫米；瘦果窄椭圆形，扭转，4 条果肋突起，沟槽较深且宽，每肋具 1 行刺；刺黄色，较硬，稀疏，短于瘦果宽度，基部扁，扩大，分离或稍连合，中部 2~3 次 2~3 叉分叉，顶叉短，刺状。物候期：花果期 6—8 月。

【生境】生于海拔 1 100~1 450 米的洪积扇砾石荒漠、戈壁荒漠。

【分布】我国新疆（阿克陶、莎车、英吉沙等地）。

【保护级别及用途】IUCN：无危（LC）；我国特有种。

289. 山蓼 *Oxyria digyna* (L.) Hill.

【俗名】肾叶山蓼

【异名】*Oxyria reniformis* var. *elatior*

【生物学特征】外观：多年生草本。根状茎：粗壮，直径5~10毫米。茎：直立，高15~20厘米，单生或数条自根状茎发出，无毛，具细纵沟。叶：基生叶叶片肾形或圆肾形，顶端圆钝，基部宽心形，边缘近全缘，上面无毛，下面沿叶脉具极稀疏短硬毛；叶柄无毛，长可达12厘米；无茎生叶，极少具1~2小叶；托叶鞘短筒状，膜质，顶端偏斜。花：花序圆锥状，花两性；花被片4，成2轮，果时内轮2片增大，倒卵形，长2~2.5毫米，紧贴果实，外轮2个，反折；雄蕊6，花药长圆形，花丝钻状；子房扁平，花柱2，柱头画笔状。果实：瘦果卵形，两侧边缘具膜质翅，连翅外形近圆形，顶端凹陷，基部心形，直径4~5（~6）毫米；翅较宽，膜质，淡红色，边缘具小齿。物候期：花期6—7月，果期8—9月。

【生境】生于高山山坡及山谷砾石滩，海拔 1 700~4 900米。

【分布】我国新疆（塔什库尔干、阿克陶、乌恰、喀什、叶城等地）、吉林、陕西、四川、云南及西藏等；欧洲、亚洲、北美洲。

【保护级别及用途】IUCN：无危（LC）；药用。

290. 巴天酸模 *Rumex patientia* L.

【俗名】羊蹄

【异名】*Rumex patientia* var. *tibeticus*

【生物学特征】外观：多年生草本。根：肥厚，直径可达 3 厘米。茎：直立，粗壮，高 90~150 厘米，上部分枝，具深沟槽。叶：基生叶长圆形或长圆状披针形，顶端急尖，基部圆形或近心形，边缘波状；叶柄粗壮，长 5~15 厘米；茎上部叶披针形，较小，具短叶柄或近无柄；托叶鞘筒状，易破裂。花：花序圆锥状，大型；花两性；中下部具关节；关节果时稍膨大，外花被片长圆形，内花被片果时增大，宽心形，长 6~7 毫米，顶端圆钝，基部深心形，边缘近全缘；小瘤长卵形，通常不能全部发育。果实：瘦果卵形，具 3 锐棱，顶端渐尖，褐色，有光泽。物候期：花期 5—6 月，果期 6—7 月。

【生境】生于沟边湿地、水边，海拔 20~4 000 米。

【分布】我国新疆（塔什库尔干、乌恰、阿克陶、喀什、叶城等地）、东北、华北、西北、山东、河南、湖南、湖北、四川及西藏；中亚地区、俄罗斯、蒙古国及欧洲。

【保护级别及用途】IUCN：无危（LC）；药用。

291. 长叶酸模 *Rumex longifolius* DC.

【异名】*Rumex domesticus*

【生物学特征】外观：多年生草本。茎：直立，高 60~120 厘米，粗壮，分枝，具浅沟槽。叶：基生叶长圆状披针形或宽披针形，顶端急尖，基部宽楔形或圆形，边缘微波状；叶柄具沟槽，比叶片短；茎生叶披针形，顶端尖，基部楔形，叶柄短；托叶鞘膜质，破裂，脱落。花：花序圆锥状，花两性，多花轮生，花梗纤细，中下部具关节，关节果时膨大，明显；花被片 6，外花被片披针形；内花被片果时增大，圆肾形或圆心形；顶端圆钝，基部心形，边缘全缘，具细网脉，全部无小瘤。果实：瘦果狭卵形，长 2~3 毫米，具 2 锐棱，褐色有光泽。物候期：花期 6—7 月，果期 7—8 月。

【生境】生于山谷水边、山坡林缘，海拔 50~3 000 米。

【分布】我国新疆（塔什库尔干、乌恰等地）、东北、华北、西北、山东、河南、湖北和四川；日本、俄罗斯、欧洲及北美洲。

【保护级别及用途】IUCN：无危（LC）；药用。

292. 中亚酸模 *Rumex popovii* Pachomova

【异名】*Rumex aquaticus* subsp. *lipschitzii*

【生物学特征】外观：多年生草本。根：粗壮，直径可达 1.5 厘米。茎：直立，高 60~100 厘米，具沟槽，通常淡红色，上部分枝。叶：基生叶长圆状卵形或长卵形，长 15~20 厘米，顶端急尖，基部心形，两面无毛，边缘微波状；叶柄粗壮，长 7~13 厘米；茎生叶披针形；托叶鞘膜质，易破裂。花：花序圆锥状；花两性；花梗纤细，丝状，中下部具关节，关节果时不明显；外花被片椭圆形；内花被片果时增大，近圆形或卵圆形，基部深心形，淡红色，网脉明显，边缘具不明显的小齿，全部无小瘤。果实：瘦果椭圆形，具 3 锐棱，长约 2 毫米，褐色，有光泽。物候期：花期 6—7 月，果期 7—8 月。

【生境】生于山谷水边、河边湿地，海拔700~3 100米。

【分布】我国新疆（塔什库尔干、乌恰等地）、河北；蒙古国、塔吉克斯坦、哈萨克斯坦。

【保护级别及用途】IUCN：无危（LC）。

293. 皱叶酸模 *Rumex crispus* L.

【俗名】土大黄

【异名】*Lapathum crispum*

【生物学特征】外观：多年生草本。根：粗壮，黄褐色。茎：直立，高50~120厘米，不分枝或上部分枝，具浅沟槽。叶：基生叶披针形或狭披针形，长10~25厘米，顶端急尖，基部楔形，边缘皱波状；茎生叶较小狭披针形；叶柄长3~10厘米；托叶鞘膜质，易破裂。花：花序狭圆锥状；花两性；淡绿色；花梗细，中下部具关节，关节果时稍膨大；花被片6，外花被片椭圆形，内花被片果时增大，宽卵形，网脉明显，顶端稍钝，基部近截形，边缘近全缘，全部具小瘤，稀1片具小瘤，小瘤卵形。果实：瘦果卵形，顶端急尖，具3锐棱，暗褐色，有光泽。物候期：花期5—6月，果期6—7月。

【生境】生于河滩、沟边湿地，海拔 30~3 100 米。

【分布】我国新疆（乌恰、阿克陶、叶城等地）、东北、华北、西北、山东、河南、湖北、四川、贵州及云南；南高加索地区、哈萨克斯坦、俄罗斯、蒙古国、朝鲜、日本、欧洲及北美洲。

【保护级别及用途】药用。

294. 西伯利亚蓼（原变种）*Knorringia sibirica* var. *sibirica*

【异名】*Polygonum sibiricum*; *Pleuropteropyrum sibiricum*; *Polygonum arcticum*; *Persicaria sibirica*; *Aconogonon sibiricum*

【生物学特征】外观：多年生草本，高达 25 厘米。根茎：细长。茎：基部分枝，无毛。叶：长椭圆形或披针形，长 5~13 厘米，基部戟形或楔形，无毛，叶柄长 0.8~1.5 厘米，托叶鞘筒状，膜质，无毛。花：圆锥状花序顶生，花稀疏，苞片漏斗状，无毛，花梗短，中上部具关节；花被 5 深裂，黄绿色，花被片长圆形，长约 3 毫米；雄蕊 7~8，花丝基部宽，花柱 3，较短。果实：瘦果卵形，具 3 棱，黑色，有光泽，包于宿存花被内或稍突出。物候期：花期 6—7 月，果期 8—9 月。

【生境】生于海拔 30~5 100 米的路边、湖边、河滩、山谷湿地、沙质盐碱地。

【分布】我国新疆（塔什库尔干、阿克陶、喀什、叶城等地）及其他各省份；克什米尔地区、印度、蒙古国、俄罗斯、哈萨克斯坦、喜马拉雅地区。

【保护级别及用途】IUCN：无危（LC）；药用。

295. 细叶西伯利亚蓼（变种）*Knorringia sibirica* subsp. *thomsonii*（Meisn. ex Steward）S. P. Hong

【异名】*Polygonum sibiricum* var. *thomsonii*

【生物学特征】外观：多年生草本，植株矮小，高 2~5 厘米。根茎：细长。茎：基部分枝，无毛。叶：叶极狭窄，线形，宽 1.5~2.5 毫米；托叶鞘筒状，膜质，无毛。花：圆锥状花序顶生，较小，花稀疏，苞片漏斗状，无毛，花梗短，中上部具关节；花被 5 深裂，黄绿色，花被片长圆形，长约 3 毫米；雄蕊 7~8，花丝基部宽，花柱 3，较短。果实：瘦果卵形，具 3 棱，黑色，有光泽，包于宿存花被内或稍突出。物候期：花期 6—7 月，果期 8—9 月。

【生境】生于盐湖边、河滩盐碱地，海拔 2 856~5 150 米。

【分布】我国新疆（塔什库尔干、阿克陶、疏附、叶城等地）、西藏、青海；巴基斯坦、克什米尔地区、阿富汗、西帕米尔。

【保护级别及用途】种质资源。

296. 叶苞繁缕（原变种）*Stellaria crassifolia* var. *crassifolia*

【俗名】厚叶繁缕

【生物学特征】外观：多年生草本，高 5~14 厘米，全株无毛。根茎：细长。茎：纤细，常具 4 棱，上升，分枝。叶：无柄，叶片卵状披针形或披针形，长 5~15（~20）毫米，顶端渐尖，基部近圆形或楔形，全缘。花：单生叶腋或枝顶；苞片叶状，草质，无膜质边缘；花梗细，长 1~2 厘米，在果期长达 3.5 厘米，下弯；萼片 5，卵状披针形，长 3.5~4 毫米，顶端渐尖，边缘宽膜质，具 3 脉；花瓣 5，白色，2 深裂几近基部，裂片长条形，与萼片近等长；雄蕊 10，短于花瓣；子房近卵形，具 3 花柱。果实：蒴果椭圆形，比宿存萼长 1.5~2 倍，6 齿裂。种子：扁球形，棕褐色，具细瘤状突起。物候期：花期 5—6 月，果期 6—8 月。

【生境】生于海拔 1 500~3 500 米的滩地、草甸或沟渠边。

【分布】我国新疆（塔什库尔干等地）、内蒙古、东北各省份；日本、俄罗斯（西伯利亚）、哈萨克斯坦、蒙古国、朝鲜以及欧洲。

【保护级别及用途】IUCN：无危（LC）。

297. 准噶尔繁缕 *Stellaria soongorica* Roshev.

【生物学特征】外观：多年生草本，高 15~25 厘米，全株无毛。根状茎：细。茎：单生或疏丛生，微具 4 棱，不分枝或分枝，纤细，常无毛。叶：叶片线状披针形或线形，顶端长渐尖，两面无毛，基部被柔毛，无柄，微半抱茎。花：单个顶生或腋生；花梗细；苞片披针形，顶端渐尖，边缘膜质；萼片 5，卵状披针形，顶端渐尖，边缘白色，膜质，无毛，中脉明显；花瓣 5，白色，较萼片长约 1 毫米，顶端 2 深裂几达基部，裂片长圆状倒披针形，顶端钝；雄蕊 10，花药黄褐色；子房卵形；花柱 3，果时外露。果实：蒴果长圆状卵圆形，深褐色或近黑色，长于宿存萼，6 齿裂。种子：细小，肾状圆形或卵形，微扁，褐色，具细疣状突起。物候期：花期 6—7 月，果期 8—9 月。

【生境】生于海拔 1 600~3 500 米处的云杉林缘、灌丛或草坡。

【分布】我国新疆（阿克陶、乌恰、塔什库尔干等地）、青海等；俄罗斯、哈萨克斯坦。

【保护级别及用途】IUCN：无危（LC）。

298. 薄蒴草 *Lepyrodiclis holosteoides*（C. A. Mey.）Fisch. & C. A. Mey.

【异名】*Gouffeia crassiuscula*

【生物学特征】外观：1 年生草本，全株被腺毛。茎：高 40~100 厘米，具纵条纹，上部被长柔毛。叶：叶片披针形，长 3~7 厘米，顶端渐尖，基部渐狭，上面被柔毛。花：圆锥花序开展；苞片草质，披针形或线状披针形；花梗细，长 1~2（~3）厘米，密生腺柔毛；萼片 5，线状披针形，外面疏生腺柔毛；花瓣 5，白色，宽倒卵形，与萼片等长或稍长，顶端全缘；雄蕊通常 10，花丝基部宽扁；花柱 2，线形。果实：蒴果卵圆形，短于宿存萼，2 瓣裂。种子：扁卵圆形，红褐色，具突起。物候期：花期 5—7 月，果期 7—8 月。

【生境】生于海拔 1 200~3 900 米的山坡草地、荒芜农地或林缘。

【分布】我国新疆（塔什库尔干、叶城等地）、内蒙古、陕西、宁夏、甘肃、青海、四川、西藏；土耳其、小亚细亚至高加索地区、中亚地区、伊朗、克什米尔地区、阿富汗、巴基斯坦、印度西北部、尼泊尔、蒙古国。

【保护级别及用途】IUCN：无危（LC）；药用。

299. 抱茎叶卷耳 *Cerastium perfoliatum* L.

【生物学特征】外观：1 年生草本，高 10~40 厘米，全株近无毛，稍带粉绿色。茎：直立，分枝，被稀疏短柔毛。叶：基生叶叶片椭圆状披针形，基部渐狭成柄状；茎生叶无柄，叶片卵状椭圆形至卵形，长 3~4 厘米，顶端急尖或钝，基部抱茎，两面均被疏柔毛或近无毛。花：聚伞花序顶生，具数花或多数花；苞片草质；花梗细，被柔毛，长于花萼 1 至数倍；萼片宽披针形，外面疏被柔毛，边缘宽膜质；花瓣白色，长圆形，与萼片近等长（原记载微短于萼片），无毛；雄蕊短于萼片；花柱 5，线形。果实：蒴果圆柱形，比宿存萼长 1 倍或更长，顶端 10 齿裂。种子：扁圆形，褐色，具疣状突起。物候期：花期 4—5 月，果期 5—6 月。

【生境】生于多石的山坡草地、灌丛。

【分布】我国新疆（阿克陶县）、浙江；地中海、巴尔干半岛、小亚细亚和俄罗斯。

【保护级别及用途】IUCN：无危（LC）。

300. 簇生泉卷耳（亚种）*Cerastium fontanum* subsp. *vulgare*（Hartm.）Greuter & Burdet

【俗名】簇生卷耳

【异名】*Cerastium fontanum* var. *tibeticum*

【生物学特征】外观：多年生或1年、2年生草本，高15~30厘米。茎：单生或丛生，近直立，被白色短柔毛和腺毛。叶：基生叶叶片近匙形或倒卵状披针形，基部渐狭成柄状，两面被短柔毛；茎生叶近无柄，叶片卵形、狭卵状长圆形或披针形，长1~3（~4）厘米，顶端急尖或钝尖，两面均被短柔毛，边缘具缘毛。花：聚伞花序顶生；苞片草质；花梗细，长5~25毫米；萼片5，长圆状披针形，外面密被长腺毛；花瓣5，白色，倒卵状长圆形，顶端2浅裂，基部渐狭，无毛；雄蕊短于花瓣，花丝扁线形，无毛；花柱5，短线形。果实：蒴果圆柱形，顶端10齿裂。种子：褐色，具瘤状突起。物候期：花期5—6月，果期6—7月。

【生境】生于海拔 1 200~2 300 米的山地林缘杂草间或疏松沙质土壤。

【分布】我国新疆（塔什库尔干、乌恰、阿克陶、叶城等地）及其他各省份；蒙古国、朝鲜、日本、越南、印度、伊朗。

【保护级别及用途】IUCN：无危（LC）。

301. 山卷耳 *Cerastium pusillum* Ser.

【异名】*Cerastium vulgatum* var. *leiopetalum*

【生物学特征】外观：多年生草本，高 5~15 厘米。根：须根纤细。茎：丛生，上升，密被柔毛。叶：茎下部叶较小，叶片匙状，顶端钝，基部渐狭成短柄状，被长柔毛；茎上部叶稍大，叶片长圆形至卵状椭圆形，长 5~15 毫米，宽 3~7 毫米，顶端钝，基部钝圆或楔形，两面均密被白色柔毛，边缘具缘毛，下面中脉明显。花：聚伞花序顶生，具 2~7 朵花；苞片草质；花梗细，长 5~8 毫米，密被腺柔毛，花后常弯垂；萼片 5，披针状长圆形，长 5~6 毫米，下面密被柔毛，顶端两侧宽膜质，有时带紫色；花瓣 5，白色，长圆形，比萼片长 1/3~1/2，基部稍狭，顶端 2 浅裂至 1/4 处；花柱 5，线形。果实：蒴果长圆形，10 齿裂。种子：褐色，扁圆形，具疣状突起。物候期：花期 7—8 月，果期 8—9 月。

【生境】生于海拔 2 800~4 700 米的高山草甸、高山冰川附近的砾石坡。

【分布】我国新疆（塔什库尔干县）、宁夏、甘肃、青海、云南；俄罗斯、哈萨克斯坦、蒙古国。

【保护级别及用途】IUCN：无危（LC）。

302. 天山卷耳 *Cerastium tianschanicum* Schischk.

【异名】*Cerastium vulgatum* var. *tianschanicum*

【生物学特征】外观：多年生草本，高 15~35 厘米，全株密被柔毛。茎：上升，上部分枝。叶：基生叶早枯；茎生叶叶片线状披针形，长 2~5 厘米，无毛或被疏柔毛，顶端渐尖，基部无柄，微抱茎。花：聚伞花序具 2~8 朵花；花梗与花萼近等长或为花萼的 2~3 倍；萼片 5，披针形，长 6~7.5 毫米，顶端钝，边缘膜质，外面被腺柔毛；花瓣 5，白色，长圆状倒心形，顶端微凹；雄蕊 10，短于花瓣，花丝扁线形，无毛；花柱 5，线形，与雄蕊近等长。果实：蒴果长圆形，比宿存萼长 1 倍，10 齿裂，裂齿直立。种子：肾形或圆形，直径约 1 毫米，深褐色，具细疣状突起。物候期：花期 5—6 月，果期 6—7 月。

【生境】生于针叶林、亚高山的草甸中、渠边及河岸，海拔680~2 700米。

【分布】我国新疆（阿克陶等地）；俄罗斯、哈萨克斯坦。

【保护级别及用途】IUCN：无危（LC）。

303. 麦蓝菜 *Gypsophila vaccaria* Sm.

【俗名】麦蓝子、王不留行

【异名】*Vaccaria segetalis*; *Vaccaria pyramidata*

【生物学特征】外观：1 年生或 2 年生草本，高 30~70 厘米，全株无毛，微被白粉，呈灰绿色。根：主根系。茎：单生，直立，上部分枝。叶：叶片卵状披针形或披针形，长 3~9 厘米，基部圆形或近心形，微抱茎，顶端急尖，具 3 基出脉。花：伞房花序稀疏；花梗细，长 1~4 厘米；苞片披针形，着生花梗中上部；花萼卵状圆锥形，后期微膨大呈球形；雌雄蕊柄极短；花瓣淡红色，长 14~17 毫米，瓣片狭倒卵形，斜展或平展，微凹缺，有时具不明显的缺刻；雄蕊内藏；花柱线形，微外露。果实：蒴果宽卵形或近圆球形，长 8~10 毫米。种子：近圆球形，红褐色至黑色。物候期：花期 5—7 月，果期 6—8 月。

【生境】生于海拔 2 400~3 600 米的河谷草甸、草坡、撂荒地或麦田中，为麦田常见杂草。

【分布】我国新疆（塔什库尔干、叶城等地），此外，除华南外，全国都有分布；欧洲和亚洲。

【保护级别及用途】IUCN：无危（LC）；麦田杂草；药用。

304. 暗色蝇子草 *Silene bungei* Bocquet

【异名】*Lychnis tristis*

【生物学特征】外观：多年生草本，高（15~）25~40（~50）厘米。根：垂直，粗壮，木质，灰褐色；根颈多分枝，稍木质，具匍匐茎。茎：疏丛生，不分枝，坚挺，黄绿色，下部无毛，上部被粗毛和黑色腺毛。叶：基生叶叶片倒披针形或线状倒披针形，长 4~10 厘米，顶端钝或急尖，基部渐狭呈柄状；茎生叶 1~4 对，叶片狭椭圆形。花：单生，有时 2~3 朵，俯垂，后期直立；花梗与花萼近等长，具黏液和柔毛；花萼球状钟形，萼齿三角形，急尖，边缘具缘毛；雌雄蕊柄长 2~3 毫米，被长柔毛；花瓣露出花萼 1~3 毫米，爪楔形，长 14~16 毫米，具狭耳，瓣片黑紫色，副花冠片小，楔形，顶端具不明显齿；雄蕊内藏；花柱 5。果实：蒴果圆球形，长 12~15 毫米、宽 10~14 毫米，5 齿裂。种子：肾形，肥厚，长 1.4 毫米，压扁，深褐色，脊圆，具棘突。物候期：花期 6—7 月。

【分布】我国新疆（塔什库尔干、叶城等地）；俄罗斯、哈萨克斯坦、吉尔吉斯斯坦和蒙古国。

【保护级别及用途】IUCN：无危（LC）。

305. 冠瘤蝇子草 *Silene tachtensis* Franch.

【生物学特征】外观：多年生草本，高 15~30 厘米。茎：多数聚生，直，被短柔毛。叶：线形刺状，长 2~3 厘米，宽 2 毫米，急尖，边缘卷曲，被短柔毛。花：直立，较大，数目不多，不形成圆锥花序，具短而无毛的柄；苞片卵圆形，边缘宽膜质（具硬尖），渐尖；花萼长 21 毫米，无毛，萼齿为宽三角形，边缘膜质，连合，具 10 脉，筒状或圆锥状，稍微膨胀，无毛或微粗糙；花瓣白色，长 19 毫米，基部具副花冠，花瓣片 4 裂，后两侧裂片退化呈 2 裂状；花柱 3。果实：蒴果卵形，6 齿裂，常着生在被毛的雌雄蕊柄上。物候期：花期 5—6 月。

【生境】生于石质山坡草丛。

【分布】我国新疆（乌恰县）；哈萨克斯坦、伊朗。

【保护级别及用途】IUCN：无危（LC）。

306. 禾叶蝇子草 *Silene graminifolia* Otth

【俗名】毛柱蝇子草

【异名】*Silene jenisseensis* var. *viscifera*

【生物学特征】外观：多年生草本，高 15~50 厘米。根：粗壮，具多头根颈。茎：丛生，直立，纤细，不分枝，无毛或基部被短柔毛，上部具黏液。叶：基生叶叶片线状倒披针形，质薄，长 2~8（~10）厘米，顶端急尖，边缘具缘毛；茎生叶 2~3 对，基部常无柄，微合生，抱茎，具缘毛。总状花序常具 5~11 花，稀更多；花梗纤细，无毛，比花萼短或近等长；花瓣白色，长 10~12 毫米，爪狭倒披针形，具长缘毛，瓣片露出花萼，深 2 裂达瓣片的中部，裂片长圆形；副花冠片乳头状或不明显；雄蕊和花柱均外露。果实：蒴果卵形，长 7~8 毫米，与宿存萼近等长。种子：肾形，长约 1 毫米，暗褐色。物候期：花期 6—7 月，果期 8 月。

【生境】生于海拔 1 600~4 200 米的高山草地。

【分布】我国新疆（塔什库尔干、乌恰、阿克陶等地）、西藏、四川和内蒙古等省份；哈萨克斯坦、俄罗斯、蒙古国，以及喜马拉雅山西部和克什米尔地区。

【保护级别及用途】IUCN：无危（LC）。

307. 女娄菜（原变种）*Silene aprica* Turcz. ex Fisch. & C. A. Mey.

【俗名】桃色女娄菜、王不留行

【异名】*Silene morii*; *Silene aprica* var. *oldhamiana*

【生物学特征】外观：1 年生或 2 年生草本，高 30~70 厘米，全株密被灰色短柔毛。根：主根较粗壮，稍木质。茎：单生或数个，直立，分枝或不分枝。叶：基生叶叶片倒披针形或狭匙形，长 4~7 厘米，顶端急尖，中脉明显；茎生叶叶片倒披针形、披针形或线状披针形，比基生叶稍小。花：圆锥花序较大型；花梗长 5~20（~40）毫米，直立；苞片披针形，草质，渐尖，具缘毛；花萼卵状钟形，长 6~8 毫米，萼齿三角状披针形，边缘膜质，具缘毛；雌雄蕊柄极短或近无，被短柔毛；花瓣白色或淡红色，倒披针形，瓣片倒卵形，2 裂；副花冠片舌状；雄蕊不外露，花丝基部具缘毛；花柱不外露，基部具短毛。果实：蒴果卵形，长 8~9 毫米，与宿存萼近等长或微长。种子：圆肾形，灰褐色，肥厚，具小瘤。物候期：花期 5—7 月，果期 6—8 月。

【生境】生于 3 200~3 900 米的平原、丘陵或山地。

【分布】我国新疆（塔什库尔干等地），此外，除华南外，全国都有分布；朝鲜、日本、蒙古国和俄罗斯。

【保护级别及用途】IUCN：无危（LC）；药用。

蝇子草属 *Silene*

308. 喀拉蝇子草 *Silene karaczukuri* B. Fedtsch.

【异名】*Silene pamirensis*

【生物学特征】外观：多年生草本，高10~20厘米。根：粗壮，圆柱形，垂直，稍木质，具多头根颈。茎：密丛生，直立，不分枝，被短腺柔毛，基部具多数不育茎。叶：基生叶叶片线状倒披针形或线形，长5~20（~40）毫米，顶端急尖或钝头，边缘具短缘毛，两面无毛；茎生叶常3~6对，叶片线状披针形，比基生叶稍小，基部无柄，半抱茎，被稀疏短毛。花：1~2朵；花梗长5~10毫米，被腺毛；苞片披针形；花萼筒状棒形，被腺柔毛；雌雄蕊柄长约8毫米，无毛；花瓣淡红色，露出花萼，爪长椭圆状线形，无毛，具耳，瓣片轮廓长椭圆状，深2裂达瓣片的1/2；副花冠片短，条裂状；花丝无毛。果实：蒴果卵圆状，顶端6齿裂。物候期：花期7—8月，果期7—8月。

【生境】生于海拔 2 600~4 300 米多砾石的高山草甸或沟谷石缝中。

【分布】我国新疆（塔什库尔干、叶城等地）；塔吉克斯坦、巴基斯坦。

【保护级别及用途】种质资源。

309. 隐瓣蝇子草 *Silene gonosperma*（Rupr.）Bocquet

【俗名】无瓣女娄菜

【异名】*Physolychnis gonosperma*

【生物学特征】外观：多年生草本，高 6~20 厘米。根：粗壮，常具多头根颈。茎：疏丛生或单生，直立，不分枝，密被短柔毛，上部被腺毛和黏液。叶：基生叶叶片线状倒披针形，顶端钝或急尖，两面被短柔毛，边缘具缘毛；茎生叶 1~3 对，无柄，叶片披针形。花：单生，稀 2~3 朵，俯垂，花梗长 2~5 厘米，密被腺柔毛；苞片线状披针形，具稀疏缘毛；花萼狭钟形，基部圆形，被柔毛和腺毛，纵脉暗紫色；雌雄蕊柄极短；花瓣暗紫色，内藏，稀微露出花萼，无缘毛，副花冠片缺或不明显；雄蕊内藏，花丝无毛；花柱内藏。果实：蒴果椭圆状卵形，10 齿裂。种子：圆形，压扁，褐色，连翅直径 1.5~2 毫米。物候期：花期 6—7 月，果期 8 月。

【生境】生于海拔 1 600~5 300 米的高山草甸、高山冻原、高山流石滩稀疏植被带。

【分布】我国新疆（塔什库尔干、阿克陶、叶城等地）、甘肃、青海、西藏、四川、山西和河北等省份；中亚地区。

【保护级别及用途】IUCN：无危（LC）。

310. 滨藜 *Atriplex patens*（Litv.）Iljin

【异名】*Atriplex laevis* var. *patens*

【生物学特征】外观：1 年生草本，高 20~60 厘米。茎：直立或外倾，无粉或稍有粉，具绿色色条及条棱，通常上部分枝；枝细瘦，斜上。叶：互生，或在茎基部近对生；叶片披针形至条形，基部渐狭，两面均为绿色，无粉或稍有粉。花：花序穗状；花序轴有密粉；雄花花被 4~5 裂，雄蕊与花被裂片同数；雌花的苞片果时菱形至卵状菱形，先端急尖或短渐尖，下半部边缘合生，上半部边缘通常具细锯齿，表面有粉，有时靠上部具疣状小突起。种子：2 型，扁平，圆形，黑色或红褐色，有细点纹，直径 1~2 毫米。物候期：花果期 8—10 月。

【生境】多生于含轻度盐碱的湿草地、海滨、沙土地等处。

【分布】我国新疆（乌恰等地）、黑龙江、辽宁、吉林、河北、内蒙古、陕西、甘肃、宁夏、青海；欧洲、中亚地区、哈萨克斯坦、俄罗斯。

【保护级别及用途】IUCN：无危（LC）；种质资源。

311. 鞑靼滨藜 *Atriplex tatarica* L.

【异名】*Atriplex rosea* var. *subintegra*

【生物学特征】外观：1 年生草本，高 20~80 厘米。茎：直立或外倾，苍白色，下部茎皮薄片状剥落，通常多分枝；枝较细瘦，斜伸。叶：叶片宽卵形、三角状卵形、矩圆形至宽披针形，上面绿色，无粉，下面灰白色，有密粉，有时两面均有粉而近于同色；叶柄很短或长达 2 厘米。花：穗状圆锥状花序，花序轴有密粉和薄片状毛丛；雄花花被倒圆锥形，5 深裂，雄蕊 5，花药矩圆形；雌花的苞片果时菱状卵形至卵形，下部的边缘合生，靠基部的中心部黄白色，缘部有绿色网脉，边缘多少有齿。果实：胞果扁，卵形或近圆形；果皮白色，膜质，与种子贴伏。种子：直立，黄褐色至红褐色；胚乳块状，黄褐色。物候期：花果期 7—9 月。

【生境】生于海拔 2 420~3 740 米的盐碱荒漠、戈壁，有时也见于田边及较潮湿的草地。

【分布】我国新疆（塔什库尔干、乌恰、叶城等地）、青海、西藏及甘肃；欧洲、地中海沿岸、小亚细亚、中亚地区、俄罗斯及蒙古国。

【保护级别及用途】饲草。

312. 光滨藜 *Atriplex laevis* C. A. Mey.

【生物学特征】外观：1年生草本，高20~30厘米。茎：直立，近无粉，有绿色色条；下部分枝近对生，延长，斜升。叶：条形至狭矩圆形，先端急尖，基部渐狭，具短柄，两面均为绿色，无粉。花：簇生叶腋，在茎和枝的上部集成较稀疏的穗状花序；雌花的苞片果时卵状三角形至近心形，先端急尖或渐尖，基部宽楔形至近截形，仅基部边缘合生，离生部分的边缘全缘或有疏细锯齿，或仅近基部具1~3对锯齿，表面平滑，几无粉，中脉两侧的中部有时各具1个鼓起的突起。种子：2型，扁平，圆形，或双凸镜形，直径1.5~2.5毫米。物候期：花果期8—10月。

【生境】多生于农区及湿草地。

【分布】我国新疆（乌恰、叶城等地）及内蒙古；中亚地区、俄罗斯、土耳其及哈萨克斯坦。

【保护级别及用途】IUCN：数据缺乏（DD）；种质资源。

313. 中亚滨藜（原变种）*Atriplex centralasiatica* var. *centralasiatica*

【异名】*Atriplex sibirica* var. *centralasiatica*

【生物学特征】外观：1 年生草本，高 15~30 厘米。茎：通常自基部分枝；枝钝四棱形，黄绿色，无色条，有粉或下部近无粉。叶：有短柄，枝上部的叶近无柄；叶片卵状三角形至菱状卵形，长 2~3 厘米，边缘具疏锯齿，先端微钝，基部圆形至宽楔形，上面灰绿色，无粉或稍有粉，下面灰白色，有密粉；叶柄长 2~6 毫米。花：集成腋生团伞花序；雄花花被 5 深裂，裂片宽卵形，雄蕊 5，花药宽卵形至短矩圆形；雌花的苞片近半圆形至平面钟形，边缘近基部以下合生，果时长 6~8 毫米，边缘具不等大的三角形牙齿；苞柄长 1~3 毫米。果实：胞果扁平，宽卵形或圆形，果皮膜质，白色，与种子贴伏。种子：直立，红褐色或黄褐色，直径 2~3 毫米。物候期：花期 7—8 月，果期 8—9 月。

【生境】生于海拔 700~2 700 米的戈壁、荒地、海滨及盐土荒漠，有时也侵入田间。

【分布】我国新疆（乌恰、喀什、疏勒、疏附、英吉沙、叶城等地）、北京、吉林、辽宁、内蒙古、河北、山西、宁夏、甘肃、青海、西藏等省份；蒙古国、中亚地区、俄罗斯（西伯利亚）。

【保护级别及用途】IUCN：无危（LC）；药草、饲料。

314. 西伯利亚滨藜 *Atriplex sibirica* L.

【生物学特征】外观：1 年生草本，高 20~50 厘米。茎：通常自基部分枝；枝外倾或斜伸，钝四棱形，无色条，有粉。叶：叶片卵状三角形至菱状卵形，先端微钝，基部圆形或宽楔形，边缘具疏锯齿，上面灰绿色，无粉或稍有粉，下面灰白色，有蜜粉；叶柄长 3~6 毫米。花：团伞花序腋生；雄花花被 5 深裂，裂片宽卵形至卵形；雄蕊 5，花丝扁平，基部连合，花药宽卵形至短矩圆形；雌花的苞片连合成筒状，仅顶缘分离，果时臌胀，略呈倒卵形，木质化，表面具多数不规则的棘状突起，顶缘薄，牙齿状，基部楔形。果实：胞果扁平，卵形或近圆形；果皮膜质，白色，与种子贴伏。种子：直立，红褐色或黄褐色，直径 2~2.5 毫米。物候期：花期 6—7 月，果期 8—9 月。

【生境】生于海拔 800~2 900 米的盐碱荒漠、湖边、渠沿、河岸及固定沙丘等处。

【分布】我国新疆（塔什库尔干、乌恰、喀什、疏附、叶城等地）、黑龙江、吉林、辽宁、内蒙古、河北、陕西、宁夏、甘肃、青海；蒙古国、哈萨克斯坦、俄罗斯（西伯利亚）。

【保护级别及用途】IUCN：无危（LC）；饲草。

315. 灰绿藜 *Oxybasis glauca*（L.）S. Fuentes, Uotila & Borsch

【异名】*Obione muricata*

【生物学特征】外观：1年生草本，高20~40厘米。茎：平卧或外倾，具条棱及绿色或紫红色色条。叶：叶片矩圆状卵形至披针形，长2~4厘米，肥厚，先端急尖或钝，基部渐狭，边缘具缺刻状牙齿，上面无粉，平滑，下面有粉而呈灰白色，有稍带紫红色；中脉明显，黄绿色；叶柄长5~10毫米。果实：胞果顶端露出于花被外，果皮膜质，黄白色。种子：扁球形，直径0.75毫米，横生、斜生及直立，暗褐色或红褐色，边缘钝，表面有细点纹。物候期：花果期5—10月。

【生境】生于海拔 540~4 200 米的农田、菜园、村房、水边等有轻度盐碱的土壤上。

【分布】我国新疆（乌恰、疏勒、叶城等地）及大部分其他省份；南北半球的温带地区。

【保护级别及用途】IUCN：无危（LC）；种质资源。

316. 短叶假木贼 *Anabasis brevifolia* C. A. Mey.

【异名】*Anabasis affinis*

【生物学特征】外观：半灌木，高5~20厘米。根：粗壮，黑褐色。茎：木质茎极多分枝，灰褐色；小枝灰白色，通常具环状裂隙；当年枝黄绿色，大多成对发自小枝顶端，通常具4~8节间，不分枝或上部有少数分枝；节间平滑或有乳头状突起，下部的节间近圆柱形，上部的节间渐短并有棱。叶：条形，半圆柱状，开展并向下弧曲，先端钝或急尖并有半透明的短刺尖。花：单生叶腋（有时叶腋内同时具有含2~4花的短枝而类似簇生）；花被片卵形，先端稍钝，果时背面具翅；翅膜质，杏黄色或紫红色，较少为暗褐色，外轮3个花被片的翅肾形或近圆形，内轮2个花被片的翅较狭小，圆形或倒卵形；花药长0.6~0.9毫米，先端急尖；子房表面通常有乳头状小突起；柱头黑褐色，直立或稍外弯，内侧有小突起。果实：胞果卵形至宽卵形，黄褐色。种子：暗褐色，近圆形，直径约1.5毫米。物候期：花期7—8月，果期9—10月。

【生境】生于海拔 500~1 700 米的戈壁、冲积扇、干旱山坡等处。

【分布】我国新疆（乌恰等地）、内蒙古、宁夏、甘肃、青海；蒙古国、中亚地区及俄罗斯。

【保护级别及用途】IUCN：数据缺乏（DD）；种质资源。

317. 无叶假木贼 *Anabasis aphylla* L.

【异名】*Anabasis tatarica*

【生物学特征】外观：半灌木，高20~50厘米。茎：木质茎多分枝，小枝灰白色，通常具环状裂隙；当年枝鲜绿色，分枝或不分枝，直立或斜上；节间多数，圆柱状。叶：不明显或略呈鳞片状，宽三角形，先端钝或急尖。花：1~3朵生于叶腋，多于枝端集成穗状花序；小苞片短于花被，边缘膜质；外轮3个花被片近圆形，果时背面下方生横翅；翅膜质，扇形、圆形、或肾形，淡黄色或粉红色，直立；内轮2个花被片椭圆形，无翅或具较小的翅；花盘裂片条形，顶端篦齿状。果实：胞果直立，近球形，果皮肉质，暗红色，平滑。物候期：花期8—9月，果期10月。

【生境】生于海拔330~1 900米的山前砾石洪积扇、戈壁、沙丘间，有时也见于干旱山坡。

【分布】我国新疆（乌恰、喀什、疏附、英吉沙等地）、甘肃；欧洲、哈萨克斯坦、俄罗斯、蒙古国、伊朗。

【保护级别及用途】IUCN：数据缺乏（DD）；农药杀虫剂、固沙。

318. 刺毛碱蓬 *Suaeda acuminata*（C. A. Mey.）Moq.

【异名】*Schoberia acuminata*

【生物学特征】外观：1 年生草本，高 20~50 厘米。根：灰褐色。茎：直立，圆柱形，通常多分枝；枝灰绿色，有时带浅红色，稍扁，几无毛。叶：条形，半圆柱状，灰绿色，先端钝或微尖并具刺毛，无柄；刺毛淡黄色，易脱落。花：团伞花序通常含 3 花，腋生；中央的 1 花较大，两性，花被裂片的背面具纵隆脊，果时隆脊的前端向上延伸成鸡冠状纵翅；侧花雌性，花被裂片先端兜状，背面果时具微隆脊；小苞片卵形或卵状披针形，先端渐尖，边缘有微锯齿。果实：胞果包于花被内，果皮与种子易分离。种子：横生，直立或斜生，略呈卵形，长 0.8~1 毫米，周边钝，红褐色至黑色，平滑，有光泽，胚根在下方。物候期：花果期 6—9 月。

【生境】生于盐碱土荒漠、山坡、沙丘等处。

【分布】我国新疆（乌恰、叶城等地）；蒙古国、中亚地区及俄罗斯（西伯利亚）。

【保护级别及用途】IUCN：无危（LC）。

319. 球花藜 *Blitum virgatum* L.

【异名】*Chenopodium foliosum*

【生物学特征】外观：1 年生草本，高 20~70 厘米。茎：多由基部分枝，直立或斜升，细瘦，浅绿色，平滑。叶：茎下部叶片三角状狭卵形，两面均为鲜绿色，先端渐尖，基部楔形、截平或戟形，边缘具不整齐的牙齿，近基部的牙齿稍下弯；茎上部和分枝上的叶逐渐变小，披针形或卵状戟形。花：两性兼雌性，密生于腋生短枝上形成球状或桑椹状团伞花序；花被通常 3 深裂，浅绿色，果熟后变为多汁并呈红色；雄蕊 1~3；柱头 2，略叉开，花柱极短。果实：胞果扁球形，果皮膜质透明，与种子贴生。种子：直立，红褐色至黑色，边缘钝或微凹，有光泽，直径约 1 毫米；胚半环形。物候期：花期 6—7 月，果期 8—9 月。

【生境】生于海拔 1 100~2 800 米的山坡湿地、林缘、沟谷等处。

【分布】我国新疆（塔什库尔干、乌恰、阿克陶等地）、甘肃，西藏也有记载；非洲、欧洲及中亚地区。

【保护级别及用途】IUCN：无危（LC）。

320. 地肤（原变种）*Bassia scoparia* var. *scoparia*

【俗名】扫帚苗、扫帚菜、碱地肤

【异名】*Kochia scoparia*; *Kochia scoparia* var. *sieversiana*；*Kochia scoparia* var. *albovillosa*

【生物学特征】外观：1年生草本，高50~100厘米。根：略呈纺锤形。茎：直立，圆柱状，淡绿色或带紫红色，有多数条棱，稍有短柔毛或下部几无毛。叶：为平面叶，披针形或条状披针形，无毛或稍有毛，先端短渐尖，边缘有疏生的锈色绢状缘毛；茎上部叶较小，无柄，1脉。花：两性或雌性，通常1~3个生于上部叶腋，构成疏穗状圆锥状花序，花下有时有锈色长柔毛；花被近球形，淡绿色，花被裂片近三角形，无毛或先端稍有毛；翅端附属物三角形至倒卵形；花药淡黄色；柱头2，丝状，紫褐色，花柱极短。果实：胞果扁球形，果皮膜质，与种子离生。种子：卵形，黑褐色，稍有光泽；胚环形，胚乳块状。物候期：花期6—9月，果期7—10月。

【生境】生于海拔 500~2 800 米的田边、路旁、荒地等处。

【分布】我国新疆（塔什库尔干、喀什等地）及其他各省份；欧洲及亚洲。

【保护级别及用途】药用。

321. 梭梭 *Haloxylon ammodendron*（C. A. Mey.）Bunge

【异名】*Arthrophytum ammodendron* var. *aphyllum*

【生物学特征】外观：小乔木，高 1~9 米，树干地径可达 50 厘米。茎：树皮灰白色，木材坚而脆；老枝灰褐色或淡黄褐色，通常具环状裂隙；当年枝细长，斜升或弯垂，节间长 4~12 毫米。叶：鳞片状，宽三角形，稍开展，先端钝，腋间具绵毛。花：着生于 2 年生枝条的侧生短枝上；小苞片舟状，宽卵形，与花被近等长，边缘膜质；花被片矩圆形，先端钝，背面先端之下 1/3 处生翅状附属物；花被片在翅以上部分稍内曲并围抱果实；花盘不明显。果实：胞果黄褐色，果皮不与种子贴生。种子：黑色；胚盘旋成上面平下面凸的陀螺状，暗绿色。物候期：花期 5—7 月，果期 9—10 月。

【生境】生于海拔 1 950~3 100 米的沙丘、盐碱土、荒漠、河边沙地等处。

【分布】我国新疆（乌恰、喀什、英吉沙等地）、宁夏、甘肃、青海、内蒙古；中亚地区和俄罗斯（西伯利亚）。

【保护级别及用途】IUCN：无危（LC）；国家第一批Ⅲ级保护野生植物；新疆Ⅰ级保护野生植物；渐危种；固沙、薪柴。

322. 垫状驼绒藜 *Krascheninnikovia compacta*（Losinsk.）Grubov

【异名】*Ceratoides compacta*

【生物学特征】外观：植株矮小，垫状，高 10~25 厘米，具密集的分枝。茎：老枝较短，粗壮，密被残存的黑色叶柄，1 年生枝长 1.5~3（~5）厘米。叶：小，密集，叶片椭圆形或矩圆状倒卵形，先端圆形，基部渐狭，边缘向背部卷折；叶柄几与叶片等长，扩大下陷呈舟状，抱茎；后期叶片从叶柄上端脱落，柄下部宿存。花：雄花序短而紧密，头状；雌花管矩圆形，上端具两个大而宽的兔耳状裂片，其长几与管长相等或较管稍长，先端圆形，向下渐狭，平展，果时管外被短毛。果实：椭圆形，被毛。物候期：花果期 6—8 月。

【生境】通常生于海拔 3 000~5 000 米地带的山坡或砾石地区。

【分布】我国新疆（塔什库尔干、乌恰、阿克陶、喀什、疏附、叶城等地）、甘肃、青海和西藏。

【保护级别及用途】种质资源。

323. 驼绒藜 *Krascheninnikovia ceratoides*（L.）Gueldenst.

【异名】*Ceratoides latens*

【生物学特征】外观：植株高 0.1~1 米。茎：分枝多集中于下部，斜展或平展。叶：较小，条形、条状披针形、披针形或矩圆形，长 1~2（~5）厘米，宽 0.2~0.5（~1）厘米，先端急尖或钝，基部渐狭、楔形或圆形，1 脉，有时近基处有 2 条侧脉，极稀为羽状。花：雄花序较短，长达 4 厘米，紧密；雌花管椭圆形，长 3~4 毫米，宽约 2 毫米；花管裂片角状，较长，其长为管长的 1/3 到等长。果实：直立，椭圆形，被毛。物候期：花果期 6—9 月。

【生境】生于海拔 200~4 600 米的戈壁、荒漠、半荒漠、干旱山坡或草原中。

【分布】我国新疆（塔什库尔干、乌恰、阿克陶、喀什、疏附、叶城等地）、西藏、青海、甘肃和内蒙古等省份；欧亚大陆干旱地区。

【保护级别及用途】种质资源。

324. 雾冰藜 *Grubovia dasyphylla*（Fisch. & C. A. Mey.）Freitag & G. Kadereit

【异名】*Bassia dasyphylla*

【生物学特征】外观：草本，植株高 3~50 厘米。茎：直立，基部分枝，形成球形植物体，密被伸展长柔毛。叶：叶圆柱状，稍肉质，长 0.5~1.5 厘米，直径 1~1.5 毫米，有毛。花：花 1（~2）朵腋生，花下具念珠状毛束；花被果时顶基扁，花被片附属物钻状，长约 2 毫米，先端直伸，呈五角星状；雄蕊 5，花丝丝形，外伸；子房卵形，柱头 2，丝形，花柱很短。果实：胞果卵圆形，褐色。种子：近圆形，直径约 1.5 毫米，光滑，外胚乳粉质。物候期：花果期 7—9 月。

【生境】生于海拔 1 400~4 300 米的戈壁、盐碱地、沙丘、草地、河滩、阶地及洪积扇上。

【分布】我国新疆（塔什库尔干、喀什、叶城等地）、黑龙江、吉林、辽宁、内蒙古、河北、山西、山东、甘肃、青海、西藏；俄罗斯（西伯利亚）、蒙古国。

【保护级别及用途】IUCN：无危（LC）；种质资源。

325. 反枝苋（原变种）*Amaranthus retroflexus* var. *retroflexus*

【俗名】西风谷、苋菜

【生物学特征】外观：1 年生草本，高 20~80 厘米，有时达 1 米多。茎：直立，粗壮，单一或分枝，淡绿色，有时带紫色条纹，稍具钝棱，密生短柔毛。叶：叶片菱状卵形或椭圆状卵形，长 5~12 厘米，基部楔形，全缘或波状缘，两面及边缘有柔毛；叶柄长 1.5~5.5 厘米，淡绿色，有时淡紫色，有柔毛。花：圆锥花序顶生及腋生，直立，顶生花穗较侧生者长；苞片及小苞片钻形，长 4~6 毫米，白色；花被片矩圆形或矩圆状倒卵形，长 2~2.5 毫米，白色；雄蕊比花被片稍长；柱头 3，有时 2。果实：胞果扁卵形，环状横裂，薄膜质，淡绿色，包裹在宿存花被片内。种子：近球形，直径 1 毫米，棕色或黑色，边缘钝。物候期：花期 7—8 月，果期 8—9 月。

【生境】生于海拔 1 200 米的农田、荒地干山坡。

【分布】我国新疆（塔什库尔干、喀什、疏勒、莎车、叶城等地）、东北、华北、西北、河南等省份；原产美洲热带，现广泛传播并归化于世界各地。

【保护级别及用途】嫩茎叶为野菜，也可作家畜饲料；种子和全草可药用。

326. 盐节木 *Halocnemum strobilaceum* (Pall.) M. Bieb.

【异名】*Salicornia strobilacea*

【生物学特征】外观：半灌木，高20～40厘米。茎：自基部分枝；小枝对生，近直立，有关节，平滑，灰绿色，老枝近互生，木质，平卧或上升，灰褐色，枝上有对生的、缩短成芽状的短枝。叶：对生，连合。花：花序穗状，长0.5~1.5厘米，直径2~3毫米，无柄，生于枝的上部，交互对生，每3朵花极少为2朵花生于1苞片内；花被片宽卵形，两侧的两片向内弯曲，花被的外形呈倒三角形；雄蕊1。种子：卵形或圆形，直径0.5~0.75毫米，褐色，密生小突起。物候期：花果期8—10月。

【生境】生于海拔1 200~1 900米的盐湖边、盐土湿地。

【分布】我国新疆（塔什库尔干、喀什、英吉沙等地）、甘肃；俄罗斯、蒙古国、阿富汗、伊朗、非洲。

【保护级别及用途】IUCN：无危（LC）。

327. 薄翅猪毛菜 *Salsola pellucida* (Litv.) Brullo, Giusso & Hrusa

【生物学特征】外观：1年生草本，高20~60厘米。茎：直立，绿色，多分枝；茎、枝粗壮，有白色条纹，密生短硬毛。叶：叶片半圆柱形，长1.5~2.5厘米，顶端有刺状尖。花：花序穗状；苞片比小苞片长；花被片平滑或粗糙，果时变硬，自背面的中下部生翅；翅薄膜质，无色透明，3个为半圆形，有数条粗壮而明显的脉，2个较狭窄，花被果时（包括翅）直径7~12毫米；花被片在翅以上部分，顶端有稍坚硬的刺状尖或为膜质的细长尖，聚集成细长的圆锥体；柱头丝状，比花柱长。种子：横生。物候期：花期7—8月，果期8—9月。

【生境】生于海拔1 200~3 100米的戈壁滩、山沟及河滩。

【分布】我国新疆（塔什库尔干、叶城等地）、甘肃、宁夏、青海及内蒙古；中亚地区、俄罗斯（北高加索地区）。

【保护级别及用途】IUCN：无危（LC）；种质资源。

328. 刺沙蓬 *Salsola tragus* L.

【异名】*Salsola tragus* subsp. *iberica*

【生物学特征】外观：1 年生草本。茎：直立，自基部分枝，茎、枝生短硬毛或近于无毛，有白色或紫红色条纹。叶：叶片半圆柱形或圆柱形，无毛或有短硬毛。花：花序穗状；花被片长卵形，膜质，无毛，背面有 1 条脉；花被片果时变硬，自背面中部生翅；翅 3 个较大，肾形或倒卵形，膜质，无色或淡紫红色，有数条粗壮而稀疏的脉，2 个较狭窄，花被果时（包括翅）直径 7~10 毫米；花被片在翅以上部分近革质，顶端为薄膜质，向中央聚集，包覆果实；柱头丝状，长为花柱的 3~4 倍。种子：横生，直径约 2 毫米。物候期：花期 8—9 月，果期 9—10 月。

【生境】生于海拔 280~3 200 米的河谷沙地、沙质戈壁等。

【分布】我国新疆（乌恰、喀什、疏勒、英吉沙、叶城等地）、东北、华北、西北、西藏、山东及江苏；蒙古国、俄罗斯等地。

【保护级别及用途】药用。

329. 松叶猪毛菜 *Oreosalsola laricifolia*（Litv. ex Drobow）Akhani

【异名】*Salsola laricifolia*

【生物学特征】外观：小灌木，高40~90厘米。茎：多分枝；老枝黑褐色或棕褐色，有浅裂纹，小枝乳白色，无毛有时有小突起。叶：互生，老枝上的叶簇生于短枝的顶端，叶片半圆柱状，长1~2厘米，宽1~2毫米，肥厚，黄绿色，顶端钝或尖，基部扩展而稍隆起，不下延，扩展处的上部缢缩成柄状，叶片自缢缩处脱落，基部残留于枝上。花序穗状；苞片叶状，基部下延；小苞片宽卵形，背面肉质，绿色，顶端草质，急尖，两侧边缘为膜质。花：花被片长卵形，顶端钝，背部稍坚硬，无毛，淡绿色，边缘为膜质，果时自背面中下部生翅；翅3个较大，肾形，膜质，有多数细而密集的紫褐色脉，2个较小，近圆形或倒卵形，花被果时（包括翅）直径8~11毫米；花被片在翅以上部分，向中央聚集成圆锥体；花药附属物顶端急尖；柱头扁平，钻状，长约为花柱的2倍。种子：横生。物候期：花期6—8月，果期8—9月。

【生境】生于山坡、沙丘、砾质荒漠。

【分布】我国新疆（塔什库尔干等地）、内蒙古、甘肃北部及宁夏；蒙古国、俄罗斯、中亚地区。

【保护级别及用途】IUCN：无危（LC）；种质资源。

330. 蒿叶山猪毛菜 *Oreosalsola abrotanoides*（Bunge）Akhani

【生物学特征】外观：亚灌木，高达40厘米。茎：老枝灰褐色，有纵裂纹；1年生枝草质，密集，黄绿色，有细条棱，密生小突起，粗糙。叶：半圆柱状，互生，老枝之叶簇生短枝顶端，长1~2厘米，先端钝或有小尖头，基部宽并缢缩。花：常单生叶腋，在小枝上组成稀疏穗状花序；小苞片窄卵形，短于花被；花被片卵形，稍肉质，先端钝，翅状附属物黄褐色，3个较大，半圆形，2个倒卵形，果时径5~7毫米，花被片翅上部分稍肉质，先端钝，贴向果：花药附属物极小；柱头钻状，长为花柱的2倍。种子：横生。物候期：花果期7—8月，果期8—9月。

【生境】生于海拔 1 400~3 520 米的干山坡、山麓洪积扇、多砾石河滩。

【分布】我国新疆（乌恰等地）、青海、甘肃；蒙古国。

【保护级别及用途】种质资源。

331. 寒地报春 *Primula algida* Adam

【生物学特征】外观：多年生草本。根：具极短的根状茎和多数纤维状长根。叶：叶丛高1.5~5（~7）厘米，基部无芽鳞；叶片倒卵状矩圆形至倒披针形，边缘具锐尖小牙齿，很少近全缘，上面绿色，无粉，下面通常被粉，较少无粉，粉黄色或白色；叶柄通常甚短，不明显，具宽翅。花：花葶高3~20厘米，果期长可达35厘米；伞形花序近头状，具3~12花；苞片线形至线状披针形，花谢后反折；初花期花梗甚短；花萼钟状，长6~8（~10）毫米，具5棱；花冠堇紫色，稀白色，筒部带黄色或白色；花冠裂片倒卵形，先端深2裂；长花柱花：雄蕊着生于冠筒中下部，花柱长约为冠筒的2/3；短花柱花：雄蕊着生处靠近冠筒中部，花柱长约为冠筒的1/3。果实：蒴果长圆体状，稍长于花萼。物候期：花期5—6月，果期7—8月。

【生境】生长于向阳的山坡、湿草甸和河滩林下等，海拔 1 350~4 700 米。

【分布】我国新疆（塔什库尔干、阿克陶、叶城等地）、西藏；中亚地区、俄罗斯、蒙古国、阿富汗、伊朗、哈萨克斯坦、吉尔吉斯斯坦、塔吉克斯坦。

【保护级别及用途】IUCN：无危（LC）。

332. 帕米尔报春 *Primula pamirica* Fed.

【生物学特征】外观：多年生草本，全株无粉。根：须根多数，细而长。根状茎：短。叶：莲座状，叶片椭圆形、匙形、卵形或倒卵形，长 3~5（~7）厘米（带柄），先端圆形，边全缘或具不明显的疏齿，基部渐狭；叶柄明显，具狭翅，等长或长于叶片 2 倍，无毛。花：花葶粗壮，高 15~30 厘米，无毛；伞形花序 1 轮，含花 6~14 朵；苞片长圆形，顶端尖，基部下延成耳状，被短毛；花梗长 1~2 厘米，等于或长于苞片，被短腺毛；花萼筒状，长 5~7 毫米，淡绿色，稍具 5 棱，被腺毛，开裂到花萼全长的 1/3，裂片长圆形，被缘毛；花冠淡蓝紫色或粉色，花冠管长于花萼 1 倍，冠檐直径 1.5~2 厘米，裂片倒心形，先端 2 深裂，喉部黄色。果实：蒴果长圆形，较花萼长。物候期：花果期 5—8 月。

【生境】生于海拔 2 700~4 200 米的河边沼泽地、山前冲积平原、河边沙砾地的湿润草甸。

【分布】我国新疆（塔什库尔干、乌恰、阿克陶、叶城等地）；巴基斯坦、吉尔吉斯斯坦、塔吉克斯坦、阿富汗。

【保护级别及用途】种质资源。

333. 天山报春 *Primula nutans* Georgi

【异名】*Primula sibirica*

【生物学特征】外观：多年生草本，全株无粉。根状茎：短小，具多数须根。叶：叶丛基部通常无芽鳞及残存枯叶；叶片卵形、矩圆形或近圆形，先端钝圆，基部圆形至楔形，全缘或微具浅齿，两面无毛；叶柄稍纤细，通常与叶片近等长。花：花葶高（2~）10~25厘米，无毛；伞形花序2~6（~10）花；苞片矩圆形；花梗长0.5~2.2（~4.5）厘米；花萼狭钟状，长5~8毫米，具5棱，先端锐尖或钝，边缘密被小腺毛；花冠淡紫红色，冠筒口周围黄色，冠筒长6~10毫米；长花柱花：雄蕊着生于冠筒中部，花柱微伸出筒口；短花柱花：雄蕊着生于冠筒上部，花药顶端微露出筒口，花柱长略超过冠筒中部。果实：蒴果筒状，长7~8毫米，顶端5浅裂。物候期：花期5—6月，果期7—8月。

【生境】生长于湿草地和草甸中，海拔 590~4 500 米。

【分布】我国新疆（塔什库尔干、乌恰、阿克陶、叶城等地）、内蒙古、甘肃、青海、西藏和四川；俄罗斯、哈萨克斯坦、吉尔吉斯斯坦、北欧、北美洲。

【保护级别及用途】IUCN：无危（LC）。

334. 长苞大叶报春（变种）*Primula macrophylla* var. *moorcroftiana*（Wall. ex Klatt）W. W. Sm. & H. R. Fletcher

【异名】*Primula nivalis* var. *moorcroftiana*

【生物学特征】外观：多年生草本。根状茎：短。叶：叶片披针形至倒披针形，叶柄具宽翅。花：花葶高 10~25 厘米，近顶端被粉；伞形花序 1 轮，5 至多花；苞片叶状，通常长于花梗；花萼筒状，长 8~15 毫米，分裂略超过中部或深达全长的 3/4，裂片披针形，先端锐尖或稍钝，外面常染紫色，内面被白粉；花冠紫色或蓝紫色，裂片近圆形或倒卵圆形，先端具凹缺；长花柱花：冠筒仅稍长于花萼，雄蕊着生处距冠筒基部约 4 毫米，花柱约与花萼等长；短花柱花：冠筒约长于花萼 0.5 倍，雄蕊着生处约与花萼等高，花柱长达花萼中部。果实：蒴果筒状，约长于花萼 1 倍。物候期：花期 6—7 月，果期 8—9 月。

【生境】生长于沼泽化草甸等，海拔 4 000~4 700 米。

【分布】我国新疆（塔什库尔干、叶城等地）、西藏；喜马拉雅山西段、巴基斯坦、尼泊尔、克什米尔地区。

【保护级别及用途】种质资源。

335. 准噶尔报春（变种）*Primula nivalis* var. *farianosa* Schrenk

【异名】*Primula nivalis* var. *longifolia*; *Primula turkestanica*

【生物学特征】外观：多年生草本，植物体高大，植株被白粉。根状茎：粗短，具多数长的须根。叶：叶长 4~12（~17）厘米，宽 1.5~4（~6）厘米，先端钝或尖，边缘具细缘齿，有时几全缘，边缘或多或少被白粉，基部渐狭成柄，中肋宽，在叶片下面明显突出，叶柄具宽翅，短于叶片。花：花葶粗壮；伞形花序；苞片被细粉，花梗密被白粉；花萼筒状，分裂至全长的 2/3 处；花冠深紫红色或紫色，裂片椭圆形，冠筒漏斗状。果实：蒴果长圆柱状，黄褐色，先端浅裂，裂齿先端尖。物候期：花期 6—7 月，果期 7—8 月。

【生境】生于海拔 2 000~4 500 米的高山草甸、河谷、林下、林缘等。

【分布】我国新疆（塔什库尔干、阿克陶等地）；中亚地区。

【保护级别及用途】IUCN：无危（LC）。

336. 雪山报春（原变种）*Primula nivalis* var. *nivalis*

【生物学特征】外观：多年生草本。根状茎：短，具多数粗长的须根。叶丛基部由鳞片、叶柄包叠成假茎状，高2~3厘米。叶：椭圆形至矩圆状卵形或矩圆状披针形，先端钝或稍锐尖，基部渐狭窄，边缘具近于整齐的小钝牙齿；叶柄具阔翅，通常稍短于叶片。花：花葶高10~25厘米，果期长可达35厘米；伞形花序1轮，通常具8~20花；苞片狭披针形；花梗长7~15毫米，果期长16~35毫米；花萼筒状；花冠蓝紫色或紫色，冠筒长8~15毫米；长花柱花：雄蕊着生处低于花萼中部，花柱略高出花萼，距筒口约3毫米；短花柱花：雄蕊着生处略高出花萼，花柱长约2毫米。果实：蒴果长圆形，与花萼等长至长于花萼1倍。物候期：花期6月。

【生境】生长于海拔 2 100~3 000 米的高山草地和山谷阴处沼泽地。

【分布】我国新疆帕米尔高原、天山、阿尔泰山；中亚至俄罗斯（西伯利亚）。

【保护级别及用途】种质资源。

337. 大苞点地梅 *Androsace maxima* L.

【异名】*Androsace turczaninowii* Freyn

【生物学特征】外观：1 年生或 2 年生草本。根：主根细长，具少数支根。叶：莲座状叶丛单生；叶片狭倒卵形、椭圆形或倒披针形，长 5~15 毫米，先端锐尖或稍钝，基部渐狭，无明显叶柄。花：花葶 2~4 自叶丛中抽出，高 2~7.5 厘米，被白色卷曲柔毛和短腺毛；伞形花序多花，被小柔毛和腺毛；苞片大，椭圆形或倒卵状长圆形，长 5~7 毫米，先端钝或微尖；花梗直立，花萼杯状，长 3~4 毫米，果时增大，长可达 9 毫米，分裂约达全长的 2/5，被稀疏柔毛和短腺毛；裂片三角状披针形，先端渐尖，质地稍厚，老时黄褐色；花冠白色或淡粉红色，直径 3~4 毫米，筒部长约为花萼的 2/3，裂片长圆形，长 1~1.8 毫米，先端钝圆。果实：蒴果近球形，比宿存花萼长、等长或稍短。物候期：花果期 5—8 月。

【生境】生于海拔 900~4 500 的林缘草甸、河漫滩、山谷草地、山坡砾石地、固定沙地及丘间低地等。

【分布】我国新疆（塔什库尔干、喀什等地）、内蒙古、甘肃、宁夏、陕西、山西等省份；北非、欧洲、中亚地区至俄罗斯（西伯利亚）。

【保护级别及用途】IUCN：无危（LC）。

338. 垫状点地梅 *Androsace tapete* Maxim.

【异名】*Androsace gustavii* R. Knuth

【生物学特征】外观：多年生草本。株形为半球形的坚实垫状体，由多数根出短枝紧密排列而成。茎：根出短枝为鳞覆的枯叶覆盖，呈棒状。叶：当年生莲座状叶丛叠生于老叶丛上。叶 2 型，外层叶卵状披针形或卵状三角形，内层叶线形或狭倒披针形，顶端具密集的白色画笔状毛，下部白色，膜质，边缘具短缘毛。花：花葶近于无或极短；花单生，无梗或具极短的柄，包藏于叶丛中；苞片线形，膜质，有绿色细肋，约与花萼等长；花萼筒状，具稍明显的 5 棱，裂片三角形，先端钝，上部边缘具绢毛；花冠粉红色，直径约 5 毫米，裂片倒卵形，边缘微呈波状。物候期：花期 6—7 月。

【生境】生于砾石山坡、河谷阶地和平缓的山顶，海拔 2 800~5 600 米。

【分布】我国新疆（阿克陶、叶城等地）、甘肃、青海、四川、云南和西藏；尼泊尔。

【保护级别及用途】IUCN：无危（LC）；药用。

339. 短葶北点地梅（亚种）*Androsace septentrionalis* var. *breviscapa* Krylov

【异名】*Androsace fedtschenkoi* Ovcz

【生物学特征】外观：1 年生或 2 年生草本。根：主根直而细长，具少数支根。叶：莲座状叶丛单生，直径 1~6 厘米；叶倒披针形或长圆状披针形，长 5~30 毫米，先端钝或稍锐尖，下部渐狭，中部以上边缘具稀疏牙齿，上面被极短的毛，下面近于无毛。花：花葶短，高 1~4 厘米，密被短毛和分叉毛；伞形花序多花，苞片小，钻形，长 2~3 毫米；花梗开张，比花葶长，长 2~5 厘米，被稀疏短毛；花萼钟状或陀螺状，长约 2.5 毫米，明显具 5 棱，分裂达全长的 1/3，裂片狭三角形，先端锐尖，颜色较筒部深；花冠白色，筒部短于花萼，裂片通常长圆形，长 1~1.2 毫米。果实：蒴果近球形，稍长于花萼。物候期：花期 5—6 月，果期 7—8 月。

【生境】生于海拔 1 600~4 500 米的干旱阶地、河谷和河漫滩等。

【分布】我国新疆（塔什库尔干县）；俄罗斯、蒙古国、哈萨克斯坦、吉尔吉斯斯坦、塔吉克斯坦。

【保护级别及用途】种质资源。

340. 高山点地梅 *Androsace olgae* Ovcz.

【生物学特征】外观：多年生草本。根：主根细长，具少数支根。茎：植株由莲座叶丛中抽出根出条，根出条联结次生莲座叶丛，使连续间断的植物形成疏丛。根出条 2~5 条，平卧地面，紫红色，节间长 1~2 厘米，疏被短毛。叶：2 型，外层叶舌形，先端圆形或钝尖，中上部密被多细胞柔毛；内层叶倒披针形，先端近圆形，中部以上被柔毛和腺毛。花：花葶单一，高 1~2 厘米，被向下的多细胞柔毛和腺毛。伞形花序含花 2~5 朵；苞片长圆形或倒卵形长圆形，先端钝圆，基部稍下延成囊状附属物；花梗短于苞片，果期延长，被多细胞柔毛和腺毛；花萼钟状，外面被与花梗相同的毛，果期脱落；花冠白色，喉部红色，冠檐直径 5~6 毫米，裂片倒卵形，边缘波状。物候期：花期 6—8 月。

【生境】生于海拔 2 200~4 800 米的山顶平缓石坡、砾石山坡的岩石上、沟谷山地高寒草甸。

【分布】我国新疆（塔什库尔干、乌恰、叶城等地）；吉尔吉斯斯坦。

【保护级别及用途】种质资源。

341. 绢毛点地梅 *Androsace nortonii* Ludlow ex Stearn

【生物学特征】外观：多年生草本，植株由着生于根出条上的莲座状叶丛形成疏丛。根：根出条枣红色，初被柔毛，渐变无毛，节间长 0.5~2.5 厘米。叶：莲座状叶丛直径 1~2 厘米，基部具残存的枯叶；叶 3 型，外层叶线状长圆形，早枯，褐色，近先端及边缘被毛；中层叶匙形至线状倒披针形，白色绢丝状长毛；内层叶具柄，叶片椭圆形至卵状椭圆形，两面被短硬毛；叶柄等长于或稍长于叶片；着生于新枝端的叶 2~4 对，卵圆形，被短柔毛。花：花葶细弱，高 2~6 厘米，被开展的长柔毛；伞形花序 2~6 花；苞片线形，长 2~3.5 毫米，被柔毛；花梗被柔毛，初花期甚短，约与苞片等长，至果期长可达 9 毫米；花萼杯状；花冠紫红色，裂片阔倒卵形，全缘或先端微具小齿。物候期：花期 6 月。

【生境】生于海拔 1 700~4 500 米的沟谷山坡林缘草甸、山地灌丛草甸、多砾石的山坡。

【分布】我国新疆（阿克陶、叶城等地）、西藏；哈萨克斯坦、吉尔吉斯斯坦。

【保护级别及用途】IUCN：近危（NT）。

342. 鳞叶点地梅 *Androsace squarrosula* Maxim.

【生物学特征】外观：多年生草本。根：主根细长，具少数支根。茎：地上部分由多数根出条组成疏丛；根出条深褐色，下部节间长 5~10 毫米，节上有枯叶丛；上部节间短或叶丛叠生其上，形成长 1~1.5 厘米的柱状体。叶：莲座状叶丛直径 3~4.5 毫米；叶呈不明显的 2 型，外层叶卵形至阔卵圆形，先端锐尖，稍增厚，向外反折；内层叶披针形，无毛或具稀疏缘毛，先端灰白色，带软骨质。花：花葶通常极短，藏于叶丛中，很少长达 1 厘米；苞片 2 枚，披针形或阔披针形，长约 2 毫米；花单生，近于无梗；花萼钟状，分裂近达中部，裂片卵状椭圆形，先端稍钝，边缘具缘毛；花冠白色，直径 6~7 毫米，筒部略高出花萼，裂片倒卵状长圆形。物候期：花果期 5—8 月。

【生境】生于海拔 2 700~4 200 米的河谷山坡，有时也生于山地岩石上。

【分布】我国新疆（塔什库尔干、阿克陶、叶城等地）及昆仑山北坡。

【保护级别及用途】IUCN：无危（LC）；新疆特有种。

343. 海乳草 *Lysimachia maritima*（L.）Galasso, Banfi & Soldano

【异名】*Glaux maritima* L.

【生物学特征】外观：多年生草本，全株无毛，稍肉质。茎：高达 25 厘米，直立或下部匍匐。叶：对生或互生，近无柄；叶肉质，线形、线状长圆形或近匙形，先端钝或稍尖，基部楔形，全缘。花：单生叶腋，具短梗；无花冠；花萼白色或粉红色，花冠状；雄蕊 5，着生花萼基部，与萼片互生；花丝钻形或丝状，花药背着，卵心形，顶端钝；子房卵球形，花柱丝状，柱头呈小头状。果实：蒴果卵状球形，顶端稍尖，略呈喙状，下半部为萼筒所包，上部 5 裂。种子：少数，椭圆形，背面扁平，腹面隆起，褐色。物候期：花期 6 月，果期 7—8 月。

【生境】生于海拔 2 100~4 900 米的河漫滩盐碱地和沼泽草甸等。

【分布】我国新疆（塔什库尔干、乌恰、阿克陶、喀什、叶城等地）、北京、黑龙江、吉林、辽宁、内蒙古、河北、山东、陕西、宁夏、甘肃、青海、安徽、四川、西藏；亚洲、欧洲、北美洲。

【保护级别及用途】IUCN：无危（LC）；药用。

344. 假报春 *Cortusa matthioli* Linnaeus

【异名】*Cortusa matthioli* subsp. *matthioli*

【生物学特征】外观：多年生草本，株高20~25厘米。叶：基生，轮廓近圆形，基部深心形，边缘掌状浅裂，边缘具不整齐的钝圆或稍锐尖牙齿，上面深绿色，被疏柔毛或近于无毛，下面淡灰色，被柔毛；叶柄长为叶片的2~3倍，被柔毛。花：花葶直立，通常高出叶丛1倍，被稀疏柔毛或近于无毛；伞形花序5~8（~10）花；苞片狭楔形，顶端有缺刻状深齿；花梗纤细，不等长；花萼长4.5~5毫米，裂片披针形，锐尖；花冠漏斗状钟形，紫红色；雄蕊着生于花冠基部，花药长达3.5毫米，纵裂，先端具小尖头；花柱长达8毫米，伸出花冠外。果实：蒴果圆筒形，长于宿存花萼。物候期：花期5—7月，果期7—8月。

【生境】生于海拔 3 000~3 600 米的云杉、落叶松林下腐殖质较多的阴处。

【分布】我国新疆（阿克陶、叶城等地）、内蒙古、甘肃、河北、陕西、山西等；欧洲。

【保护级别及用途】IUCN：无危（LC）；种质资源。

345. 岩生假报春 *Cortusa brotheri* Pax ex Lipsky

【生物学特征】外观：多年生草本。根：须根多数。根状茎：短。叶：基生，叶片圆形或圆肾形，长约3厘米，边缘浅圆裂，基部深心形；叶柄细长，长为叶片的2~3倍，仅叶柄顶端有时被柔毛。花：花葶细软，长15~20厘米；伞形花序顶生，含花3~8朵；花粉红色，花期下垂；苞片不等长，卵状披针形，边缘具极小的腺毛；花梗不等长，光滑或微有毛；花萼钟状，绿色，裂片三角状披针形，先端渐尖，一般光滑；花冠钟状，裂片长圆形，先端圆钝；雄蕊着生于花冠管的基部，花丝极短，花药长圆形，先端达花冠开裂的凹缺处，顶部有小尖头；子房近卵形，花柱长达花冠裂片上部，柱头小，球形。物候期：花期7—8月。

【生境】生于海拔 1 200~3 800 米的山顶岩石、林缘、灌丛等。

【分布】我国新疆（塔什库尔干等地）；蒙古国、克什米尔地区、阿富汗、吉尔吉斯斯坦、塔吉克斯坦、喜马拉雅山西北部。

【保护级别及用途】IUCN：无危（LC）。

346. 单花拉拉藤 *Galium exile* Hook. f.

【异名】*Galium handelii* Cufod.

【生物学特征】外观：1 年生、极纤细的草本，高 4~20 厘米。茎：纤细而柔弱，平卧或近直立，疏分枝，具钝 4 棱，无毛或稍粗糙。根：纤细，干时淡红色。叶：纸质，小，稀疏，每轮 2 片，有时 4 片，如 4 片时其中 2 片常较小，倒卵形、宽披针形或椭圆形，长 2~12 毫米，宽 1.5~4 毫米，顶端钝或近短尖，基部楔形或下延成一短叶柄，两面无毛，边缘有向上的小睫毛，1 脉。花：单生于叶腋或顶生；花梗花时短，果时比叶长，稍弯；花冠白色，辐状，直径 1~1.5 毫米，花冠裂片 3，卵形，钝；雄蕊 3 枚，比花冠裂片短；子房近球形，密被钩状长硬毛，花柱 2，纤细。果实：果褐色，近球形，直径 2~2.5 毫米，分果爿近半球形，单生或双生，密被黄褐色长钩毛。物候期：花期 6—7 月，果期 8—9 月。

【生境】生于山坡石隙缝中、沙砾干草坝、灌丛或草坡、河滩草地，海拔 1 800~4 800 米。

【分布】我国新疆（乌恰县）、陕西、甘肃、青海、四川、云南、西藏、内蒙古、山西、宁夏；中亚地区、印度、克什米尔地区、巴基斯坦、尼泊尔。

【保护级别及用途】IUCN：无危（LC）。

347. 拉拉藤（变种）*Galium aparine* var. *echinospermum*（Wallr.）Cuf.

【俗名】八仙草、爬拉殃、光果拉拉藤

【异名】*Galium aparine* var. *leiospermum*; *Galium aparine* var. *echinospermum*; *Galium aparine* var. *tenerum*

【生物学特征】外观：多枝、蔓生或攀缘状草本，通常高 30~90 厘米。茎：有 4 棱角；棱上、叶缘、叶脉上均有倒生的小刺毛。叶：纸质或近膜质，6~8 片轮生，稀为 4~5 片，带状倒披针形或长圆状倒披针形，顶端有针状凸尖头，基部渐狭，两面常有紧贴的刺状毛，常萎软状，干时常卷缩，1 脉，近无柄。花：聚伞花序腋生或顶生，少至多花，花小，4 数；花萼被钩毛，萼檐近截平；花冠黄绿色或白色，辐状，裂片长圆形；子房被毛，花柱 2 裂至中部，柱头头状。果实：干燥，有 1 个或 2 个近球状的分果爿，肿胀，密被钩毛，果柄直，较粗，每一爿有 1 颗平凸的种子。物候期：花期 3—7 月，果期 4—11 月。

【生境】生于海拔 20~4 600 米的山坡、旷野、沟边、河滩、田中、林缘、草地。

【分布】我国新疆（塔什库尔干、乌恰、阿克陶等地），此外，除广东及海南省外，全国其他省份均有分布；日本、欧亚大陆、非洲、美洲北部等地。

【保护级别及用途】药用。

348. 毛蓬子菜（变种）*Galium verum* var. *tomentosum* C. A. Mey.

【异名】*Galium verum f. tomentosum* Nakai

【生物学特征】外观：多年生近直立草本，基部稍木质，高 25~45 厘米。茎：有 4 角棱，被短柔毛或秕糠状毛。叶：纸质，6~10 片轮生，线形，顶端短尖，边缘极反卷，常卷成管状，两面均被绒毛，稍苍白，干时常变黑色，1 脉，无柄。花：聚伞花序顶生和腋生，较大，多花，圆锥花序，总花梗密被短柔毛；花小，稠密；花梗有疏短柔毛或无毛，花萼被绒毛；花冠黄色，辐状，无毛，花冠裂片卵形或长圆形，顶端稍钝；花药黄色，花丝长约 0.6 毫米；花柱长约 0.7 毫米，顶部 2 裂。果实：果小，果爿双生，近球状，被绒毛。物候期：花期 4—8 月，果期 6—9 月。

【生境】生于海拔 1 500~3 100 米的草地、撂荒地、灌丛、沟谷山坡等。

【分布】我国新疆（乌恰县）、黑龙江、吉林、辽宁、内蒙古、河北、山西、陕西、宁夏、甘肃、青海、四川等省份；日本、俄罗斯、土库曼斯坦、哈萨克斯坦。

【保护级别及用途】种质资源。

349. 穗状百金花 *Centaurium spicatum*（Linn.）Fritsch

【生物学特征】外观：1 年生淡绿色草本，高 4~40 厘米。茎：四棱形，常从茎基部分枝。叶：基生莲座状叶宽卵形，早期枯落；茎生叶长圆状椭圆形或长圆状披针形，长 1.4~3.0 厘米，基部近圆状，先端渐尖。花：单生或 2 朵顶生或腋生成为穗状花序；小苞片 2，线形，长 0.7~1.0 厘米，花萼短管状；花冠粉红色，有时白色，细管状，长 1.0~1.4 厘米，宽 6~8 毫米，裂片长卵状圆形，先端钝。果实：蒴果长圆形，长约 1 厘米。种子：细小，多数，圆盘状，具疣状突起，棕褐色。物候期：花期 6—7 月，果期 8—9（—10）月。

【生境】生于海拔 2 700 米左右的河谷草地、溪流水边草甸。

【分布】我国新疆（乌恰县）；欧洲、亚洲西部。

【保护级别及用途】种质资源。

350. 扁蕾（原变种）*Gentianopsis barbata*（Froel.）var. *barbata*

【俗名】宽叶扁蕾

【异名】*Gentiana barbata*; *Gentianopsis barbata* var. *sinensis*

【生物学特征】外观：1 年生或 2 年生草本，高 8~40 厘米。茎：单生，直立，近圆柱形，下部单一，上部有分枝，条棱明显，有时带紫色。叶：基生叶多对，常早落，匙形或线状倒披针形，长 0.7~4 厘米，先端圆形，边缘具乳突；茎生叶 3~10 对，无柄，狭披针形至线形，长 1.5~8 厘米。花：单生茎或分枝顶端；花梗直立，近圆柱形，有明显的条棱；花萼筒状，稍扁，略短于花冠，或与花冠筒等长，裂片 2 对，不等长，异形；花冠筒状漏斗形，筒部黄白色，檐部蓝色或淡蓝色，裂片椭圆形；花丝线形，花药黄色，狭长圆形，长约 3 毫米；子房具柄，狭椭圆形，子房柄长 2~4 毫米。果实：蒴果具短柄，与花冠等长。种子：褐色，矩圆形，长约 1 毫米，表面有密的指状突起。物候期：花果期 7—9 月。

【生境】生于水沟边、山坡草地、林下、灌丛中、沙丘边缘，海拔 700~4 400 米。

【分布】我国新疆（塔什库尔干、乌恰、叶城等地）、西南、西北、华北、东北等地；哈萨克斯坦、俄罗斯。

【保护级别及用途】IUCN：无危（LC）；药用。

351. 新疆扁蕾 *Gentianopsis vvedenskyi* Grossh.

【生物学特征】外观：1年生或2年生草本，高（15~）20~40厘米。茎：直立，滑毛，单枝（稀）或从茎基分枝，主茎主枝长10（30）厘米。叶：基生叶莲座状，花期保留，长匙形，先端钝尖，茎叶少，1~2（~3）对，长披针形或条形，先端钝尖，茎部鞘形。花：花萼管状钟形，短于花冠的1/2，裂片不等；内对裂片披针形，先端钝尖，与筒等长，外对裂片条状披针形，边缘膜质；花冠狭窄漏斗状管形，深绿色；花冠喉部直径0.7~1厘米，花冠筒长为花冠裂片的3倍，裂片长圆形，先端钝而细齿状裂，边缘无或有细条裂，细枝短；子房广长圆形。果实：蒴果卵圆形，具短柄。种子：细小，卵形密被无色透明的鳞片。物候期：花果期7—9月。

【生境】生于山地草原、林缘、河谷、灌丛。

【分布】我国新疆（乌恰等地）；中亚地区。

【保护级别及用途】种质资源；狭域分布。

352. 镰萼喉毛花 *Comastoma falcatum* (Turcz. ex Kar. & Kir.) Toyok.

【异名】*Gentiana hedinii*; *Gentiana cordisepala*; *Gentiana falcata*

【生物学特征】外观：1 年生草本，高 4~25 厘米。茎：从基部分枝，分枝斜升，基部节间短缩，上部伸长，花葶状，四棱形，常带紫色。叶：大部分基生，叶片矩圆状匙形或矩圆形，长 5~15 毫米；茎生叶无柄，矩圆形，稀为卵形或矩圆状卵形，长 8~15 毫米。花：5 数，单生分枝顶端；花梗常紫色，四棱形，长达 12 厘米；花萼绿色或有时带蓝紫色，深裂近基部，裂片不整齐，形状多变，常为卵状披针形，弯曲成镰状；花冠蓝色，深蓝色或蓝紫色，冠筒筒状，喉部突然膨大，裂片矩圆形或矩圆状匙形，长 5~13 毫米；雄蕊着生冠筒中部，花丝白色，基部下延于冠筒上成狭翅，花药黄色，矩圆形，长 1.5~2 毫米；子房无柄，披针形。果实：蒴果狭椭圆形或披针形。种子：褐色，近球形，表面光滑。物候期：花果期 7—9 月。

【生境】生于海拔2 100~5 300米的河滩、山坡草地、林下、灌丛、高山草甸。

【分布】我国新疆（塔什库尔干、乌恰、叶城等地）、西藏、四川、青海、甘肃、内蒙古、山西、河北；克什米尔地区、印度、尼泊尔、蒙古国、中亚地区、俄罗斯。

【保护级别及用途】IUCN：无危（LC）。

353. 柔弱喉毛花 *Comastoma tenellum* (Rottb.) Toyok.

【异名】*Gentiana tenella*

【生物学特征】外观：1 年生草本，高 5~12 厘米。根：主根纤细。茎：从基部有多数分枝至不分枝，分枝纤细，斜升。叶：基生叶少，匙状矩圆形，先端圆形，全缘，基部楔形；茎生叶无柄，矩圆形或卵状矩圆形。花：常 4 数，单生枝顶；花梗长达 8 厘米；花萼深裂，裂片 4~5，不整齐，2 大 2 小，或 2 大 3 小，大者卵形；花冠淡蓝色，筒形，浅裂，裂片 4，矩圆形，长 2~3 毫米，先端稍钝，呈覆瓦状排列；雄蕊 4，着生于冠筒中下部，花药黄色，卵形，花丝钻形，基部宽约 1 毫米，向上略狭；子房狭卵形，先端渐狭，无明显的花柱，柱头 2 裂，裂片长圆形。果实：蒴果略长于花冠，先端 2 裂。种子：多数，卵球形，扁平，表面光滑，边缘有乳突。物候期：花果期 6—7 月。

【生境】生于海拔 2 600~4 200 米的山坡、草地潮湿处。

【分布】我国新疆（塔什库尔干、乌恰等地）、西藏、四川、甘肃、山西；欧洲、亚洲及北美洲。

【保护级别及用途】IUCN：无危（LC）。

354. 新疆假龙胆 *Gentianella turkestanorum*（Gand.）Holub

【异名】*Gentiana turkestanorum*

【生物学特征】外观：1 年生或 2 年生草本，高 10~35 厘米。茎：单生，直立，近四棱形，光滑，常带紫红色，常从基部起分枝，枝细瘦。叶：无柄，卵形或卵状披针形，先端急尖，边缘常外卷，基部钝或圆形，半抱茎，叶脉 3~5 条，在下面明显。花：聚伞花序顶生和腋生，多花，密集，其下有叶状苞片；花 5 数，大小不等，顶花为基部小枝花的 2~3 倍大，花萼钟状，长为花冠之半至稍短于花冠，萼筒长 1.5~7（~9）毫米，白色膜质，裂片绿色，不整齐，线状椭圆形至线形；花冠淡蓝色，具深色细纵条纹，筒状或狭钟状筒形，浅裂，裂片椭圆形或椭圆状三角形；雄蕊着生于冠筒下部，花丝白色，线形，基部下延于冠筒上成狭翅，花药黄色，矩圆形；子房宽线形，两端渐尖，子房柄长 1.5~2 毫米，柱头小，2 裂。果实：蒴果具短柄。种子：黄色，圆球形，直径约 0.8 毫米，表面具极细网纹。物候期：花果期 6—7 月。

【生境】生于河边、湖边台地、阴坡草地、林下，海拔 1 500~3 900 米。

【分布】我国新疆（塔什库尔干、乌恰、阿克陶、叶城等地）；俄罗斯、蒙古国、中亚地区。

【保护级别及用途】IUCN：无危（LC）；药用。

355. 短药肋柱花 *Lomatogonium brachyantherum*（C. B. Clarke）Fernald

【生物学特征】外观：1年生草本，高1.5~4厘米。茎：单一或由基部发出2~4个分枝，枝细瘦，紫红色，基部节间极短缩，上部花葶状。叶：大部分生于茎下部，无柄或有短柄，椭圆形或匙状矩圆形，长2~6毫米。花：4数，稀5数，单生茎或分枝顶端；花梗长5~20毫米；花萼长为花冠的1/2，裂片椭圆形或矩圆形，背面中脉稍突起；花冠蓝色，裂片椭圆形，先端急尖，无白色边缘，呈不明显的二色，基部有2个邻近的腺窝，腺窝片状，1侧边缘有少数裂片状齿；花丝线形，花药黄色，矩圆形或卵状矩圆形；子房长4~5毫米，无花柱，柱头下延于子房上部。果实：蒴果与花冠等大；种子褐色，近球形。物候期：花果期8—9月。

【生境】生于海拔 4 200~5 400 米的河滩、流石滩、草甸等。

【分布】我国新疆（塔什库尔干、叶城等地）、青海、西藏；西帕米尔高原西部、喀喇昆仑山、克什米尔地区、尼泊尔、印度、不丹。

【保护级别及用途】IUCN：无危（LC）。

356. 肋柱花 *Lomatogonium carinthiacum*（Wulfen）Rchb.

【异名】*Swertia carinthiaca* var. *afghanica*

【生物学特征】外观：1 年生草本，高 3~30 厘米。茎：带紫色，自下部多分枝，枝细弱，斜升，几四棱形，节间较叶长。叶：基生叶早落，具短柄，莲座状，叶片匙形，基部狭缩成柄；茎生叶无柄，披针形、椭圆形至卵状椭圆形。花：聚伞花序或花生分枝顶端，几四棱形，不等长，长达 6 厘米；花 5 数，大小不相等；花萼长为花冠的 1/2，裂片卵状披针形或椭圆形，长 4~8（~11）毫米；花冠蓝色，裂片椭圆形或卵状椭圆形，先端急尖；花丝线形，花药蓝色，矩圆形子房无柄，柱头下延至子房中部。果实：蒴果无柄，圆柱形，与花冠等长或稍长；种子褐色，近圆形，直径 1 毫米。物候期：花果期 8—10 月。

【生境】生于山坡草地、灌丛草甸、河滩草地、高山草甸，海拔 430~5 400 米。

【分布】我国新疆（塔什库尔干、乌恰、叶城等地）、西藏、云南、四川、青海、甘肃、山西、河北；欧洲、亚洲、北美洲的温带地区及大洋洲。

【保护级别及用途】IUCN：无危（LC）。

357. 铺散肋柱花 *Lomatogonium thomsonii*（C. B. Clarke）Fern.

【生物学特征】外观：1年生草本，高5~15厘米。茎：从基部多分枝，铺散，枝细瘦，近四棱形，常带紫色，下部节间短缩。叶：基部叶较大，匙形或狭矩圆状匙形；茎中上部叶疏离，较小，无柄，椭圆形或椭圆状披针形，长3~6毫米。花：5数，单生分枝顶端，大小不等，直径5~6毫米；花梗纤细，斜升，不等长，长达6.5厘米；花萼长为花冠的1/2，椭圆形或椭圆状披针形，叶脉细，常不明显；花冠蓝色、紫色至蓝紫色，冠筒长2~3毫米，裂片宽椭圆形，先端钝，边缘色浅或近白色；花丝线形，花药小，黄色，卵状矩圆形；子房长5~7毫米，花柱明显，柱头下延至子房下部。果实：蒴果与花冠等长或稍外露，椭圆状披针形。种子：褐色，圆球形或宽矩圆形，表面微粗糙，有光泽。物候期：花果期8—9月。

【生境】生于河滩、湖滨草甸、沼泽草甸、高山草甸，海拔 2 200~5 200 米。

【分布】我国新疆（塔什库尔干、叶城等地）、西藏、青海、甘肃；西帕米尔。

【保护级别及用途】IUCN：无危（LC）。

358. 垂花龙胆 *Gentiana nutans* Bunge

【生物学特征】外观：1年生草本，高（3~）5~10厘米，全株灰绿色。茎：无毛，自基部分枝，枝开展。叶：疏离，卵形或卵状披针形，长3~11毫米，先端钝圆，具芒尖，边缘软骨质，平滑。花：单生于小枝顶端；花梗弧曲，稀直立；花萼狭筒形，长8~12毫米，在先端浅裂，裂片披针形或三角形，弯缺急尖；花冠上部亮蓝色，狭筒形，裂片椭圆形，长4~6毫米，先端渐尖，褶椭圆形，先端渐尖，具小齿。果实：蒴果外露，狭矩圆状匙形，长10~15毫米，基部钝圆，向柄不渐狭，柄长。种子：多数，椭圆形，长约0.5毫米，先端急尖，表面具细网纹，无翅或一侧具狭翅。

【生境】生于山谷、平原等地带。

【分布】我国新疆（塔什库尔干、乌恰等地）、青海、山西；俄罗斯（西伯利亚）等地。

【保护级别及用途】种质资源。

359. 中甸龙胆 *Gentiana chungtienensis* C. Marquand

【生物学特征】外观：1 年生草本；高 2.5~5 厘米。茎：黄绿色，光滑，在基部多分枝，枝铺散，斜上升。叶：基生叶大，在花期不枯萎，卵形或卵状椭圆形，长 5~15 毫米；茎生叶对折，贴生茎上，与节间等长或稍长，矩圆状披针形，长 3~9 毫米。花：花多数，单生于小枝顶端；花梗黄绿色，光滑，长 4~9 毫米；花萼筒形，长 9~11 毫米，光滑，裂片卵状三角形，长 3~4 毫米；花冠淡蓝色，背面具黄绿色宽条纹，筒形，长 17~22 毫米，裂片卵形，先端钝，具长约 1 毫米的小尖头，褶卵形，长 2~2.5 毫米，先端钝，全缘；雄蕊着生于冠筒中部，不整齐，花丝丝状钻形，花药直立，狭矩圆形。果：蒴果外露，稀内藏，矩圆形，先端钝圆，具宽翅，两侧边缘具狭翅，柄细，直立。种子：褐色，椭圆形，表面具致密的细网纹。

【生境】生于海拔 3 000~3 700 米的草坡上、林边。

【分布】我国新疆（塔什库尔干县）、四川、云南等。

【保护级别及用途】IUCN：无危（LC）。

360. 集花龙胆 *Gentiana olivieri* Griseb. Gen. et Sp. Gent.

【生物学特征】外观：多年生草本，高（10~）12~30（~40）厘米，全株光滑无毛。茎：枝少数丛生，直立或斜升，黄绿色或有时紫红色。叶：莲座丛叶5~10数，长披针形或狭椭圆状披针形，长5~20厘米；茎生叶椭圆状披针形或狭椭圆形，长2.5~4.5厘米，边缘平滑。花：多数，花无梗或有时花梗长5 厘米，簇生枝顶呈头状、伞形花序；花萼筒膜质，黄绿色，裂片锥状披针形；花冠筒部黄绿色，花冠蓝色或蓝紫色，有时淡蓝色至白色，裂片卵形或卵圆形，全缘，褶整齐，三角形，先端2裂；雄蕊着生于管筒中下部，整齐，花丝线状钻形，花药矩狭圆形；子房有柄，连柱头长2~3毫米，柱头2裂，裂片矩圆形。果实：蒴果内藏或外露，卵状椭圆形。种子：褐色，无翅，有光泽，矩圆形，表面具细网纹。物候期：花果期7—10月。

【生境】生于海拔 1 500~4 000 米的河谷山地草原、高寒草甸。

【分布】我国新疆（塔什库尔干等地）；俄罗斯、哈萨克斯坦、吉尔吉斯斯坦、塔吉克斯坦。

【保护级别及用途】种质资源。

361. 假水生龙胆 *Gentiana pseudoaquatica* Kusn.

【异名】*Gentiana aquatia*

【生物学特征】外观：1 年生草本，高 3~5 厘米。茎：紫红色或黄绿色，密被乳突，自基部多分枝。叶：先端钝圆或急尖，基生叶大，宿存，卵圆形或圆形，长 3~6 毫米；茎生叶疏离或密集，覆瓦状排列，倒卵形或匙形，长 3~5 毫米。花：多数，单生于小枝顶端；花梗紫红色或黄绿色，花萼筒状漏斗形，裂片三角形；花冠深蓝色，外面常具黄绿色宽条纹，漏斗形，长 9~14 毫米，裂片卵形；雄蕊着生于冠筒中下部，整齐，花丝丝状；子房狭椭圆形，两端渐狭，柄粗而短，花柱线形，连柱头长 1.5~2 毫米，柱头 2 裂，裂片外卷，线形。果实：蒴果外裸，倒卵状矩圆形，先端圆形，有宽翅，两侧边缘有狭翅，基部钝，柄长至 18 毫米。种子：褐色，椭圆形，表面具明显的细网纹。物候期：花果期 4—8 月。

【生境】生于河滩、水沟边、山坡草地、山谷潮湿地、沼泽草甸、林间空地及林下、灌丛草甸，海拔 1 000~4 650 米。

【分布】我国新疆（塔什库尔干、乌恰、阿克陶等地）、西藏、四川、青海、甘肃、山西、河北、河南、内蒙古、东北地区；印度、俄罗斯、蒙古国、朝鲜、印度、中亚地区、克什米尔地区、不丹。

【保护级别及用途】IUCN：无危（LC）。

362. 蓝白龙胆 *Gentiana leucomelaena* Maxim. ex Kusn.

【异名】*Gentiana leucomelaena* var. *pusilla*

【生物学特征】外观：1年生草本，高1.5~5厘米。茎：黄绿色，光滑，在基部多分枝，枝铺散，斜升。叶：基生叶稍大，卵圆形或卵状椭圆形，长5~8毫米；茎生叶小，疏离，短于或长于节间，椭圆形至椭圆状披针形，稀下部叶为卵形或匙形，长3~9毫米。花：数朵，单生于小枝顶端；花梗黄绿色，光滑，长4~40毫米，花萼钟形，长4~5毫米，裂片三角形，长1.5~2毫米；花冠白色或淡蓝色，稀蓝色，外面具蓝灰色宽条纹，喉部具蓝色斑点，钟形，长8~13毫米，裂片卵形，长2.5~3毫米；雄蕊着生于冠筒下部，整齐，花丝丝状锥形，长2.5~3.5毫米，花药矩圆形，长0.7~1毫米；子房椭圆形，长3~3.5毫米。果实：蒴果外露或仅先端外露，倒卵圆形。种子：褐色，宽椭圆形或椭圆形，表面具光亮的念珠状网纹。物候期：花果期5—10月。

【生境】生于沼泽化草甸、沼泽地、湿草地、河滩草地、山坡草地、山坡灌丛中及高山草甸，海拔 1 900~5 000米。

【分布】我国新疆（塔什库尔干、阿克陶、叶城等地）、西藏、四川、青海、甘肃；印度、尼泊尔、俄罗斯、中亚地区、蒙古国。

【保护级别及用途】IUCN：无危（LC）。

363. 鳞叶龙胆 *Gentiana squarrosa* Ledeb.

【异名】*Ericala squarrosa*

【生物学特征】外观：1年生草本，高2~8厘米。茎：黄绿色或紫红色，密被黄绿色有时夹杂有紫色乳突，自基部起多分枝，枝铺散，斜升。叶：先端钝圆或急尖，基生叶大，在花期枯萎，宿存，卵形、卵圆形或卵状椭圆形，长6~10毫米；茎生叶小，倒卵状匙形或匙形，长4~7毫米。花：多数，单生于小枝顶端；花梗黄绿色或紫红色，长2~8毫米；花萼倒锥状筒形，长5~8毫米，绿色，叶状，整齐，卵圆形或卵形，长1.5~2毫米；花冠蓝色，筒状漏斗形，长7~10毫米，裂片卵状三角形，长1.5~2毫米；雄蕊着生于冠筒中部，整齐，花丝丝状，花药矩圆形；子房宽椭圆形，花柱柱状，柱头2裂，外反，半圆形或宽矩圆形。果实：蒴果外露，倒卵状矩圆形。种子：黑褐色，椭圆形或矩圆形，表面有白色光亮的细网纹。物候期：花果期4—9月。

【生境】生于山坡、山谷、山顶、干草原、河滩、荒地、路边、灌丛中及高山草甸，海拔 110~4 200 米。

【分布】我国新疆（塔什库尔干县）、西南（除西藏）、西北、华北及东北等地；印度东北部、俄罗斯、中亚地区、蒙古国、朝鲜、日本。

【保护级别及用途】IUCN：无危（LC）。

364. 天山秦艽 *Gentiana tianschanica* Rupr.

【异名】*Gentiana regelii* var. *glomerata*

【生物学特征】外观：多年生草本，高15~25厘米，全株光滑无毛，基部被枯存的纤维状叶鞘包裹。根：须根数条，粘结成一个较细瘦、圆锥状的根。茎：枝少数丛生，斜升，黄绿色或上部紫红色，近圆形。叶：莲座丛叶线状椭圆形；茎生叶与莲座丛叶同形而较小，长3.2~7厘米。花：聚伞花序顶生及腋生，排列成疏松的花序；花梗斜伸，紫红色，极不等长，总花梗长4厘米，常无小花梗；花萼筒膜质，黄绿色，筒形，不裂或一侧浅裂，裂片5个，不整齐，绿色，线状椭圆形或线形；花冠浅蓝色，漏斗形，长3~3.5厘米，裂片卵状椭圆形或卵形；雄蕊着生于冠筒中部，整齐，花丝线状钻形，花药狭矩圆形；子房宽线形，花柱线形，柱头2裂，裂片狭矩圆形。果实：蒴果内藏，狭椭圆形。种子：褐色，有光泽，矩圆形。物候期：花果期8—9月。

【生境】生于河滩、山坡草地及林下，海拔 1 000~3 900 米。

【分布】我国新疆（乌恰、叶城等地）、西藏；俄罗斯、哈萨克斯坦。

【保护级别及用途】IUCN：无危（LC）；药用。

365. 新疆龙胆（变种）*Gentiana prostrata* var. *karelinii*（Griseb.）Kusn.

【异名】*Gentiana karelinii* Griseb.

【生物学特征】外观：1 年生草本，高 3~6 厘米。茎：黄绿色，光滑，在下部多分枝，枝铺散，斜升。叶：外反，匙形或卵圆状匙形，长 4~6 毫米；基生叶小，在花期枯萎，宿存；茎生叶疏离，短于或长于节间。花：数朵，单生于小枝顶端；花梗黄绿色，光滑，长 4~7 毫米；花萼筒状，长为花冠的 3/4，长 10~15（~17）毫米；花冠上部蓝色或蓝紫色，下部黄绿色。筒形，长（15~）19~20（~25）毫米，裂片椭圆形或卵状椭圆形，长 3.5~4.5 毫米；雄蕊着生于冠筒上部，整齐，花丝丝状，花药矩圆形；子房椭圆形，长 6.5~7.5 毫米，花柱线形，柱头 2 裂，裂片外反，矩圆形。果实：蒴果内藏或外露，狭矩圆形。种子：褐色，有光泽，椭圆形，表面具细网纹，无翅。物候期：花果期 7—9 月。

【生境】生于山坡、路旁、山谷冲积平原及高山草甸，海拔 2 000~3 100 米。

【分布】我国新疆（塔什库尔干、乌恰、阿克陶、叶城等地）；俄罗斯、哈萨克斯坦、吉尔吉斯斯坦、乌兹别克斯坦。

【保护级别及用途】IUCN：无危（LC）。

366. 新疆秦艽 *Gentiana walujewii* Regel & Schmalh

【异名】*Gentiana walujewii* var. *kesselringii*

【生物学特征】外观：多年生草本，高 10~15 厘米，全株光滑无毛，基部被枯存的纤维状叶鞘包裹。根：须根数条，粘结成一个较粗的圆柱形的根。茎：枝少数丛生，斜升，下部黄绿色，上部紫红色，近圆形。叶：莲座丛叶狭椭圆形，长 7~15 厘米，茎生叶狭椭圆形或卵状椭圆形，长 3.5~5.5 厘米，无叶柄至叶柄长达 1.5 厘米。花：多数，无花梗，簇生枝顶呈头状；花冠黄白色，宽筒形或筒状钟形，长 2.5~3 厘米，裂片卵状三角形，长 3~4 毫米；雄蕊着生于冠筒中部，整齐，花丝线状钻形，花药狭矩圆形；子房椭圆状披针形，花柱线形，柱头 2 裂。果实：蒴果内藏，椭圆形，长 13~15 毫米，两端渐狭，柄长 8~9 毫米。种子：褐色，有光泽，矩圆形，长 1.3~1.5 毫米，表面具细网纹。物候期：花果期 8—9 月。

【生境】生于干山坡、冲积平原及河滩，海拔 2 000~2 550 米。

【分布】我国新疆（乌恰等地）等；中亚地区。

【保护级别及用途】IUCN：无危（LC）；药用。

367. 短筒獐牙菜 *Swertia connata* Schrenk

【异名】*Swertia obtusa* var. *quingheensis*

【生物学特征】外观：多年生草本，高达 1 米。根状茎：具短根茎。茎：直立，黄绿色，中空，圆形，无条棱，不分枝。叶：基生叶和茎中下部叶互生，具长柄，叶片薄，草质，矩圆形或匙状矩圆形， 长 11~15 厘米，先端钝圆，基部渐狭成柄，叶脉 5~7 条；茎上部叶苞叶状，具短柄至无柄，叶片矩圆形，长 3~8 厘米。花：圆锥状复聚伞花序长 15~25 厘米，多花；花梗黄绿色，长 1.5~2.5 厘米，花 5 数，花萼绿色，长为花冠的 1/2，裂片矩圆形或披针形；花冠黄绿色，有时具蓝色斑点，裂片矩圆形；花丝线形，基部具流苏状短毛，花药矩圆形，长 2~2.5 毫米；子房近无柄，椭圆形，花柱不明显，柱头小，2 裂，裂片近圆形。果实：蒴果近无柄，椭圆形。种子：扁平，褐色，圆形，周缘具宽翅。物候期：花果期 7—8 月。

【生境】生于海拔 1 600~3 500 米的山地草原、高山草甸等。

【分布】我国新疆（塔什库尔干县）；哈萨克斯坦、吉尔吉斯斯坦。

【保护级别及用途】IUCN：无危（LC）。

368. 细花獐牙菜 *Swertia graciliflora* Gontsch.

【生物学特征】外观：多年生草本，高 10~20 厘米。茎：直立，黄绿色，有时带紫红色，中空，近圆形，不分枝。叶：基部叶 3~4 对，具长柄，叶片狭矩圆形或线状椭圆形，长 2.5~6 厘米，先端钝或圆形，基部楔形，渐狭成柄，叶脉 3~5 条，茎中部常光裸无叶。花：圆锥状复聚伞花序密集，狭窄，有间断，长 4~10 厘米，具多花；花梗黄绿色，近直立，不整齐，长 0.8~2 厘米；花萼长为花冠的 1/2~2/3，裂片披针形；花冠蓝色，裂片狭矩圆形，花丝线形，基部具少数流苏状短毛，花药蓝色，狭矩圆形；子房近无柄，披针形或椭圆形，花柱不明显，柱头小，2 裂，裂片半圆形。果实：蒴果无柄，椭圆状披针形，与宿存的花冠等长。种子：褐色，宽矩圆形，表面具纵皱褶。物候期：花果期 7—8 月。

【生境】生于山谷、沟边及高山草甸，海拔 2 500~4 500 米。

【分布】我国新疆（塔什库尔干、乌恰、阿克陶等地）；中亚地区。

【保护级别及用途】IUCN：无危（LC）。

369. 戟叶鹅绒藤 *Cynanchum acutum* subsp. *sibiricum*（Willd.）Rech. f.

【俗名】羊角子草

【异名】*Cynanchum acutum* var. *longifolium*

【生物学特征】外观：藤本。根：木质根，直径 1.5~2 厘米，灰黄色。茎：缠绕，下部多分枝，节上被长柔毛，节间被微柔毛或无毛。叶：纸质，三角状或长圆状戟形，下部的叶长约 6 厘米，上部的叶长 13 毫米，顶端渐尖或急尖，基部心状戟形，两耳圆形；基生脉 5~7 条，基部具钻状腺体；叶柄长为叶的 2/3。花：聚伞花序伞形或伞房状，1~4 个丛生，每花序有 1~8 朵花；花萼裂片卵形，顶端渐尖，外面被微柔毛，内面无；花冠紫色后变淡红色或淡白色，裂片狭卵形或长圆形，长 4 毫米，顶端钝，两面无毛；花药近方形，药隔膜片卵形；合蕊冠缢缩成柄状；柱头 2 裂。果实：蓇葖单生，披针形、狭卵形或线形，直径约 1 厘米，外果皮被微柔毛。种子：长圆状卵形，顶端截平；种毛白色绢质，长约 2 厘米。物候期：花期 5—8 月，果期 8—12 月。

【生境】生于海拔 900~1 350 米的水边湿地。

【分布】我国新疆（乌恰、喀什、疏附、叶城等地）、内蒙古、甘肃、宁夏、西藏等；蒙古国、俄罗斯、中亚地区。

【保护级别及用途】IUCN：无危（LC）。

370. 白麻 *Apocynum pictum* Schrenk

【俗名】大叶白麻

【异名】*Poacynum pictum*

【生物学特征】外观：直立半灌木，高 0.5~2.5 米，一般高 1 米左右，植株含乳汁。茎：枝条倾向茎的中轴，无毛。叶：坚纸质，互生，叶片椭圆形至卵状椭圆形，顶端急尖或钝，具短尖头，基部楔形或浑圆，无毛。花：圆锥状的聚伞花序一至多歧，顶生；总花梗长 2.5~9 厘米，总花梗、花梗、苞片及花萼外面均被白色短柔毛；花冠骨盆状，下垂，花张开直径 1.5~2 厘米，外面粉红色，内面稍带紫色，每裂片具有 3 条深紫色的脉纹；雄蕊 5 枚，着生在花冠筒基部，与副花冠裂片互生；雌蕊 1 枚，花柱短；胚珠多数，着生在子房腹缝线的侧膜胎座上。果实：蓇葖 2 枚，叉生或平行，倒垂，长而细，圆筒状。种子：卵状长圆形，顶端具一簇白色绢质的种毛。物候期：花期 4—9 月（盛开期 6—7 月），果期 7—12 月（成熟期 9—10 月）。

【生境】生于盐碱荒地和沙漠边缘及河流两岸冲积平原水田与湖泊周围。

【分布】我国新疆（乌恰、疏勒、英吉沙等地）、甘肃、青海等省份；哈萨克斯坦、塔吉克斯坦、吉尔吉斯斯坦。

【保护级别及用途】IUCN：无危（LC）；新疆Ⅰ级保护野生植物；渐危种；经济用途与罗布麻相同，药用、蜜源植物。

371. 罗布麻 *Apocynum venetum* L.

【异名】*Apocynum venetum* var. *microphyllum*

【生物学特征】外观：直立半灌木，高1.5~3米，一般高约2米，最高可达4米，具乳汁。茎：枝条对生或互生，圆筒形，光滑无毛，紫红色或淡红色。叶：对生，仅在分枝处为近对生，叶片椭圆状披针形至卵圆状长圆形；叶柄长3~6毫米；叶柄间具腺体，老时脱落。花：圆锥状聚伞花序一至多歧，通常顶生，有时腋生，被短柔毛；苞片膜质，披针形；花冠圆筒状钟形，紫红色或粉红色，两面密被颗粒状突起，花冠筒长6~8毫米，直径2~3毫米，花冠裂片基部向右覆盖，裂片卵圆状长圆形，稀宽三角形，顶端钝或浑圆，与花冠筒几乎等长，每裂片内外均具3条明显紫红色的脉纹；雄蕊着生在花冠筒基部，与副花冠裂片互生；雌蕊长2~2.5毫米，花柱短，上部膨大；子房由2枚离生心皮所组成，被白色绒毛。果实：蓇葖2，平行或叉生，下垂，箸状圆筒形。种子：多数，卵圆状长圆形，黄褐色，顶端有1簇白色绢质的种毛；种毛长1.5~2.5厘米。物候期：花期4—9月（盛开期6—7月），果期7—12月（成熟期9—10月）。

【生境】生于盐碱荒地、沙漠边缘、河流两岸、冲积平原、河泊周围及戈壁荒滩上。

【分布】我国新疆（塔什库尔干、乌恰等地）、青海、甘肃、陕西、山西、河南、河北、江苏、山东、辽宁及内蒙古等省份；北美洲、欧洲及亚洲温带地区。

【保护级别及用途】IUCN：无危（LC）；新疆Ⅰ级保护野生植物；纤维材料、药用。

372. 糙草 *Asperugo procumbens* L.

【生物学特征】外观：1年生蔓生草本。茎：细弱，攀缘，高可达90厘米，中空，有5~6条纵棱，沿棱有短倒钩刺，通常有分枝。叶：下部茎生叶具叶柄，叶片匙形，或狭长圆形，全缘或有明显的小齿，两面疏生短糙毛；中部以上茎生叶无柄，渐小并近于对生。花：通常单生叶腋，具短花梗；花萼长约1.6毫米，5裂至中部稍下，有短糙毛，裂片线状披针形，稍不等大，裂片之间各具2小齿，花后增大，左右压扁，略呈蚌壳状，边缘具不整齐锯齿，直径达8毫米；花冠蓝色，筒部比檐部稍长，檐部裂片宽卵形至卵形，稍不等大，喉部附属物疣状；雄蕊5，内藏，花药长约0.6毫米；花柱长约0.8毫米，内藏。果实：小坚果狭卵形，灰褐色，表面有疣点，着生面圆形。物候期：花果期7—9月。

【生境】生于海拔 1 400~3 900 米以上的山地草坡、村旁、田边等处。

【分布】我国新疆（乌恰等地）、山西、内蒙古、陕西、甘肃、青海、四川及西藏；亚洲西部、欧洲、非洲。

【保护级别及用途】IUCN：无危（LC）；单种属。

373. 长柱琉璃草 *Lindelofia stylosa*（Kar. et Kir.）Brand

【俗名】狗爪草

【异名】*Solenanthus nigricans*

【生物学特征】外观：多年生草本。根：粗壮，直径约 2 厘米。茎：高 20~100 厘米，有贴伏的短柔毛，上部通常分枝。叶：基生叶长可达 35 厘米，叶片长圆状椭圆形至长圆状线形，两面疏生短伏毛，基部渐狭，叶柄扁，有狭翅，几无毛。花：花序初时长 3~7 厘米，果期伸长可达 20 厘米，花序轴、花梗、花萼都密生贴伏短柔毛；花萼裂片钻状线形，稍不等大；花冠紫色或紫红色，长 8~11 毫米，无毛，檐部裂片线状倒卵形，近直伸，附属物鳞片状，无毛；花丝丝形，花药线状长圆形，先端具 2 小尖；子房 4 裂，花柱长 1.2~1.5 厘米，通常稍弯曲，基部稍有毛，柱头头状，细小。果实：小坚果背腹扁，卵形，背盘三角状卵形，中央有短缩的锚状刺和隆起的中线，边缘和以外密生锚状刺。种子：卵圆形，黄褐色；子叶肥厚，胚根在上方。

【生境】生于海拔 1 200~2 800 米的山坡草地、林下及河谷等处。

【分布】我国新疆（塔什库尔干、乌恰、阿克陶、喀什、叶城等地）、甘肃及西藏；中亚地区、阿富汗、巴基斯坦、克什米尔地区、印度、蒙古国。

【保护级别及用途】种质资源。

374. 阿克陶齿缘草 *Eritrichium longifolium* Decne. in Jacquem.

【异名】*Eritrichium aktonense*

【生物学特征】外观：多年生草本，高 5~15 厘米。茎：直立或斜上，被白色伏毛。叶：倒披针形或线状长圆形，长 1~1.5 厘米，先端圆钝，基部渐狭，两面被伏毛。花：花序生枝顶，数至 10 数花，果期延伸成总状，长可达 10 厘米，具叶状苞片；花梗被伏毛，斜伸或弯垂；花萼裂片倒披针形，两面被伏毛，花冠淡蓝色，钟状辐形，裂片倒卵形，附属物乳突状；花药椭圆形。果实：小坚果背腹两面体型，除缘刺外，长约 2.5 毫米，背面卵形，突起，密生短毛，腹面具龙骨状突起，无毛或疏生微毛，着生面位于腹面中部，宽卵形或卵形，中间有一小圆孔（维管束痕），棱缘的锚状刺卵状三角形，基部连合形成翅。

【生境】生于海拔 3 500~4 000 米的砾石山坡草地。

【分布】我国新疆（塔什库尔干、阿克陶等地）。

【保护级别及用途】IUCN：无危（LC）。

375. 对叶齿缘草 *Eritrichium pseudolatifolium* Popov in Schischk.

【生物学特征】外观：多年生草本，高10~20厘米。茎：数条丛生，被短柔毛，上部常2叉分枝，基部密被枯叶残基。叶：基生叶柄长3~9厘米；叶片卵形或椭圆形，先端钝，基部近圆形，下面被有基盘和无基盘的短伏毛，上面毛极少或几无毛；茎生叶无柄或几无柄，互生或假对生，卵形或宽卵形。花：腋生或腋外生；花梗长0.4~0.7厘米，被微毛；花萼裂片线状长圆形或卵状长圆形，外面被伏毛，内面毛少而短或近无毛；花冠白色，钟状辐形，筒部长2毫米，裂片倒宽卵形或近圆形，附属物明显伸出喉部。梯形，内有1乳突；花药近圆形；雌蕊基高约0.5毫米；花柱长约0.5毫米。果实：小坚果背腹两面体型，除棱缘的刺外，先端渐尖，基部圆钝，卵形至狭卵形，生短毛，腹面生微毛，着生面卵形，棱缘的刺锐三角形或披针形，先端有锚状钩，基部离生。物候期：花果期5—8月。

【生境】生于海拔 3 000~3 600 米的沟谷山坡草地、水边湿地或高山石缝。

【分布】我国新疆（阿克陶、叶城等地）；中亚地区、俄罗斯。

【保护级别及用途】IUCN：无危（LC）。

376. 灰毛齿缘草 *Eritrichium canum*（Benth.）Kitag.

【异名】*Eritrichium strictum* var. *thomsonii*

【生物学特征】外观：多年生草本，高 15 ~ 40 厘米。茎：直立或外倾，基部常木质化，不分枝或上部分枝，密生白色绢伏毛。叶：基生叶狭披针形，长可达 8 厘米，先端急尖至渐尖，基部宽楔形，两面密被白色绢伏毛，叶柄长达 5 厘米，被毛；茎生叶披针形至卵状披针形，渐小，无柄。花：花序花期呈伞房状，花后延伸呈总状，长达 15 厘米；苞片线形，直立，生短毛；花萼裂片卵圆形，先端圆钝，两面被伏毛；花冠淡蓝色，钟状辐形，喉部黄色或橙色，筒部较短，裂片近圆形，附属物梯形或矮梯形。果实：小坚果陀螺状，除棱缘的刺外，背面平或微凹，生微毛，极少无毛，腹面无毛或有短毛，着生面位于基部，棱缘的锚状刺长约 1 毫米，基部连合。物候期：花果期6—7月。

【生境】生于海拔 2 700~5 600 米的砾石山坡或河滩沙地。

【分布】我国新疆（塔什库尔干、叶城等地）、西藏；印度北部、克什米尔地区、阿富汗、巴基斯坦。

【保护级别及用途】IUCN：无危（LC）。

齿缘草属 Eritrichium

377. 帕米尔齿缘草 *Eritrichium pamiricum* B. Fedtsch.

【异名】*Hackelia pamirica*

【生物学特征】外观：多年生草本，高（15~）20~25（~30）厘米。茎：数条丛生，不分枝，生微毛，基部有枯叶残基宿存。叶：基生叶披针形或椭圆状披针形，长3~5.5厘米，先端渐尖或急尖，两面生柔毛；茎生叶较小，叶柄长1厘米或近无柄。花：花序2个或3（~4）个束生茎顶，分枝上有4~10朵花形成1~2回轮伞状聚伞花序；花梗长3~6毫米，生微毛，花期直立，果期伸长；花萼裂片卵状长圆形，直立，先端急尖，被糙伏毛；花冠白色，钟状辐形，裂片圆卵形，附属物半月形，顶端2圆裂，有乳突。果实：小坚果背腹两面体型，除棱缘的刺外，背面卵状三角形，平或微凸，密被糙毛，腹面龙骨状突起，有粒状疣突和微糙毛，着生面位于腹面中部以下，棱缘的刺三角形或披针形，先端有锚状钩，基部分离或稍连合。物候期：花果期6—7月。

【生境】生于海拔 300~3 300 米的山地草原。

【分布】我国新疆（塔什库尔干等地）；中亚地区、俄罗斯。

【保护级别及用途】IUCN：无危（LC）。

378. 狭果鹤虱（原变种）*Lappula semiglabra*（Ledeb.）Gürke var. *semiglabra*

【异名】*Lappula caspicum*

【生物学特征】外观：1 年生草本。茎：高 15~30 厘米，多分枝，有白色糙毛。叶：基生叶多数，呈莲座状，匙形或狭长圆形或线状披针形，先端钝，基部渐狭，全缘，上面通常无毛或有时被稀疏的糙毛，下面密被开展的白色糙毛。花：花序在花期较短，果期急剧伸长；叶状苞片披针形或狭卵形；花有短梗，结果后果梗通常弯曲；花萼 5 深裂，裂片长圆形，被糙毛，果期伸长可达 3 毫米；花冠淡蓝色，钟状，檐部直径约 2 毫米，裂片圆钝。果实：小坚果 4，皆同形，狭披针形，背面散生疣状突起，沿中线的龙骨伏突起上通常具短刺或疣状突起，边缘具 1 行锚状刺，刺长 4~5 毫米，基部略增宽且相互邻接，腹面具疣状突起或平滑；雌蕊基隐藏于小坚果之间。物候期：花果期 6—9 月。

【生境】生于山前洪积扇碎石坡、沙丘间及荒漠地带等。

【分布】我国新疆（塔什库尔干、乌恰、阿克陶、喀什、叶城等地）、青海、甘肃、西藏；蒙古国、中亚地区、阿富汗、巴基斯坦、伊朗、印度西北部及克什米尔地区。

【保护级别及用途】IUCN：无危（LC）；种质资源。

379. 勿忘草 *Myosotis alpestris* F. W. Schmidt

【俗名】勿忘我、星辰花

【异名】*Myosotis silvatica*; *Myosotis imitata*; *Myosotis suaveolens*

【生物学特征】外观：多年生草本。茎：直立，单一或数条簇生，高 20~45 厘米，通常具分枝，疏生开展的糙毛，有时被卷毛。叶：基生叶和茎下部叶有柄，狭倒披针形、长圆状披针形或线状披针形，长达 8 厘米，先端圆或稍尖，基部渐狭，下延成翅，两面被糙伏毛。花：花序在花期短，花后伸长，无苞片；花梗较粗，在果期直立，与萼等长或稍长，密生短伏毛；花萼长 1.5~2.5 毫米，果期增大，深裂为花萼长度的 2/3~3/4，裂片披针形，顶端渐尖，密被伸展或具钩的毛；花冠蓝色，直径 6~8 毫米，筒部长约 2.5 毫米，裂片 5，近圆形，喉部附属物 5；花药椭圆形，先端具圆形的附属物。果实：小坚果卵形，暗褐色，平滑，有光泽，周围具狭边但顶端较明显，基部无附属物。物候期：花果期 6—8 月。

【生境】生于山地林缘或林下、山坡或山谷草地等处。

【分布】我国新疆（塔什库尔干等地）、云南、四川、江苏、华北、西北、东北；欧洲、伊朗、俄罗斯、巴基斯坦、印度和克什米尔地区。

【保护级别及用途】IUCN：无危（LC）。

380. 狼紫草 *Anchusa ovata* Lehm.

【异名】*Lycopsis orientalis* L.

【生物学特征】外观：1 年生草本。茎：高 10~40 厘米，常自下部分枝，有开展的稀疏长硬毛。叶：基生叶和茎下部叶有柄，其余无柄，倒披针形至线状长圆形，长 4~14 厘米，两面疏生硬毛，边缘有微波状小牙齿。花：花序花期短，花后逐渐伸长达 25 厘米；苞片比叶小，卵形至线状披针形；花梗长约 2 毫米，果期伸长可达 1.5 厘米；花萼长约 7 毫米，5 裂至基部，有半贴伏的硬毛，裂片钻形，稍不等长，果期增大，星状开展；花冠蓝紫色，有时紫红色，无毛，筒下部稍膝曲，裂片开展，宽度稍大于长度，附属物疣状至鳞片状，密生短毛；雄蕊着生花冠筒中部之下，花丝极短，柱头球形，2 裂。果实：小坚果肾形，淡褐色，表面有网状皱纹和小疣点，着生面碗状，边缘无齿。种子：褐色，子叶狭长卵形，肥厚，胚根在上方。

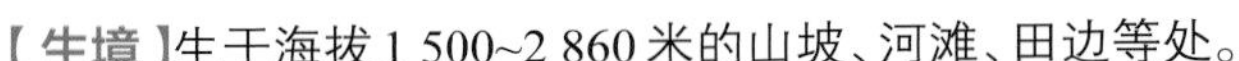

【生境】生于海拔 1 500~2 860 米的山坡、河滩、田边等处。

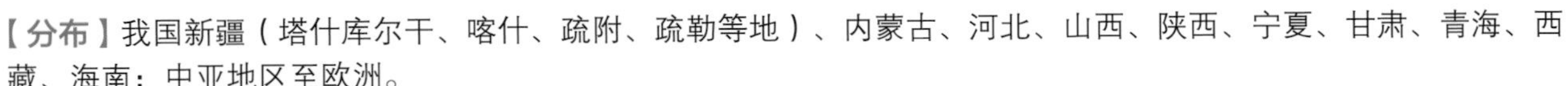

【分布】我国新疆（塔什库尔干、喀什、疏附、疏勒等地）、内蒙古、河北、山西、陕西、宁夏、甘肃、青海、西藏、海南；中亚地区至欧洲。

【保护级别及用途】IUCN：无危（LC）。

381. 假狼紫草 *Nonea caspica*（Willd.）G. Don

【异名】*Nonea picta*

【生物学特征】外观：1年生草本。株：高达25厘米。茎：常基部分枝，分枝斜升或外倾，被开展硬毛、短伏毛及腺毛。叶：无柄，两面被糙伏毛及稀疏长硬毛，基生叶及茎下部叶线状倒披针形，中部以上叶较小，线状披针形。花：花序长达15厘米，被毛；苞片叶状，线状披针形；花梗长约3毫米；花萼裂至中部，裂片三角状披针形，稍不等大；花冠紫红色，冠檐长约为冠筒的1/3，裂片卵形或近圆形，全缘或微具齿，附属物位于喉部之下，微2裂；雄蕊生于花冠筒中部稍上，内藏，花药长约1.4毫米；花柱长约4毫米，柱头近球形，2浅裂。果实：小坚果肾形，黑褐色，稍弯，无毛或幼时疏被柔毛，具横细肋，顶端龙骨状，着生面位于腹面中下部，碗状，边缘具细齿。种子：肾形，灰褐色，胚根在上方。

【生境】生于山坡、洪积扇、河谷阶地等处。

【分布】我国新疆（塔什库尔干等地）；俄罗斯、中亚地区、南高加索地区、伊朗至东欧。

【保护级别及用途】IUCN：无危（LC）；药用。

382. 黄花软紫草 *Arnebia guttata* Bge.

【俗名】内蒙古紫草

【异名】*Macrotomia guttata*

【生物学特征】外观：多年生草本。根：含紫色物质。茎：通常 2~4 条，直立，多分枝，高 10~25 厘米，密生开展的长硬毛和短伏毛。叶：无柄，匙状线形至线形，长 1.5~5.5 厘米，两面密生具基盘的白色长硬毛，先端钝。花：镰状聚伞花序长 3~10 厘米，含多数花；苞片线状披针形。花萼裂片线形，有开展或半贴伏的长伏毛；花冠黄色，筒状钟形，外面有短柔毛，檐部直径 7~12 毫米，裂片宽卵形或半圆形，开展，常有紫色斑点；雄蕊着生花冠筒中部（长柱花）或喉部（短柱花），花药长圆形，子房 4 裂，花柱丝状，稍伸出喉部（长柱花）或仅达花冠筒中部（短柱花），先端浅 2 裂，柱头肾形。果实：小坚果三角状卵形，淡黄褐色，有疣状突起。物候期：花果期 6—10 月。

【生境】生于海拔 1 000~4 600 米的戈壁、石质山坡、湖滨砾石地等。

【分布】我国新疆（塔什库尔干、乌恰、阿克陶、喀什、疏附、叶城等地）、西藏、甘肃、宁夏、内蒙古至河北；印度、巴基斯坦、克什米尔地区、阿富汗、中亚地区、俄罗斯（西伯利亚）、蒙古国。

【保护级别及用途】IUCN：易危（VU）；药用。

383. 灰毛软紫草 *Arnebia fimbriata* Maxim.

【生物学特征】外观：多年生草本，全株密生灰白色长硬毛。茎：通常多条，高 10~18 厘米，多分枝。叶：无柄，线状长圆形至线状披针形，长 8~25 毫米。花：镰状聚伞花序长 1~3 厘米，具排列较密的花；苞片线形；花萼裂片钻形，长约 11 毫米，两面密生长硬毛；花冠淡蓝紫色或粉红色，有时为白色，长 15~22 毫米，外面稍有毛，筒部直或稍弯曲，檐部直径 5~13 毫米，裂片宽卵形，几等大，边缘具不整齐牙齿；雄蕊着生花冠筒中部（长柱花）或喉部（短柱花），花药长约 2 毫米；子房 4 裂，花柱丝状，稍伸出喉部（长柱花）或仅达花冠筒中部，先端微 2 裂。果实：小坚果三角状卵形，密生疣状突起，无毛。物候期：花果期 6—9 月。

【生境】生于海拔 2 300~2 800 米的戈壁、山前冲积扇及砾石山坡等处。

【分布】我国新疆（乌恰县）、宁夏、甘肃、青海、内蒙古；蒙古国。

【保护级别及用途】IUCN：无危（LC）。

384. 软紫草 *Arnebia euchroma*（Royle）I. M. Johnst.

【俗名】新疆紫草

【异名】*Macrotomia euchroma*

【生物学特征】外观：多年生草本。根：粗壮，直径可达 2 厘米，富含紫色物质。茎：1 条或 2 条，直立，高 15~40 厘米，仅上部花序分枝，基部有残存叶基形成的茎鞘，被开展的白色或淡黄色长硬毛。叶：无柄，两面均疏生半贴伏的硬毛；基生叶线形至线状披针形，长 7~20 厘米，先端短渐尖，基部扩展成鞘状；茎生叶披针形至线状披针形，较小，无鞘状基部。花：镰状聚伞花序生茎上部叶腋，长 2~6 厘米，最初有时密集成头状，含多数花；苞片披针形；花萼裂片线形，两面均密生淡黄色硬毛；花冠筒状钟形，深紫色，有时淡黄色带紫红色，外面无毛或稍有短毛，筒部直，裂片卵形，开展；雄蕊着生于花冠筒中部（长柱花）或喉部（短柱花）；花柱长达喉部（长柱花）或仅达花筒中部（短柱花），先端浅 2 裂，柱头 2，倒卵形。果实：小坚果宽卵形，黑褐色，有粗网纹和少数疣状突起，先端微尖，着生面略呈三角形。物候期：花果期 6—8 月。

【生境】生于海拔 1 000~4 300 米的砾石山坡、洪积扇、草地及草甸等处。

【分布】我国新疆（塔什库尔干、乌恰、阿克陶等地）及西藏；印度西北部、尼泊尔、巴基斯坦、克什米尔地区、阿富汗、伊朗、中亚地区及俄罗斯（西伯利亚）。

【保护级别及用途】IUCN：濒危（EN）；国家Ⅱ级保护野生植物；新疆Ⅰ级保护野生植物；渐危种、特有种；药用。

385. 椭圆叶天芥菜 *Heliotropium ellipticum* Ledeb.

【生物学特征】外观：多年生草本，高 20～50 厘米。茎：直立或斜升，自基部分枝，被向上反曲的糙伏毛或短硬毛。叶：椭圆形或椭圆状卵形，先端钝或尖，基部宽楔形或圆形，上面绿色，被稀疏短硬毛，下面灰绿色，短硬毛密生；叶柄长 1~4 厘米。花：镰状聚伞花序顶生及腋生，2 叉状分枝或单一，花无梗，在花序枝上排为 2 列；萼片狭卵形或卵状披针形，果期不增大，不反折，被糙伏毛；花冠白色，长 4~5 毫米，裂片短，近圆形，直径约 1.5 毫米，外面被短伏毛，内面无毛；花药卵状长圆形，无花丝，着生花冠筒基部以上 1 毫米处；子房圆球形，直径 0.5~0.7 毫米，具明显的短花柱，柱头长圆锥形，不育部分被短伏毛，下部膨大的环状部分无毛。果实：核果直径 2.5~3 毫米，分核卵形，具不明显的皱纹及细密的疣状突起。物候期：花果期 7—9 月。

【生境】生于海拔 700~1 400 米的石砾荒漠、山沟、路旁及河谷等处。

【分布】我国新疆（乌恰、喀什等地）、北京、天津、河南、甘肃、江苏、上海、西藏；中亚地区、伊朗及巴基斯坦。

【保护级别及用途】IUCN：无危（LC）；种质资源。

386. 刺旋花 *Convolvulus tragacanthoides* Turcz.

【异名】*Convolvulus spinosus*

【生物学特征】外观：匍匐有刺亚灌木，全体被银灰色绢毛，高 4~10（~15）厘米。茎：密集分枝，形成披散垫状；小枝坚硬，具刺。叶：狭线形，或稀倒披针形，先端圆形，基部渐狭，无柄，均密被银灰色绢毛。花：2~5（~6）朵密集于枝端，稀单花，花枝有时伸长，无刺，花柄密被半贴生绢毛，萼片椭圆形或长圆状倒卵形，先端短渐尖，或骤细成尖端，外面被棕黄色毛；花冠漏斗形，粉红色，具 5 条密生毛的瓣中带，5 浅裂；雄蕊 5，不等长，花丝丝状，无毛，基部扩大，较花冠短一半；雌蕊较雄蕊长；子房有毛，2 室，每室 2 胚珠；花柱丝状，柱头 2，线形。果实：蒴果球形，有毛，长 4~6 毫米。种子：卵圆形，无毛。物候期：花期 5—7 月。

【生境】生于海拔 200~2 500 米的石缝中及戈壁滩。

【分布】我国新疆（乌恰、阿克陶、喀什等地）、河北、陕西、甘肃、内蒙古、宁夏、四川等省份；蒙古国、中亚地区。

【保护级别及用途】IUCN：无危（LC）。

387. 灌木旋花 *Convolvulus fruticosus* Pall.

【生物学特征】外观：亚灌木或小灌木，高达 40~50 厘米。茎：具多数成直角开展而密集的分枝，近垫状，枝条上具单一的短而坚硬的刺；分枝、小枝和叶均密被贴生绢状毛；稀在叶上被多少张开的疏柔毛。叶：几无柄；倒披针形至线形，稀长圆状倒卵形，先端锐尖或钝，基部渐狭。花：单生，位于短的侧枝上，通常在末端具 2 个小刺，花梗长（1~）2~6 毫米；萼片近等大，形状多变，宽卵形、卵形、椭圆形或椭圆状长圆形，长 6~10 毫米，密被贴生或多少张开的毛；花冠狭漏斗形，外面疏被毛；雄蕊 5，稍不等长，短于花冠，花丝丝状，花药箭形；子房被毛，花柱丝状，2 裂，柱头 2，线形。果实：蒴果卵形，长 5~7 毫米，被毛。物候期：花期 4—7 月。

【生境】生于海拔 2 200~2 400 米的戈壁荒漠沙砾地、干旱山谷、砾石滩等。

【分布】我国新疆（乌恰、喀什、疏附等地）；中亚地区、伊朗、蒙古国。

【保护级别及用途】IUCN：无危（LC）。

388. 田旋花 *Convolvulus arvensis* L.

【俗名】田福花、燕子草、小旋花、三齿草藤

【异名】*Convolvulus chinensis*; *Convolvulus sagittifolius*; *Convolvulus arvensis* var. *sagittifolius*; *Convolvulus arvensis* var. *angustatus*

【生物学特征】外观：多年生草本。根状茎：横走。茎：平卧或缠绕，有条纹及棱角，无毛或上部被疏柔毛。叶：卵状长圆形至披针形，先端钝或具小短尖头，基部大多戟形，或箭形及心形，全缘或 3 裂，侧裂片展开，微尖，中裂片卵状椭圆形，狭三角形或披针状长圆形，微尖或近圆；叶柄较叶片短，长 1~2 厘米；叶脉羽状，基部掌状。花：花序腋生，总梗长 3~8 厘米，1 或有时 2~3 至多花，花柄比花萼长得多；苞片 2，线形，萼片有毛，2 个外萼片稍短，长圆状椭圆形，钝，具短缘毛；花冠宽漏斗形，白色或粉红色，或白色具粉红或红色的瓣中带，5 浅裂；雄蕊 5，稍不等长，较花冠短一半，花丝基部扩大，具小鳞毛；雌蕊较雄蕊稍长，子房有毛，2 室，每室 2 胚珠，柱头 2，线形。果实：蒴果卵状球形，或圆锥形，无毛，长 5~8 毫米。种子：4，卵圆形，无毛，长 3~4 毫米，暗褐色或黑色。

【生境】生于海拔 1 200~3 900 米的田边及荒坡草地等。

【分布】我国新疆（塔什库尔干、喀什、疏附等地）及大部分其他省份；广布两半球温带地区，稀在亚热带及热带地区有分布。

【保护级别及用途】IUCN：无危（LC）；药用。

389. 黑果枸杞 *Lycium ruthenicum* Murray

【生物学特征】外观：多棘刺灌木，高 20~50（~150）厘米。茎：多分枝；分枝斜升或横卧于地面，白色或灰白色，坚硬。叶：2~6 枚簇生于短枝上，在幼枝上则单叶互生，肥厚肉质，近无柄，条形、条状披针形或条状倒披针形，有时成狭披针形，顶端钝圆，基部渐狭，两侧有时稍向下卷。花：1~2 朵生于短枝上；花梗细瘦，花萼狭钟状，边缘有稀疏缘毛；花冠漏斗状，浅紫色，筒部向檐部稍扩大，5 浅裂，裂片矩圆状卵形，长为筒部的 1/3~1/2，无缘毛，耳片不明显；雄蕊稍伸出花冠，着生于花冠筒中部，花丝离基部稍上处有疏绒毛，同样在花冠内壁等高处亦有稀疏绒毛；花柱与雄蕊近等长。果实：浆果紫黑色，球状，有时顶端稍凹陷。种子：肾形，褐色。物候期：花果期 5—10 月。

【生境】生于海拔 1 420~3 000 米的盐碱土荒地、沙地或路旁。

【分布】我国新疆（塔什库尔干、乌恰、喀什、疏勒、英吉沙等地）、陕西、宁夏、甘肃、内蒙古、青海和西藏等；中亚地区、高加索地区、欧洲。

【保护级别及用途】IUCN：近危（NT）；国家Ⅱ级保护野生植物；水土保持、药用。

390. 宁夏枸杞（原变种）*Lycium barbarum* var. *barbarum*

【俗名】山枸杞、津枸杞、中宁枸杞

【异名】*Lycium lanceolatum*; *Lycium vulgare*; *Lycium halimifolium*

【生物学特征】外观：灌木，或栽培因人工整枝而成大灌木，高0.8~2米。茎：栽培者茎粗，直径达10~20厘米；分枝细密，野生时多开展而略斜升或弓曲。叶：互生或簇生，披针形或长椭圆状披针形，顶端短渐尖或急尖，基部楔形。花：在长枝上1~2朵生于叶腋，在短枝上2~6朵同叶簇生；花梗长1~2厘米，向顶端渐增粗。花萼钟状，通常2中裂；花冠漏斗状，紫堇色，卵形，顶端圆钝，基部有耳，边缘无缘毛，花开放时平展。果实：浆果红色或在栽培类型中也有橙色，果皮肉质，多汁液，广椭圆状、矩圆状、卵状或近球状。种子：常20余粒，略呈肾脏形，扁压，棕黄色。物候期：花果期从5—10月边开花边结果。

【生境】常生于土层深厚的沟岸、山坡、田埂和宅旁，耐盐碱、沙荒和干旱。

【分布】我国新疆、河北、内蒙古、山西、陕西、甘肃、宁夏、青海等；中亚地区、高加索地区和欧洲。

【保护级别及用途】IUCN：无危（LC）；药用、饲用、水土保持。

391. 新疆枸杞（原变种）*Lycium dasystemum* var. *dasystemum*

【俗名】红枝枸杞

【异名】*Lycium dasystemum* var. *rubricaulium*

【生物学特征】外观：多分枝灌木，高达1.5米。茎：枝条坚硬，稍弯曲，灰白色或灰黄色，嫩枝细长，老枝有坚硬的棘刺；棘刺长0.6~6厘米，裸露或生叶和花。叶：形状多变，倒披针形、椭圆状倒披针形或宽披针形，顶端急尖或钝，基部楔形，下延到极短的叶柄上。花：多2~3朵同叶簇生于短枝上或在长枝上单生于叶腋；花梗长1~1.8厘米，向顶端渐渐增粗。花萼长约4毫米，常2~3中裂；花冠漏斗状，裂片卵形，边缘有稀疏的缘毛；花丝基部稍上处同花冠筒内壁同一水平上都生有极稀疏绒毛，由于花冠裂片外展而花药稍露出花冠；花柱亦稍伸出花冠。果实：浆果卵圆状或矩圆状，红色。种子：可达20余个，肾脏形，长1.5~2毫米。物候期：花果期6—9月。

【生境】生于海拔1 200~3 300米的山坡、沙滩或绿洲。

【分布】我国新疆（乌恰等地）、甘肃和青海；中亚地区。

【保护级别及用途】新疆Ⅱ级保护野生植物；种质资源。

392. 中亚天仙子 *Hyoscyamus pusillus* L.

【俗名】阿拉沙名多那、帕卡苯格哈兰特、矮天仙子

【生物学特征】外观：1 年生草本，高 6~35（~60）厘米。根：细瘦，木质。茎：直立或斜升，具腺毛或多少杂生长柔毛，有时近无毛，不分枝或在近基部分枝。叶：披针形、菱状披针形或长椭圆状披针形，顶端钝或锐尖，基部下延．至叶柄成楔形，全缘或有少数牙齿；茎下部叶的叶柄几乎与叶片等长，向茎顶端渐变短。花：单生于叶腋，花萼倒锥状，生密毛，长 0.8~1.3 厘米，果时增大成筒状漏斗形，裂片开张，三角形，顶端针刺状；花冠漏斗状，黄色、喉部暗紫色，裂片顶端钝，稍不等大；雄蕊不伸出花冠，花丝紫色，生柔毛。果实：蒴果圆柱状，长约 7 毫米。种子：扁肾形。物候期：花果期 4—8 月。

【生境】常生于砾质干燥丘陵、固定沙丘边缘、荒漠草原的黏土上及河湖沿岸。

【分布】我国新疆（乌恰等地）、西藏西部；从中国向北至中亚、向南至印度均有分布。

【保护级别及用途】IUCN：无危（LC）；种质资源；果实及种子含莨菪碱，药用。

393. 曼陀罗 *Datura stramonium* L.

【俗名】万桃花、狗核桃

【异名】*Datura tatula*; *Datura stramonium* var. *tatula*

【生物学特征】外观：草本或半灌木状，高 0.5~1.5 米，全体近于平滑或在幼嫩部分被短柔毛。茎：粗壮，圆柱状，淡绿色或带紫色，下部木质化。叶：广卵形，顶端渐尖，基部不对称楔形，边缘有不规则波状浅裂，裂片顶端急尖，有时亦有波状牙齿。花：单生于枝杈间或叶腋，直立，有短梗；花萼筒状，长 4~5 厘米，筒部有 5 棱角，基部稍膨大，顶端紧围花冠筒，5 浅裂，裂片三角形，花后自近基部断裂，宿存部分随果实而增大并向外反折；花冠漏斗状，下半部带绿色，上部白色或淡紫色；雄蕊不伸出花冠，花丝长约 3 厘米，花药长约 4 毫米；子房密生柔针毛，花柱长约 6 厘米。果实：蒴果直立生，卵状，表面生有坚硬针刺或有时无刺而近平滑，成熟后淡黄色，规则 4 瓣裂。种子：卵圆形，稍扁，黑色。物候期：花期 6—10 月，果期 7—11 月。

【生境】常生于住宅旁、路边或草地上。

【分布】我国新疆（阿克陶、喀什等地）及其他各省份；广布于世界各大洲。

【保护级别及用途】IUCN：无危（LC）；全株有毒；含莨菪碱，可药用；种子油可制肥皂及掺和油漆用。

394. 龙葵 *Solanum nigrum* L.

【俗名】黑天天、天茄菜、飞天龙、地泡子、假灯龙草、白花菜、小果果

【异名】*Solanum nigrum* var. *atriplicifolium*

【生物学特征】外观：1 年生直立草本，高 0.25~1 米。茎：无棱或棱不明显，绿色或紫色，近无毛或被微柔毛。叶：卵形，先端短尖，基部楔形至阔楔形而下延至叶柄，全缘或每边具不规则的波状粗齿，光滑或两面均被稀疏短柔毛，叶脉每边 5~6 条，叶柄长 1~2 厘米。花：蝎尾状花序腋外生，由 3~6（~10）花组成，总花梗长 1~2.5 厘米，花梗长约 5 毫米，近无毛或具短柔毛；萼小，浅杯状，齿卵圆形，先端圆，基部两齿间连接处成一定角度；花冠白色，筒部隐于萼内，裂片卵圆形，长约 2 毫米；花丝短，花药黄色，约为花丝长度的 4 倍，顶孔向内；子房卵形，直径约 0.5 毫米，花柱长约 1.5 毫米，中部以下被白色绒毛，柱头小，头状。果实：浆果球形，熟时黑色。种子：多数，近卵形，两侧压扁。

【生境】生于田边、荒地、村庄附近、戈壁荒漠草原。

【分布】我国新疆（塔什库尔干、喀什、疏勒、叶城等地）及其他各省份；广泛分布于欧、亚、美洲的温带至热带地区。

【保护级别及用途】IUCN：无危（LC）；全株可入药。

395. 北车前 *Plantago media* L.

【异名】*Plantago stepposa*; *Plantago media* var. *urvilleana*

【生物学特征】外观：多年生草本。根：直根较粗，圆柱状。根茎：粗短，具叶柄残基，有时分枝。叶：基生呈莲座状，平卧至直立，幼叶灰白色；叶片纸质或厚纸质，椭圆形、长椭圆形、卵形或倒卵形，先端急尖，边缘全缘或疏生浅波状小齿，基部楔状渐狭，两面散生白色柔毛，脉 7~9 条；叶柄长 0.5~8 厘米，具翅，密被倒向白色柔毛。花：花序通常 2~3 个；穗状花序长 3~8 厘米，密集，穗轴、苞片基部及内侧疏生白色柔毛；苞片狭卵形，长 2~3 毫米。花冠银白色，无毛，冠筒约与萼片等长，裂片卵状椭圆形、卵形或披针状卵形。雄蕊着生于冠筒内面近基部，花丝淡紫色，干后变黑色，与花柱明显外伸，花药长椭圆形，通常淡紫色，稀白色。胚珠 4。果实：蒴果卵状椭圆形。种子：（2~）4，长椭圆形，黄褐色或褐色，有光泽；子叶背腹向排列。物候期：花期 6—8 月，果期 7—9 月。

【生境】生于海拔 1 360~3 300 米的草甸、河滩、沟谷、山坡台地。

【分布】我国新疆（塔什库尔干、乌恰、阿克陶等地）、内蒙古等；俄罗斯、哈萨克斯坦、伊朗、欧洲中部及巴尔干地区。

【保护级别及用途】IUCN：无危（LC）。

396. 长叶车前 *Plantago lanceolata* L.

【俗名】窄叶车前、欧车前、披针叶车前

【生物学特征】外观：多年生草本。根：直根粗长。根茎：粗短，不分枝或分枝。叶：基生呈莲座状，无毛或散生柔毛；叶片纸质，线状披针形、披针形或椭圆状披针形，长6~20厘米，先端渐尖至急尖，边缘全缘或具极疏的小齿，基部狭楔形，下延，脉3~7条；叶柄细，基部略扩大成鞘状，有长柔毛。花：花序3~15个；穗状花序幼时通常呈圆锥状卵形，紧密；苞片卵形或椭圆形，密被长粗毛。花萼长2~3.5毫米，萼片龙骨突不达顶端，背面常有长粗毛。花冠白色，无毛，冠筒约与萼片等长或稍长，裂片披针形或卵状披针形。雄蕊着生于冠筒内面中部，与花柱明显外伸，花药椭圆形，白色至淡黄色。胚珠2~3。果实：蒴果狭卵球形，长3~4毫米，于基部上方周裂。种子：（1~）2，狭椭圆形至长卵形，淡褐色至黑褐色，有光泽；子叶左右向排列。物候期：花期5—6月，果期6—7月。

【生境】生于海滩、河滩、草原湿地、山坡多石处或沙质地、路边、荒地，海拔 600~3 500 米。

【分布】我国新疆（塔什库尔干县）、辽宁、甘肃、山东等省份；欧洲、俄罗斯、蒙古国、朝鲜半岛、印度、日本、伊朗、中亚地区、北美洲。

【保护级别及用途】IUCN：无危（LC）；药用。

397. 车前（原亚种）*Plantago asiatica* subsp. *asiatica*

【俗名】蛤蟆草、饭匙草、车轱辘菜

【异名】*Plantago hostifolia*; *Plantago formosana*; *Plantago major* var. *folioscopa*

【生物学特征】外观：2 年生或多年生草本，须根多数。根茎：短，稍粗。叶：基生呈莲座状，平卧、斜展或直立；叶片薄纸质或纸质，宽卵形至宽椭圆形，两面疏生短柔毛；脉 5~7 条；叶柄长 2~15（~27）厘米，基部扩大成鞘，疏生短柔毛。花：花序 3~10 个，花序梗长 5~30 厘米，穗状花序细圆柱状，长 3~40 厘米，紧密或稀疏；苞片狭卵状三角形或三角状披针形，无毛或先端疏生短毛。花具短梗。花冠白色，无毛，冠筒与萼片约等长，裂片狭三角形。雄蕊着生于冠筒内面近基部，与花柱明显外伸，花药卵状椭圆形，顶端具宽三角形突起，白色，干后变淡褐色。胚珠 7~15（~18）。果实：蒴果纺锤状卵形、卵球形或圆锥状卵形，于基部上方周裂。种子：5~6（~12），卵状椭圆形或椭圆形，具角，黑褐色至黑色，背腹面微隆起；子叶背腹向排列。物候期：花期 4—8 月，果期 6—9 月。

【生境】生于草地、沟边、河岸湿地、田边、路旁或村边空旷处，海拔 3~4 100 米。

【分布】我国新疆（塔什库尔干县）及大部分其他省份；朝鲜、俄罗斯、日本、尼泊尔、马来西亚、印度尼西亚。

【保护级别及用途】药用。

398. 大车前 *Plantago major* L.

【异名】*Plantago intermedia*

【生物学特征】外观：2年生或多年生草本。根：须根多数。根茎：粗短。叶：基生呈莲座状，平卧、斜展或直立；叶片草质、薄纸质或纸质，宽卵形至宽椭圆形，长3~18（~30）厘米，先端钝尖或急尖，边缘波状、疏生不规则牙齿或近全缘，少数被较密的柔毛，脉（3~）5~7条；叶柄长（1~）3~10（~26）厘米，基部鞘状，常被毛。花：花序1至数个；穗状花序细圆柱状，（1~）3~20（~40）厘米，苞片宽卵状三角形，无毛或先端疏生短毛，萼片先端圆形，无毛或疏生短缘毛。花冠白色，无毛，冠筒等长或略长于萼片，裂片披针形至狭卵形，花药椭圆形，通常初为淡紫色，稀白色，干后变淡褐色。胚珠12~40个。果实：蒴果近球形、卵球形或宽椭圆球形。种子：（8~）12~24（~34），卵形、椭圆形或菱形，黄褐色；子叶背腹向排列。物候期：花期6—8月，果期7—9月。

【生境】生于草地、草甸、河滩、沟边、沼泽地、山坡路旁、田边或荒地，海拔5~3 600米。

【分布】我国新疆（塔什库尔干、乌恰、阿克陶、喀什等地）、黑龙江、吉林、辽宁、内蒙古、河北、山西、陕西、甘肃、青海、山东、江苏、福建、台湾、广西、海南、四川、云南、西藏；欧亚大陆温带及寒温带地区，在世界各地归化。

【保护级别及用途】IUCN：无危（LC）；药用。

399. 苣叶车前 *Plantago perssonii* Pilg.

【生物学特征】外观：多年生草本。根：直根粗壮，直径可超过1厘米。根茎：粗壮，长可达3厘米，密覆叶鞘残基和淡褐色长绵毛。叶：基生呈莲座状，平卧至直立，散生极细的长柔毛；叶片纸质，披针形或狭披针形，长6~7厘米，先端长渐尖，基部渐狭，脉3~5条，稍明显；叶柄长1~3厘米，纤细。花：花序1~10个，穗状花序狭圆柱状，疏松，基部常间断，长3~10厘米；苞片狭卵状椭圆形或卵形，花萼长2.2~2.5毫米，前对萼片椭圆形，后对萼片卵圆形，上部变狭，内凹。花冠白色，无毛，冠筒与萼片约等长，裂片卵形。雄蕊着生于冠筒内面近顶端，与花柱明显外伸，花药椭圆形，干后黄色。胚珠4~5。果实：蒴果卵状椭圆球形。种子：1~2，椭圆形，褐色至黑色；子叶背腹向排列。物候期：花期6—7月，果期7—8月。

【生境】生于海拔2 600~3 300米的山坡草丛或岩石上。

【分布】我国新疆（塔什库尔干、阿克陶、叶城等地）。

【保护级别及用途】IUCN：近危（NT）；新疆特有种。

400. 柯尔车前 *Plantago cornuti* Gouan

【生物学特征】外观：多年生草本，高15~60厘米。根：直根较粗壮。叶：基生叶直立，叶质厚，长4~20厘米，卵球形或椭圆形，先端钝，基部宽楔形，表面无毛，稀基部稍被毛，背部或仅脉被柔毛。花：花葶长25~50厘米，被伏毛；穗状花序长5~20厘米，下部较疏，上部较密；苞片为萼长一半或更小，卵形，边缘膜质，无毛或上部缘具短缘毛；萼长约3毫米，宽卵形，边缘窄膜质；花冠裂片宽卵形，渐尖，长约3.5毫米。果实：蒴果卵状椭圆形，长约4毫米。种子：短椭圆形，长2~3毫米。物候期：花期6—8月，果期7—9月。

【生境】生于平原绿洲、水边草地、盐碱化草甸。

【分布】我国新疆（塔什库尔干县、疏附县）；俄罗斯、哈萨克斯坦、阿富汗、印度、克什米尔地区、地中海沿岸国家。

【保护级别及用途】种质资源。

401. 平车前（原亚种）*Plantago depressa* subsp. *depressa*

【异名】*Plantago huadianica*

【生物学特征】外观：1 年生或 2 年生草本。根：直根长，具多数侧根，多少肉质。根茎：短。叶：基生呈莲座状，平卧、斜展或直立；叶片纸质，椭圆形、椭圆状披针形或卵状披针形，长 3~12 厘米，先端急尖或微钝，边缘具浅波状钝齿、不规则锯齿或牙齿，基部宽楔形至狭楔形，脉 5~7 条。花：花序 3~10 个，穗状花序细圆柱状；苞片三角状卵形。花萼长 2~2.5 毫米，无毛。花冠白色，无毛，冠筒等长或略长于萼片，裂片极小，椭圆形或卵形。雄蕊着生于冠筒内面近顶端，花药卵状椭圆形或宽椭圆形，新鲜时白色或绿白色，干后变淡褐色。胚珠 5。果实：蒴果卵状椭圆形至圆锥状卵形。种子：4~5，椭圆形，腹面平坦，黄褐色至黑色。物候期：花期 5—7 月，果期 7—9 月。

【生境】生于海拔 500~4 500 米的草地、河滩、沟边、草甸、田间及路旁。

【分布】我国新疆（塔什库尔干、阿克陶、乌恰、喀什、叶城等地）、北京、黑龙江、吉林、辽宁、内蒙古、河北、天津、山西、山东、河南、宁夏、甘肃、青海、安徽、江苏、江西、湖北、四川、云南、西藏等；朝鲜、俄罗斯、哈萨克斯坦、吉尔吉斯斯坦、塔吉克斯坦、阿富汗、蒙古国、巴基斯坦、克什米尔地区、印度。

【保护级别及用途】IUCN: 无危（LC）；药用。

402. 喜马拉雅车前 *Plantago himalaica* Pilg.

【生物学特征】外观：多年生草本，高5~15厘米。根：须根。叶：丛生，宽卵形，长2~5厘米，宽1.5~2.5厘米，先端钝，基形，下延至叶柄，全缘或微波状，幼时密被毛，老叶无毛，叶脉5~7条，叶柄宽扁，基部呈鞘状。花：花葶2~5，高5~10厘米，穗状花序，花紧密，长1.5~3厘米，圆柱形；苞片宽卵形，长约2.5毫米，无毛，先端钝，龙骨状突起扁宽；花具短柄；萼片长约2毫米，毛，先端钝，龙骨状突起偏斜；花冠筒长约1.5毫米，光滑，裂片披针形至卵形，长约1毫米；雄蕊4，花丝细长。果实：近圆形或椭圆形，先端钝圆。种子：6~7枚，长椭圆形。物候期：花期6—8月，果期7—9月。

【生境】生于高山草原、河滩、石质湿地。

【分布】我国新疆（塔什库尔干县）、西藏；印度、泰国。

【保护级别及用途】种质资源。

403. 小车前 *Plantago minuta* Pall.

【异名】*Plantago lessingii*; *Plantago mongolica*

【生物学特征】外观：1 年生或多年生小草本，叶、花序梗及花序轴密被灰白色或灰黄色长柔毛。根：直根细长，无侧根或有少数侧根。根茎：短。叶：基生呈莲座状，平卧或斜展；叶片硬纸质，线形、狭披针形或狭匙状线形，先端渐尖，边缘全缘，基部渐狭并下延，叶柄不明显，脉 3 条，基部扩大成鞘状。花序 2 至多数，穗状花序短圆柱状至头状，紧密，有时仅具少数花；苞片宽卵形或宽三角形。花萼长 2.7~3 毫米，前对萼片椭圆形或宽椭圆形，后对萼片宽椭圆形。花冠白色，无毛，冠筒约与萼片等长，裂片狭卵形。雄蕊着生于冠筒内面近顶端，花丝与花柱明显外伸，花药近圆形，干后黄色。胚珠 2。果实：蒴果卵球形或宽卵球形。种子：2 粒，椭圆状卵形或椭圆形，深黄色至深褐色，有光泽。物候期：花期 6—8 月，果期 7—9 月。

【生境】生于戈壁滩、沙地、沟谷、河滩、沼泽地、盐碱地、田边，海拔 400~4 300 米。

【分布】我国新疆（塔什库尔干、乌恰、阿克陶、喀什、叶城等地）、内蒙古、山西、陕西、宁夏、甘肃、青海、西藏；俄罗斯、南高加索地区、哈萨克斯坦、蒙古国。

【保护级别及用途】IUCN：无危（LC）；种质资源。

404. 盐生车前（亚种）*Plantago salsa* Pall.

【异名】*Plantago maritima* subsp. *ciliata*; *Plantago maritima* var. *salsa*

【生物学特征】外观：多年生草本。根：直根粗长。根茎：粗，长可达 5 厘米，常有分枝，顶端具叶鞘残基及枯叶。叶：簇生呈莲座状，平卧、斜展或直立，稍肉质，干后硬革质，线形，长（4~）7~32 厘米，先端长渐尖，边缘全缘，脉 3~5 条，无明显的叶柄，无毛或疏生短糙毛。花：花序 1 至多个，穗状花序圆柱状，长（2~）5~17 厘米，紧密或下部间断，穗轴密生短糙毛；苞片三角状卵形或披针状卵形；花萼长 2.2~3 毫米，萼片边缘、顶端及龙骨突脊上有粗短毛。花冠淡黄色，冠筒约与萼片等长，外面散生短毛，裂片宽卵形至长圆状卵形，边缘疏生短缘毛。雄蕊与花柱明显外伸，花药椭圆形，干后淡黄色。胚珠 3~4。果实：蒴果圆锥状卵形，长 2.7~3 毫米。种子：1~2，椭圆形或长卵形，黄褐色至黑褐色；子叶左右向排列。物候期：花期 6—7 月，果期 7—8 月。

【生境】生于戈壁、盐湖边、盐碱地、河漫滩、盐化草甸，海拔 100~3 750 米。

【分布】我国新疆（塔什库尔干县）、内蒙古、河北、陕西、甘肃、青海；蒙古国、南高加索地区、俄罗斯（西伯利亚）、哈萨克斯坦、吉尔吉斯斯坦、土库曼斯坦、阿富汗、伊朗。

【保护级别及用途】IUCN：无危（LC）。

405. 蛛毛车前 *Plantago arachnoidea* Schrenk

【异名】*Plantago arachnoidea* var. *lorata*; *Plantago lorata*

【生物学特征】外观：多年生小草本，根茎、叶、花序密被白色或淡褐色蛛丝状毛。根：直根粗长。根茎：粗短，不分枝，密覆残留叶柄纤维。叶：基生呈莲座状，平卧或直立；叶片纸质，披针形、狭椭圆形或线形，长 2~8（~15）厘米，先端急尖至渐尖，边缘近全缘，脉 1~3 条，叶柄长 1.2~2.5 厘米。花：花序（1~）3~7，穗状花序圆柱状至狭圆柱状，紧密或下部间断；苞片卵形至卵圆形，花萼与苞片约等长，萼片龙骨突宽厚，前对萼片宽椭圆形，后对萼片宽倒卵状椭圆形至近圆形。花冠白色，无毛，冠筒与萼片约等长，裂片宽卵形至卵圆形。雄蕊着生于冠筒内面近顶端，与花柱明显外伸，花药椭圆形，干后黄色，胚珠 4。果实：蒴果卵球形至狭卵球形。种子：1~2，长圆形至椭圆形，黄褐色至黑色，腹面平坦；子叶背腹向排列。物候期：花期 6—7 月，果期 7—8 月。

【生境】生于多石山坡、盐碱地、草甸、河滩，海拔 690~4 200 米。

【分布】我国新疆（塔什库尔干、乌恰、阿克陶、喀什、叶城等地）；塔吉克斯坦、哈萨克斯坦。

【保护级别及用途】IUCN：无危（LC）。

406. 羽裂玄参 *Scrophularia kiriloviana* Schischk.

【生物学特征】外观：半灌木状草本，高 30~50 厘米。茎：近圆形，无毛。叶：叶片轮廓为卵状椭圆形至卵状矩圆形，长 3~10 厘米，前半部边缘具齿或大锯齿至羽状半裂，后半部羽状深裂至全裂，裂片具锯齿。花：花序为顶生、稀疏、狭窄的圆锥花序，长 10~30 厘米，主轴至花梗均疏生腺毛，下部各节的聚伞花序具花 3~7 朵；花萼长约 2.5 毫米，裂片近圆形，具明显宽膜质边缘；花冠紫红色，花冠筒近球形，上唇裂片近圆形，下唇侧裂片长约为上唇之半；雄蕊约与下唇等长，退化雄蕊矩圆形至长矩圆形；子房长约 1.5 毫米，花柱长约 4 毫米。果实：蒴果球状卵形。物候期：花期 6—8 月，果期 8—9 月。

【生境】生于海拔 700~4 500 米的林边、山坡阴处、溪边、石隙或干燥沙砾地。

【分布】我国新疆（塔什库尔干、阿克陶、叶城等地）、青海；中亚地区。

【保护级别及用途】IUCN：无危（LC）。

407. 高山百里香 *Thymus diminutus* Klokov

【生物学特征】外观：半灌木。茎：主茎匍匐，不育小枝斜升、细小而密集，侧枝直立，高 2~4 厘米，细弱，紫红色，被稀疏下倾的伏贴毛，具 2~3 对叶。叶：叶片卵形、长卵形或长倒卵形，长 2~7 毫米，基部下延成短柄，顶端钝圆，边缘在下部 1/3 具稀疏的缘毛，叶脉 2 对，下面具稀疏但明显的黄色腺点。花：轮伞花序着生在侧枝顶端，密集成头状；苞叶长圆形，边缘具睫毛；花萼狭钟状，2 唇形，喉部斜，上唇直立，顶端 3 浅裂，裂片三角形，顶端钝，具稀疏而短的刚毛，边缘具缘毛，下唇 2 深裂，裂片锥形，内弯，长度超过上唇，边缘具长睫毛；花冠长 6~7 毫米，紫红色，外面被白柔毛，冠檐 2 唇形，上唇先端微凹，下唇 3 裂，裂片近相等；雄蕊 4 枚，前对较长，伸出花冠之外；雌蕊花柱顶端 2 裂，裂片等长。物候期：花期 6—7 月，果期 8 月。

【生境】生于海拔 3 500~4 100 米的砾石质山坡、山麓砾石地。

【分布】我国新疆（塔什库尔干县、乌恰县）；中亚地区。

【保护级别及用途】种质资源。

408. 草原糙苏 *Phlomoides pratensis* (Kar. & Kir.) Adylov, Kamelin & Makhm.

【异名】*Phlomis pratensis*

【生物学特征】外观：多年生草本。茎：简单或具分枝，四棱形，具槽，下部及花序下面常被长柔毛。叶：基生叶及下部的茎生叶心状卵圆形或卵状长圆形，长 10~17 厘米，先端急尖或钝，基部浅心形，边缘具圆齿，茎生叶圆形，较小，上部的苞叶卵状长圆形，向上渐变小，边缘具牙齿。花：轮伞花序多花，具短总梗或近无梗，排列于主茎及分枝上部；苞片在基部彼此接连，较粗，线状钻形，与萼等长或较之为短，被星状或成束的疏柔毛。花萼管状，被单生及星状疏柔毛。花冠紫红色，为萼长之 1.5~2 倍，冠筒外面在下部无毛，上唇边缘不整齐的锯齿状，自内面密被髯毛，下唇中裂片宽倒卵形，侧裂片较短，卵形。后对雄蕊花丝基部远在毛环上具纤细向下附属器，花药微伸出于花冠。果实：小坚果无毛。

【生境】生于海拔 1 500~2 550 米的亚高山草原中。

【分布】我国新疆（乌恰等地）；中亚地区。

【保护级别及用途】IUCN：无危（LC）。

409. 高山糙苏 *Phlomoides alpina* (Pall.) Adylov, Kamelin & Makhm.

【异名】*Phlomis alpina*

【生物学特征】外观：多年生草本，高20~50厘米。根：具绳索状的根。茎：单生，多少直立，下部无毛或被短疏柔毛，上部被向下长柔毛或星状毛。叶：基生叶及下部的茎生叶心形，长13~15厘米，茎生叶长10厘米，具圆齿，上部的苞叶线状披针形，具钝齿或全缘，超过轮伞花序许多，叶上面及下面均疏被单节绒毛，基生叶及下部的茎生叶均超过叶片长的柄。花：轮伞花序多花，下部分离，向上靠近；苞片长9~11毫米，微弯曲，狭线形，被长而平展的具节绒毛。花萼钟形，被短柔毛。花冠粉红色，为萼长的2倍，外面被具节绒毛及射线不等长的星状绒毛，冠筒无毛，上唇在上边为不整齐的锐牙齿状，边缘自内面具髯毛，下唇具阔圆形中裂片及长圆状圆形的侧裂片。雄蕊花丝不伸出花冠，具短距状附属器。花柱裂片不等长。果实：小坚果顶端被毛。

【生境】生于海拔 3 000 米左右的亚高山阳坡草甸、河谷阶地、河漫滩草地。

【分布】我国新疆（乌恰县）；中亚地区。

【保护级别及用途】种质资源。

410. 山地糙苏 *Phlomoides oreophila*（Kar. & Kir.）Adylov, Kamelin & Makhm.

【异名】*Phlomis oreophila*

【生物学特征】外观：多年生草本，高30~80厘米。茎：直立，四棱形，被向下的贴生长柔毛。叶：基生叶卵形或宽卵形，长6.5~13厘米，先端钝，基部心形，边缘具圆齿，茎生叶圆形，较小，长6~11厘米，苞叶卵状披针形或披针状线形，长3~6厘米，上部的苞叶狭，近全缘，超过轮伞花序，叶片均上面橄榄绿色，密被短糙伏毛，下面较淡，密被疏柔毛，苞叶无柄。花：轮伞花序多花，生于茎端；苞片纤细，长约15毫米，丝状，密被长柔毛；花萼长约12毫米，管状。花冠紫色，超过萼1倍，外面上唇及其稍下部分密被短柔毛及混生的长柔毛，筒部近无毛，内具毛环，上唇边缘自内面被髯毛，具不等的齿，下唇中裂片倒卵状宽心形，侧裂片宽卵形。雄蕊花丝插生于喉部，具长柔毛，基部无附属器。花柱具不等的裂片。果实：小坚果顶端被星状微柔毛。物候期：花期7—8月，果期9月。

【生境】生于海拔 2 170~3 300 米的河谷山地草原、高山和亚高山草甸、沟谷山坡林缘草甸、溪流河谷草甸等。

【分布】我国新疆（乌恰、阿克陶等地）；中亚地区。

【保护级别及用途】IUCN：无危（LC）；特有种。

411. 平卧黄芩 *Scutellaria prostrata* Jacq.

【生物学特征】外观：多年生草本。根茎：木质，平卧。茎：少数，高约 10 厘米，上升，钝四棱形，直径约 1.2 毫米，疏被微柔毛，上部常带紫色。叶：上部茎叶近于无柄；叶片长卵圆形，长 1.5~1.7 厘米，先端渐尖，基部楔形，边缘具疏锯齿，两面均绿色。花：轮伞花序，多数，密集，在茎顶组成长约 6 厘米的穗状花序；苞叶宽卵圆形，先端渐尖，淡绿局部带紫色，纸质，极密被疏柔毛。花萼开花时长约 2 毫米，被短柔毛。花冠长 3 厘米，淡黄色，上唇及下唇两侧裂片顶部紫色，下唇中裂片具紫斑；冠檐 2 唇形，上唇盔状，先端微缺，外被短柔毛，下唇中裂片近圆形，外被微柔毛，内无毛。雄蕊 4，前对较长，微伸出，具能育半药；花丝丝状，扁平，无毛。花柱纤细，先端锐尖，微裂。子房 4 裂，裂片等大。果实：小坚果。物候期：花果期 7—8 月。

【生境】生于海拔 3 200 米左右的低山带草地、河谷干山坡草地。

【分布】我国新疆（塔什库尔干、乌恰、阿克陶、喀什等地）；印度北部。

【保护级别及用途】IUCN：无危（LC）。

412. 牛至 *Origanum vulgare* L.

【俗名】小叶薄荷、署草、五香草、野薄荷、土茵陈、随经草、野荆芥、糯米条、茵陈、白花茵陈、接骨草、香茹草、香炉草、土香薷、小田草、地藿香、满坡香、满天星、山薄荷、罗罗香、玉兰至、香茹、香薷、苏子草、满山香、乳香草、琦香、台湾姜味草

【异名】*Origanum creticum*; *Origanum normale*; *Origanum vulgare* var. *formosanum*; *Micromeria formosana*

【生物学特征】外观：多年生草本或半灌木。根茎：斜生，其节上具纤细的须根，多少木质。茎：直立或近基部伏地，通常高 25~60 厘米，多少带紫色，四棱形。叶：具柄，柄长 2~7 毫米，背面近圆形，被柔毛，叶片卵圆形或长圆状卵圆形，先端钝或稍钝，基部宽楔形至近圆形或微心形，全缘或有远离的小锯齿；苞叶大多无柄，常带紫色。花：花序呈伞房状圆锥花序；苞片长圆状倒卵形至倒卵形或倒披针形，两性花冠筒长 5 毫米，显著超出花萼，而雌性花冠筒短于花萼，外面疏被短柔毛。雄蕊 4，在两性花中，后对短于上唇，前对略伸出花冠，在雌性花中，前后对近相等，内藏；花丝丝状，扁平，无毛，花药卵圆形，2 室。花柱略超出雄蕊，先端不相等 2 浅裂，裂片钻形。果实：小坚果卵圆形，先端圆，基部骤狭，微具棱，褐色，无毛。物候期：花期 7—9 月，果期 10—12 月。

【生境】生于海拔 500~3 600 米的路旁、山坡、林下及草地。

【分布】我国新疆、河南、江苏、浙江、安徽、江西、福建、台湾、湖北、湖南、广东、贵州、四川、云南、陕西、甘肃及西藏；欧洲、亚洲及北非也有，北美洲亦有引入。

【保护级别及用途】IUCN：无危（LC）。

413. 密花荆芥 *Nepeta densiflora* Kar. & Kir.

【异名】*Nepeta tarbagataica*

【生物学特征】外观：多年生植物。根茎：细而蔓生，末端分枝，茎下部节上被有暗褐色鳞片状的叶。茎：高25~40厘米，基部上升，上部直立，直径1.5~2.5毫米，具发达节间，上面的多数发育不充分，短小。叶：鲜绿色，茎生叶长15~30毫米，披针形或长圆状卵形；生于不育侧枝上的叶较小而狭，长圆状椭圆形或狭披针形，具齿至近全缘。花：穗状花序花时卵形至圆筒形，长1.5~8厘米，下部常有单个远离的轮伞花序，稀无，苞片蓝紫色，披针状线形。花萼蓝紫色，长8~10毫米，外被短柔毛。花冠蓝色，被短柔毛，长15~16毫米，冠檐2唇形，上唇长3毫米，深裂至1/2或2/3成2钝裂片，下唇3裂，中裂片宽，中央具深而宽的弯缺，侧裂片半圆状三角形。雄蕊4，后对雄蕊与上唇几等长。花柱丝状，先端相等的2裂，裂片蓝色。果实：小坚果深棕色，宽卵形。物候期：花果期8月。

【生境】生于海拔 1 500~4 500 米高山石地草坡上或疏林下。

【分布】我国新疆（塔什库尔干县）、青海、西藏、河北；俄罗斯、蒙古国。

【保护级别及用途】IUCN：无危（LC）。

414. 绢毛荆芥 *Nepeta kokamirica* Regel

【生物学特征】外观：多年生多茎植物。根：多节而开裂，过渡为分枝的根茎，根茎及茎基部均被褐色鳞片状叶。茎：上升或基部平卧，高 15~50 厘米，粗 1.5~3 毫米，节间长达 7 厘米，具长的节间，有分枝，多数具花序。叶：两面被浅灰色密集的星绒毛状的毛被，小，茎生的长至 17 毫米，卵形或菱状卵形，侧枝上的叶较狭，长圆状卵形，稀达披针形或长圆形。花：轮伞花序通常全部聚集成顶生的花序，花时宽卵形或几圆形，苞叶披针形及线状披针形，苞片线形。花萼长 7~8 毫米，花冠浅蓝色，外被短柔毛，长 16~18 毫米，冠檐 2 唇形，上唇长（2.5~）3 毫米，深裂至 2/3 成钝裂片，下唇 3 裂，中裂片长 4.5~5 毫米，变狭成短而宽、长 0.4~0.6 毫米的爪，侧裂片长（0.7~）1~1.25 毫米，扁三角形。后对雄蕊不超过上唇。果实：小坚果长圆状椭圆形，黑褐色。物候期：花期 6—7 月，果期 7 月中旬以后。

【生境】生于海拔 3 000~4 000 米高山至森林的乱石堆及石砾地上。

【分布】我国新疆（塔什库尔干、乌恰等地）；吉尔吉斯斯坦。

【保护级别及用途】IUCN：无危（LC）。

415. 绒毛荆芥 *Nepeta kokanica* Regel

【生物学特征】外观：多年生多茎植物，全体因密被绒毛而呈浅灰色或白色。根：粗达 4 厘米，暗褐色，根茎及茎基部均被鳞片状叶。茎：高（5~）10~40 厘米，大多数高 20~30 厘米，纤细，上升或直立，在全长上均有分枝，多少密被绒毛状短柔毛。叶：稍厚，两面密被绒毛，茎生叶长、宽 5~15 厘米，圆形或菱状卵形，稀近肾形，先端钝或短渐尖，基部楔形。花：头状花序顶生，长 1.7~3.5 厘米，稀下部具 1 远离的轮伞花序；苞叶与茎叶相似，苞片比萼短，狭线形，花萼长 6~7.5 毫米，多少染为紫色，齿狭三角形或筒状披针形。花冠浅蓝色，长 15~18 毫米，外微被短柔毛及腺毛，冠筒超出萼 2~2.5 毫米，冠檐 2 唇形，上唇长 2.7~3.25 毫米，先端深裂至 1/3 而成钝的倒卵形裂片，下唇 3 裂，中裂片长 3.8~4.5 毫米，先端具宽的凹缺，侧裂片长 1 毫米，宽 3 毫米，近半圆形。果实：小坚果暗褐色，基部略狭，三棱形，长 2~2.3 毫米。物候期：花期 7 月，果期 9 月。

【生境】生于海拔 3 000~4 000 米的高山石质山坡、河谷阶地草甸等。

【分布】我国新疆（塔什库尔干、乌恰等地）；俄罗斯、吉尔吉斯斯坦。

【保护级别及用途】IUCN：无危（LC）。

416. 塔什库尔干荆芥 *Nepeta taxkorganica* Y. F. Chang

【生物学特征】外观：多年生草本，高15~25厘米。根：粗壮，木质化，褐紫色，下部扭曲成绳状，分枝较多，被褐色鳞片。茎：多数，丛生，由基部分出许多侧枝条，直立或斜升，四棱形，节间长3~6厘米，全株均被较稀疏的白色柔毛。叶：具柄，长0.3~0.7厘米，叶片卵圆形或宽卵圆形，长6~12毫米，基部宽楔形或近圆形，顶端钝或近圆形。花：顶生，密聚集成圆锥状或间断的假圆锥状，长1.5~3.5厘米；苞叶宽卵形、卵形或宽披针形，边缘有白色具节长睫毛；苞片比花萼短，狭线形，与萼被白色短柔毛，边缘被白色具节的长柔毛；花萼细管状，外被具节的长毛及腺毛；花冠淡紫色，冠筒伸出萼筒很多，冠檐2唇形，上唇先端深裂而成长圆形裂片，全缘，下唇3裂，中裂片先端具凹缺，边缘具不整齐的细缺刻，侧裂片半圆形；雄蕊4枚，后对雄蕊不超出上唇。物候期：花期7月。

【生境】生于海拔 3 000~4 580 米的沟谷山地、高寒草甸、高山石质山坡。

【分布】我国新疆（塔什库尔干县）。

【保护级别及用途】种质资源。

417. 腺荆芥 *Nepeta glutinosa* Benth.

【生物学特征】外观：多年生植物，丛状，高 40~70 厘米或以上，具强烈的香气。根：粗壮，粗达 2~3 厘米，根茎上密被有披针形或卵形的褐色坚硬鳞片状叶。茎：坚硬，粗厚，粗达 4~5 毫米，直立或微上升，几不分枝或稀分枝。叶：全无柄，具宽的半抱茎叶基。花：轮伞花序（2~）4~5 花，生于顶部 4~8 对叶腋内；花梗长 1~2.5 毫米，花萼长 8~12 毫米，直立，倒圆锥形。花冠浅蓝色或淡青色，外面主要在冠檐上被不太密的腺毛，冠檐 2 唇形，上唇直立，长 2.5~3 毫米，深裂至中部以下而成宽达 2 毫米的钝裂片，下唇为上唇长 1.5 倍，中裂片肾形，长约 2.5 毫米，大圆齿状深裂，侧裂片大小及形状与上唇相似。雄蕊 4。后对比上唇短 1/3，前对比后对短许多，仅达上唇的基部，具较小的花药，花药几成直角叉开。花柱几与上唇等长，雌花的退化雄蕊藏于冠筒内。果实：小坚果椭圆形，两端渐狭，先端锐尖，浅绿褐色至棕色，微具横皱纹。物候期：花期 7—8 月，果期自 8 月以后。

【生境】生于高山草地上，海拔 3 500~4 200 米。

【分布】我国新疆（塔什库尔干、乌恰等地）、西藏；俄罗斯、中亚地区。

【保护级别及用途】IUCN：无危（LC）。

418. 天山扭藿香 *Lophanthus schrenkii* Levin

【生物学特征】外观：多年生草本。茎：直立分枝，茎、枝均四棱形，被疏柔毛。叶：卵圆形或狭卵圆形，长1.5~3厘米，先端钝或近急尖，基部浅心形或截形至圆形，边缘具圆齿，两面均被柔毛；叶柄在中部的长约1厘米，在上部的近无柄。花：聚伞花序3至多花，腋生，总梗通常长0.8~1.5厘米，被较密柔毛。花萼管状钟形，向上扩大，长1~1.2厘米，具15脉，外被较长柔毛，内面在中部以上具毛环，筒口斜形，萼檐2唇形，上唇较长，齿披针形或卵状披针形，上唇3齿较宽。花冠蓝色，长1.7~2.1厘米，外面多少被短柔毛，冠筒伸出萼外，冠檐2唇形，上唇3裂，中裂片较大，先端微凹，边缘具浅齿，侧裂片较小，近圆形，下唇2深裂，裂片阔椭圆状长圆形。雄蕊4，前对外伸，花药稍叉开。花柱外伸。物候期：花期8月。

【生境】生于山坡石间。

【分布】我国新疆（乌恰等地）；俄罗斯、中亚地区。

【保护级别及用途】IUCN：无危（LC）。

419. 白花枝子花 *Dracocephalum heterophyllum* Benth.

【俗名】异叶青兰、祖帕尔、马尔赞居西、白花夏枯草

【异名】*Dracocephalum acanthoides*; *Dracocephalum kaschgaricum*; *Dracocephalum pamiricum*

【生物学特征】外观：多年生草本，高 10~15 厘米，有时高达 30 厘米。茎：在中部以下具长的分枝，四棱形或钝四棱形，密被倒向的小毛。叶：茎下部叶具超过或等于叶片的长柄，柄长 2.5~6 厘米，叶片宽卵形至长卵形，长 1.3~4 厘米，先端钝或圆形，基部心形。花：轮伞花序生于茎上部叶腋，长度 4.8~11.5 厘米，具 4~8 花，花具短梗；苞片较萼稍短或为其之 1/2，倒卵状匙形或倒披针形，疏被小毛及短睫毛，边缘每侧具 3~8 个小齿，齿具长刺。花萼长 15~17 毫米，浅绿色，外面疏被短柔毛，下部较密，边缘被短睫毛，上唇 3 裂至本身长度的 1/3 或 1/4，齿几等大，三角状卵形，先端具刺，刺长约 15 毫米，下唇 2 裂至本身长度的 2/3 处，齿披针形，先端具刺。花冠白色，长（1.8~）2.2~3.4（~3.7）厘米，外面密被白色或淡黄色短柔毛，2 唇近等长。雄蕊无毛。物候期：花期 6—7 月，果期 8—9 月。

【生境】生于海拔 1 100~5 600 米的山地草原及半荒漠的多石干燥地区等。

【分布】我国新疆（塔什库尔干、乌恰、阿克陶、叶城等地）、山西、内蒙古、宁夏、甘肃、四川、青海、西藏；尼泊尔、印度、中亚地区、阿富汗。

【保护级别及用途】IUCN：无危（LC）；药用。

420. 长蕊青兰 *Dracocephalum stamineum* Kar. & Kir.

【异名】*Dracocephalum pulchellum*; *Fedtschenkiella staminea*

【生物学特征】外观：多年生草本。根茎：斜，粗 3~5 毫米，顶端分枝。茎：多数，渐升，长 10~27 厘米，不分枝或具少数分枝，不明显四棱形，紫红色，被倒向的小毛。叶：茎下部叶具长柄，柄较叶片长 4~5 倍，中部叶的叶柄与叶片等长或稍过之；叶片草质，宽卵形，长 0.8~1.3 厘米。花：轮伞花序生于茎上部，在茎最上部 2~3 对叶腋者密集成头状；花具梗；苞叶叶状，共锯齿具长达 3.6 毫米的长刺；苞片小，椭圆状卵形或倒卵形，密被长柔毛，具 4~5 个小齿，齿具长 2.5~4.5 毫米的长刺。花萼长 6~7 毫米，外密被绵毛，2 裂达中部，紫色，上唇 3 裂至本身长度 1/3 处，3 齿近等大，三角状卵形，先端刺状渐尖，中齿基部有 2 个具长刺的小齿，下唇较上唇稍短，2 裂几达基部，齿披针形。花冠蓝紫色，长约 8 毫米，外被短柔毛，2 唇近等长。后对雄蕊长约 11 毫米，远伸出花冠之外。果实：小坚果长圆形，黑褐色。物候期：花期 6—7 月，果期 7—9 月。

【生境】生于海拔 1 700~4 340 米的山地、草坡或溪边。

【分布】我国新疆（塔什库尔干、乌恰、阿克陶、叶城等地）；俄罗斯、哈萨克斯坦。

【保护级别及用途】IUCN：无危（LC）。

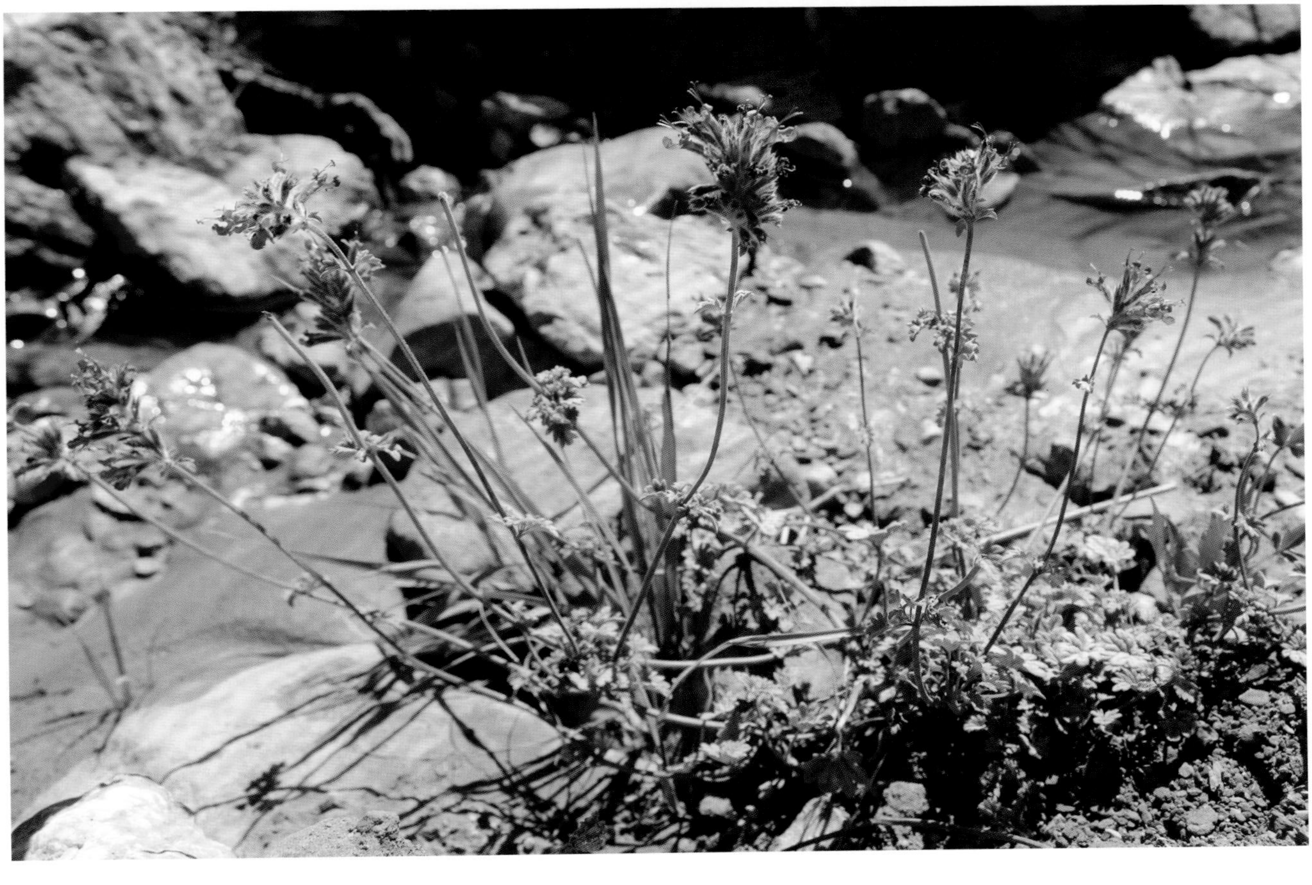

421. 多节青兰 *Dracocephalum nodulosum* Rupr.

【生物学特征】外观：多年生草本，高 15~30 厘米。茎：不分枝或基部有少量分枝，直立或基部稍倾斜，紫色，四棱形，被短柔毛。叶：具 4~6 毫米的短柄，叶片长卵形或卵形，长 1.0~2.5 厘米，先端钝圆，基部突然楔形，边缘具圆锯齿，两面尤其在脉上被短柔毛。花：假轮生于茎上部叶腋，集成长圆状或长卵形，稍短于花萼；萼筒管状或管状钟形，下部紫色，被短柔毛，呈不明显 2 唇形，上唇 3 裂至 3/4 处，中萼齿倒圆卵形，侧萼齿阔披针形，下唇 2 裂至基部，萼齿披针形，顶端渐狭呈钻状芒；花冠长约 15 毫米，淡黄白色或白色，外面被白短柔毛，冠檐 2 唇形，上唇直立，先端 2 裂，裂片圆形，下唇中裂片较大，长约 5 毫米，先端深裂，裂片肾状，两侧裂片半圆形；雄蕊 4 枚，后对雄蕊伸出花冠之外，花药紫色，花丝具短柔毛。果实：小坚果椭圆形，棕褐色，具不明显 3 棱。物候期：花期 6—7 月，果期 8 月。

【生境】生于高山及亚高山的多石山地草原带，海拔约 3 200 米。

【分布】我国新疆（乌恰等地）；中亚地区。

【保护级别及用途】IUCN：无危（LC）。

422. 宽齿青兰 *Dracocephalum paulsenii* Briq.

【生物学特征】外观：草本匍匐，矮小。根茎：粗约 8 毫米，顶端分枝。茎：多数，高 5~15 厘米，密被平展短毛。叶：卵形，长宽均 3~4 毫米，圆齿状羽状深裂，裂片边缘内卷，上面绿色，被短伏毛，下面被白绒毛，叶柄长 2~3 毫米。花：轮伞花序在枝顶密集成球状卵形或长圆形的穗状花序，长 2~3 厘米；苞片椭圆形，羽状深裂，裂片先端微钝，紫色或紫蓝色，疏被长柔毛。花萼管状钟形，长 6~7 毫米，被平展疏柔毛，2 唇形，上唇中齿极宽卵形，侧齿狭卵形，与中齿合生较高，下唇 2 齿卵状披针形，齿先端均短渐尖。花冠紫蓝色，长 10~12 毫米，外面密被短伏毛，斑点颜色稍深，冠筒在萼齿以上向前宽展成腹状的喉部，冠檐 2 唇形，上唇短，先端微凹，下唇下折，较上唇长，中裂片较大，倒心脏形，侧裂片卵状圆形而短。物候期：花期 6—7 月，果期 8—9 月。

【生境】生于海拔 2 500~4 200 米的高山草甸、沟谷亚高山草甸、砾石山坡草地。

【分布】我国新疆（乌恰等地）；中亚地区。

【保护级别及用途】IUCN：无危（LC）。

423. 滨藜叶分药花 *Salvia yangii* B. T. Drew

【俗名】帕米尔分药花

【异名】*Perovskia atriplicifolia*; *Perovskia pamirica*

【生物学特征】外观：半灌木，高约 50 厘米。茎：基部分枝，密被星状毛及稀疏黄色腺点。叶：线状披针形，长 4~5（~6）厘米，先端钝，基部楔形，羽状深裂，裂片长圆形或卵形，长 2~4 毫米，两面疏被星状毛及较密黄色腺点；叶柄长 4~6 毫米。花：花梗长 1~1.5 毫米，密被短柔毛；花萼长 5~6 毫米，淡紫色，下部密被白或淡紫色长硬毛及黄色腺点，上部疏被短柔毛或近无毛，萼筒长 4~5 毫米，上唇长 1 毫米，具不明显 3 齿，下唇具 2 齿；花冠蓝色，长约 1 厘米，无毛，疏被腺点，冠筒长 5~6 毫米，上唇长 3~3.5 毫米，具暗紫色条纹，裂片椭圆形或卵形，中裂片长 1.5 毫米，侧裂片长 1 毫米，下唇长圆状椭圆形，长 3 毫米。果实：小坚果长 2 毫米，顶端钝，长 2 毫米，淡褐色，无毛。物候期：花果期 6—7 月。

【生境】生于海拔 2 600~2 700 米的沟谷砾石山坡及河谷。

【分布】我国新疆（塔什库尔干县）、西藏。

【保护级别及用途】种质资源。

424. 新疆鼠尾草 *Salvia deserta* Schang

【生物学特征】外观：多年生草本。根茎：粗壮，木质，斜行，向下生出纤维状须根。茎：单一或多数自根茎生出，高达70厘米，钝四棱形，绿色，被疏柔毛及微柔毛，不分枝或多分枝。叶：卵圆形或披针状卵圆形，长4~9厘米，被短柔毛；叶柄长达4厘米，短至无柄，被疏柔毛及微柔毛。花：轮伞花序4~6花，总状或总状圆锥花序；苞片宽卵圆形，紫红色。花冠蓝紫色至紫色，长9~10毫米，外面被小疏柔毛，冠檐2唇形，上唇椭圆形，弯成镰刀形，下唇轮廓近圆形，3裂，中裂片阔倒心形，边缘波状，侧裂片椭圆形。能育雄蕊2，不外伸，与花冠等长，上臂长4.5毫米，下臂长2毫米。花柱与花冠等长，先端不相等2浅裂，前裂片较长。花盘前面稍膨大。果实：小坚果倒卵圆形，长1.5毫米，黑色，光滑。物候期：花果期6—10月。

【生境】生于海拔270~1 850米的田野荒地、沟边、沙滩草地及林下。

【分布】我国新疆（乌恰县等地）；俄罗斯。

【保护级别及用途】IUCN：无危（LC）。

425. 光刺兔唇花 *Lagochilus leiacanthus* Fisch. & C. A. Mey.

【生物学特征】外观：多年生植物，高 15~25 厘米。根：粗厚，垂直。茎：多少直立，自基部多叶，被不十分密的短而向下的绒毛。叶：菱形，基部楔形，3 出 5 浅裂，裂片分裂成卵状长圆形的小裂片，先端刺状渐尖，具长 1.5~2 毫米的小刺尖，叶片上面无毛或被稀疏的小刺状绒毛，下面被具腺疏柔毛，叶柄长 3~5 毫米或无柄。花：轮伞花序约 6 花；苞片长 4~12 毫米，锥状，无毛。花萼管状钟形，无毛。萼齿长圆形，先端圆，长 8~12 毫米，具长 1~1.5 毫米的小刺尖，与萼筒等长或为其 1.5~2 倍。花冠粉红色，为萼长的 2.5~3 倍，上唇半裂成 2 长圆形的裂片，外面被柔毛，下唇 3 浅裂，中裂片微缺，小裂片卵圆形，侧裂片短，长圆形。物候期：花期 6—8 月。

【生境】生于砾石山坡上。

【分布】我国新疆（乌恰、喀什等地）；中亚地区。

【保护级别及用途】种质资源。

426. 喀什兔唇花 *Lagochilus kaschgaricus* Rupr.

【生物学特征】外观：多年生植物，高 10~20 厘米。根：粗壮，多扭曲，顶端膨大，灰褐色。茎：多数，开展，细弱，四棱形，灰白色，被白色短柔毛。叶：阔菱形，羽状深裂，基部渐狭成短而宽的叶柄，无毛，稀被疏绒毛，具长圆形裂片，先端钝或具小刺尖，小刺尖长 1~1.5 毫米，边缘卷曲，具小缘毛。花：轮伞花序 4~6 花，苞片粗，锥刺状，平展，长 15~23 毫米，无毛。花萼管状钟形，萼筒被稀疏的糙伏毛或下部较密，萼齿阔卵圆形，长 6~8 毫米，为萼长之半或不及一半，先端斜截形，具长 1 毫米的小刺尖。花冠为萼长之 2 倍，粉红色，上唇比下唇长许多，先端深缺，呈 2 牙齿状裂片，下唇 3 浅裂，中裂片短缺，呈 2 短齿状裂片，侧裂片长圆形，先端具齿。物候期：花期 7—9 月。

【生境】生于海拔 2 250~3 120 米的沟谷干山坡石砾地、冲沟沿上、河谷阶地砾石质草甸。

【分布】我国新疆（阿克陶、乌恰、喀什、疏附等地）；中亚地区。

【保护级别及用途】IUCN：无危（LC）。

427. 阔刺兔唇花 *Lagochilus platyacanthus* Rupr.

【生物学特征】外观：多年生植物，高 15~30 厘米。根：较细，褐色。茎：基部分枝，直立，四棱形，乳白色，被向下伏的糙毛。叶：3 出，羽状分裂，具线形或卵圆形的小裂片，边缘具小缘毛，先端渐尖，下部的叶片菱形，上部的圆形，均具长 5~17 毫米长的柄。花：轮伞花序 4~8 花；苞片长 7~12 毫米，披针形，锐利，具明显的肋，锐刺状，密被具 2~5 节的绒毛及具柄头状腺体。花萼被具 2~3 节的紧密绒毛状毛被和无柄头状腺体，萼齿卵圆形，先端几三角形，长 6~7 毫米，与萼筒等长或比萼筒短。花冠长为花萼的 2 倍，上唇 2~3 深裂，具披针形裂片，下唇中裂片短缺，分成 2 圆形的裂片，侧裂片长圆形。果实：小坚果黑褐色，先端截形。物候期：花期 7 月，果期 8 月。

【生境】生于海拔 2 500~2 800 米的碎石坡灌丛中。

【分布】我国新疆（乌恰等地）；中亚地区。

【保护级别及用途】IUCN：无危（LC）。

428. 密花香薷（原变种）*Elsholtzia densa* var. *densa*

【俗名】蝗蝼巴、臭香茹、时紫苏、咳嗽草、细穗密花香薷、矮株密花香薷

【异名】*Elsholtzia densa* var. *calycocarpa*; *Elsholtzia ianthina* ; *Elsholtzia densa* var. *ianthina*; *Elsholtzia manshurica*; *Elsholtzia calycocarpa*

【生物学特征】外观：草本，高 20~60 厘米。根：密生须根。茎：直立，自基部多分枝，分枝细长，茎及枝均四棱形，具槽，被短柔毛。叶：长圆状披针形至椭圆形，长 1~4 厘米，先端急尖或微钝，基部宽楔形或近圆形，边缘在基部以上具锯齿，上面绿色下面较淡，两面被短柔毛。花：花萼钟状，长约 1 毫米，外面及边缘密被紫色串珠状长柔毛，萼齿 5，近三角形，果时花萼膨大，近球形。花冠小，淡紫色，长约 2.5 毫米，外面及边缘密被紫色串珠状长柔毛，内面在花丝基部具不明显的小疏柔毛环，冠筒向上渐宽大，冠檐 2 唇形，上唇直立，先端微缺，下唇稍开展，3 裂，中裂片较侧裂片短。雄蕊 4，前对较长，微露出，花药近圆形。花柱微伸出，先端近相等 2 裂。果实：小坚果卵珠形，暗褐色，被极细微柔毛，腹面略具棱，顶端具小疣状突起。物候期：花果期 7—10 月。

【生境】生于林缘、林下、高山草甸、河边及山坡荒地，海拔 1 800~4 320 米。

【分布】我国新疆（乌恰、喀什、叶城等地）、河北、山西、陕西、甘肃、青海、四川、云南、西藏等；中亚地区、阿富汗、巴基斯坦、尼泊尔、印度、蒙古国。

【保护级别及用途】药用、香料。

429. 香薷 *Elsholtzia ciliata* (Thunb.) Hyland.

【俗名】五香、野芭子、野芝麻、蚂蝗痧、德昌香薷、香茹草、鱼香草、野紫苏、蜜蜂草、香草、山苏子、排香草、酒饼叶、边枝花、荆芥、臭荆芥、真荆芥、臭香麻、水荆芥、小叶苏子、拉拉香、小荆芥、青龙刀香薷、水芳花、短苞柄香薷、多枝香薷、少花香薷、疏穗香薷

【异名】*Sideritis ciliata*; *Elsholtzia minina*; *Elsholtzia formosana*; *Elsholtzia patrini* var. *ramosa*; *Elsholtzia ciliata* var. *ramosa*; *Elsholtzia ciliata* var. *remota*; *Elsholtzia ciliata* var. *brevipes*; *Elsholtzia ciliata* var. *depauperata*

【生物学特征】外观：直立草本，高 0.3~0.5 米，具密集的须根。茎：通常自中部以上分枝，钝四棱形，无毛或被疏柔毛。叶：卵形或椭圆状披针形，长 3~9 厘米，先端渐尖，基部楔状下延成狭翅，边缘具锯齿。花：穗状花序长 2~7 厘米，由多花的轮伞花序组成；苞片宽卵圆形或扁圆形，花梗纤细，近无毛，序轴密被白色短柔毛。花萼钟形，外面被疏柔毛，疏生腺点，内面无毛，萼齿 5，三角形，前 2 齿较长，先端具针状尖头，边缘具缘毛。花冠淡紫色，约为花萼长之 3 倍，外面被柔毛，冠檐 2 唇形，上唇直立，先端微缺，下唇开展，3 裂，中裂片半圆形，侧裂片弧形，较中裂片短。雄蕊 4，前对较长，外伸，花丝无毛，花药紫黑色。花柱内藏，先端 2 浅裂。果实：小坚果长圆形，长约 1 毫米，棕黄色，光滑。物候期：花期 7—10 月，果期 10 月至翌年 1 月。

【生境】生于海拔 3 400 米的路旁、山坡、荒地、林内、河岸。

【分布】几分布全国；俄罗斯（西伯利亚）、蒙古国、朝鲜、日本、印度、中南半岛、欧洲及北美洲。

【保护级别及用途】IUCN：无危（LC）。

430. 南疆新塔花 *Ziziphora pamiroalaica* Juz. ex Nevski

【生物学特征】外观：半灌木，高 20~50 厘米，极芳香。根：粗壮、木质而曲折。茎：从茎基长出，多数，通常从基部上升或有时平卧而弓形弯曲，通常曲折，被稍坚硬、疏散、短而下弯的毛，通常带红色，不分枝或少分枝，节间常常十分延长，特别是在植株上部。叶：不大或为中等大小，长 2~15 毫米，长圆状卵圆形至近圆形，基部渐狭成长达 3 毫米、被极小柔毛的柄。花：苞叶与叶同形，但常常较小，通常不超出花萼，常反折，具密集的白色长毛。轮伞花序集成头状，球形，直径 1.2~2.8 厘米，十分密集；花梗极短。花萼绿色或淡或深紫色，长 4~6 毫米，直立或稍弯曲，密被与萼宽近相等或稍长的柔软白色长毛。花冠玫瑰红色，具有稍外伸的冠筒及宽大的冠檐。花药从冠筒长长地伸出，紫色。果实：小坚果卵球形，光滑。物候期：花期 6—7 月，果期 8—9 月。

【生境】生于海拔 2 700~3 800 米的砾石地上，河谷及峡谷斜坡上。

【分布】我国新疆（塔什库尔干、乌恰、阿克陶等地）；吉尔吉斯斯坦。

【保护级别及用途】IUCN：无危（LC）。

431. 短柄野芝麻 *Lamium album* L.

【异名】*Lamium petiolatum*

【生物学特征】外观：多年生植物。茎：高 30~60 厘米，四棱形，被刚毛状毛或几无毛，中空。叶：茎下部叶较小，茎上部叶卵圆形或卵圆状长圆形至卵圆状披针形，长 2.5~6 厘米，先端急尖至长尾状渐尖，基部心形，边缘具牙齿状锯齿，上面橄榄绿色，被稀疏的贴生短硬毛，叶柄长 1~6 厘米，基部边缘具睫毛，苞叶叶状，近于无柄。花：轮伞花序 8~9 花；苞片线形，花萼钟形，长 0.9~1.3 厘米，基部有时紫红色，具疏刚毛及短硬毛，萼齿披针形，边缘具睫毛。花冠浅黄或污白色，冠檐 2 唇形，上唇倒卵圆形，长 0.7~1 厘米，先端钝，下唇长 1~1.2 厘米，3 裂，中裂片长 4~6 毫米，倒肾形，边缘具长睫毛。雄蕊花丝扁平，上部被长柔毛，花药黑紫色，被长柔毛。果实：小坚果长卵圆形，几三棱状，长 3~3.5 毫米，直径 1.5~1.7 毫米，深灰色，无毛，有小突起。物候期：花期 7—9 月，果期 8—10 月。

【生境】生于海拔 1 400~3 300 米的山地草原、亚高山草甸、山坡灌丛草地、沟谷溪流岸边、林缘、谷底半阴坡草丛中。

【分布】我国新疆（乌恰县）、内蒙古、山西、甘肃、宁夏等；欧洲、西亚经伊朗至印度、俄罗斯、蒙古国、日本及加拿大。

【保护级别及用途】IUCN：无危（LC），花入药，叶富含胡萝卜素，幼叶可食，又是很好的蜜源植物。

432. 野胡麻 *Dodartia orientalis* L.

【生物学特征】外观：多年生直立草本，高15~50厘米，无毛或幼嫩时疏被柔毛。茎：单一或束生，近基部被棕黄色鳞片，枝伸直，细瘦，具棱角，扫帚状。叶：疏生，茎下部的对生或近对生，上部的常互生，宽条形，全缘或有疏齿。花：总状花序顶生，伸长，花常3~7朵，稀疏；花萼近革质，长约4毫米，萼齿宽三角形，近相等；花冠紫色或深紫红色，花冠筒长筒状，上唇短而伸直，卵形，端2浅裂，下唇褶襞密被多细胞腺毛，侧裂片近圆形，中裂片突出，舌状；雄蕊花药紫色，肾形；子房卵圆形，长1.5毫米，花柱伸直，无毛。果实：蒴果圆球形，直径约5毫米，褐色或暗棕褐色，具短尖头。种子：卵形，长0.5~0.7毫米，黑色。物候期：花果期5—9月。

【生境】生于海拔 800~2 000 米多沙的山坡及田野。

【分布】我国新疆（阿克陶、乌恰、喀什、叶城等地）、内蒙古、甘肃、四川；蒙古国、俄罗斯、哈萨克斯坦、伊朗。

【保护级别及用途】IUCN：无危（LC）；药用。

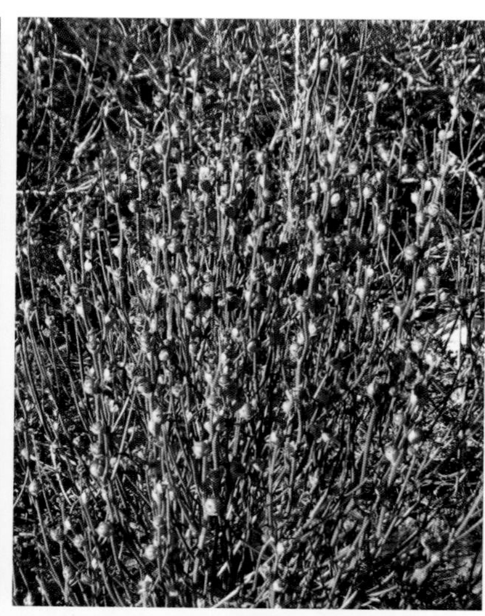

433. 长齿列当 *Orobanche coelestis*（Reuter）Boiss. et Reut.

【异名】*Phelipaea coelestis*; *Phelipaea heldreichii*

【生物学特征】外观：2年生草本，高15~40厘米。茎：淡黄色，中部宽2~7毫米，基部稍增粗，不分枝，被白色腺毛，下部变无毛。叶：少数，卵状披针形或披针形，长1~1.5厘米。花：花序穗状，卵形或圆柱形，顶端圆或短渐尖，长6~18厘米，具多而密的花；苞片卵状披针形，长0.8~1.8厘米，连同小苞片、花萼和花冠被短腺毛。花萼短钟状，亮褐色，长1~1.5厘米，裂片狭披针形。花冠筒状，蓝色，基部微白色，内面被柔毛，长1.8~2.6厘米；上唇2裂，裂片椭圆形，顶端常渐尖，下唇稍长于上唇，3裂，裂片椭圆形或圆形。子房椭圆球形，花柱短，被短腺毛，柱头2裂。果实：蒴果与子房同形，长0.9~1.1厘米。种子：椭圆球形或球形，长0.4~0.6毫米，种皮网状。物候期：花期5—6月。

【生境】生于海拔 1 200~2 600 米戈壁荒漠地带的沟谷山地荒漠草原。

【分布】我国新疆南部和西南部帕米尔高原及昆仑山；地中海区东部、土耳其、伊朗、巴基斯坦及西帕米尔。

【保护级别及用途】IUCN：无危（LC）；种质资源。

434. 美丽列当 *Orobanche amoena* C. A. Mey.

【生物学特征】外观：2 年生或多年生草本，植株高 15~30 厘米。茎：直立，近无毛或疏被极短的腺毛，基部稍增粗。叶：卵状披针形，长 1~1.5 厘米，宽。花：花序穗状，短圆柱形，长 6~12 厘米。花萼长 1~1.4 厘米，常在后面裂达基部。花冠近直立或斜生，长 2.5~3.5 厘米，裂片常为蓝紫色，筒部淡黄白色，上唇 2 裂，裂片半圆形或近圆形，长 2.5~3.5 毫米，下唇长于上唇，3 裂，裂片近圆形，直径 0.4~0.6 厘米，裂片间具宽 3~4 毫米的褶，全部裂片边缘具不规则的小圆齿。雌蕊长 2~2.2 厘米，子房椭圆形，花柱长 1.2~1.5 厘米，中部以下近无毛，上部疏被短腺毛，柱头 2 裂，裂片近圆形。果实：椭圆状长圆形。种子：长圆形，表面具网状纹饰，网眼底部具蜂巢状凹点。物候期：花期 5—6 月，果期 6—8 月。

【生境】生于荒漠沙质山坡，海拔 700~2 800 米。

【分布】我国新疆（乌恰等地）、辽宁、内蒙古、河北、山西、陕西；伊朗、阿富汗、巴基斯坦、喜马拉雅西北部、中亚地区。

【保护级别及用途】IUCN：近危（NT）；药用。

435. 阿尔泰马先蒿 *Pedicularis altaica* Steph. ex Steven

【生物学特征】外观：多年生草本。根：短缩，有粗壮时而分枝的纤维根。茎：多单条，细而常弯曲，疏被长卷毛，常有色泽，高 20~40 厘米。叶：基出者少数，具短于叶片 2 倍而光滑的柄，叶片线状披针形，轴有狭翅，羽状全裂，裂片长圆状披针形或披针形。花：花序长，花有短梗，下部者疏生；苞片 3 裂，侧裂短；萼狭钟形，长 10~12 毫米，近于革质，主脉明显，有短而斜出的支脉，无毛，带有紫色斑点，或有时有灰色细毛，齿 5 枚，三角形而短，短于萼管数倍；花冠黄色，长 25~27 毫米，在喉部以下膝曲，盔部与管等长，上部镰状弓曲，端有短喙而下缘有 2 齿，下唇 3 裂，与盔等长，具长柄，沿缘多少有缘毛；雄蕊花丝 1 对有毛。果实：蒴果几不偏斜，长圆形，具短喙，长 10 毫米。物候期：花期 6—7 月，果期 7—8 月。

【生境】生于草地或灌丛中。

【分布】我国新疆（乌恰等地）。

【保护级别及用途】IUCN：无危（LC）。

436. 长根马先蒿 *Pedicularis dolichorrhiza* Schrenk

【生物学特征】外观：多年生草本，高升，高者可达 1 米左右，稍有毛。根颈：粗短，生有膜质鳞片。根：根颈向下发出成丛的长根，多者达 10 余条，粗细不等，多少肉质而纺锤形。茎：单条或二三条，圆筒形而中空，不分枝，有成行的白色短毛，在花序中较密。叶：互生，基生者成丛，叶片狭披针形，羽状全裂，长者达 25 厘米，裂片多者达 25 对，披针形，羽状深裂。花：花序长穗状而疏；苞片下部者叶状，萼有疏长毛，钟形，前方稍稍开裂；花冠黄色，管长 13~16 毫米，向上较粗并向前镰状弓曲成为含有雄蕊的部分，长达 8 毫米，端 2 裂，裂片齿状；下唇约与盔等长，无缘毛，有褶襞两条，通向花喉，内面基部有毛，前方 3 裂，裂片多少倒卵形，侧裂偏斜，大于中裂 1 倍，缘均有啮痕状齿；花丝着生处有疏毛，前方 1 对有毛。果实：蒴果长 10~11 毫米，熟时黑色。前端狭而多少偏弯向前。种子：长卵形，有种阜，外面有明显的网纹。物候期：花期 6—8 月，果期 8—9 月。

【生境】生于海拔 2 500~4 600 米的沟谷山坡林间草地、河谷山坡高寒灌丛草甸、河谷高寒草甸、河谷滩地沼泽地、河滩砾石地及山坡草地。

【分布】我国新疆（塔什库尔干、乌恰、叶城等地）；克什米尔地区、中亚地区天山及西帕米尔。

【保护级别及用途】IUCN：无危（LC）；牧草。

437. 毛穗马先蒿 *Pedicularis dasystachys* Schrenk

【异名】*Pedicularis laeta*

【生物学特征】外观：多年生草本。根：短缩，具有粗壮而等径的纤维根。茎：单条至数条，不分枝，直立，略有光泽，无毛或有疏毛，高达10~30厘米。叶：基出者无毛，叶柄短于叶片，后者为椭圆状披针形，仅轴上被毛，羽状深裂，裂片羽状半裂，钝头，卵形或披针形，小裂片边缘有胼胝，钝头，有浅锯齿，茎生叶卵状椭圆形，柄较短。花：花序极密，至果中可伸长达15厘米而较疏，被白色绒毛；苞片线形，萼宽钝形，微膨臌，披针形，基部三角形，全缘，前端无毛，基部边缘有长柔毛；花冠为鲜艳的玫瑰色或白色，无毛，管伸直，盔稍向后仰，稍长于下唇，上部弓曲，具1对很短的齿，下唇宽椭圆形，中裂圆形，具长2.5毫米、宽3毫米的柄；雄蕊花丝无毛。果实：蒴果卵形，长8~10毫米，具短凸尖。物候期：花期5月，果期6月。

【生境】生于盐碱性或浸水的草地上。

【分布】我国新疆（塔什库尔干县）；欧洲顿河流域及黑海附近、俄罗斯（西伯利亚）、中亚地区、蒙古国。

【保护级别及用途】IUCN：无危（LC）。

438. 蒿叶马先蒿 *Pedicularis abrotanifolia* M. Bieb. ex Steven

【异名】*Pedicularis abrotanifolia* var. *altaica*

【生物学特征】外观：多年生草本，草质，老时仅基部稍木质化，干时不变黑色。根：多分枝，老时木质化。茎：多在基部多条并出，高可达40厘米，有4条成行的毛。叶：基出者早枯，柄长达15毫米，茎生者有短柄，叶片狭长圆形至长圆状披针形，长达5厘米，羽状全裂。花：花序穗状，花有短梗，梗有从萼上延下的膜质之翅；萼大，长达10毫米，主脉5条次脉5条均绿色而明显，边缘与管部均有白色长毛；花冠黄色，管部很长，达12~14毫米，在近端处强烈向前弓曲，下唇约与盔等长而显短于管，裂片侧方者大于中间者，多少椭圆形，中裂圆形，两侧叠置于侧片之下，基间的缺刻不能看到，盔以管的弓曲而指向前上方，伸直，额圆而端尖，略作小喙状；雄蕊花丝着生于管的近基处，两对均无毛；花柱稍稍伸出于盔端。

【生境】生于草原、草坡、林缘或固定沙丘。

【分布】我国新疆（塔什库尔干、乌恰、阿克陶等地）；马拉尔山经俄罗斯（西伯利亚）至阿尔泰山、阿拉套。

【保护级别及用途】IUCN：无危（LC）。

439. 堇色马先蒿 *Pedicularis violascens* Schrenk

【异名】*Pedicularis tenuicalyx*

【生物学特征】外观：多年生草本，干时不甚变黑，高一般 8~10 厘米。根：多条，多少肉质而略变粗作纺锤形，长 5 厘米。叶：基生者常宿存，仅在很大的植株中丛密，一般不十分繁多，有长柄，叶片披针状至线状长圆形，长 2.4~4.4 厘米，羽状全裂，裂片 6~9 对，卵形，基部狭缩，端锐头。花：花序头状，仅长 2~6 厘米；苞片宽菱状卵形，基部膨大膜质，其片掌状 3~5 裂；花冠长约 7 毫米，紫红色，管长约 11 毫米，侧裂椭圆形，中裂较小而向前凸出，多少卵形或圆形；雄蕊 2 对相并，花丝前方 1 对有微毛，柱头与花丝稍稍伸出。果实：蒴果披针状扁卵圆形而歪斜，端向下弓曲而有凸尖，长 14 毫米。种子：长 1.5 毫米，宽 0.7 毫米，浅褐色，背弓曲而腹部直，有整齐而细致的网纹。物候期：花果期 7—9 月。

【生境】生长于海拔 1 500~4 300 米的沟谷高山草甸、多石山坡上。

【分布】我国新疆（乌恰县）、青海；俄罗斯、中亚地区。

【保护级别及用途】IUCN：无危（LC）。

440. 拟鼻花马先蒿（原亚种）*Pedicularis rhinanthoides* subsp. *rhinanthoides*

【生物学特征】外观：多年生草本，高矮多变。根：成丛，多少纺锤形或胡萝卜状。茎：直立，或更常弯曲上升，不分枝，几无毛而多少黑色有光泽。叶：基生者常成密丛，有长柄，柄长 2~5 厘米，叶片线状长圆形，羽状全裂，裂片 9~12 对，卵形。花：成顶生的亚头状总状花序，可达 8 厘米；苞片叶状，花梗短，无毛；萼卵形而长，长 12~15 毫米；花冠玫瑰色，外面有毛，大部伸直，在近端处稍稍变粗而微向前弯，盔直立部分较管为粗，继管端而与其同指向前上方，长约 4 毫米，上端多少作膝状屈曲向前成为含有雄蕊的部分，长约 5 毫米，下唇 14~17 毫米，基部宽心脏形，伸至管的后方，裂片圆形，侧裂大于中裂 1 倍，后者几不凸出，缘无毛；雄蕊着生于管端，前方 1 对花丝有毛。果实：蒴果长于萼半倍，披针状卵形，长 19 毫米，端多少斜截形，有小凸尖。种子：卵圆形，浅褐色，有明显的网纹，长 2 毫米。物候期：花期 7—8 月。

【生境】生于海拔 1 500~5 000 米的多水或潮湿草甸中。

【分布】我国新疆（塔什库尔干、阿克陶等地）；中亚地区至西喜马拉雅。

【保护级别及用途】IUCN：无危（LC）；种质资源。

441. 欧亚马先蒿（原亚种）*Pedicularis oederi* subsp. *oederi*

【俗名】欧氏马先蒿

【异名】*Pedicularis versicolor* var. *europaea*

【生物学特征】外观：多年生草本，体低矮，高 5~10 厘米。根：多数，多少纺锤形，肉质。茎：草质多汁，常为花葶状，多少有绵毛，有时几变光滑，有时很密。叶：多基生，宿存成丛，有长柄，毛被亦多变，叶片长 1.5~7 厘米，线状披针形至线形，羽状全裂，在芽中为拳卷，而其羽片则垂直相叠作鱼鳃状排列。花：花序顶生，变化极多；苞片多少披针形至线状披针形，短于花或等长，几全缘或上部有齿，常被绵毛；萼狭而圆筒形，长 9~12 毫米，主脉 5 条，次脉很多；花冠多二色，盔端紫黑色，其余黄白色，管长 12~16 毫米；雄蕊花丝前方 1 对被毛，后方 1 对光滑；花柱不伸出于盔端。果实：蒴果因花序离心，故在顶上者生长常最良好，而下部之花往往不实，长卵形至卵状披针形，两室强烈不等，但轮廓则不甚偏斜，端锐头而有细凸尖。种子：灰色，狭卵形锐头，有细网纹。物候期：花期 6 月底至 9 月初。

【生境】多生于海拔 1 400~4 000 米的高山沼泽草甸和阴湿的林下。

【分布】我国新疆（塔什库尔干、阿克陶、叶城等地）、西藏；欧洲、亚洲、美洲。

【保护级别及用途】种质资源。

442. 紫斑碎米蕨叶马先蒿 *Pedicularis cheilanthifolia* subsp. *svenhedinii*（Pauls.）Tsoong

【俗名】斯文氏碎米蕨叶马先蒿

【异名】*Pedicularis svenhedinii*

【生物学特征】外观：多年生草本，低矮或相当高升，高 5~30 厘米，干时略变黑。根茎：很粗，被有少数鳞片。根：多少变粗而肉质，略为纺锤形，长可达 10 厘米以上。茎：单出直立，不分枝，暗绿色，节 2~4 枚。叶：基出者宿存，有长柄，丛生，柄长达 3~4 厘米，叶片线状披针形，羽状全裂，长 0.75~4 厘米，裂片 8~12 对，卵状披针形至线状披针形，羽状浅裂较宽，小裂片 2~3 对。花：花序一般亚头状，长者达 10 厘米，下部花轮有时疏远；苞片叶状，下部者与花等长；萼长圆状钟形，脉上有密毛，齿 5 枚，萼齿比原变种稍较长；花冠自紫红色一直退至纯白色，上段向前方扩大，长达 11~14 毫米，下唇稍宽过于长，长 8 毫米，下唇有紫斑或紫线条，裂片圆形而等宽，盔长 10 毫米，盔常有紫斑，但有时也会全部紫色；雄蕊花丝着生于管内约等于子房中部的地方，仅基部有微毛，上部无毛；花柱伸出。果实：蒴果披针状三角形，锐尖而长，下部为宿萼所包。种子：卵圆形，基部显有种阜，色浅而有明显之网纹，长 2 毫米。物候期：花期 6—8 月，果期 7—9 月。

【生境】生于海拔 3 000~5 400 米的河谷山地云杉林缘、河谷阶地高山草甸等。

【分布】我国新疆（塔什库尔干、叶城等地）、青海、西藏；中亚地区。

【保护级别及用途】种质资源。

443. 碎米蕨叶马先蒿（原亚种）*Pedicularis cheilanthifolia* subsp. *cheilanthifolia*

【异名】*Pedicularis cheilanthifolia* var. *typica*

【生物学特征】外观：多年生草本，低矮或相当高升，高 5~30 厘米。根茎：很粗，被有少数鳞片。根：多少变粗而肉质，略为纺锤形。茎：单出直立，不分枝，暗绿色。叶：基出者宿存，有长柄，丛生，柄长达 3~4 厘米；叶片线状披针形，羽状全裂，长 0.75~4 厘米，裂片 8~12 对，卵状披针形至线状披针形，长 3~4 毫米，羽状浅裂，小裂片 2~3 对。花：花序一般亚头状；苞片叶状，花梗仅偶在下部花中存在；萼长圆状钟形，脉上有密毛；花冠自紫红色一直退至纯白色，管在花初放时几伸直，上段向前方扩大，长达 11~14 毫米，下唇稍宽过于长，长 8 毫米，裂片圆形而等宽，花盛开时作镰状弓曲；雄蕊花丝着生于管内约等于子房中部的地方，仅基部有微毛，上部无毛；花柱伸出。果实：蒴果披针状三角形，锐尖而长，长达 16 毫米，下部为宿萼所包。种子：卵圆形，基部显有种阜。物候期：花期 6—8 月，果期 8—9 月。

【生境】生于海拔 2 100~5 400 米的河滩、水沟等水分充足之处，亦见于阴坡桦木林、草坡中。

【分布】我国新疆（塔什库尔干、叶城等地）、甘肃、青海等；中亚地区。

【保护级别及用途】IUCN：无危（LC）；种质资源。

444. 小根马先蒿 *Pedicularis ludwigii* Regel

【异名】*Pedicularis leptorhiza*

【生物学特征】外观：1 年生草本，直立，高达 12 厘米。根：细而纺锤形，直入土中，长 4 厘米。茎：单条或自根颈发出多条，不分枝，无退化为鳞片之叶。叶：均自基部开始生长，下方两轮极靠近，每轮 2~4 枚，在单茎的个体中有时 5 枚轮生，柄长 3~8 毫米，羽状全裂，裂片 6~7 对，疏远，长 2~3 毫米，羽状浅裂，裂片有不规则之齿及胼胝质凸尖。花：花序穗状，长 18~30 毫米，苞片下部者叶状，萼开花时长 7.5 毫米，花后不膨大，亚无柄，作膨撇的钟形；花冠紫色，管下部伸直，超过于萼 2 倍以上，上部向前膝曲，盔的亚卵形含有雄蕊的部分连基宽圆锥形截头的喙约与其基部一段等长，背线有狭条鸡冠状突起，至盔额前方突然中止，下唇略短于盔，伸张，宽过于长，缘有不规则之细齿，3 裂，裂片圆形，中裂稍小，有短柄，向前凸出；花丝着生于管端之下，较长的 1 对有毛；药长圆形，室锐头，灰褐色；子房卵圆形，花柱伸出。物候期：花期 7 月。

【生境】生于海拔 3 500 米左右的河谷山坡砾石地草甸。

【分布】我国新疆（塔什库尔干县）；哈萨克斯坦、吉尔吉斯斯坦。

【保护级别及用途】IUCN：无危（LC）。

马先蒿属 Pedicularis

445. 准噶尔马先蒿 *Pedicularis songarica* Schrenk

【俗名】南方普氏马先蒿

【异名】*Pedicularis przewalskii* var. *australis*

【生物学特征】外观：多年生草本，干时略变黑色，几光滑。根：丛生，长者达 15 厘米，多少纺锤形而肉质。茎：多单条，低矮，低者仅 10 厘米。叶：多基生，有长柄达 4 厘米左右，叶片多少披针形，长达 5 厘米，羽状全裂，裂片极多，15~30 对，卵状披针形至线状披针形，紧密排列成篦齿状。花：花序顶生茎顶，常稠密，长者达 6 厘米；苞片发达，下部者长于花，狭披针形至线状披针形；萼狭长，管状，长达 14 毫米左右，主脉 5 条；花冠黄色，无毛；下唇甚短于盔，长仅 5.5 毫米左右，基部有明显之柄长达 1.3 毫米，前方两侧突然作耳形膨大而成侧裂，后者扁圆，中裂仅略小于侧裂，多少卵形，其基部有褶襞 2 条，通向喉部，盔长约 9 毫米，微微作镰状弓曲；花丝着生花管基部，2 对均无毛；花柱略略伸出。果实：蒴果披针状长圆形，一面开裂。物候期：花期 6—7 月。

【生境】生于海拔 1 300~3 200 米的沟谷山地草甸、山坡云杉林下草地。

【分布】我国新疆（阿克陶等地）；俄罗斯、哈萨克斯坦。

【保护级别及用途】IUCN：无危（LC）。

446. 南方青藏马先蒿 *Pedicularis przewalskii* subsp. *australis*（Li）Tsoong

【俗名】南方普氏马先蒿

【异名】*Pedicularis przewalskii* var. *australis*

【生物学特征】外观：多年生低矮草本。根：多数，成束，多少纺锤形而细长，长达 6 厘米，有须状细根发出。根茎：粗短，稍有鳞片残余。茎：多单条，或 2~3 条自根颈发出。叶：两面均生密毛，缘有长毛，长仅 1.5 毫米，宽仅 5 毫米。花：花序在小植株中仅含 3~4 花，在大植株中可达 20 以上；萼瓶状卵圆形；花冠紫红色。果实：蒴果斜长圆形，有短尖头，约长于萼 1 倍。物候期：花期 6—7 月。

【生境】生于海拔 4 300~4 400 米的高山草地中。

【分布】我国新疆（塔什库尔干等地）、云南、西藏等。

【保护级别及用途】IUCN：无危（LC）。

447. 甘肃马先蒿 *Pedicularis kansuensis* Maxim.

【异名】*Pedicularis futtereri*

【生物学特征】外观：1 年生或 2 年生草本，干时不变黑，体多毛，高可达 40 厘米以上。根：垂直向下。茎：常多条自基部发出，中空，多少方形，草质，有 4 条成行之毛。叶：基出叶长柄，有密毛，茎叶柄较短，4 枚轮生，叶片长圆形，锐头，羽状全裂，裂片约 10 对，披针形，羽状深裂，小裂片具少数锯齿，齿常有胼胝而反卷。花：萼下有短梗，膨大而为亚球形，主脉明显，有 5 齿，齿不等，三角形而有锯齿；花冠长约 15 毫米，其管在基部以上向前膝曲，再由于花梗与萼的向前倾弯，故全部花冠几置于地平的位置上，其长为萼的 2 倍，向上渐扩大，至下唇的水平上宽达 3~4 毫米，下唇长于盔，裂片圆形，中裂较小，基部狭缩，其两侧与侧裂所组成之缺刻清晰可见，盔长约 6 毫米，多少镰状弓曲，基部仅稍宽于其他部分，中下部有一最狭部分，常有具波状齿的鸡冠状突起，端的下缘尖锐但无凸出的小尖；花丝 1 对有毛；柱头略伸出。果实：蒴果斜卵形，略自萼中伸出，长锐尖头。物候期：花期 6—8 月。

【生境】生于海拔 1 800~4 600 米的草坡、有石砾处、田埂旁。

【分布】我国新疆（塔什库尔干县）、甘肃、青海、四川至西藏。

【保护级别及用途】IUCN：无危（LC）。

448. 春黄菊叶马先蒿 *Pedicularis anthemifolia* Fisch. ex Colla

【异名】*Pedicularis amoena*; *Pedicularis hulteniana*

【生物学特征】外观：多年生草本，高 8~30 厘米，干时不变黑色。根：多数，多少肉质而变粗，圆柱形，根颈有褐色鳞片数对。茎：单一或自根颈发出数条，上部不分枝，直立，无毛或有 2~4 条成行之毛。叶：基出者多数或稍稀，有长柄，柄长 3~4 厘米，茎生者 4 枚轮生，有毛或光滑；叶片卵状长圆形至长圆状披针形，有疏毛或几光滑，长 2.5~4 厘米，锐尖头，羽状全裂，裂片每边 8~12 枚，疏矩，线形，锐尖头，有明显之锯齿。花：花序顶生穗状，长 2~8 厘米，上部之花轮密集，下部者疏离；苞片明显，下部者叶状，羽状浅裂至全裂，上部者 3 裂、羽状浅裂或羽状深裂；萼杯状膜质，有脉 10 条而无网纹，有疏毛或光滑，长 3~4 毫米，有极明显的 5 齿，齿三角状披针形；花冠紫红色，管长 1 厘米，在萼上膝曲，上段多少弓曲而向喉扩大；下唇略与盔相等，缘无毛，侧裂圆形，中裂相当小而向前伸出，端多少截头或凹头；雄蕊着生于管基，药室基部尖头，后方 1 对的花丝上半部有毛；花柱伸出。果实：蒴果。

【生境】生于海拔 2 000~2 500 米的亚高山、高山草甸中。

【分布】我国新疆（塔什库尔干县）；阿尔泰山、蒙古国、俄罗斯（西伯利亚）。

【保护级别及用途】种质资源。

449. 管花肉苁蓉 *Cistanche mongolica* Beck

【俗名】蒙古肉苁蓉

【生物学特征】外观：植株高 60~100 厘米，地上部分高 30~35 厘米。茎：不分枝，基部直径 3~4 厘米。叶：乳白色，三角形，长 2~3 厘米，生于茎上部的渐狭为三角状披针形或披针形。花：穗状花序，长 12~18 厘米；苞片长圆状披针形或卵状披针形，边缘被柔毛，两面无毛；小苞片 2 枚，线状披针形或匙形，长 1.5~1.7 厘米，近无毛。花萼筒状，裂片与花冠筒部一样，乳白色，长卵状三角形或披针形。花冠筒状漏斗形，裂片在花蕾时带紫色，近圆形，长 8 毫米，两面无毛。雄蕊 4 枚，花丝着生于距筒基部 7~8 毫米处，长 1.5~1.7 厘米，基部膨大并密被黄白色长柔毛，花药卵形，长 4~6 毫米，密被黄白色长柔毛，基部钝圆，不具小尖头。子房长卵形，花柱长 2.2~2.5 厘米，柱头扁圆球形，2 浅裂。果实：蒴果长圆形。种子：多数，近圆形，干后变黑褐色，外面网状。物候期：花期 5—6 月，果期 7—8 月。

【生境】生于水分较充足的柽柳丛中及沙丘地，常寄生于柽柳属 *Tamarix* L. 植物根上，海拔 900~1 200 米。

【分布】我国新疆（阿克陶、喀什、民丰等地）；非洲北部、阿拉伯半岛、巴基斯坦、印度、哈萨克斯坦。

【保护级别及用途】国家Ⅱ级保护野生植物；新疆Ⅰ级保护野生植物；渐危种，药用。

450. 肉苁蓉 *Cistanche deserticola* Ma

【生物学特征】外观：高大草本，高 40~160 厘米，大部分地下生。茎：不分枝或自基部分 2~4 枝，下部直径可达 5~10（~15）厘米。叶：宽卵形或三角状卵形，生于茎下部的较密，披针形或狭披针形，长 2~4 厘米，两面无毛。花：花序穗状，长 15~50 厘米，花序下半部或全部苞片较长，与花冠等长或稍长，卵状披针形、披针形或线状披针形；小苞片 2 枚，卵状披针形或披针形，与花萼等长或稍长。花萼钟状，长 1~1.5 厘米，顶端 5 浅裂，裂片近圆形。花冠筒状钟形，长 3~4 厘米，顶端 5 裂，裂片近半圆形，颜色有变异，淡黄白色或淡紫色。雄蕊 4 枚，花丝着生于距筒基部 5~6 毫米处，花药长卵形，密被长柔毛。子房椭圆形，基部有蜜腺，花柱比雄蕊稍长，无毛，柱头近球形。果实：蒴果卵球形，顶端常具宿存的花柱，2 瓣开裂。种子：椭圆形或近卵形，外面网状，有光泽。物候期：花期 5—6 月，果期 6—8 月。

【生境】生于梭梭荒漠的沙丘，海拔 225~1 150 米。

【分布】我国新疆（乌恰等地）、内蒙古、宁夏、甘肃。

【保护级别及用途】IUCN：濒危（EN）；国家Ⅱ级保护野生植物，新疆Ⅰ级保护野生植物；特有种、渐危种；药用。

451. 短腺小米草 *Euphrasia regelii* Wettst.

【异名】*Euphrasia forrestii*

【生物学特征】外观：植株干时几乎变黑。茎：直立，高 3~35 厘米，不分枝或分枝，被白色柔毛。叶：叶和苞叶无柄，下部的楔状卵形，顶端钝，每边有 2~3 枚钝齿，中部的稍大，卵形至卵圆形，基部宽楔形，长 5~15 毫米，每边有 3~6 枚锯齿，锯齿急尖、渐尖，有时为芒状，同时被刚毛和顶端为头状的短腺毛，腺毛的柄仅 1 个细胞，少有 2 个细胞。花：花序通常在花期短，果期伸长可达 15 厘米；花萼管状，与叶被同类毛，长 4~5 毫米，果期长达 8 毫米，裂片披针状渐尖至钻状渐尖，长达 3~5 毫米；花冠白色，上唇常带紫色，背面长 5~10 毫米，外面多少被白色柔毛，背部最密，下唇比上唇长，裂片顶端明显凹缺，中裂片宽至 3 毫米。果实：蒴果长矩圆状，长 4~9 毫米。物候期：花期 5—9 月。

【生境】生于海拔 2 800~4 100 米的亚高山及高山草地、湿草地及林中。

【分布】我国新疆（乌恰、叶城等地）、甘肃、青海、西藏、陕西、云南、四川、内蒙古、山西、河北、湖北等；中亚地区。

【保护级别及用途】药用。

452. 小米草（原亚种）*Euphrasia pectinata* subsp. *pectinata*

【异名】*Euphrasia tatarica*

【生物学特征】外观：草本，植株直立，高 10~30（~45）厘米，不分枝或下部分枝，被白色柔毛。叶与苞叶：无柄，卵形至卵圆形，长 5~20 毫米，基部楔形，每边有数枚稍钝、急尖的锯齿，两面脉上及叶缘多少被刚毛，无腺毛。花：花序长 3~15 厘米，初花期短而花密集，逐渐伸长至果期果疏离；花萼管状，长 5~7 毫米，被刚毛，裂片狭三角形，渐尖；花冠白色或淡紫色，背面长 5~10 毫米，外面被柔毛，背部较密，其余部分较疏，下唇比上唇长约 1 毫米，下唇裂片顶端明显凹缺；花药棕色。果实：蒴果长矩圆状，长 4~8 毫米。种子：白色，长 1 毫米。物候期：花期 6—9 月。

【生境】生于海拔 3 320~3 550 米的阴坡草地及灌丛中。

【分布】我国新疆（乌恰等地）、青海、甘肃、宁夏、内蒙古、山西、河北；欧洲至蒙古国、俄罗斯（西伯利亚）。

【保护级别及用途】IUCN：无危（LC）；种质资源。

453. 新疆党参 *Codonopsis clematidea*（Schrenk）C. B. Clarke

【异名】*Glossocomia clematidea*; *Codonopsis ovata* var. *obtusa*

【生物学特征】外观：多年生草本，茎基具多数细小茎痕，粗壮。根：常肥大呈纺锤状圆柱形而较少分枝，长可达25~45厘米。茎：1至数枝，直立或上升，或略近于蔓状，高达50~100厘米，直伸或略外展，有钝棱，灰绿色。叶：主茎上的叶小而互生，分枝上的叶对生，具柄，柄长达2.5厘米，微被短刺毛；叶片卵形，卵状矩圆形，阔披针形或披针形，密被短柔毛。花：单生于茎及分枝的顶端；花梗长，灰绿色；花冠阔钟状，长约2.8厘米，直径约2.6厘米，淡蓝色而具深蓝色花脉，内部常有紫斑，无毛；雄蕊无毛，花丝基部微扩大，花药矩圆状。在蒴果上宿存的花萼裂片极度长大，并向外反卷。果实：蒴果下部半球状，上部圆锥状，而整个轮廓近于卵状，顶端急尖。种子：多数，狭椭圆状，无翼，两端钝，微扁，浅棕黄色，光滑，无光泽。物候期：花果期7—10月。

【生境】生于海拔1 700~3 200米的山地林中、河谷及山溪附近。

【分布】我国新疆（乌恰、叶城等地）、西藏；印度、巴基斯坦、阿富汗、俄罗斯、中亚地区。

【保护级别及用途】IUCN：无危（LC）；特有种；药用。

454. 聚花风铃草 *Campanula glomerata* subsp. *speciosa*（Hornem. ex Spreng.）Domin

【生物学特征】外观：多年生草本。茎：直立，高大。叶：茎生叶下部的具长柄，上部的无柄，椭圆形，长卵形至卵状披针形，全部叶边缘有尖锯齿。花：数朵集成头状花序，生于茎中上部叶腋间，无总梗，亦无花梗，在茎顶端，由于节间缩短，多个头状花序集成复头状花序，花萼裂片钻形；花冠紫色、蓝紫色或蓝色，管状钟形。果：蒴果倒卵状圆锥形。种子：长矩圆状，扁。物候期：花期7—9月。

【生境】生于草地及灌丛中。

【分布】我国新疆（塔什库尔干县）、东北及内蒙古；蒙古国及俄罗斯。

【保护级别及用途】IUCN：无危（LC）；药用。

455. 天山沙参 *Adenophora lamarckii* Fisch.

【异名】*Campanula lamarkii*

【生物学特征】外观：草本植物。茎：高 30~100 厘米，不分枝，无毛。叶：茎生叶卵状披针形，顶端急尖，长 5~7 厘米，宽至 2 厘米，边缘具粗齿，表面无毛，边缘有毛。花：花序假总状或圆锥状；花梗短，长不足 1 厘米；花萼无毛，筒部倒卵状或倒圆锥状，裂片披针形，长约 4 毫米；花冠漏斗状钟形，蓝色，长 1.5~2（~3）厘米，裂片卵状急尖；花盘筒状，长 1~2.5 毫米，无毛；花柱与花冠近等长。

【生境】山地林缘或林中。

【分布】我国新疆（塔什库尔干等地）；蒙古国（北部）、中亚及俄罗斯（西伯利亚南部）。

【保护级别及用途】IUCN：无危（LC）。

456. 高山沙参 *Adenophora himalayana* subsp. *alpina*（Nannf.）D. Y. Hong

【异名】*Adenophora tsinlingensis*; *Adenophora alpina*

【生物学特征】外观：草本植物。叶：卵形至卵状披针形，宽至 2.5 厘米，少狭窄而为宽条形的，背面常疏生硬毛。花：花萼裂片常有瘤状小齿，极少全缘；花盘粗或细，直径 1.5~2.5 毫米；花柱常内藏。

【生境】生于海拔 2 500~4 200 米的草地或林缘草地中。

【分布】我国新疆（塔什库尔干县）、四川、陕西、甘肃。

【保护级别及用途】IUCN：无危（LC）。

457. 小甘菊 *Cancrinia discoidea*（Ledeb.）Poljak.

【俗名】金钮扣

【异名】*Tanacetum ledebourii*

【生物学特征】外观：2 年生草本；茎：基部分枝，被白色绵毛；叶：灰绿色，被白色绵毛至几无毛，长圆形或卵形，长 2~4 厘米，2 回羽状深裂，裂片 2~5 对，每裂片 2~5 深裂或浅裂，稀全缘，小裂片卵形或宽线形，先端钝或短渐尖；叶柄长，基部扩大；花：头状花序单生，花序梗长 4~15 厘米，直立；总苞径 0.7~1.2 厘米，疏被绵毛至几无毛；总苞片 3~4 层，草质，长 3~4 毫米，外层少数，线状披针形，先端尖，几无膜质边缘，内层较长，线状长圆形，边缘宽膜质；花托突起，锥状球形；花黄色；果实：瘦果无毛，冠状冠毛膜质，5 裂。物候期：花果期 4—9 月。

【生境】生于山坡、荒地和戈壁。

【分布】我国新疆（塔什库尔干县）、甘肃、西藏；蒙古国、俄罗斯。

【保护级别及用途】IUCN：无危（LC）。

458. 扁芒菊 *Allardia tridactylites*（Kar. & Kir.）Sch.Bip.

【俗名】三指扁毛菊

【异名】*Waldheimia tridactylites*

【生物学特征】外观：多年生草本，高约 6 厘米。根状茎：匍匐，木质化，多分枝。茎：多数，缩短，有密集的莲座状叶丛。叶：匙形，长 1~1.5 厘米，3（~5）浅裂或深裂，向基部楔状渐狭；裂片通常矩圆形，全缘或有 2~3 浅裂，钝或稍尖，两面无毛，有腺点。花：头状花序单生茎端，无梗或有梗；总苞半球形，无毛，总苞片覆瓦状排列，3~4 层，外层卵状长圆形至长圆形，长约 7 毫米，宽约 3 毫米，具宽的黑褐色膜质边缘，内层线状长圆形。舌状花 8~15 个，中性，无冠毛或极退化；舌片粉红色或紫红色，椭圆状矩圆形，长约 8 毫米，宽 3~4 毫米，具 5 脉，顶端 2~3 小齿。管状花两性，多数，黄色，有腺点，上部带紫色，逐渐膨大呈钟形，有 5 个三角状披针形裂齿；果实：瘦果长 2.5 毫米，略弯，无毛，有黄色腺点。冠毛长约 6.5 毫米，带褐色。物候期：花果期 7—9 月。

【生境】生于海拔 2 400~4 700 米的河滩地或山坡石隙间。

【分布】我国新疆（塔什库尔干、乌恰等地）；中亚地区、蒙古国。

【保护级别及用途】种质资源。

459. 光叶扁芒菊 *Allardia stoliczkae* C. B. Clarke

【俗名】光叶扁毛菊

【异名】*Waldheimia stoliczkae*

【生物学特征】外观：多年生草本，高约 14 厘米。根茎：有匍匐生根的根茎。茎：基部极缩短或伸长，下部被稀疏长柔毛，近头状花序处毛较密。叶：基生叶长椭圆形或倒披针形，长达 8 厘米，1 回羽状全裂，2 回为深裂或浅裂，绿色，无毛或有极稀疏长柔毛；茎生叶较小，长 1~2 厘米，1 回羽状全裂，被长柔毛。花：头状花序单生于茎顶；总苞球形或半球形，直径约 1.7 厘米；总苞片 3~4 层，覆瓦状排列，长椭圆形，长约 7 毫米，外层密被长柔毛，中内层被毛较少，总苞片中央呈白色，边缘为宽膜质，黑色；边缘雌花舌状，舌片长椭圆形，长约 16 毫米，红色；中央两性花筒状，黄色，顶端 5 齿裂。果实：瘦果倒楔形或长卵圆形，长约 1.5 毫米，被稀疏长柔毛；冠毛扁平，边缘撕裂状，长约 3 毫米，黄色，顶端褐色。物候期：花果期 7—9 月。

【生境】生于海拔 2 900~4 400 米的河谷灌丛草地、沟谷山坡沙砾地、高原山顶砾石地。

【分布】我国新疆（塔什库尔干、叶城等地）、西藏；印度、阿富汗、巴基斯坦、中亚地区。

【保护级别及用途】种质资源。

460. 西藏扁芒菊 *Allardia glabra* Decne.

【俗名】扁毛菊

【异名】*Waldheimia glabra*

【生物学特征】外观：多年生草本，高 2~4 厘米。根状茎：匍匐，木质化，多分枝。茎：多数，短缩，近直立，无毛或疏生短柔毛，密生莲座状叶丛。叶：匙形，长 6~12 毫米，顶端 3~5 深裂，向基部急狭成短翼柄；裂片线形或线状长圆形，顶端钝或稍尖，全缘或具 2 浅齿，无毛或上面疏生绵毛，有腺点。花：头状花序单生茎端或枝端，通常有长达 2 厘米的梗，花梗被绵毛；总苞半球形，总苞片约 5 层，覆瓦状排列，外层卵形，背面疏生绵毛，中央绿色，最内层狭长圆形。舌状花 12~20 个，中性，有 1~2 条退化的冠毛；舌片粉红色，椭圆形至宽椭圆形，具 4 脉，顶端 2~3 小齿，管部长约 3 毫米。管状花两性，多数，花冠黄色，檐部 5 裂，裂片顶端深紫色，狭管部带绿色；果实：瘦果长约 2 毫米，无毛，有腺点，冠毛多数，长约 5 毫米，淡棕色，上部常带绿色，边缘有撕裂，顶端锐尖。物候期：花果期 7—9 月。

【生境】生于高山碎石坡的石缝中，海拔 4 700~5 500 米。

【分布】我国新疆（塔什库尔干、叶城等地）、西藏等；印度、巴基斯坦、阿富汗、中亚地区。

【保护级别及用途】种质资源；全草可药用。

461. 羽叶扁芒菊 *Allardia tomentosa* Decne.

【俗名】羽裂扁毛菊

【异名】*Waldheimia tomentosa*

【生物学特征】外观：多年生草本。根状茎：匍匐，多分枝。茎：多数，疏散丛生，高10~15厘米，不分枝，被白色绵毛。叶：被白色绵毛，长圆形至线状长圆形，2回羽状深裂，下部裂片逐渐变小且为1回羽状深裂。花：头状花序单生茎顶或枝端，异型，多花，有梗；总苞直径1.7~2厘米，基部被密绵毛；总苞片3~4层，覆瓦状排列，外层较短，披针形，内层线状长圆形。舌状花约20个，雌性，舌片线状长圆形，粉红色，平展，具3~5脉，顶端有3小齿。管状花两性，多数，黄色，檐部5裂；瘦果狭长圆形，上半部有极疏的长柔毛，具6~8纵肋，肋上半部淡红褐色，散生腺点；冠毛扁平，长约6毫米，淡黄绿色，上部扩大，边缘撕裂状，顶端多少带褐色。物候期：花期7月，果期8—9月。

【生境】生于海拔3 100~5 200米的沟谷山坡草甸、山地碎石山坡。

【分布】我国新疆（塔什库尔干、阿克陶等地）、西藏；印度北部、巴基斯坦、阿富汗、中亚地区。

【保护级别及用途】IUCN：无危（LC）。

462. 苍耳 *Xanthium strumarium* L.

【俗名】苍子、稀刺苍耳、菜耳、猪耳、野茄、胡苍子、痴头婆、抢子、青棘子、羌子裸子、绵苍浪子、苍浪子、刺八裸、道人头、敝子、野茄子、老苍子、苍耳子、虱马头、粘头婆、怠耳、告发子、刺苍耳、蒙古苍耳、偏基苍耳、近无刺苍耳、一室苍耳

【异名】*Xanthium sibiricum*; *Xanthium italicum*; *Xanthium orientale*; *Xanthium mongolicum* ; *Xanthium americanum*

【生物学特征】外观：1年生草本，高20~90厘米。根：纺锤状，分枝或不分枝。茎：直立不分枝或少有分枝，下部圆柱形，直径4~10毫米，上部有纵沟，被灰白色糙伏毛。叶：三角状卵形或心形，长4~9厘米，近全缘，基部稍心形或平截。花：雄头状花序球形，有或无花序梗，总苞片长圆状披针形，长1~ 1.5毫米，被短柔毛，花托柱状，托片倒披针形，花冠钟形；花药长圆状线形；雌性的头状花序椭圆形，外层总苞片小，披针形，宽卵形或椭圆形，绿色，淡黄绿色或有时带红褐色，在瘦果成熟时变坚硬，外面有疏生的具钩状的刺，刺极细而直；喙坚硬，锥形，上端略呈镰刀状，少有结合而成1个喙。果实：瘦果2，倒卵圆形。物候期：花期7—8月，果期9—10月。

【生境】常生于海拔500 ~ 3 700米的平原、丘陵、低山、荒野路边、田边。

【分布】我国新疆（阿克陶、乌恰县等地）、东北、华北、华东、华南、西北及西南；中亚地区、俄罗斯、伊朗、印度、朝鲜和日本。

【保护级别及用途】IUCN：无危（LC）；药用。

463. 丛生刺头菊 *Cousinia caespitosa* C. Winkl.

【生物学特征】外观：多年生小草本。根：粗壮，木质，直伸。茎：直立，纤细，簇生，不分枝，高 8~14 厘米，被蛛丝状柔毛。叶：基生叶长椭圆形，羽状全裂，侧裂片 4~6 对，具窄翼叶柄；茎生叶少数，小，与基生叶同形并等样分裂，两面均灰绿色，被蛛丝毛。花：头状花序单生茎端；总苞碗状，直径 1.5~2 厘米，疏被蛛丝毛，总苞片 5 层，内层渐长，中外层长三角形，先端渐尖或具针刺，内层宽线形，先端渐尖；苞片背面紫红色，托毛边缘糙毛状；小花紫红色。果实：瘦果褐色，倒披针形。物候期：花果期 7—9 月。

【生境】生于高山砾石质山坡，海拔 3 200 米。

【分布】我国新疆（乌恰县）；中亚地区。

【保护级别及用途】IUCN：无危（LC）。

464. 光苞刺头菊 *Cousinia leiocephala*（Regel）Juz.

【异名】*Cousinia sewertzowii* var. *leiocephala*

【生物学特征】外观：2 年生草本，高 30~60 厘米。根：直伸，浅灰褐色。茎：直立，单生，自上部或有时自基部分枝，全部茎枝灰白色，被稠密的蛛丝毛。叶：基生叶披针形或宽披针形，边缘全缘或有稀疏的针刺。花：头状花序单生枝端，通常含 9~12 个头状花序。总苞卵形或卵球形，总苞片约 12 层，顶端有针刺状小尖头；最内层苞片线形，长约 12 毫米，顶端硬膜质附片状扩大。全部苞片下部或大部紧贴，上部或顶端向外开展。托毛边缘糙毛状。小花紫红色，花冠长 1.2 厘米，细管部长 4~4.5 毫米。果实：瘦果倒卵形，浅灰褐色，顶端圆形，顶端不伸出刺尖，因而不能形成不完全发育的果缘。物候期：花果期 6—8 月。

【生境】生于海拔 1 180~3 200 米的沟谷山坡草地。

【分布】我国新疆（塔什库尔干等地）；哈萨克斯坦、吉尔吉斯斯坦。

【保护级别及用途】IUCN: 无危（LC）；种质资源。

465. 丝毛刺头菊 *Cousinia lasiophylla* C. Shih

【生物学特征】外观：2 年生草本。茎：植株有长分枝，分枝紫红色。叶：中部茎叶长椭圆形，无柄，长 9.5~14.5 厘米，顶端渐尖成硬针刺，边缘有硬针刺及大小不等的三角形刺齿，齿顶渐尖成硬针刺，全部针刺淡黄色。全部叶质地坚硬，革质，两面异色，上面绿色，有蛛丝毛，上面灰绿色，被薄蛛丝状绒毛，有时叶上面通常脱毛以致无毛。花：头状花序单生枝端。总苞宽钟状，总苞片 7 层，约 100 个，中外层长三角状披针形，顶端针刺三角形，坚硬，淡黄色；内层长椭圆状披针形；最内层线形或狭线形；内层及最内层苞片硬膜质，淡黄色，顶端渐尖，中外层苞片质地坚硬，革质，绿色。小花紫红色，花冠长 2.2 厘米，细管部长 1 厘米。托毛边缘糙毛状。果实：瘦果压扁，倒卵形，有褐色色斑，顶端圆形，无肋及脉纹伸出。物候期：花果期 7—9 月。

【生境】生于山坡草地、河滩及冲沟边，海拔 3 000~3 250 米。

【分布】我国新疆（乌恰县）。

【保护级别及用途】IUCN：无危（LC）；新疆特有种。

466. 长茎飞蓬（亚种）*Erigeron acris* subsp. *politus*（Fries）H. Lindberg

【俗名】腺毛飞蓬

【异名】*Erigeron politus*; *Erigeron elongatus*; *Trimorpha polita*

【生物学特征】外观：2 年生或多年生草本。根状茎：木质，斜升，有分枝，颈部被残存的叶基部。茎：数个，高 10~50 厘米，直立，或基部略弯曲。叶：全缘，质较硬，绿色，或叶柄紫色，边缘常有睫毛状的长节毛，两面无毛，基部叶密集，莲座状，基部及下部叶倒披针形或长圆形。花：头状花序较少数，排列成伞房状或伞房状圆锥花序，总苞半球形，总苞片 3 层，线状披针形，紫红色稀绿色，顶端渐尖，背面密被具柄的腺毛，有时杂有少数开展的长节毛，具狭膜质边缘，外层短于内层之半；雌花外层舌状，不超出花盘或与花盘等长，上部被疏微毛，舌片淡红色或淡紫色，花柱伸出管部 1~1.7 毫米，与舌片同色，有时具缩短的舌片；两性花管状，黄色，檐部窄锥形，管部长 1.5~2~5 毫米，上部被疏微毛，裂片暗紫色。果实：瘦果长圆状披针形，扁压，密被多少贴生的短毛；冠毛白色，2 层，刚毛状，外层极短。物候期：花期 7—9 月。

【生境】生于海拔 700~3 000 米的低山开旷山坡草地、沟边及林缘。

【分布】我国新疆（阿克陶、叶城等地）、甘肃、西藏、青海、宁夏、四川、内蒙古、山西、陕西、河北、吉林、黑龙江、北京等；中亚地区、俄罗斯、欧洲中部至北部、蒙古国、朝鲜。

【保护级别及用途】IUCN：无危（LC）；药用。

467. 革叶飞蓬 *Erigeron schmalhausenii* Popov

【异名】*Erigeron eriocephalus*

【生物学特征】外观：多年生草本。根状茎：上部有分枝，具纤维状根，颈部被残存叶的基部。茎：多数，高10~45厘米，斜升或直立，上部常弯曲，紫色，或稀绿色，全部密被贴生短毛。叶：革质，绿色，或基部带紫色，全缘，无毛或仅边缘被睫毛状长节毛或短毛；基部密集，莲座状，花期生存，线形或线状披针形，茎叶无柄，线形或线状披针形。花：头状花序多数，在茎和枝顶端排成伞房状总状花序，总苞半球形，总苞片3层，淡紫色或绿色，线状披针形，顶端急尖，背面密被开展的硬毛；雌花2型，外层舌状，上端被疏微毛，舌片粉红色或淡紫色，顶端全缘，或有时具2小齿；较内层细管状，无色，花柱淡红色或淡紫色；两性花管状，黄色，檐部狭锥形，有疏贴微毛，裂片与舌片同色。果实：瘦果长圆状披针形，扁压，被密较长多少贴生的短毛；冠毛白色，2层，刚毛状，外层极短，内层长5~6.7毫米。物候期：花期6—9月。

【生境】生于山地林缘、砾质山坡、河滩，海拔 2 100~3 300 米。

【分布】我国新疆（乌恰、阿克陶、喀什、叶城等地）；中亚地区、俄罗斯。

【保护级别及用途】IUCN：无危（LC）。

468. 假泽山飞蓬 *Erigeron pseudoseravschanicus* Botsch.

【异名】*Erigeron alpinus*

【生物学特征】外观：多年生草本。根状茎：木质，垂直或斜上，有分枝，具纤维状根，颈部被残存叶的基部。茎：少数，高5~60厘米，直立上部有分枝，被较密而开展的长节毛和疏具柄腺毛。叶：绿色，全缘，两面被开展的疏长节毛和具柄腺毛，基部叶密集，倒披针形，顶端尖或稍钝，基部渐狭成长柄，下部叶与基部叶相同，中部和上部叶无柄，披针形。花：头状花序多数，排列成伞房状总状花序，总苞半球形，总苞片3层，绿色或有时变紫色，线状披针形，背面被密具柄腺毛和开展的疏长节毛；雌花2型，外层舌状，上部被疏微毛，舌片淡红色或淡紫色，顶端全缘；较内层细管状，无色，上部被贴微毛；两性花管状，黄色，管部长1.5~2毫米，檐部狭锥形，被贴微毛，裂片淡红色或淡紫色。果实：瘦果长圆状披针形，扁压，密被贴短毛；冠毛白色，2层，刚毛状，外层极短，内层4~5.3毫米。物候期：花期7—9月。

【生境】常生于亚高山或高山草地或林缘，海拔 1 500~2 800 米。

【分布】我国新疆（乌恰、阿克陶等地）；中亚地区、俄罗斯。

【保护级别及用途】IUCN：无危（LC）；种质资源。

469. 光山飞蓬 *Erigeron leioreades* Popov

【生物学特征】外观：多年生草本。根状茎：较细，直立，具纤维状根，上部常密被残叶的基部。茎：少数，直立，高10~37厘米，绿色或淡紫色，分枝或稀不分枝，被疏开展的节毛。叶：较密集，基部叶在花期常枯萎或生存，倒披针形，顶端钝或稍尖，基部渐狭成长柄，全缘，叶柄和叶缘被开展的节毛，中部叶披针形，顶端尖，上部叶小，被少数头状具柄腺毛。花：头状花序，1~6个在茎顶上排列成伞房状花序；总苞半球形，总苞片3层常短于花盘或与花盘近等长，线状披针形；外围的雌花舌状，管部长2.5毫米，上部被微毛；舌片淡紫色，顶端具2个小齿；中央的两性花管状，黄色，檐部漏斗形，管部的上部被疏贴微毛，裂片无毛；花药和花柱分枝伸出花冠。果实：瘦果倒披针形，扁压，基部稍缩小，密被半贴生的短毛；冠毛刚毛状，长4.5~5毫米，外层短。物候期：花期7—9月。

【生境】生于海拔 2 100~3 400 米的沟谷山坡高山草甸、砾石荒漠草地。

【分布】我国新疆（塔什库尔干、叶城等地）；俄罗斯、中亚地区。

【保护级别及用途】IUCN：无危（LC）。

飞蓬属 *Erigeron*

470. 棉苞飞蓬 *Erigeron eriocalyx*（Ledeb.）Vierh.

【异名】*Erigeron alpinus* var. *eriocalyx*

【生物学特征】外观：多年生草本。根状茎：直立或斜上，颈部被暗褐色的残存叶柄，具纤维状根。茎：数个，稀单生，高 5~25 厘米，直立，不分枝，绿色或淡紫红色，被较密开展的长软毛和贴短毛。叶：绿色，全缘，叶柄，边缘和两面被长软毛，基部叶密集，莲座状，倒披针形，长 1.5~9.5 厘米，中部和上部叶披针形或线状披针形，无柄。花：头状花序单生，少有 2~3 个排列成伞房状，总苞半球形，总苞片 3 层，线状披针形，外围的雌花舌状，2~3 层，上部被疏短毛，舌片紫色或淡紫色，极少白色；中央的两性花管状，黄色，圆柱形，下部急狭成细管，裂片短，与舌片同色，无毛，管部长约 1.5 毫米，上部被疏微毛；花药不伸出花冠。果实：瘦果狭长圆形，被多少贴生的短毛；冠毛淡白色，2 层，刚毛状，外层极短，内层长 3.6~4.3 毫米。物候期：花期 7—9 月。

【生境】生于海拔 2 400~4 530 米的高山或亚高山草地。

【分布】我国新疆（塔什库尔干、乌恰、喀什等地）、内蒙古；俄罗斯、欧洲。

【保护级别及用途】IUCN：无危（LC）。

471. 山地飞蓬 *Erigeron oreades*（Schrenk）Fisch. et Mey.

【异名】*Erigeron uniflorus* var. *oreades*

【生物学特征】外观：2 年生或短命多年生草本。根：具纤维状根。茎：单生，高 2.5~25 厘米，直立或上部多少弯曲，不分枝，上部毛较密。叶：少数，全缘，边缘和叶柄被睫毛状长节毛，两面无或近无毛，基部叶花期枯萎，倒卵形或倒披针形，茎叶少数（4~7 个），无柄，线形或线状披针形。花：头状花序较小，通常在茎端单生，或有时 2~8 个排列成总状，无花序梗，总苞半球形，总苞片 3 层，线状披针形，绿色或顶端紫色；外围的雌花舌状，2~3 层，上部被疏微毛，舌片细狭、淡紫色，不开展，干时内卷成管状，顶端具 2 小齿；中央的两性花管状，淡黄色，圆柱形，下部急狭成细管，中部被疏微毛，裂片淡紫色，无毛；花药和花柱不伸出花冠。果实：瘦果窄长圆形，扁压，被较密的多少贴生的短毛；冠毛白色，2 层，刚毛状，外层极短，内层 4~4.5 毫米。物候期：花期 7—9 月。

【生境】生于海拔 2 300~3 520 米的沟谷山坡草甸、河谷阶地草原或山坡湿地。

【分布】我国新疆（塔什库尔干县）；中亚地区、蒙古国、俄罗斯。

【保护级别及用途】IUCN：无危（LC）。

472. 西疆飞蓬 *Erigeron krylovii* Serg.

【异名】*Erigeron alpinus* var. *oreades*

【生物学特征】外观：多年生草本。茎：数个，高14~60厘米，直立或斜升，绿色或有时紫色，上部有分枝，被疏开展的长节毛和密具柄腺毛。叶：绿色，全缘，边缘被睫毛状长节毛，两面被疏开展的长节毛和密具柄腺毛，基部叶密集，花期常枯萎，倒披针形，基部狭成长柄，顶端钝或稍尖，下部叶与基部叶近似，中部和上部叶无柄，披针形。花：头状花序3~6个在顶端排列成伞房状花序，具长花序梗，长9~13毫米，总苞半球形，总苞片3层，绿色，线状披针形；雌花2型，外层舌状，管部长2.5~3毫米，上部被疏微毛，舌片鲜玫瑰色，顶端全缘，较内层细管状，无色，上部被微毛，花柱与舌片同色，伸出管部0.5~1.2毫米；两性花管状，黄色，长3.5~5毫米，檐部窄圆锥形，管部上部被微毛，裂片玫瑰色。果实：瘦果窄长圆形，扁压，密被贴短毛；冠毛白色，2层，刚毛状，外层极短，内层4.3~5毫米。物候期：花期7—9月。

【生境】生于海拔 1 700~3 200 米的沟谷山坡草地、山地荒漠化草原。

【分布】我国新疆（乌恰、阿克陶等地）；中亚地区、俄罗斯。

【保护级别及用途】IUCN：无危（LC）。

473. 短喙粉苞菊 *Chondrilla brevirostris* Fihch. et Mey.

【异名】*Chondrilla filifolia*

【生物学特征】外观：多年生草本，高30~100厘米。茎：下部被稠密或稀疏的硬毛，自基部或基部以上分枝，分枝细，无毛。叶：基生叶莲座状，长椭圆形，浅裂或倒向羽裂；下部茎叶线形，长5~11厘米，稍尖裂；中部及上部茎叶狭线形至披针形，长2~7厘米，边缘全缘，下面有稀疏的硬毛或无毛。花：头状花序单生枝端，果期长12~16毫米，总苞片外层宽卵形或卵状披针形，长1~2毫米，先端渐尖，内层8枚，披针状线形，顶端渐尖，边缘狭膜质，外面被灰白色蛛丝状柔毛，沿中脉有少数小刚毛。舌状小花9~12枚，黄色。果实：瘦果长椭圆形，上部有1~2列宽而短的鳞片状或瘤状突起，冠鳞5枚，长0.2~0.5毫米，顶端钝或3钝裂，喙长0.5~2.5毫米，顶端扩大，无关节。冠毛白色，长6~10毫米。物候期：花果期6—9月。

【生境】生于海拔 1 300 ~ 1 400 米的固定或半固定沙地，草甸或田边。

【分布】我国新疆（乌恰等地）；俄罗斯（欧洲部分、西西伯利亚）、哈萨克斯坦。

【保护级别及用途】IUCN：无危（LC）。

474. 粉苞菊 *Chondrilla piptocoma* Fisch. & C. A. Mey.

【异名】*Chondrilla soongarica*

【生物学特征】外观：多年生草本，高 35~80 厘米。茎：下部淡红色，木质化，被稠密的蛛丝状柔毛，上部与分枝被蛛丝状柔毛或无毛。叶：下部茎叶长椭圆状倒卵形或长椭圆状倒披针形，倒向羽裂或边缘有稀疏锯齿，早枯；中部与上部茎叶线状丝形至狭线形，长 4~6 厘米，边缘全缘；全部叶被蛛丝状柔毛或无毛。花：头状花序单生枝端，果期长 11~13 毫米；外层总苞片小，椭圆状卵形，长 1~2 毫米，内层总苞片 8~9 枚，披针状线形，长 9~12 毫米，外面被蛛丝状柔毛或淡绿色，无毛。舌状小花 9~12 枚，黄色。果实：瘦果狭圆柱状，上部无鳞片状或瘤状突起，极少有少量的鳞片状突起，冠鳞 5 枚，3 全裂成 3 个狭齿，狭齿等长，喙长 0.75~1.5 毫米，粗，有关节，关节位于喙基或稍高于齿冠。冠毛白色，长6~8 毫米。物候期：花果期 6—9 月。

【生境】生于河漫滩砾石地带、河谷草甸、山坡草地，海拔 1 100~3 220 米。

【分布】我国新疆（塔什库尔干、乌恰、阿克陶、英吉沙等地）；中亚地区、俄罗斯（西伯利亚）及哈萨克斯坦。

【保护级别及用途】IUCN：无危（LC）。

475. 宽冠粉苞菊 *Chondrilla laticoronata* Leonova

【生物学特征】外观：多年生草本，高 20~100 厘米。茎：下部被蛛丝状柔毛，常有稀疏的硬毛，自基部分枝，分枝亮绿色，无毛或被蛛丝状柔毛。叶：下部茎叶长椭圆状披针形，长 3 厘米，全缘或边缘有锯齿；中部与上部茎叶线形、狭线形或几丝状，长 1.25~2.5（5）厘米，全缘；全部叶无毛或被短蛛丝状柔毛。花：头状花序果期长 12~15 毫米，含 9~11 枚舌状小花。外层总苞片卵状披针形，长 1~2 毫米，内层总苞片 8 枚，披针状线形，长 10~13 毫米，外面被柔毛，沿中脉有个别的刚毛。舌状小花黄色。果实：瘦果长 3.5~4.5 毫米，上部有 1~2（~3）列宽而短的鳞片，鳞片有时 3 浅裂，冠鳞 5 枚，宽，顶端全缘，平截或圆形，喙长 1~2. 5 毫米，关节位于喙的下部或冠鳞之上或冠鳞之下，顶端增粗。冠毛白色，长 6~7 毫米。物候期：花果期 7—9 月。

【生境】生于海拔 720~2 200 米的沟谷山坡砾石地、砾石河漫滩等。

【分布】我国新疆（塔什库尔干、喀什等地）；俄罗斯、中亚地区。

【保护级别及用途】IUCN：无危（LC）。

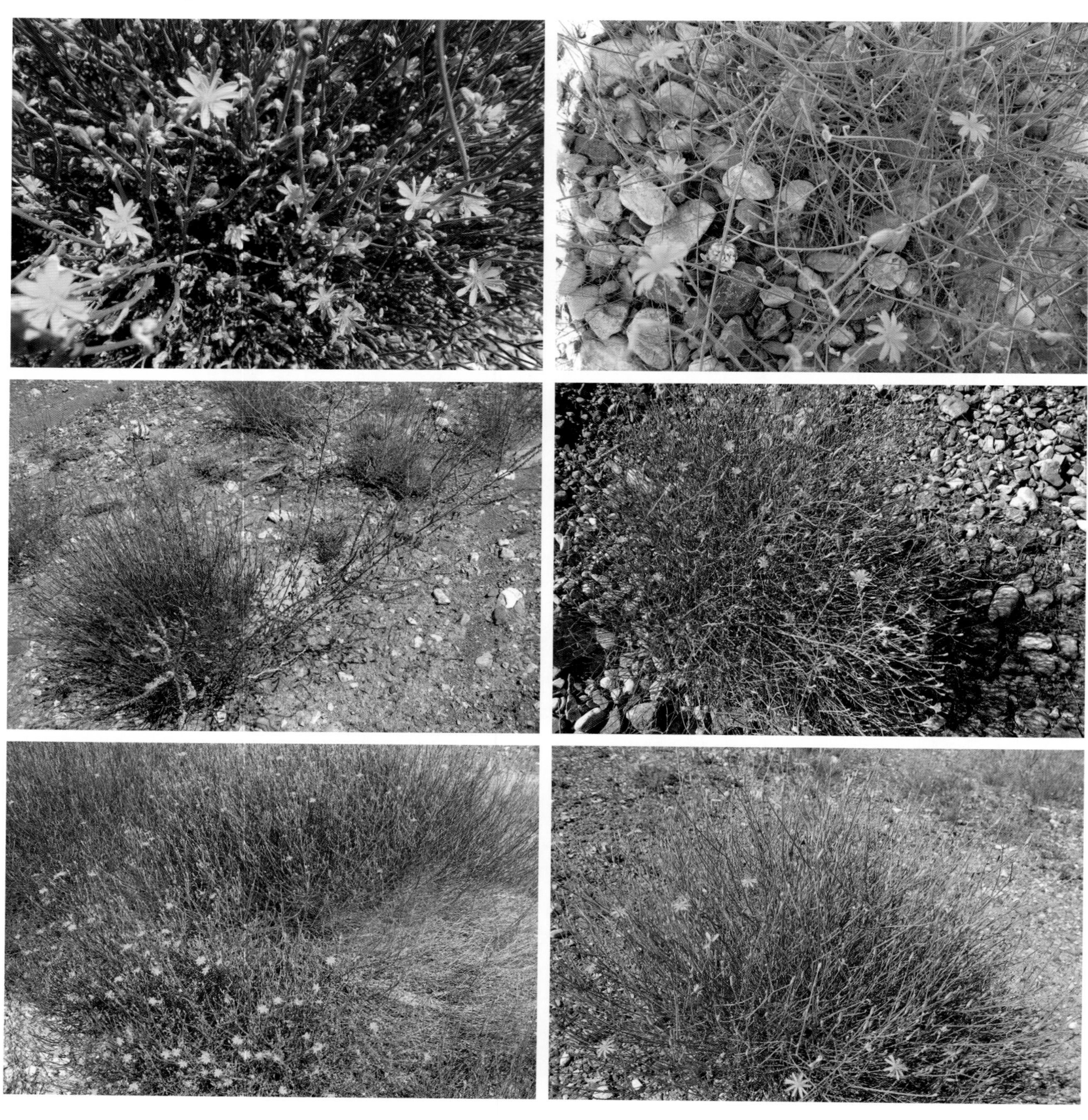

476. 沙地粉苞菊 *Chondrilla ambigua* Fisch. ex Kar. & Kir.

【生物学特征】外观：多年生草本，高 40~100 厘米，无毛，下部有时淡紫色，自基部以上分枝。叶：下部茎叶线状披针形或披针形，长 3~7 厘米，边缘全缘或有个别锯齿；中部及上部茎叶线状丝形或丝形，长 0. 5~2（~7）厘米；全部叶无毛。花：头状花序果期长 13~18 毫米，含 5 枚舌状小花。外层总苞片小，卵状披针形，长 1~2 毫米，宽不足 0.5 毫米；内层总苞片长椭圆状线形，长 10~14 毫米，5 枚，外面无毛或被蛛丝状短柔毛。舌状小花黄色。果实：瘦果长 5~7（~9）毫米，上部无鳞片状突起及冠鳞，顶端无喙或有丘状粗短的喙，喙长 0.1~0.3（~0.5）毫米。冠毛白色，长 6~8 毫米。物候期：花果期 6—9 月。

【生境】生于海拔 300~3 520 米的流动、半固定沙丘及沟谷山坡沙砾地。

【分布】我国新疆（塔什库尔干、叶城等地）；俄罗斯、哈萨克斯坦、乌兹别克斯坦。

【保护级别及用途】IUCN：无危（LC）。

477. 中亚粉苞菊 *Chondrilla ornata* Iljin

【生物学特征】外观：多年生草本，高 35~70 厘米。茎：自下部分枝，直立，无毛或有时在下部有厚的毡毛而后脱落无毛。叶：无毛，不分裂；下部茎生叶早枯，长圆形或长圆状线形，具齿；中部和上部茎生叶丝形，长 0.8~3.0 厘米，全缘。花：头状花序单生于枝端或长 1~3 厘米的花序梗上；总苞柱状，长 8~9 毫米，基部和下部被毡状柔毛；总苞片先端渐尖，边缘与基部被毡状柔毛，外层总苞片卵状长圆形，长约 1.5 毫米，向外开展，黑褐色，内层总苞片狭长圆形，长 8~9 毫米，中脉清楚，边缘白色膜质。花 11 朵，黄色。果实：瘦果圆柱状，上部表面有 1（~2）列瘤状或鳞片状突起；齿冠鳞片 5，齿冠鳞片不裂、齿裂或 3 钝裂；喙短，关节位于中部，关节上下颜色不同，下端稍变粗。冠毛长 5~7 毫米。物候期：花期 7—9 月。

【生境】生于海拔 400~1 255 米戈壁荒漠绿洲的田边砾石地。

【分布】我国新疆（喀什）；中亚地区。

【保护级别及用途】IUCN：数据缺乏（DD）；种质资源。

478. 白叶风毛菊 *Saussurea leucophylla* Schrenk

【生物学特征】外观：多年生矮小草本，高 3~12 厘米。根状茎：颈部被褐色纤维状残叶。茎：直立，紫色，密被绢状长柔毛。叶：基生叶多数，密集，茎生叶少数，全部叶狭线形，长 3~8 厘米，顶部渐尖，基部鞘状扩大，边缘全缘，内卷，淡紫色，两面被灰白色绵毛。花：头状花序单生茎顶。总苞倒圆锥状，直径 3 厘米；总苞片 4 层，外层卵圆形，长宽各 5 毫米，紫色，顶端尾状渐尖，外面被白色长柔毛，中层披针形，长 1.9 厘米，宽 3 毫米，上部紫色，外面被白色长柔毛，内层线状披针形，外面紫色。小花紫色，长 1.8 厘米，细管部与檐部各长 9 毫米。果实：瘦果圆柱状，长 2 毫米，褐色，无毛，顶端有小冠。冠毛 2 层，黄褐色，外层短，糙毛状，长 2 毫米；内层长，羽毛状，长 1.5 厘米。物候期：花果期 7—8 月。

【生境】生于高山和亚高山草甸砾石山坡以及沼泽草甸中，海拔 2 300~4 000 米。

【分布】我国新疆（乌恰等地）；俄罗斯（西伯利亚）、哈萨克斯坦、塔吉克斯坦、吉尔吉斯斯坦、蒙古国。

【保护级别及用途】IUCN：无危（LC）。

479. 冰川雪兔子 *Saussurea glacialis* Herder

【异名】*Saussurea pamirica*; *Saussurea violacea*; *Saussurea chtonocephala*

【生物学特征】外观：多年生多次结实草本，全株灰绿色，被稠密的绵毛。根状茎：细长，被褐色残存的叶柄。茎：直立，高15厘米，被稠密的叶，顶端冠以莲座状叶丛。叶：基生叶及下部茎叶有短柄，叶片长椭圆形，长1.5~4厘米，顶端钝，且有大的圆齿或顶端无齿而边缘全缘，基部楔形渐狭；中上部茎叶与基生叶及下部茎叶类似，较小，承托头状伞房花序；全部叶上面，特别是承托头状伞房花序的叶上面被密厚的绵毛，下面的较少。花：头状花序多数在茎顶密集地排列成头状伞房花序。总苞钟状，总苞片等长，外层长椭圆状卵形或长椭圆形，外面被长绵毛，红褐色，内层披针形，肉红色。小花紫色，长1.2厘米。果实：瘦果长椭圆状圆柱形，长2~3毫米。冠毛2层，白色或污白色，外层短，糙毛状，长2~3毫米，内层长，羽毛状，长1.1厘米。物候期：花果期7—8月。

【生境】生于高山草甸砾石山坡、河滩沙砾地，海拔 4 300~4 800 米。

【分布】我国新疆（塔什库尔干、阿克陶等地）、西藏；俄罗斯、蒙古国、哈萨克斯坦、吉尔吉斯斯坦、塔吉克斯坦。

【保护级别及用途】IUCN：无危（LC）。

480. 昆仑雪兔子 *Saussurea depsangensis* Pamp.

【生物学特征】外观：多年生一次结实莲座状草本，无茎或有短茎。根：细，垂直直伸，肉质。叶：莲座状，长圆形，长 1~2.4 厘米，顶端圆形或钝，基部渐狭成极短的柄，边缘全缘或有稀疏的小齿，两面被黄褐色少白色绒毛。头状花序无小花梗，多数，在茎端或莲座状叶丛中密集成半球形的直径为 4 厘米的总花序；总苞钟状，直径 7~8 毫米；总苞片 3~5 层，近等长，披针形，长 6~8 毫米，顶端渐尖，外面密被黄褐色或白色绒毛。小花紫红色，长 8 毫米，细管部长 7 毫米，檐部 1 毫米。果实：瘦果未成熟，长 4 毫米。冠毛黄褐色，1 层，羽毛状，长 2.1 厘米。花期 8 月。

【生境】生于高山流石滩稀疏植被带、山坡砾石地、高山冰缘湿地，海拔 4 000 ~ 5 950 米。

【分布】我国新疆（塔什库尔干、阿克陶、叶城等地）、青海、西藏；克什米尔地区。

【保护级别及用途】IUCN：无危（LC）。

481. 肉叶雪兔子 *Saussurea thomsonii* C. B. Clarke

【异名】*Saussurea acaulis*; *Saussurea amblyophylla*

【生物学特征】外观：无茎莲座状草本，全株无毛。根：细，垂直直伸。根状茎：短，有褐色的叶柄残迹。叶：莲座状，椭圆形、卵形或匙形，长1.5~2.3厘米，边缘有微锯齿或几全缘无锯齿，常紫红色，无毛，干时革质，坚硬；最上部叶苞叶状，近圆形。花：头状花序少数（2~6个），在莲座状叶丛中密集排列成半球状的总花序。总苞椭圆状，直径7毫米；总苞片3~4层，外层椭圆形，长8毫米，中层倒卵形，长7毫米，内层长倒卵形或长椭圆形，长7~8毫米，全部苞片常紫红色，外面无毛。小花蓝紫色，长7毫米，细管部长3毫米，檐部长4毫米。瘦果褐色，圆柱状，长4毫米，有横褶。冠毛褐色，2层，外层短，糙毛状，长3毫米，内层长，羽毛状，长6毫米。物候期：花果期6—8月。

【生境】生于海拔 3 900~5 700 米的高山河滩、高寒草甸、沟谷山坡沙砾地。

【分布】我国新疆（塔什库尔干、叶城等地）、青海、西藏等；印度、巴基斯坦、克什米尔地区。

【保护级别及用途】IUCN：无危（LC）。

482. 鼠曲雪兔子 *Saussurea gnaphalodes*（Royle）Sch. Bip.

【俗名】鼠麴雪兔子

【异名】*Saussurea sorocephala*; *Aplotaxis gnaphalodes*; *Aplotaxis sorocephala*

【生物学特征】外观：多年生多次结实丛生草本，高 1~6 厘米。根状茎：细长，通常有数个莲座状叶丛。茎：直立，基部有褐色叶柄残迹。叶：密集，长圆形或匙形，长 0.6~3 厘米，边缘全缘或上部边缘有稀疏的浅钝齿；最上部叶苞叶状，宽卵形；全部叶质地稍厚，两面同色，灰白色，被稠密的灰白色或黄褐色绒毛。花：头状花序无小花梗，多数在茎端密集成直径为 2~3 厘米半球形的总花序。总苞长圆状，直径 8 毫米；总苞片 3~4 层，外层长圆状卵形，长 7 毫米，外面被白色或褐色长绵毛，中内层椭圆形或披针形，长 9 毫米，上部或上部边缘紫红色，上部在外面被白色长柔毛。小花紫红色，长 9 毫米，细管部长 5 毫米，檐部长 4 毫米。果实：瘦果倒圆锥状，长 3~4 毫米，褐色。冠毛鼠灰色，2 层，外层短，糙毛状，长 3 毫米，内层长，羽毛状，长 8 毫米。物候期：花果期 6—8 月。

【生境】生于高山流石滩、山坡石隙、河滩沙砾地，海拔2 700~5 700米。

【分布】我国新疆（塔什库尔干、阿克陶、叶城等地）、西藏、甘肃、青海、四川；印度西北部、尼泊尔、哈萨克斯坦、吉尔吉斯斯坦、巴基斯坦。

【保护级别及用途】IUCN：无危（LC）。

483. 小果雪兔子 *Saussurea simpsoniana* (Fielding & Gardner) Lipsch.

【异名】*Aplotaxis simpsoniana*; *Saussurea sacra*

【生物学特征】外观：多年生一次结实草本，高 7~13 厘米。根：粗壮，根颈部密被暗褐色纤维状残存枯叶柄。茎：直立，单一，不分枝，被稠密的绵毛和叶片所覆盖。叶：两面密被白色绵毛；基生叶和下部茎叶线形或线形长圆形，长 2~6 厘米，顶端急尖，边缘有锯齿或羽状浅裂，基部渐狭成短柄；最上部茎叶小，常向下反折，边缘全缘或有稀疏锯齿。花：头状花序多数，密集于膨大的茎端排成半球状的总花序。总苞狭圆柱状；总苞片长圆形或披针形，顶端渐尖，紫红色。小花紫红色，长 1.5 厘米。果实：瘦果褐色，长 2~3 毫米。冠毛褐色，2 层，外层短，糙毛状，内层长，羽毛状。物候期：花果期 8—9 月。

【生境】生于高山流石滩，海拔 4 700~5 750 米。

【分布】我国新疆（塔什库尔干县）、西藏、青海；印度东北部、尼泊尔、克什米尔地区。

【保护级别及用途】IUCN：无危（LC）；药用。

484. 藏新风毛菊 *Saussurea elliptica* C. B. Clarke

【异名】*Saussurea kuschakewiczii*

【生物学特征】外观：多年生草本，高 2~8 厘米。根状茎：细长，褐色。茎：矮或无茎，密被短柔毛，稀近无毛。叶：两面被蛛丝状柔毛，下面较密集，先端渐尖，基部楔形，边缘具浅波状疏齿，齿端有软骨质尖头。基生叶多数，卵形至椭圆形或长圆状披针形，连同叶柄长 1.5~7 厘米，宽 1~2 厘米，叶柄较短；茎生叶向上渐小，中部的叶与基生叶同形，但无柄；最上部近花序的叶更小，窄披针形，宽 2~3 毫米。花：头状花序多数，在茎端排列成紧密的伞房状；总苞钟状，所有的总苞片密被柔毛成毡状，以后脱毛裸露；小花粉红色或淡红紫色，花冠长 8~12 毫米，檐部 5 中裂，细管部与檐部近等长。果实：瘦果长 3~4 毫米，冠毛污白色或淡褐色，外层长 2~3 毫米，内层长 6~11 毫米。物候期：花果期 8—9 月。

【生境】生于高山草甸、冰碛石石隙，海拔 2 500~3 700 米。

【分布】我国新疆（塔什库尔干、乌恰、叶城等地）；哈萨克斯坦、吉尔吉斯斯坦、塔吉克斯坦。

【保护级别及用途】IUCN：无危（LC）；种质资源。

485. 中新风毛菊 *Saussurea famintziniana* Krassn.

【异名】*Saussurea colorata*

【生物学特征】外观：多年生草本，高 2~4 厘米。根状茎：上端分叉多头，根颈部被残存枯叶柄。茎：斜升或平卧，不分枝或上部分枝，被短柔毛或以后近无毛。叶：两面绿色，被蛛丝状柔毛；基生叶和下部叶长椭圆形至披针形，连同叶柄长 2~3 毫米，沿缘具齿或羽状浅裂；茎中部和上部叶渐小，与基生叶同形。花：头状花序在茎端排列成紧密的伞房状，总苞钟状，总苞片 3~4 层，淡绿色，先端及边缘常显紫红色，被蛛丝状柔毛，有时近无毛，外层总苞片卵形，内层总苞片披针形，顶端钝。小花淡紫红色；花冠长达 1.4 厘米，细管部与檐部近等长。果实：瘦果长约 4 毫米，无毛，顶端有小冠，冠毛白色，外层长 4~5 毫米，短羽状，宿存，内层长约 11 毫米，长羽状。物候期：花果期 8 月。

【生境】生于高山五花草甸的砾石山坡、盐渍化的沙砾地，海拔约 3 700 米。

【分布】我国新疆（塔什库尔干、乌恰等地）；塔吉克斯坦、吉尔吉斯斯坦等。

【保护级别及用途】IUCN：无危（LC）；种质资源。

486. 北艾 *Artemisia vulgaris* L.

【异名】*Artemisia samamisica*; *Artemisia vulgaris* var. *latifolia*

【生物学特征】外观：多年生草本。根：主根稍粗，侧根多而细。根状茎：稍粗，斜向上或直立，有营养枝。茎：少数或单生，高（45~）60~160厘米，有细纵棱，紫褐色，多少分枝；茎、枝微被短柔毛。叶：纸质，上面深绿色，茎下部叶椭圆形或长圆形，1~2回羽状深裂或全裂，具短柄，花期叶凋谢；中部叶椭圆形、椭圆状卵形或长卵形，1~2回羽状深裂或全裂；苞片叶小，3深裂或不分裂，裂片或不分裂的苞片叶线状披针形或披针形，全缘。花：头状花序长圆形，无梗或有极短的梗，基部有小苞叶，在分枝的小枝上排成密穗状花序，而在茎上组成狭窄或略开展的圆锥花序；两性花8~20朵，花冠管状或高脚杯状，檐部紫红色，花药线形，花柱略比花冠长，先端2叉，花后稍外弯，叉端截形，具长而密的睫毛。果实：瘦果倒卵形或卵形。物候期：花果期7—10月。

【生境】多生于海拔 500~2 500 米的亚高山地区的草原、森林草原、林缘、谷地、荒坡及路旁等处。

【分布】我国新疆（塔什库尔干、喀什、疏勒、英吉沙、叶城等地）、陕西、甘肃、青海、四川、西藏；蒙古国、俄罗斯、欧洲。

【保护级别及用途】IUCN：无危（LC）；药用。

487. 大花蒿 *Artemisia macrocephala* Jacquem. ex Besser

【异名】*Pyrethrum pamiricum*

【生物学特征】外观：1 年生草本。根：主根通常细，单一，垂直，狭纺锤形。茎：直立，单生，高 10~30（~50）厘米，有时下部半木质化，基部直径达 1 厘米，不分枝或有少数短的分枝；茎、枝疏被灰白色微柔毛。叶：草质，两面被灰白色短柔毛；下部与中部叶宽卵形或圆卵形，2 回羽状全裂，每侧有裂片 2~3 枚，中、下部侧裂片常再 3~5 全裂，小裂片狭线形，基部有小型羽状分裂的假托叶；上部叶与苞片叶 3 全裂或不裂，狭线形，无柄。花：头状花序近球形，有短梗，下垂，在茎上排成疏松的总状花序，稀为狭窄的总状花序式的圆锥花序。果实：瘦果长卵圆形或倒卵状椭圆形，上端常有不对称的冠状附属物。物候期：花果期 8—10 月。

【生境】常生于草原、荒漠草原及森林草原地区；海拔 500~4 300 米，最高可达 5 500 米。

【分布】我国新疆（塔什库尔干、乌恰、喀什、叶城等地）、宁夏、甘肃、青海、西藏等；蒙古国、伊朗、阿富汗、巴基斯坦、印度、克什米尔地区及中亚地区、俄罗斯（西伯利亚）。

【保护级别及用途】IUCN：无危（LC）；兽药、饲料。

488. 大籽蒿 *Artemisia sieversiana* Ehrhart ex Willd.

【异名】*Artemisia moxa*; *Artemisia koreana*

【生物学特征】外观：1年生、2年生草本。根：主根单一，垂直，狭纺锤形。茎：单生，直立，高50~150厘米，分枝多；茎、枝被灰白色微柔毛。叶：下部与中部叶宽卵形或宽卵圆形，两面被微柔毛，长4~8（~13）厘米，2~3回羽状全裂，稀为深裂。花：头状花序大，多数，半球形或近球形，具短梗，稀近无梗，基部常有线形的小苞叶，在分枝上排成总状花序或复总状花序，两性花多层，80~120朵，花冠管状，花药披针形或线状披针形，上端附属物尖，长三角形，基部有短尖头，花柱与花冠等长，先端叉开，叉端截形，有睫毛。果实：瘦果长圆形。物候期：花果期6—10月。

【生境】多生于路旁、荒地、河漫滩、草原、干山坡或林缘等，海拔500~3 000米，最高可至5 010米。

【分布】我国新疆（塔什库尔干等地）、黑龙江、吉林、辽宁、内蒙古、河北、山西、陕西、宁夏、甘肃、青海、四川、贵州、云南及西藏等；朝鲜、日本、蒙古国、阿富汗、巴基斯坦、印度、克什米尔地区、中亚地区、俄罗斯（西伯利亚）及欧洲等。

【保护级别及用途】IUCN：无危（LC）；药用、饲料。

489. 昆仑蒿 *Artemisia nanschanica* Krasch.

【异名】*Oligosporus nanschanicus*

【生物学特征】外观：多年生草本，植株有臭味。根：主、侧根细，多数。根状茎：细长或稍粗，匍匐，斜向上，有营养枝并密生营养叶。茎：多数，成丛，直立或斜向上，高10~20（~30）厘米，有细纵棱，紫红色，通常不分枝；茎、枝初时微有灰白色或灰黄色平贴柔毛，后稀疏或无毛。叶：纸质，初时两面被灰白色或灰黄色略带绢质的平贴短柔毛，后毛渐稀疏或无毛；花：头状花序半球形或近球形，无梗或有短梗，初时在茎端与短的分枝上排成密集的短穗状花序或穗状花序式的总状花序，而在茎上组成狭窄总状花序式的圆锥花序；雌花10~15朵，花冠狭管状，檐部具2裂齿，花柱略伸出花冠外，先端2叉，叉端钝尖；两性花12~20朵，不孕育，檐部背面疏被短柔毛，花药线形，先端附属物尖，长三角形，基部钝，花柱短，先端略膨大，2裂，不叉开。果实：瘦果长圆形、长圆状倒卵形。物候期：花果期7—10月。

【生境】生于海拔2 100~5 300米干山坡、草原、滩地、砾质坡地等。

【分布】我国新疆（塔什库尔干县）、青海、甘肃及西藏。

【保护级别及用途】IUCN：无危（LC）。

490. 龙蒿（原变种）*Artemisia dracunculus* var. *dracunculus*

【俗名】狭叶青蒿

【异名】*Artemisia inodora*

【生物学特征】外观：半灌木状草本。根：粗大或略细，木质，垂直。根状茎：粗，木质，直立或斜上长，直径0.5~2厘米，常有短的地下茎。茎：通常多数，成丛，高40~150（~200）厘米，褐色或绿色，有纵棱，下部木质，稍弯曲，分枝多，开展，斜向上；茎、枝初时微有短柔毛，后渐脱落。叶：无柄，初时两面微有短柔毛，后两面无毛或近无毛，下部叶花期凋谢；中部叶线状披针形或线形，长（1.5~）3~7（~10）厘米。花：头状花序多数，近球形、卵球形或近半球形，具短梗或近无梗，斜展或略下垂，基部有线形小苞叶，在茎的分枝上排成复总状花序，并在茎上组成开展或略狭窄的圆锥花序；雌花6~10朵，花冠狭管状或稍呈狭圆锥状。果实：瘦果倒卵形或椭圆状倒卵形。物候期：花果期7—10月。

【生境】多生于海拔 500~4 500 米的干山坡、草原、半荒漠草原、森林草原、林缘、田边、路旁、干河谷。

【分布】我国新疆（塔什库尔干、乌恰、阿克陶、喀什、叶城等地）、东北、华北、西北其他省份；蒙古国、阿富汗、印度、巴基斯坦、克什米尔地区、俄罗斯、欧洲和北美洲。

【保护级别及用途】IUCN：无危（LC）；药用、含挥发油，牧区作牲畜饲料。

491. 帕米尔蒿 *Artemisia dracunculus* var. *pamirica*（C. Winkl.）Y. R. Ling et C. J. Humphries

【异名】*Oligosporus pamiricus*; *Artemisia simplicifolia*

【生物学特征】外观：半灌木状草本，植株比原变种略小。根：粗大或略细，木质，垂直。根状茎：粗，木质。茎：茎、枝初时密被绒毛，后渐稀疏。叶：无柄，初时两面被密绒毛，后渐稀疏。花：头状花序在茎上排成总状花序或为狭窄而紧密的圆锥花序。果实：瘦果倒卵形或椭圆状倒卵形。物候期：花果期 7—10 月。

【生境】生于海拔 3 000~4 200 米的草甸草原或砾质坡地上。

【分布】我国新疆（塔什库尔干、乌恰、叶城等地）、青海、西藏等；巴基斯坦、阿富汗、塔吉克斯坦。

【保护级别及用途】IUCN：无危（LC）。

492. 香叶蒿（原变种）*Artemisia rutifolia* var. *rutifolia*

【异名】*Artemisia turczaninowiana*

【生物学特征】外观：半灌木状草本，有时成小灌木状，植株有浓烈香气。根：木质。根状茎：粗短，木质，有多数营养枝。茎：多数，成丛，高25~80厘米，幼时被灰白色平贴的丝状短柔毛。叶：两面被灰白色平贴的丝状短柔毛，茎下部与中部叶近半圆形或肾形，长1~2厘米，2回3出全裂或2回近于掌状式的羽状全裂。花：头状花序半球形或近球形，下垂或斜展，在茎上半部排成总状花序或部分间有复总状花序，花序托具脱落性的秕糠状或鳞片状托毛；两性花12~15朵，花冠管状，檐部外面微有短柔毛或毛脱落，花药线形或倒披针形，花柱与花冠等长或略长于花冠，先端2叉，叉端截形。果实：瘦果椭圆状倒卵形，果壁上具明显纵纹。物候期：花果期7—10月。

【生境】生于海拔 1 300~3 800 米附近的干山坡、干河谷、山间盆地、森林草原、草原及半荒漠草原地区，最高分布到海拔 5 000 米。

【分布】我国新疆（塔什库尔干、乌恰、喀什等地）、青海、内蒙古、西藏；蒙古国、阿富汗、伊朗、巴基斯坦、中亚地区、俄罗斯（西伯利亚）。

【保护级别及用途】IUCN：无危（LC）；种质资源。

493. 盐蒿 *Artemisia halodendron* Turcz. ex Besser

【异名】*Oligosporus halodendron*

【生物学特征】外观：小灌木，高 50~80 厘米。根：主根、侧根均木质，主根粗，长，侧根多。根状茎：粗大，具多数木质化的营养枝，枝上密生多数营养叶。茎：直立或斜向上长，多数或少数，稀单生。叶：叶质稍厚，初时微有灰白色短柔毛，后无毛，干时质硬；茎下部叶与营养枝叶宽卵形或近圆形，2 回羽状全裂，花：头状花序多数，卵球形，总苞片 3~4 层，覆瓦状排列，花冠管状，花药线形，先端附属物尖，长三角形，基部圆钝，花柱短，先端近漏斗状，2 裂，不叉开，退化子房小。果实：瘦果长卵形或倒卵状椭圆形，果壁上有细纵纹并含胶质物。物候期：花果期 7—10 月。

【生境】生于海拔 1 000~4 900 米的的流动、半流动或固定的沙丘上，也见于荒漠草原、草原、森林草原。

【分布】我国新疆（塔什库尔干、叶城等地）、黑龙江、吉林、辽宁、内蒙古、河北、山西、陕西、宁夏、甘肃等；蒙古国、俄罗斯。

【保护级别及用途】IUCN：无危（LC）；固沙性能强，为良好的固沙植物之一；嫩枝及叶可入药。

494. 河西菊 *Launaea polydichotoma*（Ostenf.）Amin ex N. Kilian

【异名】*Chondrilla polydichotoma*；*Zollikoferia polydichotoma*

【生物学特征】外观：多年生草本，高达 40（~50）厘米。根茎：无纤维质叶鞘残遗物，生出多数茎。茎：基部及下部多级等 2 叉状分枝，成球状，茎枝无毛。叶：基生叶与下部茎生叶少数，线形，基部半抱茎；茎中部与上部茎生叶或基生叶三角状鳞片形。花：头状花序同形，极多数，有 4~7 舌状小花，单生于末级等 2 叉状分枝顶端，花序梗粗短；总苞圆柱状，总苞片 2~3 层，外层三角形或三角状卵形，内层长椭圆形或长椭圆状披针形；总苞片外面无毛；花托平，无托毛；舌状小花两性，黄色，花冠管无毛，顶端平截，5 齿裂；花药基部附属物箭头形；花柱分枝细。果实：瘦果圆柱状，淡黄或黄棕色，顶端圆，基部稍窄，有 15 纵肋；冠毛白色，5~10 层，基部连成环，整体脱落。物候期：花果期 5—9 月。

【生境】生于海拔 90~4 300 米的荒漠戈壁沙地、河谷沙丘和冰碛砾石山坡。

【分布】我国新疆（阿克陶、喀什、疏勒、叶城等地）、甘肃等。

【保护级别及用途】IUCN：数据缺乏（DD）；种质资源。

495. 花花柴 *Karelinia caspia*（Pall.）Less.

【俗名】胖姑娘娘、卵叶花花柴、狭叶花花柴

【异名】*Karelinia caspia*; *Karelinia caspia*; *Serratula caspia*; *Pluchea caspia*

【生物学特征】外观：多年生草本，高 50~100 厘米。茎：粗壮，直立，多分枝，基部径 8~10 毫米，圆柱形，被密糙毛或柔毛。叶：卵圆形，长卵圆形，或长椭圆形，长 1.5~6.5 厘米。花：头状花序长 13~15 毫米，3~7 个生于枝端；花序梗长 5~25 毫米；苞叶渐小，卵圆形或披针形。总苞卵圆形或短圆柱形，长 10~13 毫米；总苞片约 5 层，外层卵圆形，较内层短，内层长披针形，外面被短毡状毛，边缘有较长的缘毛。小花黄色或紫红色；雌花花冠丝状，花柱分枝细长，顶端稍尖；两性花花冠细管状，上部约 1/4 稍宽大，有卵形被短毛的裂片；花药超出花冠；花柱分枝较短，顶端尖。冠毛白色，长 7~9 毫米；雌花冠毛有纤细的微糙毛；雄花冠毛顶端较粗厚，有细齿。果实：瘦果长约 1.5 毫米，圆柱形，基部较狭窄，有 4~5 纵棱，无毛。物候期：花期 7—9 月，果期 9—10 月。

【生境】生于戈壁滩地、沙丘、草甸盐碱地和苇地水田旁。

【分布】我国新疆（乌恰、喀什、疏勒、疏附、英吉沙、叶城等地）、甘肃、青海、内蒙古和宁夏；蒙古国、中亚地区、欧洲、伊朗和土耳其等。

【保护级别及用途】IUCN：无危（LC）；种质资源。

496. 多茎还阳参 *Crepis multicaulis* Ledeb.

【异名】*Hieracioides multicaule*; *Aracium multicaule*

【生物学特征】外观：多年生草本，高8~60厘米。根：生多数细根。茎：多数（8）或少数成簇生，极少单生，直立或弯曲，全茎几裸露，茎下部无毛或被稀疏蛛丝状毛。叶：基生叶多数，全形长椭圆状倒披针形、卵状倒披针形、倒披针形或匙形或椭圆形，叶柄短于或长于叶片；茎生叶无或有1~2枚线形，边缘全缘；全部叶两面及叶柄被稀疏或稠密的白色短柔毛或几无毛。花：头状花序6~15个在茎枝顶端排成圆锥状伞房花序或伞房花序或茎生2个头状花序。总苞圆柱状；总苞片4层，外层及最外层短，不等长，卵形或长椭圆状披针形，长1~1.2毫米，内层及最内层长，线状披针形，长7~9毫米。舌状小花，黄色，花冠管上部被白色长柔毛。果实：瘦果纺锤状，直立或稍弯曲，红褐色，向两端收窄，长4毫米，顶端无喙，有10~12条等粗的细肋，肋上有上指的小刺毛。冠毛白色，长4毫米，易整体脱落。物候期：花果期5—8月。

【生境】生于山坡林下、林缘、林间空地、草地、河滩地、溪边及水边砾石地，海拔 1 000~3 600 米。

【分布】我国新疆（乌恰、叶城等地）；蒙古国、哈萨克斯坦、乌兹别克斯坦、俄罗斯、欧洲。

【保护级别及用途】IUCN：无危（LC）。

497. 金黄还阳参 *Crepis chrysantha*（Ledeb.）Turcz.

【异名】*Soyeria chrysantha*; *Hieracium chrysanthum*

【生物学特征】外观：多年生草本，高 10~25 厘米。茎：单生或少数茎成簇生，不分枝或具 1 分枝，全部茎枝被稀疏的薄蛛丝状毛。叶：基生叶多数，倒披针形、长椭圆状倒披针形或匙形，包括叶柄长 3~7 厘米，边缘有稀疏的微锯齿或几全缘，基部渐狭成短翼柄；茎生叶少数，2~3 枚，较基生叶小；全部叶两面无毛或上面被稀疏的蛛丝毛。花：头状花序单生茎端或植株含 2 个单生枝端的头状花序。总苞钟状，长 1.5 厘米，黑绿色；总苞片 2 层，外层长椭圆形或披针形，内层披针形或长椭圆形，内面有糙毛；全部苞片外面被稠密的黑绿色长毛。舌状小花金黄色，花冠管外面被稀疏柔毛。果实：瘦果纺锤状，红褐色或黑紫色，直立或稍弯曲，向上收窄，顶端无喙，有 12 条等粗的细肋，上部粗糙，有小刺毛。冠毛白色，长 5~7 毫米，不脱落。物候期：花果期 7—9 月。

【生境】生于海拔 2 200 米的河滩砾石地及石质坡地。

【分布】我国新疆（塔什库尔干、喀什等地）；蒙古国、俄罗斯、哈萨克斯坦。

【保护级别及用途】IUCN：数据缺乏（DD）；种质资源。

498. 矮火绒草 *Leontopodium nanum* (Hook. f. & Thomson ex C. B. Clarke) Hand.-Mazz.

【异名】*Leontopodium jamesonii*

【生物学特征】外观：多年生草本，垫状丛生。根状茎：分枝细或稍粗壮木质，被密集或疏散的褐色鳞片状枯叶鞘。茎：直立，细弱或稍粗壮，不分枝，被白色棉状厚绒毛，全部有密集或疏生的叶。叶：茎部叶较莲座状叶稍长大，直立或稍开展，匙形或线状匙形，长 7~25 毫米，两面被白色或上面被灰白色长柔毛状密绒毛；苞叶少数，与茎上部叶同形。花：头状花序径 6~13 毫米，单生或 3 个密集。总苞片被灰白色绵毛，总苞片 4~5 层，披针形，深褐色或褐色。小花异形，通常雌雄异株。花冠长 4~6 毫米；雄花花冠狭漏斗状，有小裂片；雌花花冠细丝状。冠毛亮白色；雄花冠毛细，有短毛或长锯齿；雌花冠毛细，光滑或有微齿，花后增长，远较花冠为长，至长达 10 毫米。果实：瘦果椭圆形，无毛或多少有短粗毛。物候期：花期 5—6 月，果期 5—7 月。

【生境】生于低山和高山湿润草地、泥炭地或石砾坡地，海拔 1 600~5 500 米。

【分布】我国新疆（塔什库尔干、乌恰、阿克陶、叶城等地）、西藏、四川、青海、甘肃；印度、克什米尔地区、哈萨克斯坦等。

【保护级别及用途】IUCN：无危（LC）。

499. 长叶火绒草 *Leontopodium junpeianum* Kitam.

【俗名】兔耳子草、狭叶长叶火绒草

【异名】*Leontopodium longifolium*

【生物学特征】外观：多年生草本。根状茎：分枝短，有顶生的莲座状叶丛，或分枝长，平卧，有叶鞘和多数近丛生的花茎。花茎：直立，或斜升，高2~45厘米，不分枝，被白色或银白色疏柔毛或密绒毛。叶：基部叶或莲座状叶常狭长匙形；茎中部叶直立，和部分基部叶线形、宽线形或舌状线形，长2~13厘米。苞叶多数，卵圆披针形或线状披针形，上面或两面被白色长柔毛状绒毛，较花序长1.5~2倍或3倍。花：头状花序径6~9毫米。总苞被长柔毛，总苞片约3层，椭圆披针形。小花雌雄异株，少有异形花。花冠长约4毫米；雄花花冠管状漏斗状，有三角形深裂片；雌花花冠丝状管状，有披针形裂片。冠毛白色，较花冠稍长，基部有细锯齿；雄花冠毛向上端渐粗厚，有齿；雌花冠毛较细，上部全缘。果实：瘦果无毛或有乳头状突起，或有短粗毛。物候期：花期7—10月。

【生境】生于海拔 1 500~4 800 米高山和亚高山的湿润草地、洼地、灌丛或岩石上。

【分布】我国新疆（塔什库尔干、叶城等地）、甘肃、青海、陕西、西藏、四川、内蒙古、河北；克什米尔地区。

【保护级别及用途】IUCN：无危（LC）。

500. 短星火绒草 *Leontopodium brachyactis* Gand.

【异名】*Leontopodium alpinum*

【生物学特征】外观：多年生草本。茎：初垫状或丛生，有直立具疏生叶的不育根出条，后根出条长达 18 厘米，平卧，辐状丛生。花茎：多至 30 个，长 4~28 厘米，被白色密绒毛。叶：直立或开展，根出条的叶匙形，顶端圆形或钝，茎上部叶有时披针形，稍尖，有短厚稀外露的小尖头，基部狭，无柄，下部叶有短鞘，两面被同样或几同样紧密或有时疏松而常白色的绒毛。苞叶线状长圆形或披针形，与茎上部叶同大，被较叶上更厚的绒毛。花：头状花序大，直径 6~8 毫米，多至 10 个密集，稀 1 个。总苞长 5 毫米，被白色绒毛；总苞片顶端无毛，伸出绒毛之外，尖或钝，浅或深褐色，近全缘。小花异形，近雌雄异株或雌雄异株。不育的子房无毛或有乳头状突起。果实：瘦果有乳头状突起或短粗毛。物候期：花期 6—9 月。

【生境】生于高山或亚高山干旱草地或坡地，海拔 3 000~4 800 米。

【分布】我国新疆（塔什库尔干、叶城等地）、西藏、青海；印度、阿富汗和克什米尔地区。

【保护级别及用途】IUCN：无危（LC）。

501. 黄白火绒草 *Leontopodium ochroleucum* Beauverd

【俗名】黑苞火绒草

【异名】*Leontopodium melanolepis*

【生物学特征】外观：多年生草本。根状茎：细，短或长达 10 厘米，有平卧至多少直立的分枝，被有密集的枯叶鞘。茎：直立或斜升，极短或高 5~15 厘米，有时无茎，不分枝，被白色或上部被带黄色长柔毛或绒毛。叶：莲座状与茎部叶同形，茎基部叶在花期生存；中部叶多少直立或稍开展，舌形，长圆形，或匙形，顶端钝，或线状披针形，有时上部叶被较密的黄或白柔毛。苞叶较少数，椭圆形或长圆披针形，两面被稍黄色密柔毛或绒毛。头状花序径 5~7 毫米，总苞片被疏或密的长柔毛，总苞片约 3 层，披针形，无毛，褐色或深褐色。小花异型，有时在外的头状花序雌性，或雌雄异株。花冠长 3~4 毫米；雄花花冠管状，上部 2/3 狭漏斗状，有卵圆形尖裂片；雌花花冠细管状。冠毛白色，基部黄色或稍褐色，常较花冠稍长；雄花冠毛稍粗，有锯齿或短毛，雌花冠毛细，有微齿。不育的子房无毛。果实：瘦果无毛或有乳头状突起或短毛。物候期：花期 7—8 月，果期 8—9 月。

【生境】生于高山和亚高山的湿润或干燥草地、沙地、石砾地或雪线附近的岩石上，海拔 1 400~4 800 米。

【分布】我国新疆（塔什库尔干、阿克陶、叶城等地）、青海、西藏；蒙古国、俄罗斯（西伯利亚）、中亚地区、印度东北部。

【保护级别及用途】IUCN：无危（LC）；药用。

502. 山野火绒草 *Leontopodium fedtschenkoanum* Beauverd

【异名】*Leontopodium campestre*

【生物学特征】外观：多年生草本，高 5~20 厘米。根状茎：细长，有分枝，被密集的褐色的枯叶鞘，有不育的叶丛。茎：直立，不分枝，被灰白色或白色蛛丝状绒毛。叶：基生叶与不育枝叶同形，下部渐狭成细长的柄，并向基部渐扩大成褐色的叶鞘，中下部茎生叶舌状或披针状线形，长 2~4 厘米，顶端尖，稀稍钝，无柄，两面被同样的灰白色蛛丝状毛或下面被毛较密，上部叶较小。苞叶多数，线形或披针状线形，先端尖或渐尖，密被白或灰白色绒毛。花：头状花序径 5~7 毫米，多数，密集，雄花花冠漏斗状筒状，雌花花冠丝状；冠毛白色，长于花冠。果实：瘦果无毛或有乳突，或有粗毛。物候期：花果期 7—10 月。

【生境】生于干旱草原、干燥坡地、河谷阶地沙地或石砾地，也生于较湿润的林间草地，海拔 1 400~4 600 米。

【分布】我国新疆（塔什库尔干、乌恰、阿克陶、叶城等地）；蒙古国、中亚地区、俄罗斯。

【保护级别及用途】IUCN：无危（LC）；种质资源。

503. 莲座蓟 *Cirsium esculentum*（Siev.）C. A. Mey.

【异名】*Cnicus gmelini*

【生物学特征】外观：多年生草本，无茎，茎基粗厚，生多数不定根，顶生多数头状花序，外围莲座状叶丛。叶：莲座状叶丛的叶全形倒披针形或椭圆形或长椭圆形，长6（~10）~10（~21）厘米，羽状半裂、深裂或几全裂。花：头状花序5~12个集生于茎基顶端的莲座状叶丛中。总苞钟状，总苞片约6层，覆瓦状排列，向内层渐长；外层与中层长三角形至披针形。小花紫色，花冠长2.7厘米，檐部长1.2厘米，不等5浅裂，细管部长1.5厘米。冠毛白色或污白色或稍带褐色或黄色；多层，基部连合成环，整体脱落；冠毛刚毛长羽毛状，长2.7厘米，向顶端渐细。果实：瘦果淡黄色，楔状长椭圆形，压扁，顶端斜截形。物候期：花果期8—9月。

【生境】生于平原或山地潮湿地或水边，海拔 450~3 600 米。

【分布】我国新疆（乌恰等地）、东北、内蒙古；中亚地区、俄罗斯（西伯利亚）和蒙古国。

【保护级别及用途】IUCN：无危（LC）；药用。

504. 丝路蓟 *Cirsium arvense*（L.）Scop.

【异名】*Cnicus arvensis*

【生物学特征】外观：多年生草本。根：直伸。茎：直立，50~160厘米，上部分枝，接头状花序下部有稀疏蛛丝毛。叶：下部茎叶椭圆形或椭圆状披针形，长7~17厘米，羽状浅裂或半裂，基部渐狭，多少有短叶柄。花：头状花序较多数在茎枝顶端排成圆锥状伞房花序。总苞卵形或卵状长圆形，直径1.5~2厘米，有极稀疏的蛛丝毛，但通常无毛。总苞片约5层，覆瓦状排列。小花紫红色，雌性小花花冠长1.7厘米，细管部为细丝状，檐部长4毫米；两性小花花冠长1.8厘米，细管部为细丝状，长1.2厘米，檐部长6毫米。全部小花檐部5裂几达基部。果实：瘦果淡黄色，几圆柱形，顶端截形。冠毛污白色，多层，基部连合成环，整体脱落；冠毛刚毛长羽毛状，长达2.8厘米。物候期：花果期6—9月。

【生境】生于海拔 170~4 250 米的沟边水湿地、田间或湖滨地区。

【分布】我国新疆（乌恰、喀什、疏勒、叶城等地）、黑龙江、吉林、辽宁、内蒙古、河北、山西、山东、河南、陕西、宁夏、甘肃、青海、安徽、江苏、浙江、江西、湖南、湖北、四川、重庆、贵州、西藏、福建；欧洲、中亚地区、阿富汗、印度。

【保护级别及用途】IUCN：无危（LC）。

505. 新疆蓟 *Cirsium semenowii* Regel

【异名】*Cnicus semenovii*

【生物学特征】外观：多年生草本。茎：高50~60厘米，有时达80厘米，上部有分枝，全部茎枝被稀疏蛛丝毛及多细胞长节毛。叶：中下部茎叶披针形或椭圆形或线状披针形，羽状半裂，下部有长的翼柄，翼柄边缘有刺齿或缘毛状针刺；侧裂片半椭圆形或卵形，边缘有大小不等的三角形刺齿；接头状花序下部的叶边缘锯齿顶端有长针刺；全部叶两面同色，绿色，无毛。花：头状花序多数，排列成总状；总苞卵形，总苞片约7层，覆瓦状排列，无毛或有稀疏的蛛丝状柔毛，中外层总苞片三角状至卵状钻形，顶端针刺长5~9毫米，内层总苞片线状披针形或线形。花淡红色，花冠长达1.9厘米，细管部短于檐部，檐部5裂至中部，裂片不等。冠毛浅褐色，多层，基部连合成环，整体脱落；冠毛刚毛长羽毛状，长1.5厘米，内层顶端稍扩大。果实：瘦果褐色。物候期：花果期9—10月。

【生境】生于山地草甸、山坡、山谷水边、林间空地等，海拔 1 700~3 750 米。

【分布】我国新疆（乌恰、叶城等地）；中亚地区。

【保护级别及用途】种质资源。

506. 藏蓟 *Cirsium arvense* var. *alpestre* Nägeli

【异名】*Cirsium lanatum*

【生物学特征】外观：多年生草本，高 40~80 厘米。茎：直立，自基部分枝，被稠密的蛛丝状绒毛或变稀毛。叶：下部茎叶长椭圆形、倒披针形或倒披针状长椭圆形，长 7~12 厘米，羽状浅裂或半裂，无柄或成短柄；侧裂片 3~5 对，全部侧裂片半圆形、宽卵形或半椭圆形，边缘（2~）3~5 个长硬针刺或刺齿。花：头状花序，总苞卵形或卵状长圆形，总苞片约 7 层，覆瓦状排列，向内层渐长，外层三角形，中层椭圆形，内层及最内层披针形至线形，长 1.2~1.9 厘米。小花紫红色，雌花花冠长 1.8 厘米，檐部长 4 毫米；两性小花花冠长 1.5 厘米，细管部为细丝状，檐部长 6 毫米。全部小花檐部 5 裂几达基部。冠毛污白色至浅褐色，多层，基部连合成环，整体脱落；冠毛刚毛长羽毛状，长 2.5 厘米，向顶端渐细。果实：瘦果楔状，顶端截形。物候期：花果期 6—9 月。

【生境】生于山坡草地、潮湿地、湖滨地或村旁及路旁，海拔 500~4 300 米。

【分布】我国新疆（乌恰、阿克陶、喀什、疏附、疏勒、英吉沙等地）、西藏、青海、甘肃等；印度、克什米尔地区。

【保护级别及用途】IUCN：无危（LC）；种质资源。

507. 腺毛菊苣 *Cichorium glandulosum* Boiss. et Huet.

【生物学特征】外观：1 年生或 2 年生草本。根：圆锥状，具须根。茎：高 30~60 厘米，灰绿色，通常多少有分枝，先端稍粗厚，下部无毛或几无毛，上部密被头状具柄的长腺毛。叶：基生叶早落；下部叶基部渐窄成翼柄，翼柄长 6~8 厘米；叶片长圆形，长 13.5~14.5 厘米，羽状深裂，边缘有锯齿；中部茎叶长圆形，基部无柄，边缘有刺齿或全缘。全部叶两面被长柔毛。花：头状花序单生或 2~3 个生于茎端或枝端，含 15 枚舌状小花。总苞钟状，总苞片 2 层，外层宽卵形，长 6~7. 5 毫米，下半部坚硬，内层披针形，长 9~10 毫米，2 层苞片基部相连，外面被头状具柄的长腺毛。舌状小花浅蓝色，花冠筒上部被白色细柔毛。果实：瘦果 4~5 棱形。冠毛白色，膜片状，长近 1 毫米，顶端细齿裂。物候期：花果期 6—10 月。

【生境】生于平原绿洲。

【分布】我国新疆（乌恰等地）；高加索地区、土耳其。

【保护级别及用途】IUCN：无危（LC）；药用。

508. 昆仑绢蒿 *Seriphidium korovinii*（Poljakov）Poljakov

【异名】*Artemisia korovinii*

【生物学特征】外观：多年生草本。根：主根木质，粗。根状茎：粗大，木质；具多年生斜向上或略匍地、粗短、木质的营养枝。茎：多数，直立或下部弯曲，高 15~25 厘米。叶：两面被灰绿色柔毛；茎下部叶与营养枝上的叶卵形，1~2 回羽状深裂，每侧具 2（~3）枚裂片，不分裂或每裂片再 3 深裂，裂片或小裂片线形、长椭圆形或椭圆状披针形；中部叶羽状全裂，具短柄或近无柄，基部有小型的假托叶；上部叶与苞片叶不分裂，线形、椭圆状披针形或长椭圆形。花：头状花序卵形或长卵形，直径 2~2.5（~3）毫米；总苞片 5~6（~7）层，外层总苞片小，卵形，中、内层总苞片略长，长卵形或椭圆形或近披针形，外、中层总苞片背面被短柔毛；两性花 4~5 朵，花冠管状，檐部黄色或红色，花药线形，先端附属物线形，稍有睫毛。果实：瘦果卵形或倒卵形。物候期：花果期 7—10 月。

【生境】生于海拔 1 400~3 600 米的砾质坡地、戈壁及半荒漠化草原地区。

【分布】我国新疆（乌恰等地）；俄罗斯、中亚地区。

【保护级别及用途】IUCN：无危（LC）。

509. 短裂苦苣菜 *Sonchus uliginosus* M. B.

【异名】*Sonchus arvensis* var. *laevipes*

【生物学特征】外观：多年生草本，高 30~100 厘米。根：垂直直伸。茎：直立，单生，有纵条纹，上部有伞房状花序分枝，全部茎枝光滑无毛。叶：基生叶多数，与中下部茎叶同形，全形长椭圆形，长倒披针形、长披针形、线状长椭圆形，全长 5~23 厘米，羽状分裂，侧裂片 2~4 对，偏斜卵形、卵形、宽三角形或半圆形，顶裂片长三角形、长椭圆形或长披针形，全部叶裂片边缘有锯齿；茎上部叶及接花序分叉处的叶与中下部茎叶不裂或等样分裂，无柄，基部圆耳状抱茎。全部叶两面光滑无毛。花：头状花序多数或少数在茎枝顶端排成伞房状花序。总苞钟状，长 1.5~2 厘米；舌状小花黄色。果实：瘦果椭圆形，长 3 毫米，宽约 1 毫米，每面有 5 条高起的纵肋，肋间有横皱纹。冠毛白色，单毛状，柔软，纤细，纠缠，长 7 毫米。物候期：花果期 6—10 月。

【生境】生于海拔 400~4 000 米的山沟、山坡、平地、河边或田边。

【分布】我国新疆（塔什库尔干、叶城等地）、东北、华北、西北、西南等；阿富汗、巴基斯坦、尼泊尔、蒙古国、俄罗斯。

【保护级别及用途】IUCN：无危（LC）。

510. 苦苣菜 *Sonchus oleraceus* L.

【俗名】滇苦荬菜

【异名】*Sonchus ciliatus*

【生物学特征】外观：1年生或2年生草本。根：圆锥状，垂直直伸，有多数纤维状的须根。茎：直立，单生，高40~150厘米，有纵条棱或条纹。叶：基生叶羽状深裂，全形长椭圆形或倒披针形，或基生叶不裂，椭圆形、椭圆状戟形、三角形或三角状戟形或圆形。花：头状花序少数在茎枝顶端排成紧密的伞房花序或总状花序或单生茎枝顶端。总苞宽钟状，总苞片3~4层，覆瓦状排列，向内层渐长；外层长披针形或长三角形，中内层长披针形至线状披针形；全部总苞片顶端长急尖，外面无毛或外层或中内层上部沿中脉有少数头状具柄的腺毛。舌状小花多数，黄色。果实：瘦果褐色，长椭圆形或长椭圆状倒披针形，每面各有3条细脉，肋间有横皱纹，顶端狭，无喙，冠毛白色，长7毫米，单毛状，彼此纠缠。物候期：花果期5—12月。

【生境】生于山坡或山谷林缘、林下或平地田间、空旷处或近水处，海拔 170~3 700 米。

【分布】我国新疆（塔什库尔干、喀什、英吉沙等地）及其他各省份；几遍全球。

【保护级别及用途】药用。

511. 沼生苦苣菜 *Sonchus palustris* L.

【生物学特征】外观：多年生草本，有短根状茎。茎：直立粗壮，高达180厘米，上部伞房状或伞房圆锥状分枝，上部及花序分枝及花序梗被稠密的头状具柄的腺毛。叶：下部茎叶全形披针形，长15~35厘米，中部茎叶小或较小，披针形，不分裂，无柄，基部箭头状抱茎；上部及最上部茎叶线状披针形或线形，不分裂；全部叶及叶裂片边缘有针刺状锯齿或细密针刺，两面光滑无毛。花：头状花序多数在茎枝顶端排成伞房或伞房圆锥状花序。总苞宽钟状，全部总苞片顶端长急尖或稍钝，外面被稠密的头状具柄的腺毛。舌状小花多数，黄色。冠毛白色，单毛状，长8毫米。果实：瘦果椭圆状，有5条高起的纵肋，无横皱纹，顶端平截，无喙。物候期：花果期6—9月。

【生境】生于水边或湖边，海拔 420~2 400 米。

【分布】我国新疆（塔什库尔干、乌恰、英吉沙等地）；欧洲、地中海地区、哈萨克斯坦、乌兹别克斯坦及俄罗斯（西伯利亚）。

【保护级别及用途】IUCN：无危（LC）。

512. 矮蓝刺头 *Echinops humilis* M. Bieb.

【生物学特征】外观：多年生草本，高 7~16 厘米。根：直伸，茎基粗厚，发出 2 条粗壮的茎或茎单生。茎：通常不分枝，全部茎枝被白色密厚的蛛丝状绵毛。叶：基生叶多数，莲座状，有短叶柄，茎生叶无柄全部叶质地薄，全形长椭圆形或倒披针形，长 2~7 厘米，羽状浅裂、半裂或为大头羽状浅裂或半裂或边缘为锯齿状，侧裂片 3~6 对，斜三角形或偏斜卵形，叶两面同色，灰白色，被蛛丝状绵毛。花：复头状花序单生茎顶，头状花序长 1.3 厘米。基毛白色，不等长；外层苞片倒披针形，长约 6 毫米，中层苞片披针形，长约 1 厘米，最内层苞片线状披针形，长约 8 毫米；全部苞片边缘缘毛锯齿状。果实：瘦果倒圆锥状，被稠密顺向贴伏的黄色长直毛。冠毛量杯状；冠毛膜片线形，顶端有锯齿，边缘无缘毛基部结合。物候期：花果期 7—8 月。

【生境】生于海拔 3 400 米左右的砾石山坡和山谷草地。

【分布】我国新疆（塔什库尔干、乌恰、阿克陶等地）；俄罗斯、蒙古国。

【保护级别及用途】IUCN：无危（LC）。

513. 砂蓝刺头 *Echinops gmelinii* Turcz.

【异名】*Echinops foliisintegris*

【生物学特征】外观：1 年生草本，高 10~90 厘米。根：直伸，细圆锥形。茎：单生，茎枝淡黄色，疏被腺毛。叶：下部茎生叶线形或线状披针形，边缘具刺齿或三角形刺齿裂或刺状缘毛；中上部茎生叶与下部茎生叶同形；叶纸质，两面绿色，疏被蛛丝状毛及腺点。花：复头状花序单生茎顶或枝端，基毛白色，长 1 厘米，细毛状，边缘糙毛状；总苞片 16~20，外层线状倒披针形，爪基部有蛛丝状长毛，中层倒披针形，长 1.3 厘米，背面上部被糙毛，背面下部被长蛛丝状毛，内层长椭圆形，中间芒刺裂较长，背部被长蛛丝状毛；小花蓝或白色。果实：瘦果倒圆锥形，密被淡黄棕色长直毛，遮盖冠毛。物候期：花果期 6—9 月。

【生境】生于海拔 450~3 120 米的山坡砾石地、荒漠草原、黄土丘陵或河滩沙地。

【分布】我国新疆（乌恰、叶城等地）、黑龙江、吉林、辽宁、内蒙古、青海、甘肃、陕西、宁夏、山西、河北、河南；俄罗斯、哈萨克斯坦、蒙古国。

【保护级别及用途】IUCN：无危（LC）；药用。

514. 丝毛蓝刺头 *Echinops nanus* Bunge

【俗名】矮蓝刺头

【生物学特征】外观：1 年生草本，高 12~16 厘米。根：直深。茎：单生，直立，中部有斜升的粗壮分枝，全部茎枝白色或灰白色，被密厚的蛛丝状绵毛。叶：下部茎叶倒披针形或线状倒披形，长 4~8 厘米，羽状半裂或浅裂，侧裂片 2~4（~5）对，长卵形或三角状披针形或三角形，边缘有稀疏刺齿或三角形刺齿，全部叶质地薄，两面近于同色，灰白色，被稠密的或密厚的蛛丝状绵毛。花：头状花序长约 1.3 厘米，基毛白色，不等长，比头状花序稍短。全部总苞片 12~14 个；外层苞片线形，外面被短糙毛，边缘短缘毛；中层苞片长椭圆形，长约 1 厘米，下部边缘有缘毛，缘毛糙毛状。小花蓝色，花冠 5 深裂，裂片线形，花冠管上部被稀疏的头状具柄的腺点及短糙毛。果实：瘦果倒圆锥形，被稠密的棕黄色的顺向贴伏的长直毛，遮盖冠毛。冠毛量杯状；冠毛膜片线形，不等长，边缘糙毛状，中部以下结合。物候期：花果期 6—7 月。

【生境】生于海拔 1 300~3 100 米的荒漠沙地、宽谷河滩砾石地、低山坡。

【分布】我国新疆（塔什库尔干、乌恰、疏附等地）；哈萨克斯坦、吉尔吉斯斯坦、塔吉克斯坦、俄罗斯、蒙古国。

【保护级别及用途】IUCN：数据缺乏（DD）。

515. 顶羽菊 *Rhaponticum repens*（L.）Hidalgo

【异名】*Acroptilon repens*

【生物学特征】外观：多年生草本，高25~70厘米。根：直伸。茎：单生，或少数茎成簇生，直立，自基部分枝，分枝斜升，全部茎枝被蛛丝毛，被稠密的叶。叶：长椭圆形或匙形或线形，长2.5~5厘米，边缘全缘，无锯齿或少数不明显的细尖齿，被稀疏蛛丝毛或脱毛。花：头状花序，总苞卵形或椭圆状卵形，总苞片约8层，覆瓦状排列，向内层渐长，外层与中层卵形或宽倒卵形；内层披针形或线状披针形。全部苞片附属物白色，两面被稠密的长直毛。全部小花两性，管状，花冠粉红色或淡紫色，长1.4厘米。冠毛白色，多层，向内层渐长，长达1.2厘米，全部冠毛刚毛基部不连合成环，不脱落或分散脱落，短羽毛状。果实：瘦果倒长卵形，淡白色。物候期：花果期5—9月。

【生境】生于水旁、沟边、盐碱地、田边、荒地、沙地、干山坡及石质山坡，海拔2 300~3 000米。

【分布】我国新疆（塔什库尔干、阿克陶、喀什、英吉沙等地）、山西、河北、内蒙古、陕西、青海、甘肃；中亚地区、俄罗斯（西伯利亚）、蒙古国、伊朗、欧洲。

【保护级别及用途】IUCN：无危（LC）；种质资源。

516. 歪斜麻花头 *Klasea procumbens*（Regel）Holub

【异名】*Serratula procumbens*

【生物学特征】外观：多年生草本。根状茎：长，匍匐。茎：植株无毛，茎高7~15厘米，上部有2~3个极短的花序分枝。叶：基生叶及下部茎叶长椭圆形、披针状长椭圆形至披针形，长4~6厘米，边缘有凹陷性浅锯齿；中部茎叶小，椭圆形或长椭圆形，无柄，中部以下边缘有锯齿，中部以上全缘无锯齿；最上部茎叶或接头状花序下部的叶宽线形，边缘全缘，无锯齿。花：植株含2~3个头状花序，头状花序生茎枝顶端或短花梗上，全部头状花序歪斜或植株至少含有歪斜的头状花序。全部小花两性，花冠紫红色，长3厘米，细管部9毫米，檐部2.1厘米，花冠裂片长6.5毫米。果实：瘦果椭圆状，褐色，有4条肋棱。冠毛淡黄色，长达1.7厘米；冠毛刚毛糙毛状，分散脱落。物候期：花果期6—8月。

【生境】生于海拔 2 600~3 520 米的山前倾斜平原、山地荒漠草原带砾石质石坡、山间谷地砾石河滩。

【分布】我国新疆（塔什库尔干、乌恰、阿克陶、喀什等地）；中亚地区。

【保护级别及用途】IUCN：数据缺乏（DD）；种质资源。

517. 牛蒡 *Arctium lappa* L.

【俗名】大力子、恶实

【异名】*Lappa major*; *Lappa vulgaris*

【生物学特征】外观：2年生草本。根：具粗大的肉质直根，长达15厘米，有分枝支根。茎：直立，高达2米，通常带紫红色或淡紫红色，分枝斜升，多数。叶：基生叶宽卵形，长达30厘米，边缘有稀疏的浅波状凹齿或齿尖，有长达32厘米的叶柄，两面异色，被薄绒毛或绒毛稀疏，有黄色小腺点，叶柄灰白色。花：头状花序多数或少数在茎枝顶端排成疏松的伞房花序或圆锥状伞房花序。总苞卵形或卵球形，直径1.5~2厘米。小花紫红色，花冠长1.4厘米，花冠裂片长约2毫米。果实：瘦果倒长卵形或偏斜倒长卵形，长5~7毫米，两侧压扁，浅褐色，有多数细脉纹，有深褐色的色斑或无色斑。冠毛多层，浅褐色；冠毛刚毛糙毛状，不等长，长达3.8毫米，基部不连合成环，分散脱落。物候期：花果期6—9月。

【生境】生于海拔 470~3 500 米的山坡、山谷、林缘、林中、灌木丛中、河边潮湿地、村庄路旁或荒地。

【分布】我国新疆（塔什库尔干、喀什等地）及其他各省份；广布欧亚大陆。

【保护级别及用途】IUCN：无危（LC）；药用。

518. 大花女蒿 *Hippolytia megacephala*（Rupr.）Poljakov

【生物学特征】外观：多年生草本，高10~25厘米。有根状茎。茎：直立，通常不分枝，有时自中上部有短的分枝，下部常呈紫红色，具细棱，被稀疏短柔毛，花序下较密。叶：基生叶多数，长椭圆形，被稀疏短柔毛，呈暗绿色，顶端钝尖或急尖，具柄；中部茎生叶1~2枚，1回羽状全裂。花：头状花序少数，在茎顶排成伞房状，总苞半球形，总苞片3层，覆瓦状排列，宽披针形，顶端钝圆或急尖，被稀疏短柔毛，边缘褐色，膜质；全部小花两性，筒状，花冠筒被少数腺点，顶端5齿裂，黄色。果实：瘦果卵圆形，具窄的黄色边肋。物候期：花果期7—9月。

【生境】生于海拔3 300米左右的高原滩地、高山草甸。

【分布】我国新疆（乌恰县）；中亚地区。

【保护级别及用途】种质资源。

519. 婆罗门参 *Tragopogon pratensis* L.

【俗名】草地婆罗门参

【生物学特征】外观：2年生草本，高25~100厘米。根：垂直直伸，圆柱状。茎：直立，不分枝或分枝，有纵沟纹，无毛。叶：下部叶长，线形或线状披针形，基部扩大，半抱茎，向上渐尖，边缘全缘，有时皱波状，中上部茎叶与下部叶同形。花：头状花序单生茎顶或植株含少数头状花序，但头状花序生枝端，花序梗在果期不扩大。总苞圆柱状，长2~3厘米，总苞片8~10枚，披针形或线状披针形，长2~3厘米，下部棕褐色。舌状小花黄色，干时蓝紫色。果实：瘦果长灰黑色或灰褐色，长约1.1厘米，有纵肋，沿肋有小而钝的疣状突起，向上急狭成细喙，喙长0.8~1.1厘米，喙顶不增粗，与冠毛连结处有蛛丝状毛环。冠毛灰白色，长1~1.5厘米。物候期：花果期5—9月。

【生境】生于山坡草地及林间草地，海拔1 200~4 500米。

【分布】我国新疆（乌恰等地）；欧洲、哈萨克斯坦、俄罗斯。

【保护级别及用途】种质资源。

520. 准噶尔婆罗门参 *Tragopogon songoricus* S. A. Nikitin

【生物学特征】外观：2年生草本，高18~50厘米。根：垂直直伸，粗壮。根颈：被残存的叶柄。茎：直立，自中部以上多少分枝或不分枝，无毛。叶：基生叶与下部茎叶线形，长8~20厘米；中部茎叶线状披针形；上部茎叶椭圆状披针形或椭圆形。花：头状花序单生茎顶或植株含少数头状花序，但生枝端。花序梗在果期不膨大。总苞圆柱状，长2~3厘米。总苞片7~8（~9）枚，线状披针形，长2~4厘米，先端渐尖，基部棕褐色，有时基部被短柔毛，稍长于舌状小花。舌状小花黄色，干时浅蓝色。冠毛污白色或污黄色，长1.3~1.8厘米。果实：边缘瘦果长1~1.2厘米，有细纵肋，沿肋有疣状突起，顶端急狭成细喙，喙长0.6~0.8厘米，喙顶不增粗，与冠毛连接处亦无蛛丝状毛环。物候期：花果期6—8月。

【生境】生于林缘草地及荒漠草原，海拔 1 500 ~ 4 200 米。

【分布】我国新疆（塔什库尔干、乌恰等地）；俄罗斯、中亚地区及蒙古国。

【保护级别及用途】IUCN：无危（LC）。

521. 北疆婆罗门参 *Tragopogon pseudomajor* S. Nikit.

【生物学特征】外观：2 年生草本；株：高 25~60（~100）厘米；茎：茎直立，不分枝或中部以上分枝，具纵条纹，无毛；叶：较密集，基生叶线形，下部稍扩大，茎生叶线形或线状披针形，基部扩大，半抱茎，扩大部分宽 10~15 毫米，向上渐尖，上部茎叶先端有时呈丝状；花：冠毛淡黄色，长 2~2. 3 厘米，等于或稍短于具喙的瘦果；果：瘦果长 1.2~1.4 厘米，有 5 条纵肋，沿肋有鳞片状突起，先端急狭成细喙，喙长约 1 厘米，喙顶不增粗或增粗极不明显，与冠毛连结处有蛛丝状毛环。

【生境】生于草甸、河谷、山前平原及干燥山坡。

【分布】我国新疆（塔什库尔干、乌鲁木齐、玛纳斯、巩留等地）；哈萨克斯坦。

【保护级别及用途】IUCN：无危（LC）；种质资源。

522. 白花蒲公英 *Taraxacum albiflos* Kirschner & Štepanek

【异名】*Taraxacum leucanthum*

【生物学特征】外观：多年生矮小草本。根颈：根颈部被大量黑褐色残存叶基。叶：线状披针形，近全缘至具浅裂，少有为半裂，具很小的小齿，两面无毛。花葶：1 至数个，无毛或在顶端疏被蛛丝状柔毛。花：头状花序直径 25~30 毫米；总苞长 9~13 毫米，总苞片干后变淡墨绿色或墨绿色，先端具小角或增厚；外层总苞片卵状披针形，稍宽于至约等宽于内层总苞片，具宽的膜质边缘；舌状花通常白色，稀淡黄色，边缘花舌片背面有暗色条纹，柱头干时黑色。冠毛长 4~5 毫米，带淡红色或稀为污白色。果实：瘦果倒卵状长圆形，枯麦秆黄色至淡褐色或灰褐色，顶端逐渐收缩为长 0.5~1.2 毫米的喙基，喙较粗壮，长 3~6 毫米。物候期：花果期 6—8 月。

【生境】生于山坡湿润草地、沟谷、河滩草地以及沼泽草甸处，海拔 2 500~6 000 米。

【分布】我国新疆（塔什库尔干、阿克陶、叶城等地）、西藏、甘肃、青海；印度、伊朗、巴基斯坦、俄罗斯等。

【保护级别及用途】IUCN：无危（LC）；药用。

523. 多裂蒲公英 *Taraxacum dissectum*（Ledeb.）Ledeb.

【异名】*Leontodon dissectus*; *Leontodon dissectum*; *Taraxacum baicalense*

【生物学特征】外观：多年生草本。根：根颈部密被黑褐色残存叶基，叶腋有褐色细毛。叶：线形，稀少披针形，长 2~5 厘米，羽状全裂，顶端裂片长三角状戟形，全缘，每侧裂片 3~7 片，裂片线形，裂片先端钝或渐尖，全缘，两面被蛛丝状短毛，叶基有时显紫红色。花：花葶 1~6，长于叶，高 4~7 厘米，花时常整个被丰富的蛛丝状毛；头状花序直径 10~25 毫米；总苞钟状，总苞片绿色，先端常显紫红色，无角；外层总苞片卵圆形至卵状披针形，中央部分绿色，具有宽膜质边缘；内层总苞片长为外层总苞片长的 2 倍；舌状花黄色或亮黄色，花冠喉部的外面疏生短柔毛，舌片长 7~8 毫米，基部筒长约 4 毫米，边缘花舌片背面有紫色条纹，柱头淡绿色；果：瘦果淡灰褐色，长（4.0~）4.4~4.6 毫米，中部以上具大量小刺，以下具小瘤状突起，顶端逐渐收缩为长 0.8~1.0 毫米的喙基，喙长 4.5~6 毫米；冠毛白色，长 6~7 毫米；

【生境】生于海拔 3 600 米的高山湿草甸。

【分布】我国新疆（塔什库尔干、叶城等地）、四川、西藏、青海、甘肃、陕西、宁夏等；俄罗斯（贝加尔湖地区）。

【保护级别及用途】IUCN：无危（LC）；药用。

524. 葱岭蒲公英 *Taraxacum pseudominutilobum* S. Koval.

【生物学特征】外观：多年生草本。根：根颈部被暗褐色残存叶基，叶基腋部有少量褐色细毛。叶：线状披针形，少数为长椭圆形，长 3~7 厘米，羽状深裂或浅裂，稀不分裂，顶端裂片小，戟形，全缘，每侧裂片 2~5 片，平展或倒向，线状披针形，全缘或具小齿，两面无毛。花葶：高 3~6 厘米，顶端密生蛛丝状毛。花：总苞窄钟状，总苞片暗绿色，被蛛丝状毛；外层总苞片披针形至线状披针形，长 3~5 毫米，具窄膜质边缘，无角或有暗色小角；内层总苞片有角，长为外层总苞片的 2~2.5 倍；舌状花黄色，花冠喉部及舌片下部疏生短柔毛或无毛，舌片长 7 毫米，基部筒长 2~2.5 毫米，边缘花舌片背面有紫色条纹，柱头黄色。冠毛白色，长 4~5 毫米。果实：瘦果黄褐色或暗褐色，仅于顶部有极少量的小刺，喙基很短，喙粗壮，长 1~2 毫米。物候期：花果期 7—8 月。

【生境】生于草甸草原、河谷草甸、洼地，海拔 3 000~3 700 米。

【分布】我国新疆（塔什库尔干、阿克陶、乌恰等地）；中亚地区。

【保护级别及用途】IUCN：无危（LC）。

525. 粉绿蒲公英 *Taraxacum dealbatum* Hand.-Mazz.

【生物学特征】外观：多年生草本。根：根颈密被黑褐色残存叶基，叶基腋部有丰富的褐色皱曲毛。叶：倒披针形或倒披针状线形，长 5~15 厘米，羽状深裂，顶裂片线状戟形，全缘，每侧裂片 4~9 片，长三角形或线形，平展或倒向，全缘，裂片间无齿，叶柄常显紫红色。花：花葶 1~7，花时等长或稍长于叶，高 10~20 厘米，常带粉红色，顶端被密蛛丝状短毛；头状花序直径 15~20 毫米；总苞钟状，总苞片先端常显紫红色，无角；外层总苞片淡绿色，卵状披针形至披针形；内层总苞片绿色，长为外层的 2 倍；舌状花淡黄色或白色，基部喉部及舌片下部外面被短柔毛，舌片长 9~10 毫米，基部筒长约 4 毫米，边缘花舌片背面有紫色条纹，柱头深黄色。果实：瘦果淡黄褐色或浅褐色，长约 3 毫米；冠毛白色，长 6~7 毫米。物候期：花果期 6—8 月。

【生境】生于海拔 2 100~3 350 米的河漫滩草甸、砾石草地、农田水边。

【分布】我国新疆（塔什库尔干、乌恰、阿克陶、叶城等地）、内蒙古、甘肃等省份；俄罗斯、哈萨克斯坦及蒙古国。

【保护级别及用途】IUCN：无危（LC）；药用。

526. 光果蒲公英 *Taraxacum glabrum* DC.

【异名】*Hieracium glabrum*

【生物学特征】外观：多年生草本。根颈：密被黑褐色残存叶基，其腋间有褐色长曲毛。叶：狭倒卵形至倒披针形，长 4~9 厘米，不分裂、全缘，或具齿至羽状浅裂，顶端裂片三角形，全缘，每侧裂片 2~3 片，裂片三角形，平展，全缘，裂片间无齿。花：花葶 2~4，长于叶，高 5~10 厘米，常带紫红色，无毛；头状花序直径 30~40 毫米；总苞钟状，外层总苞片暗绿色，卵状披针形至披针形，长 4~6 毫米；内层总苞片暗绿色，无角或稀具短角，长为外层总苞片的 2~2.5 倍；舌状花黄色，花冠无毛，舌片长 10~14 毫米，基部筒长 3~5 毫米，边缘花舌片背面有紫色条纹，柱头干时黑色。果实：瘦果淡褐色，长 3.5~4 毫米，光滑；冠毛白色，长 5~6 毫米。物候期：花果期 7—8 月。

【生境】生于海拔 2 300~4 200 米的高山及亚高山草甸至草甸草原。

【分布】我国新疆（塔什库尔干、叶城等地）；中亚地区、俄罗斯。

【保护级别及用途】IUCN：无危（LC）。

527. 寒生蒲公英 *Taraxacum subglaciale* Schischk.

【生物学特征】外观：多年生草本。根颈：密被黑褐色残存叶基。叶：线形至狭倒披针形，长 2.5~6 厘米，不分裂，顶端裂片长三角形，全缘，每侧裂片 2~4 片，裂片三角形齿状或线形，倒向，全缘，先端渐尖，裂片间无齿，亦无小裂片。花：花葶少数，长于叶，高 4~6 厘米，直立，纤细，无毛；总苞狭钟状，长 10~14 毫米，总苞片绿色，无角；外层总苞片卵圆形、卵状披针形至狭椭圆形；内层总苞片长为外层总苞片的 2 倍；舌状花黄色或亮黄色，花冠无毛，舌片长 8~10 毫米，基部筒长约 4 毫米，边缘花舌片背面有紫色条纹，柱头黄色。果实：瘦果淡褐色，长 3.5~4.5 毫米；冠毛白色，长 5~6 毫米。物候期：花果期 7—8 月。

【生境】生于海拔 2 800~4 500 米的沟谷河滩草甸、山坡砾石地、沟谷山地高寒灌丛草甸等。

【分布】我国新疆（塔什库尔干、叶城等地）；哈萨克斯坦。

【保护级别及用途】IUCN：数据缺乏（DD）；药用。

528. 红角蒲公英 *Taraxacum luridum* G. E. Haglund

【异名】*Taraxacum badachschanicum*

【生物学特征】外观：多年生草本。根颈：被褐色残存叶基，叶基腋部有稀疏的细毛。叶：狭长椭圆形至线形，长 5~8厘米，羽状深裂，顶裂片长戟形，全缘；每侧裂片4~6片，线形，倒向或平展，全缘，裂片间无齿或有小裂片，两面无毛，叶脉常显紫红色。花葶：少数，高5~10厘米，等长或稍长于叶，常带紫红色，顶端密生蛛丝状毛。花：头状花序直径约30毫米；总苞钟状，长9~13毫米，绿色；外层总苞片三角状披针形至宽窄披针形；内层总苞片有暗红色小角，长为外层总苞片的2~2.5倍；舌状花上部白色，下部黄色，舌片长8~10毫米，基部筒长约4毫米，边缘花舌片背面有紫色条纹，柱头黄色，冠毛白色或污白色。果实：瘦果浅褐色，倒卵状披针形，顶端逐渐收缩为长0.7~1毫米的喙基，喙长5~7毫米。

【生境】生于河谷草甸及洼地处，海拔 3 000~3 200 米。

【分布】我国新疆（塔什库尔干、叶城等地）、西藏；俄罗斯、哈萨克斯坦、巴基斯坦、阿富汗、伊朗。

【保护级别及用途】IUCN：无危（LC）。

529. 毛叶蒲公英 *Taraxacum minutilobum* M. Pop. ex S. Koval.

【生物学特征】外观：多年生草本。根颈：被大量黑褐色残存叶基，叶基腋部有褐色皱曲毛。叶：狭倒披针形或长椭圆形，长3.5~6厘米，羽状深裂，顶裂片戟形或三角形，全缘，每侧裂片5~10片，裂片线形至椭圆形，边缘具少量小齿或无齿，裂片两侧常有2枚大齿，两面均被较密的蛛丝状毛。花葶：少数，高3~8厘米，被蛛丝状毛。花：总苞窄钟状，长10~13毫米，总苞片被密蛛丝状毛，先端有暗紫色小角；外层总苞片淡绿色，披针状卵圆形至宽披针形，长3~4毫米；内层总苞片绿色，长为外层总苞片的2~2.5倍；舌状花黄色，舌片无毛，长8~9毫米，基部筒长约3毫米，边缘花舌片背面有紫色条纹，柱头黄色。冠毛白色或污白色，长4~5毫米。果实：瘦果黄褐色，长5.5~6毫米，仅顶部有极少量的小瘤状突起，喙基分化不甚明显。物候期：花果期6—7月。

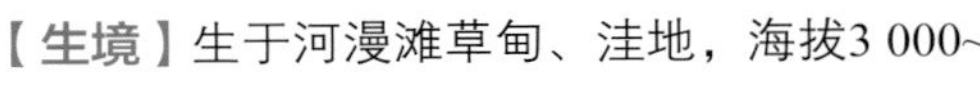

【生境】生于河漫滩草甸、洼地，海拔3 000~4 000米。

【分布】我国新疆（塔什库尔干、阿克陶、喀什等地）；中亚地区。

【保护级别及用途】IUCN：无危（LC）。

530. 双角蒲公英 *Taraxacum bicorne* Dahlst.

【异名】*Taraxacum ceratophorum*

【生物学特征】外观：多年生草本。根颈：被少量暗褐色残存叶基，其腋间有褐色皱曲柔毛，有时无毛。叶：灰绿色，狭倒披针形或长椭圆形，长5~10厘米，羽状浅裂或深裂，顶端裂片长三角形、长戟形或三角状戟形，全缘，侧裂片长三角形、三角形，稀线形，边缘具齿、少全缘。花：花葶1~5，有时基部显红色，高8~15厘米，等长或稍长于叶，无毛；头状花序直径15~30毫米；总苞钟状，长8~14毫米；外层总苞片淡绿色，卵圆形至卵状披针形，长4~6毫米；内层总苞片绿色，有角，长为外层总苞片的2.5~3倍；舌状花黄色，花冠无毛，舌片长6~7毫米，柱头黄色。果实：瘦果灰褐色，中部以上具大量小刺，其余部分有小瘤状突起，喙基长1~1.3毫米，喙纤细，长6~9毫米；冠毛白色。物候期：花果期4—7月。

【生境】生于海拔 2 050~3 620 米的荒漠区水洼地及盐渍化草甸、农田水边、路旁。

【分布】我国新疆（塔什库尔干、阿克陶等地）、甘肃、青海、河北、云南等；中亚地区、阿富汗、巴基斯坦、印度及伊朗。

【保护级别及用途】IUCN：无危（LC）。

531. 橡胶草 *Taraxacum koksaghyz* Rodin

【生物学特征】外观：多年生草本。根颈：被黑褐色残存叶基，其腋间有丰富的褐色皱曲毛。叶：窄倒卵形或倒披针形，长4.5~5厘米，不裂、全缘或具波状齿，有时主脉红色。花：花葶1~3，高7~24厘米，有时带紫红色，顶端疏被蛛丝状毛；头状花序径2.5~3厘米；总苞钟状，总苞片浅绿色，先端常带紫红色，背部有较长尖的角，外层披针状卵圆形或披针形，具白色膜质边缘，等宽或稍宽于内层，内层长为外层的1.5~2.5倍；舌状花黄色，花冠喉部及舌片下部外面疏生柔毛，舌片长约7毫米，基部筒长约5毫米，边缘花舌片背面有紫色条纹，柱头黄色。果实：瘦果淡褐色，长（2~）2.5~3.5毫米，上部1/3~1/2有多数小刺；冠毛白色，长4~5毫米。物候期：花果期5—7月。

【生境】生于河漫滩草甸、盐碱化草甸、农田水渠边。

【分布】我国新疆（塔什库尔干等地）；欧洲、中亚地区。

【保护级别及用途】IUCN：无危（LC）；种质资源。

532. 小叶蒲公英 *Taraxacum goloskokovii* Schischk.

【异名】*Taraxacum alpigenum*

【生物学特征】外观：多年生草本。根颈：被黑褐色残存叶基，叶基腋部有大量褐色皱曲毛。叶：披针形，长 2~4 厘米，宽 3~4 毫米，全缘，或具波状齿，先端钝或急尖。花葶：1~2，高 6~8 厘米，较叶长或与叶等长，无毛。花：总苞窄钟状，长 8~12 毫米，总苞片绿色，无角或具不明显的小角；外层总苞片披针状卵圆形至披针形，长 2~6 毫米，较内层总苞片宽或与其等宽；内层总苞片长为外层总苞片的 2~2.5 倍；舌状花黄色，花冠喉部及舌片下部的外面被短柔毛，舌片长 10~11 毫米，基部筒长 2.5~3 毫米，边缘花舌片背面有紫色条纹，柱头干时黑色。冠毛白色，长约 5 毫米。果实：瘦果淡褐色，长 4~5 毫米，完全光滑或于顶部有极少量的小瘤。物候期：花果期 7—8 月。

【生境】生于河漫滩草甸、汇水洼地，海拔 3 000~3 700 米。

【分布】我国新疆（塔什库尔干等地）；哈萨克斯坦、吉尔吉斯斯坦。

【保护级别及用途】IUCN：无危（LC）。

533. 药用蒲公英 *Taraxacum officinale* F. H. Wigg.

【俗名】西洋蒲公英

【异名】*Leontodon taraxacum*

【生物学特征】外观：多年生草本。根颈：密被黑褐色残存叶基。叶：狭倒卵形、长椭圆形，稀少倒披针形，长4~20厘米，大头羽状深裂或羽状浅裂，全缘或具齿，先端急尖或圆钝，每侧裂片4~7片，裂片三角形至三角状线形，全缘或具牙齿，叶基有时显红紫色，无毛或沿主脉被稀疏的蛛丝状短柔毛。花：花葶多数，高5~40厘米，长于叶，顶端被丰富的蛛丝状毛，基部常显红紫色。头状花序直径25~40毫米；总苞宽钟状，总苞片绿色。外层总苞片宽披针形至披针形，长4~10毫米；内层总苞片长为外层总苞片的1.5倍；舌状花亮黄色，花冠喉部及舌片下部的背面密生短柔毛，舌片长7~8毫米，基部筒长3~4毫米，边缘花舌片背面有紫色条纹，柱头暗黄色。果实：瘦果浅黄褐色，长3~4毫米，中部以上有大量小尖刺，其余部分具小瘤状突起；冠毛白色，长6~8毫米。物候期：花果期6—8月。

【生境】生于海拔 700~2 600 米的低山草原、森林草甸或田间与路边。

【分布】我国新疆（塔什库尔干、叶城等地）、甘肃、河南、陕西等；中亚地区、欧洲、北美洲等。

【保护级别及用途】IUCN：无危（LC）；药用。

534. 藏蒲公英 *Taraxacum tibetanum* Hand.-Mazz.

【生物学特征】外观：多年生草本，植株高 3~10 厘米。根颈：具褐色残存叶基，其腋间具稀疏的褐色皱曲柔毛。叶：倒披针形，长 4~8 厘米，通常羽状深裂，少为浅裂，具 4~7 对侧裂片；侧裂片三角形，倒向，近全缘。花：花葶 1 个或数个，高 3~7 厘米，无毛或在顶端有蛛丝状柔毛。头状花序直径 28~32 毫米；总苞钟形，总苞片干后变墨绿色至黑色；外层总苞片宽卵形至卵状披针形，宽于内层总苞片，先端稍扩大，无膜质边缘或为极窄的不明显的膜质边缘；舌状花黄色，边缘花舌片背面有紫色条纹，柱头和花柱干后黑色。果实：瘦果倒卵状长圆形至长圆形，淡褐色，长 2.8~3.5 毫米，喙纤细，长 2.5~4 毫米；冠毛长约 6 毫米，白色。物候期：花果期 8—9 月。

【生境】生于海拔 3 600~5 300 米的山坡草地、台地及河边草地上。

【分布】我国新疆（塔什库尔干、阿克陶、叶城等地）、西藏、四川、青海、云南等；印度东北部、不丹。

【保护级别及用途】IUCN：无危（LC）。

535. 北千里光 *Senecio dubitabilis* C. Jeffrey & Y. L. Chen

【异名】*Senecio dubius*

【生物学特征】外观：1年生草本。茎：单生，直立，高5~30厘米，自基部或中部分枝，无毛或有疏白色柔毛。叶：无柄，匙形，长圆状披针形，长圆形至线形，长3~7厘米，羽状短细裂至具疏齿或全缘；下部叶基部狭成柄状；中部叶基通常稍扩大而成具不规则齿半抱茎的耳；上部叶较小，披针形至线形，有细齿或全缘，全部叶两面无毛。花：头状花序无舌状花，排列成顶生疏散伞房花序；花序长1.5~4厘米，无毛，有1~2线状披针形小苞片。总苞几狭钟状，具外层苞片；苞片4~5，线状钻形，总苞片约15，线形，背面无毛。管状花多数，花冠黄色，长6~6.5毫米；花药线形，基部有极短的钝耳，花药颈部柱状，向基部膨大；花柱分枝长0.6毫米，有乳头状毛。冠毛白色，长7~7.5毫米。果实：瘦果圆柱形，长3~3.5毫米，密被柔毛。物候期：花期5—9月。

【生境】生于海拔4 800米以下的草原带、荒漠草原带的河谷、草甸、砂石处、田边。

【分布】我国新疆（塔什库尔干、乌恰等地）、青海、甘肃、西藏、河北、陕西等；俄罗斯（西伯利亚）、哈萨克斯坦、蒙古国、巴基斯坦及印度。

【保护级别及用途】IUCN：无危（LC）。

536. 林荫千里光 *Senecio nemorensis* L.

【俗名】黄菀

【异名】*Senecio ganpinensis*

【生物学特征】外观：多年生草本。根状茎：短粗，具多数被绒毛的纤维状根。茎：单生或有时数个，直立，高达 1 米，花序下不分枝，被疏柔毛或近无毛。叶：基生叶和下部茎叶在花期凋落；中部茎叶多数，近无柄，披针形或长圆状披针形，长 10~18 厘米，两面被疏短柔毛或近无毛，羽状脉，侧脉 7~9 对，上部叶渐小，线状披针形至线形，无柄。花：头状花序具舌状花，多数；花序梗长 1.5~3 毫米，具 3~4 小苞片；小苞片线形，被疏柔毛；舌片黄色，线状长圆形，长 11~13 毫米，具 4 脉；管状花 15~16，花冠黄色，长 8~9 毫米，檐部漏斗状，裂片卵状三角形，上端具乳头状毛。花药长约 3 毫米，附片卵状披针形；颈部略粗短，基部稍膨大；花柱分枝长 1.3 毫米，截形，被乳头状毛。冠毛白色，长 7~8 毫米。果实：瘦果圆柱形，长 4~5 毫米，无毛。物候期：花期 6—12 月。

【生境】生于林中开旷处、草地或溪边，海拔 770~3 020 米。

【分布】我国新疆（乌恰、阿克陶、叶城等地）、吉林、河北、山西、山东、陕西、甘肃、湖北、四川、贵州、浙江、安徽、河南、福建、台湾等；日本、朝鲜、俄罗斯（西伯利亚和远东地区）、蒙古国及欧洲。

【保护级别及用途】IUCN：无危（LC）；药用。

千里光属 Senecio

537. 细梗千里光 *Senecio krascheninnikovii* Schischk.

【异名】*Senecio pedunculus*

【生物学特征】外观：1年生矮小草本。茎：单生，直立，高3~30厘米，分枝直立或叉状开展，纤细，被疏柔毛或近无毛。叶：无柄，全形卵状长圆形，长1.5~5厘米，羽状浅裂至羽状全裂；侧裂片2~4对，狭，线形，具不规则细齿或全缘，两面被疏柔毛至近无毛。花：头状花序有舌状花，数个至多数，排列成顶生疏伞房花序；花序梗细，长1~3（~5）厘米，有稍密至疏白色柔毛。总苞狭钟状，长5~7毫米；总苞片13~15，线状披针形，舌状花4~7，管部长3~3.5毫米；舌片黄色，长圆形，具4脉；管状花多数；花冠黄色，长5.5毫米，管部长3毫米，檐部狭漏斗状；裂片卵状长圆形。花药长2毫米，花柱分枝长0.5毫米，顶端截形，有乳头状毛。冠毛白色，长5.5毫米。果实：瘦果圆柱形，被疏贴生柔毛。物候期：花期6—9月。

【生境】生于海拔 1 300~3 900 米的多沙砾山坡和沙地。

【分布】我国新疆（塔什库尔干、阿克陶、叶城等地）、青海、西藏等；哈萨克斯坦、阿富汗、巴基斯坦及印度。

【保护级别及用途】IUCN：无危（LC）。

538. 疆千里光 *Jacobaea vulgaris* Gaertn.

【俗名】新疆千里光、异果千里光

【异名】*Senecio jacobaea*; *Seneciojacobaea* var. *nudus*; *Senecio foliosus*; *Senecio jacobaeoides*; *Senecio jacobaea* subsp. *nudus*

【生物学特征】外观：多年生根状茎草本。茎：单生，直立，下部茎叶具柄。花：头状花序，总苞宽钟状或半球形，总苞片约13，长圆状披针形，上端有短柔毛，具3脉，背面近无毛，舌状花舌片黄色，长圆形，管状花多数，花冠黄色，檐部漏斗状，裂片三角状卵形。果实：尖瘦果圆柱形，长2毫米，舌状花无毛，而管状花被柔毛，冠毛白色，在管状花宿存，而在舌状花脱落。物候期：花期6—7月。

【生境】生于草原带的草甸、绿洲的农田附近，海拔 480~3 600 米。

【分布】我国新疆（塔什库尔干等地）；蒙古国、俄罗斯（西伯利亚）和欧洲。

【保护级别及用途】药用。

539. 阿勒泰橐吾 *Ligularia altaica* DC.

【异名】*Senecillis glauca*

【生物学特征】外观：多年生灰绿色或蓝绿色草本。根：肉质，细而多。茎：直立，高10~68（~90）厘米，光滑，基部直径4~6毫米。叶：丛生叶具柄，柄长13~20厘米，上部具狭翅，基部有窄鞘，叶片长圆形、长圆状卵形或椭圆形，长8~15厘米，先端钝或圆形，全缘，两面光滑，叶脉羽状；茎生叶与丛生叶同形，无柄，下部者长达13.5厘米。花：总状花序长6~7厘米，光滑；苞片和小苞片线状钻形，花序梗长达10毫米；头状花序10~11（~25），辐状；总苞钟形或近杯形，长6~8米。舌状花4~5，黄色，舌片倒卵形或长圆形，具齿，管部长约4毫米；管状花多数，伸出总苞之外，长约7毫米，管部长约3毫米，冠毛白色与花冠等长。果实：瘦果圆柱形，长约5毫米，黄褐色，光滑。物候期：花果期6—8月。

【生境】生于高山草原、林间草地，海拔 1 400~3 000 米。

【分布】我国新疆（塔什库尔干、乌恰等地）；蒙古国、俄罗斯（西伯利亚）。

【保护级别及用途】IUCN：无危（LC）；药用。

540. 大叶橐吾 *Ligularia macrophylla*（Ledeb.）DC.

【异名】*Senecio ledebourii*

【生物学特征】外观：多年生灰绿色草本。茎：直立，高 56~110（~180）厘米，最上部及花序被有节短柔毛，下部光滑，基部直径 0.8~1.5 厘米。叶：从生叶具柄，柄长 5~20 厘米，具狭翅，光滑，基部具鞘，常紫红色，叶片长圆形或卵状长圆形，长 6~16（~45）厘米，边缘具波状小齿，基部楔形，下延成柄，两面光滑，叶脉羽状；茎生叶无柄，叶片卵状长圆形至披针形，长达 12 厘米，筒状抱茎或半抱茎。花：圆锥状总状花序长 7~24 厘米；苞片和小苞片线状钻形，长 3~8 毫米；花序梗长 1~3 毫米；头状花序多数，辐状；总苞狭筒形或狭陀螺形，长 3.5~5（~6）毫米，总苞片 4~5，2 层，倒卵形或长圆形，背部被白色柔毛，内层边缘膜质。舌状花 1~3，黄色，舌片长圆形，长 6~8 毫米；管状花 2~7，管部长 2~2.5 毫米，冠毛白色与花冠等长。果实：瘦果光滑。物候期：花期 7—8 月。

【生境】生于海拔 700~3 200 米的河谷水边、芦苇沼泽、阴坡草地及林缘。

【分布】我国新疆（乌恰等地）等；俄罗斯。

【保护级别及用途】IUCN：无危（LC）；药用。

541. 帕米尔橐吾 *Ligularia alpigena* Pojark.

【异名】*Ligularia heterophylla* var. *subramosa*

【生物学特征】外观：多年生草本。根：肉质，细而多。茎：直立，高 22~140 厘米。叶：丛生叶与茎下部叶具柄，柄长 2.5~25 厘米，紫红色，基部鞘状，叶片长圆形或宽椭圆形，长 4.5~20 厘米，两面光滑，灰绿色，叶脉羽状；茎中上部叶与下部叶同形，无柄，叶片长达 12 厘米。花：总状花序不分枝，稀为圆锥状总状花序下部有分枝，长 4~6（~45）厘米，具 2~23 个头状花序；苞片及小苞片线状钻形；花序梗长 2~4 毫米；头状花序多数，辐状；总苞钟形或近杯形，总苞片 6~8，2 层，卵形或长圆形，背部被密的有节短柔毛，内层具膜质边缘。舌状花黄色，舌片倒卵形或长圆形，长 7~10 毫米，管部长约 4 毫米；管状花多数，长 6~7 毫米，管部长 2~2.5 毫米，冠毛白色与花冠等长。果实：瘦果（未熟）光滑。物候期：花期 7 月。

【生境】生于海拔 1 900~4 500 米的沟谷山坡草地、河谷滩地草甸及湿地。

【分布】我国新疆（塔什库尔干、乌恰等地）；俄罗斯。

【保护级别及用途】IUCN：无危（LC）；药用。

542. 西域无鞘橐吾 *Vickifunkia thomsonii*（C. B. Clarke）C. Ren, Long Wang, I. D. Illar. & Q. E. Yang

【俗名】西域橐吾

【异名】*Ligularia thomsonii*

【生物学特征】外观：多年生草本。根：肉质，多数。茎：直立，高 35~60 厘米，被白色绵毛。叶：丛生叶与茎下部叶具柄，柄长 8~15 厘米，被白色绵毛，基部有窄鞘，叶片三角状或卵状心形，边缘有浅的小齿，基部心形或戟形，两侧裂片近圆形，上面光滑，下面被疏的白色绵毛，叶脉掌式羽状；茎中上部叶具短柄，柄长达 4 厘米，基部略膨大，叶片卵状心形至狭卵形，远小于下部叶。花：圆锥状伞房花序开展，先端具 2~4 个头状花序；苞片和小苞片钻形，花序梗长 5~20 毫米；头状花序多数，总苞狭筒形至狭钟形，长 9~11 毫米，总苞片 5~7，2 层，狭长圆形或披针形。舌状花通常 1~2，黄色，舌片狭长圆形，长达 18 毫米，先端近全缘，管部长约 5 毫米；管状花 7~11，长约 9 毫米，冠毛白色与花冠等长。果实：瘦果光滑。物候期：花期 7 月。

【生境】生于海拔 3 200 米的河滩山坡草地、山地草甸。

【分布】我国新疆（乌恰县）；巴基斯坦、克什米尔地区、尼泊尔、俄罗斯。

【保护级别及用途】IUCN：无危（LC）。

543. 乳苣 *Lactuca tatarica*（L.）C. A. Mey.

【俗名】苦苦菜、苦菜、紫花山莴苣

【异名】*Mulgedium tataricum*; *Mulgedium runcinatum*; *Sonchus tataricus*

【生物学特征】外观：多年生草本，高 15~60 厘米。根：垂直直伸。茎：直立，有细条棱或条纹，上部有圆锥状花序分枝，全部茎枝光滑无毛。叶：中下部茎叶长椭圆形或线状长椭圆形或线形，柄长 1~1.5 厘米或无柄，长 6~19 厘米，羽状浅裂或半裂或边缘有多数或少数大锯齿，侧裂片 2~5 对，全部侧裂片半椭圆形或偏斜的宽或狭三角形，边缘全缘或有稀疏的小尖头或边缘多锯齿，全部叶质地稍厚，两面光滑无毛。花：头状花序约含 20 枚小花，多数，圆锥花序；总苞圆柱状或楔形，长 2 厘米，中外层较小，卵形至披针状椭圆形，长 3~8 毫米，内层披针形或披针状椭圆形，长 2 厘米，全部苞片外面光滑无毛，带紫红色。舌状小花紫色或紫蓝色，管部有白色短柔毛。果实：瘦果长圆状披针形，稍压扁，灰黑色，长 5 毫米。冠毛 2 层，纤细，白色，长 1 厘米。物候期：花果期 6—9 月。

【生境】生于河滩、湖边、草甸、田边、固定沙丘或砾石地，海拔 900~4 720 米。

【分布】我国新疆（塔什库尔干、乌恰、阿克陶、喀什、疏附、英吉沙、叶城等地）、西北、华北、东北、河南、西藏；欧洲、俄罗斯、中亚地区、蒙古国、伊朗、阿富汗、印度西北部。

【保护级别及用途】IUCN：无危（LC）；药用。

544. 欧亚旋覆花 *Inula britannica* L.

【俗名】大花旋覆花、旋覆花

【异名】*Conyza britanica*; *Inula tymiensis*

【生物学特征】外观：多年生草本。茎：茎上部有伞房状分枝，被长柔毛。叶：基部叶长椭圆形或披针形，长 3~12 厘米，下部渐窄成长柄；中部叶长椭圆形，长 5~13 厘米，有疏齿，稀近全缘；上面无毛或被疏伏毛，下面被密伏柔毛，中脉和侧脉被较密长柔毛。花：头状花序 1~5 生于茎枝端，花序梗长 1~4 厘米；总苞半球形，总苞片 4~5 层，外层线状披针形，上部草质，被长柔毛，有腺点和缘毛，内层披针状线形，干膜质；舌状花舌片线形，黄色，长 1~2 厘米；管状花花冠有三角状披针形裂片，冠毛白色，与管状花花冠约等长，有 20~25 微糙毛。果实：瘦果圆柱形，长 1~1.2 毫米，有浅沟，被毛。物候期：花期 7—9 月，果期 8—10 月。

【生境】生于海拔 500~1 500 米的荒漠带、草原荒漠带河流沿岸、湿润坡地、田埂和路旁。

【分布】我国新疆（塔什库尔干、疏勒等地）、东北、华北；朝鲜、日本、中亚、俄罗斯、欧洲。

【保护级别及用途】IUCN：无危（LC）；药用。

545. 蓼子朴 *Inula salsoloides* (Turcz.) Ostenf.

【俗名】山猫眼、秃女子草、黄喇嘛

【异名】*Iphiona radiata*; *Inula schugnanica*; *Inula ammophila*

【生物学特征】外观：亚灌木。地下茎：分枝长，有疏生膜质尖披针形。茎：平卧，或斜升，或直立，圆柱形，高达 45 厘米，基部有密集的长分枝，中部以上有较短的分枝，分枝细，有时茎和叶都被毛，全部有密生的叶。叶：披针状或长圆状线形，全缘，基部常心形或有小耳，上面无毛，下面有腺及短毛。花：头状花序，单生于枝端。总苞倒卵形，总苞片 4~5 层，线状卵圆状至长圆状披针形，黄绿色，背面无毛，上部或全部有缘毛。舌状花较总苞长 0.5 倍，舌浅黄色，椭圆状线形；管状花花冠长约 6 毫米，上部狭漏斗状，顶端有尖裂片；花药顶端稍尖；花柱分枝顶端钝。冠毛白色，与管状花药等长，有约 70 个细毛。果实：瘦果长 1.5 毫米，有多数细沟，被腺和疏粗毛，上端有较长的毛。物候期：花期 5—8 月，果期 7—9 月。

【生境】生于干旱草原、半荒漠和荒漠地区的戈壁滩地、流沙地、固定沙丘、湖河沿岸冲积地、黄土高原的风沙地和丘陵顶部，海拔 500~4 610 米。

【分布】我国新疆（塔什库尔干、乌恰、喀什、疏勒、疏附、英吉沙、叶城等地）、甘肃、宁夏、陕西、河北、内蒙古、辽宁等；中亚地区、蒙古国。

【保护级别及用途】IUCN：无危（LC）；药用。

546. 旋覆花 *Inula japonica* Thunb.

旋覆花属 *Inula*

【俗名】猫耳朵、六月菊、金佛草

【异名】*Inula repanda*; *Limbarda japonica*; *Inula britanica* var. *tymiensis*

【生物学特征】外观：多年生草本。茎：被长伏毛，或下部脱毛；叶：中部叶长圆形、长圆状披针形或披针形，长4~13厘米，基部常有圆形半抱茎小耳，无柄，有小尖头状疏齿或全缘，上面有疏毛或近无毛，下面有疏伏毛和腺点，中脉和侧脉有较密长毛。上部叶线状披针形。花：头状花序径3~4厘米，排成疏散伞房花序，花序梗细长；舌状花黄色，较总苞长2~2.5倍，舌片线形，长1~1.3厘米。管状花花冠长约5毫米，冠毛白色，有20余微糙毛，与管状花近等长。果：瘦果长1~1.2毫米，圆柱形，有10条浅沟，被疏毛。

【生境】生于海拔 150~2 400 米的山坡路旁、湿润草地、河岸和田埂上。

【分布】我国新疆（塔什库尔干县），此外，在我国北部、东北部、中部、东部各省极常见，在四川、贵州、福建、广东也可见到；蒙古国、朝鲜、俄罗斯（西伯利亚）、日本。

【保护级别及用途】种质资源。

547. 光鸦葱 *Scorzonera parviflora* Jacq.

【异名】*Scorzonera halophila*; *Scorzonera caricifolia*

【生物学特征】外观：多年生近葶状草本，高15~60厘米。根：褐色，通常有分枝。茎：直立，单生或簇生，不分枝，光滑，无毛。茎基被覆鞘状残迹。叶：基生叶长椭圆形，长10~20厘米；茎生叶与基生叶同形或线状披针形，少数，上部茎叶更小，钻状披针形，无柄；全部叶两面光滑，无毛，绿色。花：头状花序，总苞圆柱状，总苞约5层，外层卵形或三角状卵形，长4~8毫米，中层披针形或椭圆状披针形，长11~15毫米，内层线状长椭圆形或线形披针形，长1.8厘米，全部苞片外面无毛。舌状小花黄色。果实：瘦果圆柱状，长约7毫米，乳黄色。冠毛污白色，其中5根超长，超长冠毛长达1.8厘米，全部冠毛大部为羽毛状，全部冠毛基部连合成环，整体脱落。物候期：花果期6—9月。

【生境】生于海拔 900~3 100 米的草甸、荒漠及草滩地。

【分布】我国新疆（乌恰县）、山东、河北；地中海地区、俄罗斯、中亚地区、伊朗及蒙古国。

【保护级别及用途】IUCN：无危（LC）。

548. 蒙古鸦葱 *Takhtajaniantha mongolica*（Maxim.）Zaika, Sukhor. & N. Kilian

【异名】*Scorzonera mongolica*; *Scorzonera fengtienensis*

【生物学特征】外观：多年生草本。茎：直立或铺散，上部有分枝，茎枝灰绿色，无毛，茎基被褐色或淡黄色鞘状残迹。叶：基生叶长椭圆形、长椭圆状披针形或线状披针形，长 2~10 厘米；茎生叶互生或对生，披针形、长披针形、长椭圆形或线状长椭圆形，无柄；叶肉质，两面无毛，灰绿色。花：头状花序单生茎端，或茎生 2 枚头状花序，成聚伞花序状排列；总苞窄圆柱状，总苞片 4~5 层，背面无毛或被蛛丝状柔毛，外层卵形、宽卵形，中层长椭圆形或披针形，长 1.2~1.8 厘米，内层线状披针形，长 2 厘米；舌状小花黄色。果实：瘦果圆柱状，长 5~7 毫米，淡黄色，被长柔毛，顶端疏被柔毛；冠毛白色，长 2.2 厘米，羽毛状。物候期：花果期 4—8 月。

【生境】生于海拔 50~3 500 米的盐化草甸、盐化沙地、盐碱地、干湖盆、湖盆边缘、草滩及河滩地。

【分布】我国新疆（塔什库尔干、乌恰、喀什、英吉沙、叶城等地）、北京、河北、山西、内蒙古、辽宁、山东、河南、陕西、甘肃、青海、宁夏等；中亚地区、蒙古国。

【保护级别及用途】药用。

549. 矮亚菊 *Ajania trilobata* Poljakov in Schischk. & Bobrov

【异名】*Chrysanthemum trilobatum*

【生物学特征】外观：小半灌木，高 4~10 厘米。根：细，木质化程度较弱。茎：老枝短缩或极短缩，由不定芽中发出多数密集或极密集的花茎和不育茎。茎灰白色，被密厚的贴伏的短柔毛。叶：小，全形半圆形、扇形或扁圆形，2 回掌状或近掌状分裂，1 回侧裂片 3~7 出，2 回为 2~3 出。1 回、2 回全部全裂。叶间或有 3~4~5 掌裂的。末回裂片卵形或椭圆形，顶端钝或圆形。全部叶有短柄，柄长 1~2 毫米，两面同色，灰白色，被等量稠密的短柔毛。花：头状花序 3~8 个，排成伞房或复伞房花序。总苞宽钟状，总苞片 4 层，外层卵形，中内层宽椭圆形至倒披针形，中外层被稀疏短毛。全部苞片边缘黄褐色或青灰色宽膜质。边缘雌花花冠长 2.5 毫米，细管状，顶端 3~4 齿。两性花冠长 3.5 毫米。果实：瘦果长 2 毫米。物候期：花果期 7—10 月。

【生境】生于高山河谷石缝中，海拔 2 800~4 800 米。

【分布】我国新疆（塔什库尔干、阿克陶、喀什、叶城等地）、西藏；中亚地区。

【保护级别及用途】IUCN：无危（LC）。

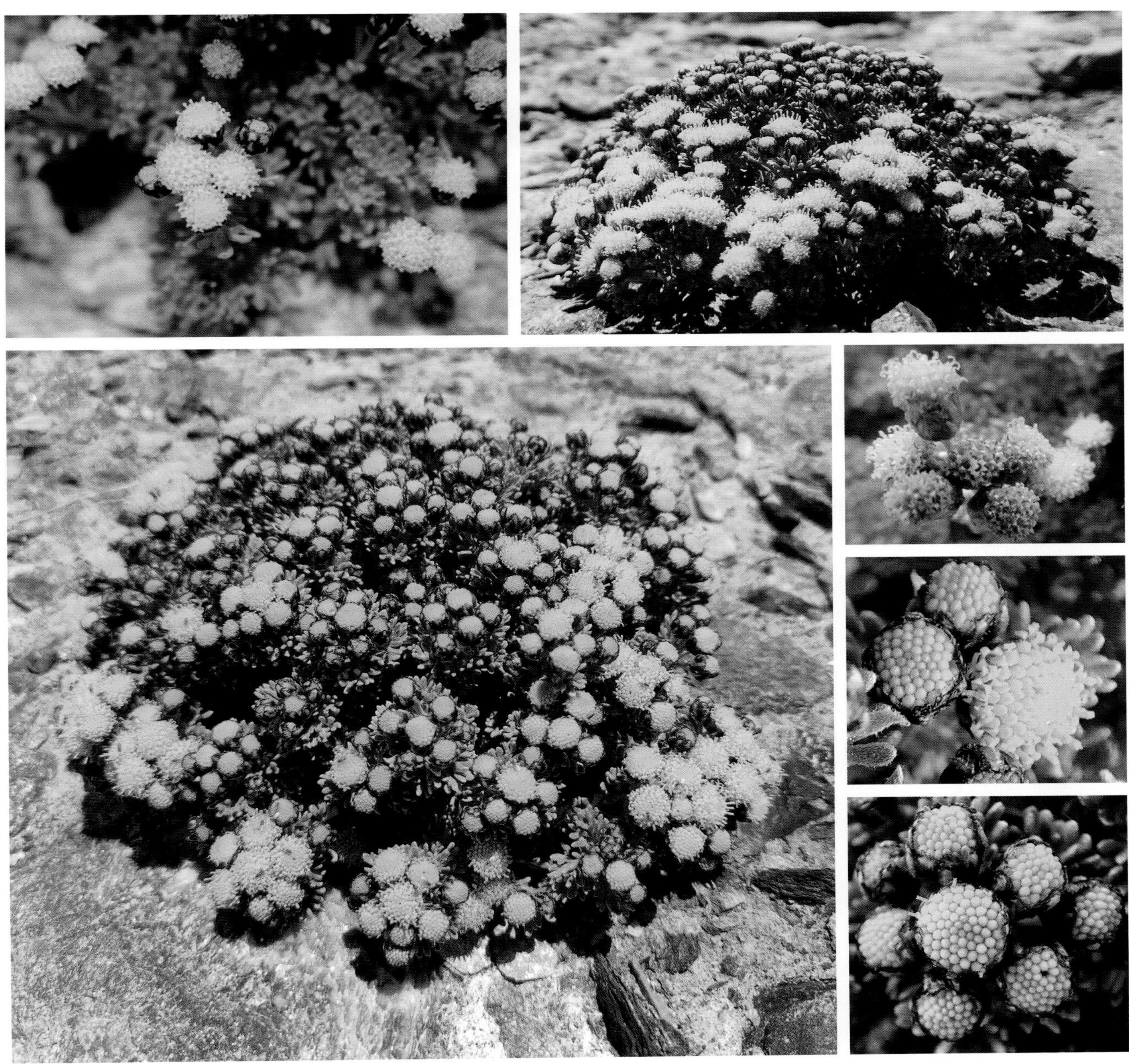

550. 单头亚菊 *Ajania scharnhorstii* (Regel & Schmalh.) Tzvelev in Schischk. & Bobrov

【异名】*Chrysanthemum scharnhorstii*; *Tanacetum scharnhorstii*

【生物学特征】外观：小半灌木，高4~10厘米。根：木质，直径可达2厘米。茎：灰白色，被密厚的贴伏的短柔毛。叶：小，全形半圆形、扇形或扁圆形，2回掌状或近掌状分裂，1回侧裂片3~7出，2回为2~3出。1回、2回全部全裂。叶间或有3~4~5掌裂的。末回裂片卵形或椭圆形，顶端钝或圆形。全部叶有短柄，柄长1~2毫米，两面同色，灰白色，被等量稠密的短柔毛。花：头状花序单生枝端。总苞宽钟状，直径7~10毫米。总苞片4层，外层卵形，中内层宽椭圆形至倒披针形，中外层被稀疏短毛。全部苞片边缘黄褐色或青灰色宽膜质。边缘雌花花冠长2.5毫米，细管状，顶端3~4齿。两性花冠长3.5毫米。果实：瘦果长2毫米。物候期：花果期8—9月。

【生境】生于山坡石缝或石灰岩碎石山坡或山坡灌丛中，海拔 3 500~5 100 米。

【分布】我国新疆（塔什库尔干、叶城等地）、甘肃、青海、西藏；中亚地区、俄罗斯。

【保护级别及用途】IUCN：无危（LC）。

551. 灌木亚菊 *Ajania fruticulosa* (Ledeb.) Poljakov

【异名】*Tanacetum fruticulosum*; *Tanacetum aureoglobosum*

【生物学特征】外观：小半灌木，高 8~40 厘米。茎：老枝麦秆黄色，花枝灰白色或灰绿色，被稠密或稀疏的短柔毛。叶：中部茎叶全形圆形、扁圆形、三角状卵形、肾形或宽卵形，规则或不规则 2 回掌状或掌式羽状 3~5 分裂。全部叶有长或短柄，末回裂片线钻形，宽线形、倒长披针形，两面同色或几同色，灰白色或淡绿色，被等量的顺向贴伏的短柔毛。花：头状花序小，少数或多数在枝端排成伞房花序或复伞房花序。总苞钟状，总苞片 4 层，外层卵形或披针形，中内层椭圆形。全部苞片边缘白色或带浅褐色膜质，顶端圆或钝，仅外层基部或外层被短柔毛。边缘雌花 5 个，花冠长 2 毫米，细管状，顶端 3~5 齿。果实：瘦果长约 1 毫米。物候期：花果期 6—10 月。

【生境】生于荒漠及荒漠草原，海拔 550~5 300 米。

【分布】我国新疆（塔什库尔干、喀什、阿克陶、英吉沙、叶城等地）、内蒙古、陕西、甘肃、青海、西藏；中亚地区。

【保护级别及用途】IUCN：无危（LC）。

552. 西藏亚菊 *Ajania tibetica*（Hook. f. & Thomson ex C. B. Clarke）Tzvelev in Schischk. & Bobrov

【异名】*Chrysanthemum tibeticum*; *Ajania sikangensis*

【生物学特征】外观：小半灌木，高4~20厘米。茎：老枝黑褐色，由不定芽中发出短或稍长的花枝和不育枝及莲座状叶丛，花枝被较密的短绢毛。叶：全形椭圆形、倒披针形，长1~2厘米，2回羽状分裂，1回为全裂或几全裂，末回裂片长椭圆形，接花序下部的叶羽裂。全部叶两面同色，灰白色，或上面几灰绿色，被稠密短绒毛。花：头状花序少数在枝端排成直径1~2厘米的伞房花序，少有植株带单生头状花序的。总苞钟状，总苞片4层，外层三角状卵形或披针形，中内层椭圆形或披针状椭圆形。全部苞片顶端钝或圆，边缘棕褐色膜质，中外层被稀疏短绢毛。边缘雌花细管状，约3个，长2.5毫米，顶端2~4尖齿。果实：瘦果长2.2毫米。物候期：花果期8—9月。

【生境】生于海拔 3 600~5 200 米的河滩砾石山地、高原河谷阶地、高寒草原。

【分布】我国新疆（塔什库尔干、叶城等地）、西藏、四川；印度、中亚地区。

【保护级别及用途】IUCN：无危（LC）。

553. 新疆亚菊 *Ajania fastigiata* C. Winkl.

【异名】*Artemisia fastigiata*; *Chrysanthemum fastigiatum*

【生物学特征】外观：多年生草本，高 30~90 厘米。茎：直立，单生或少数茎成簇生，全部茎枝有短柔毛。叶：全株有较多的叶，中部茎叶宽三角状卵形，长 3~4 厘米，2 回羽状全裂。1 回侧裂片 2~3 对；末回裂片长椭圆形或倒披针形。上部叶渐小，接花序下部的叶通常羽状分裂。全部叶有柄，柄长 1 厘米，两面同色，灰白色，被稠密贴伏的短柔毛。花：头状花序多数，在茎顶或枝端排成稠密的复伞房花序。总苞径钟状，有光泽。总苞片 4 层，外层线形，基部被微毛，中内层椭圆形或倒披针形。全部苞片边缘膜质，白色，顶端钝。边缘雌花约 8 个，花冠细管状，顶端 3 齿裂。两性花花冠长 1.8~2.5 毫米。果实：瘦果长 1~1.5 毫米。物候期：花果期 8—10 月。

【生境】生于草原及半荒漠和林下，海拔 900~3 900 米。

【分布】我国新疆（塔什库尔干、叶城等地）；俄罗斯（西伯利亚）、中亚地区及蒙古国。

【保护级别及用途】IUCN：无危（LC）。

554. 阿尔泰狗娃花 *Aster altaicus* Willd.

【俗名】阿尔泰紫菀

【异名】*Heteropappus altaicus*

【生物学特征】外观：多年生草本。茎：直立，被上曲或开展毛，上部常有腺，上部或全部有分枝。叶：下部叶线形、长圆状披针形、倒披针形或近匙形，全缘或有疏浅齿；上部叶线形；叶两面或下面均被粗毛或细毛，常有腺点。花：头状花序单生枝端或排成伞房状；总苞半球形，总苞片2~3层，长圆状披针形或线形，长4~8毫米，背面或外层草质，被毛，常有腺，边缘膜质；舌状花15~20，管部长1.5~2.8毫米，有微毛，舌片浅蓝紫色，长圆状线形，管状花长5~6毫米，管部长1.5~2.2毫米，裂片不等大，有疏毛。果实：瘦果，扁，倒卵状长圆形，灰绿色或浅褐色，被绢毛，上部有腺点；冠毛污白色或红褐色，有不等长微糙毛。物候期：花果期5—9月。

【生境】生于海拔 10~4 000 米的草原、荒漠地、沙地及干旱山地。

【分布】我国新疆（塔什库尔干、阿克陶、叶城等地）、黑龙江、吉林、辽宁、内蒙古、河北、山西、陕西、河南、湖北、四川、甘肃、青海、西藏；中亚地区、蒙古国、俄罗斯。

【保护级别及用途】药用。

555. 东俄洛紫菀 *Aster tongolensis* Franch.

【俗名】低小东俄洛紫菀

【异名】*Aster tongolensis f. humilis*

【生物学特征】外观：多年生草本。根状茎：细，平卧或斜升，常有细匍枝。茎：直立或与莲座状叶丛丛生，高14~42厘米，被疏或密的长毛，通常不分枝，下部有较密的叶。叶：基部叶与莲座状叶长圆状匙形或匙形，长4~12厘米，下部渐狭或急狭成具翅而基部半抱茎的柄，全缘或上半部有浅齿；下部叶长圆状或线状披针形，无柄；中部及上部叶小，全部叶两面被长粗毛。花：头状花序在茎（或枝）端单生，直径3~5厘米，稀达6.5厘米。总苞半球形，总苞片2~3层，近等长或外层稍短，长圆状线形，被密毛，下部革质。舌状花30~60个，管部长1.5毫米，有微毛；舌片蓝色或浅红色。管部花黄色，外面有疏毛；花柱附片长0.7毫米。冠毛1层，紫褐色，长稍超过花冠的管部，有较少不等长的糙毛。果实：瘦果长稍超过2毫米，倒卵圆形，被短粗毛。物候期：花期6—8月，果期7—9月。

【生境】生于海拔 2 800~4 600 米的高山及亚高山林下、水边和草地。

【分布】我国新疆（塔什库尔干县）、甘肃、青海、四川、云南、西藏。

【保护级别及用途】IUCN：无危（LC）。

556. 高山紫菀（原变种）*Aster alpinus* var. *alpinus*

【异名】*Aster pulchellus*

【生物学特征】外观：多年生草本。根状茎：粗壮，有丛生的茎和莲座状叶丛。茎：直立，高10~35厘米，不分枝，被密或疏毛，下部有密集的叶。叶：下部叶在花期生存，匙状或线状长圆形，全缘，顶端圆形或稍尖；中部叶长圆披针形或近线形，无柄；上部叶狭小，直立或稍开展；全部叶被柔毛。花：头状花序在茎端单生。总苞半球形；总苞片2~3层，等长或外层稍短，上部或外层全部草质，下面近革质，内层边缘膜质，顶端圆形或钝，或稍尖，边缘常紫红色，被密或疏柔毛。舌状花35~40个，管部长约2.5毫米，舌片紫色、蓝色或浅红色。管状花花冠黄色；花柱附片长0.5~0.6毫米。冠毛白色，另有少数在外的极短或较短的糙毛。果实：瘦果长圆形，基部较狭，褐色，被密绢毛。物候期：花期6—8月，果期7—9月。

【生境】生于高山草甸、山坡、林缘，海拔 540~4 610 米。

【分布】我国新疆（塔什库尔干、乌恰、叶城等地）、河北、山西；欧洲、亚洲、美洲。

【保护级别及用途】种质资源。

557. 萎软紫菀（原亚种）*Aster flaccidus Bge.* subsp. *flaccidus* Onno

【异名】*Aster tibeticus*

【生物学特征】外观：多年生草本。根状茎：细长，有时具匍枝。茎：直立，高5~30厘米，稀达40厘米，不分枝，被皱曲或开展的长毛。叶：基部叶及莲座状叶匙形或长圆状匙形，长2~7厘米，边缘无齿或稀有少数浅齿，茎部叶3~5个，长圆形或长圆披针形，长3~7厘米；全部叶质薄，两面被密长毛或近无毛。花：头状花序在茎端单生；总苞半球形，被白色或深色长毛或有腺毛；总苞片2层，线状披针形，近等长。舌状花40~60个，管部长2毫米，上部有短毛；舌片紫色，稀浅红色；管状花黄色，管部长1.5~2.5毫米；裂片长约1毫米，被短毛；花柱附片长0.5~1.2毫米。冠毛白色，外层披针形，膜片状，长1.5毫米，内层有多数长6~7毫米的糙毛。果实：瘦果长圆形，有2边肋，或一面另有一肋，被疏贴毛，或杂有腺毛，稀无毛。物候期：花果期6—11月。

【生境】生于海拔2 000~4 830米的沟谷亚高山草甸、河谷山坡、山地石滩等。

【分布】我国新疆（塔什库尔干、阿克陶、叶城等地）、河北、山西、陕西、甘肃、青海、四川、云南、西藏；中亚地区、蒙古国、俄罗斯、喜马拉雅山区。

【保护级别及用途】种质资源。

558. 腺毛萎软紫菀（亚种）*Aster flaccidus* Bge. subsp. *glandulosus*（Keissl.）Onno

【异名】*Aster glandulosus*; *Aster flaccidus* var. *glandulosus*

【生物学特征】外观：多年生草本。根状茎：细长，有时具匍枝。茎：直立，高5~30厘米，稀达40厘米，不分枝，被皱曲或开展的长毛。叶：基部叶及莲座状叶匙形或长圆状匙形，长2~7厘米，茎部叶3~5个，长圆形或长圆披针形，长3~7厘米；全部叶质薄，通常无毛或被疏毛常有缘毛。花：头状花序在茎端单生，总苞半球形，被黑色具柄腺毛；总苞片2层，线状披针形，近等长，长0.7~10毫米，稀达12毫米。舌状花40~60个，管部长2毫米，上部有短毛；舌片紫色，稀浅红色，长13~25毫米，稀达30毫米。管状花黄色，长5.5~6.5毫米，管部长1.5~2.5毫米；裂片长约1毫米，被短毛；花柱附片长0.5~1.2毫米。冠毛白色，外层披针形，膜片状，长1.5毫米，内层有多数长6~7毫米的糙毛。果实：瘦果长圆形，长2.5~3.5毫米，有2边肋，或一面另有一肋，被腺毛。物候期：花果期6—11月。

【生境】生于海拔 3 200~5 200 米的高山沼泽湿地。

【分布】我国新疆（塔什库尔干、阿克陶等地）、西藏；克什米尔地区及印度北部。

【保护级别及用途】IUCN：数据缺乏（DD）。

559. 岩菀 *Aster lingii* G. J. Zhang & T. G. Gao

【异名】*Krylovia limoniifolia*

【生物学特征】外观：多年生草本，全株被弯短糙毛。根状茎：木质，多分枝，颈部常被多数褐色残存的叶柄。茎：多数，直立，纤细，高10~20（~25）厘米，上部分枝。叶：基部叶簇生，莲座状，具柄，叶片倒卵形，或长圆状倒卵形，短于叶柄或与叶柄等长，长2.5~4.5厘米，两面被弯短糙毛。花：头状花序数个，生于花茎或分枝的顶端，总苞宽钟形，或近半球形，长6~7毫米，总苞片3层，具缘毛，外层绿色，长圆状披针形或披针形，中层和内层较宽而长，长圆形；雌花花冠舌状，舌片淡紫色，长10~13毫米；两性花花冠管状，黄色，长5~6毫米，檐部钟形，多少两侧对称，具5个不等长的披针形裂片，其中1裂片较长；花药基部渐尖，顶端有狭三角形的附片，花柱2裂，顶端有长圆状三角形的附片；瘦果长圆形，淡黄褐色，长3.5毫米，多少具棱，被长伏毛，基部有1个明显的环；冠毛白色2层，外层较短，内层糙毛状，顶端稍粗，与花冠几等长。物候期：花果期6—9月。

【生境】生于海拔 1 200~3 200 米的山沟、河谷或山坡石缝中。

【分布】我国新疆（乌恰、喀什等地）；俄罗斯、中亚地区、蒙古国。

【保护级别及用途】种质资源。

560. 矮小忍冬 *Lonicera humilis* Kar. & Kir.

【俗名】灰毛忍冬、截萼忍冬

【异名】*Lonicera altmannii*; *Caprifolium altmannii*

【生物学特征】外观：落叶矮小灌木，高12~40厘米。茎：老枝多节，下部者平卧，幼枝极短，直立向上，密被肉眼难见的微柔毛。冬芽小，长约2毫米，卵圆形，顶尖，有数对鳞片。叶：质地厚硬，卵形、矩圆状卵形或卵状椭圆形，长7~20毫米，顶端短渐尖，基部圆楔形或圆形，边缘有硬毛；叶柄长1.5~2.5毫米，基部扩大而相连，密被长硬毛。花：总花梗出自幼枝基部叶腋，花时不发育，果时长2~5毫米；苞片卵形，较少卵状披针形，内外两面均被腺毛；萼筒无毛或具细腺毛，萼檐长约1毫米，疏生长睫毛；花冠长15~20毫米，外面疏生开展的毛，筒细，喉部以上扩大，上唇裂片卵形或几近半圆形，下唇长圆形，稍伸展；雄蕊短于上唇1/4~1/3；花柱略短于雄蕊。果实：鲜红色，具蓝灰色粉霜，倒披针状卵圆形。物候期：花期6月，果熟期7—8月。

【生境】生于海拔 3 340~3 900 米的亚高山及高山草原、草地、石坡和峭壁石隙中。

【分布】我国新疆（塔什库尔干、乌恰、阿克陶、叶城等地）；中亚地区。

【保护级别及用途】IUCN：无危（LC）。

561. 杈枝忍冬 *Lonicera simulatrix* Pojark.

【生物学特征】外观：多分枝，密集生长的灌木，高1.3~2.7米，树冠球形。茎：小枝淡绿色或紫绿色，基部被柔毛，稀光滑，老枝灰褐色或灰色，树皮线形纵裂；冬芽长圆形，羽状，长2.0~2.5毫米，先端近尖。叶：长圆状倒披针形或倒披针形，长0.8~3.0厘米；叶柄上部淡绿色，下部浅蓝灰色，被细毛或细睫毛。花：花序轴稍长或长于叶片1.5倍，无毛或被细毛；苞片被细毛或睫毛，有时无毛；花萼短，全缘或微5裂；花冠管状漏斗形，长0.9~1.5厘米，黄白色，外褶带红色，内部被毛，基部具钟状突起物；雄蕊着生于花管部宽处，等长于花冠，花丝无毛，花药椭圆形；花柱被毛，稍微长于雄蕊。果实：浆果球形，长0.8厘米，多汁，初黄色，后红色，熟时变浅黑色。物候期：花果期7—8月。

【生境】生于海拔 2 000~3 300 米的沟谷山坡、砾石滩等。

【分布】我国新疆（乌恰县）；伊朗、阿富汗、塔吉克斯坦。

【保护级别及用途】种质资源。

562. 刚毛忍冬 *Lonicera hispida* Pall. ex Roem. & Schult.

【俗名】刺毛忍冬、异萼忍冬

【异名】*Lonicera anisocalyx*; *Lonicera chaetocarpa*

【生物学特征】外观：落叶灌木，高达2（~3）米。茎：幼枝常带紫红色，连同叶柄和总花梗均具刚毛或兼具微糙毛和腺毛，老枝灰色或灰褐色。叶：厚纸质，形状、大小和毛被变化很大，椭圆形、卵状椭圆形、卵状矩圆形至矩圆形，有时条状矩圆形，长2~8.5厘米，顶端尖或稍钝，基部有时微心形，近无毛，边缘有刚睫毛。花：总花梗长 0.5~2 厘米；苞片宽卵形，长1.2~3厘米，有时带紫红色；萼檐波状；花冠白色或淡黄色，漏斗状，近整齐，长 1.5~3厘米，外面有短糙毛或刚毛或几无毛，有时夹有腺毛，筒基部具囊，裂片直立，短于筒；雄蕊与花冠等长。果实：先黄色后变红色，卵圆形至长圆筒形。种子：淡褐色，矩圆形，稍扁。物候期：花期5—6月，果熟期7—9月。

【生境】生于山坡林中、林缘灌丛中或高山草地上，海拔 1 700~4 800 米。

【分布】我国新疆（塔什库尔干、乌恰、喀什、叶城等地）、河北、山西、陕西、宁夏、甘肃、青海、四川、云南、西藏；蒙古国、中亚地区至印度北部。

【保护级别及用途】IUCN：无危（LC）；药用。

563. 华西忍冬 *Lonicera webbiana* Wall. ex DC.

【俗名】异叶忍冬、倒卵叶忍冬、吉隆忍冬

【异名】*Lonicera heterophylla*; *Lonicera hemsleyana*; *Lonicera jilongensis*

【生物学特征】外观：落叶灌木，高达3（~4）米。茎：幼枝常秃净或散生红色腺，老枝具深色圆形小突起。叶：纸质，卵状椭圆形至卵状披针形，长4~9（~18）厘米，顶端渐尖或长渐尖，基部圆或微心形或宽楔形，边缘常不规则波状起伏或有浅圆裂，有睫毛。花：总花梗长2.5~5（~6.2）厘米；苞片条形，长（1~）2~5毫米，分离，卵形至矩圆形；花冠紫红色或绛红色，很少白色或由白变黄色，长1厘米左右，唇形，外面有疏短柔毛和腺毛或无毛，筒甚短，上唇直立，具圆裂，下唇比上唇长1/3，反曲；雄蕊长约等于花冠，花丝和花柱下半部有柔毛。果实：先红色后转黑色，圆形。种子：椭圆形，有细凹点。物候期：花期5—6月，果熟期8月中旬至9月。

【生境】生于针、阔叶混交林及山坡灌丛中、山坡林下或草坡、草甸上，海拔 1 800~4 100 米。

【分布】我国新疆（塔什库尔干、乌恰、阿克陶、喀什、叶城等地）、西北部及南部；欧洲东南部、阿富汗、克什米尔至不丹、中亚地区。

【保护级别及用途】IUCN：无危（LC）。

564. 小叶忍冬 *Lonicera microphylla* Willd. ex Roem. & Schult.

【俗名】瘤基忍冬

【异名】*Lonicera oiwakensis*

【生物学特征】外观：落叶灌木，高达2（~3）米。茎：幼枝无毛或疏被短柔毛，老枝灰黑色。叶：纸质，倒卵形、倒卵状椭圆形至椭圆形或矩圆形，有时倒披针形，顶端钝或稍尖，基部楔形，具短柔毛状缘毛；叶柄很短。花：总花梗成对生于幼枝下部叶腋，长5~12毫米；相邻两萼筒几乎全部合生，无毛；花冠黄色或白色，长7~10（~14）毫米，外面疏生短糙毛或无毛，唇形，唇瓣长约等于基部一侧具囊的花冠筒，上唇裂片直立，矩圆形，下唇反曲；雄蕊着生于唇瓣基部，与花柱均稍伸出，花丝有极疏短糙毛，花柱有密或疏的糙毛。果实：红色或橙黄色，圆形。种子：淡黄褐色，光滑，矩圆形或卵状椭圆形，长2.5~3毫米。物候期：花期5—6（—7）月，果熟期7—8（—9）月。

【生境】生于干旱多石山坡、草地或灌丛中及河谷疏林下或林缘，海拔 1 100~3 600（~4 050）米。

【分布】我国新疆（塔什库尔干、乌恰、阿克陶、喀什等地）、内蒙古、河北、山西、宁夏、甘肃、青海及西藏；阿富汗、印度西北部、蒙古国、中亚地区和俄罗斯（西伯利亚东部）。

【保护级别及用途】IUCN：无危（LC）；药用。

565. 藏西忍冬 *Lonicera semenovii* Regel

【异名】*Lonicera glauca*; *Caprifolium semenovii*; *Caprifolium thomsonii*

【生物学特征】外观：落叶平卧矮灌木，高可达28厘米。茎：枝劲直，小枝细而密，节间甚短，连同叶柄密被肉眼难见的微硬毛和微腺毛。叶：小，矩圆形至矩圆状披针形，长1~2厘米，顶端钝、尖或短渐尖，无毛或上面和下面沿脉疏生硬伏毛，边缘有硬睫毛；叶柄长1.5~2.5毫米。花：总花梗出自幼枝下部叶腋，长不超过5毫米；苞片卵形至卵状矩圆形，顶骤尖，有短缘毛；萼筒无毛，萼齿钝三角形，长不到1毫米；花冠黄色，长筒状，近整齐，长1.5~3.2厘米，基部有囊状突起，裂片卵形；雄蕊高出花冠筒，花药长约3.5毫米；花柱无毛，略高出花冠裂片。果实：红色，超出苞片，有蓝灰色粉霜。物候期：花期6—7月，果熟期8月。

【生境】生于高山山坡岩缝及石砾堆上，海拔 2 800~4 500 米。

【分布】我国新疆（塔什库尔干、阿克陶等地）和西藏；克什米尔地区、阿富汗、伊朗、俄罗斯及中亚地区。

【保护级别及用途】IUCN：无危（LC）。

忍冬属 Lonicera

566. 沼生忍冬 *Lonicera alberti* Regel

【生物学特征】外观：落叶矮灌木，高1.0~1.5米，常具坚硬、刺状、无叶的小枝。茎：当年小枝被肉眼难见的微糙毛。冬芽有数对鳞片。叶：对生，披针形，长1~3厘米，顶端钝尖，基部宽楔形至圆形，边缘背卷；叶柄极短，无毛或略有微糙毛。花：生于短枝上叶腋，总花梗极短；苞片叶状，条形或条状矩圆形，长常超过萼齿；杯状小苞顶端近截形，常浅2裂，长为萼筒的1/2以上；相邻两萼筒分离，萼檐杯状，长约1.5毫米，萼齿卵圆形，顶钝；花冠淡蔷薇红色，筒状漏斗形，筒细，长约1.1厘米，裂片卵状矩圆形，长约5毫米；花丝生于花冠筒口稍下处，花药伸出花冠筒外，比花丝短；花柱伸出。果实：椭圆形，长约5毫米。物候期：花期6月，果熟期8月。

【生境】生于海拔 4 600 米左右的沟谷山坡。

【分布】我国新疆（塔什库尔干、叶城等地）；俄罗斯、中亚地区。

【保护级别及用途】种质资源。

567. 中败酱 *Patrinia intermedia*（Horn.）Roem. et Schult.

【异名】*Patrinia nudiuscula*; *Fedia intermedia*; *Fedia rupestris* var. *intermedia*

【生物学特征】外观：多年生草本，高10~40（~55）厘米。根：根状茎粗厚肉质，长达20厘米。叶：基生叶丛生，花茎的基生叶与茎生叶同形，长圆形至椭圆形，长10厘米，1~2回羽状全裂，裂片近圆形，线形至线状披针形，先端急尖或钝，下部叶裂片具钝齿，上部叶的裂片全缘，两面被微糙毛或几无毛，具长柄或无柄。花：由聚伞花序组成顶生圆锥花序或伞房花序，总苞叶与茎生叶同形或较小，长10厘米，几无柄，羽状条裂或不分裂；小苞片卵状长圆形，萼齿不明显，呈短杯状；花冠黄色，钟形，冠筒长约2毫米，裂片椭圆形、长圆形或卵形，长2~3毫米；雄蕊4，花丝不等长，下部有毛，花药长圆形，子房长圆形，柱头头状或盾状。果实：瘦果长圆形，果柄长1~1.5毫米；果苞卵形、卵状长圆形或椭圆状长圆形，网脉具3主脉。物候期：花期6—8月，果期7—9月。

【生境】生于海拔 1 000~3 004 米的山麓林缘、山坡草地及荒漠化草原或灌丛中。

【分布】我国新疆（乌恰等地）、陕西、山西、天津等。

【保护级别及用途】IUCN：无危（LC）；种质资源。

568. 荒地阿魏 *Ferula syreitschikowii* Koso-Pol.

【生物学特征】外观：多年生草本，高15~30厘米。根：圆柱形，根颈上残存有枯萎叶鞘纤维。茎：细，单一，稀2，被密集的短毛，枝互生。叶：基生叶近无柄或无柄；叶片直接生于鞘上，叶片轮廓为菱形，2~3回羽状全裂，末回裂片椭圆形，灰绿色，两面被密集的短柔毛；茎生叶向上显著简化，至上部仅有叶鞘，叶鞘披针形，被密集的短柔毛。花：复伞形花序生于茎枝顶端，直径4~6厘米，无总苞片；伞辐6~12，全部为中央花序，小枝顶端的花序形如侧生花序；小伞形花序有花10~25，小总苞片披针形，草质，被密集的白色长柔毛；萼齿三角状披针形；花瓣淡黄色，倒卵形，顶端渐尖，向内弯曲，外面有疏柔毛；花柱基扁圆锥形，延长，柱头增粗为头状。果实：分生果椭圆形。物候期：花期5月，果期6月。

【生境】生长于沙漠边缘地区，海拔约 700 米有黏质土壤的冲沟边。

【分布】我国新疆（乌恰、阿克陶等地）。

【保护级别及用途】IUCN：濒危（EN）；国家Ⅱ级保护野生植物；药用。

569. 圆锥茎阿魏 *Ferula conocaula* Korov.

【生物学特征】外观：多年生一次结果的草本，高达2米，全株有强烈的葱蒜样臭味。根：圆柱形或纺锤状，粗壮，根颈上残存有枯鞘纤维。茎：单一，粗壮，有的基部直径达15厘米，植株成熟时带紫红色或淡紫红色。基生叶有短柄，柄的基部扩展成鞘，叶片轮廓三角形，3出羽状分裂，裂片披针形或披针状椭圆形，羽片长达30厘米，有时呈羽状深裂，裂片上部边缘有圆锯齿；茎生叶逐渐简化，变小，叶鞘三角形卵形，平展。花：复伞形花序生于茎枝顶端，直径8~14厘米，无总苞片；伞辐12~50，稍不等长，中央花序无梗或有梗；侧生花序2~4，花序梗长，超出中央花序；小伞形花序着花15，小总苞片披针形，小，脱落；萼齿小；花瓣黄色，长椭圆形；花柱基扁圆锥形，边缘增宽，花柱延长，柱头头状。果实：分生果椭圆形，背腹扁压，侧棱延展成狭翅，成熟果为14。物候期：花期5—6月，果期6月。

【生境】生于海拔 2 800 米左右的山坡洪积扇地或冲沟边。

【分布】我国新疆（乌恰等地）；俄罗斯、中亚地区。

【保护级别及用途】IUCN：易危（VU）；新疆 I 级保护野生植物。

570. 艾叶芹 *Zosima korovinii* Pimenov

【异名】*Dimorphosciadium gayoides*; *Hymenidium pachycaule*

【生物学特征】外观：多年生草本，植株20~80厘米。叶：基生叶多数，叶柄短；叶片卵形到披针状卵形，6~14厘米，密被灰色短柔毛；末回裂片卵形，1.5~5厘米，无梗，边缘条裂到浅裂，上部叶片与基部叶相似。花：伞形花序5~14厘米直径；苞片和小苞片4~9，线状披针形到狭线形，短和反折，几乎完全膜质，带白色，具长硬毛到被绒毛；伞辐5~25；小伞形花序20~25花。花梗具短硬毛（变得无毛），丝状，成熟时约1厘米。萼齿小，三角形。花柱基扁平，边缘波状；花柱达1毫米，反折。果实：长6~9毫米，宽5~7毫米。

【生境】生于海拔 1 200~2 700 米石质含黏土的山坡、林带。

【分布】我国新疆（乌恰县）；哈萨克斯坦、吉尔吉斯斯坦、塔吉克斯坦、乌兹别克斯坦。

【保护级别及用途】IUCN：无危（LC）。

571. 暗红凹乳芹 *Vicatia atrosanguinea*（H. Karst. et L. A. Kirchn.）P. K. Mukh. et Pimeno

【俗名】暗红葛缕子

【异名】*Carum atrosanguineum*

【生物学特征】外观：多年生草本，高达40厘米。根：直根纤细，有多数分支，茎：基部被叶鞘残留纤维。叶：基生叶2~3回羽裂，小裂片披针形，长3~5毫米。花：无总苞片，稀1~2，线形或披针形；伞辐5~10，长2~4厘米；小总苞片2~5，与总苞片同形，短于伞形花序，边缘无纤毛；伞形花序有6~10花；萼无齿；花瓣紫红色。果实：果卵形，长3~4毫米；每棱槽3油管，合生面4油管；胚乳腹面平直。物候期：花果期5—8月。

【生境】生于海拔 1 800~3 600 米的河滩草地或山谷林下。

【分布】我国新疆（塔什库尔干、阿克陶等地）、四川、云南、西藏；俄罗斯、印度、尼泊尔、巴基斯坦、中亚地区。

【保护级别及用途】种质资源。

572. 白花苞裂芹 *Schulzia albiflora*（Kar. & Kir.）Popov

【异名】*Chamaesciadium albiflorum*

【生物学特征】外观：多年生草本，高约20厘米。根：根颈有暗褐色残存叶鞘；根圆锥形。茎：通常不发育，由基部发出多数斜升的枝或同时有短缩的茎。叶：基生叶有柄，柄的基部扩展成鞘，边缘膜质；叶片轮廓长圆形，3回羽状全裂，末回裂片披针状线形或线形，长2~4毫米，无毛。花：复伞形花序多数；伞辐10~20，不等长；总苞片多数，2回羽状分裂，末回裂片线形或毛发状；小伞形花序有多数花；小总苞片与总苞片相似，但较小，约与花柄等长；无萼齿；花瓣白色，广椭圆形，顶端微凹，有内折的小舌片，长约1毫米；花柱基圆锥状，花柱在果期外弯，柱头头状。果实：分生果长圆状卵形；每棱槽内油管3，合生面油管8。物候期：花期7月，果期8月。

【生境】生于海拔 2 100~4 700 米的高山草甸、沟谷山坡草地。

【分布】我国新疆（塔什库尔干、乌恰等地）；哈萨克斯坦、吉尔吉斯斯坦、塔吉克斯坦、阿富汗、巴基斯坦、印度。

【保护级别及用途】IUCN：无危（LC）。

573. 天山滇藁本 *Hymenidium lindleyanum*（Klotzsch）Pimenov & Kljuykov

【俗名】天山棱子芹

【异名】*Pleurospermum lindleyanum*

【生物学特征】外观：多年生草本，高5~30厘米。根：根粗壮，直伸，直径3~5毫米，颈部被褐色膜质残鞘。茎：在花期常不明显，至果期伸长，通常单一，不分枝，有条棱，带紫红色。叶：茎下部叶1~3，2回羽状全裂，叶片轮廓卵状长椭圆形，长1~8厘米，1回羽片3~5对，最下1对明显有柄，向上逐渐变短，末回裂片长圆形至线形，长2~10毫米；叶柄与叶片近等长，基部扩大呈鞘。花：顶生复伞形花序直径3~5厘米；伞辐4~7，不等长；总苞片2~4，长圆状卵形，基部明显呈紫红色膜质鞘状，顶端叶状分裂，小总苞片8~12，卵形或披针状卵形，与花等长或略超出花，中肋带红紫色，有宽的白色膜质边缘，花多数；花柄长4~5毫米，有翅状棱，萼齿不明显；花瓣淡紫红色，宽倒卵形，长约1.2毫米，花药暗紫色。果实：长圆形，红紫色，长4~5毫米，果棱有明显的膜质翅，每棱槽有油管2，合生面4。物候期：花果期8月。

【生境】生于海拔 3 500~4 000 米的高山砾石质山坡上。

【分布】我国新疆（塔什库尔干、叶城等地）、青海、西藏；吉尔吉斯斯坦、塔吉克斯坦。

【保护级别及用途】药用。

574. 长茎藁本 *Ligusticum thomsonii* C. B. Clarke

【异名】*Pleurospermum longicaule*

【生物学特征】外观：多年生草本，高20~90厘米。根：多分叉，长可达15厘米。根颈：密被纤维状枯萎叶鞘。茎：多条，自基部丛生，具条棱及纵沟纹。叶：基生叶具柄，基部扩大为具白色膜质边缘的叶鞘；叶片轮廓狭长圆形，长2~12厘米，羽状全裂，羽片5~9对，卵形至长圆形，长0.5~2厘米，边缘具不规则锯齿至深裂，脉上具毛；茎生叶较少，仅1~3，无柄，向上渐简化。花：复伞形花序顶生或侧生；总苞片5~6，线形，长0.5厘米，具白色膜质边缘；伞辐12~20，长1~2.5厘米；小总苞片10~15，线形至线状披针形，萼齿微小；花瓣白色，卵形，长约1毫米，具内折小舌片；花柱基隆起，花柱2，向下反曲。果实：分生果长圆状卵形。物候期：花期7—8月，果期9月。

【生境】生于海拔 2 200~4 200 米的林缘、灌丛及草地。

【分布】我国新疆（塔什库尔干、叶城县）、甘肃、青海、西藏、四川；印度、巴基斯坦。

【保护级别及用途】IUCN：无危（LC）。

575. 葛缕子 *Carum carvi* L.

【异名】*Carum gracile*

【生物学特征】外观：多年生草本，高30~70厘米。根：圆柱形，长4~25厘米，表皮棕褐色。茎：通常单生，稀2~8。叶：基生叶及茎下部叶的叶柄与叶片近等长，或略短于叶片，叶片轮廓长圆状披针形，长5~10厘米，2~3回羽状分裂，末回裂片线形或线状披针形，长3~5毫米，宽约1毫米，茎中、上部叶与基生叶同形，较小，无柄或有短柄。花：无总苞片，稀1~3，线形；伞辐5~10，极不等长，长1~4厘米，无小总苞或偶有1~3片，线形；小伞形花序有花5~15，花杂性，无萼齿，花瓣白色，或带淡红色，花柄不等长，花柱长约为花柱基的2倍。果实：长卵形，长4~5毫米，成熟后黄褐色，果棱明显，每棱槽内油管1，合生面油管2。物候期：花果期5—8月。

【生境】生于海拔 1 200~3 600 米的河滩草丛中、林下或高山草甸。

【分布】我国新疆（塔什库尔干、乌恰、阿克陶、叶城等地）、东北、华北、西北及西藏；欧洲、北美洲、北非和亚洲。

【保护级别及用途】IUCN：无危（LC）；工业原料、饲料、药用。

576. 高山厚棱芹 *Pachypleurum alpinum* Ledeb.

【异名】*Arpitium alpinum*

【生物学特征】外观：多年生草本，高12~20厘米。根：垂直向下，略有分叉；根颈密被残留枯萎叶鞘。茎：多条簇生，直立，具细条纹。叶：基生叶具柄，柄长3~5厘米，基部略扩大成鞘；叶片轮廓卵形至长圆状卵形，2回羽状分裂，末回裂片线形至线状披针形。花：复伞形花序顶生，直径2~3厘米；总苞片6~8，线形至线状披针形，有时顶端扩大以至浅裂；伞辐10~15，长1~1.5厘米；小总苞片8~10，披针形，边缘宽膜质，顶端常浅裂；萼齿三角形；花瓣白色，心状倒卵形，基部具短爪，先端具内折小舌片；花柱基略呈球形，花柱2，果期向下反曲。果实：分生果背腹扁压，长圆形至卵状长圆形，长4~5毫米，宽约3毫米，主棱扩大成厚翅；每槽内油管1，合生面油管2；胚乳腹面平直。物候期：花期7—8月，果期8—9月。

【生境】生于海拔 2 400~3 900 米的沟谷山地、高寒草甸。

【分布】我国新疆（塔什库尔干等地）；俄罗斯。

【保护级别及用途】IUCN：无危（LC）。

577. 新疆棱子芹 *Pleurospermum stylosum* C. B. Clarke in Hook. f.

【异名】*Pleurospermum pulchrum*

【生物学特征】外观：植株（20~）60~150厘米，粗壮。根：直根。茎：分枝，微糙的或基部具纤维状残余鞘。叶：叶柄基部纤细，3~8厘米，鞘很狭窄；叶片长圆状卵形或三角状卵形，羽状叶2回或3回；叶向上逐渐退化。花：伞形花序顶生和侧生，直径8~15厘米；花序梗4~18厘米；苞片5~8，披针形或长圆形；小苞片6~10，披针形或卵状披针形，长于花，反折，边缘宽，白色，干膜质；小伞形花序20~30；花梗7~12毫米，倾斜，微糙。萼齿卵形，微小。花瓣倒卵形，白色或粉红色，先端内折。果实：果长圆状卵球形或椭圆形。物候期：花期6—8月，果期8—10月。

【生境】生于海拔 3 800~4 300 米的山坡草甸、溪边。

【分布】我国新疆（塔什库尔干等地）；塔吉克斯坦、阿富汗、印度西北部、克什米尔地区、巴基斯坦。

【保护级别及用途】种质资源。

578. 短茎球序当归 *Archangelica brevicaulis*（Rupr.）Rchb.

【俗名】短茎古当归

【异名】*Coelopleurum brevicaule*

【生物学特征】外观：多年生草本。根：圆柱形，粗壮，棕褐色，有密集的环形细皱纹，并有特异的气味。茎：高40~100厘米，有时短缩。叶：叶柄长9~20厘米，下部膨大成长圆形或阔囊状叶鞘，背面沿叶脉密生短毛；叶片轮廓阔卵形，2~3回羽状分裂；无柄或有短柄，顶端尖，边缘有钝齿或不规则的锐齿，齿端有短尖头，表面疏生柔毛，背面有较密的短毛。花：复伞形花序直径6~15厘米，花序梗、伞辐、花柄均有短毛，伞辐20~40，长4~7厘米；总苞片1~2，狭披针形，有缘毛，常早落；小伞形花序有花24~25；小总苞片多数，狭披针形，比花柄长，有短毛；花白色；无萼齿；花瓣长圆形，顶端渐尖，花柱基扁平，边缘略呈波状；花柱叉开。果实：椭圆形，背棱显著隆起，厚翅状，侧棱翅状，比果体狭，棱槽内有油管3~4，合生面油管6~7。物候期：花期7—8月，果期8—9月。

【生境】生长于海拔 1 500~3 680 米的森林河谷和潮湿的阴坡亚高山草甸。

【分布】我国新疆（乌恰等地）、西藏；俄罗斯。

【保护级别及用途】IUCN：无危（LC）；新疆有的地区以本种的根称作“独活”入药。

579. 单羽异伞芹 *Dimorphosciadium shenii* Pimenov & Kljuykov

【俗名】单羽矮伞芹

【异名】*Chamaesciadium acaule* var. *simplex*

【生物学特征】外观：植株矮小，高不足10厘米。茎：较短，带紫色，不分枝。叶：全部基生，叶柄与叶片近等长，长约2厘米，基部有宽阔的膜质叶鞘，叶片长圆形，宽约1厘米，1回羽状分裂，3对羽片，中间1对羽片与下部的羽片之间距离较远，与上部的羽片之间排列较密，羽片三角形或长圆形，长4~5毫米，宽3~4毫米，边缘3~6齿。花：复伞形花序顶生和侧生，总苞片4~6，线形，长6~10毫米；伞辐12，长1~2厘米，带紫色；小总苞片7~9，线形，与小伞形花序近等长；小伞形花序有花10~15；花瓣白色。果实：果梗与果实近等长，或短于果实，果实长3~4毫米，每棱槽中油管3~4，合生面油管8。

【生境】生于海拔 2 500~2 700 米的高山山坡。

【分布】我国新疆（塔什库尔干县）。

【保护级别及用途】特有种。

中文名索引

A

阿尔泰狗娃花 398
阿尔泰马先蒿 322
阿尔泰葶苈（原变种） 219
阿富汗杨（原变种） 189
阿克陶齿缘草 288
阿勒泰橐吾 388
阿魏属 406
矮火绒草 363
矮蓝刺头 372
矮麻黄 068
矮蔷薇 171
矮生多裂委陵菜（变种） 176
矮小忍冬 401
矮亚菊 395
矮早熟禾 103
艾叶芹 407
艾叶芹属 407
暗红凹乳芹 408
暗色蝇子草 248
凹乳芹属 408

B

八宝属 130
巴天酸模 240
白车轴草 144
白刺 195
白刺属 196
白花苞裂芹 408
白花草木樨 143
白花蒲公英 379
白花球花棘豆（变型） 152
白花枝子花 312
白麻 286
白马芥 201
白马芥属 201
白头翁属 112
白叶风毛菊 350
百金花属 273
百里香属 305
百脉根属 142
败酱属 406
斑果黄芪 146
斑叶兰属 081
苞裂芹属 408
薄翅猪毛菜 260
薄蒴草 245
薄蒴草属 245
薄网藓属 061
报春花属 262
抱茎叶卷耳 246
北艾 355
北车前 299
北葱 085
北疆锦鸡儿 158
北疆婆罗门参 378
北千里光 386
篦齿眼子菜属 078
边塞黄芪 146
萹蓄（原变种） 233
萹蓄属 233
扁蕾（原变种） 274
扁蕾属 274
扁芒菊 338
扁芒菊属 338
滨藜 251
滨藜属 251
滨藜叶分药花 315
冰草（原变种） 094
冰草属 094
冰川雪兔子 351
播娘蒿 201
播娘蒿属 201
补血草属 229

C

彩花属 230
苍耳 341
苍耳属 341
糙草 287
糙草属 287
糙苏属 306
草地老鹳草（原变种） 191
草地早熟禾 104
草甸老鹳草（变种） 191
草莓车轴草 144
草木樨 142
草木樨属 142
草原糙苏 306
侧金盏花属 113
叉子圆柏 074
杈枝忍冬 402
茶藨子属 128
长苞大叶报春（变种） 264
长柄真藓 051
长齿列当 321
长根马先蒿 322
长梗驼蹄瓣 141
长尖对齿藓 028
长茎飞蓬（亚种） 343
长茎藁本 410
长茎毛茛（变种） 117
长肋青藓 063
长鳞红景天 131
长毛扇叶芥 215
长蕊青兰 313
长穗柽柳 222
长叶车前 300
长叶火绒草 364

长叶纽藓 037
长叶酸模 241
长叶瓦莲 135
长枝木蓼 236
长柱琉璃草 287
长柱琉璃草属 287
车前（原亚种） 300
车前属 299
车轴草属 144
柽柳属 222
齿肋赤藓 035
赤藓属 035
齿缘草属 288
垂果大蒜芥（原变种） 204
垂花龙胆 278
垂穗披碱草 099
春黄菊叶马先蒿 331
刺柏属 074
刺毛碱蓬 255
刺木蓼 237
刺沙蓬 261
刺山柑 199
刺头菊属 342
刺旋花 294
刺叶柄黄芪 147
刺叶提灯藓 055
刺叶真藓 051
葱岭蒲公英 380
葱属 085
丛本藓 020
丛本藓属 020
丛菔属 202
丛生刺头菊 342
丛生钉柱委陵菜（变种） 177
丛生真藓 046
粗梗东方铁线莲（变种） 121
粗茎驼蹄瓣 138
簇生泉卷耳（亚种） 246
翠雀属 114

D

溚草 095
溚草属 095
鞑靼滨藜 252
大白刺 195
大苞点地梅 266
大车前 301
大花蒿 356
大花红景天 131
大花女蒿 377
大黄属 234
大帽藓 013
大帽藓属 012
大蒜芥 204
大蒜芥属 203
大叶橐吾 389
大籽蒿 357
单花拉拉藤 271
单头亚菊 396
单羽异伞芹 413
单子麻黄 069
淡紫金莲花 116
党参属 335
地肤（原变种） 257
地钱 003
地钱属 003
灯芯草属 092
滇藁本属 409
点地梅属 266
垫状点地梅 267
垫状驼绒藜 258
钉柱委陵菜（原变种） 178
顶冰花属 079
顶羽菊 375
东俄洛紫菀 399
东方铁线莲 122
东亚羊茅 103
独行菜 206
独行菜属 205
短柄野芝麻 319
短梗念珠芥 210
短果驼蹄瓣（亚种） 138
短果蚓果芥 213
短喙粉苞菊 347
短茎球序当归 413
短裂苦苣菜 371
短穗柽柳 223
短莛北点地梅（亚种） 267
短筒獐牙菜 283
短腺小米草 333
短星火绒草 365
短药肋柱花 277
短叶对齿藓 031
短叶假木贼 254
对齿藓属 024
对叶齿缘草 288
对叶藓 005
对叶藓属 005
钝头红叶藓 021
钝叶大帽藓 017
钝叶黄芪 147
钝叶芦荟藓 018
多节青兰 314
多茎还阳参 362
多裂蒲公英 379
多裂委陵菜（原变种） 177
多球顶冰花 079
多枝柽柳 224
多枝黄芪（原变种） 148

E

鹅绒藤属 285
鹅头对齿藓 025

F

繁缕属 244
反叶对齿藓 029
反枝苋（原变种） 259
泛生丝瓜藓 052
飞蓬属 343
粉苞菊 347
粉苞菊属 347
粉绿蒲公英 380
粉绿铁线莲 122
风铃草属 336
风毛菊属 350
拂子茅 096
拂子茅属 096
浮毛茛 118

G

甘草 145
甘草属 145
甘青铁线莲 123
甘肃马先蒿 330
甘新念珠芥 208
甘新念珠芥属 207
刚毛忍冬 402
刚毛葶苈（原变种） 220
刚毛岩黄芪 166
高寒早熟禾（亚种） 104
高山百里香 305
高山糙苏 306
高山大帽藓 012
高山点地梅 268
高山顶冰花 079
高山厚棱芹 412
高山黄芪 148
高山离子芥 209
高山裂叶苔 001
高山芹叶荠 211
高山沙参 337
高山穗三毛草 101
高山绣线菊 180
高山野决明 167
高山罂粟属 106
高山紫菀（原变种） 399
藁本属 410
革叶飞蓬 344
葛缕子 411
葛缕子属 411
狗尾草 097
狗尾草属 097
枸杞属 296
冠瘤蝇子草 249
管花肉苁蓉 332
灌木旋花 295
灌木亚菊 396
光苞刺头菊 342
光滨藜 252
光刺兔唇花 316
光果宽叶独行菜（变种） 207
光果蒲公英 381
光山飞蓬 345
光穗冰草（变种） 095
光鸦葱 394
光叶扁芒菊 339
鬼箭锦鸡儿（原变种） 159

H

海韭菜 078
海乳草 269
海罂粟属 106
寒地报春 262
寒生蒲公英 382
旱麦草 101
旱麦草属 101
旱藓 041
旱藓属 041
蒿属 355
蒿叶马先蒿 324
蒿叶山猪毛菜 262
禾叶蝇子草 249
河西菊 360
褐皮韭 086
鹤虱属 290
黑茶藨子 128
黑对齿藓 030
黑果枸杞 296
黑果小檗 109
黑果栒子 181
黑褐穗薹草（亚种） 092
黑穗黄芪 149
黑头灯芯草 092
红对齿藓 024
红果小檗 110
红角蒲公英 382
红景天属 131
红砂 225
红砂属 225
红叶藜属 254
红叶藓 023
红叶藓属 021
喉毛花属 275
厚棱芹属 412
厚叶美花草 120
胡颓子属 182
胡杨 189
葫芦藓 044
葫芦藓属 044
虎耳草属 129
虎尾草 098
虎尾草属 098
花花柴 361
花花柴属 361
花楸属 169
华西忍冬 403
桦木属 185
还阳参属 362
荒地阿魏 406
黄白火绒草 366
黄花补血草（原变种） 229
黄花肉叶荠 213
黄花软紫草 292
黄花瓦松 136
黄芪属 146
黄芩属 307
灰白芹叶荠 212
灰胡杨 190
灰黄真藓 048
灰绿藜 254
灰毛齿缘草 289
灰毛软紫草 293
灰毛罂粟 107
火绒草属 363

J

芨芨草 098
芨芨草属 098
棘豆属 152
集花龙胆 279
蒺藜 137
蒺藜属 137
戟叶鹅绒藤 285
荠 209
荠属 208
蓟属 367
假报春 270
假报春属 270
假狼紫草 291
假狼紫草 291
假龙胆属 276

假木贼属 254
假水生龙胆 280
假细罗藓属 058
假泽山飞蓬 344
假蒜芥属
尖齿雀麦 100
尖果沙枣（原变种） 182
尖喙牻牛儿苗 193
尖叶大帽藓 014
尖叶对齿藓 026
尖叶对齿藓芒尖（变种） 027
碱毛茛 116
碱毛茛属 116
碱蓬属 255
剑叶大帽藓 015
疆堇 107
疆千里光 388
疆千里光属 388
角齿藓 004
角齿藓属 004
节节草 065
节叶纽藓 037
金黄还阳参 362
金莲花属 116
金露梅属 169
金色狗尾草 097
堇菜属 186
堇色马先蒿 325
锦鸡儿属 158
锦葵属 199
近高山真藓 049
荆芥属 308
净口藓 033
净口藓属 033
菊苣属 370
苣叶车前 301
具鳞水柏枝 226
具缘提灯藓 054
聚花风铃草 336
卷耳属 246
卷果涩芥 214
卷叶牛毛藓 008
绢蒿属 370
绢毛点地梅 268
绢毛荆芥 309
绢毛委陵菜（原变种） 178
蕨麻 170
蕨麻属 170

K

喀拉蝇子草 250
喀什霸王 139
喀什补血草 230
喀什红景天 132
喀什兔唇花 316
喀什小檗 111
柯尔车前 302
克拉克黄芪 149
克氏苔属 002
苦参属 162
苦豆子 162
苦苣菜 371
苦苣菜属 371
苦马豆 163
苦马豆属 163
库萨克黄芪 150
宽瓣毛茛 118
宽苞韭 087
宽齿青兰 314
宽刺蔷薇 172
宽冠粉苞菊 348
宽叶石生驼蹄瓣（变种） 139
宽叶细齿藓 033
宽叶真藓 047
昆仑方枝柏 074
昆仑蒿 357
昆仑黄芪 150
昆仑锦鸡儿 159
昆仑绢蒿 370
昆仑雪兔子 352
昆仑圆柏 075
阔刺兔唇花 317

L

拉拉藤（变种） 272
拉拉藤属 271
蓝白龙胆 280
蓝刺头属 372
蓝花喜盐鸢尾（变种） 084
蓝叶柳 186
蓝枝麻黄 069
狼紫草 291
老鹳草属 191
肋柱花 277
肋柱花属 277
棱叶韭 088
棱子芹属 412
冷蕨 066
冷蕨属 066
离子芥属 208
莲座蓟 367
连轴藓属 043
镰刀藓（原变种） 059
镰刀藓属 059
镰萼喉毛花 275
镰荚棘豆（原变种） 153
镰叶韭 088
蓼属 236
蓼子朴 393
列当属 321
裂叶苔属 001
林荫千里光 387
鳞叶点地梅 269
鳞叶龙胆 281
铃铛刺 161
柳属 186
流苏藓属 023
龙胆属 278
龙蒿（原变种） 358
龙葵 299
漏芦属 375
芦荟藓属 018
芦苇 099
芦苇属 099
卵叶盐土藓 034
罗布麻 286
罗布麻属 286
裸茎条果芥 219
骆驼刺 163
骆驼刺属 163
骆驼蓬 198
骆驼蓬属 198
绿色流苏藓 023

M

麻花头属 376
麻黄属 068
马蔺（原变种） 084
马先蒿属 322
麦蓝菜 248
曼陀罗 298
曼陀罗属 298
芒涾草（原变种） 096
牻牛儿苗 193
牻牛儿苗属 193
毛茛属 117
毛尖紫萼藓 040
毛蓝侧金盏花（变型） 113
毛蓬子菜（变种） 273
毛蕊郁金香 080
毛穗马先蒿 323
毛叶蒲公英 383
梅花草属 185
美花草属 120
美丽列当 321
美丽毛茛 119
蒙古鸦葱 394
密刺蔷薇（原变种） 172
密花荆芥 308
密花香薷（原变种） 317
密序山萮菜 216
棉苞飞蓬 345
膜果麻黄（原变种） 070
木蓼（原变种） 237
木蓼属 236
木贼 065
木贼麻黄 071
木贼属 065
苜蓿 164
苜蓿属 164

N

南方青藏马先蒿 330
南疆新塔花 318
拟鼻花马先蒿（原亚种） 326
拟三列真藓 050
念珠芥属 209
宁夏枸杞（原变种） 297
牛蒡 376
牛蒡属 376
牛毛藓 011
牛毛藓属 008
牛舌草属 291
牛至 308
牛至属 308
扭藿香属 312
纽藓属 037
扭叶牛毛藓 010
女蒿属 377
女娄菜（原变种） 250

O

欧白芷属 413
欧亚马先蒿（原亚种） 326
欧亚绣线菊 181
欧亚旋覆花 392

P

帕米尔霸王 140
帕米尔白刺 196
帕米尔报春 263
帕米尔齿缘草 289
帕米尔丛菔 202
帕米尔翠雀花 114
帕米尔蒿 358
帕米尔黄芪 151
帕米尔棘豆 153
帕米尔金露梅 169
帕米尔薹草 093
帕米尔橐吾 389
帕米尔杨 190
帕米红景天 133
泡泡刺 196
披碱草属 099
披针叶野决明 168
偏叶提灯藓 056
平车前（原亚种） 302
平肋提灯藓 053
平卧黄芩 307
婆罗门参 377
婆罗门参属 377
匍匐水柏枝 227
蒲公英属 379
铺地棘豆 154
铺散肋柱花 278

Q

千里光属 386
千屈菜 194
千屈菜属 194
墙藓属 038
蔷薇属 171
茄属 299
芹叶荠 211
芹叶荠属 210
青甘韭 089
青兰属 312
青藓属 063
丘陵老鹳草 192
球花棘豆 154
球花藜 256
球花藜属 256
球茎虎耳草 129
球蒴真藓 050
曲肋薄网藓 061
拳参属 238
雀麦属 100
群心菜 207

R

忍冬属 401
绒毛假蒜芥 222
绒毛荆芥 309
柔弱喉毛花 275
柔叶真藓 047
肉苁蓉 332
肉苁蓉属 332
肉叶荠属 212
肉叶雪兔子 353
乳苣 391
软紫草 293
软紫草属 292

S

涩芥（原变种） 215
涩芥属 213
沙冰藜属 257
沙参属 336
沙地粉苞菊 349
沙冬青 165
沙冬青属 165
沙拐枣属 239
沙棘属 183
砂蓝刺头 373
山赤藓 036
山地糙苏 307
山地飞蓬 346
山地虎耳草 129
山柑属 199
山卷耳 247
山蓼 240
山蓼属 240
山羊臭虎耳草（原变种） 130
山羊柳 187
山野火绒草 367
山萮菜属 216
山猪毛菜属 261
扇叶芥属 214
蛇苔 002
蛇苔属 002
蛇鸦葱属 394
石生韭 089
石生驼蹄瓣（原变种） 140
石头花属 248
石芽藓 035
石芽藓属 035
手参 082
手参属 082
疏齿赤藓 036
疏齿银莲花（亚种） 127
疏花蔷薇（原变种） 173
鼠曲雪兔子 353
鼠尾草属 315
曙南芥属 217
栓果菊属 360
双角蒲公英 383
水柏枝属 226
水灰藓属 060
水灰藓（原变种） 060
水蓼 236
水麦冬属 078
丝瓜藓 052
丝瓜藓属 052
丝路蓟 368
丝毛刺头菊 343
丝毛蓝刺头 374
丝叶眼子菜 078
四齿芥 217
四齿芥属 217
四果翠雀花 114
四棱荠 218
四棱荠属 218
松叶猪毛菜 261
酸模属 240
碎米蕨叶马先蒿（原亚种） 328
穗三毛草属 101
穗状百金花 273
梭梭 257
梭梭属 257
锁阳 137
锁阳属 137

T

塔里木沙拐枣 239
塔什库尔干棘豆 155
塔什库尔干荆芥 310
薹草属 092
滩地韭 090
糖芥属 218
提灯藓属 053
天芥菜属 294
天蓝苜蓿 164
天门冬属 091
天山报春 264
天山彩花 230
天山茶藨子（原变种） 128
天山大黄 234
天山滇藁本 409
天山花楸（原变种） 169
天山桦 185
天山棘豆 156
天山卷耳 247
天山囊果紫堇 108
天山扭藿香 312
天山秦艽 281
天山沙参 336
天山鸢尾 085
天仙子属 298
田旋花 295
条果芥属 219
铁线莲属 121
葶苈属 219
头花独行菜 208
头花韭 090
土生对齿藓 032
吐鲁番锦鸡儿 160
兔唇花属 316
团扇荠 221
团扇荠属 221
驼绒藜 258
驼绒藜属 258
驼舌草（原变种） 232
驼舌草属 232
驼蹄瓣属 138
橐吾属 388
椭圆叶蓼 238
椭圆叶天芥菜 294

W

洼瓣花 080
瓦莲属 135
瓦松属 136
瓦叶假细罗藓 058
歪斜麻花头 376
外折糖芥 218
弯刺蔷薇（变种） 173
网脉大黄 235
微药獐毛 105
委陵菜属 176
萎软紫菀（原亚种） 400
问荆 066
莴苣属 391
乌恰彩花 231
乌头属 126

无齿红叶藓 022
无齿紫萼藓 038
无毛大蒜芥 205
无鞘橐吾属 390
无叶假木贼 255
无疣墙藓 038
五蕊柳（原变种） 187
勿忘草 290
勿忘草属 290
雾冰藜 259
雾冰藜属 259

X

西北山萮菜 216
西北天门冬 091
西伯利亚滨藜 253
西伯利亚离子芥 210
西伯利亚蓼（原变种） 243
西伯利亚蓼属 243
西伯利亚铁线莲 124
西伯利亚小檗 109
西藏扁芒菊 340
西藏大帽藓 016
西藏铁线莲 126
西藏委陵菜 179
西藏亚菊 397
西疆飞蓬 346
西域无鞘橐吾 390
菥蓂 221
菥蓂属 221
溪岸连轴藓 043
喜马拉雅车前 303
喜马拉雅薹草 093
喜山葶苈（原变种） 220
喜石黄芪 151
细齿藓属 033
细梗千里光 387
细花獐牙菜 284
细茎驼蹄瓣 141
细柳藓 062
细柳藓属 062
细牛毛藓 009
细雀麦 100
细穗柽柳 224
细叶百脉根 142
细叶彩花 232
细叶西伯利亚蓼（变种） 244
细叶沼柳（原变种） 188
细叶真藓 046
细子麻黄 071
狭果鹤虱（原变种） 290
狭网真藓 045
狭叶红景天 133
苋属 259
线果扇叶芥 203
线叶柳（原变种） 188
腺梗翠雀花 115
腺果蔷薇 174
腺荆芥 311
腺毛菊苣 370
腺毛委陵菜 179
腺毛萎软紫菀（亚种） 400
香薷 318
香薷属 317
香叶蒿（原变种） 359
橡胶草 384
小斑叶兰 081
小苞瓦松 136
小檗属 109
小车前 303
小对叶藓 006
小甘菊 338
小甘菊属 338
小根马先蒿 329
小果白刺 197
小果雪兔子 354
小克氏苔 002
小口葫芦藓 044
小米草（原亚种） 334
小米草属 333
小叶棘豆 156
小叶金露梅（原变种） 170
小叶蒲公英 384
小叶忍冬 404
斜蒴对叶藓 007
斜叶芦荟藓 019
心叶水柏枝 228
新疆扁蕾 274
新疆党参 335
新疆方枝柏（原变种） 076
新疆枸杞（原变种） 297
新疆海罂粟 106
新疆蓟 368
新疆假龙胆 276
新疆芥 202
新疆锦鸡儿 160
新疆棱子芹 412
新疆龙胆（变种） 282
新疆梅花草 185
新疆秦艽 282
新疆鼠尾草 315
新疆天门冬 091
新疆亚菊 397
新疆远志 168
新塔花属 318
秀柏枝 229
秀柏枝属 229
绣线菊属 180
玄参属 305
旋覆花 393
旋覆花属 392
旋花属 294
雪地棘豆 157
雪岭杉 073
雪山报春（原变种） 266
栒子属 181

Y

鸦葱属 394
鸦跖草 127
鸦跖草属 127
亚菊属 395
岩萹蓄 233
岩黄芪属 166
岩生假报春 270
岩生老鹳草 192
岩菀 401
盐蒿 360
盐节木 260
盐节木属 260
盐生车前（亚种） 304
盐土藓 034
盐土藓属 034

偃麦草（原亚种） 102
偃麦草属 102
燕麦属 102
羊茅属 103
杨属 189
药用蒲公英 385
野胡麻 320
野胡麻属 320
野决明属 167
野葵（原变种） 199
野苜蓿 165
野燕麦（原变种） 102
野罂粟 106
野芝麻属 319
叶苞繁缕（原变种） 244
异齿红景天 134
异果小檗 112
异伞芹属 413
异叶郁金香 081
阴生掌裂兰 082
银莲花属 127
蚓果芥 214
隐瓣蝇子草 251
英吉沙沙拐枣 239
罂粟属 107
蝇子草属 248
羽裂玄参 305
羽叶扁芒菊 341
郁金香属 080
鸢尾属 084
圆柏（原变种） 076
圆丛红景天（原亚种） 134
圆叶八宝 130
圆叶乌头 126
圆叶小堇菜（变种） 186
圆锥茎阿魏 407
远志属 168
云杉属 073
云生毛茛 119

Z

早熟禾属 103
燥原荠 217
藏边蔷薇 175
藏荠 212
藏蓟 369
藏蒲公英 385
藏西忍冬 405
藏新风毛菊 354
藏新黄芪（原变种） 152
泽藓 057
泽藓属 057
展枝萹蓄 234
獐毛属 105
獐牙菜属 283
樟叶蔷薇 176
掌裂兰 083
掌裂兰属 082
掌叶多裂委陵菜（变种） 180
胀果甘草 145
胀果棘豆 157
爪瓣山柑 200
沼生苦苣菜 372
沼生忍冬 405
沼泽毛茛（变种） 120
针茅 105
针茅属 105
珍珠菜属 269
真藓属 045
直茎红景天 135
直茎黄堇 108
中败酱 406
中甸龙胆 279
中国沙棘 183
中麻黄 072
中新风毛菊 355
中亚滨藜（原变种） 253
中亚粉苞菊 350
中亚沙棘（亚种） 184
中亚酸模 242
中亚天仙子 298
钟萼白头翁 113
皱叶酸模 242
珠芽蓼 238
猪毛菜属 260
蛛毛车前 304
准噶尔报春（变种） 265
准噶尔繁缕 245
准噶尔棘豆 158
准噶尔金莲花 117
准噶尔锦鸡儿 161
准噶尔马先蒿 329
准噶尔婆罗门参 378
准噶尔铁线莲 125
准噶尔枸子 182
紫斑碎米蕨叶马先蒿 327
紫萼藓属 038
紫堇属 107
紫蕊白头翁 112
紫菀属 398

拉丁名索引

A

Acantholimon 230
Acantholimon borodinii 232
Acantholimon popovii 231
Acantholimon tianschanicum 230
Aconitum 126
Aconitum rotundifolium 126
Adenophora himalayana subsp. *alpina* 337
Adenophora lamarckii 336
Adenophora 336
Adonis 113
Adonis coerulea f. *puberula* 113
Aeluropus 105
Aeluropus micrantherus 105
Agropyron 094
Agropyron cristatum var. *cristatum* 094
Agropyron cristatum var. *pectinatum* 095
Ajania fastigiata 397
Ajania fruticulosa 396
Ajania scharnhorstii 396
Ajania tibetica 397
Ajania trilobata 395
Ajania 395
Alhagi 163
Alhagi camelorum 163
Allardia glabra 340
Allardia stoliczkae 339
Allardia tomentosa 341
Allardia tridactylites 338
Allardia 338
Allium 085
Allium caeruleum 088
Allium caricoides 089
Allium carolinianum 088
Allium glomeratum 090
Allium korolkowii 086
Allium oreoprasum 090
Allium platyspathum 087
Allium przewalskianum 089
Allium schoenoprasum 085
Aloina 018
Aloina obliquifolia 019
Aloina rigida 018
Amaranthus retroflexus var. *retroflexus* 259
Amaranthus 259
Amarix 222
Ammopiptanthus 165
Ammopiptanthus mongolicus 165
Anabasis aphylla 255
Anabasis brevifolia 254
Anabasis 254
Anchusa ovata 291
Anchusa 291
Androsace maxima 266
Androsace nortonii 268
Androsace olgae 268
Androsace septentrionalis var. *breviscapa* 267
Androsace squarrosula 269
Androsace tapete 267
Androsace 266
Anemone 127
Anemone geum subsp. *ovalifolia* 127
Anoectangium 020
Anoectangium aestivum 020
Apocynum pictum 286
Apocynum venetum 286
Apocynum 286
Archangelica brevicaulis 413
Archangelica 413
Arctium lappa 376
Arctium 376
Argentina 170
Argentina anserina 170
Arnebia euchroma 293
Arnebia fimbriata 293
Arnebia guttata 292
Arnebia 292
Artemisia dracunculus var. *dracunculus* 358
Artemisia dracunculus var. *pamirica* 358
Artemisia halodendron 360
Artemisia macrocephala 356
Artemisia nanschanica 357
Artemisia rutifolia var. *rutifolia* 359
Artemisia sieversiana 357
Artemisia vulgaris 355
Artemisia 355
Asparagus 091
Asparagus breslerianus 091
Asparagus neglectus 091
Asperugo procumbens 287
Asperugo 287
Aster 398
Aster alpinus var. *alpinus* 399
Aster altaicus 398
Aster flaccidus subsp. *flaccidus* 400
Aster flaccidus subsp. *glandulosus* 400
Aster lingii 401
Aster tongolensis 399
Astragalus 146
Astragalus alpinus 148
Astragalus arkalycensis 146
Astragalus beketowii 146
Astragalus clarkeanus 149
Astragalus kunlunensis 150
Astragalus kuschakewiczii 150
Astragalus melanostachys 149
Astragalus obtusifoliolus 147
Astragalus oplites 147
Astragalus pamirensis 151
Astragalus petraeus 151
Astragalus polycladus var. *polycladus* 148

Astragalus tibetanus var. *tibetanus* 152
Atraphaxis 236
Atraphaxis spinosa L. 237
Atraphaxis virgata 236
Atraxphaxis frutescens var. *frutescens* 237
Atriplex centralasiatica var. *centralasiatica* 253
Atriplex laevis 252
Atriplex patens 251
Atriplex sibirica 253
Atriplex tatarica 252
Atriplex 251
Avena 102
Avena fatua var. *fatua* 102

B

Baimashania 201
Baimashania pulvinata 201
Bassia scoparia var. *scoparia* 257
Bassia 257
Berberis 109
Berberis atrocarpa 109
Berberis heteropoda 112
Berberis kaschgarica 111
Berberis nummularia 110
Berberis sibirica 109
Berteroa 221
Berteroa incana 221
Betula 185
Betula tianschanica 185
Bistorta elliptica 238
Bistorta vivipara 238
Bistorta 238
Blitum 256
Blitum virgatum 256
Brachythecium 063
Brachythecium populeum 063
Braya 213
Braya humilis 214
Braya parvia 213
Braya scharnhorstii 212
Bromus 100
Bromus gracillimus 100
Bromus oxyodon 100
Bryoerythrophyllum 021
Bryoerythrophyllum brachystegium 021
Bryoerythrophyllum gymnostomum 022
Bryoerythrophyllum recurvirostrum 023
Bryum algovicum 045
Bryum caespiticium 046
Bryum capillare 046
Bryum cellulare 047
Bryum funkii 047
Bryum lonchocaulon 051
Bryum longisetum 051
Bryum pallens 048
Bryum paradoxum 049
Bryum pseudotriquetrum 050
Bryum turbinatum 050
Bryum 045

C

Calamagrostis 096
Calamagrostis epigeios 096
Callianthemum 120
Callianthemum alatavicum 120
Calligonum 239
Calligonum roborowskii 239
Calligonum yengisaricum 239
Campanula 336
Campanula glomerata subsp. *speciosa* 336
Cancrinia 338
Cancrinia discoidea 338
Capparis 199
Capparis himalayensis 200
Capparis spinosa 199
Capsella 209
Capsella bursa-pastoris 208
Caragana 158
Caragana camilloi-schneideri 158
Caragana halodendron 161
Caragana jubata var. *jubata* 159
Caragana polourensis 159
Caragana soongorica 161
Caragana turfanensis 160
Caragana turkestanica 160
Carex 092
Carex atrofusca subsp. *minor* 092
Carex nivalis 093
Carex pamirensis 093
Carum 411
Carum carvi 411
Centaurium spicatum 273
Centaurium 273
Cerastium 246
Cerastium fontanum subsp. *vulgare* 246
Cerastium perfoliatum 246
Cerastium pusillum 247
Cerastium tianschanicum 247
Ceratodon 004
Ceratodon purpureus 004
Chloris 098
Chloris virgata 098
Chondrilla ambigua 349
Chondrilla brevirostris 347
Chondrilla laticoronata 348
Chondrilla ornata 350
Chondrilla piptocoma 348
Chondrilla 347
Chorispora 208
Chorispora bungeana 209
Chorispora sibirica 210
Cichorium glandulosum 370
Cichorium 370
Cirsium arvense 368
Cirsium arvense var. *alpestre* 369
Cirsium esculentum 367
Cirsium semenowii 368
Cirsium 367
Cistanche 332
Cistanche deserticola 332
Cistanche mongolica 332
Clematis 121
Clematis glauca 122
Clematis orientalis 122
Clematis orientalis var. *sinorobusta* 121
Clematis sibirica 124
Clematis songorica 125
Clematis tangutica 123
Clematis tenuifolia 126
Clevea 002
Clevea pusilla 002

Codonopsis clematidea 335
Codonopsis 335
Comastoma falcatum 275
Comastoma tenellum 275
Comastoma 275
Conocephalum 002
Conocephalum conicum 002
Convolvulus arvensis 295
Convolvulus fruticosus 295
Convolvulus tragacanthoides 294
Convolvulus 294
Cortusa brotheri 270
Cortusa matthioli 270
Cortusa 270
Corydalis fedtschenkoana 108
Corydalis mira 107
Corydalis stricta 108
Corydalis 107
Cotoneaster 181
Cotoneaster melanocarpus 181
Cotoneaster soongoricus 182
Cousinia caespitosa 342
Cousinia lasiophylla 343
Cousinia leiocephala 342
Cousinia 342
Crepis chrysantha 362
Crepis multicaulis 362
Crepis 362
Crossidium 023
Crossidium squamiferum 023
Cynanchum acutum subsp. *sibiricum* 285
Cynanchum 285
Cynomorium 137
Cynomorium songaricum 137
Cystopteris 066
Cystopteris fragilis 066

D

Dactylorhiza hatagirea 083
Dactylorhiza umbrosa 082
Dactylorhiza 082
Dasiphora 169
Dasiphora dryadanthoides 169
Dasiphora parvifolia var. *parvifolia* 170
Datura 298
Datura stramonium 298
Delphinium 114
Delphinium adenopodum 115
Delphinium lacostei 114
Delphinium tetragynum 114
Descurainia 201
Descurainia sophia 201
Desideria flabellata 215
Desideria 214
Didymodon 024
Didymodon anserinocapitatus 025
Didymodon asperifolius 024
Didymodon constrictus var. *constrictus* 026
Didymodon constrictus var. *flexicuspis* 027
Didymodon ditrichoides 028
Didymodon ferrugineus 029
Didymodon nigrescens 030
Didymodon tectorum 031
Didymodon vinealis 032
Dimorphosciadium shenii 413
Dimorphosciadium 413
Distichium 005
Distichium capillaceum 005
Distichium hagenii 006
Distichium inclinatum 007
Ditrichum 008
Ditrichum difficile 008
Ditrichum flexicaule 009
Ditrichum gracile 010
Ditrichum heteromallum 011
Dodartia orientalis 320
Dodartia 320
Draba altaica var. *altaica* 219
Draba oreades var. *oreades* 220
Draba setosa var. *setosa* 220
Draba 219
Dracocephalum heterophyllum 312
Dracocephalum nodulosum 314
Dracocephalum paulsenii 314
Dracocephalum stamineum 313
Dracocephalum 312
Drepanocladus 059
Drepanocladus aduncus var. *aduncus* 059

E

Echinops gmelinii 373
Echinops humilis 372
Echinops nanus 374
Echinops 372
Elaeagnus 182
Elaeagnus angustifolia var. *angustifolia* 182
Elsholtzia 317
Elsholtzia ciliata 318
Elsholtzia densa var. *densa* 317
Elymus 099
Elymus nutans 099
Elytrigia 102
Elytrigia repens subsp. *repens* 102
Encalypta 012
Encalypta alpine 012
Encalypta ciliata 013
Encalypta rhaptocarpa 014
Encalypta spathulata 015
Encalypta tibetana 016
Encalypta vulgaris 017
Ephedra 068
Ephedra equisetina 071
Ephedra glauca 069
Ephedra intermedia 072
Ephedra minuta 068
Ephedra monosperma 069
Ephedra przewalskii var. *przewalskii* 070
Ephedra regeliana 071
Equisetum 065
Equisetum arvense 066
Equisetum hyemale 065
Equisetum ramosissimum 065
Eremopyrum 101
Eremopyrum triticeum 101
Erigeron acris subsp. *politus* 343
Erigeron eriocalyx 345
Erigeron krylovii 346
Erigeron leioreades 345
Erigeron oreades 346
Erigeron pseudoseravschanicus 344
Erigeron schmalhausenii 344
Erigeron 344

Eritrichium canum 289
Eritrichium longifolium 288
Eritrichium pamiricum 289
Eritrichium pseudolatifolium 288
Eritrichium 288
Erodium 193
Erodium oxyrhinchum 193
Erodium stephanianum 193
Erysimum 218
Erysimum deflexum 218
Euphrasia pectinata subsp. *pectinata* 334
Euphrasia regelii 333
Euphrasia 333
Eutrema 216
Eutrema edwardsii 216
Eutrema heterophyllum 216

F

Ferula conocaula 407
Ferula syreitschikowii 406
Ferula 406
Festuca 103
Festuca litvinovii 103
Funaria 044
Funaria hygrometrica 044
Funaria microstoma 044

G

Gagea 079
Gagea jaeschkei 079
Gagea serotina 080
Gagea ova 079
Galium aparine var. *echinospermum* 272
Galium exile 271
Galium verum var. *tomentosum* 273
Galium 271
Gentiana 278
Gentiana chungtienensis 279
Gentiana leucomelaena 280
Gentiana nutans 278
Gentiana olivieri 279
Gentiana prostrata var. *karelinii* 282
Gentiana pseudoaquatica 280
Gentiana squarrosa 281
Gentiana tianschanica 281
Gentiana walujewii 282
Gentianella turkestanorum 276
Gentianella 276
Gentianopsis barbata 274
Gentianopsis vedenskyi 274
Geranium 191
Geranium collinum 192
Geranium pratense L. var. *pratense* 191
Geranium pratense L. var. *affine* 191
Geranium saxatile 192
Glaucium 106
Glaucium squamigerum 106
Glycyrrhiza 145
Glycyrrhiza inflata 145
Glycyrrhiza uralensis 145
Goldbachia 218
Goldbachia laevigata 218
Goniolimon speciosum var. *speciosum* 232
Goniolimon 232
Goodyera 081
Goodyera repens 081
Grimmia 038
Grimmia anodon 038
Grimmia pilifera 040
Grubovia 259
Grubovia dasyphylla 259
Gymnadenia 082
Gymnadenia conopsea 082
Gymnostomum 033
Gymnostomum calcareum 033
Gypsophila vaccaria 248
Gypsophila 248

H

Halerpestes 116
Halerpestes sarmentosa 116
Halocnemum 260
*Halocnemum strobilaceum*260
Haloxylon ammodendron 257
Haloxylon 257
Hedysarum 166
Hedysarum setosum 166
Heliotropium 294
Heliotropium ellipticum 294
Hennediella 033
Hennediella heimii 033
Hippolytia 377
Hippolytia megacephala 377
Hippophae 183
Hippophae rhamnoides subsp. *sinensis* 183
Hippophae rhamnoides subsp. *turkestanica* 184
Hygrohypnum 060
Hygrohypnum luridum var. *luridum* 060
Hylotelephium 130
Hylotelephium ewersii 130
Hymenidium lindleyanum 409
Hymenidium 409
Hyoscyamus pusillus 298
Hyoscyamus 298

I

Indusiella 041
Indusiella thianschanica 041
Inula britannica 392
Inula japonica 393
Inula salsoloides 393
Inula 392
Iris 084
Iris lactea var. *lactea* 084
Iris loczyi 085
Iris halophila var. *sogdiana* 084

J

Jacobaea vulgaris 388
Jacobaea 388
Juncus 092
Juncus atratus 092
Juniperus 074
Juniperus centrasiatica 074
Juniperus chinensis var. *chinensis* 076
Juniperus jarkendensis 075
Juniperus pseudosabina var. *pseudosabina* 076
Juniperus sabina 074

K

Karelinia caspia 361
Karelinia 361
Klasea procumbens 376
Klasea 376
Knorringia sibirica subsp. *thomsonii* 244
Knorringia sibirica var. *sibirica* 243
Knorringia 244
Koeleria 095
Koeleria litvinowii var. *litvinowii* 096
Koeleria macrantha 095
Krascheninnikovia ceratoides 258
Krascheninnikovia compacta 258
Krascheninnikovia 258

L

Lactuca tatarica 391
Lactuca 391
Lagochilus kaschgaricus 316
Lagochilus leiacanthus 316
Lagochilus platyacanthus 317
Lagochilus 316
Lamium album 319
Lamium 319
Lappula 290
Lappula semiglabra var. *semiglabra* 290
Launaea 360
Launaea polydichotoma 360
Leontopodium brachyactis 365
Leontopodium fedtschenkoanum 367
Leontopodium junpeianum 364
Leontopodium nanum 363
Leontopodium ochroleucum 366
Leontopodium 363
Lepidium apetalum 206
Lepidium capitatum 208
Lepidium draba 207
Lepidium latifolium var. *affine* 207
Lepidium 205
Leptodictyum 060
Leptodictyum humile 061
Lepyrodiclis 245
Lepyrodiclis holosteoides 245
Ligularia alpigena 389
Ligularia altaica 388
Ligularia macrophylla 389
Ligularia 388
Ligusticum thomsonii 410
Ligusticum 410
Limonium 229
Limonium aureum var. *aureum* 229
Limonium kaschgaricum 230
Lindelofia stylosa 287
Lindelofia 287
Lomatogonium brachyantherum 277
Lomatogonium carinthiacum 277
Lomatogonium thomsonii 278
Lomatogonium 277
Lonicera 401
Lonicera alberti 405
Lonicera hispida 402
Lonicera humilis 401
Lonicera microphylla 404
Lonicera semenovii 405
Lonicera simulatrix 402
Lonicera webbiana 403
Lophanthus schrenkii 312
Lophanthus 312
Lophozia 001
Lophozia sudetica 001
Lotus 142
Lotus tenuis 142
Lycium 296
Lycium barbarum var. *barbarum* 297
Lycium dasystemum var. *dasystemum* 297
Lycium ruthenicum 296
Lysimachia maritima 269
Lysimachia 269
Lythrum 194
Lythrum salicaria 194

M

Malva 199
Malva verticillata var. *verticillata* 199
Marchantia 003
Marchantia polymorpha 003
Medicago 164
Medicago falcata 165
Medicago lupulina 164
Medicago sativa 164
Melilotus 142
Melilotus albus 143
Melilotus suaveolens 142
Mnium 053
Mnium laevinerve 053
Mnium marginatum 054
Mnium spinosum 055
Mnium thomsonii 056
Myosotis alpestris 290
Myosotis 290
Myricaria 226
Myricaria prostrata 227
Myricaria pulcherrima 228
Myricaria squamosa 226
Myrtama 229
Myrtama elegans 229

N

Neotorularia 209
Neotorularia brevipes 210
Neotrinia 098
Neotrinia splendens 098
Nepeta 308
Nepeta densiflora 308
Nepeta glutinosa 311
Nepeta kokamirica 309
Nepeta kokanica 309
Nepeta taxkorganica 310
Nitraria 195
Nitraria pamirica 196
Nitraria roborowskii 195
Nitraria sibirica 197
Nitraria sphaerocarpa 196
Nitraria tangutorum 195
Nonea caspica 291
Nonea 291

O

Oreomecon 106
Oreomecon nudicaulis 106

Oreosalsola 261
Oreosalsola abrotanoides 262
Oreosalsola laricifolia 261
Origanum vulgare 308
Origanum 308
Orobanche amoena 321
Orobanche coelestis 321
Orobanche 321
Orostachys 136
Orostachys spinosa 136
Orostachys thyrsiflora 136
Oxybasis glauca 254
Oxybasis 254
Oxygraphis 127
Oxygraphis glacialis 127
Oxyria 240
Oxyria digyna 240
Oxytropis 152
Oxytropis chionobia 157
Oxytropis falcata var. *falcata* 153
Oxytropis globiflora 152
Oxytropis humifusa 154
Oxytropis microphylla 156
Oxytropis poncinsii 153
Oxytropis songarica 158
Oxytropis stracheyana 157
Oxytropis tashkurensis 155
Oxytropis tianschanica 156

P

Pachypleurum alpinum 412
Pachypleurum 412
Papaver 107
Papaver canescens 107
Parnassia 185
Parnassia laxmannii 185
Parrya 219
Parrya nudicaulis 219
Patrinia intermedia 406
Patrinia 406
Pedicularis abrotanifolia 324
Pedicularis altaica 322
Pedicularis anthemifolia 331
Pedicularis cheilanthifolia subsp. *cheilanthifolia* 328
Pedicularis cheilanthifolia subsp. *svenhedinii* 327
Pedicularis dasystachys 323
Pedicularis dolichorrhiza 322
Pedicularis kansuensis 330
Pedicularis ludwigii 329
Pedicularis oederi subsp. *oederi* 326
Pedicularis przewalskii subsp. *australis* 330
Pedicularis rhinanthoides subsp. *rhinanthoides* 326
Pedicularis songarica 329
Pedicularis violascens 325
Pedicularis 322
Peganum 198
Peganum harmala 198
Persicaria 236
Persicaria hydropiper 236
Philonotis 057
Philonotis fontana 057
Phlomoides alpina 306
Phlomoides oreophila 307
Phlomoides pratensis 306
Phlomoides 306
Phragmites 099
Phragmites australis 099
Picea 073
Picea schrenkiana 073
Plantago arachnoidea 304
Plantago asiatica subsp. *asiatica* 300
Plantago cornuti 302
Plantago depressa subsp. *depressa* 302
Plantago himalaica 303
Plantago lanceolata 300
Plantago major 301
Plantago media 299
Plantago minuta 303
Plantago perssonii 301
Plantago salsa 304
Plantago 299
Platydictya 062
Platydictya jungermannioides 062
Pleurospermum stylosum 412
Poa 103
Poa albertii subsp. *kunlunensis* 104
Poa pratensis 104
Poa pumila 103
Pohlia 052
Pohlia cruda 052
Pohlia elongata 052
Polygala 168
Polygala hybrida 168
Polygonum 233
Polygonum aviculare var. *aviculare* 233
Polygonum cognatum 233
Polygonum patulum 234
Populus 189
Populus afghanica var. *afghanica* 189
Populus euphratica 189
Populus pamirica 190
Populus pruinosa 190
Potentilla 176
Potentilla longifolia 179
Potentilla multifida var. *minor* 176
Potentilla multifida var. *multifida* 177
Potentilla multifida var. *ornithopoda* 180
Potentilla saundersiana var. *caespitosa* 177
Potentilla saundersiana var. *saundersiana* 178
Potentilla sericea var. *sericea* 178
Potentilla xizangensis 179
Primula algida 262
Primula macrophylla var. *moorcroftiana* 264
Primula nivalis var. *farianosa* 265
Primula nivalis var. *moorcroftiana* 264
Primula nivalis var. *nivalis* 266
Primula nutans 264
Primula pamirica 263
Primula 262
Pseudoleskeella 058
Pseudoleskeella tectorum 058
Pterygoneurum 034
Pterygoneurum ovatum 034
Pterygoneurum subsessile 034
Pulsatilla 112
Pulsatilla campanella 113
Pulsatilla kostyczewii 112

R

Ranunculus 117
Ranunculus albertii 118
Ranunculus natans 118
Ranunculus nephelogenes 119
Ranunculus nephelogenes var. *longicaulis* 117
Ranunculus nephelogense var. *pseudohirculus* 120
Ranunculus pulchellus 119
Reaumuria 225
Reaumuria songarica 225
Rhaponticum repens 375
Rhaponticum 375
Rheum 234
Rheum reticulatum 235
Rheum wittrockii 234
Rhodiola 131
Rhodiola coccinea subsp. *coccinea* 134
Rhodiola crenulata 131
Rhodiola gelida 131
Rhodiola heterodonta 134
Rhodiola kashgarica 132
Rhodiola kirilowii 133
Rhodiola pamiroalaica 133
Rhodiola recticaulis 135
Ribes 128
Ribes meyeri var. *meyeri* 128
Ribes nigrum 128
Rosa 171
Rosa beggeriana var. *beggeriana* 173
Rosa cinnamomea 176
Rosa fedtschenkoana 174
Rosa laxa var. *laxa* 173
Rosa nanothamnus 171
Rosa platyacantha 172
Rosa spinosissima var. *spinosissima* 172
Rosa webbiana 175
Rosularia 135
Rosularia alpestris 135
Rudolf-kamelinia 208
Rudolf-kamelinia korolkowii 207
Rumex crispus 242
Rumex longifolius 241
Rumex patientia 240
Rumex popovii 242
Rumex 240

S

Salix capusii 186
Salix fedtschenkoi 187
Salix pentandra var. *pentandra* 187
Salix rosmarinifolia var. *rosmarinifolia* 188
Salix wilhelmsiana var. *wilhelmsiana* 188
Salix 186
Salsola 260
Salsola pellucida 260
Salsola tragus 261
Salvia 315
Salvia deserta 315
Salvia yangii 315
Saussurea depsangensis 352
Saussurea elliptica 354
Saussurea famintziniana 355
Saussurea glacialis 351
Saussurea gnaphalodes 353
Saussurea leucophylla 350
Saussurea simpsoniana 354
Saussurea thomsonii 353
Saussurea 350
Saxifraga 129
Saxifraga hirculus var. *hirculus* 130
Saxifraga sibirica 129
Saxifraga sinomontana 129
Schistidium 043
Schistidium rivulare 043
Schulzia albiflora 408
Schulzia 408
Scorzonera parviflora 394
Scorzonera 394
Scrophularia 305
Scrophularia kiriloviana 305
Scutellaria prostrata 307
Scutellaria 307
Senecio dubitabilis 386
Senecio krascheninnikovii 387
Senecio nemorensis 387
Senecio 386
Seriphidium korovinii 370
Seriphidium 370
Setaria pumila 097
Setaria viridis 097
Setaria 097
Silene 249
Silene aprica 250
Silene bungei 248
Silene gonosperm 251
Silene graminifolia 249
Silene karaczukuri 250
Silene tachtensis 249
Sisymbriopsis 222
Sisymbriopsis mollipila 222
Sisymbrium 205
Sisymbrium altissimum 205
Sisymbrium brassiciforme 205
Sisymbrium heteromallum var. *heteromallum* 204
Smelowskia 211
Smelowskia alba 211
Smelowskia bifurcate 211
Smelowskia calycina 212
Smelowskia tibetica 212
Solanum nigrum 299
Solanum 299
Solms-laubachia 202
Solms-laubachia kashgarica 202
Solms-laubachia linearis 203
Solms-laubachia pamirica 202
Sonchus oleraceus 371
Sonchus palustris 372
Sonchus uliginosus 371
Sonchus 371
Sophora 162
Sophora alopecuroides 162
Sorbus 169
Sorbus tianschanica var. *tianschanica* 169
Sphaerophysa 163
Sphaerophysa salsula 163
Spiraea 180
Spiraea alpina 180
Spiraea media 181
Stegonia 035

Stegonia latifolia 035
Stellaria crassifolia var. *crassifolia* 244
Stellaria soongorica 245
Stellaria 244
Stevenia 217
Stevenia canescens 217
Stipa 105
Stipa capillata 105
Strigosella 213
Strigosella africana var. *africana* 215
Strigosella scorpioides 214
Stuckenia 078
Stuckenia filiformis 078
Suaeda 255
Suaeda acuminata 255
Swertia 283
Swertia connata 283
Swertia graciliflora 284
Syntrichia 035
Syntrichia caninerves 035
Syntrichia norvegica 036
Syntrichia ruralis 036

T

Takhtajaniantha mongolica 394
Takhtajaniantha 394
Tamarix 223
Tamarix elongata 222
Tamarix laxa 223
Tamarix leptostachys 224
Tamarix ramosissima 224
Taraxacum 379
Taraxacum albiflos 379
Taraxacum bicorne 383
Taraxacum dealbatum 380
Taraxacum dissectum 379
Taraxacum glabrum 381
Taraxacum goloskokovii 384
Taraxacum koksaghyz 384
Taraxacum luridum 382
Taraxacum minutilobum 383
Taraxacum officinale 385
Taraxacum pseudominutilobum 380
Taraxacum subglaciale 382
Taraxacum tibetanum 385
Tetracme quadricornis 217
Tetracme 217
Thermopsi 167
Thermopsis alpina 167
Thermopsis lanceolata 168
Thlaspi 221
Thlaspi arvense 221
Thymus diminutus 305
Thymus 305
Tortella 037
Tortella alpicola 037
Tortella tortuosa 037
Tortula 038
Tortula mucronifolia 038
Tragopogon pratensis 377
Tragopogon pseudomajor 378
Tragopogon songoricus 378
Tragopogon 377
Tribulus 137
Tribulus terrestris 137
Trifolium 144
Trifolium fragiferum 144
Trifolium repens 144
Triglochin 078
Triglochin maritima 078
Trisetum 101
Trisetum altaicum 101
Trollius 116
Trollius dschungaricus 117
Trollius lilacinus 116
Tulipa 080
Tulipa dasystemon 080
Tulipa heterophylla 081

V

Vicatia atrosanguinea 408
Vicatia 408
Vickifunkia thomsonii 390
Vickifunkia 390
Viola 186
Viola biflora var. *rockiana* 186

X

Xanthium strumarium 341
Xanthium 341

Z

Ziziphora 318
Ziziphora pamiroalaica 318
Zosima 407
Zosima korovinii 407
Zygophyllum 138
Zygophyllum brachypterum 141
Zygophyllum fabago subsp. *orientale* 138
Zygophyllum kaschgaricum 139
Zygophyllum loczyi 138
Zygophyllum obliquum 141
Zygophyllum pamiricum 140
Zygophyllum rosowii var. *latifolium* 139
Zygophyllum rosowii var. *rosowii* 140

参考文献

蔡照光，郎百宁，雷更新，1989. 青藏高原草场及其主要植物图谱：青海卷 [M]. 北京：中国农业出版社 .

李德铢，2020. 中国维管植物科属志：上、中、下 [M]. 北京：科学出版社 .

李都，伊林克，2006. 中国新疆野生植物 [M]. 乌鲁木齐：新疆青少年出版社 .

刘兴义，张云玲，2016. 新疆草原植物图鉴 [M]. 北京：中国林业出版社 .

卢琦，王继和，褚建民，2012. 中国荒漠植物图鉴 [M]. 北京：中国林业出版社 .

牛洋，王辰，彭建生，2018. 青藏高原野花大图鉴 [M]. 重庆：重庆大学出版社 .

沈显生，2010. 植物学拉丁文 [M]. 北京：中国科学技术大学出版社 .

税玉民，陈文红，秦新生，2017. 中国喀斯特地区种子植物名录 [M]. 北京：科学出版社 .

汪松，解焱，2004. 中国物种红色名录：第一卷 [M]. 北京：高等教育出版社 .

王兆松，2006. 新疆北疆地区野生资源植物图谱 [M]. 乌鲁木齐：新疆科学技术出版社 .

吴玉虎，2012—2015. 昆仑植物志 [M]. 重庆：重庆出版社 .

席林桥，马春晖，2013. 新疆南疆常见草地植物图谱 [M]. 乌鲁木齐：新疆人民出版社 .

席琳乔，郝海婷，2021. 新疆托木尔峰国家级自然保护区植物图谱：上 [M]. 北京：中国农业科学技术出版社 .

尹林克，2006. 新疆珍稀濒危特有高等植物 [M]. 乌鲁木齐：新疆科学技术出版社 .

中国科学院植物研究所，1979. 中国高等植物科属检索表 [M]. 北京：科学出版社 .

中国植物志编委会，1959—2004. 中国植物志 [M]. 北京：科学出版社 .